"十一五"国家重点规划图书

"985工程"哲学社会科学创新基地
教育部人文社会科学重点研究基地
中国海洋大学海洋发展研究院
资 助

中国海洋文化史长编

先秦秦汉卷

主　　编　曲金良
本卷主编　陈智勇

中国海洋大学出版社
·青岛·

图书在版编目(CIP)数据

中国海洋文化史长编. 先秦秦汉卷/曲金良主编;陈
智勇本卷主编. —青岛:中国海洋大学出版社,2008.1
ISBN 978-7-81125-118-0

Ⅰ.中…　Ⅱ.①曲…②陈…　Ⅲ.海洋－文化史－
中国－先秦时代~秦汉时代　Ⅳ.P7-092

中国版本图书馆 CIP 数据核字(2008)第 011771 号

出版发行	中国海洋大学出版社
社　　址	青岛市香港东路 23 号　　邮政编码　266071
网　　址	http://www2.ouc.edu.cn/cbs
电子信箱	cbsebs@ouc.edu.cn
订购电话	0532—82032573(传真)
责任编辑	纪丽真　　　　　　　　电　话　0532—85902342
印　　制	日照报业印刷有限公司
版　　次	2008 年 1 月第 1 版
印　　次	2008 年 1 月第 1 次印刷
成品尺寸	170 mm×230 mm　1/16
印　　张	26.375
字　　数	500 千字
定　　价	59.80 元

海洋文化的历史视野

——《中国海洋文化史长编》序

　　海洋文化是一门新兴的交叉性、综合性学科，它既包含了人文科学、社会科学学科与自然科学、工程技术学科，又包含了基础理论学科与应用科学学科，具有重要的学术价值、现实意义和发展潜力。

　　海洋文化史体现了海洋文化的历史视角，或是历史研究的海洋史观，既涉及海洋文化的各个层面，如精神文化、制度文化、物质文化，也涉及历史学的各种专门史领域，如政治史、经济史、外交史、军事史、文化史、思想史、科技史、艺术史、文学史、民俗史等等。更细的当然还有海疆史、海岛史、海防史、海军史、海战史、航海史、造船史、海关史、海产史、海港史、海洋文学史、海洋艺术史等，还包括海洋意识、海防观念、海权观念、海洋政策、海路交通、海上贸易、海洋社会、海外移民等等，可见涵盖面极其广泛，内容极其丰富。

　　从中国海洋文化史的视角来看，中国也是一个海洋大国，有着18000多千米长的大陆海岸线，6500多个岛屿和300多万平方千米的海域（按《联合国海洋法公约》，领海加上大陆架和专属经济区）。而这片广阔的海洋国土却常常为国人所忽略或误解。甚至有人把中华文明简单归结为与海洋脱离以至对立的"黄土文明"，这是必须加以纠正的。回顾中国历史，大量史料证明中华民族是世界上最早走向海洋的民族之一。浙江河姆渡遗址发现的独木舟的桨距今已有7000多年的历史。文字记载中，《竹书纪年》有夏代的航海活动记录，"东狩于海，获大鱼。"甲骨文中也有殷商人扬帆出海的记载。《史记》写春秋战国时，吴国水军曾从海上发兵进攻齐国。而齐景公曾游于海上，乐而不思归。《论语》中说连孔子也表示过想"乘桴浮于海"呢！秦始皇多次东巡山东沿海，命方士徐福率童男童女和百工出海寻找长生不老药,而徐福船队出海东行后竟一去不复返。后人遂有徐福东渡日本的种种传说。以上这些都是发生在公元前的事例,难道能说我们的老祖宗不知道海洋吗?我们应该从考古遗址文物和上古史料文献研究中,发掘出更多中华民族先人从事有关海洋活动的事迹,并加以考订、阐述。

中国在古代还曾经是海上贸易十分发达,航海和造船技术领先于世界水平的国家,这是值得炎黄子孙们自豪的历史。《汉书·地理志》记载汉代中国船队从广东徐闻或广西合浦出海,经东南亚、马六甲海峡直至印度马德拉斯沿海"黄支国"和"已程不国"(斯里兰卡),被后人称为汉代的"海上丝绸之路"。汉武帝时已与欧洲的"大秦国"(即东罗马帝国)有了交往。东晋僧人法显从长安出发经西域到印度(当时称天竺),学梵文抄佛经。公元411年,又从"狮子国"(斯里兰卡)坐船经印度洋和南海回国。唐代,中国国力强盛,经济繁荣,海上交通十分发达,开辟了多条海外航线。如赴日本的东亚航线,还分为经朝鲜半岛沿海的北路与直接横渡东海的南路。另有赴库页岛、堪察加的东北亚航线。特别是通往西方的唐代海上丝绸之路。据唐朝宰相贾耽所著《广州通海夷道》记载,这条航线从广州出发,越海南岛,沿印度半岛东岸航行,顺马来半岛南下。经苏门答腊、爪哇,出马六甲海峡,横渡孟加拉湾至狮子国,沿印度半岛西岸航行,过阿拉伯海,抵波斯湾。再沿阿拉伯半岛南岸西航经巴林、阿曼、也门至红海海口,最后南下直至东非沿岸。唐代远洋海船把中国丝绸、瓷器、茶叶运销亚非各国,并收购象牙、珍珠、香料等物品,盛况空前。唐代重要海港如广州、泉州、福州、明州(宁波)、扬州、登州等都已成为世界贸易大港。而宋代的海上贸易更超过唐代,政府设立市舶司,给商人发放出海贸易的"公凭"(许可证),对进港商船征收关税,鼓励发展对外贸易。据《岭外代答》、《诸藩志》等宋朝书籍记载,通商的国家和地区就有50多个,包括阇婆(爪哇)、三佛齐(苏门答腊)、大食(阿拉伯)、层拔(东非)等。尤其是宋代中国海船首先用指南针和罗盘针导航,开创航海技术的重大革命,后经阿拉伯人传到欧洲,才有欧洲人的大航海时代。当时中国的海船建造水平及航海技术水平都达到了世界前列。宋代远洋航船依靠罗盘导航甚至可以横渡印度洋,直达红海和东非。元代航海事业又有进一步发展,元代的四桅远洋海船在印度洋一带居于航海船舶的首位,压倒阿拉伯商船。元代运用海船进行南粮北运的海上漕运。意大利威尼斯旅行家马可·波罗曾见到中国港口有船舶 15000 多艘。而摩洛哥旅行家伊本·白图泰更赞扬泉州是当时世界上最大的海港,甚至他在印度旅行还见到不少来自泉州的中国商船。元人汪大渊在其《岛夷志略》中记载与泉州港有海上往来的国家和地区近百个,泉州港口还竖有指示航行的大灯塔。

明代初年郑和舰队七次下西洋,是中国古代海洋及造船、航海事业的顶峰,也是世界航海史上极其伟大辉煌的一页。郑和舰队规模之大,造船、航海水平之高,所到国家地区之多,都可谓当时世界之最。郑和舰队在 1405～1433 年的 28 年中先后七次远洋航行,到达东南亚、南亚、伊朗、阿拉伯直至红海沿岸和非洲东海岸的 30 多个国家和地区。在所到之处进行和平外交与经济文化交流,谱写中外友好的篇章。他们开拓的航路、总结的航海经验、记录的见闻、绘制的海图都是留给后人的极其珍贵的海洋文化遗产。我们应该把郑和航海史作为中国海洋文化历史研究最重要最典型的课题进行全方位、多角度、多学科的深入研究。例如,郑和的海洋观、海权观、海防观、海洋外交思想、外贸思想、航海技术、海战战略战术、造船技术、航海路线、海图测绘、通讯导航、舰队组织、人才培养、海洋见闻、海洋文学、海洋民俗信仰,以及郑和下西洋的目的动机、效果作用,所到之处的活动影响、遗址文物、民间传说等;不仅要搞清楚郑和舰队究竟到了哪些地方,还要与当时欧洲的航海家如哥伦布、达伽马、麦哲伦等人的航行作具体实证的比较;更要科学总结郑和下西洋的历史经验教训,深刻分析郑和航行为什么不能达到哥伦布航行的效果,没能推动中国航海事业更大的发展。

郑和航海史是我们中华民族的辉煌和骄傲,但郑和以后中国航海事业的衰退和萎缩,又是我们民族的遗憾和教训。我们应该认真研究和反思郑和以后明清两代的海洋政策和统治集团、知识分子以至民众的海洋意识。为什么明初鼎盛的航海事业会中断?为什么明清政府要实行海禁政策,其历史背景、直接动因以及更深层的政治、经济、文化、思想原因是什么?禁海政策与日本倭寇海盗骚扰、郑成功反清斗争、西方殖民者入侵等的关系如何?闭关锁国政策是怎样形成的，其具体措施规定又是什么？其实我们也不要把明清的海禁政策、闭关政策绝对化，似乎始终不许片板下海，一直紧闭所有国门。实际上，海禁在不同时期曾有松弛，民间商船仍不断东渡日本长崎进行信牌贸易。即使实行闭关之后，也并非完全封闭，仍留广州一地，允许各国商船前来贸易。但这种消极保守的外交及海洋政策，确实给中国经济发展带来严重的影响和阻碍。尤其在18～19世纪，西方进行工业革命和资产阶级革命，生产力和综合国力突飞猛进之时，中国却不求进取甚至停滞倒退，这一进一退形成东西方力量消长的悬殊变化，以致出现近代中国落后挨打的局面。这说明海洋意识与国家发展、民族兴衰有多么重大的关系，这个历史的教训实在太深刻了。

进入近代，中华民族的命运与海洋更是息息相关。一方面，西方列强加上日本侵略中国大多是从海上入侵。从第一次鸦片战争、第二次鸦片战争到中法战争、甲午战争、八国联军侵华战争，无不如此。中国万里海疆，狼烟四起。帝国主义依仗船坚炮利，烧杀抢掠，横行霸道，迫使中国割地赔款，许多港口、海湾被割占、租借，海疆藩篱尽撤，中国陷入半殖民地的深渊。我们应该好好研究一下这些不平等条约中关于海港、海湾、海岛、海域、海关、海运等等有关海洋权益的条款，看看我们究竟在近代丧失了多少海洋方面的主权和利益，以史为鉴。

另一方面，近代中国军民曾经为反抗外国从海上入侵，保卫祖国海疆进行过前仆后继、艰苦卓绝的斗争，涌现过林则徐、关天培、陈化成、邓世昌等许多民族英雄。但历次对外战争却都以失败告终。其原因归根结底是当时统治阶级的愚昧、腐败以及政治、经济、军事制度和综合国力的落后。中国封建统治者长期以为中国是世界的中心，其他国家都是蛮夷，应向"天朝"朝拜进贡。直到18世纪末清代乾隆年间纂修的《皇朝文献通考》对世界地理的描述，仍是"中土居大地之中，瀛海四环"。1840年英国舰队已经打进国门，道光皇帝才急忙打听：英国究竟在哪里，有多大，与中国有没有陆路可通，与俄罗斯是否接壤？连英国是大西洋中一岛国这样起码的地理知识都没有，可见对世界形势愚昧无知到什么地步！在鸦片战争刺激下，一批爱国开明知识分子开始睁眼看世界，了解国际形势，研究外国史地，寻找救国道路和抵御外敌的方法。如林则徐编译《四洲志》，魏源编撰《海国图志》，徐继畬编著《瀛环志略》，梁廷枏写作《海国四说》等。这些著作达到了当时东亚对世界和海洋史地认识的最高水平，可是却不受统治集团重视，反被斥为"多事"。皇帝和权贵们依然迷信和议，苟且偷安。

由于清朝统治集团缺乏海洋意识、危机意识和海防意识，不仅在西方列强从海上入侵的两次鸦片战争中遭到失败，而且对新兴的日本从海上侵犯，也缺乏警惕和对策。1874年，日本出兵侵略台湾南部高山族地区，清政府竟视为"海外偏隅"，听之任之。最后签订《台事专约》，反给日本50万两银子，以"息事宁人"。这种妥协退让态度助长了日本和西方列强侵略中国海疆的野心。日本侵台事件后，经过海防与塞防之争，李鸿章等清政府官僚认识到东南海疆万里，已经门户洞开，再不加强海防和建立海军，前景"不堪设想"！于是分别建设北洋海军和福建水师。福建水师的军舰和人员都是由法国人作顾问的福州船政局制造和培训出来的。不料在1883年8月23日中法战争的马江海战中，几小时内就被法国舰队全部消灭。这真是对清政府依靠外国进行洋务运动和海军建设的一个绝大的讽刺，值得好好研究，总结、吸取历史教训。

甲午海战可以作为近代海军史、海战史以至海洋文化研究的一个重要典型事例。李鸿章花了中国人民大量血汗钱，用了十多年时间建立起来的北洋舰队，在1888年成军时的确是当时亚洲最强大的一支海军舰队，拥有"定远"号和"镇远"号两艘从德国买来的7000多吨的主力铁甲舰。1891年北洋舰队访问日本时，曾威震东瀛，吓得日本赶紧全力以赴拼命发展海军。而与此相反，清政府却满足现状，不仅不再添置战舰，反而压缩海军军费，甚至挪用海军经费给慈禧太后修颐和园和"三海工程"（北京北海、中海、南海）。一进一退，中日海军建设又拉开了差距。三年后中日甲午战争双方海军大决战时，便见分晓。甲午战争中北洋海军全军覆没，有着多种原因。仅从海洋史观或海洋文化历史研究的角度，也有许多问题值得研究。如清政府特别是李鸿章等权贵的海洋意识、海权观念、制海权观念、海洋国际法观念、海防指导思想、海军建设思想、海军战略战术思想、海陆协防思想，以及具体的海军组织、指挥体系、后勤供应、海防炮台、船舰性能、武器装备、海军人才教育、官兵素质、海战经过、战略战术得失、海上通讯情报、气象水文、海战新闻、海战文学诗词等许多方面内容。甲午海战和北洋海军留下的历史经验教训是值得我们深刻总结、认真反思的,失败和教训同样也是宝贵的历史遗产。

中国近代海洋文化历史研究还有一个方面值得注意,就是近代中国人如何通过海洋走向世界,如出使、游历、贸易、留学、华工、移民等等。他们在海外的见闻、观感及其思想观念、心理的变化十分有趣,并留下大量著作、游记、日记、笔记。例如,1876年前往美国费城参观世界博览会的浙海关委员李圭,原来不太相信地圆说,后来亲自从上海乘轮船出发一直向东航行,经太平洋到美洲,再经大西洋、印度洋,又回到中国上海。他这才恍然大悟:原来地球真是圆的。同文馆学生出身一直做到出使大臣的张德彝八次出国,每次都写下一部以"航海述奇"为名的闻见录,自称要把这些见所未见、闻所未闻、奇奇怪怪甚至骇人听闻的海外奇闻告诉国人。还如1887年出访日本、美洲的游历使傅云龙在其著述《游历图经余纪》中详细记载了自己横渡太平洋,特别是经过南美洲海峡,与惊涛骇浪搏斗的经历。凡此种种,都是海洋文化研究的极好素材。

可以说,海洋文化研究离不开历史研究,而历史学也应通过海洋文化研究扩大视野,开拓领域。海洋文化史研究有着广阔天地,大有作为。相信有志于海洋文化研究的学者和青年学生们,在这块尚未开垦的园地里辛勤耕耘,必将获得丰硕的成果。

中国海洋大学海洋文化研究所编纂的《中国海洋文化史长编》,从浩如烟海的学术界研究文献中,汇集、梳理并编辑、概述了涉及中国海洋文化史各个时期、各个方面的研究成果资料,为海洋文化学习者、研究者及广大干部群众,提供了一套内容丰富、很有价值的参考书,也为中国海洋文化学科的建设发展,做了一项很重要的基础性工作。因此应主编曲金良先生之邀,欣然为之作序。

全国政协委员

北京大学历史系教授、博士生导师、中外关系史研究所所长　　王晓秋

二○○六年八月

于北大蓝旗营公寓遨游史海斋

弁　言

　　我国既是内陆大国，又是海洋大国，海洋文化历史悠久，蕴涵丰厚，独具东方特色，在世界海洋文化史上占有重要地位。对此，我国许多学者已在各自学科中，从不同视角、不同领域作了多年专深的研究。有鉴于长期以来国人海洋文化意识观念的淡薄和对我国海洋文化历史的无视，中国海洋大学海洋文化研究所集全所同仁之力，经长时间的酝酿、准备，在中国海洋大学立项支持下，在"中国海洋文化史"的框架下，汇总辑录了国内主要相关学者的研究成果，梳理、编纂成了一部大型五卷本《中国海洋文化史长编》，较为集中、系统、全面地展示出了中国海洋文化历史悠久、内涵丰富的基本面貌，同时展示了中国学术界不同学科、视角对海洋文化史相关领域、相关问题的已有研究成果，既可作为培养海洋文化研究人才的工具书性质的基本文献，也可供社会各界读者阅读参考。

　　本书分"先秦秦汉卷"、"魏晋南北朝隋唐卷"、"宋元卷"、"明清卷"、"近代卷"凡 5 卷，近 300 万字。每卷分章、节、小节、目等，系统钩稽阐述了中国海洋文化发展史的精神文化、制度文化、经济文化、社会文化及其海外影响与中外文化海路传播等层面。

　　本书作为中国海洋大学海洋文化研究所的集体编纂项目，得到了学校领导的高度重视和支持，由学校 211 工程建设项目支持启动，后成为教育部人文社科重点研究基地、国家 985 哲学社科创新基地——中国海洋发展研究院海洋历史文化学科基础建设项目，由所长曲金良博士主编，修斌博士、赵成国博士、闵锐武博士、朱建君博士、马树华博士以及本所聘请的北京师范大学陈智勇博士担任各卷主编，自 2002 年开始，至 2004 年初成，后不断梳理修改，2006年统编校订，前后历时 5 年。

　　本书力图承继中国古代图书编纂"汇天下书为一书"的"集成"传统，在"中国海洋文化史"的体例框架下，广泛搜集汇总、梳理参阅、编选辑纳学术界有关中国海洋历史文化的主要研究成果,得到了全国100多位主要相关学者的热情慨允和大力支持。著名学者、全国政协委员、厦门大学杨国桢教授给予多方面的指导,著名学者、全国政协委员、北京大学王晓秋教授为本书作序,对本书的学术性、资料性价值给予了高度重视和肯定。特此鸣谢。

本书被国家新闻出版总署列为"十一五"国家重点规划图书,由中国海洋大学出版社出版。相信本书会成为国内外相关学界尤其是年轻学子关注中国海洋文化历史、了解学术界相关研究成果、探求中国海洋文化问题的基础性参考书,从而通过这些研究成果进一步扩大影响,促进中国海洋文化史研究的进一步发展繁荣。

关于本书的编纂宗旨与体例,说明如次:

——本书的编纂目的,是基于中国海洋大学海洋文化学科建设和人才培养的基础性教学和研究的参考用书,也适用于社会各界读者阅读参考。

——本书力图通过对国内海洋人文历史学相关学者研究成果的汇总性梳理、集纳,较为全面、系统展示中国海洋文化悠久、丰厚的历史面貌和发展演变轨迹,以期有利于读者在学界相关著述的浩瀚书海中,通过这样一部书的集中介绍,同时通过对各部分内容的出处的介绍,既能够对中国海洋文化史的基本面貌和丰富蕴涵有一个大致的把握,又在一定程度上对我国海洋文化相关研究的学术状况、学者成就有一个大体的了解。

——本书涵括和展示的"中国海洋文化史",上自先秦、下迄近代,涉及中国海洋精神文化、制度文化、物质文化的方方面面,以及中国人所赖以生存、繁衍和创造、发展海洋文化的历史地理环境。大凡中国历代沿海疆域、岛屿的开发管理与更迭变迁,历代王朝和民间海洋思想、海洋观念,国家海洋政策与制度管理,海上航线与海路交通、造船、海上丝绸之路与海洋贸易,中外海路文化交流,海港与港口城市,海洋天文水文、海况地貌等自然现象的科学探索,海洋渔业及其他生物资源的评价与开发利用,历代海洋信仰的产生与传播,海洋文学艺术的创造,海洋社会与海外移民,历代海关、海防、海军、海战等国家海洋意志的体现等,都是本书作为"中国海洋文化史"的学术视阈与展示内容。

——本书以中国海洋文化发展的历史时期为序,分"先秦秦汉卷"、"魏晋南北朝隋唐卷"、"宋元卷"、"明清卷"、"近代卷"凡5卷;全书设弁言,各卷设概述,卷下各章设节、目;各章节目的具体内容,凡是编者已经搜检研读过的学界研究成果中适于本书体例和内容需求的,均予选编引用,或者加以综述;对于学界尚无研究的问题,凡是编者认为重要且能够补充介绍的,则加以补充介绍。

——所有引用于本书中的学界已有研究文献,均对作者、书名或篇名、出处、时间、页码等一一注明，并列入参考文献；所引用成果的原有注释，依序一一列于页下，并对原注按现行出版要求尽可能作统一处理，包括补充或调整部分信息内容。

——本书出于叙述结构体例、各内容所占篇幅大小以及叙述角度转换等需要，对选编引用的成果，必要时作适当节略和调整，力求做到叙述角度的统一性和行文的贯通性。

——本书主编负责设计全书体例与内容体系，各卷主编具体负责本卷概述的撰写和各章节目的编纂；最后由主编统编、定稿。

——本书书后附录包括本书主要引用及参考文献在内的"中国海洋文化史相关研究主要论著论文索引"，以利于读者更为广泛的研究参考。

目 次

本卷概述

当我们把目光投向中国以蜿蜒漫长的海岸线为轴线既向海洋伸展又向内陆辐射的广阔空间区域,同时沿着更为蜿蜒漫长的时光隧道追溯历史的源头时,呈现在我们面前的是,早自石器时代以来,中国沿海区域就已有了海洋社会的存在,有了海洋族群的流动,有了早期的海洋科学认知,有了海疆海防意识、海洋经济开发现象、海洋交通行为以及海洋信仰和海洋文化艺术。这一切,都使我们有充分的理由相信,中国不仅有着丰富的海洋文化,而且海洋文化的历史源远流长。

一

从中国海陆变迁的历史来看,数万年前,中国的渤海、黄海、东海的大部分地区曾一度是广阔的陆地,而且是良好的平原地貌(即所谓的"三海平原"),日本列岛和我国的台湾等岛屿也曾与亚洲大陆相连,这里曾经孕育了石器时代文明,曾是我们祖先的活动中心之一。另一方面,今天陆地的很多地方,昔日曾经是茫茫的沧海。如贵州高原在远古时期就曾经是汪洋大海,虽然几经变迁,但在孕育人类文明的过程中,仍然留下了海洋文化的印痕。

那么,在中国广阔的沿海区域,文明之初的海洋文化印痕如何呢?

在旧石器时代,中国的沿海地区和岛屿地区已经有人类居住,当时人们已经开始掌握渡海技术,开发和利用海洋蛋白资源。至今尚存的大量贝丘遗址,为我们诉说着当年人类与海洋亲密接触、以海为生的历史。

新石器时代以来,有关海洋文化的信息不断增多,珍珠串一般的海洋文化遗迹散落在中国滨海自北而南的海岸线上。广西东兴贝丘遗址,海南三亚落笔洞、东方、乐东贝丘遗址,广东珠江三角洲地区贝丘遗址,台湾八仙洞长滨文化、大坌坑文化、芝山岩文化、圆山文化、营埔文化和凤鼻头文化遗址,福建富国墩贝冢遗址、壳丘头遗址、昙石山遗址,浙江余姚河姆渡遗址以及舟山群岛新石器时代遗址,山东龙口贝丘遗址,山东即墨贝丘遗址,山东蓬莱、烟台、威海、荣成市贝丘遗址,以及辽东半岛沿海的小珠山遗址等,都是极为典型的贝丘遗址。在这些遗址中,海洋文化内容十分丰富,有海生贝类牡蛎、鱼鳞、海鱼骨、绣凹螺、荔枝螺、红螺、耳螺、蝾螺、蜑螺、凤螺、毛蚶、泥蚶、文蛤、魁蛤、青蛤、紫房蛤、伊豆布目蛤、砂海螂、海蚬等大量的海洋生物遗骸,又有出土的网坠、骨鱼卡、蚌器、海参形罐器、陶器、打制石器、磨制石器等生产工具及航海的木桨等器物。这些遗迹或遗物,向我们展示了滨海的贝丘先民对滨海生存环境、滨海食用资源、滨海渔捞生业的初步认识和掌握,对居住选址、海潮与台风以及海洋气候的原始认识,对近海区域交通的初步开拓等。这些发现和认识、掌握和开拓都充分证明,原始时期中国沿海区域的海洋文化内涵已经相当丰富。

进入文明社会以来,海洋文化的内涵进一步丰富起来。

在中国历史上,夏商周通常被称为上古三代时期,这是中国文明社会的出现期。这一时期的海洋文化因素日见增多,其荦荦大端者有:人们开始关注近海海洋资源的开发与管理,部分海洋物产传播到内陆地区并且逐步朝着向适应中央王朝贡赋制度需要的方向发展;已经有了一定的航海能力,出现了较强的海洋意识、朴素的海神崇拜、初步的海洋旅游行为。周王朝后期尤其是春秋战国时期,沿海的诸侯国对于海洋的认识达到了前所未有的高度,海洋资源的开发在其国家中地位突出,航海能力大大增强,海战开始出现,海洋观念更加突出,涉海生活更加丰富。

就中国滨海早期的海洋社会族群而言,其构成是复杂多样的,流动是多方位的。

在中国沿海的海洋社会族群中,岛屿群落是很重要的组成部分。从中国沿海的岛屿构成来看,台湾岛和海南岛是中国的两大岛屿,自原始社会时期就生活着一定规模的岛屿社会群落。此外,在浙江的舟山群岛和山东的长岛群岛等群岛上,也生活着较小规模的社会群落。

舟师群体是另外一种海洋社会群落。他们是海上军事力量,是活跃于海滨的官方社会结构之一,他们担负着一方海洋防卫的任务。

海盗群体是活跃在中国沿海的另外一种独特的社会群体。海盗社会是滨海区域进入阶级社会之后的产物。阶级社会的财产私有制、政治压迫、经济剥削等社会现象,促发了海盗社会的形成。夏商周三代伊始,海洋成了政治斗争和阶级斗争舞台的外缘。那些在斗争中失败的人们纷纷逃向海滨,甚至逃亡出海,以不同的方式反抗着王朝统治。春秋战国时期的长期战乱,甚至使海洋成了诸侯战争和人民抗暴斗争的战场,越来越多的自由民和奴隶逃亡海滨或海上,为海盗社会的形成奠定了基础。那些海盗群体被称为"寇"(即海上之寇),这可视为中国历史上海盗社会产生及活动的前奏。随着逃向海滨予以反抗人群的不断增多,最终形成了一个个具有一定规模的海盗社会,其力量不断壮大,并爆发了诸如南越人入江海反秦,田横踞海岛抗汉,东汉海盗张伯路、曾旌和东晋末海盗孙恩、卢循发动大规模武装起义等重大历史事件。

中国滨海早期海洋族群的流动是多方位的,有中国内陆与沿海之间的人群迁徙,也有中国海外移民的出现。中国内陆与沿海之间的人群迁徙,包括内陆向滨海地区的迁徙及内陆向海岛地区的迁徙两个部分。如先秦时期从内陆向东南沿海海滨的人群迁移,从内陆向山东长岛群岛、台湾岛以及海南岛的迁徙等。

就中国海外移民的出现而论,也是多方面的。有越人向太平洋岛屿的拓展,有古越族群向南洋的迁徙(考古发现、民俗调查、人体测量对比等均证实了这一点),有早期中国人向日本的东渡(中国杭州湾地区的原始文化曾经经过海路输入日本)。此外,还有远古时期亚洲向美洲的移民,等等。这些,都为中国后世的海外交通和对外文化影响与交流,开创了历史的先河。

二

先秦秦汉时期的海洋科学认知,也是相当广泛和深刻的。

一方面,人们对海洋气象和海洋水文已经有了较为广泛的认识。先秦时期,人们已有对台风和龙卷风等海洋风暴的认识,海洋占候即已出现。而且,从先秦时期开始,人们已经应用季风航海;人们已经能够用生动的语言对海市蜃楼予以描绘并加以近乎科学的解释;人们对于海洋潮汐和海水盐度已不再陌生;人们在领教海洋肆虐无常的同时,也对发生的海啸、出现的海潮灾害、形成的海侵现象等海洋自然异常现象,有了清醒的认识,并在抗击海洋灾害面前显示了积极有为、勇于抗争的精神。

另一方面,人们自先秦时期就开始了对海洋地貌、海区划分等的认识,海洋型地球观、海陆循环观也已经出现,海上导航的应用已经得以发明。如对海洋地貌的认识,人们已经认识到海洋地貌有海上地貌和海底地貌之别。对海上地貌的认识,表现为我国先民对海中陆地的认识及一般性命名;对海底地貌的认识,则一般局限于大陆架地貌即浅海地貌上,而对深海地貌的认识则更多地含有猜测与想象的成分。在对海区的早期划分方面,先秦和秦汉时期的人们已经对渤海、黄海、东海和南海这些海区的不同有所认识,而且开始给予了不同的命名。在海陆观念上,战国时期的邹衍所提出的大九州说,就是典型的早期海洋型地球观,表现了海上交通初步发达对人们思想的影响,是非常可贵的早期世界地理猜想。在海陆观念上,时人的海陆循环观也同样不可忽视。先秦和秦汉时期的人们,已经能够明确提出水分的海陆循环概念,能够用水分循环机制,来解释自然界存在的宏观现象。另外,先秦秦汉时期的人们在长期的渔猎生活与原始航海的实践活动中,已经具备了应用天文航海经验与知识的初步能力。同时,由于当时海上航路的开辟,尤其是部分远洋航路的开辟,人们的这种能力已经为海中占星术以及航海图的应用提供了极大的可能性。

此外,先秦秦汉时期人们对海洋生物的认识,也是当时人们取得的重要成就。首先,人们已经能够从资源开发的多维角度对海洋生物作出一定的认识和评价,从海洋生物资源的开发利用,到对海洋生物产品和贡品的作用的认定,到珠饰品艺术价值的鉴赏,到海洋生物资源在区域经济中的地位的提升,再到早期海洋生物资源用于观赏、药用的实践等,都是先秦秦汉时期人们对海洋生物进行资源性认识与利用的重要体现。其次,先秦秦汉时期人们对海洋哺乳动物、海洋鸟类、海洋爬行动物、海洋鱼类、海洋棘皮动物和节肢动物、海洋软体动物和腔肠动物、海洋藻类等海洋生物,都已有了不同程度的认知,在这些海洋生物的物种类别、生长发育、生态习性、区域分布、演化规律、性质归属以及应用途径等方面,都有了较为细致的观察和深入的思考,有了一定的科学认识水平。

三

先秦时期,海洋疆域意识已经产生,海上防卫已经出现,并都在秦汉时期获得了发展。

在先秦的夏商与西周时期,海洋疆域意识是随着人们对于海洋作为天然屏障作用认识的深入而逐渐明晰的;海洋作为疆域或疆界概念的确立,是在春秋战国时沿海国家主体地位得以巩固和加强的时期。春秋战国时期,新型国家制度逐步建立,以地域管理方式代替了分封的管理方式,在管理方式的转变中赋予了国家疆界实质性的内容,即国家通过官吏直接管理地方,实施直接的统辖权,因此出现了真正意义上的国家疆界。在这样的背景下,齐、燕、吴、越及楚等沿海国家,开始了它们不仅以陆域划界,而且以海为界、与海为邻的新的国家疆界管理模式。当然,这种模式还谈不上系统和完备。

这种情况到了秦汉时期有了改观。秦始皇统一中国后,在继承春秋战国时期沿海国家对海洋疆域初步划分和管理的基础上,采取新的管理模式,在中国历史上第一次形成了中国统一的海疆。秦始皇数次东巡至海,在一定程度上促进了当时中国沿海疆域管理和认识的加强。与以往不同的是,秦代的海洋疆域主要表现为傍海郡县的设立,这是一种新的海洋疆域管理模式。汉承秦制。在海洋疆域的划分和管理方式上,汉代继承了秦朝的成果,同时作了某些适度的变革,如在部或州下设郡、设国。

海洋疆域管理的加强,离不开海洋防卫的保证。

先秦时期,海洋防卫处于初起状态。从海洋防卫的力量来说,远离海洋的夏商和西周中原王朝,自然没有必要组建海洋防卫力量。只有到了春秋时期,沿海的诸侯国才形成了自己的海洋防卫力量。这样的海洋防卫力量,当时称为舟师。舟师的形成,标志着中国古代海军的诞生。从海洋防卫的物质基础来看,春秋战国时期沿海的吴、越等国,不仅海船已开始适用于海战,造船和航运技术与能力已较为发达,而且有了防卫性较强的海战兵器。

秦汉时期的海洋防卫技术与能力进一步发展。一方面,秦汉时期已开始具备良好的海防条件,如在造船、航运技术与能力上有了明显的发展进步,战船配备等方面已经较为精良。秦始皇屡次巡海、徐福东渡、开凿灵渠、大规模的水上漕运这四件大事,使我们不仅看到秦代航运的发达,而且可以推断当时造船业的兴旺。汉代的造船业和航运业,在秦代的基础上又得到了进一步发展。汉代所造船舶种类之多、质量之好,海上航运之发达,达到了令人难以想象的程度。另一方面,秦汉时期用于海洋防卫的军事力量得到了进一步加强。如汉代水军称楼船军,多为郡国兵,建置精备,管理严格,并设立有自己的楼船军基地。此外,秦汉时期海战频率和规模进一步扩大,也是海洋防卫发展的表现。

四

先秦秦汉时期的海洋经济,有个逐步产生与发展的过程。

先秦时期的海洋经济,源于早期滨海居民的海洋贝丘生活。在我国沿海地区,自旧石器时代以来,分布着大量的贝丘遗址。这些贝丘遗址的内涵是很丰富的,当时人们可利用的生活资源均是近海资源,这充分说明了石器时代人们的涉海生活对海洋原生资源的依赖性;同时,各种原始的捕捞类生产工具的出现,反映了原始先民们已经开始对海洋资源进行原始的开发,表征着原始海洋经济的萌芽。到了夏商周时期,随着社会生产力的发展,人们对海洋资源的认识不断深入,对海洋渔业资源的开发力度大大增强,一方面,海洋捕捞技术有了初步发展,另一方面,海产品已经成为重要的贡品和商品,远离海洋的中原地区已经能够见到和吃到海鱼、海贝、海龟和海蛤蜊等海产品,沿海与内地之间已经有了以海产品为商品进行交换的商业经济行为。此外,海洋渔业在沿海诸侯国的经济发展中已开始占有重要地位,这更突出地反映了当时海洋经济发展的程度。这种情况在春秋战国时期尤为突出。海洋渔业和海上运输贸易,是春秋战国时期沿海诸侯国主要经济生活的重要构成成分,是国家富强的主要源泉之一。

从海洋经济的结构上来说,先秦时期的海洋盐业也占据了相当的比重。先秦时期人们对于盐的类别、生产和流通均有了一定的认识,盐作为文字符号,也很早就进入了人们的生活之中。"散盐",即产于山东滨海的海盐,系人工煮炼而成。在滨海的齐国,已经出现了大盐业主,齐国统治者曾创造性地提出对海盐搞"转手贸易",为国家积聚了不少财富;在盐政上,官府直接介入食盐的生产和运销环节,首创了食盐官营制度。

到了秦汉时期,一方面,海洋渔业和海洋盐业在原有的基础上继续发展,另一方面,从海洋交通和海外贸易层面上出现的海外丝绸贸易及其他相关的贸易获得了长足发展。

就秦汉时期的海洋渔业而言,渔业技术获得了显著的进步。秦汉时期,人们重视渔业生产,渔业区域得到了扩大,海产品加工技术多样化。汉武帝曾设立征收海洋渔业生产税的"海租"。东汉时设有管理渔业税收事务的海丞、水官等官吏。这些均可视为当时渔业繁荣的表现。就当时的渔业生产区域来说,以东部沿海地区的诸多海洋渔业生产区域为主,普遍重视海上生产,其特点是以近海捕捞为主,其中尤以齐地的近海渔业最为发达。上述地区的海产品,不仅为当地人民提供了重要食品,而且源源不断地输往中原,成为与内地交易的重要商品。在当时,大部分海产品须经过干制、腌制或制成鱼酱、鱼子酱等,人们还能够从海鱼中炼取油脂。此外,秦汉渔业生产的经营组织形式也丰富多样。

海洋盐业在秦汉时期获得了较大的发展。秦汉海盐的产区开发、海盐生产的技术和工艺水平、海盐生产销售和税收的管理等方面,都有了长足的进步。秦时的海盐产区主要分布在燕、齐、吴等传统的沿海地区。西汉中叶以后,食盐业的生产又有了较为迅速的发展,产盐区已经遍布全国各地,并在沿海设置盐官,管理上采用"官与牢盆"即官府供给饭食、供给工具的制度。就海盐生产技术和工艺水平而言,当时煮海盐的"牢盆"即铁釜、铜盘、盘铁,已经相当完备。秦代严禁山海之利,官府垄断盐业,但是汉初至武帝元狩四年,山海之禁有所松动,出现了食盐私营现象,于是到了汉武帝中后期时,又重禁山海,严法推行食盐官营。食盐生产者,则主要是所谓的"亡命罪人"或奴僮,或为佃客式依附民等。

秦汉时期海洋经济获得长足发展的另一现象,就是大规模海外贸易的开启与发展。

海外贸易的产生是海洋经济发展达到一定程度的产物。从中国历史上来看,在先秦时期,虽然人们对于海洋已经有了一定的认识,但限于当时的知识水平和技术条件,人们对于海洋的开发还多限于近海,或者说,基本上是围绕中国大陆海岸而作的近距离开发利用。先秦时期的中国还没有和外面的世界产生较大规模的贸易往来。这种情况到秦汉时期发生了很大变化。

秦始皇统一中国后,中央王朝的统治触角可以一直延伸到海滨,经济发展的触角也不可避免地从海滨向海外世界伸展开来。秦始皇四次巡海,其中最重要的原因是出于经济方面的考虑以及对海外航路的探索。新兴的商人地主们不仅积极占领中原以外的市场,而且试图通过沿海港口向海外发展。

这样的蓄势到了西汉时期得到了释放,其重要标志就是西汉时期海上丝绸之路的开辟。这是中国较大规模海外贸易的开始。

西汉时期,中国的航海事业得到了空前的发展,这是与西汉社会经济的发展联系在一起的。汉武帝的七次巡海以及在海滨实行的一系列管理措施,大大推动了海上交通路线的开辟。汉武帝晚年,不仅沟通了我国北起辽宁丹东,南至广西白仑河口的南北沿海大航线,还开辟了两条国际航线:一条从山东沿岸经黄、渤海通向朝鲜、日本,另一条从广东番禺、徐闻、合浦经南海通向印度和斯里兰卡,这些航线为我国后世航海与贸易事业的发展奠定了基础。

东汉时期,海上丝绸之路进一步发展。东汉与西方的中亚各国各民族、欧洲的罗马帝国,以及东方的朝鲜、日本及南洋各国各民族,都通过海上进行贸易,形成了面向西方和面向东方的两条海上丝绸之路。

另外,海港作为海洋经济与海洋贸易的中轴和集散地,其形成和发展对海洋经济的发展起到了重要的推动作用。先秦时期的海港尚处于形成和发展的初级阶段。到了秦汉时期,海港获得了长足的发展。先秦和秦汉时期的主要海港,有交趾港、合浦港、徐闻港、番禺港、黄腄港、琅琊港等,其中有的是今天的重要港口如广州港、福州港、宁波港、温州港、杭州港、青岛港等的前身。

在海洋交通方面,先秦时期的海洋交通已经起步和发展,自春秋战国时期开始,尤其是到了汉朝,随着沿海诸侯国家的出现和海外贸易的发展,海洋交通获得了长足的发展。

远在夏商周之前,海洋交通已经出现。石器时代,先民们已经开辟了对台湾及其他许多沿海岛屿的海上交通路线,发展了山东半岛和辽东半岛之间的海上交通。至夏商周三代,已经形成了较为固定的海上航线,从而标志着我国早期海洋交通的正式形成。从殷商时期开始,人们已经发展了海上交通。到了西周时期,沿海地区的夷人、吴人和百越人,已经和东方的日本及南方的越裳等有了海上交通。

春秋战国时期,随着沿海诸侯国家的出现,海洋交通获得了较快的发展。

春秋时代,齐国、吴国和越国是当时海上交通的强国。在北方,齐国、燕国航海事业发达;在南方,山东半岛以南至今浙江东岸的海上交通线,则控制在越国所统治的百越人和吴人手中。这一时期,对日的海洋交通已经开辟出了两条航线。

到了秦汉时期,随着海外贸易的发展,开创了海洋交通的新纪元。秦始皇巡海之际,以徐福率领的庞大航海船队为代表的从黄、渤海区域到朝鲜半岛、日本列岛的海上交通,南方近海展延到中南半岛一带的海上交通,都充分展示了当时远距离航海的情形。在汉朝,海洋交通是随着海外贸易的繁盛而不断发展的。汉武帝多次巡海,陆续打开了阻碍海外交通的孔道。汉帝国东面北起渤海南迄今越南沿岸的整个海上交通线,都通行无阻。此外,西汉时代我国还通过南海和今日印度洋上的国家建立了海上交通联系,开辟了太平洋和印度洋之间的远程航线。

发达的海洋交通离不开造船业的支持。先秦时期,人们从葫芦、腰舟、皮囊等原始渡水工具的使用,过渡到筏、独木舟的制作,再过渡到木板船的建造,在此基础上逐渐形成了造船业。木板船的产生,大大提高了船的稳定性和快速性,为后世的船舶大型化和多样化开辟了巨大的发展空间。秦汉时期,中国的造船技术获得了重大进步。秦代的船舶已经能够往来于中日,已经能够利用风帆设置,并且有了适于远海航行的各项设备。汉代的造船业更是超越前朝。从文献记载和文物实证来看,汉代船舶的规模庞大,结构合理,船舶中的桨、橹、舵与艄、船碇(锚)、船帆等属具已基本齐备。不仅如此,汉代还重视船舶理论知识的总结,无论是关于船舶的概念与分类方面,还是船舶属具、船体结构、稳定性能等理论和知识方面,也都出现了可喜的进展。

五

先秦秦汉时期,在海洋信仰和海洋文化艺术方面,也呈现出了丰富的内涵和多样化的表现形式。

海洋信仰的出现,是远古海洋社会最突出的文化现象。夏商周时期,对海洋的祭祀已经形成了程式化的祭祀礼仪。四海海神名称及其功能的确立,为大海立祠行为的出现,海盐神、潮汐神以及军事海神等专门海神和行业海神的出现,都体现了东部沿海人们在长期海洋实践基础上对海洋的认识以及渴望开发、利用海洋并征服海洋使之为人服务的愿望。

东部及东南部沿海地区,自远古时期就滋生、积淀了丰厚的鸟图腾崇拜。鸟图腾崇拜可以一直追溯到遥远的石器时代。无论是在新石器时代我国东部沿海及黄淮下游地区的大汶口文化和龙山文化中,还是在长江下游三角洲地区滨海的河姆渡、马家浜、崧泽和良渚文化中,鸟类图像遗存、鸟类器物与鸟形装饰、鸟形纹饰一直相沿不断。古代文献中有渤海湾地区氏族部落的鸟崇拜和鸟生传说,有"居在海曲"或"食海中鱼"的鸟图腾部族,有半人半鸟的海神形象。秦汉时期西南地区的铜鼓上,就有鸟形纹饰和寓意同族出海的羽人划船图。"大越海滨"即东南沿海的百越部族有"雒越鸟田"即雒鸟助耕的神话。在我国的台湾岛,在北美西北海岸,在与我国东南沿海毗邻的环太平洋地区及其附近的滨海岛屿上,都流行着众多的鸟图腾崇拜和鸟生传说。

作为原始和远古海洋文化的造型艺术展示,以器物为载体,是先秦秦汉海洋文化的一大特色。海参形陶罐、舟形陶器、舟形陶屋、陶制海船模型、船形祭坛以及船形棺等器物造型，表达着特定的海洋艺术魅力。以鱼骨、贝壳为饰品，以渔具、鱼俗等形态出现的鱼文化，也显示出大量的海洋文化信息，成为海滨先民们捕鱼、食鱼、信鱼、拜鱼的鱼文化载体。甲骨与青铜器上特定的海洋物像、帛画与铜镜上暗含的海洋因素、古老岩画上传达的悠远的海洋古文化信息，都使得原始与远古海洋艺术呈现出丰富多彩的局面。

另外，作为原始和远古海洋文化的口传载体，大量的传说在中国沿海地区和岛屿广泛流传着。如海南岛涨海的传说，秦始皇与涨海石塘的传说，南海西王母的传说，南海"七洲洋"的传说等，都传达着海滨人们的海洋地理知识及其涉海生活的理想。

在我国早期沿海岛屿和我国百越后裔毛南族、水族、布依族以及印度、东南亚、澳大利亚、大洋洲诸岛等的文化传说中，原始冰川神话和高温神话渗透着特定的孤岛情结。百越冰川神话和高温神话展示的海侵浩劫现象，是先民们在"大地成为无边的海洋"的生态变迁中，经历"冰川—高温—海侵—洪水"历史的集体记忆。

秦汉之后，关于秦皇、汉武的海上寻仙，借助于滨海方士们的海洋想象，大大丰富了以蓬莱仙话为代表的东方仙话系统。尤其是关于徐福东渡的信仰与传说，逐渐成了东亚海洋文化连接东亚国家和民族情感与文化的重要载体。

就先秦秦汉的海洋文学而言，先秦文献和诸子作品中的"共工怒触不周山"、"归墟"、"精卫填海"、"百川灌河"、"坎井之蛙"等，都表现了丰富的海洋文学意象蕴涵。尤其是《山海经》，揭示了十分丰厚的海洋文化意蕴，是中国海洋自然地理与人文地理文化的开山之作，也是中国海洋文学发展历史上的重要基石。秦汉时期，尤其是在两汉的文学创作中，那些铺写海洋的瑰丽诗赋，尤其是那些游览海洋的赋作，上承《庄子》《山海经》，向人们展示了大海景色的壮观，海中珍奇灵异的瑰丽，表达了对海上仙境的神往和对现实人生的感怀，体现了海洋文学创作特有的艺术魅力。

第一章
中国海洋文化的曙光

　　在地球与人类的发展史上,沧海桑田的变迁,为人类社会的出现与海洋文化的产生提供了先天的环境与舞台。就中国沿海区域而言,数万年前,中国的渤海、黄海、东海的大部分地区曾一度是广阔的平原地貌,曾经孕育了石器时代文明。内陆不少地区,即使是今天的高原,如贵州高原,在远古时期也曾经是汪洋大海,虽几经变迁,但在孕育人类文明的历史上,也同样留下过海洋文化的印痕。

　　旧石器时代伊始,人类在与海洋的亲密接触中,留下了分布广泛的文化史迹。在中国沿海地区,从南到北,散布着大量的涉海生活遗址、遗迹,其文化内涵十分丰富。这些遗址、遗迹,向我们展示了滨海的先民们对滨海生活环境、滨海食用资源、滨海渔捞生业的初步认识,其与滨海活动有关的生产工具,对居住选址、海潮与台风以及海洋气候的认识,对近海区域交通的初步开拓等,都显示出海洋文化历史曙光的来临。

　　夏商周时期,人们对海洋的认识得到了进一步拓展和深化,呈现出多方位的特征,既有对海洋物质层面的认识,也有海洋精神层面的开拓。周王朝后期,尤其是春秋战国时期,沿海的诸侯国对于海洋的认识和开拓达到了前所未有的高度。以渔业和盐业为主体的海洋资源开发,成了国家经济基础的重要构成部分;无论是近海区域,还是远海区域,都出现了航海能力较强的海运船只,出现了征伐敌国的海战船只,从而为海洋疆域的开拓、守护以及跨海文化交流的产生和发展,奠定了广袤的地理空间和丰厚的历史基础。

第一节　史前海洋文化的遗迹

一　沧桑之变孕育的海洋文明[1]

在中国大陆和沿海,第四纪尤其是全新世以来的沧海桑田变迁所孕育的人类早期海洋文明,可以说是后世人类社会发展的基础,也是中国海洋文化产生与发展的前提。今天是沿海甚至是浩渺海洋的地方,在人类文明的早期有可能是陆地,甚至有可能是高原;今天是陆地甚至是高原的区域,在人类文明的早期又有可能是沿海,甚至是一片汪洋。对这一人类早期历史上沧桑海陆变迁的认识,对于我们全面了解人类早期海洋文化的全貌,改变现今不少人一提海洋文化就似乎只是限于沿海区域文化的狭隘、错误观念,具有不可忽视的意义。

在如今高耸的贵州高原,考古学家已经发现了距今上亿年的海螺化石。海螺化石发现于乌江岸边的贵州省沿河土家族自治县和平镇和平村廖家嘴,保存非常完整,虽然已经完全石化,但是螺纹清晰可见,化石洁白如玉。贵州省考古研究所研究员刘恩元指出:“整个贵州原来是一片汪洋,经过地质变迁才形成为陆地。”[2]

与海洋变陆地相反的是,昔日是陆地的地方,如今却成了汪洋大海。人们已经在今天某些海洋的底部,发现了曾经存在过的人类文明,有人把它称作人类的“前文明”。在太平洋北端底部,这样的区域被考古学界和史学界称为“三海平原”。

史学家齐涛曾系统研究过这一“三海平原”。他指出,第四纪冰期的最后一个冰期大理冰期,约开始于距今 10 万年以前,在约 9 万年前气温降至今天的温度水平,约 8 万年前降至比今天低 5℃,此后至 1 万年前,在约 7 万年的时间里,一直未超出这一温度,最低温度比今天低 10℃左右。温度的降低,使冰盖与冰川迅速发育,摄取了大量的液体水,使海平面下降了 100 多米。我国的渤海、黄海、东海的大部分地区变成了陆地,而且是良好的平原地貌,日本列岛和我国的台湾等岛屿也曾与亚洲大陆相连。[3]

---

[1] 本部分主要引见刘德增:《海洋底下的人类文明——关于人类“前文明”的探索》,《中国海洋文化研究》1999 年第 1 卷;王青:《环渤海地区的早期新石器文化与海岸变迁——环渤海环境考古之二》,《华夏考古》2000 年第 4 期。

[2] 《海螺化石距今上亿年》,《郑州日报》2004 年 1 月 2 日第 3 版。

[3] 齐涛:《外星人之谜》,山东大学出版社 1990 年版,第 254 页。

这一根据远古气温演变所作的关于"三海平原"的推测能否成立？他提出了三个证据。

证据之一：中国大陆的石器时代有一个缺环。

众所周知，我国分布着众多的旧石器遗址，无论在东北、华北、华东，还是在关中、江南，都有较多的发现。我国也分布着内容十分丰富的新石器中晚期遗址，如7000年前开始，华北有仰韶文化、北辛—大汶口文化和新乐文化，华南则以河姆渡文化与大坌坑文化为代表，这些文化都有比较发达的农业种植技术与手工业技术，动物饲养与艺术审美观念也较发达。但是，在我国的考古发掘中却存在一个缺环，即新旧石器之交的中石器时期遗址十分缺少，新石器早期的遗址也比较单薄。中国社会科学院考古研究所编纂的《新中国的考古发现和研究》一书指出："中石器时代的研究一直是我国考古工作中的薄弱环节，70年代以前，在黄河流域能初步定为中石器时代的遗存仅陕西沙苑一处。1974年，正式发表了多昌灵井的资料，1976年～1978年年又发掘了山西沁水下川遗址，发现了有明确层位的旧石器时代的遗存，日后这批资料的发表，将会促使黄河流域中石器时代的研究前进一步。黄河流域新石器时代早期的遗存，长期以来引人注目，发现了一点线索，但资料较少。只是近几年来，才有磁山、裴李岗、北首岭下层三处遗址的发现与进一步揭露。"但是，磁山、裴李岗与北首岭下层遗址，只是比仰韶文化等略早一点或相当，它们都不早于8000年前。这一数字引起我们极大的兴趣，因为从旧石器晚期到8000年前这一新旧石器的交接时代正处在大理冰期中，这种巧合决非偶然。

在偌大一块大陆上，分布有众多的旧石器文化与发达的新石器文化，为什么没有发现8000年前的新石器早期遗址？比较可信的答案就是：这些遗址主要分布在今天的渤海、东海与黄海一带，那里是那个时代我们祖先的活动中心。[①]

证据之二：长江的入海口曾在700千米之外。

我国海洋学家曾成开、朱永其等人曾对东海平原的范围进行了研究。他们认为长江口外的东海平原最远点曾延伸到东经128°以外，距今天的长江口约700千米。这一广阔的地区曾河网密布，仅长江分流的入海河流就曾有16个以上，这一平原的边缘地区是浅水环境，沉积物为富含有机质的泥，而后在上生长了芦苇，渐成为草丛泥沼，属陆相沉积。这样的平原地带十分适于人类居住。[②]

证据之三：渤海海底有一座古城遗址。

---

① 齐涛：《外星人之谜》，山东大学出版社1990年版，第257～258页。
② 齐涛：《外星人之谜》，山东大学出版社1990年版，第254页。

20 世纪 80 年代中期,中国国家海洋局的工作人员周彦儒等人在对渤海湾卫星图像进行解释时发现,多波段彩色合成卫星图像中,有一异常的矩形影像,中间有一中线将其分成两个方格。矩形影像南北长约 24 千米,东西宽约 20 千米,中心位置在大连西北方向约 79 千米处的渤海湾内。矩形影像异常的纵边与子午线一致,上下底边与纬度线平行,从经度和纬度上恰好都合 14′。因此,周彦儒等认为,这种巧合不像自然现象,而像是人类活动的痕迹,很可能是一座古代城池。他们搜集了有关的水下资料,从水深图中发现,有三条浅水带与影像三条纵边吻合。该区平均水深约 30 米,三条浅水带水深在 10 米~20 米之间,说明该异常为一正地形显示,这证明影像异常是高出海底的规则物体。①

地球上的气温,有时寒冷,有时温暖,处在不断的变化之中。比较寒冷的时期称为"冰期"。地球史上曾出现过 3 次大冰期,一次是 5 亿~6 亿年前的晚元古代大冰期,一次是 2.8 亿年前的晚古生代大冰期,最后一次是开始于 300 万年前,迄今仍没有结束的晚生代大冰期。每一次大冰期都可以分成若干个冰期和间冰期。大冰期中有相对温暖的时期。我们现在生活的时期就是晚生代大冰期中相对温暖的一个间冰期。目前的研究表明,晚生代大冰期中至少出现过 7 次冰期,最近的一次冰期是大理冰期。大理冰期开始于 10 万年前,在距今 1.8 万年时达到顶点,距今 1.2 万年时宣告结束,前后延续了 9 万年左右。大理冰期时代,全球性气温下降,造成了陆地上的冰川扩展与大洋中的海平面下降。我国的渤海、黄海、东海的大部分地区海水退去,变成了陆地,这就是"三海平原"。②

大理冰期在距今 1.2 万年时结束,之后,地球开始变暖,冰川开始融化,海水开始大规模地入侵"三海平原",因而形成了先民记忆中的那次"大洪水"。1 万多年前的这场大洪水,不仅淹没了东方的"三海平原",淹没了我们祖先在"三海平原"上发展起来的早期文明,而且淹没了大理冰期所形成的地球上的所有大陆以及这些大陆上的所有文明。

在波斯湾平原,阿拉伯海不断上涨的海水由阿曼湾涌入谷地,泛滥的幼发拉底河和底格里斯河的洪流也呼啸着扑向谷地中的苏美尔人。幸存者一步步地登上高地,在洪水过后的两河下游地区发展起了繁荣的苏美尔文明。

在地中海平原,随着大理冰期的结束,大西洋水开始冲越西边山冈,涌入东、西两个湖中。湖原本是人们的家园和挚友,此时却一下子变成了敌人。湖水猛涨,有增无减,洪水淹没了人们的居所,人们四处奔逃。日复一日,年复一

① 齐涛:《外星人之谜》,山东大学出版社 1990 年版,第 258~259 页。
② 齐涛:《外星人与宇宙文明之谜》,青岛出版社 1996 年版,第 91~92 页。

年,洪水漫山遍野地追逐着疲于逃命的人们。很多人被不断上涨的洪水围困而失去了生命。滚滚洪流,无遮无拦,越流越急,越来越高,没了树顶,漫了山冈,直到惊涛拍击着阿拉伯和北非的山岸,拍击着尼罗河畔的狮身人面像,这场大水才消歇下来。被洪水淹没了家园的幸存者,或者逃上了地中海北部的高地克里特岛一带,或者登上了非洲大陆。前者发展起了克里特文明;后者则与北非原有文化融合,发展起了古埃及文明,成了金字塔的建造者。①

我们迄今津津乐道的苏美尔文明、埃及文明、克里特文明,是劫后余生的第一代文明人创造的;开始于尧、舜、禹时代的中国文明,也是劫后余生的"三海平原"上的先民们创造的。还有玛雅文明,其创造者则是从"三海平原"上迁徙过去的。

约1万~2万年前,大理冰期发展到了顶点,黄海、东海平原与日本列岛相连,北海道岛连接起库页岛,千岛群岛连接起堪察加半岛,鄂霍次克海与日本海分别成了内海,西伯利亚东端与美洲大陆也紧紧地连接到了一起,圣劳伦斯岛成了新大陆的一部分,从今天的白令海峡到昔日的白令海之间是一块宽度达1000千米以上的白令陆地,从这儿可以顺利地到达后来玛雅人居住的中心地区中美洲,甚至更南。

这样,西起黄海、东海平原,经白令陆地,东到中美洲,出现了一个半圆形的陆上交流地带,这个半圆地带持续了约1万年。正是在这一时期和在此之前,东亚大陆中国文明的重心处在黄海与东海平原上。玛雅的先民可能与中国彝族人的先民处在同一位置,他们与居于黄海、东海平原中的其他部落一道,发展、繁荣了新石器文化甚至青铜文化。他们有大致相同的语言习惯、文字形式以及宗教、艺术思想。在距今1万~2万年期间,一个或若干个部落由于战争或其他原因离开故地,沿太平洋沿岸迁徙,进入了美洲大陆,成了玛雅人和其他印第安人的祖先。②

这些再次创造的文明,被第二代文明人视为"创世纪",实则在他们之前,还有一代文明——有人称其为"前文明"。③

如果我们从环渤海地区早期新石器文化与海岸变迁的关系来看海陆沧桑巨变的话,那么我们会从大量的考古地质资料和历史资料中获取许多启示。许多地质学家的具体研究,同样可以证明这一段海陆变迁与"前文明"的历史。

在距今25000年前后,我国北方迎来了气候寒冷的大理晚冰期,渤海海岸

① 齐涛:《外星人与宇宙文明之谜》,青岛出版社1996年版,第114页。
② 齐涛:《外星人与宇宙文明之谜》,青岛出版社1996年版,第98页。
③ 以上论述见刘德增:《海洋底下的人类文明——关于人类"前文明"的探索》,《中国海洋文化研究》1999年第1卷。

也开始从今河北献县一带迅速后退。对胶东半岛正东水深68.5米的陆相古土壤的C¹⁴测定为23250±150年①,对东海水深114米贝壳堤C¹⁴测定为23700±900年②,这说明至少在距今23000年前,海水已几乎全部退出了黄、渤海。在距今15000年前后(C¹⁴年龄14780±780年③)海面降至最低点后,又因冰期结束气候返暖,海岸线迅速向北推进,从而开始了对黄、渤海陆架地貌的新一次大规模塑造。耿秀山先生曾对黄、渤海地貌作过深入研究并划分了类型④,耿秀山、赵济⑤等人复原了距今12000年前后的海岸线,据此可知在距今12000年前后,海岸线大致在北黄海水深50米阶地一带,此时海水尚未进入渤海。

至此,我们对黄、渤海晚更新世至全新世前期的海陆变迁过程已有了一个比较清晰的轮廓:距今23000年前后,海水已全部退出黄、渤海;到距今12000年时,海水再次侵入北黄海至水深50米线附近;到距今10000年前后,开始进入渤海海峡;至8000年前后,尚未抵达现代海岸位置而处于现今至少10米水深线附近。此后海面受间冰期暖期的暖湿气候影响迅速抬升;到距今6000年前后,深入内陆达到最高海面。⑥

关于黄、渤海在裸露成陆期间的气候、植被状况,渤海中部水深27米Bc-1钻孔的孢粉组合是比较典型的说明资料⑦。据这一资料可知,在距今15000年前后的冰期最盛期,气候干冷,为稀树草原的植被景观,在距今12000年～8000年间,气候湿润,植被为以桦栎为主的针阔叶混交林—草原植被类型。该钻孔的孢粉组合反映了当时当地的自然环境,但也代表了周围一定区域尤其是陆缘区域的自然面貌,山东临淄后李遗址的孢粉组合即与之相同⑧。另外,环渤海地区现已发现的大量猛犸象—披毛犀食草动物群化石也能证明这一结论。盖培、卫奇早年曾报道过海底动物化石的发现⑨,后来戴国华又详为稽证⑩,总括起来主要有以下几点发现:今黄河口区海底的野牛,山东平度县北的披毛犀,大连柏岚港东南90千米海底的披毛犀、猛犸象,大连小平岛猛犸

① 王永吉等:《黄海陆架晚第四纪沉积物中的古土壤》,《海洋学报》1986年第8卷第4期。
② 朱永其:《关于东海大陆架晚更新世最低海平面的证据》,《中国科学》(B辑)1984年第6期。
③ 朱永其:《关于东海大陆架晚更新世最低海平面的证据》,《中国科学》(B辑)1984年第6期。
④ 耿秀山:《黄渤海地貌特征及形成因素探讨》,《地理学报》1981年第36卷第4期。
⑤ 赵济等:《胶东半岛沿海全新世环境演变》,海洋出版社1992年版。
⑥ 安芷生等:《最近2万年来中国古环境变迁的初步研究》,《黄土·第四纪地质·全球变化》(二),科学出版社1990年版。
⑦ 中国科学院海洋研究所海洋地质研究室:《渤海地质》,科学出版社1985年版,第175～181页。
⑧ 严富华:《淄博临淄后李庄遗址的环境考古学研究》,1994年打印稿。
⑨ 盖培等:《黄海平原冰冻时期古地理》,《地理知识》1979年第1期。
⑩ 戴国华:《旧石器时代晚期中日文化交流的古地理证据》,《史前研究》1984年第1期。

象,西距渤海湾 200 千米海底的披毛犀,长岛北隍城岛海底披毛犀,砣矶岛海底猛玛象、赤鹿角,大钦岛海底披毛犀,南长山岛海底安氏鸵鸟蛋,天津市区钻井披毛犀,天津东郊地层中的披毛犀,蓟县东矿井巨象,黄骅钻孔鲤鱼以及丹东凤城、东沟发现的最后鬣狗、野牛、野马、披毛犀等。这些发现告诉我们,陆化的黄渤海平原这一大草原上,还生息着以食草为主的猛玛象—披毛犀动物群。

那么,环渤海地区在距今 25000 年～8000 年所发生的沧桑巨变对我们究竟意味着什么呢?

它首先使我们认识到了旧石器时代晚期文化在这里的发展。目前虽然尚未在黄、渤海海底发现与古人类活动直接有关的遗存,但上述诸多动物化石的发现,已足能证明当时陆化的黄渤海平原上有人类活动。在此认识的基础上,并考虑到日本旧石器文化与我国华北的密切关系,裴文中先生曾明确指出:华北平原的旧石器晚期文化应是通过黄渤海平原传入日本的。① 由此可以说,黄、渤海地区早在旧石器时代晚期,就已是我国北方地区重要的人类活动中心之一,而且借助黄渤海平原,实现了向东的拓展迁移(山顶洞人的海蚶壳饰品就很可能是通过黄渤海平原的其他人类群体辗转而来的②)。

还有学者根据胶东半岛的情况提出,新石器文化可能就是以渔猎采集方式在各种资源丰富的沿海地区起源的。③ 在分析了这些情况之后,我们不能不注意到现代黄、渤海海域在环渤海新石器文化起源进程中的时空位置。这是因为,不仅当新石器文化起源时黄、渤海已成陆化平原,而且早在旧石器时代晚期,这里就已成为人类繁衍生息的重要地域;同时,更为重要的是,在晚更新世末期,渤海中部还存在着较大面积的"渤海湖"。④ 如同我们不能设想旧石器时代晚期陆地黄、渤海没有人类活动一样,设想距今 12000 年～8000 年间这里没有人类活动,同样是没有道理的。由此可知,正当环渤海新石器文化起源之时,陆地黄渤海平原应是人类活动的重要之地。

明了了黄、渤海地区在更新世和全新世之交所发生的情况,再来看目前已知的早期新石器文化所表现出的种种文化和地理现象。如前所述,距今12000 年前,海水尚在今北黄海 50 米水深处,在距今 10000 年前后,海水开始穿过海峡侵入渤海,到距今 8000 年前后,海水到达现今渤海 10 米水深附近。这一海岸变迁过程不仅重新塑造了海底自然地貌,还使创造原始筒形罐、圆底

① 裴文中:《从古文化及古生物看中日的古交通》,《科学通报》1978 年第 12 期。
② 王青:《山顶洞人海蚶壳饰品来源探讨》,《博物馆研究》1994 年第 3 期。
③ 王锡平:《胶东半岛在东北亚考古学研究中的地位》,《青果集》,知识出版社 1993 年版。
④ 见中国科学院海洋研究所海洋地质研究室:《渤海地质》,科学出版社 1985 年版,第 32 页。该书同时说明"到目前为止,尚不能准确确定渤海湖的范围"。

釜的先民们面临着海水不断淹没生存空间的严峻挑战,伴随着海水不断向西挺进和南北涨溢,先民们也经历了不断向西迁移、向南北后退的复杂过程。

根据以上所述,可得出如下结论:

(1)迄今已知环渤海早期新石器文化遗址大多发现于沿海地带,呈现面海分布的地理特点,使人看到了一条由沿海向内陆发展的迹象。

(2)环渤海的已知早期新石器文化,基本可划分为筒形罐和圆底釜两大文化系统,而且在跨现代海域的东西和南北方向上有着较为广泛的文化联系,有的甚至在文化上同步发展。这使人想到两大系统原本可能在地域上曾互相连接。

(3)正当黄、渤海发生这一沧桑巨变时,环渤海地区正是新石器文化起源之时,已知的早期新石器文化可以跨海连成一片,且其遗址都是面海分布,这就使人有理由相信,当时裸露成陆的黄渤海平原及其周缘地区,应是起源阶段的原始筒形罐和圆底釜两大系统先民的重要活动场所。由当时的黄渤海平原古地貌看,这两大原始文化系统当是以古黄河河道、渤海湖至渤海海峡为界南北对峙分布。

(4)地质上的证据表明,渤海和北黄海在更新世和全新世之交是陆地,海水直到距今 8000 年前后尚处在现今海平面下 10 米水深的位置。8000 年以来该区域的社会文化发展,在这一真实的地理背景上,一直伴随着海侵的速度而向周边的大陆不断延伸,最终形成现在的格局。这就是说,坏渤海、黄海区域,不但在现代人类文明的早期是海洋文明的中心,而且在其后长期的发展历史上,一直与海洋结下不解之缘。[1]

由以上所述可以看出,今天中国的海陆分布在几万年以前,甚至在 8000 年以前是不同的。环渤海、黄海文明即使是 8000 年以来的历史,也是与今天的环渤海、黄海文化圈大为不同的"大海洋文化圈"或"泛海洋文化圈"的概念。

二 远古海洋文化遗迹的考古发现[2]

东北亚地区自西伯利亚、蒙古、中国华北、日本列岛及朝鲜半岛在近半个世纪以来晚期旧石器文化的发现,有了长足的进展。据最近统计,日本列岛 1 万年前细石器文化的遗址就已超过 1000 个。[3] 日本加藤晋平教授所主张的日本北部湧别技术细石叶工艺与荒屋型雕刻器文化组合所代表三文鱼捕捞技

---

① 以上论述引见王青:《环渤海地区的早期新石器文化与海岸变迁——环渤海环境考古之二》,《华夏考古》2000 年第 4 期。

② 引见邓聪:《海洋文化起源浅释》,《广西民族学院学报》1995 年第 4 期。

③ 橿原考古学研究所编:《一万年前を掘る》,吉川弘文馆 1994 年版。

术扩散的假说,愈来愈受到重视。① 同样的细石叶技术及雕刻器,在西伯利亚贝加尔湖以东、中国东北如十八站遗址、朝鲜半岛水扬介遗址均有发现。

在中国辽阔的土地上,旧石器时代人类以海洋为生活资料来源的活动资料,目前所知仍然有限。从中国的岛屿着眼,很自然联想到台湾省八仙洞长滨文化的问题。八仙洞是位于台湾省东部海岸的十几个海蚀洞穴。1968 年~1971 年间,台湾大学学者先后几次发掘其中的乾元洞、海雷洞、永安洞和潮音洞。从这些洞穴发现了大量的石器群,李济先生名之为长滨文化。除石器文化外,由潮音洞先陶文化层出土了许多兽鱼骨,但尚未经过鉴定。可惜迄今潮音洞先陶文化层出土的鱼类种属、个体数、部位、年龄等详细资料仍未发表。宋文薰教授指出,“潮音洞的先陶文化层中,包含非常丰富的骨鱼器”,“而且骨鱼器之绝大多数很可能是捕鱼用器”,同样的渔具在法国旧石器晚期 Grimaldi 洞穴中也存在。② 据宋教授所提供的资料,长滨文化年代 C^{14} 数据的 5240±260、5340±260、4970±250、4870±300 四个资料,均集中于距今 5000 年前后。宋教授曾补充说,乾元洞内堆积的 C^{14} 年代测定在 15000 年以前。究竟现今所发现的代表长滨文化的器物和兽类鱼类化石等,其年代是否均超过 1 万年,还有待于考古工作者的进一步研究。在中国大陆旧石器时代能与海洋文化有明显关系的资料并不多,其中最值得注意的是北京周口店山顶洞文化的发现。

早在 1939 年,有“中国旧石器之父”美誉的裴文中教授就在其发表的《周口店山顶洞之文化》③报告中指出,在山顶洞下层文化洞穴西部曾出土三件穿孔的海贝,经鉴定属于 Arca,同类贝在中国东部沿海有广泛的分布。然而,周口店山顶洞至东海最近距离尚有 200 多千米。

还有在堆积内洞内发现有鱼类脊椎骨化石及穿孔的鱼骨。鱼骨鉴定,3件 Abdominal vertebrae 来自同大型鱼类 Teleostei (Cyprinus carpia),6 件 Caudal vertebrae 来自中型鱼 Teleostei。周口店山顶洞的年代测定数据为10770±360bp. ZK136-0(1),安志敏先生推测为距今 20000 年~10000 年。虽然自 1939 年至今已达近 70 年,在中国旧石器时代遗址里仍然以山顶洞出土的贝壳化石最受注目,它清楚地说明了我国海洋文化最迟在旧石器时代晚期已经开始。后来,辽宁小孤山又发现了旧石器时代的骨制渔叉。尽管这些发现不一定与海洋文化相关,但即使是人类在全新世以前在内水(河川、湖泽等淡水领域)的渔捞活动的证据,同样也是值得注意的。总之,中国在旧石器时

---

① 加藤晋平:《日本人はにからまたか -东アッアの旧石器文化》,岩波新书 1988 年版。
② 宋文薰:《长滨文化(简报)》,中国民族学会 1969 年版。
③ 裴文中:《周口店山顶洞之文化》,《中国古生物志》总 120 号,1939 年版。

代晚期,就开始有了人类对海洋资源开发利用的行为。

关于中国新石器时代的海洋文化,在过去的半个世纪中,有关的资料及综合的论述不多。这可能是由于我们过去比较偏重于内陆新石器时代方面的研究。近一二十年来,随着东部沿海新石器时代文化研究的开展,岛屿的考古学有了明显的变化。辽宁长山群岛、山东庙岛群岛、浙江舟山群岛、福建金门岛、台湾澎湖列岛、环珠江一带岛屿及海南岛等地,都发现过距今6000年前后的人类生活痕迹。这些资料使我们相信,在距今6500年前或更早的阶段,北起辽东半岛,南至广东、海南岛沿岸一带,史前人类都曾有过频繁的海上航行活动。譬如在珠海地区,在三灶岛、大小横琴、淇澳岛、高澜岛等地,近数年来,在广东省文物考古研究所及珠海市博物馆考古工作者的努力下,发现了大量考古学资料,为南海史前海洋文化研究提供了极其重要的根据。这些新的发现,均是我们过去所梦寐以求的。近10年来,从港澳地区到环珠江口地带,考古学有了突飞猛进的发展,这是有目共睹的事实。1991年及1994年,香港中文大学中国文化研究所中国考古艺术研究中心召开了两次"南中国及邻近地区古文化研究国际会议",同样均涉及南海的史前海洋文化探讨。1994年,邓聪与黄韶璋共同发表了《大湾文化试论》①一文,就是尝试就环珠江口沿岸及岛屿五六千年前新石器时期文化的分布、分期、文化的内涵特征、航海技术及源流等问题进行初步的分析。文章指出大湾文化的遗址有20多处,其中9个岛屿位于沿海,另外还有11个沙丘遗址。自珠江口一带至粤东海岸及珠江口外星罗棋布的小岛,都是大湾文化的分布范围。令人惊奇的是,其规模足以与现今珠江口一带的水路交通范围媲美。大湾文化的主人,必定已掌握了相当先进的水上交通技术,从而能够克服江河及海洋的阻隔,与四邻部落展开密切的文化交流。②

（一）南中国海沿海及岛屿的远古海洋文化遗迹③

对南海地区尤其是环珠江口地区大湾文化的探讨,意味着对作为中国新石器时代一个分支的海洋文化研究的开始。现在,五六千年前环珠江口地区

---

① 邓聪、黄韶璋:《大湾文化试论》,《南中国及邻近地区古文化研究》,中文大学出版社1994年版,第395～450页。

② 邓聪:《海洋文化起源浅释》,《广西民族学院学报》1995年第4期。

③ 引见邓聪:《海洋文化起源浅释》,《广西民族学院学报》1995年第4期;安京:《中国古代海疆史纲》,黑龙江教育出版社1999年版;海南省文物考古研究所:《海南省近五十年文物考古工作概述》,《新中国考古五十年》,文物出版社1999年版;杨式挺:《从考古材料看香港与祖国内地的历史关系》,《岭南文物考古论集》,广东地图出版社1998年版;黄鸿钊《澳门史》中有关澳门古文化的论述,福建人民出版社1999年版。

新石器时代的文化面貌,已经开始显出一点端倪。我们希望中国东南地区特别是福建、台湾、广东、广西、海南与印支半岛如越南的考古工作者能够共同联手,对南海地区的海洋文化做出一个更综合、更全面的考察。①

在广西,由于海岸线较短,贝丘遗址分布于沿海地区的较少,大多集中在内陆地区的河流附近。在沿海的贝丘遗址中,典型的是广西东兴(现为广西防城县)贝丘遗址,它包括杯较山、亚菩山、马兰嘴山三处。

广西东兴贝丘遗址,是华南较早挖掘的贝丘遗址。亚菩山、马兰嘴山和杯较山三处遗址,均位于河流入海处的山冈或小岛上。三处遗址处于同一时代,是新石器时代中期的遗存。在遗址黄色细砂土下含有大量贝壳,主要是牡蛎、文蛤和魁蛤等海产贝类。石器往往是通体磨光的,包括斧和锛等,其中也有"有肩"的,说明了石器的进步性。在石器中有一种专门采蚝用的工具——"蚝蛎啄"。专家认为蚝蛎啄打制技术相当成熟,器形十分规整,说明采集贝类已成为当时人们的主要生产活动。②

海南是中国最南的省份,濒临南海,北隔琼州海峡与雷州半岛相望。与中国内陆一水之隔的地缘关系,使得海南在史前时期已有了人类活动。考古工作者在海南发现了一大批自新石器时代以来各个历史时期的遗址、遗迹和遗物。

海南最早的人类生活遗迹,是三亚市的落笔洞遗址。它位于三亚市东北约10千米处的一座石灰岩孤山的南面。20世纪80年代初,广东省考古工作者在这里发现了含有螺壳、蚌壳及小哺乳动物化石的灰色胶结层堆积,认为这是一处时代较早的人类活动遗存。③ 海南建省后,海南省文物管理委员会办公室与海南省博物馆于1992年~1993年发掘了这处重要的洞穴遗存。洞内三层堆积物中,以第2层灰色砂质土为主要的文化层堆积,其中除发现人牙化石及较多哺乳动物等动物化石外,还出土了一批石、骨、角制品等遗物及用火遗迹。石制品多用火山岩和黑曜石为原料,以单面打击为主,多采用直接锤击法加工,分为砾石石器和石片制品两大类。器形有砍砸器、敲砸器、刮削器、尖状器和石片等。加磨石器仅见穿孔石器一种,未见刃部加磨或通体磨光的石器。骨、角制品基本利用切割、打击和刮磨相结合的加工方法,器类主要有铲、锤、锥、镞等,少量骨锥为通体磨光。发现的13枚人牙化石分别代表了老年、中年和青年三个阶段的个体,属晚期智人。出土的动物化石中,除部分爬行

---

① 邓聪:《海洋文化起源浅释》,《广西民族学院学报》1995年第4期。

② 安京:《中国古代海疆史纲》,黑龙江教育出版社1999年版,第15页。

③ 王克荣:《海南岛的主要考古发现及其重要价值》,《海南黎族苗族自治州民族博物馆馆刊》创刊号,1987年。

类、鸟类外,哺乳动物主要有华南虎、亚洲象、豹、熊、鹿、麂、水牛、羚羊、豪猪、猕猴、野猪、果子狸等 8 目 45 种。发现的螺、蛤类水生动物数量极多,堆积十分密集,计 7 目 24 种。经 C^{14} 测定年代为距今 10890 ± 100 年和 10642 ± 270 年。[1]

落笔洞洞穴遗址的特征主要是:①堆积物含大量螺、蛤、蚌壳;②人类牙齿属晚期智人,与其共生的哺乳动物化石几乎全是现生种;③文化遗物有石、骨、角制品,无陶器;④石制品用锤击法加工,多为单面打击;⑤经济生活以狩猎、捕捞和采集为主。

落笔洞遗址存在着某些自己的文化特点和地方风格,或许代表了不同地域的洞穴文化。在年代发展时序上,落笔洞洞穴遗址当处于旧石器时代末期至新石器时代早期的衔接阶段,凸现出较明显的文化过渡特征和性质。

从其地理环境考察,江河两岸的台地遗址、山坡遗址分布很广,数量较多;海滨、部分岛屿及河流入海口则分布有沙丘遗址、贝丘遗址。上述遗址分布偏重在海南南半部地区,北半部除个别市县有少数遗址外,多仅见遗物点分布。遗址一般分布范围不大,地表遗物较少,文化层堆积较薄且内容简单。这可能反映了海南新石器文化的发展,在一定程度上受到岛屿地理环境和自然条件的影响,表现出比较缓慢且滞后的特点。初步分析,海南新石器时代遗址大致可分为早、中、晚三个发展阶段,其中晚期遗址较多,中期遗址次之,早期遗址甚少。[2]

新石器时代早期的贝丘遗址仅在东方、乐东等市县有少量发现,其中东方市新街遗址是较重要的文化遗存。[3] 遗址在东方市北黎河入海口右岸较高的沙地上。文化层厚为 0.5 米～1.0 米,内含大量螺壳、兽骨及陶器、石器等遗物。发现的陶器均为手制夹砂粗陶,灰褐色为主,未见泥质陶;器类单一,见到的器形仅有圜底罐和圜底釜,均敞口、鼓腹,除素面外,有的饰绳纹。石器多以砾石为材料,采用交互打击法制成。磨制石器很少;器形甚少,仅有砍砸器、斧状器,前者器身略呈椭圆形,后者略似梯形。说明当时的人们主要从事捕捞、采集等经济活动。新街贝丘遗址的文化面貌与三亚落笔洞洞穴遗存有一定的区别,在时间上要晚些,与广东潮安石尾山、陈桥村[4]及广西防城亚菩山、马兰嘴山[5]等新石器时代早期贝丘遗址的文化内涵则有一定的相似之处。

① 郝思德、黄万波:《三亚落笔洞遗址》,南方出版社 1998 年版。
② 郝思德:《海南史前文化初探》,《东亚・玉器——庆祝中国考古艺术研究中心创立二十周年论集》,香港中文大学,1998 年。
③ 陵水黎族自治县博物馆:《陵水黎族自治县博物志》(待刊)。
④ 广东省文物管理委员会:《广东潮安的贝丘遗址》,《考古》1961 年第 11 期。
⑤ 广东省博物馆:《广东东兴新石器时代贝丘遗址》,《考古》1961 年第 12 期。

　　新石器时代中期文化遗存，与早期相比，分布范围有所扩大，遗址面积也较大，文化层堆积增厚，出土遗物较为丰富，磨制石器开始流行，除夹砂粗陶外，已有泥质陶，器类明显增加。沙丘遗址较多，贝丘遗址和山坡遗址少些。这一时期的沙丘、贝丘遗址多分布在南部滨海沙丘地带，山坡遗址则主要在中部及北部江河沿岸及丘冈地区。

　　新石器时代晚期遗址大都属于台地和山坡类型，广布于全省江河及其支流的阶地或附近的坡地、山冈上，数量明显增加，但遗址面积一般不大，沙丘遗址较少。这类遗址的文化特征有：①磨制石器增加，多为通体磨光，器类很多，常见的有斧、锛、铲、凿、镞，另有少量犁、矛、戈和网坠、砺石、纺轮、杵等。②从近邻江河的台地、山坡遗址出土的大型石器工具看，当时人们已开始从事原始农业生产；石镞、石戈及兽骨的发现，又表明狩猎活动在经济生活中仍占一定比重。沙丘遗址较少发现大型石器，说明原始农业生产的发展较滞后，仍以渔猎经济为主。①

　　可以看出，三亚市的落笔洞遗址作为海南最早的人类生活遗迹，有着丰富的海洋文化因素。堆积物中含有大量的螺、蛤、蚌壳，文化遗物有石、骨、角制品，用锤击法加工石制品，以及以狩猎、捕捞和采集为主的经济生活形态等，都表征着这座中国最南的大岛屿在旧石器时代末期至新石器时代早期的衔接阶段，即有了人类的涉海生活。而新石器时代以来的遗址不断增多，海滨、部分岛屿及河流入海口分布着不少的沙丘遗址、贝丘遗址，堆积中出现大量的螺壳、贝壳以及网坠等，更是人们涉足海洋、认识海洋的反映。

　　在广东沿海的史前海洋文化遗迹中，珠江三角洲地区的海洋文化遗迹最具有代表性。

　　从调查发掘的情况看，沙丘遗址集中于深圳、珠海、中山、香港和澳门等珠江三角洲南部沿珠江口两岸及附近岛屿的沙滩、沙堤、沙洲之上。到目前为止，已发现的沙丘遗址超过 80 处。按地理位置可分为海岛型和海岸型两类。沙丘、贝丘遗址的分布有着明显的区域差别，但也存在着许多共性，如遗址多在河海沿岸，接近河流交汇处或河海交汇处，这些地方不仅水源充足，而且水产丰富，可以提供充足的食物资源；遗址前为平地，或湖泊沼泽，或沉积平原，背面、两侧环山，根据当时的气候环境，可以想见这里丛林茂盛，动物繁多，是人们从事采集、狩猎、捕捞以获取生活资料的理想场所；遗址地势突起，高出河面、海面，可以免受洪水泛滥和海潮淹没的灾害，等等。因此，不难想象，两类遗址都处在非常优越的地理环境之中。

----

① 引见海南省文物考古研究所：《海南省近五十年文物考古工作概述》，《新中国考古五十年》，文物出版社 1999 年版。

珠江三角洲地区存在的丰富的沙丘遗址和贝丘遗址,数量多,范围广,表征着生活在这些沿海地区人们的早期生活面貌。

香港史前的人类活动范围是整个珠江三角洲人类活动范围的一部分。其史前的人类活动特征也是相同的。

考古资料显示,早在公元前4000年,已有先民在香港活动。目前发现的新石器中期(公元前4000年～公元前2500年)的遗址有春坎湾、大湾、深湾、芦须城、蟹地湾、大浪湾、东湾、虎地湾、过路湾、深湾禁、铜鼓洲、龙鼓滩、勇浪遗址等,大部分在沿岸地区海湾内的沙堤上。这种沿岸聚居的生活模式,说明了香港最早期的居民主要以海洋为生。从遗留下的陶质炊煮器与盛食器,以及砍砸、刮削、尖状器与环、玦等装饰物看,当时先民过的是简单的渔猎生活。①

香港至今尚无发现旧石器时代遗址,似亦未发现距今7000年～10000年的新石器时代早期遗址。香港有人类活动生息的年代,目前可追溯至距今6000年左右。在香港新石器中期文化遗存中,第一期文化的特征有:普遍出现彩陶圈足盘、少量白陶盘和大量夹砂陶器。石器以磨光小型锛、斧为特征,开始出现有肩型锛、斧,还有较多的各种砾石器、少量网坠。还有一种长方形扁平体石工具,一面或两面有多条沟道,一种意见认为是石拍,作为拍印陶花纹之用,另一种意见认为是拍打植物树皮纤维做衣服布料,叫树皮布石拍,这是环珠江口沙丘遗址的一个独特文化因素,今天生活在台湾、环太平洋岛上的一些土著民族仍在使用。② 此时磨制石器数量增多,磨光和钻孔技术有了改进提高;器形种类多,形体增大,可适应生产发展的需求。石器多种多样,包括锛、斧、镞、石锤、砾石、网坠、石锚和石钻等。石屿山沙螺湾海滩出土了一件椭圆形砾石,中间凿刻凹槽,用以绑系绳索,长23厘米,宽19厘米。这种硕大厚重比一般网坠大的砾石,被称为石锚,年代为公元前2900年～公元前2200年之间。环珠江口沿海沙丘、沙堤自新石器中期以来,发现大小各式石网坠特别多,涌浪还发现有骨锥和骨针,是该地区古代居民以渔猎捕捞经济为主的一个特色表现。

另外,在珠海香山菱角咀、东澳湾、平沙、虎门村头、河宕、灶岗、高要茅岗、三水银洲等地,也都发现了人类居住的遗迹。虎门村头发现六座房子,106个灰坑、窖穴。茅岗发现的水上木构建筑,结构可基本复原,是岭南干栏式建筑

---

① 韩伟:《香港考古纪实》,《考古与文物》1999年第5期。
② 参看邓聪等:《大湾文化试论》,《南中国及邻近地区古文化研究》,中文大学出版社1994年版,第395～450页;凌纯声:《树皮布印纹陶与造纸印刷术发明》,台湾中央研究院民族研究所1963年版,第229～245页。

的最重要发现。三水银洲早、中、晚三期都有房子遗迹存在,年代在距今 4200年～3500年间。这个时期的房子都是小房子,面积在 30 平方米～40 平方米。这些发现,说明珠江三角洲贝丘遗址比沿海沙丘遗址有着更多更大面积的定居聚落和墓葬群,而且有更多的陆生动物(家养牛、鹿、象、家养猪和狗等)和水生海生鱼类、龟鳖、介壳类以及角、骨、牙(含象牙)、蚌蚝质工具与装饰品。从当时的居民体质特征及陶器石器的特点,可以证明香港与珠江三角洲是相同或类似的。[1]

目前国际学者所热切关注的问题之一,是三四千年以前人类在东、南沿海人种和文化交流与扩散的历史探索。在澳门黑沙发现了石玦石环作坊的遗物,同样的文物在越南南部的同奈省、北部海防省以及中国珠江三角洲如珠海、深圳、香港及台湾等地都有发现。3000 年～4000 年前,人类沿台湾海峡以至印支半岛南部沿海,已形成了一个具有一定文化关系的网络。澳门黑沙的发现,对古代东南亚沿海海洋文化交流了解提供了一个重要环节。[2]

澳门早期人类活动的范围也是整个珠江三角洲人类活动范围的一部分。据考古发掘,澳门境内从新石器时代起就有了人类活动的文化遗址。

澳门本是香山县的一部分,它的历史文化渊源于香山。"香山,水国也。"它是古伶仃洋的一个海岛。据考古发掘,境内有新石器时代文化遗址,出土的石器、彩陶、夹砂陶等器物,表明 5000 年以前已有土著古越族人在香山岛居住,过着渔猎生活。

远在 5000 年之前,澳门所在的珠江三角洲地区南端,海岛遍布,岛上海岸沙堤内侧背山面海,有古泻湖和淡水河。这种环境十分适宜于古代先民的生活。广阔滩涂带来丰富的海洋生物,且澳门位于珠江口西岸,咸水和淡水相交,适合多种鱼虾生长。这里是亚热带海洋性气候,温暖湿润,岛上草木丛生,四季常青,有丰富的动植物资源。在这种情况下,澳门先民的经济类型以渔猎和采集为主。1985 年,路环岛黑沙发现 5000 年前的新石器遗址,出土的石器有石英、石芯,有沟砺石和打制砾石工具,还有 36 片石英和火成岩石片。陶片有 5000 片之多,上有刻纹、席纹、条纹、编织纹等 114 种,主要为红陶,也有若干白陶。陶片上有红彩刻画及镂孔,还有绳纹。所有陶片的纹饰风格均为波浪纹、水滴纹。这是海港文化的基本特色,说明 5000 年前澳门地区的先民们主要靠渔猎生活。澳门新石器遗址出土文物,与香山南部海岛古文化完全相

① 杨式挺:《从考古材料看香港与祖国内地的历史关系》,《岭南文物考古论集》,广东地图出版社 1998 年版,第 332～350 页。
② 杨式挺:《略论澳门黑沙史前文化与珠江三角洲史前文化的密切联系》,《澳门教育、历史与文化论文集》,《学术研究》杂志社,1995 年广州,第 81～99 页;邓聪等:《澳门黑沙》,香港中文大学出版社 1996 年版。

同。澳门附近的7处遗址——淇澳岛后沙湾遗址、东澳湾遗址、三灶草堂湾遗址、前山南沙湾遗址、香洲菱角咀遗址、平沙堂下环遗址、水井口遗址，与澳门一样，也都是古沙丘遗址；地理环境、出土文物、文化特征均相同，同是渔猎文化。①

（二）台湾岛及福建沿海的远古海洋文化遗迹②

台湾是中国第一大岛，与祖国大陆一水相连。台湾与福建隔海相望，最近距离仅130千米，语言相通，习俗相同，骨肉相亲。台湾自古以来就与祖国大陆有着悠久的历史渊源关系。早在石器时代，台湾岛上就生活着人类，形成了台湾的早期文化。台湾与大陆毗邻的地理和相同相近的生态环境，尤其是越人娴熟的操桨驾舟技艺，更使这里成了海上文化交往的重要区域。早在1943年，日本学者金关丈夫和国分直一就曾指出，台湾的史前文化中有经过大陆东南沿海传入台湾的南方要素。③ 鹿野忠雄也主张"台湾先史文化的基层是中国大陆的文化，此种文化曾分数次波及台湾"④。

台湾迄今发现的年代最早的新石器时代文化，是以台北县八里乡大坌坑遗址命名的大坌坑文化，距今年代约为5000年～7000年。⑤ 美国著名考古学家张光直认为大坌坑文化的主人同大陆东南海岸的河姆渡文化一样。⑥ 还有学者推测，台湾大坌坑文化很可能是演变自以江西万年仙人洞也许还有广东内陆的翁源和灵山以及北越的一些遗址为代表的新石器时代早期文化的华南新石器时代中期地域性文化之一，可称为"越海岸新石器时代文化"⑦。有学者明确提出早在大坌坑文化之时，大陆的东南和华南地区就同台湾有了文化交往；也有学者认为这种主张证据尚嫌不足，他们认为大坌坑文化与大陆史前文化，是在两地相似的生态环境下出现的文化趋同现象，当时先民所能具有的地理和航海技能目前尚不清楚。

如果说大坌坑文化同大陆已有文化接触之说尚有待今后的考古发现加以确认的话，那么继其之后分布在台北地区的芝山岩文化（距今约4000年～3000年）和圆山文化（距今约4200年～2000年）以及分布在西海岸中部的营

① 黄鸿钊：《澳门史》，福建人民出版社1999年版。
② 引见林华东：《越人向台湾及太平洋岛屿的文化拓展》，《浙江社会科学》1994年第5期；臧振华：《中国东方海岸史前文化的适应与扩张》，《考古与文物》1999年第3期。
③ 金关丈夫：《台湾先史时代北方文化的影响》；国分直一：《有肩石斧、有段石锛及黑陶文化》，均见《台湾文化论丛》第1辑，1943年。
④ 鹿野忠雄：《台湾考古学民族学概观》，宋文薰译，台湾省文献委员会出版1955年版。
⑤ 臧林华：《试论台湾史前史上的三个重要问题》，《台湾大学考古人类学刊》1989年第45期。
⑥ 张光直：《中国东南海岸的"富裕的食物采集文化"》，《上海博物馆集刊》第4辑，1987年。
⑦ 臧林华：《试论台湾史前史上的三个重要问题》，《台湾大学考古人类学刊》1989年第45期。

埔文化(距今年代为 3500 年～2000 年)和台南地区的凤鼻头文化(距今年代为 4000 年～3000 年),已同大陆有着海上交往则是毋庸置疑的事实。庄礼强通过对福建闽侯县昙石山文化的全面研究和比较指出,昙石山文化与圆山文化及凤鼻头文化中的陶器,无论是制作质料、颜色、工艺,还是彩绘纹饰和头部,都很相似,两地所体现的生产力发展水平也很相近。① 在台北芝山岩、台中营埔里、台南屏东垦丁等遗址中都发现过炭化稻米,说明其时大陆稻作农业已传播到了台湾。尤其是芝山岩、圆山和凤鼻头诸文化遗址中,普遍发现的彩绘陶片、有段石锛、有肩石斧、半月形石刀、贝壳饰品及几何形印纹陶等,都是浙、闽、粤新石器时代晚期至青铜时代的常见之物。如台湾所见的彩绘陶,在浙南的瑞安山前山,福建的寿宁、福安、周宁、闽侯县石山、福清东张、厦门灌口等地都有出土。

黄士强教授曾列举芝山岩出土的彩绘陶和陀螺形木器、黑皮陶、红衣陶、骨镖、角质鹤嘴锄及钩状器等,与河姆渡文化、马家浜文化、良渚文化中的同类进行对比,认定"在台湾找不到芝山岩文化的祖型",上述"要素不应是独立发生的,而是传播的结果","它的持有人来自中国东部或东南沿海,尤其是浙闽地区的可能性很大"。②

除此之外,台东卑南文化墓地出现的拔牙、猎头及西海岸中部番仔园文化流行以陶器覆盖死者头部的习俗,台湾各地发现的靴形石器及其后的干栏式房屋、文身习俗等等,均应是大陆越文化传播的结果。圆山文化和卑南文化屡见的那种外缘带有四个小突块(或称花边)的块形耳饰,不但在广西田东锅盖岭、平东银山、广东曲江石峡和香港大湾遗址中可找到其渊源所在,而且在浙江衢州西山西周土墩墓中也有发现。③ 圆山文化出现的有肩石斧,更向人们昭示了它同广东沿海和香港地区的亲缘关系。不过,我们应注意到台湾普遍发现的有段石锛大多属台阶型和凹槽型,有的横断面呈梯形,也有少数近似三角形,显属有段石锛晚期的形式或变种,而且有的往往同有肩石斧、彩绘陶及至印纹陶共存。结合良渚文化之时已有筏和大型独木舟的情状,林华东主张台湾与浙南、福建、粤东沿海先民的海上文化交往,最早当不超过 5000 年前。④

福建沿海地区与琉球群岛之间的交通,可能早在五六千年前的新石器时代就有了。在福建与广东沿海的某些史前遗址发现的指甲印纹陶器,也在琉

---

① 庄礼强:《昙石山文化的生产方式与邻省区同期原始文化的异同》,《南方文物》1993 年第 1 期。

② 黄士强著:《台北芝山岩遗址发掘报告》,台北市文献委员会印行 1984 年版。

③ 宋文薰:《论台湾及环中国南海史前时代的玦形耳饰》,台湾《中央研究院第二届国际汉学会议论文集》,1989 年。

④ 以上引见林华东:《越人向台湾及太平洋岛屿的文化拓展》,《浙江社会科学》1994 年第 5 期。

球诸岛上出现。金门岛的金龟山遗址中就有这类陶片,其年代距今约7600年。也许早年的这种交流现象是某种很偶然的事件(譬如船只在海上漂流)所造成的结果,然而总有事件会发生的条件存在。①

福建地区发现的旧石器时代人类和文化遗存甚为稀少。1987年,福建东山文化馆征集到一批从东山岛海域捞起的更新世哺乳动物化石和一件经鉴定为更新世晚期或全新世早期的人类右侧肱骨化石。1988年,福建省考古队与三明市文物普查队在清流县沙芜乡洞口村狐狸洞采集到一枚距今1万年以上的晚期智人牙齿化石,翌年经过发掘又采集到了5枚。1989年曾五岳在漳州市北郊采集到一批石块,经鉴定为打制石器。之后他又在漳州市北郊的更新世台地上,找到石器地点17处,标本300余件。这些打制石器分别出自晚更新世中期(距今约4万年~8万年)、晚更新世晚期及全新世早期(距今9000年~13000年)。1990年,福建省博物馆、漳州市文化局和中国科学院古脊椎动物与古人类研究所对此地进行了发掘,并在漳州市辖的几个县做了调查,发现了属晚更新世中期的旧石器地点两处,属晚更新世晚期到全新世早期的所谓"漳州文化"地点118处,分布范围包括漳州市、平和县、龙海县、东山县、照安县及龙岩地区的适中等地。② 这些发现证明了福建地区至迟在距今4万年前已有旧石器时代的人类和文化存在,不过详细的内涵,还有待更多的研究。

福建新石器时代的遗址已发现了1000多处,但是经过仔细调查或发掘的并不多。目前所发现的最早的新石器文化遗存是富国墩贝冢遗址。这个遗址位于金门岛的最东边,范围约20平方米,是已故台湾大学地质系教授林朝棨于1968年发现的。贝冢厚约60厘米,所含贝类都属于潮间带岩礁和浅水中的种属。出土的文化遗物有陶片、凹石、石把手(可能是残破的石锄)和兽骨片。陶片有红色陶和黑色陶,纹饰以贝印纹和指甲纹为特征。从贝冢的底部、中部和顶部分别获得的C¹⁴年代推测,这个遗址的年代约距今5500年~6300年。③

由于出土资料太少,过去对于富国墩遗址的文化地位还不了解。最近,由于相似特征的陶器也见于平潭壳丘头、南厝场和白沙溪头的下层,从而显示了福建沿海有一年代较早的新石器时代的文化遗存。其中,壳丘头遗址的试掘,丰富了我们对于此一文化遗存的认识。④ 这个遗址位于平潭海坛岛西北部的

第一章

中国海洋文化的曙光

---

① 陈仲玉:《古代福州与琉球的海上交通》,《中央图书馆台湾分馆馆刊》第5卷第2期,第93~101页。

② 尤玉柱:《漳州史前文化》,福州人民出版社1991年版。

③ 富国墩遗址的C¹⁴年代为:6305±378B. P.和5458±327B. P.,参见林朝棨:《金门富国墩贝冢遗址》,《考古人类学刊》1973年第33和34合卷,第31~36页。

④ 福建省博物馆:《福建平潭壳丘头遗址发掘简报》,《考古》1991年第7期,第587~599页。

海阶地上,总面积不足 5000 平方米。1985 年秋到 1986 年春,福建博物馆考古队在此进行了发掘,发现残墓一座和贝壳堆积坑 21 个,出土了一批陶器、石器、骨器和贝器。出土的陶片以夹砂陶为主,泥质陶较少。器表颜色有灰、灰黄、黑和红四色,而以灰色较常见。施纹方式有拍印、压印、刻画和刺点。石器多属磨制,部分打制。打制石器中有砍砸、刮削、钻孔锥形器和石锛等类;磨制石器以锛为主,还有斧、刀、杵、臼、砺石和石球等。骨器的数量少于石器,有凿、匕、锥、镞等。这些出土的人工和生态遗物显示,壳丘头遗址居民的"生产力水平还十分低下,生产方式也较原始,经济生活的主要来源是靠捕鱼、采集或狩猎",当时"海边水生动物资源极为丰富……生态环境要比现在好得多"。①

关于壳丘头遗址的年代,依据金门富国墩遗址的 C¹⁴ 年代,发掘者估计在距今 5500 年~6000 年以上;中国社会科学院考古研究所 1991 年公布了三个 C¹⁴ 年代,经树轮校正后都在距今 5000 年以上。② 此外,据考察,从贝冢层的最底层(距现地面两米余)所采贝壳,未经树轮校正的 C¹⁴ 年代为 5730±50 B. P.。③ 依据这些定年,把壳丘头遗址的年代定在距今 5000 年~6000 年,应该是可以接受的。

目前福建地区所发现的最主要的新石器时代文化是昙石山文化。这个文化是以昙石山遗址的下、中层为代表④;主要遗址还有闽侯榕岸庄边山、白沙溪头、福青东张下层,都是分布在闽江下游沿海一带;此外在闽南的漳州沿海一带也发现了诏安腊州山和东山大帽山等几处类似昙石山文化的遗址。⑤ 这些遗址有的面积广大、堆积深厚,包含文化和生态遗物丰富,有的则较小。而在闽北和闽西地区还没有发现如昙石山文化的遗址。依据昙石山遗址中层的两个 C¹⁴ 年代⑥、大帽山遗址的两个 C¹⁴ 年代⑦,以及闽侯溪头遗址的两个热释光年代⑧,估计昙石山遗址的早期年代约在距今 4500 年~5000 年⑨。

---

① 福建省博物馆:《福建平潭壳丘头遗址发掘简报》,《考古》1991 年第 7 期,第 599 页。
② 这三个年代分别为 4700±100B. P.,4745±90B. P.,4690±105B. P.,见中国社会科学院考古研究所:《中国考古学碳十四年代数据集》,文物出版社 1991 年。
③ 中国科学贵重分析仪器使用中心碳 14 实验室所测定,编号 NTU-1711。
④ 福建省博物馆:《闽侯昙石山遗址第六次发掘报告》,《考古学报》1976 年第 1 期,第 83~118 页。
⑤ 尤玉柱前引 1991 年文;徐启浩:《福建东山大帽山发现史前新石器贝丘遗址》,《考古》1988 年第 2 期,第 124~127 页。
⑥ 昙石山遗址中层的两个 C¹⁴ 年代数据为:3090±90B. P.,3600±70B. P.,见中国社会科学院考古研究所:《中国考古学碳十四年代数据集》,文物出版社 1991 年,第 124 页。
⑦ 大帽山遗址的两个 C¹⁴ 年代数据为 4030±100B. P. 和 3990±100B. P.,见除启浩前引 1988 年文。
⑧ 澳头遗址的两个热释光年代为 4242±190B. P.,4310±190B. P.,见福建省博物馆:《闽侯溪头遗址第二次发掘报告》,《考古学报》1984 年第 4 期,第 459~501 页。
⑨ 曾凡:《关于福建史前文化遗存的探讨》,《考古学报》1980 年第 3 期,第 263~284 页。

昙石山文化的陶器以砂质陶为主,泥质陶较少;颜色有红、灰两种;主要为手制,以慢轮修整口部,但晚期出现了轮制;主要器形有釜、壶、碗、罐、杯、豆、簋等;纹饰有绳纹、刺点纹、圆圈纹、镂孔纹、附加堆纹、圆圈纹、刻纹、曲折纹和彩绘纹等,而以绳纹最多。生产工具有石器、骨牙器和蚌器。石器有锛、凿、刀、镰、镞等;骨牙器有镞、凿和锥等;蚌器有刀、斧和刮削器等。在这些生产工具中,农业工具少,渔猎工具多。

昙石山文化的遗址大都为贝丘遗址,构成贝冢的贝壳数量丰富,都属海生种,包括蚬、泥蚶、魁蛤、耳螺、牡蛎、文蛤、蝾螺、蜑螺和凤螺等潮间带或潮下带的贝类,说明这个文化的遗址当时就在海边或距海岸线不远。遗址中出土的动物骨骼,经鉴定有畜养的猪、狗,野生的虎、熊、象、鹿、猴、牛,以及鱼、鳖等;其中野生动物都属于南方型和森林型,显示当时的气候较现在稍微温暖,而其植被亦很稠密。①

上述昙石山文化遗址中出土的生产工具和自然遗物等资料可以反映当时居民已经有比较长期的定居,食物的来源除了依赖农业和畜养,采贝、捕鱼和狩猎似乎也占重要的地位。

昙石山遗址上层的内涵十分复杂,其特征是出现大量几何印纹硬陶,与中、下层有显著的不同。这种陶器的质地细腻,火候高,硬度大,其制法是手制和轮制兼用;器形有盆、罐、豆、碗和陶网坠等;纹饰有篮纹、绳纹、附加堆纹、叶脉纹、曲折纹、方格纹、席纹、弦纹、回形纹和彩绘等。石器有斧、锛、凿、矛、镞、砺石和敲砸器等。骨器有镞、锥、鱼镖、刻刀和珠饰品。②

与昙石山上层相似类型的遗址,在福建境内几乎遍及全省,一般分布于河流两岸河谷盆地中低矮的山丘或台地上。由于在这些遗址中,常常伴出一定数量的原始瓷器和少量青铜器,所以被认为是属于青铜时代的文化遗存。福建青铜时代的文化遗存被分为三个类型:其一是庄边山上层类型,主要分布于闽江下游及闽东各县,以闽侯榕岸庄边山上层为代表,以施赭色的橙黄陶、施深赭色的灰色硬陶及彩绘硬陶为主,其年代估计约在距今 3500 年~4000 年前。其二是黄土仑类型,以灰色印文硬陶为主要特征,广泛分布在福建北部、西部、中部和闽江流域、木兰溪流域、晋江流域和闽东地区,其年代据估计约在距今 3000 年~3500 年前。其三是浮滨类型,以酱釉陶、原始瓷及无栏石戈、石锛、铜锛为特征,主要分布在福建南部的漳州和泉州一带,年代相当于中原的商周时期。③

---

① 福建省博物馆:《福建平潭壳丘头遗址发掘简报》,《考古》1991 年第 7 期,第 599 页。
② 福建省博物馆:《福建平潭壳丘头遗址发掘简报》,《考古》1991 年第 7 期,第 599 页。
③ 以上参见臧振华:《中国东南海岸史前文化的适应与扩张》,《考古与文物》,1999 年第 3 期。

(三)东海沿海的远古海洋文化遗迹

浙江东南部迄今所发现的史前文化遗址甚为稀少。最早的人类遗存,是建德洞窟中所发现的两枚更新世的人齿。[①] 余姚河姆渡是至今发现最早的新石器时代遗址。该址曾经过两次发掘,出土上下依次叠压的四层文化堆积。其中较早的两层是浙江地区新发现的史前文化,即河姆渡文化,而较晚的两层则与太湖地区的良渚文化和马家浜文化相类。虽然河姆渡文化早、晚期之间存在着一定的缺环,不过发掘者认为它们应属于同一文化内涵的四个时期。[②] 河姆渡文化的分布范围主要是浙江宁绍平原东部的滨海地带和舟山群岛,经 C^{14} 测定,其年代大约为距今 6000 年～7000 年前。[③]

河姆渡文化的陶器都是手制,火候较低,胎壁较厚。由于陶土中羼和大量的草类和禾本科植物的杆、叶碎末等有机物,经过烧制后大都呈黑色。器形简单,器类很少,主要有釜、罐、盆、盘、钵、器盖和器座。纹饰主要有绳纹、刻画纹和刺点纹。除了陶器,河姆渡遗址还出土了独木舟和大量木质、石质、骨质的器物;其中木器物较多,有刀、匕、铲、矛和器柄等;骨器的数量也很多,有耙、凿、锥、针、哨、箭头、"织网器"、"蝶形器"和"锯形器"等。河姆渡遗址各层中都出土木构建筑的遗存,而以第四层最为丰富。大量带有榫卯的建筑构件,显示当时的住屋很可能是一种干栏式建筑。

河姆渡遗址的早期堆积出土了大量动物骨骸,包括已驯养的狗、猪,可能驯养的水牛,以及数十种野生兽类、鱼类、鸟类和爬虫类。植物遗存有稻米、葫芦、橡子、菱角、酸枣等;稻谷经鉴定是属栽培稻的籼亚种中晚稻型水稻。[④]

动、植物遗存和孢粉分析,以及古地理的研究结果显示,这个遗址的气温较目前稍高,遗址周围是属于背山滨海的沼泽环境。当时的居民除了种植水稻,饲养猪、狗等家畜外,滨海河口的渔捞和丘陵山区的狩猎也是他们经济生活的重要来源。这一生活方式充分反映出河姆渡遗址的居民具有适应热带和

---

① 韩德芬、张森水:《建德发现的人类化石及浙江第四纪哺乳动物的新资料》,《古脊椎动物与古人类》16(4);1978 年,第 255～263 页。

② 浙江省文管会与浙江省博物馆:《河姆渡遗址第一次发掘报告》,《考古学报》1979 年第 1 期,第 39～93 页;河姆渡遗址考古队:《浙江河姆渡遗址第二期发掘的主要收获》,《文物》1980 年第 5 期,第 1～15 页。

③ 牟永杭:《试论河姆渡文化》,《中国考古学会第三次年会论文集》,文物出版社 1979 年版,第 97～130 页。

④ 牟永杭:《试论河姆渡文化》,《中国考古学会第三次年会论文集》,文物出版社 1979 年版,第 97～130 页。

亚热带沼泽环境的特色①,是"富裕的采集者"②。

继河姆渡文化之后,浙江地区的史前文化是以马家浜文化和良渚文化为代表。不过这两种文化主要是分布于长江南岸、太湖周围和杭州湾北岸一带,在杭州湾以南地区目前发现得很少。在浙江东南部地区,目前所发现的晚于河姆渡文化的新石器时代遗址约有一百多处,但是由于缺乏详细发掘研究,其文化属性还不清楚。大致而言,除了在绍兴一带发现有年代与良渚文化相当的文化之外,再晚的新石器时代文化主要是以几何印纹陶和高台土墩墓为特征。③

舟山,以舟所聚,故名。其旁小岛罗列,故人们称之舟山群岛。舟山群岛位于长江口以南,杭州湾以东,象山港以北,岛屿星罗棋布地点缀在浩瀚的东海上。由舟山、岱山、大巨、泗礁、乘山、普陀山、桃花、六横、蚂蚁、滩许等大小670个岛组成。定海、岱山、嵊泗陆续发现了不少新石器时代遗址和遗物。其中定海白泉遗址、岱山大巨岛孙家山遗址的有关调查情况如下。④

白泉遗址出土遗物有:陶器、石器、红烧土、木桩和兽骨等(陶器仅两件;有鸟形盏1件;有陶纺轮1件;有釜、豆、罐、器把、鼎、支座;石器有石斧、石锛、石纺轮等)。

孙家山遗址出土器物有:陶器、石器、骨器、红烧土、螺丝、贝壳等(陶器19件;有鼎、豆、支座、罐、筥、盆、盘等,石器有石斧、石锛、石刀、石环、石镞、石耘田器等)。

白泉遗址出土器物种类不多,但文化内容值得注意。从出土的陶器来看,陶质比较粗松,烧制火候较低,以素面为主,陶质以夹砂红陶较多,泥质红灰陶较少,还有一些少量的夹炭黑陶。出土器物简单,仅釜、鼎、罐、豆、支座几种。如牛鼻式罐耳、多角沿釜、猪鼻形、象鼻形支座等器物与余姚河姆渡第二、第一文化层出土器物相比,在造型和陶质上都基本相同。⑤ 这处遗址石器出土不多,仅石斧、石锛、石纺轮几种。该遗址的相对年代和余姚河姆渡第二文化层

① 浙江省博物馆自然组:《河姆渡遗址动植物遗存的鉴定研究》,《考古学报》1978年第1期,第95～107页。
② 浙江省博物馆上引文:吴维棠:《从新石器时代文化遗址看杭州湾两岸全新世古地理》,《地理学报》1983年第2期,第113～127页。
③ Chang Kwang-chih, The affluent foragers in the coastal area of China: extrapolation from evidence on the transition to agriculture, in Affluent Foragers, edited by S. Koyama and D. Thomas, Senri Ethnological Studies, No. 9, 1981, Osaka, Japan.
④ 本部分引见王和平、陈金生:《舟山群岛发现新石器时代遗址》,《考古》1983年第1期。
⑤ 浙江省文物管理委员会等:《河姆渡遗址第一期发掘报告》,《考古学报》1978年第1期,第77～85页。

年代大致相当。

孙家山遗址出土的陶器很多,陶质较硬,仅夹砂红灰陶、泥质红灰陶二系。纹饰花样多,出土器物器型也很多,有鼎、釜、罐、豆、簋、盆、盘、器盖、支座、壶等。其中一件大盘,口径达 58 厘米。豆、簋等器,与青浦崧泽遗址中层出土的器物相同,有的纹饰也相似。我们认为该遗址的相对年代与余姚河姆渡第一文化层①、青浦崧泽遗址中层文化相同②。从遗址附近采集的遗物来看,有的器物表现出较晚的因素,有的已经晚至良渚文化阶段。其间关系如何,有待进一步发掘来证明。

在白泉遗址和孙家山遗址中,鹿角、猪骨、螺丝、蛤蜊等都有发现,孙家山遗址还发现了一件骨锥。

从以上两处遗址的实物和遗址的位置来看,当时的生产方式无疑要包括狩猎、农耕、家养畜牧业、渔捞和大量的等水生动植物的采集在内。这也能说明海岛和沿海地区主要是依靠自己特殊的自然资源而生存。③

浙江沿海地区最有代表性的古文化遗存是新石器时代浙江余姚河姆渡遗址,该遗址中发现的干栏式建筑、海生鱼类、背山滨海的生态环境、滨海的渔捞产业、出土的几把木桨,以及舟山群岛新石器时代遗址发现的螺丝、蛤蜊等海生生物,都体现出明显的海洋或海岛生活特征。

(四)黄、渤海沿海及岛屿的远古海洋文化遗迹

1. 史前胶东半岛的海洋文化遗迹④

山东沿海最有代表性的远古海洋文化遗迹位于胶东半岛。

1979 年曾在即墨县金口、店集、王村等地进行过文化遗存调查,这一地区北临崂山湾,南濒胶州湾,东倚黄海。在临海口的土丘上有许多牡蛎壳堆,被当地人称为"蚬栅顶"、"蚬子埠";采集到的遗存物有通体磨光或刃部磨光的石斧,琢制而成的石杵、石铲和纺轮;有手工制造的陶钵、罐、鼎、盆,有的器物侧面为鸟状,穿孔像鸟的眼睛。经鉴定,此处沿海居民的文化遗存与大汶口文化有密切联系,原始居民以原始农业为主,也从事海产品捕捞等生产活动。

从我们在山东省蓬莱、烟台、威海、荣成市贝丘遗址调查的情况来看,有以下的内容:

---

① 浙江省文物管理委员会、浙江省博物馆:《河姆渡发现原始社会重要遗址》,《文物》1976 年第 8 期,第 7 页。
② 黄宣佩、张明华:《青浦县崧泽遗址第二次发掘》,《考古学报》1980 年第 1 期,第 35～41 页。
③ 王和平、陈金生:《舟山群岛发现新石器时代遗址》,《考古》1983 年第 1 期。
④ 引见烟台市文物管理委员会、中国社会科学院考古研究所胶东半岛贝丘遗址研究课题组:《山东省蓬莱、烟台、威海、荣成市贝丘遗址调查简报》,《考古》1997 年第 5 期。

(1)蓬莱市南王绪遗址。位于北沟乡南王绪村村南150米处的一个台地上。其东南为山丘，地势由东南向西北倾斜，北距渤海约3千米。遗迹的西部有贝壳堆积，北部有墓葬和人骨暴露。地面散见少量陶片、石器、动物骨骼和贝壳。采集的标本有陶片、石器、骨器和贝壳等。贝壳以牡蛎为主，蛤仔次之。

(2)蓬莱市大仲家遗址。位于大季家镇大仲家村东约800米的高坡顶部，坡西有九曲河支流由南向北流入黄海。遗址地面暴露有陶片、石器、红烧土块及贝壳。采集的标本有陶片、石器、骨器和贝壳等。贝壳以蛤仔为主，并有一定数量的牡蛎、螺等。

(3)烟台市邱家庄遗址。位于兜余乡邱家庄村北的小土岗上。向东500米为外夹河，东部断崖暴露的文化层厚2米左右，夹杂大量的贝壳。地面暴露有较多的陶片、石器、红烧土块、动物骨骼和贝壳等。采集的标本有陶片、石器、骨器和贝壳等。贝壳绝大多数为蚬。

(4)烟台市牟平区蛤堆顶遗址。位于大窑镇蛤堆顶村南，东西宽约260米，南北长约280米。地势由东北向西南倾斜。地面暴露有陶片、石器、红烧土块和贝壳等。

(5)烟台市牟平区蛎碴堆遗址。位于姜格庄村东南500米处的台地上，地面暴露有丰富的陶片、石器、红烧土块及贝壳。采集的标本有陶片、石器和贝壳等。

(6)威海市义和遗址。位于环翠区羊亭乡义和村南100米处。地面暴露有陶器、石器、红烧土块、贝壳和兽骨。采集的标本有陶器、石器和贝壳等。贝壳以蛤仔为主。

(7)荣成市东初遗址。位于埠柳镇东初村南200米。其西北面有小山，南面为不夜河的支流，绕过遗址的东部，向北流入黄海。地面暴露有红烧土块、石器、陶片及贝壳等。

(8)荣成市北兰格遗址。位于埠柳镇北兰格村北300米。地面散布有陶片、石器、红烧土块和贝壳等。采集的标本有陶器、石器和贝壳等。贝类以蛤仔为主，也有牡蛎。

(9)荣成市乔家遗址。位于王连乡乔家村西的高台地上，地表上的陶片、残石器、贝壳等较多，采集的贝壳以泥蚶为主。

(10)荣成市河口遗址。位于人和镇河口村村南的一个小山丘东部，东边有河口河由南向北流入海湾，地势由西向东倾斜。地面散布着丰富的陶片、石器、红烧土块和贝壳等。采集的贝壳以泥蚶为主。

上述10处遗址中有8处分布在胶东半岛东端，2处分布在胶东半岛南岸。它们在地貌上有许多共同特征，即遗址的三面或两面均邻近山脉或丘陵，另一面或两面则面向河谷平原或低洼地,中心部位一般位于一个较高的台地上,海拔20米~30米;遗址距现在的海岸线多在3千米~6千米左右。但据遗址中大量堆积的海生贝壳分析,当时的海岸线应比现在的海岸线距遗址近,这为复原当时的海岸线提供了参考资料。

据暴露的贝壳分析,这10处遗址可分为4种类型:第一类以牡蛎为主,如南王绪遗址;第二类以蚬为主,如邱家庄遗址;第三类以蛤仔为主,如大仲家、蛤堆顶、蛎碴埠、义和、北兰格遗址等;第四类以泥蚶为主,如河口、乔家遗址。贝壳是对生存环境很敏感的动物,上述几种贝类分别适合生存于温度、咸度与底质不同的海水之中。因此,上述区别部分反映了不同遗址居民间食物种类的差异,同时也说明当时人所面对的小环境是不同的,这为进一步研究人与环境的关系提供了线索。

从采集的石器、陶器分析,这些遗址在文化特征上表现出相当明显的一致性。在距今7000年~5000年之间,半岛南北两岸的遗址绝大多数是贝丘遗址,除上述共同的文化特征外,在地貌、堆积及生存活动上也具有相同点。①因此我们认为,在这一时期,胶东半岛的史前文化是自成体系的,有其独特的渊源和发展脉络,构成了一个独立的考古学文化实体。

2. 史前环渤海区域的海洋文化遗迹②

在史前时期环渤海区域的海洋社会遗迹中,辽东半岛沿岸和附近海岛上的贝丘遗址最有代表性。

东北地区贝丘遗址集中在辽东半岛沿岸和附近的海岛上,如旅大市郊、大长山岛、小长山岛、广鹿岛、海洋岛等地。有的贝丘规模很大,如小长山岛的一个贝丘面积达1500平方米,厚度0.3米至1.5米,堆积的贝壳超过75000立方米。贝壳主要是海洋贝类牡蛎、绣凹螺、荔枝螺、红螺、毛蚶、青蛤、砂海螂、紫房蛤、伊豆布目蛤、鬈螺等。

小珠山遗址(又名土珠子遗址)是北方沿海贝丘的一个类型。小珠山遗址位于辽宁省长海县广鹿岛中部吴家村,在5000平方米的范围内堆积了大量贝壳,贝丘分为下、中、上三层。

小珠山贝丘下层距今6000年,出土的石器以打制为主,种类有刮削器、盘状器、石球、石磨棒、石磨盘和网坠等。陶器器形具有地方特色,为一种直口的筒形罐,饰纹多为竖的"之"字纹。陶器呈褐色,羼入了较多的滑石粉。

小珠山遗址中层距今5000余年,石器技术有进步,经过磨制的增多,有斧、锛、铲、石磨盘、石磨棒。陶器仍为手制,多为夹砂红陶,器形为侈口筒形

① 袁靖、焦天龙:《胶东半岛的贝丘遗址和环境考古学》,《中国文物报》,1995年3月25日第3版。
② 引见安京:《中国古代海疆史纲》,黑龙江教育出版社1999年版,第19~20页。

罐,还出现了少量泥质红陶黑彩片。出土有鹿、獐等兽骨,并用兽骨制成锥、簪、牙刀和蚌器。贝壳数量很多。

小珠山遗址上层距今 4500 年,石器技术更为进步,大多磨制。斧不仅有矩形,还有带肩的,打制的石器包括网坠。兽骨中以猪骨为主,也有狗、鹿、獐骨,还有一定数量鱼骨,最引人注目的是出土了四块鲸鱼的骨骼。贝壳数量仍然很多。

小珠山遗存传递了许多重要信息。遗址遗物表明,小珠山原始居民过着以狩猎、捕捞为主,也从事植物采集的生活。他们利用麻制的网在河溪和浅海捕捞鱼类,大量采集海洋贝类。食余的贝壳大多被抛弃,也有一些被用来做装饰品。有的出土蚶壳上面有小孔,可能是要制成贝串;有用文蛤制成的"蚌饼";也有用紫房蛤、砂海螂制作的蚌勺。

据研究,小珠山晚期文化因为受到山东半岛原始文化的影响开始产生变化。山东半岛文化极有可能是从海路传播的,原始人很可能是驾独木舟跨海带来了新的文化。[①]

在分析史前时期环渤海区域的海洋社会遗迹时,值得注意的是环渤海地区的七个地理小区,即辽东半岛、辽东湾北岸(即原称辽河下游区)、渤海湾北岸(即原滦河下游区)、渤海湾西岸、莱州湾南岸、胶东半岛和现代渤海以及大小凌河与六股河所在的辽东湾西岸小区。该地区的文化遗存与后来的文化发展相比有两大显著特征,即地理上大多分布于沿海地带,形成面向现代渤海和北黄海的独特分布格局;文化上,在跨越渤海、北黄海的东西和南北方向上有着比较广泛的联系。[②]

从以上有关材料可以看出,史前时期环渤海区域的海洋社会遗迹一方面存在于辽东半岛和山东的胶东半岛,另一方面还曾经存在于黄、渤海的部分海底。

如前文所述,山东胶东半岛沿海有即墨贝丘遗址以及山东蓬莱、烟台、威海、荣成市等的贝丘遗址,辽东半岛沿海有旅大市郊、大长山岛、小长山岛、广鹿岛、海洋岛等地,而其中又以小珠山遗址最为典型,该遗址的海洋文化内容十分丰富,出现了从山东半岛通过海路把文化传播到小珠山的海路文化交流现象。此外,在辽宁大连大潘家村新石器时代遗址中,还发现了网坠、骨鱼卡、蚌器及大量鱼骨、鱼鳞、陶器上的网纹、海参形罐器,这些均是海洋文化遗迹的

---

① 以上引见安京:《中国古代海疆史纲》,黑龙江教育出版社 1999 年版,第 19~20 页。
② 王青:《环渤海地区的早期新石器文化与海岸变迁-环渤海环境考古之二》,《华夏考古》2000 年第 4 期。

体现。①

还应该指出的是,环渤海区域在更新世和全新世之交还是陆地而不是海洋,海水直到距今 8000 年前后尚未完全抵达现今海岸位置,在当时这片裸露的黄渤海平原上,曾经活跃着以原始筒形罐和圜底釜两大系统为生活标志的先民,而后来海水的入侵又呈现出海进人退的迁移特征,充分反映了人类对特定海洋环境的生态适应性。

我们对于史前时期沿海地区海洋文化遗迹的认识,主要得益于考古学的发展,以上主要从考古的角度对我国史前时期沿海地区的海洋文化遗迹进行了分析。相信随着这些地区考古事业的发展,今后,我们对我国沿海地区史前的海洋文化遗迹会有更加深入的认识。

第二节　夏商周时期的海洋文化

海洋文化作为历史上存在的一种文化现象,从史前时期即有了不同的表现形态,但是这种形态目前对我们来说还是非常模糊的,因为我们的了解还不是很清楚。真正史学意义上的中国海洋文化的历史,还是从具有信史意义的三代(即夏商周三代)开始的。

一　炎黄传说时代及夏商时期的海洋文化②

公元前 21 世纪,中国历史上第一个王朝——夏王朝出现了。但是对于夏王朝的出现,后世的认识仍然和许多传说材料纠合在一起,这就使得我们在探讨中国海洋文化历史时,不能够忽略传说材料中的海洋文化因素。我们可以通过尽可能多地搜集各类有关资料,来认识当时的海洋文化。

在辑录上古时代传说的《山海经》中,记录了中国最早的海神的名字——禺䧙。《山海经·海外北经》:"北方禺䧙,人面鸟身,珥两青蛇,践两青蛇。"郭璞解释说:"禺䧙,字玄冥,水神也。"这个半人半鸟的海神,"以蛇(龙)贯耳",践两蛇(龙),具有图腾神的特征。郭璞的注文引另一部著作说:"北方禺䧙,黑身手足,乘两龙。"在《山海经》中,凡是"乘两龙"的形象都是古代地位较高的神祇。

根据《山海经》,禺䧙的世系可以追溯到黄帝。《山海经·大荒东经》:"东

---

①　《辽宁大连大潘家村新石器时代遗址》,《考古》1994 年第 10 期。

②　本部分引见安京:《中国古代海疆史纲》,黑龙江教育出版社 1999 年版,第 21～29 页;陈智勇:《试论夏商时期的海洋文化》,《殷都学刊》2002 年第 4 期。

海之渚中,有神,人面鸟身,珥两黄蛇,践两黄蛇,名曰禺虢。黄帝生禺虢,禺虢生禺京。禺京处北海,禺虢处东海,是为海神。"禺京,郭璞注即"禺彊"。京、彊音近。

禺彊不仅是海神,而且是风神。《淮南子·地形篇》:"禺彊,不周风之所生也。"正是由于禺彊兼有风神和海神的双重性质,因而作为海神的禺彊既有鸟的外在形象,又有鱼的外在形象。这是上古时代人类抽象思维不发达情况下的一种比喻。

《庄子·逍遥游》中有:"北冥有鱼,其名为鲲,鲲之大,不知其几千里也,化而为鸟,其名为鹏,鹏之背,不知其几千里也。怒而飞,其翼若垂天之云。是鸟也,海运则将徙于南冥,南冥者,天池也。"陆德明《音义》引文认为"鲲当为鲸",因而禺彊、禺京、鲲、鳝应该都是指海洋中最大的哺乳动物——鲸。这说明上古时,人类已对海洋有了较多的了解,把巨大的海洋生物鲸与海洋洋流、飓风等巨大的自然力联系在了一起。

在《列子·汤问篇》中保留了关于海中仙山的传闻,禺彊在其中也扮演了一个重要角色:"渤海之东不知几亿万里,有大壑焉,实惟无底之谷,其下无底,名曰归墟。八纮九野之水,天汉之流,莫不注之,而无增无减焉。"(张湛注:世传天河与海通)"其中有五山焉:一曰岱舆,二曰员峤,三曰方壶,四曰瀛洲,五曰蓬莱。其山高下周旋三万里,其顶平处九千里。山之中间相去七万里,以为邻壑焉……所居之人皆仙圣之种,一日一夕飞相往来者,不可数焉。而五山之根无所连著,常随潮波上下往还。……诉之于帝,帝恐流于西极,失群仙圣之居,乃命禺彊(张湛注:简文云,禺彊,北海神也。大荒经曰,北极之神,名禺彊,灵龟为之使也)使巨鳌(列仙传云:巨鳌戴蓬莱山而抃沧海之中)十五举首而戴之,六万岁一交焉。五山始峙而不动。而龙伯之国有大人,举足不盈数步而暨五山之所,一钓而连六鳌,合负而趣,归其国,灼其骨以卜焉。于是岱舆、员峤二山,流于北极,沉于大海,仙圣之播迁者巨亿计。"

在上古人看来,江河之水都流入大海的深沟,而这条大沟又是与天汉(银河)相连的,海中有仙人仙山仙树,并存在长生不死的仙药。支撑仙岛的是巨大的鳌,海畔居住着龙伯国巨人,最关键的是世人可以通过海洋进入仙圣的世界。东方人的这一想象与通过高山进入仙圣的世界一样,总是若明若暗地存在于民间,在民间风俗、口头传说和志怪小说中流传。

因而,入海求仙,便成了人们早期航海活动的精神追求之一。

齐威王(公元前356年~公元前300年)、齐宣王(公元前319年~公元前301年)、燕昭王(公元前311年~公元前280年)以及著名的秦始皇、汉武帝都是入海求仙的热心者。

《史记·封禅书》:"自威、宣、燕昭使人入海求蓬莱、方丈、瀛洲。此三神山者,其传在渤海中,去人不远。患且至,则船风引而去,盖尝有至者,诸仙人及不死之药皆在焉。其物禽兽尽白,而黄金银为宫阙。未至,望之如云;及到,三神山反居水下;临之,风辄引去,终莫能至云。世主莫不甘心焉。"这些似云如雾的楼台宫室、白色人兽和巨大的人影可能是海市蜃楼现象,人们把这一自然现象与神秘的想象结合在一起,形成了海上神山的传说。

记述上古海洋文化的另一本著作是《尚书·禹贡》。据其记载,禹时已有了国家组织,禹夏的疆域分为九州。其中兖、青、徐、扬四州临海。

兖州。《尚书·禹贡》曰:"济、河惟兖州。"孔安国说兖州"东南据济,西北距河"(《孔传》)。据:跨越;距:至、达。兖州东南方越过济水、西北以黄河为界。当时的黄河河道与今日河道不同,沿华北平原流入渤海,下游河流众多,有徒骇、太史、马颊、覆釜、胡苏、简、洁、钩盘、和津九条河流注入渤海。这说明兖州是临海的。

青州。《尚书·禹贡》曰:"海岱惟青州。嵎夷既略,潍、淄既道。厥土白坟,海滨广斥。厥田惟上下,厥赋中上。厥贡盐、绨,海物惟错。"《孔传》说青州"东北据海,西南距岱"。孔安国认为青州跨越渤海,包括了辽河以东的地区。西南至泰山。嵎夷是沿渤海居住的居民。马融认为:"嵎,海嵎也;夷,莱。"潍水,发源于山东莒县东北潍山;淄水,发源于山东莱芜县原山北麓,均流入海。青州的土壤充斥碱、卤,呈白色。贡品是海盐、绨(一种细葛布)和种类繁多的海产品。

徐州。《尚书·禹贡》曰:"海岱及淮惟徐州",并说淮夷的贡品是"**蠙珠暨鱼**"。《孔传》:"东至海,北至岱,南及淮。"这是说徐州的疆域东至海即今黄海,以至岱即泰山;南到淮河,方位是清楚的,大致包括了今天山东南部及安徽、江苏的北部。这里居住的淮夷贡奉的是"**蠙珠**"。孔颖达解释说:"**蠙**是蚌之别名,此蠙出珠,遂以蠙名。"

扬州。"淮海惟扬州。"《孔传》说扬州"北据淮,南距海"。当时长江口就在扬州。扬州临海,因此居住在这里的有岛夷。扬州的贡品有"织贝"。对于"织贝",学者有不同意见。颜师古认为,"织贝"是作为货币使用的贝类,而另一位学者郑玄认为"织贝"是一种纺织品的名字。但无论是哪种货物,它们都是经过海路运往中原的。《孔传》解释"沿于江海,达于淮泗"这句话时,认为贡品是"沿江入海,自海入淮,自淮入泗"。后代学者曾运乾推测,"所谓沿于海者,即岭外各地附海诸岛之贡道也。其程沿海入江,溯江入淮;由淮达泗,转由菏济而达于河也。"虽然这只是推测,但考古发掘和相关的人类学研究证明,在四五千年前,东亚民族确实已能驾舟在沿海航行,足迹遍布东亚、东南亚的海岛。

在《左传》、《史记》及汲冢出土的"古本"《竹书纪年》中也保留了一些夏代的史料。夏人来自东方还是来自西方，是个尚在论争的问题，但是在史料中，夏人在沿海地区活动的史料并不少。

《史记·夏本纪》载："十年，帝禹东巡狩，至于会稽而崩。"会稽在今浙江绍兴。

《竹书纪年》载：后相时，"元年，征淮夷、畎夷。""二年，征风夷及黄夷。""七年，于夷来宾。""少康继位，方夷来宾。""柏杼子征于东海，及三寿，得一狐九尾。""后芬即位，三年，九夷来御。""后荒即位，元年，以玄珪宾于河，命九（夷）东狩于海，获大鸟（鱼）。"（一说"九"后脱"夷"字，"鸟"应为"鱼"。）"后泄二十一年，命畎夷、白夷、赤夷、玄夷、风夷、阳夷。"

另外，据史家考究：夏时诸侯有穷国在今山东平原一带，寒在山东潍坊，有鬲在有穷附近，斟灌在今山东寿光东北，斟寻在今山东潍县西南，有仍国在今山东济宁，过国在山东掖县，观国在今山东观城，顾国在今山东范县东南，莘国约在今山东曹县，杞国本居河南杞县，后迁到山东昌乐县。这些记录说明，在夏代人们已在东方沿海地区栖息繁衍，开辟了文明的纪元。

有越来越多的证据表明，商是来自东方的民族。《史记·殷本纪》中说："殷契，母曰简狄，有娀氏之女，为帝喾次妃。三人行浴，见玄鸟坠其卵，简狄取吞之，因孕生契。"玄鸟就是神鸟，有人解释为凤凰，有人解释为燕子，契因玄鸟而生，可见殷的图腾崇拜是鸟，把鸟奉为祖先。

关于简狄的传说流传得很广。《离骚》曰："望瑶台之偃蹇兮，见有娀之佚女。"《天问》曰："简狄在台喾何宜，玄鸟致贻女何嘉？"

《后汉书·东夷传》："初北夷索离国王出行，其侍儿于后妊身，王还欲杀之。侍儿曰：前见天上有气，大如鸡子，来降我，因以有身。王囚之，后遂生男……王以为神，乃听母收养，名曰东明。"

从这里可以看出，殷代的先民们一开始是生活在我国北方沿海的广大区域。

商人的祖先曾经有崇拜海洋神祇的习俗，商人的北海神叫止若，《史记》作"昌若"；东海神叫"王吴"，《山海经》中称作"天吴"，《世本》作"粮圉"，王吴即东海大神禺彊。

至少在成汤之际，商人已有了"四海"即四方有海的观念。《诗经·商颂·玄鸟》中有："维民所止，肇域彼四海，四海来假。"

在殷商鼎盛的时代，殷的统治达到极为广大的区域。北方影响到西伯利亚鄂毕河一带；西方扩展至陕甘、巴蜀；南部则抵达大海，地处今江西、湖南的方国均受到商文化影响；东部则对黄河中下游流域、长江中下游流域产生过重大影响。

殷人与东方的联系比其他方向的民族更紧密。东方之人被称作夷,又被称夷方、人方等。夷人分成许多小邦国,就是一些小部落。《猷钟》记:"南夷、东夷具廿又六邦。"

在甲骨文和古传史书中有不少商殷人与夷人作战的记录:

《竹书纪年》:"仲丁征于蓝夷。"

《竹书纪年》:河亶甲"征蓝夷,再征班方"。

据后世史书,帝武乙时"东夷盛寖,分迁淮岱,渐居中土"。帝乙时代,帝乙屡攻夷方。帝辛时攻人方,获得大批俘虏。

商时,造船技术已比较成熟。甲骨文中的"舟"字是舟船的俯视图。这类船已不是石器时代用整段原木挖凿的独木舟,而是有左右侧板、隔板、底板的木板船。

在上海博物馆馆藏的铜鼎上有一金文"荡"字,字的主体是一人负担站于舟中,后有一人划桨(橹),而他脚下的舟船就是一只木板船。

甲骨文的"津"字,像人立舟上,以篙撑船,所驾之舟也是板式舟。"津"是水渡的意思,引申为渡河的渡口。

商周时代使用的这种木板船并没有消失,而是通过改进保留了下来,在长江流域,这种加装风帆的木板船仍在使用。

关于商殷的地理区划有不同说法。《汉书·地理志》认为殷承夏制,九州的区划没有变化。而三国时期魏人孙炎注《尔雅》,以《尔雅》的九州为殷制。《尔雅》不同于《禹贡》、《周礼·职方》和《吕氏春秋》的是,有幽州和营州,而无青、梁两州。显然这些说法都只是当时学者的推论,并无多少实据。①

以上论述了传说时期和夏商时期人们的海洋认识和粗浅的海洋活动痕迹。就夏商时期的社会而言,海洋文化的内容与以前相比多了起来,它们有着很多不同的表现形式。归纳起来,主要有以下几种。

第一,在精神层面上,主要表现为出现了朦胧的海洋意识、模糊的海神崇拜、早期的海洋旅游行为以及以海岛为避难所的现象。

海洋与陆地是两个不同的客体,在对其关系认识上,夏商时期的人们有自己的看法。他们已经有了较为明晰的海洋意识。他们用"四海"这样的观念来表达他们的海洋地理认识。如《大戴礼记·少闲》谓禹"修德使力,民明教通于四海",《尚书·禹贡》称"(声教)讫于四海",《尚书·皋陶谟》言禹"外薄四海",《淮南子·原道训》言禹"施之以德,海外宾伏,四夷纳职"。至于讲到禹治理洪水而输川导河时,更是与海有所联系:或言"合通四海"(《国语·周语下》),或言"致四海"(《史记·夏本纪》),或言"注诸海"、"注之海"(《孟子·滕文公》),

---

① 以上引见安京:《中国古代海疆史纲》,黑龙江教育出版社1999年版,第21~29页。

或言"注之东海"(《吕氏春秋·古乐》),或言"注于东海"(《越绝书》卷11),夏启"德教施于四海"(《帝王世纪》,《太平御览》卷82引)。对于夏人的这些"四海观",宋镇豪先生认为,它们"反映于交通地理观念上的其实就是东方观,是夏人神往东部滨海地区,着力于自西向东横向发展的产物"①。至商朝,人们的"四海"或"海外"观念,从总体上来说又有了拓展。《诗经·长发》中有"相土烈烈,海外有截"句,对此,《郑笺》曰:"其威武之盛烈烈,四海之外率服",有学者称,"此时的海外,说不定就是辽东或朝鲜半岛。"②这是推测之词,显然对"四海"的内涵作了狭窄的理解。《诗经·玄鸟》:"肇域彼四海,四海来假",说明商汤时的"四海"观,已经较为普及。夏代"伯杼子征于东海,及三寿";"帝芒十二年,东狩于海,获大鱼。"(《竹书纪年》)可见"海"、"四海"、"东海"等概念在夏商时人那里,已经有了具体的文化地理符号的意义。

夏商时人对海十分重视,已经有了隆重的海洋崇拜意识和祭祀仪式。时人对海进行祭祀,有"三王之祭川也,皆先河而后海"(《礼记·学记》)。商人的海洋神祇崇拜,已经有了具体的海洋区域神祇的信仰观念。《山海经·海外北经》:"北方禺彊,人面鸟身,珥两青蛇,践两青蛇。"《山海经·大荒东经》:"东海之渚中,有神,人面鸟身,珥两黄蛇,践两黄蛇,名曰禺䝞。黄帝生禺䝞,禺䝞生禺京,禺京处北海,禺䝞处东海,是为海神。"

据此,再联系到《列子·汤问篇》所记殷汤与夏革谈论海中仙山的内容,《山海经·北山经》所载"炎帝之女名曰女娃,游于东海,溺而不返,故为精卫,常衔西山之木石,以堙于东海"这一对后世影响极大的"精卫填海"故事,以及《诗经·沔水》所说"沔彼流水,朝宗于海"与《尚书·禹贡》所说"江汉朝宗于海"等所表达的思想,我们完全可以较为明确地认识到夏商时代人们较为丰富的海洋知识、意识与观念。

值得注意的是,夏商时代已经出现了海洋旅游活动。这从有关几条相关的历史记载中可以看出端倪。《帝王世纪》:"(桀)与妹喜及诸嬖妾同舟浮海。"(《太平御览》卷82引,《列女传·夏桀妹喜》同)《竹书纪年》:"(商)帝芒十二年,东狩于海。《拾遗记》:"(舜)帝与娥皇泛于海上。"(《太平御览》卷9引)这些"泛舟海上"的活动,与春秋时期齐景公"游于海上而乐之,六月不归"(《说苑·正谏》)一样,显然具有了早期海上旅游的性质。

此外,以海岛为避难所,也是当时人们的海洋文化表现。少康死后,子杼继位,兴师"征于东海",结果使得不甘臣服的东海人逃亡出海,据海进行反抗。商代的疆域东到大海,帝乙帝辛屡次"征人方"、"为虐东夷",常使得"东夷叛

---

① 宋镇豪:《夏商社会生活史》,中国社会科学出版社1994年版。
② 白寿彝:《中国通史》第3卷,上海人民出版社1994年版。

之",据海为居。商末,太公望为逃避帝辛暴政,"居东海之滨",也是以海洋为避难所的(《史记·齐太公世家》)。这是行为上的避难海上;至于像孔子曾说过的"道不行,乘桴浮于海"(《论语·公冶长》),是将海上作为躲避烦恼的理想场所,春秋之前当已经不乏其例,如前引"(桀)与妹喜及诸嬖妾同舟浮海""(商)帝芒十二年,东狩于海"等即是。《韩非子·外储说右上》说:"海上有贤者狂矞",可见后来的燕、齐方士,早有来历。

第二,在物质层面上,近海的海洋资源得到了一定程度的开发,并且还部分地传播到内陆地区。对海洋及其资源的管理,当时已有了一定的制度。

前面说过,早在石器时代,中国沿海地区就有了人类的活动,有了海洋采集和海洋捕捞行为,但这种对海洋资源的获取还是浅层次的、偶尔性的、非主导性的;随着生产力的提高,随着海洋交通工具和捕捞工具的不断进步,海洋渔业得到了较快的发展。这些变化在夏商时期日益凸现。从记载来看,夏代沿海地区特有的海产品开始以进贡的方式向中原王朝输送。据《尚书·禹贡》记载,兖、青、徐、扬四州临海地区有丰富的海洋资源,冀州有"岛夷皮服",曾运乾曰:"蔡沈云:海岛之夷以皮服来贡也。"青州,"海岱惟青州。嵎夷既略,潍、淄既道",曾运乾曰:"孔疏云,东莱东境之县,浮海入海之间,青州之境,非止海畔而已。……尧时青州当越海而有辽东也。"越过海峡,其范围及于渤海。马融认为:"嵎,海嵎也;夷,莱。""厥土白坟、海滨广斥。厥贡盐、绨,海物惟错。"曾运乾曰:"海物,海鱼也。鱼种类尤杂。"徐州,"海岱及淮惟徐州",《孔传》:"东至海,北至岱,南及淮",是说徐州的疆域东至海,并且淮夷的贡物是"蠙珠暨鱼"。扬州,"淮海惟扬州。……沿于江海、达于淮泗",孔传认为其贡品"沿江入海,自海入淮,自淮入泗"。曾运乾则推测,"所谓沿于海者,即岭外各地附海诸岛之贡道也。其程沿海入江,溯江入淮,由淮达泗,转由菏济而达于河也。"另据《路史·后记》记载,禹还对沿海各地贡品的名称做了规定,"东海鱼须鱼目,南海鱼革玑珠大贝","北海鱼石鱼剑"。从这些记载及注释来看,沿海地区的鱼类资源、盐业资源以及蠙珠等珍品,已经开始成为中原王朝资源的一部分。

到了商代,中原王朝对沿海海洋资源的需求有增无减。甲骨文中有"渔"、"舟"字,表明了"渔"、"舟"生活的普遍性;殷墟中有鲸鱼骨的残骸;《竹书纪年》记载"(商)帝芒十二年,东狩于海,获大鱼",或指捕获大鱼,或指获遇搁浅的鲸鱼①;还有人认为,从商代开始,历代朝廷都规定东南沿海地区要进贡鲨鱼皮②;等等。具有说服力的例证之一是:在商代的土贡中,伊尹曾请以法令的

① 宋正海:《东方兰色文化》,广东教育出版社1995年版。
② 张震东:《中国海洋渔业简史》,海洋出版社1983年版。

方式规定各地进献贡品:"臣请正东符娄、仇州、伊虑、沤深、九夷、十蛮、越、沤、剪文身,请令以鱼支之鞞、吴鲗(乌贼)之酱、鲛(鲨鱼)盾、利剑为献;正南瓯邓、桂国、损子、产里、百濮、九菌,请令以珠玑玳瑁、象齿……为献。"(《逸周书·王会解》)至周代,有"歔(渔)人"、"歔征"(见《周礼·天官·歔人》),其职责是专掌捕鱼、供鱼、征收渔税以及有关渔业政令,很可能就是从商代承继、发展而来的。例证之二是,河南安阳殷墟妇好墓中出土了一些沿海的红螺与海贝,其情况是:红螺,分布于我国沿海一带,货贝共出土 6880 余枚。基本上有大小两种,而以大者居多,壳面皆呈瓷白色。大多数的壳面前端琢有一个圆形孔,只有少数在壳面琢磨一椭圆形较大的孔。大的长约 2.4 厘米,小的长约 1.5 厘米,此种货贝分布于我国台湾、南海(为海南、西沙群岛常见种)等地。还有一件经过加工的阿拉伯绶贝,其壳面布满虚线状褐色花纹,背部琢有一孔。长 6.1 厘米,分布于我国台湾、南海(海南、西沙群岛)等地①。此外,商代统治者对海洋资源的认识还表现为对海盐和海鱼的重视。古代有夙沙氏(黄帝臣)"煮海为盐"的传说(《渊鉴类函》的"煮海"条:始以海水煮乳,煎以成盐;张澍辑《世本补注》称:"《北堂书钞》引《世本》云:'夙沙氏始煮海为盐。夙沙,黄帝臣'"),可见人们对海盐的认识是很早的,那么商代人是否使用海盐呢?据《尚书·说命》"若作和羹,尔惟盐梅",又据《史记·货殖列传》"山东食海盐,山西食盐卤",可知至迟在商代,食盐已经是饮食调味的必需品了。而《吕氏春秋·本味篇》记有商汤对海味的认识,汤曰:"鱼之美者,洞庭之鱄,东海之鲕。……藿水之鱼名曰鳐,其状若鲤而有翼,常从西海夜飞,游于东海……饭之美者,玄山之禾……南海之秬。"②可见,夏商时期的人们对海洋资源确实存在着一定的需求,而这种需求是建立在对海洋的认识基础之上的,这就从一个侧面说明,在夏商的文化中不仅有着中原文化、内陆文化,而且也有着海洋文化以及沿海文化,从而足以说明夏商文化的丰富性和多元交融性。

第三,夏商时期已经有了一定的航海能力。航海技术的状况直接体现着海洋交通的能力,也反映出时人对海洋的认识程度。从航海交通工具来看,舟、船的发明是一件具有决定意义的事情。古籍中有很多造舟的传说,如《易经·系辞》曰"黄帝刳木为舟,剡木为楫,舟楫之利,以济不通",《山海经·海内经》云"番禺始为舟",《墨子·非儒下》说"巧垂作舟",《吕氏春秋·勿躬》说"虞姁作舟",这些传说反映了人们对造舟起源的思索,但不能作为我们认定夏商时期航海用船的说明。这要从考古中寻找线索。考古中已经发现了古人用舟船的痕迹。如河姆渡遗址中有模拟船形的玩具——陶舟以及六支船桨,良渚

---

① 中国社会科学院考古研究所:《殷墟妇好墓》,文物出版社 1980 年版。
② 王利器等:《吕氏春秋·本味篇》,中国商业出版社 1983 年版。

文化时期的吴兴钱山漾遗址出土有木船桨。① 有人还认为,"河姆渡、定海、舟山、台湾、菲律宾等地共同发现的造船工具'有段石锛'的年代测年后,可推算北越先民曾有向台湾及南洋群岛迁徙的历史。"②殷商时代,青铜工具的使用必定大大提高了造船技术。从殷墟遗存和卜辞来看,当时已经有专门造舟的工匠,甲骨文中有"舟"字和"帆"字,如"乙亥卜……舟于河,无灾"(《殷墟书契》前2.26.2),对甲骨文中的"月"字,有人认为"就是后来帆的原始字,按象形说,似乎很有理由",帆的出现"最少也有三千年的历史了"③。还有专家指出,"据说《山海经》原来有图——《山海图》,后来才散失,而今已散失的《山海图》,其中有一部分可能就带有原始航海图的性质。"④如果这种可能存在的话,那么我们对夏商的航海能力就该有个乐观估计了。

通过以上的分析,我们可以得出如下的结论:夏商海洋文化是人们认识自然、改造自然的一个重要组成部分。早期的人们不仅对其生活的陆地自然现象有一定认识,而且也把目光投向浩瀚的大海。无论是文献记载、神话传说,还是考古发掘的遗迹与遗物,都向我们展示了原始社会末期以及夏商时期人们对海洋的认知程度。我们在认识夏商文化时,不能够仅仅视其为单一的农业文明,而应该从大视野、大地域范围来看待,应该看到其中的海洋文化因子,看到海洋文化不断丰富夏商文化的重要性及其重要地位。

最后,我们分析一下夏商时期人与海洋互动关系给予后世的影响。

一方面,从原始人在海边经常地拾取贝壳与海鱼,到夏商时期规定沿海地区向中原王朝贡献海产品,到西周春秋时期形成较为系统的海洋资源(鱼、盐、海珍品)征收法令(见《周礼》、《逸周书》等),均体现出这样一个特征:人们对海洋资源的需求不断扩大,并正在逐步纳入国家管理的范畴,这在某种程度上推动了人们对海洋认识的不断深入,反映着人们海洋意识的不断加强。因此,在中国古代海洋文化发展链条中,夏商时期海洋文化的发展,在一定程度上影响了后世的海洋文化。

另一方面,夏商时期海神的形象以及海洋崇拜或多或少地影响了后世。据王嘉《拾遗记》:"羽渊(神话中鲧死后入羽渊而化为龙)与河海通源也。海民于羽山之中,修立鲧庙,四时以致祭祀。"又据《史记·秦始皇本纪》,秦始皇于三十七年出游时"上会稽,祭大禹,望于南海"。人们修鲧庙、祭大禹,均含有祭祀海神之意。而对于包括大禹在内的海神、水仙信仰,在台湾和福建都有一定

---

① 河姆渡考古队:《浙江河姆渡遗址第二期发掘的主要收获》,《文物》1980年第5期;《吴兴钱山漾遗址第一、二次发掘报告》,《杭州水田畈遗址发掘报告》,《考古学报》1960年第2期。

② 《上古时代已有原始航海和迁徙》,《人民日报》(海外版),1995年2月16日第3版。

③ 刘仙洲:《中国机械工程发明史》第1编,海洋出版社1990年版。

④ 章巽:《记旧抄本古航海图》,《中华文史论丛》第7辑,上海古籍出版社1978年版。

的影响,据《台湾县志·外编》,"水仙庙祀大禹王,配祀以伍员、屈平、王勃、李白","今海船或危于狂飙遭不保之时,有划水仙之法,其灵感不可思议。"由于鲧与大禹在治洪水方面有功,于是人们就把他们和有关神灵合在一起进行祭祀,这一点符合中国古人"法施于民则祀之"、"以死勤事则祀之"(《礼记·祭统》)的传统心理,修鲧庙、祭大禹就表现出了祭祀海神的特征。再后来,吴国人要为伍子胥立祠堂(《史记·伍子胥传》),屈原感叹说自己要"浮江淮而入海兮,从子胥而自适",东汉时"会稽丹徒大江、钱塘浙江,皆立子胥庙,盖欲慰其恨心,止其猛涛也"(王充《论衡·书虚篇》)。这些风气的流行,以及后来在东南沿海地区祭祀妈祖的盛行,都在一定程度上说明了祭祀海神(由人而为神)的特征。①

二 两周时期海洋文化的发展②

周武王灭商纣王,标志着西周历史的开始。到了公元前 770 年,周平王东迁洛邑,此后的历史,称为东周,东周至周赧王五十九年(公元前 256 年)为秦所灭,但整个周朝的概念却一直延续到秦灭六国(公元前 221 年)。东周包括春秋和战国时期,西周和东周又称为两周时期。两周时期的海洋文化,和以前的比较起来,有了一定的发展,尤其是春秋战国时期沿海国家的海洋文化,内涵得到了大幅度拓展和丰富。

周族是来自西部的民族,始祖是弃。到了周成王(姬诵)的时代,周公旦东征,翦灭了武庚、管叔、蔡叔和东方东夷人的叛乱。此后又大举分封诸侯。周公旦的儿子伯禽被封为鲁君,占据山东西南部。周公的军队在征灭蒲姑(亳姑、薄姑,今山东博兴东北)后,以其地为吕尚的封地,建齐国,都营丘(今淄博),可能在这时周的统治达于沿海。

在周王朝的疆域内,临海的齐国进行海洋生产最早。封于齐地的吕尚就是"东海上人",本姓姜,封于吕,遂以封地为姓。在战胜殷商后,吕尚正欲就国时,就遇到土著莱侯率兵来伐,与吕尚争夺营丘。吕尚到国后,"修政,因其俗,简其礼,通商工之业,便鱼盐之利,而人民多归齐,齐为大国。"③

世居东方和南方的夷人、越人对海洋十分了解,很早就开始了海洋开发活动。可惜的是,关于那时夷人、越人的海洋开发活动,我们只能通过一些零碎的记载和传闻获知。

---

① 陈智勇:《试论夏商时期的海洋文化》,《殷都学刊》2002 年第 4 期。
② 引见安京:《中国古代海疆史纲》,黑龙江教育出版社 1999 年版,第 29~32 页;陈智勇:《试析春秋战国时期的海洋文化》,《郑州大学学报》2003 年第 5 期。
③ 《史记·齐太公世家》。

周公曾主持营建了周的东都——大洛邑（今洛阳西南）。在洛邑建成时举行了盛大的庆典，四方的氏族、部落都来祝贺，并带来了各地的土特产——方物。居住在东方和南方的居民贡奉的多是海产品。《逸周书·王会解》记："扬州：禺禺。"注文："禺禺，鱼名。"又记："东越，海蛤。"注文："东越则海际蛤，文蛤。"又记："且瓯：文蜃。"注文："文蜃，大蛤也。"又记："若人，玄贝。"注文："若人，吴越之蛮。玄贝，照贝也。"又记："海阳，大蟹。"注文："海水之阳，一蟹盈车。"

越人是驾船的行家里手。《越绝书》记载：越人"水行而山处，以船为车，以楫为马，往若飘风，去则难从。"

据记载，越人曾向周王朝献大舟。《艺文类聚》："周成王时，越人献舟。"

周时设立了"职方氏"，以掌管方域事务。根据《汉书·地理志》记载，周临海的州为幽、兖、青、扬四州。

幽州："东北曰幽州，其山曰医无闾，薮曰豯养，川曰河、泲，浸曰菑、时，其利鱼盐。"师古注曰："医巫闾在辽东。"豯养在长广，即今山东莱阳东，早已湮废。菑水出莱芜，北入渤海。时水出般阳，汉时般阳县在今山东省淄博市西南。幽州似乎包括了环渤海的广大区域，其中一部分与其他州重叠。

兖州："河东曰兖州。其山曰岱，薮曰泰壄，其川曰河、泲，浸曰卢、潍。其利蒲鱼。"岱即泰山。泰壄即大野泽。卢水、潍水皆在山东半岛。兖州似乎在山东北部，濒临渤海。

青州："正东曰青州。其山曰沂，薮曰孟渚，川曰淮、泗，寖曰沂、沭，其利蒲鱼。"沂山即沂水发源之山，孟渚大约在今河南省商丘市东北，淮、泗、沂、沭四水分布在今山东、安徽、江苏三省。从这里看出，青州临东海，今称黄海。

扬州："东南曰扬州。其山曰会稽，薮曰具区，川曰三江，寖曰五湖。"会稽山在今浙江绍兴市东南。对"三江"，古人有种种说法，已不能确指。"具区"一般认为即今天的太湖。扬州实际是指淮河以南、长江下游的江浙地区，濒临今日的黄海。

殷周之际是国家制度逐步完备的时期，关于疆域的管理、划分及疆域概念也逐渐进步，为其后的国家管理奠定了基础。①

到了春秋战国时期，海洋文化的资料相对来说多了起来。就春秋战国时期的海洋文化而言，主要表现在以下方面。

一是对海洋资源的进一步认识和开发。清人张澍辑《世本补注》称黄帝时"夙沙氏始煮海为盐"，司马迁则认为"山东食海盐，山西食盐卤"（《史记·货殖列传》），这说明先民很早就认识到了海盐的食用价值。在春秋时期，"太公以齐地负海潟卤，少五谷而人民寡，乃通鱼盐之利。管子对桓公曰：齐有渠展之

---

① 以上引见安京：《中国古代海疆史纲》，黑龙江教育出版社 1999 年版，第 29～32 页。

盐,请君伐菹薪煮沸水为盐,征而积之。于是自十月至于正月,成盐三万六千钟,禀之得金万壹千余斛,山海之利,甲于诸国。"①齐桓公能够因"海"制宜,充分发掘海洋资源的潜力,这确实为他日后的称霸奠定了很扎实的基础。在开发海洋资源方面,时人还开辟有早期的辽东渔场、山东渔场和浙江渔场等海洋渔场。当时上谷至辽东有"鱼盐枣栗之饶"(《史记·货殖列传》)。齐国在山东沿海"通鱼盐之利",其海滨地区"海物惟错"(《尚书·禹贡》曾运乾注引蔡沈云:"海物,海鱼也。鱼种类尤杂")。越国"滨于东海之陂,鼋鼍鱼鳖之与处,而蛙黾之与同渚"(《国语·越语下》)。在对海洋资源进行开发的过程中,人们开始进行有效的管理。西周时加强对盐业资源的管理,设立专门的管理人员"盐人",其职责是"掌盐之令,以供百事之盐"(《周礼·天官·盐人》)。到了春秋战国时期,其职责还包括制定专门的盐税征收法令,"海王之国,谨正盐䇲"(《管子·海王》)。渔业管理的专门人员是"獻(渔)人"(《周礼·天官·獻人》)或"水虞"(《国语·鲁语上》)与"渔师"(《礼记·月令》),其职责是专掌捕鱼、供鱼、征收渔税以及有关的渔业政令。

二是有了一定的海洋航行能力。人们很早就会利用舟船进行水上航行②,但是,较普遍地将舟船用于海上航行的时间应在春秋时期。《史记·越王勾践世家》云"(范蠡)自与其私徒属乘舟浮海以行",《太平御览》卷768引《吴志》云"行海者,生而至越,有舟也"。在江苏武进淹城距今2000多年的战国遗址中,先后发现有四只独木舟。③ 在舟船制造方面,有柏舟、松舟(《诗经·柏舟》)、扁舟(《史记·货殖列传》)、轻舟(《国语·越语下》),以及(越)楼船、戈船、大翼、中翼、小翼、突冒等,临海的吴越设立有造船业——"船宫"(《越绝书》卷8)。此时制造的这些海船主要用于海战。当时著名的海战有公元前549年的"楚子为舟师以伐吴"(《左传·鲁襄公二十四年》),"(吴王)从海上攻齐"(《史记·吴太伯世家》),以及公元前482年越王勾践"命范蠡、后庸率师沿海溯淮,以绝吴路"(《左传·哀公十三年》)。对于经常发生在吴、越、齐三国之间的海战,清人顾栋高认为,"海道出师,已作俑于春秋时,并不自唐起也。……春秋之季,惟三国边于海,而其用兵相战伐,率用舟师蹈不测之险,攻人不备,入人要害,前此三代未尝有也。"④可见大规模海战主要发生在春秋战国时期,这在一定程度上展示着春秋战国海洋文化的发展水平。

三是认知了海洋的博大浩瀚,并赋予其博大包容的人文精神和科学探索,

① 〔清〕岳浚:《山东通志》卷13。
② 《上古时代已有原始航海和迁徙》,《人民日报》(海外版),1995年2月16日第3版。
③ 谢春祝:《淹城连江发现战国时期的独木舟》,《文物》1959年第4期。
④ 〔清〕顾栋高:《春秋大事表》卷8下,中华书局1993年版。

进而赋予其文化符号标志性。

春秋战国的人们认为海洋为众水之所归,有着海纳百川的精神。《尚书·禹贡》云"江汉朝宗于海",《老子》六十六章曰:"江海所以能为百谷王者,以其善下之",而庄周则极言海洋的博大:"计中国之在海内,不似稊米之在太仓乎?"(《庄子·秋水》)战国时邹衍提出了大九州说,认为九州"有裨海环之",且"有大瀛海环其外,天地之际焉"(《史记·孟子荀卿列传》),在他看来陆地相对很小,只是广阔海洋中浮动着的大陆岛,反映了他强烈的海洋意识。此外,当时还出现了原始的海陆循环观。屈原《天问》提出:"东流不溢,孰知其故?"《吕氏春秋·季春纪圜道》认为,"水泉东流,日夜不休。上不竭,下不满,小为大,重为轻,圜道也"。这些认识都已经具有科学性。

同时,"四海"常常被用来指称沿海国家的疆域,在此基础上还发展为非实指的地域概念。如《尚书·舜典》云:"帝乃殂落,百姓如丧考妣,三载四海遏密八音",唐孔颖达疏:"四海之人,蛮夷戎狄。"《论语·颜渊》云:"四海之内皆兄弟"。《左传·僖公四年》云:"四年春,齐侯遂伐楚。楚子使与师言曰:'君处北海,寡人处南海,唯是风马牛不相及。'"《礼记·祭义》云:"夫孝,置之而塞于天地,溥之而横乎四海:推而放诸东海而准,推而放诸西海而准,推而放诸南海而准,推而放诸北海而准。"这里提到的四海、北海、南海等显然与具体的海域无关,而是一种作为文化符号标志性存在的虚拟地域观念。

另外,海洋还被人们赋予了逍遥娱乐、自由自在的精神,如齐景公"游于海上而乐之,六月不归"(《说苑·正谏》),孔子曾说过"道不行,乘桴浮于海"(《论语·公冶长》),《韩非子·外储说右上》云"海上有贤者狂矞"等,都体现了这一思想意识和观念。

由于海洋的浩瀚无边,从而给人以神秘感和虚无缥缈感,引起人们对海洋不同形式的崇拜。《礼记·学记》云:"三王之祭川也,皆先河而后海。"《山海经》具体记载了具有人兽同体的图腾形象的四海海神的名称及其"世系",表明了战国以前辽东、山东、江浙沿海一带人们的海洋信仰崇拜观念。

另外,以海岛作为流放犯人之所,或以海岛作为失败者逃难庇护之地,也是春秋战国时期海洋文化的重要表现。据《史记·吴太伯世家》记载,"(周元王四年)越败吴,越王勾践欲迁吴王夫差于甬东,予百家居之"(甬东,《史记》、《史记正义》与《史记集解》认为是越地甬江之东的"海中州",即海中孤岛)。又如《史记·田敬仲完世家》记载,"(齐康公)贷立十四年,淫于酒、妇人,不听政。太公(田和)乃迁康公于海上,食一城,以奉其先祀",这里的"海上",指的是胶东海滨地区。另外,据后世的古籍辑录,孔子与弟子曾经"游于海中……归告鲁侯,筑城以备寇",寇即海上之寇(崔鸿《北凉录》);吴王阖闾于公元前505年抗击滨海东夷人的进攻,"夷不敢敌,收军入海,据东洲沙上;吴亦入海逐之,沙上相守一月"（民国《太仓州志》卷14《兵防纪兵》）；越人首领无颛执政时，"其地无疆为（楚怀王）所败，族散江南海上"（罗泌《路史·后纪》卷13下，对此，连横的《台湾通史·开辟记》认为："楚灭越，越之子孙迁于闽，流落海上，或居于澎湖"）；吴国灭亡后，范蠡"乃装其轻宝珠玉，自与其私徒属，乘舟浮海以行，终不反"（《史记·越世家》）；等等，可见当时海洋的重要性。

春秋战国时期海洋文化的意义，主要有三个方面。

其一，春秋战国时期海洋文化，是世界海洋文化早期历史的重要组成部分。海洋文化是一个世界性的文化现象。在谈到中西文化比较时，有些人过于强调西方文化的海洋性特征，而忽略了东方文化中的海洋因素。有些人则"言必称希腊"，完全否认中国历史上的海洋文化。黑格尔认为，"海洋文化是使西欧区别于东方诸国的文化特征"，不承认中国有海洋文化。其实，海洋文化是所有沿海地区都存在的一种文化形态。沿海地区在历史上只有海洋文化发达程度的高低，而不可能没有海洋文化的存在。中国作为一个临近太平洋的大国，也有丰富的海洋文化历史，正如著名科学家李约瑟所说，"中国人被称为不善于航海的民族，那是大错特错了。"春秋战国时期的中国已经产生了丰富的海洋文化，而且成为世界海洋文化中独具特色的东方海洋文化的主体构成部分。

其二，春秋战国时期的海洋文化，对沿海地区各国的经济基础、经济政策均有一定的影响，促进了沿海地区的发展。如齐国建国初期的经济导向，是"通商工之业，便鱼盐之利"，"齐带山海，膏壤千里，宜桑麻，人民多文采布帛鱼盐"（《史记·货殖列传》）。齐桓公时期，齐国"重鱼盐之利，以赡贫穷，禄贤能"（《史记·齐太公世家》），"（齐）历心于山海而国家富"（《韩非子·大体篇》），充分考虑到了海洋资源的利用。可见，齐国的经济构成不像晋、秦等国那样是单一农业类型，而是包含着农耕、渔业、制盐业、运输业、工商业等在内的复合经济类型，尤其是其中的渔业和海盐业更是其他内陆国家所无，由此充实了齐国的经济基础。在经济政策上，"太公以齐地负海盐卤，少五谷而人民寡，乃劝以女工之业，通鱼盐之利，而人物辐凑"（《汉书·地理志》），而鲁国是"使民以时"（《论语·学而》），秦国是"崇本抑末"，显示出不同的特征。

其三，春秋战国时期沿海国家（地区）的海洋文化，已经形成了不同于内陆文化的独具的特征。如在民情风俗上，齐国"民阔达多匿智"（《史记·齐太公世家》），"逐鱼盐商贾之利"（《史记·货殖列传》），在工商业刺激下的消费习尚是以"奢侈"著称（《管子·侈靡》）。"齐与鲁接壤，蔚为大国，临海富庶，气象发皇，海国人民，思想异常活泼"[1]，活泼的思想深受海洋的熏陶。由于其活泼，

① 梁启超：《儒家哲学》，《饮冰室诸子论集》，江苏广陵古籍刻印社1990年版。

也就具有很强的兼容性。齐文化中先后容纳有儒家、道家、法家、墨家、阴阳家、纵横家、农家、兵家、术士、方士等等百家之学,成为春秋战国时期百家争鸣和百家融合的主要基地。"天下谈客,坐聚于齐。临淄、稷下之徒,车雷鸣,袂云摩,学者翕然以谈相宗"(戴表元《齐东野语序》)。齐文化又有很强的变通性,"不慕古,不留今,与时变,与俗化"(《管子·正世》)。齐文化中还具有民主与科学精神。七国之中只有齐国未曾实现郡县制,地方制度偏向于分权,采取五都之制。并且政治开明,言论自由,而以农业为本的秦国则实行"愚民政策"(《韩非子·和氏》)。其原因即在于沿海国家具有"水滨以旷而气舒,鱼鸟风云,清吹远目,自与知者之气相应"的气质。① 齐国的科学技术由此也比较发达,天文学家甘德、邹衍,医学家扁鹊,军事家孙武、孙膑,逻辑学家公孙龙,方仙道者流徐福等等,或是齐国人,或长期在齐国居住过。沿海国家齐国的环境颇有似于地中海沿岸国家希腊,因而具有崇尚科学的精神。此外,在宗教信仰方面,秦国的宗教形态以高度集权为特征,而齐国是以众神平等和神祠分散为特点,并且齐人的八神之中就有五神(阴、阳、日、月与四时)在渤海和东海之滨,显然海洋文化和农业文化所铸造的民族心理是不同的。

其四,春秋战国时期海洋文化,在沿海和内陆民族或国家中产生了相互的影响,并实现了与海外不同区域文化之间的交流。尤其是海洋文化,容易像大海一样敞开胸怀,吸纳外来因素。齐国就曾吸纳过不少内陆的人才,出现了"稷下学宫"的盛象。沿海的吴国、越国也是如此。春秋时期,吴国与中原诸侯接触频繁,吴人对中原先进的文化展现出强烈的吸纳、包容和开放的胸襟,如春秋后期出现了精通中原礼乐文化的季札,产生了名列孔门七十二贤的言偃。② 而考古材料则显示,吴、越立国时代,本地区的青铜文明就吸纳了中原地区的工艺特点,显示出开放和融合的特征。吴越文化还与海外的文化有所交流。早在四五千年前,吴越人就已驾船航行到太平洋各岛屿;春秋战国时代,在吴国出现了来自西方国家的器皿。③ 可见当时沿海文化的开放、吸纳与交流程度。

其五,春秋战国时期海洋文化,不仅在当时是一种重要的文化现象,而且还表现出强劲的生命力,对其后的中国文化产生了较为深远的影响。肇始于春秋战国时期沿海国家的海洋开发政策,深深影响了其后的中国。唐、宋、元、明、清或松或紧的"海洋政策",乃至今日辽宁、山东、福建、浙江、广东甚或海南的"海洋强省"战略,都是一脉相承的。海洋的神秘激起了人们的无限幻想,于是春秋战国时期人们就涉足海洋,希图寻求"神仙","自威、宣、燕昭,使人入

---

① 王夫之:《读四书大全说》卷 4,《论语·雍也》。
② 徐茂明:《论吴文化的特征及其成因》,《学术月刊》1997 年第 8 期。
③ 丁家钟、贺云翱:《长江文化体系中的吴越文化》,《文化研究》1999 年第 1 期。

海,求蓬莱、方丈、瀛洲。此三神山者,其传在渤海中。"(《史记·封禅书》)战国时期燕、齐沿海地区是三神山仙话的发源地,其寻仙行为或传说影响了战国末期邹衍的大九州说,也直接影响了秦始皇、汉武帝的海外求仙活动。由寻仙延至于后来的寻宝以及寻找海外民族,这与后来的"海上丝绸之路"以及明代的郑和下西洋,同样也是一脉相承的文化延续现象。从海洋信仰文化的延续情况来看,与水有关的鲧、禹、伍子胥以及屈原深受沿海人民的爱戴,成了他们涉足海洋的保护神。如王嘉《拾遗记》记载:"羽渊(神话中鲧死后入羽渊而化为龙)与河海通源也。海民于羽山之中,修立鲧庙,四时以致祭祀。"《台湾县志·外编》记载,"水仙庙祀大禹王,配祀以伍员、屈平、王勃、李白。旧志云:四夷之治,汨罗之沉,忠魂千古。王勃亲省交趾,溺于南海,没,为神。""今海船或危于狂飙遭不保之时,有划水仙之法,其灵感不可思议。"而在宋代出现的妈祖(或天妃)信仰,成了延续至今包括东南亚华侨在内的所有中国沿海地区海民的海洋信仰对象,二者之间的文化延续是自不待言的。沿海的齐国工商业发达,而今天中国东部、东南部沿海地区的工商业亦发达,其间的关系也令人深思。

当然,春秋战国时期的海洋文化,在整个春秋战国文化中,具有非主导性的特征。海洋文化仅仅呈现为沿海地区的文化体系,远非整个春秋战国时期文化的全部,甚至即使是在沿海的齐、吴、越文化体系中,也深深地受到中原农业文化的影响。[①] 其原因有二:①他们与中原国家有着天然的地理连接关系。中国沿海地区不像日本、澳大利亚等国那样是个相对独立的地理单位,他们与中原国家是山水相连的,其间直接或间接的交流始终不断。因此,总体上来说,齐国、吴越等沿海国家既有海洋文化的独特性,又有与当时的内陆国家在文化上的相通性。②沿海国家海洋文化长期受内陆文化影响的程度要比它对内陆文化的影响大得多。在先秦时期,东南部沿海的吴越地区长期被视为蛮夷之地,受内陆中原文化的辐射是强烈的,无论是考古材料还是文献记载,都证实了这种辐射性。东部齐国的沿海地区,长期以来是东夷人居住的地方,而东夷人在奠定海洋文化的同时,并没有断绝和中原地区国家的交往,也持续地受到中原文化的影响,因此,齐国在东夷人海洋文化基础上建立的文化体系,也同样深受中原农业文化的影响。[②] 有学者甚至认为,齐国为秦国所灭,表明以秦国为代表的农业文明更适合于当时的中国实际,而以齐国为代表的中国海洋文化并不适合当时中国的实际,所以就让位于农业文明[③]。当然,这样的看法是偏颇的,导致齐国灭亡的原因未必是海洋文明必须让位于农业文明,正如蒙元灭宋、满清灭明绝不能说农业文明就必然会让位于游牧文明一样。

①　徐茂明:《论吴文化的特征及其成因》,《学术月刊》1997年第8期。
②　以上引见陈智勇:《试析春秋战国时期的海洋文化》,《郑州大学学报》2003年第5期。
③　周立升、蔡德贵:《齐鲁文化考辨》,《山东大学学报》1997年第1期。

第二章
先秦秦汉时期的海洋社会及人口迁徙

中国早期沿海海洋族群的构成,大体包括沿海及岛屿的渔民和船民社群、舟师群体以及海盗社会等三个部分。中国沿海及岛屿的渔民和船民社群,主要有沿海的渔村、港埠社群和台湾岛、海南岛、舟山群岛、庙岛群岛等岛屿社会群落。舟师群体是活跃于海滨的官方社会结构中的一部分,他们是海上军事力量,担负着负责某一方海洋防卫的任务。海盗社会是活跃在中国沿海的另外一种独特的社会群体。进入阶级社会后,滨海的社会受到政治斗争和阶级斗争的影响,出现了踞海为"寇"的海盗社会群体。夏商周时期海盗社会开始萌生,春秋战国时期海盗群体不断壮大,到了秦汉时期,大规模的海上武装斗争事件时有发生,显示着当时海盗社会发展的程度。

中国早期的海洋族群呈现着不断流动的态势。有内陆向沿海区域、海岛地区的人口迁徙,有规模不等的海外移民,不仅有了越人向太平洋岛屿的拓展、秦人东渡日本的"止王不来",而且有了远古时期向美洲地区的移民。

第一节　早期的海洋社会

在海洋社会的产生过程中,滨海区域一定规模的社会群体的出现,促成了海洋社会的形成。当然,不同时期的海洋社会的构成、规模以及复杂程度是不同的,其表现形式也是不同的。在海洋社会产生的早期,也存在着不同的表现形式,在中国早期的沿海地区,既有史前时期滨海的海洋族群,又有相对独立的岛屿社群,还有舟师群体和海盗社会这样的社群形式。

一　东南沿海史前的海上族群①

从前章内容可以看出,在中国沿海区域,史前时期广布着众多的滨海和海上生活族群。贝冢遗址的存在、海洋生物资源的利用、原始航海工具的使用等滨海和海上生活方式的存在,都在述说着海南岛、珠江三角洲、福建、浙江、山东以至于东北的沿海地区及岛屿都存在着以海为生的海上社会群落。

在泛太平洋地区,不论是岛屿或是陆地沿岸,自古即存在许多以船为家、采集海洋资源为生的族群,一般通称他们为"海上船民"。他们具有大胆、勇敢、机智的民族性格,以海洋为生,使用一种结构简单而行动便捷的船只,有如家屋般的功能,在近海航行与作业。会利用原始的渔猎技术,在海洋中摄取食物,这是他们的生业;但是,不会栽培植物或是果树。他们是营小群体(小船队)的社会组织,小家庭的成员在一起工作,通常受一个名义上的首领来管理,有时会依赖岸上定居的船民团体,即所谓"半船民"的互利关系,有喜欢在小岛上生活的特性。

在我国,自古也有一种生活在水上的族群,即一般所熟悉的"蜑家"。据史籍的记载,蜑家在汉朝时即已存在,但实际上他们的出现远较史书所记为早,其出现早于汉、蛮、苗诸族。由于现今的蜑家分布区域很广,几乎遍布华南各地,并且分布在西南的四川、广西诸省区,其族系相当复杂,不能把他们视为一种单一的族群,而是营相类似生活方式的群体,他们都是生活在水上的人家。

现今的蜑家多分布在华南的各江河沿岸,海上的蜑家仅存在于广东珠江口附近的沿海地区,包括香港和澳门附近的海域沿岸。考古学家认为,今日广东沿海的蜑家可能是中国古代海洋族群的后裔,他们最早出现的时间可以推到史前新石器时代中期,距今7000年以上。史前的海洋族群分布的地区不仅是广东的珠江口,至少自福建以南至广西一带沿海地区,均是他们的活动范围,并且可延伸至东南亚。

人类本来是陆地上的生活者,进行海上的活动,是因为有了海上的交通工具和利用海洋资源的动机。当然,移居于海上之后,许多生活上的需求,除了可以取之于海洋的,其他譬如稻谷食物、衣着和生业工具,仍然需要陆上供给。因此,海上的船民不可能与陆上的居民完全隔离而成为独立自给自足的族群社会。近人有关蜑民的研究发现,他们除了都有舟艇可以居住外,许多人会另在岸上建盖木屋,或在堤旁矶围中建筑干栏式的栅棚,或在排筏上搭建浮水屋,称作"簰"。所以,海上船民基本上会在沿海或岛屿有他们的居地;其实史前时代的人依赖原始的海上交通工具,更是无法长时间在海上作业,因而在沿

---

① 引见陈仲玉:《试论中国东南沿海史前的海洋族群》,《考古与文物》2002年第2期。

海或岛屿的海岸地区遗址之中,必然有某些遗址是史前海洋族群的遗址。

在中国东南沿海的史前遗址中,有许多贝冢遗址分布在福建、台湾、广东、广西等省区。比较密集的地区,主要是福建闽江下游、台湾西南海岸(曾文溪以南至高屏溪之间)、广东珠江三角洲等地,福建金门岛金沙溪口、台湾台北盆地和澎湖群岛、海南省陵水县等地亦有零星的发现。这一带沿海地区,由于在全新世以后发生过海侵与海退而形成了海相沉积以及较为宽阔的海岸平原、滨海平原和滨海岛屿地形,有丰富的贝类和鱼类。这种地理条件有助于海上船民从事渔捞生业,所以形成贝冢形态的遗址是与自然生态环境息息相关的。福建、广东沿海一带的贝冢遗址,存在以下四点现象:

第一,遗址的位置多在江河入海口的两岸台地,或是岛屿上的新月形小河湾边侧的坡地。

第二,遗址的范围小,文化层的堆积薄,显示聚落规模较小,居住的时间不长。有时也许是临时性或季节性的居留。

第三,生业以采捞贝类和近岸鱼类为主,也许附带狩猎小型的动物群。

第四,多缺少农耕的迹象。

这四点现象显示出贝冢遗址先民的海岸生业和他们的不定居游动性质,这类遗址就是古代海洋族群的居地。

以下以福建省金门岛金龟山和浦边两处史前贝冢遗址为例加以说明。

金龟山遗址,位置在金门岛东北部、金沙溪入海口的一处小海湾岸边的缓坡台地。文化层堆积厚约 1 米,出土物主要是贝壳、陶片、石器、鹿角和动物骨骸等。陶片基本上是细砂红陶,纹饰有细绳纹、贝壳印纹、指甲印纹和素面无纹等。石器甚为原始,有打制石斧、砍砸器、尖器、石刀、石砧等。遗址的年代经 C^{14} 测年,最早者 6880 ± 100 B. P.,经树轮校正为 $7757 \sim 7570$ B. P.;晚至 3395 ± 60 B. P.,校正为 $3330 \sim 3185$ B. P.。依文化的内涵和年代,应与金门富国墩文化相似。由于遗址有一个文化层,可分早、晚两期,地层的晚期与早期的年代差距约 4000 余年,但堆积仅 1 米厚,文化层是经过间断性的堆积,颇合乎海上船民非长久定居的情况。

浦边遗址,位置也在金门岛的东北部,距离金龟山遗址之南方海岸约 3 千米。此处遗址的生态环境不同于金龟山遗址,它是在平坦海岸的沙丘上,约在现海岸高潮线的后方 300 米处。遗址的范围约 4 公顷,但贝冢堆积是零散分布的。出土物主要是陶器与贝壳,有类似作为燧石的石英块,但没发现石器工具。遗址的 C^{14} 测年在 $4500 \sim 3500$ B. P.。遗址也没有明显的农业迹象。文化属性仍是富国墩文化的末期。

上述两处遗址位置,一处在小海湾的缓坡台地,一处在海岸平原沙丘,年代跨度在 $7500 \sim 3500$ B. P.,均未发现明显的农耕迹象,也合乎上述史前海洋族群遗址的现象。

生活在海上的族群,最需要的就是能够航行在海上的交通工具。史前时代原始的航海工具,主要是木竹类的质料,容易腐朽,极少能够保留至今。尽管如此,仍然在若干考古遗址中有所发现。最明显的例子,是距今约7000年～5000年的河姆渡遗址出土了水上运输工具,以及大量的鱼类骨骼、蚌壳和菱角等水生动植物遗留物,显示出河姆渡人以水生动植物为他们重要的食物来源。从鱼类骨头可看出有鲸鱼、鲨鱼等海生鱼类,以及鲻鱼和裸顶鲷等生活在滨海河口地带的海生鱼类。由于若干鱼类要在深水的滨海地带捕获,舟楫类的海上交通工具是必要的条件。这类工具的发明不是一朝一夕而成,而是经过长期的发明创造和改进而成的。河姆渡文化中与航海有关的器具有以下几种。

(1)筏,又称"桴"。在河姆渡文化中虽然没有筏的实物出土,但出土有藤条、绳索等物,可推测其时已有使用筏的可能。

(2)独木舟。遗址中发现有一堵木构板墙,是中间被挖空,横面是弧形,一端收敛成尖圆状、另一端残断的大木板,残长约2米,宽约0.4米。就所残存的形状分析,应是废弃的独木舟遗骸被利用作板墙。由于发掘的遗址是村落,而非泊舟海边;木质器物又易腐朽,独木舟实物很难自发掘中获得。但是,有出土的陶舟模型,是一种方头、方艄、平底,可航行于江河或近海的典型船形。现今在福建省武夷山区仍多见于悬崖上的船棺,其年代距今约4200年～3500年,已是很成熟的器物。青铜器时代盛行于中国西南的铜鼓上,亦出现许多身着羽饰的人在船上航行的刻画,也类似龙舟竞渡的情况。考古发现的独木舟,年代在春秋至秦汉之间的,则仅在江苏省境内即有20艘之多。

(3)木桨。出土有7件木桨,无残断。原器物均是整块木料加工而成。柄部粗细适中,横断面方形或圆形;桨叶多呈扁平的柳叶形,自上而下逐渐减薄,制作很精致,并有加刻直线和斜线花纹者。

(4)石碇。一件套在草编的网之内的圆形石球。这很可能是在中国境内发现的时代最早的石锚。石球的直径有50厘米,推测其重量应有170千克左右。依照一般民间造船经验估算,这样的石锭可配用一艘载重21吨～28吨的船只。

以上这么原始的海上交通工具,显然仅能在近距离的沿岸和邻近岛屿之间航行。航行的距离,一般而言是因为交通工具的改善而延长的。有学者认为,船舶利用风帆在中国的出现,最早可以追溯到新石器时代的晚期。以台湾大坌坑文化的年代来说,大约7000年前该文化的人即已横渡台湾海峡,当时已有这类的航海交通工具是无疑的。

海上族群有活动力强的特征,他们的生活环境又是广阔的大海;在他们到处游走之时,通过人口迁移,施行渔捞的生业,也会在可及之处实行以物易物的交易行为。通过海上交通建立起大陆沿海之间、沿海与岛屿之间和岛屿与岛屿之间的联系网络,他们就成了活动力强的文化传播者。

中国东南沿海地区是古代百越的居地,史籍文献的记载很多。所谓百越,仅是指其多数,并且居地分散在长江中下游以南,今湖南、江西、浙江、福建、广东、广西诸省区。居住在东南沿海的越族中,主要是今浙江省南部的瓯越、福建省的闽越和广东、广西两省区沿海的南越。他们都是越族的分支。凌纯声认为他们均属于南岛语族,秦汉以后由于华夏民族的南迁,越族人部分汉化,部分退居南洋群岛,散布至印度洋和西南太平洋各地。

有关南岛语族的母地和其扩张的若干问题,还有待更多的澄清和讨论。至少在现阶段已经明了的若干事实,可以作为我们解答有关海洋族群的族属问题。活动在中国东南沿海一带,在史前新石器时代有善于海上航行的居民,他们就是南岛语族之中善于生活在海洋环境又善于航海的族群,或是族群中生活在海上的居民。

在公元前5000年~公元前3000年时期,中国东南沿海一带的先民必须在海洋中获取鱼类以代替对肉类蛋白质的需求,因而要在海洋的鱼类捕捞和海上航行的技术方面多求发展。另一方面由于农耕与定居的生活方式,促使人口快速增长,生活在沿海的人要向海外拓荒的动机加强。这些原因都可能是南岛语族向外扩展的原因。然而,要向海外扩展拓殖的先决条件,仍然是海上航行的技术。我们不相信在广大的华南地区所有古代的南岛语族群均有远航海上的能力。他们要借助于经年累月航行在海上的族群的协助,所以在南岛语族的海洋拓殖史中,那些海上船民的贡献,不可或忘。

总之,在中国东南沿海地区史前时期存在的海上族群,最早出现的时间可以推到史前新石器时代中期,距今7000年以上;他们分布的地区在广东的珠江口、福建以南至广西一带沿海地区,并且可延伸至东南亚;他们的生业以采捞贝类和近海岸鱼类为主,有临时性或季节性的居留与迁移;他们能够制造和使用航行在海上的交通工具;他们到处游走,通过海上交通建立起大陆沿海之间、沿海与岛屿之间和岛屿与岛屿之间的联系网络,成为活动力强的文化传播者。中国史前时期其他沿海的海上族群,也有着类似的生活面貌,"窥一斑而知全豹",了解了东南沿海地区史前时期海上族群的生活面貌,我们也就大概了解了中国史前时期其他沿海海上族群的生活面貌。

二 岛屿社群的产生

在沿海的海洋族群中,岛屿社群是很重要的组成部分。从中国沿海的岛屿构成来看,台湾岛和海南岛是中国的两大岛屿,比较大的岛屿还有舟山群岛和庙岛群岛。考古发掘证明，在这些岛屿上，很早就有了人类的活动，也就是说，岛屿社群的产生，可以追溯到遥远的史前时期。

（一）舟山群岛和庙岛群岛等群岛的社会群落①

舟山，以舟所聚，故名。其旁小岛罗列，故称为舟山群岛。位于长江口以南，杭州湾以东，象山港以北，由舟山、岱山、大巨、泗礁、乘山、普陀山、桃花、六横、蚂蚁、滩许等大小 1339 个岛组成。早在 5000 年前的新石器时代，舟山群岛就有人类生息繁衍，居民多来自中国大陆的沿海各地。其中以浙江宁波、镇海、温州、台州等地为多，福建籍来舟山渔场捕鱼，陆续定居岛上的也不少。

舟山群岛的史前海洋文化遗迹所反映的岛屿社群状况已如前述。以下以山东庙岛群岛史前遗址遗物说明当时的岛屿社群状况。

庙岛群岛是山东半岛和辽东半岛之间、在黄、渤海交接线上南北向分布的一群岛屿，像一根巨大的链条把两个半岛连接在一起。

庙岛群岛历史上属于山东蓬莱县，后辟为长岛县，是神话故事中经常提到的海上仙山的所在，真实的历史记载反而不多。从 20 世纪 60 年代起，岛上陆续发现了一些战国时期的墓葬，后又发现了比较丰富的原始海洋文化遗存。在南长山岛的文化遗存中出土有大量海砾石、贝壳，以及网坠等，在北长山岛的文化遗存中夹存有大量牡蛎壳、贻贝壳等，大黑山岛的文化遗存中有大量红烧土、灰烬、牡蛎和螺壳等，砣矶岛的文化遗存中有大量牡蛎、贻贝和强刺红螺的皮壳、灰烬等，大钦岛的文化遗存中有牡蛎、强刺红螺、贻贝皮壳、海卵石锤子、鱼骨等。

调查表明，至少从公元前 5000 年开始，这里就不断地有人居住着。从地理条件来说，这里虽是海岛，却像链环一样一个一个地连接着的。从蓬莱港出发，一直到最北边的隍城岛，可以有许多中间站。两岛之间的距离，最多不过十几千米。夏秋季节，大多数时日风平浪静，原始人完全可以用一叶扁舟来往于各岛之间。就是从隍城岛北往辽东半岛，水路也仅 40 千米，在当时并非不可克服的困难。因此，岛民可以受到南北两个半岛文化的滋养。

岛上多丘陵，一般海拔一二百米。背山面海之处往往有很好的港湾，有冲淤土和亚黏土。这些地方多是现代村落所在，也往往是史前村落遗址所在。

群岛是南来北往的候鸟临时停歇的中间站，周围的海域是鱼虾洄游的必经之地，环岛水位适中；礁石较多，盛产海参、贻贝、扇贝、鲍鱼、牡蛎和海胆等。

---

① 引见北京大学考古实习队、烟台地区文管会、长岛县博物馆：《山东长岛县史前遗址》，《史前研究》创刊号，1983 年；广东省博物馆、珠海市博物馆：《广东珠海市淇澳岛东澳湾遗址发掘简报》，《考古》1990 年第 9 期。

岛上气候温和(年平均气温 12.1℃),雨量适中(年降水量 560 毫米左右);无霜期长(240 天左右),适于多种动植物的生存,也适于原始农业的发展。由于具备这些条件,在岛上容易发展多种经济。在经过清理的一些遗址中,往往既有农业工具如石刀、石铲、石磨盘和石磨棒等,又有渔猎工具如网坠、石矛和箭头等;既有大量的猪骨,也有鹿骨、鸟骨、鱼骨,而更多的是牡蛎、贻贝等软体动物的皮壳。生活资源如此丰富,是原始居民能够在此生存和发展自己文化的重要条件。

这一时期的一些最精美的物品是否直接来自大陆,固然是个疑问,但至少不能排除这种可能性。一般的陶器肯定是在本地烧制的,因为在店子就有当时烧制陶器的窑场。对于其他的东西恐怕也可以这样说:一方面自己生产,这是主要的;另一方面又有广泛的交流,包括岛与岛的交流以及海岛与大陆的交流。①

在广东,珠海市淇澳岛东澳湾遗址的发掘材料提供了较多的海洋族群的活动遗存。东澳湾遗址在文化内涵等方面与相邻文化或遗存相比,表现出一定的共同之处,但也存在着较强的独特面貌。

第一,东澳湾遗址所发现的遗迹为烧土和石块组成,呈环状,中央有一条或两条火道,周围散布着较多的夹砂釜和陶支脚、算形器等,所以,很可能是炊煮遗迹。

第二,东澳湾遗址的石器中,缺少适于农耕的大型石器,而多中、小石锛、网坠。

第三,东澳湾遗址的陶器中,以夹砂粗陶为大宗。陶器造型和装饰纹样简单;用于炊煮的陶器占绝大多数。正因如此,釜和陶器座的组合,可能是作盛食器之用的。

第四,遗址分布的地理环境比较特殊。它位于海湾,背山面海,附近有淡水,这对古代先民攫取生活资料是十分便利的,广阔的浅海滩涂,带来了丰富的海洋动植物,况且,此处位于珠江口西岸,咸淡水相交,适合多种鱼、蚌类的生存。另一方面,这种环境亦使农业的发展受到很大的限制。

综合上述,此遗址应当是一处以渔猎、采集经济为主的季节性活动居址。②

可以看出,这些群岛上族群的生产方式是多样的,包括狩猎、农耕、家养畜牧业、渔捞和大量的水生动植物的采集在内,当然,渔业的生产占据主导地

---

① 北京大学考古实习队,烟台地区文管会,长岛县博物馆:《山东长岛县史前遗址》,《史前研究》创刊号,1983 年。

② 广东省博物馆、珠海市博物馆:《广东珠海市淇澳岛东澳湾遗址发掘简报》,《考古》1990 年第 9 期。

位,多处遗址反映的是以渔猎、采集经济为主的季节性生产活动内容,反映出海岛社群主要依靠自己特殊的自然资源而生存,可以说是生态适应性的生产方式。

(二)台湾岛和海南岛的早期社会群落[①]

台湾岛和海南岛是中国的两个大岛,早在史前时期即有人类居住。在这两个岛屿上居住的早期社会群落,是最早开发海岛的居民。关于他们的族源、来源、构成以及文化遗迹,学术界有不同的说法。

琼台少数民族的族源问题,长期以来一直是人类学、民族学、民俗学学者关注的问题。琼台少数民族的族源,有些同属一个系统,有些不属于同一个系统;在同一个系统里面,也有不同的族群或者不同的部落,他们在不同的时间从不同的地点迁徙进来,进入海南岛和台湾岛的地点也不一样,特别是他们迁徙的目的差异很大,有些是刻意而为的,有些是在偶然中迁移的,且登岛后定居和繁衍的方式,也都不尽相同。因此,我们探讨琼台少数民族的族源问题,应该用一种多元的视野加以观照。

海南岛的先住民黎族,他们的族源,除了润方言黎族是海南岛最古老的居民以外,其他如杞方言、哈方言、美孚方言和赛方言等四种方言的黎族,大多数是从中国大陆越过琼州海峡迁徙到海南来的。原先在海南岛生活的黎族,最早掌握和积累了关于季候风、海流等方面的自然知识,并且最早使用独木舟。他们跟南岛语系的先民进行交融,因此,这部分黎族和南岛语系的民族在史前时期就进行着血缘的双向互融。从这个角度来看,这部分黎族,就含有南岛语系民族的血统。因此,黎族在远古时进入海南岛,也是多元的。

至于台湾的原住民族,本身也是多元的。马腾岳的《泰雅族文面图谱》[②]介绍了最近 100 年来中国和外国学者关于台湾原住民族群族源的研究观点。

其一,柯恩的中南半岛说(Kern,1889)。荷兰学者柯恩认为古南岛民族大概居住在占婆(Champa)、中国与越南交界处、高棉以及沿海的邻近地区。

其二,凌纯声的中国大陆说(凌纯声,1950、1952、1954)。中国学者凌纯声以东南亚的古文化特质如文身、缺齿、拔毛、竹簧片口琴、贯头衣、腰机纺织、父子连名制、猎首、灵魂崇拜、室内葬、崖葬等,推定台湾土著民族是中国古代越獠民族,并在纪元前迁至台湾。

---

① 引见周伟民:《在多元视野下关于琼台少数民族族源问题的探讨》,《海南台湾少数民族族源理论研讨会论文集》,海南大学东南亚研究所,2002 年 11 月;司徒尚纪:《浅论海南黎族与台湾高山族同源异流》,《海南台湾少数民族族源理论研讨会论文集》,海南大学东南亚研究所,2002 年 11 月。
② 台湾摄影天地杂志社 1998 年版。

其三,欧追古的亚洲大陆东南沿海地区说(Haudricout,1954)。法国语言学家欧追古认为古南岛民族的起源地是亚洲大陆东南沿海一带,介于海南岛与台湾之间的区域,比柯恩所说的地域更北一些。

其四,戴恩的西新几内亚说(Dyen,1965)。戴恩以苏瓦迪士(Swadesh)所拟定的人类社会200个基本词汇,除去与南岛语族不适合或是不全的,比较分析,发现整个古南岛民族分布区域中,语言最歧义的三个地区为:新几内亚——美拉尼西亚;台湾;苏门答腊及其西岸岛屿。

其五,布拉斯特的台湾说(Blust,1985)。美国南岛语言学者布拉斯特认为古南岛民族的老家就在台湾,整个古南岛民族就是从台湾开始扩散的。布拉斯特的立论根据是:①台湾地区的语言占整个南岛语系的四大分支中的三支,语言最为分歧,也最有可能是原住地。②最新最全的语言资料显示,古南岛民族日常生活所接触的植物群,都见于台湾岛上的各种地形和气候。

其六,施得乐与马尔克的台湾说(Shulter 和 Marek)。施得乐与马尔克认为台湾是古南岛民族的发源地。原因有三点:①台湾烧山开林的时代最早,且有绳纹陶文化等考古证据。②傣、凯傣(kadai)、南岛共同母语起源于公元前1万年的亚洲南部,即华南与中南半岛一带。这个共同母语社会在公元前9000年时分裂,其中一支即古南岛民族向外迁出。施、马二人认为最有可能的迁居地便是台湾,因为台湾离亚洲大陆的傣与凯傣文化最接近,有地理上的最近相关性。③台湾是南岛语系、语言最纷杂的地区,语言证据显示台湾是古南岛民族起源地的最佳选择。

上面所列举的六种观点,有些是直接讨论台湾原住民族的族源问题的,也有一些是从探讨南岛语言系统的形成而说到台湾原住民的族源问题的,不管出发点和角度如何,实际上都是讨论族源与族群迁徙。我们把这六种理论概括成三类:

第一,台湾原住民族源的"西来说",即所引材料的第一、二、三项。第一项所说的占婆,就是现在的越南西贡附近;中越的交界处和柬埔寨,指的是中国的南方。第二项笼统说是中国大陆,在他申述的时候,讲到文化特质,所列举的项目里面,如文身、竹簧片口琴、贯头衣、腰机纺织、父子连名和灵魂崇拜等,指的就是海南岛的民族。第三项就更加明确,说的是海南岛与台湾之间的区域。这样看来,"西来说"实际上就是指中国大陆的东南沿海地区,更集中的是指海南岛。

第二,"南来说",即所引材料的第四项,所讨论的是古南岛民族与台湾的关系。他所说的是原住民从现在的印度尼西亚一带迁入的。中国学者吕思勉和翦伯赞也持这种观点。

第三,"台湾本土说",即所引材料的第五、六两项。所讨论的南岛语系是从台湾开始扩散出去的,这是讨论南岛语系的来源,那么,台湾原住民又从哪里来的呢? 施得乐说得很明确,他根据考古学的绳纹陶文化来证明是从中国大陆华南传到中南半岛和台湾的。这样看来,他实质上也认为,台湾原住民的族源是中国的华南地区。

以上是历史学家、语言学家和考古学家对史前文化与原住民考证所作的论证,这六项材料,有五项都没有证明史前文化与今天各族的明确关系,正如海南省三亚市落笔洞本来是黎族居住地,但是落笔洞考古发掘出的人类遗骸作 C^{14} 测定,是 10600 年左右,那么"三亚人"是否就是今天的黎族,目前还没有获得非常明确的证据来加以证明。上述的"西来说"是我们所同意的。我们认为,海南岛的黎族和台湾原住民族在族源方面是相同或者是相通的。正如台湾博物馆前馆长阮昌锐教授在 1994 年出版的《台湾土著族的社会与文化》和 1996 年出版的《台湾的原住民》中所指出的,至今约 7000 年前,绳纹陶文化传入台湾,4500 年前,又有两种文化从中国大陆传入,一种是台湾龙山形成的文化,类似中国大陆的龙山文化,有各种形式的彩陶、黑陶,主要分布在西南沿海平原;第二种是园山文化,以台北盆地为中心,有各种形式的陶器和磨制的石斧。另外还有一种文化,是泰源文化,以巨石文化著称,在台湾东海岸和台东的纵谷,泰源文化和太平洋岛屿的巨石文化似有关联。有些学者认为巨石文化与排湾族有关,也有学者认为与阿美族有关。排湾族和阿美族也许是巨石文化的后裔。距今 2000 年~3000 年前,有一种几何图形印陶传入台湾北部和西部临海地区,布农族和邹族到最近还能制作这种陶器。距今 500 年~800 年,有一种坚硬、光面的无花纹陶器,分布在台湾东海岸和台湾北部,跟现在的凯达加兰、噶玛兰和阿美等族的陶器相似。大体上我们或许可以说,今天居住在山区的泰雅族、布农族等是早期的移入者,他们的文化比较接近大陆的系统,在 6500 年前到 4500 年前之间,自大陆迁入,可能与绳纹陶和龙山文化形成期有关。至于居住在平地的诸族,如阿美族、卑南族、噶玛兰族等迁入较晚,其文化接近南岛语系;然而,南岛语系的民族,经考古学家和民族学家的研究,他们的祖居地也在中国华南地区。所以,无论是自中国大陆直接来台湾,或由大陆而南洋,再由南洋而台湾,台湾原住民的祖居地仍是中国大陆。阮昌锐先生的结论是:总而言之,我们可以确定,台湾原住民是中华民族的一支。我们在上面所列举的文化人类学和生活习俗的大量材料,也证明了这样一个结论。①

———————————

① 以上引见周伟民:《在多元视野观照下关于琼台少数民族族源问题的探讨》,《海南台湾少数民族族源理论研讨会论文集》,海南大学东南亚研究所,2002 年 11 月。

生活在海南岛和台湾岛上的黎族和高山族同是祖国大家庭的成员。虽然他们现在分属两个民族,每族内部又有多个分支,但溯本追源,他们主要是从祖国大陆迁到岛上的古越族后裔,后发展为两个不同民族和支系,即同源异流。他们与祖国大陆和其他兄弟民族这种不可分割的联系,不但有深刻的地缘、族缘、血缘和史缘根据,而且在民族文化的各个要素和层面上,都有表现。当然,也不能排斥其他地区的种族、民族或文化融入其中,但作为黎族和高山族的族源与文化的根源及主流,仍在祖国大陆。

第一,地理环境相类似。

地理环境是人类生存发展的必要条件,且深刻影响到一个地区或民族文化的特质与风格。海南岛和台湾岛分别在中国的南部和东南部,被喻为祖国的两只眼睛,它们面积相当,同属热带或亚热带季风气候区,中间山脉高耸,河流短促,沿海平原面积狭小,其土壤、生物、水文、地质构造和活动等也很相似。这成为原始居民摄取食物、营造居室以及其他为适应这种环境所采取的生产生活方式即原始文化相同或相似的自然基础。尤为重要的是,地史研究表明,海南和台湾都属大陆型岛屿,即原为大陆一部分,后因地壳下陷或海洋水面上升,才与大陆分离。海南岛就有过两次与大陆分合的历史,最后一次是全新世早期,距今约 7000 年,海面上升,海南再次脱离大陆,成为海岛,而台湾也在这个时期最后与大陆分开,台湾海峡和琼州海峡形成。① 在此之前,是海平面下降时期,台湾海峡地区曾为平原或浅水区,方便大陆或南洋一些地区的原始人类往来,有可能陆行或使用独木舟进入两岛。据 C¹⁴ 测定,作为海南、台湾与大陆和东南亚连接点及交通枢纽的南海诸岛大部分岛屿露出水面的时间距今5000 年②,此前因为海平面较低,南海周边地区的原始人类与两岛人民交往也甚有可能。

因为海南和台湾脱离大陆的时间较短,从生物进化的原理观察,在一个狭小的岛屿范围里,不可能实现从猿到人的转变,所以岛上最早居民不可能是土生土长的,应该是从中国大陆或其他地区迁入的。类似事例已从两岛动物区系演化中得到验证。例如,因为老虎出现时间比两岛形成的时间要晚,而老虎又不能在孤立环境下形成发育,所以两岛从来无虎。汉初,登上海南的汉人见岛上"亡马与虎"③。台湾也有同样记载,清雍正年间黄叔璥《台湾使槎录》说:"山无虎","故鹿、麇、獐、麂之属成群遍野,莫为之害,野牛最蕃滋"。④ 这

---

① 中科院南海海洋研究所:《华南沿海第四纪地质调查研究报告》,中国科学院南海海洋研究所 1976 年印行,第 242 页。

② 转见司徒尚纪:《岭南海洋国土》,广东人民出版社 1996 年版,第 79 页。

③ 《汉书·地理志》。

④ 转见曾昭璇:《台湾自然地理》,广东省地图出版社 1993 年版,第 15 页。

极利于畜牧业的发展,牛羊可以野牧,无须专人看管。明代海南"牛羊被野,无冒诏(领)者"①。因台湾无虎,平埔人的打鹿业在 17 世纪十分兴旺,"社社无不饱鹿"②,故两岛的畜牧文化多有共同性,与虎有关的物质文化和精神文化匮乏,这不能不是地理环境特点所致。

第二,体质人类学特征支持黎族和高山族同源。

民族虽然主要由其文化特质决定其归属,但一个群体的体质人类学特征对于比较他们的来源也是一个重要依据。

体质人类学研究结果显示,黎族和高山族与大陆中国人一样,同属亚洲蒙古人种。据广州华南师范大学曾昭璇、中科院古脊椎动物与古人类研究所张振标等比较研究,海南黎族 12 项体质特征与我国华南汉族,也与台湾高山族的关系十分密切。

另外,民族学者选取包括高山族在内的国内 9 个主要少数民族 15 项头面部测量性特征与黎族比较,结果是"黎族与广西汉族最接近,其次与湖南汉族以及台湾省的高山族和台湾平埔族也都较接近"③。这些资料表明,黎族和高山族的起源和进化与中国大陆人一样,具有同一渊源,只是他们所处地理环境有差异,形成某些体质特征略有不同。正是后者,成为他们后来分属不同民族(系)的自然基础。

当然,也有研究指出,无论黎族还是高山族都有南方黑人某些特征。此说由来已久。近年有论者用聚类统计方法研究黎族指、掌纹,认为"与其他东亚、南亚的沿海居民一样,黎族的个别掌纹特征表明存在着黎族和某些黑色人种混血的可能性"④。而台湾高山族为岛上最早居民自无可置疑,但其来源也流行不同说法,其一说"台湾最早居民中,一如菲律宾有小黑人存在的事实"⑤。即黎族和高山族的来源都不是唯一的,可能有多个来源,这一说法有待进一步深入研究。实际上,我国南方汉唐以来普遍蓄养"昆仑奴",即南方黑人,其血统当然会融入汉人中。东汉杨孚《异物志》即载:从海外来岭南黑人"齿及国甚鲜白,而体异黑若漆,皆光泽,为奴婢"。广州、顺德、三水等地汉墓出土陪葬陶俑中作为"灯座"的陶人俑亦为南来黑人。所以黎族、高山族一如岭南其他民

---

① 张天复:《皇舆考》卷 7"广东"。

② [明]陈第:《东番记》,收入[明]沈有容《闽海赠言》,台湾文献丛刊第 56 种,台北:台湾银行经济研究室,1959 年。

③ 张振标、张建军:《海南岛黎族体质特征之研究》,见《人类学学报》第 1 卷第 1 期,1982 年 8 月,第 63~64 页。

④ 谢业琪:《海南岛黎族指、掌纹研究及临高人与汉族、壮族指、掌纹特征比较》,见《人类学学报》第 1 卷第 2 期,1982 年 11 月,第 146 页。

⑤ 曾昭璇:《台湾自然地理》,广东省地图出版社 1993 年版,第 3 页。

族(系)一样,具有黑人血统并不奇怪。但从人类迁移和历史发展趋势看,原始人类从中国大陆迁往海岛应是主流,上述"南来说"并不能改变这个总的方向,倒为这些民族多源说增添了新的内容。

第三,考古发现显示黎族、高山族同源。

近年考古,在我国大陆南方、海南和台湾都发现旧石器和新石器文化。这些文化的创造者和文化内涵均属于大陆古越族之前的古人类和古文化,且组成一个完整的古文化系统,有力地证明了黎族、高山族与大陆古越族是同一来源。

在海南近年发现多处石器文化遗址,其中三亚落笔洞距今约1万年的旧石器晚期至新石器早期的石片石器,陵水大港村、石贡、旧县坡等距今6000年~7000年新石器中期磨光石斧、石锛、砺石和各种夹砂陶器,陵水古楼坡、文昌吕田坡、定安佳龙坡距今3000年~5000年新石器晚期的双肩石斧、有段石锛、平肩长身石铲、大石铲,以及板沿口釜、罐等器物,还有各遗址以云雷纹、菱形纹、方格纹和米字纹等饰物为代表的战国至秦汉几何印纹陶等,其风格与华南各省区出土的同类器物文化内涵相一致,属同一个文化系统,发展变化规律也相一致。在排斥了海南具有从猿到人进化的可能性之后,这些不同时代器物无疑主要是华南大陆古人类带到岛上或在岛上创造的。这些古人类即为后来的古越人。[1]

在台湾台南发现的古人类"左镇人"头骨化石距今约3万年,与北京山顶洞人同属旧石器晚期。又据日月潭孢粉分析,1.2万年前当地可能发生伐木和农业活动。[2] 而距今约5000年新石器遗址在台湾分布更多更广,如台北圆山、大坌、北部沿海土地公山、芝山岩、大直、尖山等数十处,出土有段石锛、有肩石斧、印纹陶、黑陶和彩陶等,质量和风格与大陆东南沿海地区发现的同类器物相近。另在台湾中部和南部沿海、河谷发现与圆山文化同时代距今约4500年~3000年的凤鼻头文化各期(第1~3期)的陶器、贝丘、石斧、石锛等,亦与大陆东南沿海出土的同类器特有很多共性。人类学者林惠祥教授比较以上器物后指出,台湾圆山文化是由大陆东南传播过去的,传播路径以福建较有可能,因两地距离较近,中有澎湖列岛。[3] 而进入台湾的古人类,主要应为大陆古越人。

海南、台湾新旧石器和陶器既与大陆同属一个文化系统,则说明彼此之间有密切联系。文化风格若有小异,应为古越族内部有不同分支所致。如福建

---

① 王克荣:《海南岛的主要考古发现及其重要价值》,见《海南大学学报》(社科版),1985年第1期,第1~3页。

② 王克荣:《海南岛的主要考古发现及其重要价值》,见《海南大学学报》(社科版),1985年第1期,第1~3页。

③ 林惠祥:《中国民族史》第6章,上海书店1984年版。

为闽越,岭南为南越、骆越等,皆为古越族分支,他们进入海南和台湾,后发展为黎族和高山族,成为岛上最早居民。

第四,文化人类学特征显示黎族和高山族同源。

文化较之血统,对民族认同更为重要,而文化的个性和共性,是研究民族识别和民族比较的主要标志。语言、风俗作为较稳定、持久的文化要素,对比较黎族和高山族的文化人类学特征更具重要意义。它们的共同性或类似性,同样说明两族渊源于大陆古越族。

(1)语言比较。黎族和高山族在迁移过程中,语言会发生变异,尤其进入海岛以后,在与汉族交流接触中,也会失去自己一部分语言。但不管怎样,民族语言仍是语言主体,并与母语有千丝万缕联系。通过比较,可发现黎族和高山族语言颇多共性,皆以古越语为母语,后来才朝着各自方向发展,呈同源异流模式。

比较语言学表明,黎语和高山族使用语言(旧称番语)同为胶着语,有一字数音的特点,不同于汉语一字一音,而古越语也是胶着语。如"船"字,古越人称为"须虑"①。古越语后随民族迁移,发展为不同分支,但作为底层语言仍保存下来,古今都在使用。海南黎族前称俚人,《隋书·地理志》载"俚人犹呼其所尊为倒老也,言讹,故又称都老云"。无独有偶,台湾高山族也保留同样语言习惯。三国沈莹《临海水土志》记台湾高山族"呼民人为弥麟";《隋书·地理志》则记高山族首领"土人呼之为可老羊,妻曰多拔茶";明末陈第《东番记》也说高山族首领被称为"大弥勒",也一字数音;清代黄叔璥《台湾使槎录》和《台湾府志》等史籍所记"番语"也列举一字数音之例。近人徐松石教授收集、整理了大量案例,如"头"字,台湾土语称"乌颅","目"称"麻撒","肩"称"歹一八","膝"称"希鲁盾","足"称"丁丁","死"称"马歹","水"称"喇淋","盐"称"几鲁","铁"称"麻里","海"称"麻翁"等。而"女婿"称"阿郎",与广东北江瑶族、广东南部、广西东南部粤方言黎族对女婿的称谓相同②,显示台湾高山族土语与大陆汉语有渊源关系。虽然黎族、高山族内部有多个分支,但语言的这种共性没有变化。如黎族"古称骜舌者为南蛮,岐(黎族一分支)瑶诸种是也,若充类言之,则吴越无不是也"③。对于高山族,林惠祥教授指出其语言"各族不同,一族之中复再岐分,故其种类甚多"④。上述吴越有南蛮使用的语言,两地皆为古越人居地,即使用古越语。古越语至今仍残存南方许多少数民族和民

---

① 《越绝书》卷3。
② 《徐松石民族学研究著作五种》(下),广东人民出版社1993年版,第923~925页。
③ 光绪《高州府志》卷6《风俗·方言》。
④ 转见陈国强著:《台湾高山族研究》,上海三联书店1988年版,第35页。

系语言中。如黎语则属汉藏语系壮侗语族,与同一语族之壮语、布依语、傣语、侗语、水语等有亲缘关系,但它们皆源于古越语。高山族语言既与古越语相通,当然是从大陆传播过去的。

(2)断发文身习俗。大陆古越人有断发文身习俗,这类记载和实例甚多。它具有多种文化意义,其中作为热带丛林中的保护色,是适应地理环境的一种方式。黎族无论古代还是近现代都有断发文身的习惯或残余。海南在先秦古籍中被称为"雕题国"、"儋耳国",意即文身和戴大耳环。《左传》说吴越人"断发文身",也包括后来黎族。明顾岕《海槎余录》记"黎族男女周岁即文其身"。刘咸教授1924年在海南调查,黎族文身仅在面部和胸部图案就有37式,在手臂有14式,在腿部有13式,共64式①,现仍在一些老年妇女中残存,这无疑是古越人遗风。

台湾旧称夷洲或流求,三国沈莹《临海水土志》记岛上"男人皆髡头穿耳,女人不穿耳",与汉人不同,与古越人断发相似。《隋书·流求国传》则说岛上"男子拔去髭鬓,身上有毛之处皆亦除去。妇人以墨黥手,为虫蛇之文","妇女以罗纹白布为帽,其形正方,织斗镂皮并杂色纻及杂毛为衣,形制不一"。明陈第《东番记》也说岛上"男子剪发,留数寸,披垂"。清黄叔璥《台湾使槎录》云:"水沙连北港女将嫁时,两颊用针刺如网巾纹,名刺嘴箍,不刺则不嫁。"1948年曾昭漩教授在台湾考察,见岛北泰雅族(高山族一支)盛行文身,男子文额,女子文面,被称为"乌鸦嘴",南部各支文身亦相类。此俗长盛不衰,以致男子喜少恶老,头白也不留胡子,有一根胡子也要拔除,一些人外出也携带拔胡子工具。断发文身虽非黎族、高山族所独有,我国南方、东南亚、日本南部、南太平洋岛国都流行过此俗,但海南、台湾两地文饰及其文化内涵相同或相类,包括龙蛇、花草、树木、鸟兽等图腾或其他标记,反映他们有着共同原始宗教和原始艺术,这显然是民族渊源和文化特色共同性的表现。

(3)崇拜龙蛇等图腾。古越族以龙蛇为主要图腾,崇拜有加,这见于大量史籍、传说和各类建筑、艺术品等。上述黎族、高山族的文身图案即反映了这种图腾文化。龙母庙或蛇神庙遍布岭南各地,仅广东德庆县盛时即有300多座,其中悦城龙母祖庙香火最旺,为当地带来可观旅游收入。古越人流徙各地,龙蛇图腾即随之在当地传播。海南黎族流行蛇祖传说,清陆次云《峒溪纤志》云:"相传太古之时,雷摄一卵至山中,遂生一女,岁久,有交趾蛮过海采香,与之相合,遂生之女,是为黎人之祖。"类似记载不胜枚举,有些地方至今仍保持禁吃蛇肉习俗。黎族一分支美孚黎文身花纹似蚺蛇,故被称为"蚺蛇美孚"。

---

① 刘咸:《海南黎人文身之研究》,见詹慈编《黎族研究参考资料选辑》,广东省民族研究所1983年印行,第196~215页。

黎族中广为流传"蛇女婿"、"蚺蛇青年"等人蛇婚配故事,清楚地显示出黎族的图腾崇拜文化内涵。

台湾高山族也以龙蛇图腾崇拜至为突出,龙蛇在文身图案中居最显要地位。《隋书》记高山族"妇人以墨黥手,为虫蛇之文"。明张燮《东西洋考》说鸡笼(基隆)、淡水一带高山族"手足刺纹为华美"。此风习传承至高山族各分支。泰雅人文身花纹模仿蛇斑纹,排湾人以百步蛇三角纹为文饰,并自称为蛇的子孙,建筑物和生活器具杯、桶之类皆雕蛇纹,过去甚至在酋长家里备一小房,作为蛇栖息之室,视蛇为保护神。在台湾历史文献所记习俗中,常见"虫蛇"、"鸟翼"等描写和与蛇祖崇拜有关的神话,实为高山族原始文化的折射。福建和广东潮汕地区旧为闽越人居地,对龙蛇崇拜尤甚。许慎《说文解字》云:"闽,东南越,蛇种也。"台湾多闽潮移民,龙蛇崇拜传入台湾,与高山族龙蛇崇拜相互影响,更加剧了此风习的盛行。

(4)自由结合婚俗。婚姻形态在风俗文化中占有很重要的地位,反映了民族文化的相互关系。古越人婚姻形式异于汉人,虽也经历了由群婚向对偶婚最后向一夫一妻制的转变,但这个进程毕竟比汉人晚,有较多性自由和自由结合婚俗的残余。后世黎族"不落夫家"、一夫多妻、早婚、"放寮"、男大女小等风俗盛行,皆为古越人婚俗的传承与变异。明末顾炎武《天下郡国利病书》广东条引旧志云:黎人"男女未配合者,随意所通,交唱黎歌,即为婚姻"。而台湾高山族也一秉古越人婚俗。沈莹《临海水土志》记高山族"甲家有女,乙家有男,仍委父母,往就之居,与作夫妻,同牢而食","或男女相悦,便相匹配"。17世纪陈第《东番记》说平埔人牵手成婚,"宵来晨去",18世纪才发展到男子"夜宿妇家,日归其父合作者"①。"夫妇间财,乏共有之例,为夫者不担任扶养其妻;为妻者如旧,与其一族耕种田园,自食己力"②,为典型不落夫家习俗。又高山族也盛行与黎族一样的"入赘"制度,"既婚,女赴男家洒扫屋舍三日,名曰'乌合',此后男归女家,同耕并作,以偕终身"③。此外,在离婚、再婚等关系上,高山族与黎族一样享有较大自由,表现了共同文化特质。

(5)尚武强悍民风。古代海南和台湾生态环境恶劣,毒蛇猛兽横行,瘴疠充斥,疾病为患,人类生存困难,势必引起部族之间的矛盾和斗争,由此也造就了黎族和高山族尚武强悍的民风。其实这也是古越人民性之一。许多文献都说"越人之俗,好相攻击",直到中原文化传入,"粤(越)人相攻击之俗益止"④。

---

① 周钟瑄:《诸罗县志·风俗志》。
② 转引自施联朱、许良国编《台湾民族历史与文化》,中央民族大学出版社1987年版,第153页。
③ 黄叔璥:《番俗六考》,《南路凤山番一》。
④ 《汉书·高帝纪》。

但这作为一种民性,仍随古越人南迁带到岛上。范成大《桂海虞衡志·志蛮》说黎人"平日执靶刀长鞘,多以竹为弦,荷长枪,跬步不舍去"①。明代,黎族中"生岐……弓矢不释手,虽父子,动辄持刀相加"②。此风也盛行于台湾高山族,《临海水土志》说夷洲(台湾)"其王,国有四五帅,统诸洞,洞有王,王有村,村有鸟丫帅,并以善战者为之,自相对立","国人好相攻击,人皆骁健善走,难而不耐创。诸洞各为部落,不相救助"。到明末,据陈第《东番记》,其人"喜斗而易动,疾战而轻解。起则两社相攻,休则亲戚不仇"。虽然类似记载也见于其他地区少数民族,但海南、台湾因为海岛,外来文化传播比大陆相对要迟,所以其民性变化也相对滞后。后世黎族、高山族反抗外来势力入侵至为激烈,绝非偶然,这正是古越人民性在各个历史时期的张扬。

(6)嗜食槟榔。我国南方古为瘴疠之地。槟榔含多种生物碱,有消炎、逐水、除痰、灭菌等功效,与南方湿热地理环境相适应,故为古越人嗜好,且世代不衰。唐刘恂《岭表录异》明确指出"不食此无以祛其瘴疠"。此后槟榔又成为礼品,文化内涵有所扩大。古越人迁入海南、台湾,那里瘴疠比大陆更为严重,故食槟榔之风有增无减,实为适应环境的一种方式,有其深层文化根源,而不仅是个人嗜好。唐宋以来的文献典籍,多记海南盛产和嗜食槟榔的风俗。宋人王象之指出,"琼人以槟榔为命……岁过闽广者,不知其几千万也"③,"漫山悉槟榔"④。唐宋时期黎人是海南居民的主体,也是岛上槟榔的最大消费者,此风一直保持至今。

高山族同样嗜食槟榔。民族学者徐松石指出,台湾"土著人民喜欢嚼食槟榔,他们往往拿扶蒌叶和蛎灰一同咀嚼"⑤,食用方式与黎族完全相同。现今台湾槟榔漫山遍野,消费量甚大,槟榔摊档至为触目,性感十足的"槟榔妹"成为一道亮丽风景线。这绝不是偶然的,乃高山族槟榔文化传承和扩大使然。此外,两族喜欢饮酒唱歌、喜食酢制食物等习惯也如出一辙。

第五,共同地名文化渊源。

地名作为一种可视和可悟文化景观,其命名与地理环境、历史条件和民族迁移有关,并且地名历史比文字还要久远,透过地名可了解很多历史文化现象。

黎族作为古越族一支,进入海南以后按古越语命名的地名颇多,现称为"黎语地名"。故明末清初屈大均《广东新语·文语》指出:"自阳春至高雷廉

---

① 参见《文献通考》卷331。
② 顾炎武:《天下郡国利病书》,《四裔考八》。
③ 王象之:《舆地纪胜》卷124《琼州》。
④ 赵汝适:《诸番志》卷下《海南》。
⑤ 《徐松石民族学研究著作五种》(下),广东人民出版社1993年版,第918页。

琼,地名多曰那某、罗某、多某、扶某、过某、牙某、峨某、陀某、打某……地黎称洞名有三字者,如那父爹、陀横大、陀横小之类,有四字者……"这种通名在前专名在后的地名,称齐头式地名,与汉语地名命名方式相反。在海南黎区,主要有抱(保、宝、报、包)番、什、毛、那、南(湳)等为起首地名,有 1000 多个。在广东、广西也不乏这类地名,这已成为黎族源于古越人从大陆南迁上岛的有力凭证。①

台湾现今地名有一部分是番语,即按高山族人读音用汉字书写的。高山族语言既为胶着语,其命名方式、构词法和含义属古越语,应当为古越人迁入台湾在地名上的佐证。只是台湾经过西方殖民主义统治和日本侵占,汉人也大规模迁入,番语地名发生很大变化,保留至今的已成为台湾地名的吉光片羽,但仍可借助于地名对比分析,看出高山族的来源及其与黎族的关系。

埔,谐音有步、埗、埔、埠、甫等,意为平地、津渡、码头之类,为古越语地名。广州有黄埔、增步、盐步、官禄埗,四会有华埠、罗埠、鹿埠等。台湾有埠头、埠子头、后埠、老埠、新埠、埠塘等,部分为齐头式,部分前为汉语修饰语,谅是汉人到来对番语地名的改造所致。

圳,粤方言(广州话)指水沟。广东有深圳,广州有圳口,南海有梅圳,三水有圳东,德庆有圳边,封开有圳田、圳竹等。台湾有圳寮、圳头、横圳、深圳、过圳、圳岸、圳堵等。这不是偶然凑合,粤方言由古越语融合汉语等而成,台湾"圳"字地名亦应与古越人迁移有关。

南或湳为典型古越语,作为地名与方向无关,意指水。据 1982 年地名普查,海南有这类地名 255 个。琼山有南渡江、湳渭溪,定安有南远溪、湳白溪,儋县有南建江,澄迈有湳滚泉,临高有南定讯,陵水有南陵山,东方有南龙江、南浪村,以及南圣、南坤、南罗、南阎、南美、南头、南口、南丰、南阳等,遍及全岛,但以黎区居多。雷州半岛不乏这类地名,如海康即有 50 个,如南六、南畔、南田等,徐闻有南陈、南上、南洋等,当然个别南字可能指方向,但不改变它主要为古越语含义。② 台湾也保存一些湳字地名,如湳子(云林)、湳雅(新竹)、水湳、湳湖、大湳、芦竹湳(苗栗)、草湳、湳墘、湳仔等。③ 这些地名无疑是古越语地名遗存。

台湾多山地,"台(湾)地诸山皆从番语译出"④。实际上不只山名,普通地名也有不少属于番语。"多(哆)"字地名即为一例。根据安倍明义先生列举,即有哆啰国(新营番社),哆咯唧(原日月潭东边番社),哆咯唧(花莲新城乡),

① 司徒尚纪:《广东文化地理》,广东人民出版社 2001 年版,第 364～365 页。
② 司徒尚纪:《广东文化地理》,广东人民出版社 2001 年版,第 357 页。
③ 〔日〕安倍明义:《台湾地名研究》,台北武陵出版有限公司 1992 年版,第 57 页。
④ 〔日〕安倍明义:《台湾地名研究》,台北武陵出版有限公司 1992 年版,第 60 页。

另"多阿科汉姆"山地今写成大科陷、大姑崁或大姑嵌。在海南也不乏"多"字地名,如琼山有多佩、多贤,文昌有多寻,琼海有多坭、多异,万宁有多扶、多格、多萌、多辉,陵水有多味弓,乐东有多能,儋县有多美、多业,临高有多文、多莲、多瑞、多郎、多贤、多朗等。"多"字地名亦偶见于大陆,如廉江有多浪、多宝,吴川有多曹等。① 雷州半岛古代也是俚(黎)人居地,故不乏此类地名。又"多"、"都"音近,而"都"字也是古越语地名,广见于广东南路地区、广西东北部和中部。② 可见"多"字地名把两广地区和台湾都联结了起来。

海南还有"打"字地名,且与"大"字同音,也属古越语地名。如儋县有打腊,白沙有打安、白打等。"大"字地名更多,如昌江有大安、大章,陵水有大宁,东方有大田,乐东有大安,儋县有大成、大域,琼山有大林、大坡、大宾,文昌有大山,琼海有大路,万宁有大茂,屯昌有大同,澄迈有大美等。"大"字地名在岭南为数在1000个以上,其含义有一部分表示大小之意,一部分为"地"之意,后者为古越语含义。又据徐松石教授研究,"大"字有时译作"都"字或"多"字,这样一相通,其分布更广,显示岭南土著文化的共同性。这种共同性也延伸到台湾。"打"字地名在宜兰有打那岸(罗东)、在嘉义有打猫(凡雄),高雄旧称打狗、打鼓,实也属古越语地名。

此外,海南还有马、麻、过、美、武、六(鹿)等古越语地名,在台湾也不乏其例。如临高有马裛,台湾有马赛(苏澳)、玛僯(礁溪);雷州半岛有麻章、麻一、麻二、麻三、麻四,台东有麻豆;海南保亭有六弓,台湾有鹿野、鹿寨。"美"字地名在海南甚多,琼山有美兰,为今机场所在,台湾高雄有美派。"武"字地名在海南也不在少数,如儋县有武教,临高有武来,琼海有武弄,澄迈有武田等,台湾屏东有武洛(里港),意义为弓矢③,这自不是汉语之意。以上地名几乎成对应关系,应是古越人迁移岛上在地名上的遗迹。

据上述材料可知,海南黎族和台湾高山族实为从大陆过去的古越族的两个分支,族源相同。但作为一个民族,无论文化还是血统都不可能只有一个来源。在民族繁衍进程中,有其他民族加入是不可避免的。有关黎族和高山族的"南来说"即属其例,但事实如何,应进一步研究,不宜轻易肯定或否定。

不管怎样,今日黎族和高山族毕竟是两个民族。这是地理环境和历史发展的产物。一是海南和台湾地理环境总有一定差异,古越人长期生活在其中,生产生活方式会产生变异,民族文化随而变化。二是古越族是个泛称,内分许多支系,迁入海南的以骆越、南越为主,迁入台湾的以闽越为主。他们的本根

---

① 司徒尚纪:《广东文化地理》,广东人民出版社2001年版,第362页。
② 司徒尚纪:《海南岛历史上土地开发研究》,海南人民出版社1987年版,第71页。
③ 〔日〕安倍明义:《台湾地名研究》,台北武陵出版有限公司1992年版,第221页。

文化差异难免在以后民族发展中留下痕迹,成为黎族、高山族文化的基础。三是区域历史发展进程和水平差异。海南汉初就建立郡县,后来被放弃,唐宋以来重新深入开发,明清达到鼎盛时期。黎族汉化也同步发生,宋代以来即有"生黎"、"熟黎"之别,但直到近代,在五指山腹地仍保留一块带有原始社会性质的合亩制地区。又由于琼州海峡比台湾海峡容易通过,中国历史发展总方向是自北向南,海南恰处在这个方向上,受大陆文化影响较深,黎族文化也不例外。而台湾原始社会历程很漫长,南宋时澎湖才隶属福建晋江县,如果就此认定台湾政区建置始于宋代,也比海南晚得多,甚至到明代,高山族地区仍很原始落后。据陈第《东番记》记载,他们仍未摆脱原始社会生活方式,或者说仍处在文明阶段前夜。但台湾明末清初经郑成功父子奠基开发,清统一台湾以后深入开发,特别是光绪年间台湾建省后的近代开发,以及日本侵占台湾时的殖民地式开发,都在实际上改变了台湾社会经济面貌,台湾以后来居上之势远远超过海南。这都在文化的各个要素和各个层面上改变着高山族,使之形成自己的文化特质。与此同时,海南黎族也按自己的道路和方式发展,形成了本民族的文化特质。所以,他们走的是同源异流发展道路,是一母所生兄弟姐妹关系,其血脉根源和文化情结,无疑在中国大陆。①

三 舟师与海盗社会

(一)最早的海军——舟师群体的出现②

在我国沿海的早期社会群体中,海上军事力量已经构成一种独特的海洋社会群体组织,它的规模和复杂程度虽然不及岛屿社会群落,但是,它作为活跃于海滨的官方社会结构的一部分,在沿海的社会发展中,其作用仍然是不容忽视的。舟师的出现便是这种独特社会群体产生的标志。

我国古代海军称舟师、水军或水师,它是随着战争、防卫的需要和战场的转移而逐步形成的。大体上经历了追捕奴隶、军事运输和有组织地进行水上作战与防卫这三个发展阶段。

人类社会出现阶级和阶级战争以后,船舶逐渐由运输和捕鱼工具,生发出了一种作为暴力工具的功能。据殷商甲骨卜辞记载,商代后期,商王武丁曾派人乘船追捕逃亡海上的奴隶,用了15天时间把这批奴隶捕捉回来。③后来,

---

① 以上引见司徒尚纪:《浅论海南黎族与台湾高山族同源异流》,《海南台湾少数民族族源理论研讨会论文集》,海南大学东南亚研究所,2002年11月。

② 引见张铁牛、高晓星:《中国古代海军史》,八一出版社1993年版,第4～6页。

③ 参见郭沫若主编:《中国史稿》。

随着船舶质量的提高和数量的增加,船舶便大规模地用于战争了。

最初,船舶只是被征调运送部队和军事物资。武王伐纣渡孟津,是我国史籍关于船舶用于军事运输的最早记载。公元前1027年正月(另一说为公元前1066年,见唐志拔《中国舰船史》等),周武王率兵车300乘,虎贲(周王的近卫军)3000人,甲士4.5万人,并联合了一些方国的军队,大举伐纣。参战部队由47艘大船运送,在孟津渡河东进,直捣商都朝歌,灭亡了商朝。这次渡河作战,组织严密,有专人指挥船只,规模空前。但这些船只毕竟是临时征集的,没有专门用于水战的兵器和人员,因此还称不上舟师。

到了春秋时期,由于生产力的发展,特别是铁器的使用,造船技术和造船能力得到空前的提高。临江傍海的诸侯国都出现了造船业,其中以吴、越最为发达,称之为"船宫",能造多种用途的船只。南方各国江河密布,水上运输也很兴盛,吴国"不能一日而废舟楫之用"。至于越国,还在周代,就有"于越献舟"的盛事,浩浩荡荡的部队沿海北上,入淮河西行,到达今日西安附近的周王朝统治中心地区。所有这一切,为中国古代海军的形成创造了前提条件。

春秋时期,各诸侯国力量日渐强大,出现了王室衰微、诸侯争霸的局面。各诸侯国之间的战争不断,先是在中原地区进行,后来扩展到东南地区。为了适应水网地区作战的需要,南方的吴国、越国、楚国和濒临东海的齐国,都先后改装和建造战船,抽调官兵进行水上作战训练。于是,古代海军便应运而生了。

我国古代海军诞生于何时何地,史书没有明确记载。但可以根据史料推算出来。据《左传·襄公二十四年》记载:"楚子为舟师以伐吴,不为军政,无功而还。"这是目前所见到的第一次水战记载。这次水战发生在鲁襄公二十四年,即公元前549年。这就是说,在公元前549年以前,楚国就已经有了舟师。据元代的马端临考证,"楚用舟师自康王始"(《文献通考·兵一注》)。楚康王元年,正当鲁襄公十四年,即公元前559年。可见我国古代舟师在鲁襄公十四年至二十四年,即公元前559年至公元前549年之间就已诞生,距今已有2550多年的历史了。

要之,舟师又称为水军或水师,它一方面适应水网地区作战的需要,另一方面广泛用于沿海地区的战争,他们作为我国古代的海军,是我国古代沿海重要的海上战争与防卫力量。

(二)海盗社会①

海盗是活跃在中国沿海的另外一种独特的社会群体。它产生很早,官方

---

① 引见郑广南:《中国海盗史》,华东理工大学出版社1998年版,第45~53页。

的文献中有不少记载。

在西方,海盗活动的历史是随着人们的海洋活动及航海业的出现而揭开篇章的。① 原始社会瓦解后,运用强权与暴力夺取他人财物被认为是一种值得干的行业,那些在海上专门从事抢劫财物、掳掠人口者就成为海盗。在中国,"海盗"也因其在海洋抢劫的盗贼行为而得名。

1. 海盗社会的出现

中国原始社会解体后,跨进阶级社会,出现了财产私有制和国家政权,随之也就产生了政治压迫、经济剥削以及掠夺财物的社会现象。约在公元前2200年期间,夏启废除原始社会"禅让"制,建立夏王朝。此后,海洋便逐渐成了政治斗争和阶级斗争的场所。据记载,夏后帝少康"封于会稽","以奉守禹之祀",立政东海地区,后世越国国君为其苗裔。② 少康死后,子杼继位,兴师"征于东海",不甘臣服的东海人逃亡出海,进行反抗。至商代,疆域东际大海,帝乙、帝辛屡次发兵"征人方","为虐东夷"③,"东夷叛之"④。帝辛倾兵力征东夷,杀方伯,俘获"亿兆夷人"为"臣"(奴隶)⑤。帝辛的战争暴行,激起东夷人的反抗。东夷人的强烈反抗,沉重地打击了商王朝,帝辛因此"而殒其身"⑥。此时,周族崛起于西北黄土高原,建立周王朝,并积极向东南海滨发展。周太王长子太伯与次子仲雍为逃避继位之争,"乃奔荆蛮,文身断发,自号句吴",相继为夷蛮君长⑦。商末,太公望为逃避帝辛暴政,"居东海之滨"⑧。后来周武王攻灭商王朝。两年后武王病逝,东方爆发"管蔡以武庚叛"。周公东征平定叛乱,并攻灭"熊盈族十有七国",不愿臣服的"顽民"多逃亡海上。由此可见,夏商周三代政治斗争与战争已扩展到东部、东南海滨及海上。

降及春秋战国,社会发生巨大变化,长期战乱,海洋成为人民反抗斗争与诸侯战争的场所。各国国君与奴隶主贵族残酷剥削、压迫奴隶、农人,加上诸侯战争破坏社会经济,许多人因战乱和饥饿而死亡,"道馑相望"⑨。在阶级矛盾如此尖锐化的情况下,人民被迫奋起反抗国君和奴隶主贵族,"盗憎主人,民恶其上"⑩。沿海地区的自由民和奴隶逃亡海上,进行反抗斗争。人民在海上

---

① 航海业,古希腊哲学家亚里士多德把它理解为作为谋生来源的捕鱼业和海盗行为。
② 《史记·越王勾践世家》。
③ 《吕氏春秋》卷5《古乐》。
④ 《左传·昭公四年》。
⑤ 《史记·殷本纪》。
⑥ 《左传·昭公十四年》。
⑦ 《史记·吴太伯世家》。
⑧ 《史记·齐太公世家》。
⑨ 《国语·楚语下》。
⑩ 《左传·成公十五年》。

的斗争很激烈,影响了政治局势与社会安定,所以孔子及弟子曾经"游于海中……归告鲁侯,筑城以备寇"①。"寇",指海上之寇,即海盗。这可视为中国历史上有记载的海盗活动的先声。

在战国诸侯战争中,常有海上用兵之举。吴王阖闾十年(公元前505年),东夷人攻吴国,阖闾兴师亲征。"夷不敢敌,收军入海,据东洲沙上;吴亦入海逐之,沙上相守一月"②。这是一场规模颇大的海战。楚怀王六年(公元前323年),越人首领无颛主政时,"其地无疆为所败,族散江南海上"③。

东夷人"入海据东洲沙"与越人"散江南海上",按照东汉以后人们的看法,他们就是海盗,只是因为当时尚无"海盗"一词,所以他们是还没有被人称为"海盗"的海盗。

2. 南海蜑民与海盗社会

越人居住今广东省,古称南越(南粤)。南越人"断发文身,错臂左衽"④,依山傍海,从事渔猎和农业生产。越人俗好争斗,《汉书》云:"粤人之俗,好相攻杀。"⑤他们生活于水上,擅长造船与航海,在江海中从事经济活动。

秦始皇二十六年(公元前221年),发兵"南攻百越",使尉屠睢将楼船之士,统卒五十万,为五军:一军塞镡城之岭(在今湖南靖县),一军守九嶷之塞(在今湖南江华县),一军处番禺之都(今广东广州市),一军守南野之界(在今江西南康县),一军结余干之水(在今江西余干县)。⑥为解决运输军粮问题,监禄率卒在湘水与漓水之间开凿灵渠,沟通长江、珠江水系交通,以通粮道。秦军从西线深入越人居住地区,"与越人战",杀西瓯君译吁宋,越人皆入丛薄中,莫肯为秦虏,"相置桀骏以为将,而夜攻秦人,杀屠睢,伏尸数十万"⑦。三十三年(公元前214年),秦始皇诏命赵佗将卒戍南越,发内郡"诸尝逋亡人、赘婿、贾人略取陆梁地,为桂林、象郡和南海,以谪遣戍"与越人杂处⑧。南海郡"东西数千里",濒临海洋,江河交错,山林茂盛。遁入丛薄中的越人,驾船活跃于江海上,旷日持久地抗击秦军。后来,他们适应水上生活方式,养育子孙,世代相传,而形成在江海中生活的水居族群。南海水居族群就是"蜑民"的先辈。嘉靖《惠州府志》与《粤中见闻》分别云:

---

① 崔鸿:《北凉录》。
② 民国《太仓州志》卷14《兵防·纪兵》。
③ 罗泌:《路史》,《后纪》卷13下。
④ 《战国策·赵策》。
⑤ 《汉书·高帝纪》。
⑥ 《史记·平津侯主父偃传》。
⑦ 刘安:《淮南子》卷18《人间训》。
⑧ 《史记·秦始皇本纪》。

蛋，其种莫可考，按秦始皇使尉屠睢统五军，监禄杀西瓯人。越
人皆入丛薄中……意者此即入丛薄中之遗民耶。①

秦时，屠睢将五军临粤，肆行残暴。粤人不服，多逃入丛薄，与鱼
鳖同处。蛋即丛薄中之遗民也。世世以舟为居，无土著，不事耕织，
惟捕鱼及装载为业，吾民目为蛋家②。

秦汉以来，蜑民世世代代在江海中过着"以舟为居"的浮生生活。宋人周
去非在《岭外代答》中对蜑民这种浮生生活方式有具体记叙，他说："以舟为室，
视水如陆，浮生之海者，蜑也……蜑之浮生，似若浩荡，莫能驯者。然亦各有统
属，各有界分，各有役于官，以是知无逃乎天地之间。"③蜑民"役于官"，惨遭压
迫与剥削，生活极为穷困。封建统治阶级不但不同情蜑民的苦难；反而横加歧
视与凌辱，禁止他们上岸居住，不准同陆地人民通婚，视其为非人，故意将"蜑"
改成"蛋"字。清人邱炜薆认为这是对蜑民的鄙视与侮辱，他指出："蛋字，字书
所无，俗以呼禽鸟、介族之卵，音读如但。粤人又以呼渔户，男为蛋家佬，女为
蛋家婆，是以称卵者称人也。何其字哉？抑知南海本有蜑户之称，一作蜒，坛
上声。昔人尝谓南海蜑户，以舟楫为家，采海物为生，即指此。不知何时误蜑
为蛋，且以蛋为卵，遂使渔人横被恶名耳。"④

南海蜑民为求生存和改变被歧视与压迫的处境，在海上进行长期反抗斗
争。东晋末年，蜑民奋起响应卢循起义。东晋以后，蜑民多从事海盗活动，人
皆为海盗，艇尽是盗艘，形成一股强大的海上势力。

3. 田横据海岛为王及其影响

秦末汉初爆发的农民大起义和楚汉战争，战场从陆地扩展到海上，出现了
田横据海岛为王的历史事件。

田横，狄县人，齐国贵族。田横跟从兄长田儋见陈胜、吴广揭竿起义，天下
大乱，乘机起兵，于秦二世元年（公元前 209 年）九月重建齐国，自立为王。不
久，秦将军章邯驱军攻魏，围魏王咎于临济，田儋将兵前往救援，兵败被杀。齐
人立田假为王。二年（公元前 208 年）八月，田荣逐田假，另立田儋子市为齐
王，自为相，弟横为将军。项羽发兵攻齐，杀田荣，毁城邑，屠齐人。田横收散
兵，得数万人，驻城阳（今山东莒县），收复齐地城邑，立侄广为齐王，自任相。
田广死，田横自为王。汉三年（公元前 204 年），汉王刘邦派韩信统兵攻齐，次

① 嘉靖《惠州府志》卷 14《外志》。
② 范端昂：《粤中见闻·人部》。
③ 周去非：《岭外代答·蜑蛮》。
④ 邱炜薆：《菽园赘谭·蛋家》。"蛋家"，新中国成立后改称"水上居民"。

年七月平定齐地。田横率领徒众五百余人出海据郁洲山①，齐之"贤者多附焉"。汉五年(公元前202年)二月甲午，刘邦即帝位，恐田横久居海岛为乱，遣使召之，令诣洛阳。在往洛阳途中，田横不愿称臣而自杀，徒众"在海中亦皆自杀"②。汉高祖刘邦闻知田横死，"壮其节，为流涕，发卒二千人，以王礼葬焉"③。田横虽死，但他据海岛为王不臣服汉王朝的行动，对后人在海上进行政治斗争和军事角逐产生了影响。

田横据海岛为王，为后人在海岛建立政权树立了样板。清初，郑成功挥师东渡，驱逐荷兰殖民者，收复台湾，建立海上抗清基地。他庆祝胜利即兴赋诗《复台》，诗中"田横尚有三千客，茹苦间关不忍离"④，就是引据当年田横以海岛为政治舞台的典故。台湾史学家连横赋诗吟颂郑成功收复和经营台湾的历史功绩，称他为"田横岛上的奇人"⑤。当然，历史上以田横自喻者不止郑成功一人，还有好几位海盗首领。

田横据海岛为王事件，也对后世海盗活动产生了很大影响。东晋海盗孙恩、卢循，唐末海盗王郢，元代海盗朱清、张瑄，明代海盗王直、徐海、许朝光、吴平、曾一本、林道乾、林凤、郑芝龙，清代海盗杨彦迪、冼彪、蔡牵、朱濆等人，皆效法田横，以海岛为基地，在海上反官府、抗官兵。因此，他们与海岛结下了不解之缘。历代海盗以郁洲山、舟山群岛、柘林、台湾和澎湖、南澳、老万山、龙门、海南岛等岛屿为根据地，在岛上进行开发，建寨堡，筑寮舍，捕鱼捞虾，开荒种田，造船航海，从事海上贸易。海盗认识到海岛是他们海上活动最理想的地方，"海上亡赖奸民，多相聚为盗，自擅不讨之日久矣。盖以鱼、盐、蜃蛤、商船往来，剽掠其间者累千金，利则乘潮上下，不利(则)啸聚岛中，俨然以夜郎、扶余自大"⑥。历史事实表明，正是这群啸聚海上的海盗与海岛居民的共同开发与经营，使荒岛逐渐变成有渔盐、农耕之利，有商船往来的海上岛屿经济区。

以上论述了海盗活动在中国沿海的兴起，下面我们看一看中国沿海早期海盗的活动情况。

---

① 海中山为岛。郁州山"海中大洲"，周围数百里。此山，《山海经》作郁州。吴任臣《山海经广注》引《一统志》云："朐山东北海中有大洲，谓之鬱州，又名郁州，一名鬱郁山，一名苍梧山。"因汉初田横率众居此山，故又名"田横岛"。
② 雍正《山东通志·人物》。
③ 《汉书·高帝纪》。
④ 《延平二王遗集》。
⑤ 连横：《剑花室诗集》外集《五妃庙题壁》。
⑥ 蒋荼：《明史纪事》。

(三)汉末沿海的海盗活动①

从东汉末年至隋唐五代数百年间,是中国海盗早期活动的重要发展时期,重要的海盗首领先后有张伯路、曾旌、孙恩、卢循、吴令光与王郢等人。东汉永初年间,海贼张伯路揭竿海滨,反抗官府,演出了中国海盗史上的第一幕武剧,影响极大。及至东晋末年海盗孙恩、卢循发动与领导大规模武装起义,世人称他们两人为海盗"祖师",事实上也是对东汉张伯路海盗集团的效法。

东汉王朝至安帝时,政治腐败,天灾频发。永初元年至二年(公元107年~公元108年)年间,州郡接连发生地震、风雹、水灾和旱灾,民不聊生,"州郡大饥","人相食,老弱相弃道路"②。在这种情况下,官府不管穷人和饥民死活,豪强地主则乘机兼并土地,掠夺民财。天灾人祸迫使穷苦大众起义反抗。永初三年(公元109年),张伯路揭竿山东海滨,率领一支三千余人的起义队伍,活动于沿海地区及海上,官府称他们为"海贼"。据《后汉书·安帝纪》云:"永初三年……海贼张伯路等寇略缘海九郡,遣侍御史庞雄督州兵破之。"③这是中国史籍谈到海贼(海盗)活动事件的最早文字记载。张伯路是历史上第一个有"海贼"之称的海盗首领,他领导三千余众的海上武装,声势甚盛,汉安帝闻报,诏令侍御史庞雄督州郡官兵征剿。官兵人众势强,张伯路为缓兵计而"乞降",武装部伍则屯聚不散,保存实力,并联合渤海平原"剧贼"刘文河与周文光起义武装,展开新攻势。

> 海贼张伯路等三千余人,冠赤帻,服绛衣,自称将军……伯路复与平原刘文河等三百余人,称使者,攻厌次城,杀长吏,转入高唐,烧官府,出系囚。渠帅皆自称将军,共谒伯路,伯路冠五梁冠,佩印绶。④

张伯路"冠五梁冠,佩印绶"之举是有政治性用意的。据应劭《汉官仪》云,汉代诸冠进贤三梁,卿大夫、尚书,二千石冠二梁,千石以下至小吏冠一梁,而无五冠之制。张伯路冠五梁冠,显然是为了表示他的权威胜过东汉王朝官员。

张伯路带领"海贼"与"剧贼"共同反抗官府,沿海人民纷起响应,"党众浸盛",攻势颇猛,官兵"垒盈四郊,奔命首尾"。⑤ 朝廷急忙派遣御史中丞王宗持节发幽、冀诸郡兵数万人,令青州刺史法雄合兵征剿。张伯路虽然作战失利,部众伤亡数百人,丧失大量器械和财物,但仍有实力。汉安帝为缓解海疆局

---

① 引见郑广南:《中国海盗史》,华东理工大学出版社1998年版,第53~58页。
② 《后汉书·安帝纪》集解引《古今注》。
③ 《后汉书·安帝纪》。
④ 《后汉书·法雄传》。
⑤ 《后汉书·法雄传》。

第二章　先秦秦汉时期的海洋社会及人口迁徙

势,颁下赦诏,王宗召集刺史、太守共议对策,决定用兵攻剿。法雄认为发兵进攻,"贼若乘船浮海,深入远岛,攻之未易也"。因此主张罢兵,采用招抚慰诱办法,"然后图之,可不战而定"。张伯路见形势对己不利,便驾船"遁走辽东,止海岛上"。永初五年(111年)春,海岛屯众乏食,驾船返回山东,"海贼张伯路复寇东莱,青州刺史法雄击破之,贼逃还辽东"①,遭李久等人攻击,失败身亡,海贼徒众奔逃离散,这场反抗官府的武装斗争至此结束。

张伯路发动与领导海盗武装反抗官府的斗争,波及沿海九郡,冲击东汉王朝的统治。张伯路和他的海盗部众崇尚红色,冠赤帻,服绛衣,这种以红色为斗争标志的做法,为后来张角农民军所仿效。

张伯路揭竿海滨,是中国史书首次记载海盗反乱的历史事件。对此,后世关心海防的海疆将官及沿海府县地方志书编纂者均颇为注意。明隆庆年间,黄一龙和林大春编修《潮阳县志》就以《后汉书·安帝纪》记载张伯路反乱的史事,发出警世言论:

> 海贼之兴见于传记者,其在南越始于此。书之以见海防之不可
> 不慎也。书寇九郡见渐之不可长也,书缘海见吾潮之尝被其患也,当
> 事者所宜加之意也耶。②

黄、林见当时海盗横行,借编修县志机会特书东汉海贼寇略沿海故事,以告诫海疆当事者务必重视海防,以防寇患。此事反映了张伯路海盗活动对后世的影响。

张伯路揭竿海滨15年后,顺帝即位,政治更加黑暗,"人情多怨","海贼多有",山海"寇盗迭发"。永建七年(132年)二月,吴郡会稽海盗曾旌领导一支千余人武装,进行反官府活动。《后汉书·顺帝纪》云:"海贼曾旌等寇会稽,杀句章、鄞、鄮三县长,攻会稽东部都尉。"③

另据《后汉书·天文志》记叙,曾旌率领千余海盗部众,烧句章(治为会稽东部都尉治所,今浙江余姚县东南),杀长吏,又杀鄞(今浙江奉化、象山二县)、鄮(今浙江鄞、镇海二县)县长,"取官兵,拘杀吏民,攻东部都尉扬州六郡"④。吴郡海滨官府告急,朝廷震惊,顺帝慌忙"诏缘海屯兵戍守"。

在曾旌率领海盗部众攻略扬州六郡的同时,当地"妖贼"章河(一作章何)聚众造反。他自称将军,率众"寇四十九县,杀伤长吏"⑤,"大劫略吏民"⑥。他

---

① 《后汉书·法雄传》。
② 隆庆《潮阳县志》卷2《县事志》。
③ 《后汉书·顺帝纪》。曾旌,《后汉书》卷21《天文志》作"曾於"。
④ 《后汉书·天文志》。
⑤ 《后汉书·顺帝纪》。
⑥ 《后汉书·天文志》。

们同海盗互相声援与配合，共同反官府，抗官兵，杀长吏，劫掠吏民。对于曾旌海盗的最后结局，虽未见史书记述，但他们活动过的吴郡会稽海滨与洋面，成了后来海盗活动最活跃的海域却是不争的事实。

东汉灵帝熹平元年（公元 172 年），在浙江钱塘江口海上发生海贼胡玉抢劫商贾财物的事件，据《三国志·吴志》记载，富春人孙策、孙坚父子在钱塘江遇到海盗抢劫财物。时坚年十七，为县吏，"与父共载船至钱塘。会海贼胡玉等从鲍里上掠取贾人财物，方于岸上分之，行旅皆住船不敢进，坚谓父曰：'贼可击，请讨之。'父曰：'非尔所图也。'坚行，操刀上岸，以手东西指麾，若分部人兵，以罗遮贼状。贼望之，以为官兵捕之，即委财物散去。坚追斩，得一级以还。父大惊。由是显闻。府召署假尉"①。这是中国史书关于海盗抢劫商贾财物的首次记载。

要之，中国海盗的产生，是进入阶级社会（夏商周三代以后）以后的产物。长期的政治斗争和不断的战乱，使得政治斗争和战争不断扩展到沿海地区及海上，海洋成了人民反抗斗争与诸侯战争的战场。那些活跃在海滨或海岛上的反抗者，就是当时的"正统"官方和史家所谓的"海盗"。但是，"海盗"活动之实早在春秋战国时期既已存在，而"海盗"之称则是东汉以后的事。"海盗"活动自春秋战国以来，一波接着一波，这是中国早期海洋社会的独特群体，他们的活动，对沿海社会的政治、经济发展产生了不可低估的影响。

第二节　内陆与沿海之间的人口迁徙

在中国，内陆与沿海虽然是地理上的不同单元，但是二者是相互联系、难以截然分开的。居于内陆的人群，在特定的历史条件下，往往有向滨海及海岛地区迁移的举动。如前所述，由于战争的原因，不少人逃到海滨或海岛上，如夏朝时夏王杼兴师"征于东海"，不甘臣服的东海人逃亡出海；商朝末期时太公望为逃避帝辛暴政，"居东海之滨"；春秋战国时沿海地区的自由民和奴隶逃亡海上，进行反抗斗争；南越人人江海反秦；秦末汉初时田横据海岛为王等等，从而引发了一波又一波的滨海、海岛移民浪潮。

一　内陆向滨海地区的移民②

内陆向滨海的移民中，古徐人的迁徙是一个典型的例子。

---

① 《三国志·吴志》卷 1《孙坚传》。
② 引见李世源：《海洋文化中的古徐人迁徙》，《广西民族学院学报》1997 年第 4 期；王政：《关于淮夷、徐夷文化中审美基因的初步考察》，《文史》第 23 辑，1985 年。

东南滨海地区在商周之际，一向为夷人居住之地。海内外颇有一些学者认为该地区就是太平洋文化的发祥地。香港考古学家卫聚贤曾用了10年时间研究史书《春秋》所载"六鹢退飞过宋都"的记录，得出会退飞的鸟只有蜂鸟而蜂鸟只有美洲才有的结论，由此开列出了古代中国与美洲交往的大事年表。而东南沿海则是交通的门户。①凌纯声先生干脆认为："亚洲地中海的大陆沿岸，为环太平洋古文化的起源地，中国古史称为夷的文化，故可名之海洋文化。"②夷文化是否即为太平洋文化的源头，抑或美洲文化中是否亦有崇尚虎和鸟的徐文化的因子，由于现有材料不充分，研究不深入，尚不敢贸然置喙。但春秋之际，在历史舞台上颇有声色的古徐人在夷文化中的地位，却是不可抹杀的历史事实。作为西周时期在东方的一个重要敌国，在抗击宗周乃其属国的压迫和掠夺中，屡败屡战，被迫迁至东南一隅，在生存与死亡的抉择之间，终于走向海洋。尽管这种抉择是被动的、无可奈何的权宜之计，却使徐文化的传播与交流走向了一个更广阔的天地。这也是无可回避的事实。

《左传·昭公元年》有"周有徐奄"，杜注曰："徐即淮夷。"《尚书·费誓》中亦有"淮夷徐戎并兴"句。李世源在《古徐国小史》③中曾就徐夷与淮夷的关系用联盟说为之概括。史书所载的徐淮夷的情况，有时实为一事，也有特指。徐人乃是东夷诸族中的强宗，已无疑义。徐淮夷之间难分难解的关系为多数学者首肯，似也不成问题。徐人在海洋文化中占据重要的一席之地，亦是因为，徐人在文化上的交流传播乃至渗透碰撞过程中，至少在我国的先秦史上曾起过重要的作用。

生活在东南沿海地区的古徐人，从《韩非子·五蠹》中亦透出了一点信息："徐偃王处汉东，地方五百里，行仁义，割地而朝者三十有六国。"在后出的《史记》、《淮南子》、《后汉书》中亦有类似的说法。徐人的势力之盛和地理环境的便利，加上外来的军事胁迫，一支队伍走向海洋，迁徙到另一处，并非全无可能。

西周时的重器《兮甲盘》铭文有"淮夷旧我帛晦人"句。"帛"字一般释为"帛"，顾铁符先生在《楚国民族述略》中则认为应释为"蚆"，为贝类动物，主要产在热带和温带的海中。宗周常派人到徐淮夷一带掠夺财物，要他们以此纳赋，这在宗周出土的青铜器铭文中时有反映。徐人与海打交道，亦是因为他们滨海而又熟悉海。《尚书·禹贡》中有"淮夷蠙珠暨鱼"，就反映了徐人的这一

---

① 高凤、谢方：《尚待揭破的"横跨太平洋之谜"》，载《安徽史学》1985年第6期。

② 凌纯声：《中国的边疆民族与环太平洋文化、中国古代海洋文化与亚洲地中海》，台北联经书局1982年版。

③ 李世源：《古徐国小史》，南京大学出版社1990年版。

特点。《山海经》中所收的《尸子》佚文："徐偃王好怪,没深水而得怪鱼。""深水"者,依徐人滨海而居的态势,可疑为海之代称。所谓"怪鱼",乃是当时的人们对海中诸多鱼类不熟悉的缘故,隐约曲折地道出了徐人对与海打交道的重视程度。连赫赫有名的徐偃王都对入深水得怪鱼有此浓厚的兴趣,可见徐人与海的交往之深。如果说,上述史料只是零星反映了徐人与海交往的一个侧面,那么《诗经·大雅·常武》"率彼淮浦,省此徐土"、"截彼淮浦,王师之所"、"不测克,濯征徐国"等句,则似已直接说明,与徐的战役,不仅有陆上之战,亦从淮河入海处截阻了徐人的逃亡。即使如此,从《诗经·江汉》中可知,这一役一直打至江汉之地,"濯征"之难,亦可作海上追击之猜想。这在《诗经·閟宫》中也有类似的记载。似乎可以认为,徐人与海的交往渊源悠久。孔夫子在《论语·子罕》中说"道不行,乘桴浮于海",反映了海上的交通在春秋之际已并非是可望而不可即的神话。有的学者甚至认为,原始时代的海上交通要比陆上的还要方便。早在新石器时代,就有一部分山东半岛的移民坐着木筏或者独木舟到达了辽东半岛,继而又渡海抵达锦西、兴城一带。这条远古时代的海上交通线,在沿途各地都留下了不少遗物、遗迹。①

以滨海近水的徐人的高度发达的青铜文化水平来看,应该说,他们不仅拥有独木舟和小船,拥有更高水平的乘载工具亦是可能的事。

在徐人活动的中心地带淮阴高庄出土的战国墓中,发现其棺椁榫头的吻合技术,以今天水准,亦应在高超的技术范围内。在高庄墓出土的青铜器刻纹内容中,其车舆呈龙舟状,亦可看成是当时生活中的图像的折射。这是否也反映了春秋之际徐人的木工技术及造船的实力,还有待进一步考证。

徐的立国与生存,始为宗周及齐、鲁所胁迫,继为楚、吴所不容。徐的地盘被迫从北往南而收缩。公元前 512 年,徐为吴所灭,其国都当在江苏省泗洪县、盱眙县一带。徐的自北往南的迁徙,其轨迹已有研究论及。而徐人在江浙、湘闽等地的遗迹、遗物的出现,亦可看成是徐人迁徙的结果。

以伯禽就国年代而论,当在公元前 11 世纪中后期。《史记·鲁周公世家》中说:"淮夷、徐戎亦并兴反,于是伯禽率师伐之……"几经砍杀,伯禽方坐稳王位。徐人在鲁的打击下,只得蓄势于淮水之滨。《诗经·大雅·常武》记载了周宣王对徐的战役。以"率彼淮浦,省此徐土"来看,在公元前 9 世纪末的周宣王之时,徐人在宗周的军事胁迫下,一部分或从陆上渡江向皖北以展其势,抑或有一部分从海上浮流而去,亦未可知。

若以《史记》中屡述"南夷"、"南淮夷"来看,不少史家都因其地点与淮夷所居之地不吻合而难以加以解释。今若用徐人海上迁徙南方而又渐成气候形成

① 马洪路:《远古之旅——中国原始文化的交融》,陕西人民出版社 1989 年版。

第二章

先秦秦汉时期的海洋社会及人口迁徙

对周的威胁,周人不得已再用武力压服,对这一部分从徐淮之地迁徙居南的队伍呼之为"南淮夷"来看,似可得以解释。早在 20 世纪 30 年代,郭沫若就敏感地预测道:"这淮夷的区域很宽广,大约是沿着长江流域一带的所谓荆舒,所谓南夷,所谓徐戎,都好像是他的同族。"①海上迁徙说至少为此预见作了一个注释。

在远古时代,人们聚族而居,若非特殊情况,谁也不愿意离开母体而迁往陌生的地方。但在生死存亡之际,在强大的军事打击下,迁徙则是当时人们能做的唯一明智的抉择。徐人滨海而居,从海上逃亡应该比从陆上败退更便利一些,虽然在海上漂泊要面对着与大自然的搏斗,但种族毕竟多了一条充满希望的生路。

在春秋争霸过程中,徐人所居之地,除了有河海的依托,并没有山险可守。在大国纷争中,徐人发展自己的航海技术,抑或试探性地派出一支队伍,从海上去拓宽自己的生存之地,这应该是顺理成章的事。

曹锦炎先生在《春秋初期越为徐地说新证》一文中,历数了浙江有关偃王的遗迹,文中说道:"我们若将上述浙江有关徐偃王事迹的地点连结起来看,不难发现,徐人势力进入浙江,显然不是从陆路而是从海上而来。其第一站是舟山群岛,然后,或渡海溯钱塘江而到嘉兴、绍兴,或仍遁海路到鄞县、台州,路线颇清楚。"②曹先生甚至认为越人善航海的技术,亦是徐人传授的。《越绝书·纪地传》中描绘越人"以船为车,以楫为马,往若飘风,去则难从"的高超本领,也可以看成是徐人当年航海英姿的缩影。

浙江绍兴出土的有铭徐器,说明这一地区确曾与徐人有着直接的联系。曹锦炎先生认为铭文内容是人主者训诫被征服的臣民的。③ 董楚平先生则以为是子孙向祖先神明礼敬的誓词。④ 他们一致认为,这些徐器是徐人入越后在越地制造的。

若以徐人从海上入越的可能性去分析,徐人从海上入赣、入湘、入闽亦是顺理成章的事。东南地区屡有徐器发现,或是受徐文化的影响甚深,解释起来就顺当得多。

徐人从海上迁徙的时间,不外乎在军事打击最重的时期,也不排除徐人早作海上逃亡的准备。江西靖安等出土的有铭徐器,虽然并非一定为海上迁徙所携,从其保存的完整性来看,至少是在平和的氛围下从故土带出的。

---

① 《郭沫若全集》第 1 卷。
② 《浙江学刊》1987 年第 1 期。
③ 曹锦炎:《绍兴坡塘出土徐器铭文及其相关问题》,《文物》1984 年第 1 期。
④ 董楚平:《徐器汤鼎铭文考释中的一些问题》,《杭州大学学报》1987 年第 1 期。

至于徐人的航海船只能否经受住海浪的冲击，因缺乏第一手资料，不便妄断。但从《墨子·鲁问》记载的越、楚水战中，可见战船的发展已相当完备。典籍和金文中曾有"囗船"和"艅船"的记载，现知囗船大，可以经得起风浪的撞击。艅船小而轻便，越滩过险甚为灵活。与徐国同时的吴、楚相争，使用舟战已屡见记载。① 公元前559年，吴用舟师出奇兵袭击楚统帅子囊，打败了楚军。公元前550年，楚康王调舟师攻吴。公元前525年，楚令尹阳丐率舟师与吴水军在长岸展开大战，楚胜吴败，楚缴获吴王余祭乘坐过的大船"余皇"号，后又被吴军夺回。

由此可见，徐的左邻右舍都有强大的水师，无险可守的徐人，凭依淮水入海口，握有一支可供战斗的船队，亦是无可争议的。以地质和考古资料为据，江苏淮阴一线，曾几度沧海桑田。全新世以后，最后的一次海侵大约发生在距今8000年前，仅以江苏淮阴市区往南至扬州一段，海侵线大致在运河以西和高宝湖的西岸。今江苏涟水县以东直到淮阴市区钵池一线，全为浅海地带。钵池一带曾是喇叭状的海潮顶托区。昔日的淮水就从涟水县云梯关一带入海。因而，徐人的迁徙，如果说陆路阻隔甚多、不易通行的话，从海路迁徙则要畅通得多，也容易得多。

要之，春秋之际一度显赫于世的徐国，在抗周中屡遭挫折，又在齐鲁的胁迫下，退守淮水下游，继而又遭到了楚吴的打击。徐人在多种军事压力面前，被迫从陆路和海上去寻找新的生存天地。徐人的迁徙，今天能得以进行爬梳，应该得力于从江西商安和靖安、浙江绍兴、江苏丹徒等地出土的一批有铭徐器。这些具有断代性质的标准器，为认识徐器起了标尺作用。

早在20世纪30年代郭沫若先生就说："徐人乃由山东江苏安徽接境处被周人压迫而南下，且入于江西北部者，则春秋初年之浙江殆徐土者亦未可知也。"②郭老还对徐为商文化的嫡系作了论证，认为一些出土的青铜器应是徐器，至少与徐文化为同一系统。

20世纪70年代末，江西省博物馆在属于武夷山区北麓的贵溪县境内，发掘和清理了18座崖洞墓，在第10号墓中，有一批仿铜黑皮灰陶器十分耐人寻味，器形有陶畲盘、兽首鼎、提梁带盖鼎、直耳浅盘鼎、三足盘、罐等，其中的畲盘形制，与1979年4月靖安县出土的徐王义楚铜畲盘形制完全相同。③ 徐人是否亦曾有一支队伍生活在这里，还没有足够的证据。但徐文化影响到这一带，已是事实。

第二章

先秦秦汉时期的海洋社会及人口迁徙

---

① 黄德馨：《楚国史话》，华中工学院出版社1983年版。
② 郭沫若：《殷周青铜器铭文研究》，人民出版社1954年版。
③ 白坚、刘林：《从靖安、贵溪出土徐器和仿铜陶器看徐文化对南方吴越文化的影响》。

在器形的排比中,有的学者认为徐人入湘、徐人入赣的时间或许为同时。① 一个重要的原因,就是在湘南出土的徐器或类徐器的数量很大,有的还远远没有认识归类。

何光岳在《徐族的源流与南迁》中,以地名的钩沉和考释论证徐国在灭亡以后,遗族的迁徙不仅到达江浙之地,亦有入川者。而广东的徐闻县等地名,亦或多或少透露着徐人入粤的信息。总之,徐人的迁徙范围之广、数量之多,以目前材料而论,还远没有达到画句号的时候,但为大多数学者所首肯的,就是徐人不管是从陆路还是从海路迁徙,都使徐文化得到了超出其主观动机的传播,它不仅对南方地区的吴越文化产生了一定影响,还对岭南地区的民族融合和文化交融,产生了巨大的影响。

至于"徐、虎一声之转",徐就是以虎为图腾的地方,这已有人论证,不必赘言。② 徐人与隔洋相望的美洲人的虎崇拜是否有联系,徐文化在海洋文化的走向中,是否有其他的逆转抑或新的发展,徐人迁徙是否亦有涉足远洋开拓新土的一支,徐人的迁徙时间、路线、过程中有哪些大小事件,这一系列问题,都有待于新材料的问世。③

徐人向海滨的迁徙,不是一蹴而就的事情,期间经历了较为漫长的过程。在这一迁移过程中,徐人乃至以后形成的徐夷文化,由于接受海滨海洋文化的气息,渗透着特定的海洋文化因子。

徐人祖先淮夷氏族,其文化现象与生息环境有两点颇值得注意:一是以鸟为图腾,二是滨水而居,活动在潍、淄、泗、淮等水域。

《尚书·禹贡》集解引郑玄语:"淮夷,淮水之上夷民也。"

淮夷属于以水鸟为徽帜的水族文化族团。考古发现及汉画像石上常有一鸟衔一鱼的形象,似最能显示、概括这个氏族的文化面貌。水既是淮夷氏族物质生活的依托与文化形态的基础,水域环境中的一些物质形式、自然节律就会积淀、转化到他们的文化审美观念中去,使其审美观念的基因(情感、意识、兴趣、爱好、信仰)往往带上水族文化的烙印,或者说透射出一些关于"水"的性相与根由。

滨水氏族的生活对于水既有亲和性,也有拒斥性。得水之利,又避水之患。于是那些翔飞自如、盘旋水空、入水可捉鱼、出水可栖岸的水鸟,便成了他们所羡慕与效法的对象。因而鸟的生活习惯和行为,就会折射到他们的意识形态、行为方式及心理素质中去,积淀转化出作为文化现象的东西。

---

① 李家和、刘诗中:《春秋徐器分期和徐人活动地域试探》,《江西历史文物》1983 年第 1 期。
② 李白风:《东夷杂考·徐夷考》,齐鲁书社 1981 年版。
③ 以上引见李世源:《海洋文化中的古徐人迁徙》,《广西民族学院学报》,1997 年第 4 期。

除了鸟图腾崇拜,淮人的舟船文化也很发达。因为淮夷氏族借水滨生息渔获,较早地创造了舟船。严文明先生发现,与淮夷氏族文化联系紧密的"岳石文化"中有一种特殊的"舟形器",这在龙山文化中根本找不见。①《左传·定公六年》"四月己丑,吴太子终累败楚舟师,获潘子臣、小惟子及大夫七人"(杜注:"二子楚舟师之帅")。这个"小惟子"即小淮子,淮夷小邦之主。楚人重用他为舟帅,与吴相争。

文化形态与审美意识是为经济条件决定的。淮夷土著初期的经济形态主要为渔盐经济。相传"宿沙氏初作煮海盐",尧"命禹治水以盐作贡","延褒数百里皆其卤"(光绪《两淮盐法志·沿革门》)。

徐人无论怎样颠沛迁移,向东与南发展,而总在念念不忘其西与北的"族根",就是最后散落在舟山岛上的徐人,也诚敬地打着族人领袖徐偃王的旗号,在舟山岛上留下了一个徐偃王城。②

二 内陆向海岛地区的迁徙

海岛由于一水之隔与大陆分开,所以具有相对独立的地理空间。在中国历史的早期,在由内陆向滨海地区的人口迁徙中,人们为了寻求更为自由和开阔的生存、发展空间,便主动(抑或是迫不得已的主动)地将近海甚至远海的岛屿选为迁徙的目的地;另外一种情形是,对于历代王朝政权来说,海岛相对偏远、"蛮荒",故往往将海岛作为对政敌、罪人的惩罚、惩治性的流放之地,因而迁居海岛者,只能是被动的。我国早期人口迁徙较多的大岛,主要有台湾岛、海南岛、浙江的舟山群岛、山东的长岛群岛、辽东半岛的海岛等。以下以战国时期齐田和迁康公于海上这一流放性迁徙、远古至秦汉之际的海南岛移民这一生存开发性迁徙为例说明之(关于台湾岛的远古移民,前章已述)。

(一)田和迁康公于海上③

公元前4世纪初,齐国发生了一场改姓移祚的大事变,统治集团中的田氏经过长期精心准备,终于取代姜氏而有齐国。关于这次事变,《史记·田敬仲完世家》记载:"(康公)贷立十四年,淫于酒、妇人,不听政。太公(田和)乃迁康公于海上,食一城,以奉其先祀。"《史记·六国年表》和《史记·齐太公世家》也都以大略相同的文字记载了此事。这个"海上"的具体地点到底在什么地方,一直是历史之谜,留下诸多猜测与传说。

① 《文物》1989年第9期。
② 以上引见王政:《关于淮夷、徐夷文化中审美基因的初步考察》,《文史》第23辑,1985年。
③ 本部分引见林仙庭:《"迁康公于海上"地望考》,《管子学刊》1992年第2期。

其一,在烟台市郊芝罘岛。民国《福山县志稿》卷1记:"康王坟在芝罘山顶上。田和篡齐,迁康公于海上,死,葬于此。土人尊之曰王耳。……春秋祀之。""康公城,田和篡齐,迁康公于海上,食一城一牢。今宫家岛村后,俗称营子,疑即其地。"

其二,在牟平县莒城。清同治《宁海州志》卷3记:"康公城在州东十里,田和迁齐康公于海上,即此地也。"

其三,在烟台市福山区境内。明曹学佺《舆地名胜志》引《城冢记》云:"康公城在牟平城(即今福山区三十里堡)东10里,即田和迁康公处,又东20里为清阳城(今福山区治所)。"

其四,在文登市宋村。此地有汉代昌阳县故城。《文登县志》载:"昌山之阳,故城为康王城。"

除此之外,《魏书·地形志》中《长广县志》又有"康王山祠"的记载。北魏长广县在今即墨、莱阳县境内,这里也有康王之祠,说明传说中的康王踪迹是相当广的。

以上地点,虽在各种地方志书中言之凿凿,但在我们的考古考察中却没有得到证实。烟台芝罘岛即著名的秦始皇礼祠阳主之地,山巅确有土石堆,民间呼之为"康王坟"。20世纪60年代,驻守部队在此开挖山洞,并无墓葬发现。其西10千米为宫家岛村,地近海,村北的"营子",实际上是明代海防营垒遗址,故康公迁在烟台芝罘一说,虽在当地流传甚盛,但并无可靠证据,其余牟平莒城、福山境内、文登宋村的情形也与此类似。这些地点虽然都是春秋或汉代的重要遗址,但却都没有发现与齐康公有关的遗物、遗迹。田和迁康公的这个"海上",应该就是指的胶东滨海地区。《史记·封禅书》多次提到秦始皇、汉武帝"东游海上"、"至海上"、"燕齐海上之方士"等等,海,即渤海,"海上",就是对沿渤海地带的一种泛称。在《史记·齐太公世家》中,关于迁康公一事,又记为"迁康公海滨",更足资证明"海上"、"海滨"为同义语。胶东沿海地区,自公元前567年齐灭莱之后,就属于齐国的疆域范围了,所以,人们理所当然地把放逐康公的地点认定在胶东沿海一带。至于具体地点何在,则一直为考古工作者所关注,企望以田野考古这种现代的科学方法来揭开这一历史上的"语焉不详"之谜。1973年、1975年、1985年,烟台地区文物管理委员会、山东省文物考古研究所等单位对山东长岛县王沟墓群进行了三次发掘(王沟墓群的发掘文物资料,现存烟台市博物馆、长岛县博物馆。本书以下所引该墓群材料,不再注明),使这个历史之谜的解答似乎有了一线希望。

王沟墓群位于长岛县南长山岛王沟村南,墓群以东不足百米即为大海。这是一处规模较大的墓地,除去多年来农民在生产中破坏的及1985年迁村修水库掘毁的之外,正式清理发掘的墓葬总数为四十余座。这样的规模,不但在面积狭小的海岛上,就是在胶东半岛也算是很大的了。就半岛内陆已经发掘过的海阳县嘴子前墓群①、平度市东岳石村墓群②、莱阳市大陶漳墓群(发掘资料存烟台市博物馆)、招远县毕郭墓群、烟台市金寨沟墓群等,还没有任何一处春秋战国墓能够超过王沟墓群的规模,无论是墓葬的总数还是墓葬形制的宏大以及随葬品的丰富,都是如此。

王沟墓群是一处齐国贵族墓地,其中主要墓葬的起止时间与田氏代姜之变的时间相合,墓群的葬制规格也与康公之族相当,故王沟墓群极可能就是被废康公姜贷的族墓,南长山岛一带也正是《史记》中记载的迁康公的"海上"。这个推测不单单有王沟墓群的文物资料作依据,而且有着长山岛独特的地理环境这样一个有力佐证。

长山岛,历史上称为庙岛群岛,位于山东、辽东两大半岛之间,政区划为长岛县。王沟墓群所在的南长山岛在该群岛的最南端,往南与蓬莱县隔海相望,相距20千米。这一在今天看来不近又不远的海岛,在古人看来,无异天然牢狱。南长山岛以西跨海4千米处,有面积更小的庙岛,宋时称沙门岛,清光绪版《登州府志》载:"宋建隆三年,索内外军不律者配沙门岛",已把这海中孤岛作为流放犯人的地方。田和"迁康公",迁就是放逐。这个流放之地必须具备使其没有再图发展、养成羽翼的条件。因为这次政变,虽说田氏经过了延揽民心的长期准备,但齐康公毕竟是正统所在,且有亲族旧臣之类,其人其族既在,田氏就不能掉以轻心。把流放地点选择在齐国东境的海外孤岛上,无异投康公于天然牢狱之中,就像近代欧洲法国王党将拿破仑放逐到厄尔巴岛和圣赫勒拿岛一样。慢说齐康公是一个"淫于酒、妇人"的昏君,就是如雄才大略的拿破仑,在这样的地方也只能望洋兴叹,无所逞其技了。

将废黜之君放逐于海岛上软禁起来,列国时期不唯康公贷一例。公元前472年(周元王四年),"越败吴。越王勾践欲迁吴王夫差于甬东,予百家居之,"③据《史记集解》、《史记正义》,这甬东就是越地甬江之东的"海中州",也即海中孤岛。此举当然是对敌国君主的软禁,但表面又可算作胜利者的一种仁慈大度。田和迁康公于海上,只不过是步勾践之后尘,袭前人之成例。何况田氏要跻身周室列侯之中,既要有一定的势力,同时在具体做法上也要讲究一下政治手法。他的废康公、代姜齐的手段也是恩威并施:仍让康公"食一城,以奉其先祀",即也给予他一城之地,作为养生之食邑。由此看来,这流放之地不

第二章

先秦秦汉时期的海洋社会及人口迁徙

---

① 滕鸿儒等:《海阳县嘴子前东周墓发掘简报》,《文物》1985年第3期。
② 中国科学院考古研究所山东工作队:《山东平度市东岳石村新石器时代遗址与战国墓》,《考古》1962年第10期。
③ 《史记·吴太伯世家》。

但要便于监视、防范,而且须有一定的生产条件,使康公一伙人能够取食其地。南长山岛现已发现新石器时代以至商周时代的文化遗址多处,居民以渔、农为业,故此地具备了自给自足的经济条件。史籍既曰"食一城",似乎当有城邑。此岛上有南城、连城诸地名,据民间传说都与唐朝征高丽有关,其地貌因开发建设变更极大,难以详考。王沟墓群东侧有高地,地名"城子顶",现为长岛县一处文物单位,调查得知其文化内涵主要属于商周时期,其地名之缘起不知是否与"食一城"之城有关。城址虽难以稽考,但这里的地理环境和王沟墓群的考古发现却表明,"迁康公于海上"的地点,应该就是这孤悬海外的长山岛。

(二)古越人迁居海南岛①

1. 海南岛早期移民的来历

众所周知,黎族是海南的先住民,那么,黎族是如何来源的呢?

现代遗传学家通过对 DNA 的分析,已经证实古越人和黎族先民族群的形成比汉族要早得多。古越人在距今 6 万年前已形成族群;距今 8000 年前,黎族先民已从古越人分离出来;而汉族的形成距今只有五六千年。

为了较深刻地理解黎族是百越的后代,比较全面而简要地了解百越的源流和支族是必要的。《汉书·地理志》云:"自交趾至会稽七八千里,百越杂处,各有种姓。"这是指自浙江温州至越南北部,整个东南沿海地区为百越所居之地。其实如前文所述,还包括山东南部、江苏、江西、湖北、湖南、四川和云南的一部分以及台湾、海南等省。古越族源远流长,支族甚多,故称为百越。按地区和时代不同分为如下十几个支族:

第一,大越:在江苏地区,春秋战国时建国为吴。《越绝书》:"吴越三邦,同气同族",又同语言。在新石器时代为青莲岗文化②,向北发展到山东南部为大汶口文化,有拔齿之俗。大越北接中原,与齐鲁为邻,是越族中文化最先进的一个支族,在商朝时就与中原华夏族逐渐融合而成今天的汉族。

第二,东瓯或于越:在浙江,中心在温州。春秋时建立越国,冶铸技术与大越同样进步。但它是百越中较为落后的一些部落,被迫走上温州大罗山,有的北上到江苏。

---

① 本部分及本节以下各部分引见王俞春:《海南移民史志》,中国文联出版社 2003 年版,第 30~84 页。

② 青莲岗文化是我国新石器时代的一种文化。1951 年首次发现于江苏省淮安市青莲岗,故名。主要分布于长江、淮河下游。陶器以粗砂和泥质红陶为主,灰陶和黑陶次之。流行三足器和圈足器,也有平底器和圈底器。石器有锛、锄、刀、纺轮等。经济生活以农业为主,但渔猎和采集仍占一定地位。由于长江南北两岸的文化遗存具有显著的区别,一般认为:江北属大汶口文化,江南属马家浜文化。

第三,闽越:在福建,《史记》称为东越。按闽粤新石器时代晚期文化特点而言,福建和粤东都使用有段石锛,故闽越包括粤东地区。

第四,扬越:或指江西的越族,或对岭南越族的通称,这是因为自江西至岭南古称扬州。或亦指江西山区里的山越,这也是被迫而迁居山区的较为落后的越族部落。

第五,南越:指广东地区的越人部落,中心在广州,从珠江三角洲到广西梧州,是南越赵佗政治势力中心,丞相吕嘉是珠江三角洲(顺德)的越人,南越封秦王在梧州。西江是秦始皇开凿灵渠后,汉文化从湖南经广西到广州的重要水路,在西江两岸发现汉墓甚多,也是汉越融合最早和最为发达的地区。

第六,西瓯越:瓯是越族别名。西瓯在肇庆以西,西江以南及广西西部至玉林的一片地方。《山海经》:“郁林郡为西瓯”,便是指这个地方。由于在浙江的越族称为东越,故有人说西瓯越系由浙江从海路迁来。春秋战国时,吴越建国,一些比较落后的越人部落受到统治阶级的压力便浮海南下。

第七,骆越:在雷州半岛、海南岛及广西西南部至越南北部。骆、僚、俚、黎、仡佬等都是原始越族的自称,骆为越人最早的自称。梁朝顾野王《舆地志》:“交趾,周时为骆越,秦时为西瓯。”可见先秦越族自称为骆;秦时又称为瓯,也有“瓯骆越”合称的。至西汉,骆越则专指邕宁以西至越南北部。《天下郡国利病书》:“今邕州与思明府凭祥县接界入交趾海,皆骆越也。”至于海南岛的居民,《史记》称“瓯人”,《后汉书》再称为骆越。

第八,滇越:《史记·大宛列传》:“昆明之属无君长……然闻其西千余里有乘象国名曰滇越。”滇越是傣族的祖先。

第九,山越:春秋战国时迁居山区的越族,在江苏、浙江山区。三国时为孙权镇抚,曾与苗族杂处,后共同融合于汉族。

第十,鸦越:见于《国语》,春秋战国时定居于湖北,与苗族杂处,后共同融合于汉族。

第十一,土蕃越族:即广西的壮族。壮族始称僮族。僮族始见于南宋文献《桂梅虞衡志》。1965年根据周恩来总理的建议,国务院决定将僮族的“僮”字改为“壮”。布依族过去称仲家,仲家即僮族,系明代以后的称呼。

第十二,疍民:分布在东南沿海地区,也是古越人的后裔,新中国成立前已完全成为汉人,已不是一个少数民族。

此外,贵州境内的仡佬族,广西的毛南族、侗族、水族等都是古越人的后裔。

在中国的56个民族中,黎族是海南独有的。黎族来源于百越,有充足的证据。

第一,通过民情风俗调查,证明黎族来源于百越。

一个民族的风俗习惯、行为规范是长时间形成和世世代代相传的，如果没有外来冲击和外力禁止，是极难改变的。几千年来，黎族虽与汉、苗、回等族人杂居海南，受汉族文化的影响，但黎族的风俗习惯却极少改变。黎族的民俗，与主要来自百越族裔的壮族、侗族、瑶族、畲族和台湾的泰雅、阿美等民族的民俗，都与古代越人的民俗遗风大致相同或相似。以断发文身为例。古代的中原人是蓄发留须的，认为要把头发和胡须都保护好，才算仪表堂堂；越人却"断发文身"，拔毛去须。为什么要把头发剪断，拔毛去须？因为越人从来都是善于泅水驾舟的，剪发、拔毛、去须是为了便于下水。到了近代，各民族的男人都把头发剪短，"断发"这个区分越人与非越人的明显标志已经不复存在。但是有不少民族，如海南的黎族、台湾的阿美族和西南地区的一些少数民族，至今还保留着古越人"文身（包括文面）"的习俗。古越人为什么要在脸上和身上刺上各种形状的花纹？这既是一种图腾崇拜，也是一种特有的审美观念。因为古越人作为海洋民族，他们崇拜龙蛇，认为在身上刺了花纹，下水之后，龙蛇看见会以为是它们的同类，就不会伤害他们。所以《汉书·地理志》中说："文身断发，以避蛟龙之害。"这种习俗长久相传，大家就对这种文身文面产生美感。在黎族的老人中还不难发现有文身文面者。再以居住干栏式房舍为例。自古以来中国人在居住方面是南人巢居，北人穴居。《旧唐书·南平僚传》有云："人并楼居，登梯而上，号为干栏。"干栏式建筑是古越人发明的，这是古越人对中华文明所作的一项重大贡献。在河姆渡古文化遗址中就发现了干栏式建筑屋基及残片物。自古以来，黎族人用竹木搭建的船形屋，广西、云南一些少数民族住的高脚屋等，都是干栏式建筑。建筑和居住干栏式房舍，主要原因是百越人生存的环境为滨海、水泽之地，地面潮湿，人住在距离地面的木板上既防潮湿，又防虫蛇野兽的侵扰，比较安全舒适。

第二，从考古发现中可以证实。

新中国成立前后在海南全岛特别是现今黎族聚居地区，都发现了大量新石器时代中晚期的文化遗址，如三亚市荔枝沟乡落笔洞遗址、琼中县的米寮山洞遗址、昌江县皇帝洞遗址、东方市与乐东县交界处仙人洞遗址等，都出土了大量新石器时代遗物。石器方面，以磨光、有肩、有段式的斧、锛比较普遍，大型石铲较多，陶器有泥质细陶、夹砂粗陶和印纹硬陶三种陶系，还有陶制纺轮和陶制网坠等。根据出土器物所表现的文化性质来考察，与我国江南沿海地区发现的新石器文化同属一个文化系统，特别是与广西钦州地区及广东湛江地区发现的原始文化更加近似。① 这些考古发现说明，黎族的远古祖先与古

---

① 参见广东省博物馆：《广东海南岛原始文化遗址》，《考古学报》1960年第2期；广东省文物管理委员会：《广东南路地区原始文化遗址》，《考古》1961年第11期。

代越族有着密切的文化关系和族源关系。

第三，语言方面的研究分析提供了依据。

黎语在系属上属于汉藏语系壮侗语族中的黎语支，与同一语族的壮语、侗语、布依语、傣语、水语等有较密切的亲属关系。清初屈大均的《广东新语》指出：广东"自阳春至高雷廉琼，地多曰那某、罗某、多某、扶某、牙某、峨某、陀某、打某……"当时的黎族地区也有这类地名，"黎岐人地名多曰那某、包某、南某、番某……"①这些地名都是按壮侗族各语言的读音，以汉字音译而成。如壮语称稻田为"那"，黎语称稻田为"打"，壮语、黎语均称水和河为"南"，等等。这些事实说明黎族远古祖先与古代分布在两广地区的越人、里（俚）人、僚人之间的密切关系。

第四，现代学者在各学科研究中发现了古越人移民海外的史实，为黎族和台湾先住民都来源于古越人提供了许多新依据。例如：

1970年，台湾的民族学家凌纯声在《论夷越民族》一文中指出：从非洲东海岸到南美洲西海岸，在这包括印度洋、太平洋在内的一大片海域中的岛屿上，许多土著的文化中都还保留着中国古代夷越文化（即百越文化）的因素。

1973年，开始挖掘的浙江河姆渡文化遗址，揭开了东南沿海的"百越"是海洋民族的面纱，说明百越早在五六千年前就移民海外，长期活跃在太平洋上。

1991年，美国俄勒冈州大学人类学系主任杨江先生撰文指出："早在6000年前，马来—波利尼亚人的祖先（指古越人）开始从中国的福建省出发，进行了长途的迁移活动。他们向南行进，穿越菲律宾和印度尼西亚，尔后分两个方向迁移，一路向西，到达马达加西加；一路向东，到达夏威夷和伊斯特岛。"杨江先生还写明迁达太平洋各岛的时间，并说明"对于这次横贯太平洋的大迁移，已经有了许多翔实的史料记录"。

另一位美国学者徐松石在《南洋民族的乌田血统》一文中说："这些居住在南洋的棕色民族，亦即广义的马来民族，包括马来族、印度尼西亚族和菲律宾族，他们与中国古代的乌田族（即百越）在血统上甚有关系……我们有许多理由可以断定，今日南洋棕色民族的祖先，其主要的部分，发源于中国东南的沿海地带……此类移民，由中国移入南洋，乃从中国的先秦降至东汉时代，他们在中国东南沿海最初的部族名称乃乌田人。乌田人在中国的历史可以清清楚楚推溯到夏朝大禹王的时候，至今已经有4000余年了……有些西方学者说疍民不是中国人，而是马来族流入中国，可谓倒前为后、倒因为果，可笑得很。"

1998年8月，新西兰维多利亚大学生物学家张伯斯在他的研究报告中指

---

① 屈大均：《广东新语》卷11"文语·土语"条。

出:新西兰毛利族及其他玻里尼亚人均源自中国大陆。他们经过许多世纪的时间越过太平洋,迁移至此。张伯斯使用维多利亚大学分子系统人类学研究所其他研究人员所搜集的去氧核糖核酸数据来进行他的研究,结论说:"这些民族的迁移过程留有精确的活生生记录,被保存在其迁移路线的现代后裔的DNA中。"澳大利亚国立大学史前史教授安德森支持张伯斯这个理论,指出:"这绝非新说法。历史证据明白显示,大洋洲的人民来自华南地区的某处,源自黄种人。"

2001年10月,中华民族史研究会在海南省海口市主持召开"琼台少数民族学术文化研讨会",就海南黎族和台湾先住民的族源等问题进行学术交流和研讨。与会两岸学者一致认为,台湾的阿美、泰雅、布农、排弯等先住民和海南黎族,都是古越人的后裔,都是在五六千年以前从大陆东南沿海迁移过去的,黎族和台湾先住民自古以来就是"亲戚"。黎族和台湾少数民族的习俗,如干栏式建筑、腰机织布、断发文身、饮食习俗等,至今仍保留着惊人的一致。

2. 黎族先民迁琼时间和条件

因为海南岛四周环海,海口市白沙门与大陆最近的雷州半岛徐闻县排尾角相距也有19.45千米,这就说明古时候不是什么人都可以迁移到海南岛的。几千年前迁移到海南的古越人,必须是身体健壮的海洋社群,必须有造船操舟的技术,必须具有大胆、勇敢、机智、开拓进取的精神和勇气。不会造船操舟,甚至不敢坐船、不会坐船的人,是过不了琼州海峡、登不上海南岛的。而在河姆渡遗址出土遗物中,已有如下几种与航海有关的器具:筏、独木舟、木桨、石锚、陶舟模型等,另外还发现有大量鲸鱼、鲨鱼等的骨头,说明当时的古越人可以驾驶海上交通工具到深海捕鱼。总之,7000年前中国东南沿海一带的古越人,便具备了向海南岛和其他岛屿移民的起码条件。

在确定了黎族来源于百越及其所具备的航海条件之后,确定首批黎族先民何时迁移到海南岛,又成为一个值得深入探讨的难题。关于首批黎族先民(古越人)从何时何地迁移到海南岛,总的来说有三种说法:

第一种说法是距今3000年前由两广迁琼。由中国社会科学院民族研究所、广东省民族研究所和中央民族学院研究部等单位人员编写的《黎族简史》指出:"我们初步推断黎族的远古祖先大约在新石器时代中期或更早一些从两广大陆沿海地区(特别可能是雷州半岛)陆续进入海南岛,其年代相当于中原地区殷周之际,距今已有三千年以上的历史。"①国内大多数学者都坚持或赞同这种观点。

第二种说法是距今5000年前由河姆渡抵琼。持此观点的学者在充分肯

① 见中国少数民族简史丛书《黎族简史》,广东人民出版社1982年版,第14页。

定黎族远古祖先是古越人的前提下，把首批黎族先民登上海南岛的时间向前推到公元前 3000 年前，不仅比距今 4000 年前出身百越的夏禹因北上治水有功被推为部落联盟大酋长还要早 1000 年前后，甚至比黄帝在位时还要早数百年。作出这种论断的主要根据，一是对河姆渡文化遗址的考古成果，二是对海南岛三亚市落笔洞等文化遗址出土遗物的考古结果，三是美国学者杨江对东南亚、大洋洲等民族来源调研的结果。回族学者马沙在《中华民族》一书的"黎族"一文中指出："黎族先民最早开发了海南岛，考古调查发现，海南岛新石器时代原始文化遗址有 130 处，出土大量磨制石器，其类型有有肩石斧、细型石斧；石锛、有段石锛，数量较多；还有大型石铲和农业生产工具，大约距今 5000 年前后，说明数千年前，海南岛区普遍有人类居住，并且已有了原始农业。石制和陶制纺轮的发现，反映当时已经发明纺织技术。石矛、石戈、石制网坠和陶制网坠及贝丘遗址的发现，证明当时还存在狩猎、采集和渔业经济。一些学者认为，黎族先民是海南岛的最早居民，是海南岛出土的新石器遗物的主人。"著名史学家史式更是反复强调："距今 7000 年前，古越人从河姆渡出发，逐步向南移民，在距今 6000 年前到达台湾，那么在距今 5500 年，最多是距今 5000 年前到达海南岛，是绝对可能的。"①

第三种说法是距今 1 万年前后，甚至 1 万至 3 万年前。如陈为先生在《海南岛生态环境与黎族文化关系研究》中推断，海南文化之发端（黎族先民的移殖）至少可上溯到最后一次冰期的海退时期，提出海南岛初民移居的年代至少在 1 万年前，并且设想是从雷州半岛通过陆桥徒步迁移海南岛的。

显然，第二种说法最具有说服力。在距今 7000 年前，古越人从河姆渡一带出发，有组织地搭乘竹筏、木筏或独本舟，开始向台湾、中国东南沿海和东南亚国家逐渐迁徙。于 5000 多年前，古越人中的一支首先登上海南岛，并且定居下来，繁衍后代，他们便是黎族的先民，海南岛最早的居民。很多学者认为黎族先民的古越人不是同一批迁琼的，而是在很长的时期内陆续南下，有先有后、有早有迟地分批登上海南岛的。这也是直到现在黎族还分为五个支系的重要原因之一。正因为如此，上述第一种说法也不无道理。首批迁琼的黎族先民（古越人）在距今 5000 多年前抵达海南岛，但以后几批也可能在距今 3000 年前后才从雷州半岛陆续进入海南岛。

（三）三代至秦时期的中原人入琼

在先秦时期，中原汉民族作为一个比较大的民族，他们不断地迁移到海南

---

① 史式：《探讨黎族历史如何突破时空限制》，载于 1997 年《海南政协》第 3 期，第 30 页；《海南先民研究》第 1 辑，第 78 页。

岛。从具体时间来看,中原人迁琼是从战国时期开始的。

西汉武帝元封元年在海南置郡县时,海南有 23000 户,其中岛上已有善人(汉人)3 万。① 那么这些善人(汉人)是什么时候迁移到海南岛的呢?

研究中原人何时迁入海南,首先要研究和了解中原人何时迁入岭南(特别是两广)。中原人只有先迁入岭南,才能迁入海南。也就是说,中原人迁入海南岛的时间要比迁入岭南的时间晚一些。

部分广东学者根据史料断定,中原人南迁岭南于周朝已有了。北人南迁与粤人杂处,历时 1000 多年。这大批南迁的岭北人,多是衣冠望族,并且多是经济优裕、身体康强、才能出众的知识分子。他们流入岭南,通过婚姻,与当地粤人融为一体,使南越人不断汉化。到了唐代,广州人已以中原人氏为宗,逐渐忘记或不承认自己是越人的后裔。如果说从周代开始中原人已迁入岭南、广东,那么战国时中原人肯定可以登上海南岛。

春秋时,南部古时的荆蛮已发展成江汉流域强大的楚国(楚族)。楚族在与华夏族长期交往中,大量吸收中原文化,与华夏族同文字,其语言、习惯也受华夏族影响。战国中后期,楚族已基本华夏化,史家称此时的楚国为"冠带之国"②。这时居住在东南沿海地区的"百越",其居住地多纳入楚国版图或与楚毗邻,他们从已经华夏化的楚人那里接受中原先进经济文化的影响,积极开发岭南,进而开发海南岛,对中华民族的发展作出了杰出的贡献。

在汉人迁移到海南岛的进程中,秦始皇遣戍南越的 50 万人中也有迁琼者,值得重视。

秦始皇消灭六国后为了统一中国,于始皇二十九年(公元前 218 年),派大将屠睢率领 50 万大军,分 5 路进兵岭南。秦军遭到越人的顽强抵抗,致使南征长期受阻。后来屠睢在越人的一次突袭中战死,秦兵大败,不少中原士卒融合于越人之中,成为越人的一部分。秦始皇三十三年(公元前 214 年),命史禄开凿连接湘江和漓江全长 30 千米的运河,称灵渠,使长江和珠江两大流域得以沟通,又征发"逋亡人、赘婿、贾人"③为兵,驰援南征的秦军。在给养和兵源得到补充之后,终于平定了岭南,于其地置南海(治番禺,今广东广州)、桂林(治所在今广西桂平县西南古城)、象(治临尘,今广西崇左县)3 郡。至此,岭南包括海南岛成为秦的疆域。海南岛为象郡的外徼(边界、边缘),属象郡管辖。秦朝为了巩固全国统一,所采取的重要措施之一就是移民实边,为此秦王

---

① [明]王佐《琼台外纪》云:"武帝置郡之初,已有善人三万之数。"他及后人多认为"善人"即汉人,"此皆远近商贾兴贩货利有职业者及土著受井廛者"。

② 冠带,本指服饰,引申为文明。冠带之国就是文明之邦。这是春秋战国时期区别华夏族与少数民族的一个重要标志。

③ 《史记·秦始皇本纪》。

朝命令南征的 50 万大军除战死者外全成守岭南（包括海南岛），并批准官员的请求，征调 15000 名未婚女子前来岭南，"以为士卒衣补"（《史记·淮南衡山列传》），使驻军安心定居下来，同时强迫大量中原汉人迁徙岭南，与当地人杂处，共同开发南方，这时便有汉人进入海南岛。

秦统一中国后，分全国为 36 郡（后陆续增加到 40 余郡），郡下设县，县下的基层组织为乡、亭、里，郡县制成为秦朝较为完备的统治网络，能够对全国各地进行有效的治理。秦时所设之郡辖境甚大，相当于今之省。当时海南虽然不专设郡县，但属象郡界内之地，象郡官员自然经常登岛巡察视事。总之，秦朝修通灵渠后，中原汉人乘船从海上，或从长江、湘江经灵渠转入漓江、桂江、西江，可轻易到达两广和海南岛。

秦朝末年，陈胜、吴广起义，各地反秦势力峰起，秦廷无暇南顾。当时任秦南海郡尉的任嚣病重，邀时任南海郡龙川县令的赵佗密商后事，并任命他代理南海郡尉。任嚣死后，赵佗乘秦朝将亡之机，诛杀秦官郡长史，绝道聚兵自守，用武力占据了桂林、南海和象 3 郡，建立起南越政权。赵佗虽是中原汉人，但他所建立的越人国家，尊重越人的风俗，所以邻近的骆越、西瓯、闽越都听命于他，形成了东西万余里的大王国，秦亡后与汉帝国相抗衡。西汉初期，汉高祖自知用武力征服不了南越国，便遣使官陆贾出使南越通好，正式封赵佗为南越王，令其"和集百越"，长期进行经济、文化交流。南越则定期向汉廷朝贡，并在边境开设关市。吕后时严禁铁器输入南越，牛马输牡不输牝（牡为雄性，牝为雌性），防止南越经济发展强盛。南越与汉王朝关系比较紧张，南越常出兵骚扰汉长沙边邑。赵佗自称南越武帝。汉文帝为安抚四夷，对南越王赵佗采取怀柔政策，修赵氏原籍真定（今河北正定）的祖坟，派专人守护，四时祭祀；对赵氏家族予以优抚，以示笼络，继又派陆贾再次出使南越，并让赵佗后裔世袭王位，赵佗遂表示"愿长为藩臣，奉臣职"[①]。赵佗及后裔先后袭南越王位 5 世，共历 93 年。在秦末汉初这将近百年的时间内，西汉帝国虽然没在海南设置郡县行政机构，但海南岛一直在南越王国直接或间接的管治之下，南越国派官员登岛进行治理，有不少中原汉人和已经汉化的越人迁居海南。

许多专家学者认为，海南岛的"临高人"，其先民就是继黎族先民之后迁徙海南的居民，他们移民海南的时间比汉族早，或与汉族同时代迁琼。

"临高话"、"临高人"，是海南解放后，即 20 世纪下半叶才常用的复合名词。其含义（所指）超出临高一县之境，包括临高全县、儋州市和澄迈县部分乡镇、海口市西郊和琼山羊山地区，现人口约 80 万人。许多事实说明，讲临高话的人是汉族，临高话只是上述地区汉人的一种方言。因此，对这种方言的来源

---

① 《史记·南越列传》。

及其先民迁琼年代进行深层次的研讨,是非常必要的。关于此,我们有以下的看法。

其一,临高方言源于古越语系。

临高方言(临高话)又名村话、贝语等。它比较特殊,只有口头语,没有反映本语的文字,长期以来一直使用汉字。临高县人用村话读书(汉文字),语音跟普通话差不多,懂普通话的人一般都能听懂;临高方言与黎话是完全不同的。把临高方言称为"黎话",是他们对临高方言和黎话都一窍不通的表现,把讲临高方言的人称为黎人更是大错特错。与海南话分为海口、琼文、琼海、万陵、琼南、定安、海北等7个方言区,黎话分为哈、杞、润、赛、美孚等5个支系一样,"临高话"大致也可以分为临高、白莲、长流、海秀、永兴、龙塘等几个地区方言。在临高县境内,新盈港一带和皇桐一带与其他地方的方言语调是不同的。临高县的方言与海口、琼山的村话差别更大,除某些常用单词近音外,彼此间根本不能直接交谈。

1957年,中国科学院少数民族语言调查分队到海南调研。1980年,国家民委派中央民族学院(今中央民族大学)4位民族语言学家,和广东省民族研究所等单位组成民族识别调查工作组,再次到临高县及讲临高方言的地区深入调研。他们的初步结论是:临高方言不是黎话,不是"黎、泰和汉语的混合物",而是具有"古越语的成分","属于汉藏语系侗泰语族壮泰语支的一种语言","与壮语十分接近"。

临高方言源于古越语系,是俚(越)语、壮语、疍家话和汉语的混合物,是讲临高方言先民与后来的疍民、汉人长期交融的结果。这些地方的村话与壮语比较相似和接近,但仅单词语音近似较多,彼此间不能直接通话。

其二,考古发现临高方言的先民多由广西迁琼。

临高最早的祖先来自岭南一带,这是毋庸置疑的,但来自岭南什么地方?海南的考古发现解答了这个问题。

海南考古发现的文物很多,但最能说明临高最早祖先来源地的是铜鼓。在临高县的波莲、文澜和昌江县十月田等地,先后出土过4个广西北流型铜鼓。海口五公祠陈列的1个直径1米的大铜鼓,就是北流型铜鼓。铜鼓是广西壮族普遍使用的一种由青铜铸造的民间乐器。北流型铜鼓最早由西瓯人创造和使用。据史籍记载,古代西瓯活动的地区为南越以西,九嶷之南,西与骆越为邻,即今广东西部、西南部和广西东部及南部。骆越活动的地区是在西瓯之西,流行的是石寨型铜鼓;但这种铜鼓在海南没有发现。这说明临高先民多从广西东部和南部迁居海南,其族称有瓯——西瓯——俚、乌浒、僮(壮)的演变过程。

其三,地名说明母权制末期临高先民已迁琼。

临高最早的先祖从什么时代开始迁琼呢？古籍没有记载。若从海南西北部临高方言区残存以"美"字为冠首字的地名来分析，便能帮助我们找到临高先祖迁琼的年代。据调查，从古至今，在海南西北部临高方言地区，普遍存在以"美"字为冠首字的地名。如临高县有美良、美夏、美台等乡镇和美览、美仍、美鳌、美景、美珠、美良、美山、美巢、美夏、美伴、美吉、美郎、美仓、美略、美所、美调、美当、美罗、美群、美星、美文、美兴、美盛、美舟、美塘、美堂、美积、美隆等村；儋州市有美龙、美扶、美里、美塘、美灵、美草等村；澄迈县有美玉(今金江镇)、美亭(镇)、美合、美造、美厚、美万、美郎、美桃、美宁、美俗、美秀、美若、美仁、美井、美傲、美龙坡等村；海口市西郊有美德、美新、美合、美俗、美涯、美喜、美李、美楠等村；琼山羊山地区有美党、美玉、美本、美城、美福、美月、美郎、美龙、美新、美贯、美富、美傲、美豪、美梅、美赫、美柳、美孝、美秋、美德、美目、美品、美弄、美任、美彦、美朝、美贤、美好、美雅、美车、美插、美秀、美初、美仁、美备、美程、美岭、美运、美仍、美柄、美顶、美杏、美寻、美万、美统、美风、美格、美味、美仁坡、美世、美苗、美儒、美南、美爱、美有等村，不完全统计共有120多个村庄。

临高方言"美"字的汉译音为"mai"(买或卖)，是"母亲"的意思。这些地名都打上"母亲"的烙印，反映了妇女在当时社会生产生活中享有崇高的主导地位，发挥着支配作用。这么多以"美"字冠首的地名，说明临高方言的先祖至迟在母系氏族公社末期，即相当于中原地区殷周之际(距今3000年左右)已开始迁入海南，历秦汉至隋唐，仍有部分临高先民陆续迁琼。由于唐宋以来，一批又一批的大陆儒官入籍，在临高方言地区，他们所操汉语被当地"村话"融化，而当地居民则逐渐被汉化。今后要找出正统"临高人"先民的后裔，恐怕只有通过DNA验证了。

(四)汉代中原汉人入琼

在汉代，汉人陆续登上海南岛，其中重要的有汉军三次登陆海南岛。

第一次，汉武帝时的南越王族入琼及汉将路博德、杨仆率军登岛。

汉武帝时，南越王婴齐在位。婴齐是赵佗的曾孙，曾宿汉都长安，娶汉女为妻。婴齐死，子兴立，因其年幼，太后欲倚汉威以固其位，于是母子上书汉廷："请比内诸侯，三岁一朝，除边关。"[①]但南越相吕嘉叛变，反对内属，杀赵兴及汉使者，另立婴齐越妻之子赵建德为南越王，对抗西汉朝廷。元鼎5年(公元前112年)，汉武帝遣伏波将军路博德、楼船(水兵)将军杨仆等率兵分路进击岭南。南越人深知伏波将军威名，因此纷纷向汉军投降。叛乱的头目吕嘉、

---

① 《史记·南越列传》。

赵建德等带领数百下属逃亡入海南,这是秦以来汉人第二次移民海南岛。路博德派海兵追赶,次年(公元前 111 年)10 月俘杀吕嘉等,从而平定了南越,在其属地岭南、交趾、海南诸地,分置南海、苍梧、郁林、合浦、交趾、九真、日南、珠崖、儋耳 9 郡。在这次南征中,汉军登上海南岛,在岛上屯兵一段时间,并将当时海南岛的情况驰报汉武帝,在岛的北部地区设置珠崖郡(治所在今琼山市境,一说在遵谭镇东谭,一说在龙塘镇潭口)、儋耳郡(治所在今儋州市三都镇南滩),全岛共置 16 县。这是海南岛历史上第一次设置地方行政权力机构,二郡隶交趾刺史部。海南设立郡县后,北方的汉人不断进入海南。首先是朝廷任命的郡、县官员及其家属、随员渡琼莅任,如设郡不久,汉武帝便任命会稽人孙幸为珠崖郡太守,孙幸携儿子孙豹等家人就任。当时海南特产广幅布是享誉中华的贡品,所以每年郡守都要征调大量广幅布献给朝廷使用,黎族民众不堪重负,于西汉后元二年(公元前 87 年)聚众造反,攻破郡城杀了孙幸。其子孙豹领郡事,率兵镇压,黎族人民起义失败,朝廷下诏任命孙豹继任珠崖太守。

第二次,张禄率汉军登岛。

孙豹虽然继父任珠崖太守,但黎族民众一直不服汉官的横征暴敛,连年起义反抗,动摇了汉室在海南的统治。西汉甘露二年(公元前 52 年)4 月,汉武帝的曾孙汉宣帝刘询派遣护军都尉张禄率汉军渡琼,围击起义的黎民。这是汉军第二次登陆海南岛。此后,中原汉人(包括官兵)和不断汉化的越族人随之迁到海南岛,在沿海地区和各条河流出海处设立居民点。

第三次,伏波将军马援率汉军登岛。

汉军第三次登陆海南岛,是距第二次 90 多年后东汉建武十九年(公元 43 年)的事。这次出兵是由伏波将军马援率领的。

秦、汉两代,都在今越南北部至中部设郡治理。东汉时在此设交趾、九真、日南 3 郡。东汉初年,锡光为交趾太守,任延为九真太守,他们比较注意治道,如教民铸造铁器农具,推广牛耕,改变了越民原来烧草耕田的落后耕作方法。又兴办学校,教民礼法,让民众及时婚配,越人感德。后由苏充继任交趾太守,为政苛刻,交趾鹿冷县女子征侧、征贰姐弟俩起兵反抗,攻没交趾郡城,九真、日南、合浦诸郡民众都起义响应(当时海南岛属合浦郡辖管),掠占岭南 60 余城,征侧、征贰自立为王。建武十八年(42 年),汉光武帝刘秀封虎贲中郎将马援为伏波将军,以刘隆、段志为副将南击交趾。马援率领大小楼船 200 余艘,兵士 2 万余人,沿海而进,斩杀征侧、征贰,追击其余党,平息了以上诸郡。汉军所经之地,都复置郡县机构,修筑郡县城郭,穿渠灌溉以利当地民众。这次虽然是征交趾,但马援也率兵从海南岛西部登岛,"抚定珠崖,调立城郭,置井邑,立珠崖县"(《琼州府志》卷 29《马援传》)。相传当年马援率兵登上海南岛西海岸后,因炎天似火,兵马找不到淡水喝。忽然他所骑白马发现路边有几棵小草，草下沙滩有些潮湿，便长嘶一声，起蹄刨挖，果然沙土之下有泉涌，解除了兵马饥渴之困。后来当地乡民在此掘了一口井，命名为"白马井"，并于井畔建伏波庙，塑像奉祀。苏东坡贬儋州时所写《伏波庙记》和《儋州志》都有记述。有的学者认为马伏波未尝征珠崖和登岛，这是错误的。除《琼州府志》上述记载外，还有许多文献说明马援确实率兵登岛。第一，据顾祖禹《读史方舆纪要》卷105说："马援……抚定珠崖，立诸城郭，置林邑，屯于大胜岭。"唐胄《正德琼台志》卷5《山川》澄迈县条说："大胜岭，在县（指澄迈县）西十里，多稏都，高耸。俗传汉军屯此征蛮，大胜后，知县韦裘建亭于上。"两书记载汉军屯兵地点相同。第二，赵汝适《诸番志》卷下说："马伏波平海南也，命陶者作缶器，大者盛水数石，小者盛五斗至二三斗者，招到深峒归降人，即以遗之，任意选择，以测其巢穴之险夷。"第三，郭沫若在《马伏波井·序》中说：马伏波井"在东方县十所滨海……近世原有伏波祠，久废。墙上嵌一石碑，题'汉马伏波之井'。……汉有两伏波，曾有功于海南。一为汉武帝时之路博德，一为光武帝时之马援。马援定交趾在建武十九年春（公元43年），以十八年夏出师，二十年秋还师。其经略海南当在十九年期内。故十所井如确为'马伏波之井'，则至今已一千九百二十年矣。"

马援这次率楼船兵征交趾，登海南岛，从建武十八年（公元42年）开始，到建武二十年（公元44年）秋天离开，历时近3年。后雷、琼二郡多祀路博德及马援伏波将军祠庙，至今尚有庙在。东汉时朝廷又不断派汉官到海南任职，中原人也不断入琼。据府志载，东汉永平十七年（公元74年），儋耳归附，明帝（刘庄）委任丹阳（今安徽宣城）人僮尹为儋耳太守。另据明代临高县举人王佐（1428年～1512年）所著《琼台外纪》载："武帝置郡之初，已有善人三万之数。""建武二年（公元26年），青州（今山东）人王氏二子祈、律，家临高之南村，则东汉有父子至者矣。"这是海南移民有具体地域、姓氏和落籍地点的最早记载。临高《王氏族谱》也有记载：王琳，汉代来琼，总管南黎，卜居临高包登村。又据儋州《符氏族谱》载：今儋州市符振中这一支符氏，祖先原籍大陆，东汉建武十八年（公元42年）其"大祖三兄弟随马公援渡琼，即卜居大拖坡，继徙于沙发园"。

除了上述重大的入琼事件，汉代随着海上"丝绸之路"的开辟，又有不少人陆续迁居海南岛。

从汉代开始，中国除了从陆路开通西亚和欧洲各国的"丝绸之路"外，还开通了南向的海上"丝绸之路"。尽管海上"丝绸之路"航道屡有变化，但海南岛是南向海上"丝绸之路"的必经之地。当时运载中国丝绸、陶瓷、铁器、青铜器、蜀布、邛竹杖等特产的船队，就是从徐闻、合浦等港口出海，沿北部湾、南海西航，到东南亚的瓯骆国（今越南）、夫甘都卢国（在今缅甸境内）、谌离国（在缅甸沿岸)和南亚的黄支国(在今印度境内)等国,甚至到达西亚、东北非和地中海沿岸国家。而外国的珍珠、香料、宝石、琉璃、象牙、犀角、金银器等,也从水路输入汉朝。沿海上"丝绸之路"从事贸易的大陆汉人和波斯人,一般都要在海南岛休整、补充淡水和食用物品,甚至在岛上设立固定中转站和补给站。有时遇上台风,海船要在海南岛进港避风滞留。因此,有的汉人便落居海南岛,在岛上留下了不少汉代中原文化。如 1993 年 7 月在乐东县谭培山村发现的"朱庐执圭"银质官印,和在东方、临高、儋州、昌江等地发现的汉代青铜釜和北流型铜鼓等文化遗物,就是汉代大陆汉人迁居海南的物证。

以上论述了先秦秦汉时期海南岛移民的情况,下面分析一下汉人进入海南岛对海南的政治经济、社会文化所产生的影响。

(五)汉人入岛对海南岛政治经济与社会文化的影响

秦朝时,海南岛属象郡外徼。自西汉元封元年(公元前 110 年)在海南置珠崖、儋耳二郡起,海南岛便正式成为中国设置地方政权予以管理的海岛。

秦朝为了巩固全国的统一,采取移民实边的政策。秦平定南越后,遣 50 万中原人戍守南越,后来这些人大部分落籍岭南或海南岛。大规模的移民,对南方边疆的开发和边防的巩固,都有积极的意义。秦始皇又实行"器械一量,同书文字"[①]的政策,对度量衡、货币、交通、文字进行整齐划一,又把民族融合推向一个新的阶段。秦代数以"六"为纪,符节、法冠均六寸,舆六尺,乘六马,六尺为步。数以"六"为纪的遗风,在海南特别是黎族中流行非常长久,直到 20 世纪 50 年代尚存。如使用的铜钱,以 6 文为一钱,60 文为 1 两,600 文为 1贯;又田禾以 6 把为半担,12 把为 1 担,皆以六为数。

汉军 3 次登上海南岛和实行郡县制,派任汉族官员,对传播中原文化作出了一定贡献,也为海南做了不少好事。例如,传说儋耳郡城是西汉杨仆所筑。东汉时马援又率军登岛"抚定珠崖,调立城郭,置井邑,立珠崖县"。另据《琼州府志·僮尹传》:东汉永平十七年(公元 74 年),丹阳(今安教宣城县)人僮尹被任命为儋耳太守,"至郡敷政未久,下诏擢为交趾刺史,还至珠崖,戒敕官吏毋贪珍赂,劝谕其民毋镂面颊,以自别于峒俚,雕题之习,自是日变"。由于僮尹能匡俗信民,得到朝廷厚加赏赐。

西汉前期,地方建制既承袭秦制,又与秦制有所不同,实行的是郡县和封国并行制。汉初全国共置 54 郡,中央直接控制的只有 15 郡,其他都是侯国的领地。西汉一代,还封了 140 多个功臣,宗室和外戚为列侯。但列侯在封国无治民权,封国只是列侯的食邑,归所在郡管辖。东汉初年,地方行政区划基本

---

① 《汉书·宣帝纪》。

沿袭西汉旧制,为郡、县两级制。但光武帝为了简政和加强专制主义中央集权,大量裁郡县行政建制,全国约裁并 400 余县,并相应精简吏员,以提高行政效率。海南自然也受到影响,到建武十九年(公元 43 年)时海南只置珠崖县,永平十年(公元 67 年),儋耳归附,又复置儋耳县(《正德琼台志》)。

汉代明君吸取秦始皇父子大肆兴建,滥用民力,开支浩大,赋税苛重,民不堪负,结果造成政权短命(仅 15 年)的教训,比较珍惜民力,采取了不少措施,安定民心,发展社会经济。例如,汉朝建立后就实行严密的户籍制度,下令流民归土,进行全国性的户口登记,称"编户齐民",作为征课赋税和征派徭役的根据,并以此控制人口流动,维护社会治安。因此,汉武帝在海南建立郡县后,根据汉户籍制,对海南的户口也进行了调查登记,全岛有 2.3 万余户,人口约10 万人,其中汉人约有 3 万人。

两汉对发展农业生产极为重视,采取了不少有利农业生产的措施。例如,西汉鼓励流民归土,轻徭薄赋,普遍使用牛耕,利用自然水进行人工灌溉等等;东汉则极力提倡垦荒,把荒地发给贫民垦殖,以扩大耕地面积,还组织军队屯垦。东汉在明帝、章帝、和帝三朝,多次下诏全国"假民公田"。"假"是租借的意思,"假田"就是把国家掌握的荒田和山泽租借给农民耕植,三五年内可以免除租赋,国家还可以贷给种子、口粮和农具。免除税赋期满,国家向农民征收40%左右的田租。这种租借公田的农民,实际上是国家的佃农,他们没有人身依附关系,欲迁回本乡者听其自由。"假民公田"政策的实施,解决了部分农民的缺地问题,也增加了国家的赋税收入,而且安定了大量流民,保持了社会安定。当时海南岛的农业除了水稻、坡稻、薯类种植之外,棉类种植已相当普遍,因此促进了家庭手工纺织业的发展,海南生产的广幅布已成为珍贵的贡品,闻名全国。《汉书·地理志下》载:"自合浦徐闻入海,得大洲(即海南岛)…… 男子耕农,种禾稻苎麻,女子桑蚕织绩",正是汉代海南农业、手工业生产状况的写照。

要之,海南岛的黎族来源于百越,后来汉人等陆续迁居迁入,黎族和汉族不断融合;在这种海岛移民中,秦汉时代对海南岛的管理与开发,对海南岛的经济文化产生了重要影响,促进了海岛社会的发展。

第三节　中国海外移民的出现

中国海外移民的出现是很早的,早在上古时代已有原始的航海和人口的海外迁移,这方面的研究已经取得了很大的进展,有不少学者运用充分的材料,证明了古越人向太平洋岛屿的拓展、早期中国人东渡日本、殷人航渡美洲等,引起了广泛的关注。当然,持反对态度和质疑态度的也不乏其人。不管争论的正误如何,孰是孰非,但有一点是肯定的,那就是中华民族很早就已涉足海洋,通过海船迈出了向海外拓展的脚步。

一　越人向太平洋岛屿的拓展[①]

先秦时期,生活在中国南部和东南部的越人,由于大部分滨水而居,对海洋的早期认识促成了他们向海外拓展的努力,这种努力的结果,便是在他们曾经涉足过的地方留下了他们的痕迹。

越来越多的历史和考古发现证明:在上古时代,中华民族就有了原始的航海活动并出现了向海外的迁移,由此开端的中华民族海外移民史,已日益受到海内外史学界的关注。

一些历史学家认为:中华民族的海外移民史可追溯到 4000 年前,《诗经》、《论语》等文字记载可以证明:最早在先秦春秋之际,海外移民便已出现。

台湾著名史学家、辅仁大学历史系主任黄大受先生在对台湾高山族的"胶着语"、断发、文身等民俗以及台湾圆山文化大垄坑遗址的出土文物研究之后,提出了"高山族的主要族源是来自大陆的古越人的一支"的论点,并以此发表了《山胞原是一家人》一文。著名史学家、北京大学王炎教授在对浙江余姚的河姆渡文化遗址考察后认为,河姆渡遗存的大量鲸鱼、鲨鱼的遗骸及出土的木桨等体现了明显的海洋文化特征,在对河姆渡、定海、舟山、台湾等地共同发现的造船工具"有段石锛"的年代测年后,可推算百越先民曾有向台湾及南洋群岛迁移的历史。上海社会科学院林其锬教授认为,中华民族海外移民史可分为三个阶段:一是古代,从内地到沿海;二是近代,从东南沿海辐射到以东南亚为主要地区的海外;三是第二次世界大战后,扩散到全世界。[②]

如前文所述,在古越人移民海外的早期历史中,得地理优势的海南岛的黎族和台湾岛的先住民,其祖先就是古越人,他们是海南岛、台湾岛上最早的移民。

台湾凌纯声教授在《论夷越民族》一文中,曾指出从非洲东海岸起,到印度洋和太平洋间各岛屿及至南美洲西海岸的各地土著文化中,至今尚保留着中国古代夷越文化的因素。[③] 国外学者如柯灵顿(R. H. Codrington)、佛累则

[①] 本部分主要引见林华东:《越人向台湾及太平洋岛屿的文化拓展》,《浙江社会科学》1994 年第 5 期。

[②] 以上引见《中华民族海外移民史研究表明上古时代已有原始航海和迁移》,《人民日报》(海外版) 1995 年 2 月 16 日第 3 版。

[③] 凌纯声:《论夷越民族》,载《中国远古与太平、印度两洋的帆筏、戈船、方舟和楼船的研究》,台北 "中研院"民族所专刊之十六,1970 年版。

(J. G. Frazer)等众多研究者,早年也曾提出过太平洋群岛的民族在文化起源上,与西太平洋海岸民族有关。显然,对此问题的研究,理应引起足够的重视。

早在 1761 年,法国汉学家德吉尼斯(J. D. Duignes)就提出了中国人早在哥伦布发现新大陆 1000 年之前就已到达美洲(即"扶桑")的主张。这一学术观点曾得到中国学者诸如章太炎、黄兴公、陈志良、朱谦之等先生的支持。直到 1947 年韩振华教授的《扶桑国新考证》和 1962 年罗荣渠教授的《论所谓中国人发现美洲的问题》发表后①,上述观点才在国内受到了批驳。

1975 年冬,美国加利福尼亚海底发现了据说已沉睡 2500 年之久的所谓中国古代"石锚",因之关于中国人发现美洲的问题被重新提了出来。房仲甫先后多次发表文章,率先对石锚的年代和国别进行肯定,进而主张它是 3000 年前中国殷人扬帆东渡美洲的物证。② 石钟健、杨熺、陈丽琼等人也纷纷为之考证。③ 石氏认定:距今 3000 年前地处中国东南沿海的越人船队,已可驶向东南亚和南太平洋群岛及至美洲大陆,北美发现的中国船锚,充分说明了这个事实。而对此问题研究最为全面系统的要数卫聚贤先生长达百万字的《中国人发现美洲初考》。④ 不过,上述论著也遭到了不少学者的指摘。林华东先生在 1988 年即提出商榷。⑤ 美国有史学家曾指认说,这一石锚是 19 世纪居住在加利福尼亚的中国渔民所遗。

1991 年,美国俄勒冈州大学人类学系主任杨江先生主张:"早在 6000 年前,马来—波利尼西亚人的祖先使开始从中国的福建省出发,进行了长途的迁移运动。他们向南行进穿越菲律宾和印度尼西亚,尔后分两个方向迁移:一路向西,到达马达加斯加;另一路向东,到达夏威夷和伊斯特岛。东徙的年代如下:距今 6000 年前,到达中国东南部及台湾;距今 5500 年,到达婆罗洲、帝汶岛;距今 4500 年,到达印尼所罗门群岛新呐亚;距今 4000 年,到达密克罗尼西亚群岛;距今 3500 年,到达斐济;距今 3000 年,到达萨摩亚群岛;距今 1700 年,到达马贵斯群岛;距今 1600 年,到达伊斯特岛;距今 1400 年,到达夏威夷;距今 1100 年,到达新西兰。"⑥遗憾的是,杨先生提出的迁徙年代等问题,尚待

---

① 韩振华:《扶桑国新考证》,载《福建文化》1947 年;罗荣渠:《论所谓中国人发现美洲的问题》,载《北京大学学报》1962 年第 4 期。
② 房仲甫:《扬帆美洲三千年》,见《人民日报》1981 年 12 月 5 日。房仲甫:《殷人航渡美洲再探》,载《世界历史》1983 年第 3 期。
③ 石钟健:《古代中国船只到达美洲的文物证据——石锚和有段石锛》,载《思想战线》1983 年第 1 期。杨熺:《中华民族的海洋文化》,载《海交史研究》1986 年第 2 期;陈丽琼:《铜鼓船纹补释——兼论越人航渡美洲》,载《中国铜鼓研究第三次学术讨论会论文集》,文物出版社 1986 年版。
④ 卫聚贤:《中国人发现美洲初考》,台湾新竹市说文书店 1982 年版。
⑤ 林华东:《吴越舟楫与航海》,载《广西民族研究》1988 年第 3 期。
⑥ 杨江:《马来—波利尼西亚与中国南方传统的关系》,载《浙江学刊》1991 年第 1 期。

新的资料加以证实。近年王大有等又把美洲奥尔梅克文化拉文塔(La Venta)遗址发现的玉器上的图案,考订为殷商文字,证明是殷末将领率众东渡美洲,将中华文明带到新大陆。[①] 然也有学者如龚缨晏先生等作有匡谬[②],指出实属图案装饰,并不是殷商文字。

早年,台湾杨希枚教授和助手曾对 20 世纪 40 年代以前在河南安阳殷墟祭祀坑中出土的 400 具人头骨作过研究,将大约 225 具较完整的标本划分为五种类型。提出其中的第 I 型(约 80 具)为典型的蒙古人种类型;第 II 型(38 具)为太平洋尼格罗人种,与现代巴布亚人和美拉尼西亚人头骨相似;第 III 型(2 具)为欧洲人种,与现代英国人头骨相似;第 IV 型(55 具)为爱斯基摩人种;第 V 型(约 50 具)则怀疑与波利尼西亚人头骨相近(但也可能是上述类型中的某一类女性头骨)。而韩康信、郑晓瑛的研究结果,则表明殷墟祭祀坑中的人骨最多的应为东亚成分,其次为北亚的,近南亚的实属少数。[③] 但无论如何,当年的殷墟已经有了海外人的活动,已是不争的事实。

如前文所述,19 世纪末叶以来,便有不少民族学家、语言学家和考古学家通过对分布在东南亚和太平洋岛屿上的南岛语系诸语支的研究,认定构成南岛语母体的前南岛语支发源于台湾,而其更早的渊源则可追溯到中国大陆南部沿海。前南岛语由台湾传入菲律宾后,逐渐形成马来—波利尼西亚语支,并慢慢扩散到爪哇、苏门答腊、马来西亚、越南等地。该语区向南移动形成中央马来—波利尼西亚语;向东移动形成东部马来—波利尼西亚语,尔后又广布到密克罗尼西亚南部、美拉尼西亚东部及整个波利尼西亚。考古学家贝乌德(Deter Bellwood)则进一步指出:"在公元前 5000 年后期由华南大陆(也许是浙江、福建)来的原始居民进入台湾,原始的南岛语进一步扩展之前至少在台湾岛使用了 1000 年。在公元前 3000 年前后讲原始南岛语的民族进入吕宋岛,前南岛语(它是在台湾原始南岛语消亡时形成的)分裂为台湾与马来—波利尼西亚两个语支。……考古学的证据有陶器、树皮衣、石器与骨器(收获用的刀、抛射用尖状器、石锛)等。"[④]我们从中国东南沿海古代先民与东南亚及太平洋岛屿文化圈的文化习俗、生活方式和宗教信仰等,也可看出其较大的共性和亲缘关系。

当然,研究海外文化交往的关键,是绝不能离开考古文物的实证。对此问

① 王大有、宋宝忠、王双有:《古代美洲奥尔梅克玉圭商殷文研究——中华文明东迁美洲的文字学证据》,载《华声报》1992 年 2 月 28 日。
② 龚缨晏:《古代美洲奥尔梅克玉器匡谬——兼论古代中国与美洲交往问题》,载《世界历史》1992 年第 6 期。
③ 《殷墟祭祀坑人骨有异种成分》,载《文摘报》1992 年 11 月 9 日。
④ Peter Bellweed. Prehistory of the Indo-malaysian Archipelogo. Academic Press, New York. 1985.

题的研究最有说服力的证据,应首推海洋文化的代表性器物之一——有段石锛。

早在 20 世纪 30 年代,对东南亚考古学和民族学素有研究的德国学者海涅·格尔顿(Robert Heine Geldern)曾提出了有段石锛是由台湾传到菲律宾及苏拉威西、波利尼西亚等南洋群岛去的主张,并指出波利尼西亚的有段石锛及大洋洲的一些古文化应起源于中国。日本学者鹿野忠雄也认定波利尼西亚的有段石锛是由华南、华中的民族及文化移动而传入,华南古文化研究的重要性不但对东南亚,甚至对波利尼西亚都有关系。菲律宾人类学和考古学家拜耶(H. O. Beyer)也赞同太平洋的有段石锛是由菲律宾传去,至于菲律宾的有段石锛则传自于大陆的主张。在海丰、香港以及福建南部和台湾等处的考古发现,都表明与菲律宾是确有关系的,菲律宾是这种石器传入太平洋的通路。1938 年林惠祥教授在出席"远东史前学会第三届大会"的论文中,也曾提出中国大陆发现的有段石锛和中国台湾、菲律宾甚至波利尼西亚的相同。中国东南部的史前文化与华北有异,而和南方的马来西亚以及波利尼西亚有关。林氏曾把有段石锛划分为三个发展阶段,认为它首先发生于中国大陆东南部的闽、浙、粤、赣和苏、皖一带,然后北向传于华北、东北,东南向传入中国台湾及至菲律宾与波利尼西亚诸岛。[①]

根据近几年来的考古发现和研究,浙江的河姆渡文化是有段石锛的起源中心。[②] 拜耶先生认为菲律宾的有段石锛,年代较早的属于公元前 1250 年～公元前 800 年,较晚的约公元前 500 年～公元前 200 年。然据 1970 年罗·达夫(Roger Duff)的论著可知,吕宋岛东南阿尔贝(Albay)的福克斯(Fox)和埃文吉里斯塔(Evamgeligta)的瓮棺葬中,仍然还有衰退形的有段石锛出土,C^{14} 测定代年仅为公元 100 年[③],可知其结束时间很晚。

印度尼西亚的有段石锛见于东部的苏拉威西岛和爪哇岛,有退化变异的台阶形、凹槽形及斜脊形,数量不多,从其横剖面呈梯形和三角形看来,显由菲律宾传入,年代应更晚。

太平洋中的波利尼西亚诸岛的有段石锛均显示出它由菲律宾传入的亲缘关系。按海涅·格尔顿的研究,有段石锛在夏威夷、马奎萨斯(Marquesas Is.)、社会岛(Society Is.)、库克群岛(Cood Is.)、奥斯突拉尔岛(Austra Is)、塔希地岛(Tahitl Is)及至大洋洲的新西兰和查塔姆岛(Chatham Is)都有分布,甚至在太平洋东部智利的复活节岛(Easter Is)以及南美洲的厄瓜多尔也

① 林惠祥:《中国东南区新石器文化特征之一:有段石锛》,《考古学报》1958 年第 3 期。
② 林华东:《河姆渡文化初探》,浙江人民出版社 1992 年版。
③ Roger Duff. Stoue adze of Southeast Asia Order of the Board Dhristchurch New Zeaiand. 1970.

有发现。大凡波利尼西亚诸岛有段石锛的特征往往是器身长,中脊高、分段明显,横剖面有四角、三角、圆形等,在大赫岛还有一种在背面和正面都制成台阶状的有段石锛,新西兰也有一种柄部之中分别琢一较宽的横向弧形凹槽及一纵向窄槽,这均属有段石锛的变种形式,年代应比菲律宾更晚。它曾在当地使用了相当漫长的一段时期,甚至直到西欧早期航海家发现这些岛屿时,有段石锛仍然是波利尼西亚诸岛土著的主要生产工具。饶有趣味的是,不但其地有段石锛还保留有中国东南沿海地区的许多特征,甚至连安装捆绑有段石锛的木柄也同河姆渡文化所发现的很相似,只是其柄部多刻花纹装饰,制作更精美、更高级罢了。

至于环中国南海的文化交往问题,按《汉书·地理志》载,番禺"处近海,多犀、象、毒冒、珠玑、银、铜、果、布之凑,中国往商贾者多取富焉。"1983 年 3 月在广州象岗山发掘的南越王墓中,曾出土有一大批珍贵文物,其中的大象牙器、犀角、银器、玻璃器,以及玛瑙、琥珀、水晶、玻璃等多种质料的珠饰,有些可能"是从中亚或南亚等地输入的"①。南越王墓中随葬的银盒,其上下腹部压印的花瓣式装饰,不但与伊朗首都德黑兰博物馆所藏的银盘几乎相同,而且和古苏撒城(今伊朗舒什特尔)出土的公元前 5 世纪时的金银器相似,它和 5 枚经确认为非洲象齿的大象牙一样,可能是原产自古波斯一带,尔后经中南半岛商贾转手,由海外贸易输入的。而山东临淄齐王墓出土的同类银盒,似由南越国传入,由此可印证《淮南子·人间训》所记秦时的南越有"犀角、象齿、翡翠、珠玑"之史实。足见秦时同中南半岛诸国的海上航线已开通,是毋庸置疑的。近年在南海西沙宣德群岛发现的战国和秦汉文物,正是这条航线的有力注脚。② 西汉武帝时的船队之所以能远航到南印度和斯里兰卡一带,应是在此基础上发展起来的。

但这也并非南海海上交通之始。据《韩诗外传》、《尚书大传》等书记载,早在周成王时,居住在交趾之南滨海地区的越裳氏,就通过重重翻译("九译"或"三译")远贡"白雉于周公"。古本《竹书纪年》有越王派公孙隅向魏进贡舟、箭和犀角、象齿的记载;而在浙江鄞县甲村石秃头山出土的战国时的一件青铜钺③,其上所镌印的两条头相向、尾向内卷的龙图像,与越南东山一件铜斧上的图像几乎相同④,似是与越地文化交流的产物。

① 广州象岗汉墓发掘队:《西汉南越王墓发掘报告》,《考古》1984 年第 3 期。
② 新华社:《西沙发现战国和秦汉时陶器钱币》,《浙江日报》1993 年 8 月 3 日。
③ 曹锦炎等:《浙江鄞县出土春秋时代铜器》,《考古》1984 年第 8 期。
④ 〔法〕V·戈鹭波:《东京和安南北部的青铜时代》,原载《法国远东学院学报》1929 年第 29 卷;刘雪红等人译文见《民族考古文集》第 1 集,1985 年。

　　其实，中南半岛诸国同中国华南地区的交往，至迟可上溯到新石器时代。傅宪国先生对华南有肩石器的研究表明，有肩石器在广东珠江三角洲发源后，主要是循中国南部海岸西行，经广西而入云南及中南半岛诸国、马来西亚及南亚的印度和孟加拉。① 又据宋文薰教授对台湾及环中国南海史前时代的玦形耳饰研究可知②，玦形耳饰在中国华南、香港和台湾地区及越南、泰国、老挝、菲律宾等地都有发现，早期为玉或石质，玦身为带一缺口的扁圆形，外缘有三或四个突块或花边，晚期为石、软玉、玻璃或贝壳等质料制成，玦身呈扁钩状，外缘突块尖长如钉状。一般认为它起源于越南中部。但从广东曲江石峡遗址、广西田东锅盖岭遗址、香港大湾遗址和浙江衢州西周墓所出属早期类型的玉质玦形耳饰来看，似可认定中国的华南为其起源中心，尔后向浙江及环中国南海传播的。再如越南东北部和马来西亚等地普遍发现的印纹陶，尤其是韩槐准先生在马来西亚柔佛州（Johore Lama）、歌打丁宜（Kota Tulggi）采集的一批印纹陶，韩氏认为"与近年中国东南沿海地带发现之印纹硬陶成器或碎片，其花纹极相同"。同时又进一步指出："可能殷商时代或稍后，我国烧制之印纹硬陶已在南洋交易。"③安志敏先生主张是当地制作的，"年代大体与我国东汉相当"④，彭适凡先生则指出马来西亚的印纹陶具有明显的两重性，其中大多数表现出浓厚的土著特色，少数"时代大体相当西周甚或更早"的印纹陶与中国南方相同或相似。⑤ 然就柔佛州所见的云雷纹、贡折纹和菱格填线纹装饰等具华南特点的印纹陶来看，传入马来半岛的年代当不超过春秋之时，即距今 2800 年前后。⑥

　　从以上的分析可以看出，在上古时代，中华民族已有了原始的航海活动并出现了向海外的迁移。现代学者在各学科研究中发现了古越人移民海外的史实，为黎族和台湾先住民都来源于古越人提供了许多新依据。在分析中国东南海岸史前文化的适应变迁时，应该看到，在距今 7000 年前后，中国东南海岸，特别是闽粤一带的史前文化，开始表现出适应海洋环境的倾向。不但聚落大都趋向海滨，而且潮间带和近海资源也成为最重要的生活来源之一。值得注意的是，据台湾的考古资料显示，闽粤一带的史前文化也从这个时候开始，跨过了台湾海峡来到台湾，这无疑与当时闽粤一带居民频繁的海上活动有关。

---

① 傅宪国：《论有段石锛和有肩石器》，《考古学报》1988 年第 1 期。
② 宋文薰：《论台湾及环中国南海史前时代的玦形耳饰》，载台湾《中央研究院第二届国际汉学会议论文集》，1989 年版。
③ 韩槐准：《南洋遗留的中国古外销陶瓷》，新加坡青年书局 1960 年版。
④ 安志敏：《马来亚柔佛州出土的古代陶片》，载《考古》1965 年第 6 期。
⑤ 彭适凡：《中国南方古代印纹陶》，文物出版社 1987 年版。
⑥ 以上引见林华东：《越人向台湾及太平洋岛屿的文化拓展》，《浙江社会科学》1994 年第 5 期。

而这一现象对于古南岛民族的扩散问题,应该有着重要的意义。在分析古越人向太平洋岛屿的文化拓展时,我们应该重视有关专家学者的假说,但同时还要寻找有力的证据。通过对中国东南沿海古代先民与东南亚及太平洋岛屿文化圈的文化习俗、生活方式和宗教信仰等的比较研究,可知其较大的共性和亲缘关系。而太平洋中的波利尼西亚诸岛的有段石锛作为海洋文化的代表性器物之一的使用,以及其他更多的考古发现,都可以证明环中国南海的文化交往和海外移民的悠久历史。

二 早期中国人东渡日本①

有关日本列岛的早期移民,中外学术界的研究与争论也相当热烈。有学者认为,中国杭州湾地区的原始文化曾经经过海路输入日本,在日本弥生时代,中国吴越地区的早期居民就从海路到了日本,成为日本的稻作民。这可看做早期中国人东渡日本的表现。

多种物证表明,在距今 3 万年前的旧石器时代晚期,中国大陆与日本列岛之间,因第四纪冰期海面下降等原因,曾以“陆桥”相连,大陆上的古人类与古生物由此可迁徙到日本。② 在距今约 1 万年时,由于全球气候返暖,第四纪冰期结束,一度存在的陆上通途成了汪洋③,约在 8500 年前,日本列岛形成了。所以,一般认为,自此至汉魏时期,中日文化交流中断了。但是,大量的考古材料否定了这种观点。

考古材料表明,以河姆渡及其后继者为代表的杭州湾及其周边地区文化的若干因素④,在日本史前时代均有所反映。如绳纹时代(或称新石器时代,距今 8500 年~2300 年,以绳纹陶器为标志)的玉玦、漆器、夹炭黑陶(含纤维陶器)以及稻作的萌芽和拔牙习俗,弥生时代(或称金石并用时代,距今 2300 年~1700 年,以弥生式陶器为标志)及其以后的长脊短檐栏式建筑,都可从杭州湾地区的原始文化中找到渊源关系。

根据历史文献记载,中日之间的海路交通始于汉魏时期,更早的情况尚不清楚。然而,汉魏时期杭州湾的干栏式建筑已基本绝迹,那么它同日本的交往应当更早。特别是结合绳纹时代的玉玦、漆器技艺与稻作萌芽来看,杭州湾地

---

① 本部分引见王心喜:《杭州湾地区原始文化海路输入日本论》,《文博》2002 年第 2 期。
② 裴文中:《从古文化及生物学上看中日的古交通》,《科学通报》1978 年第 12 期;参见王令红:《中国人和日本人在人种上的关系》,《人类学学报》1987 年第 1 期;参见王勇:《吴越移民与古代日本》,日本国际文化工房 2001 年版,第 36~42 页。
③ 王辑五:《中国日本交通史》,商务印书馆 1998 年版,第 2~3 页。
④ 杭州湾及其周边地区,本文指江苏、安徽两省的南部,浙江省的北部和江西的东北部;河姆渡文化,本文认为应包括河姆渡遗址第 1~4 期文化。

区与日本之间的联系,应该在新石器时代就已经开始。

现以考古材料为依据,在分析杭州湾及周边地区原始文化对日本影响的基础上,论证杭州湾及周边地区原始居民及其继承者由海路东渡日本的可能性以及航海路线。

第一,杭州湾地区的原始文化对日本的影响。

首先是稻作农耕经济。

中国是世界农耕起源中心之一。中国稻作农耕以杭州湾及其周边地区为最早,而且稻类作物的遗存也最集中。考古学与古文献中的有关材料,可以证明杭州湾地区是稻作农耕的起源地和发达的中心。[①] 20 世纪 90 年代,中国水稻研究所汤圣祥、日本国立遗传所佐藤洋一郎与浙江省博物馆俞为洁合作,利用电子显微技术对河姆渡出土的炭化稻谷进行了显微结构研究,发现炭化稻谷中有个别普通野生稻的谷粒,这给稻作起源于杭州湾地区说,提供了有力的支持。[②]

目前,杭州湾地区发现的有关史前时期的稻作遗存,是我国原始稻作遗址最多、最集中的地区,包括炭化的稻谷、稻米、陶片上的稻谷印痕,甚至还有用稻壳、稻秆作为陶器的羼和料。发现地点有 20 余处,主要包括浙江余姚河姆渡、萧山跨湖桥、宁波八字桥、桐乡罗家角、杭州水田畈、吴兴钱山漾、江苏无锡仙蠡墩、南京庙山、吴县草鞋山,上海青浦崧泽和马桥,江西修水跑马岭、萍乡新泉和赤山等遗址,其中河姆渡、罗家角和跨湖桥遗址,是中国迄今为止规模最大、年代最早的史前遗址,距今 8000 年～6000 年。其他遗址包括马家浜文化、崧泽文化与良渚文化等,时间为距今 6000 年～4000 年。总之,可以说杭州湾地区的稻作文化遗址,是目前世界上发现的最早地区之一。[③]

古代日本的农耕经济,即以水稻种植为主的农耕生产,一般认为是从弥生时代开始的,也有不少人主张绳纹时代已有。绝大多数日本学者认为,日本的水稻生产渊源于大陆系统的农耕文化。[④] 松尾孝岭博士等学者对已发掘的稻谷、稻米和稻谷压痕进行了研究,结果表明,弥生时代日本种植的稻谷,同杭州湾地区发现的稻谷极其相似。[⑤] 那么,日本水稻最早是从中国大陆什么地区、通过哪条路线输入的呢?

对此,目前学术界有以下四种主张。

(1)北回说。认为水稻是从中国大陆,通过朝鲜半岛北部、南部到北九州,

① 王心喜:《从出土文物看浙江省的原始农业》,《浙江农业大学学报》1983 年第 4 期。
② 陈旭钦、黄勉免:《中国河姆渡文化国际学术讨论会综述》,《文物》1994 年第 10 期。
③ 蒋乐平:《浙江发现早于河姆渡的新石器时代遗址》,《中国文物报》2002 年 2 月 1 日。
④ 蔡凤书:《中日交流的考古研究》,齐鲁书社 1999 年版,第 11 页。
⑤ 徐建新:《日本原始社会史研究状况》,《世界史研究动态》1983 年第 4 期。

再由北九州沿濑户内海向畿内扩展,以接力棒的方式传播过去的。

(2)南回说。认为水稻稻种由中国大陆经南岛(琉球、宫中岛等地)进入北九州,再进一步扩展到日本内地。

(3)东来说。主张水稻是从长江下游传到山东半岛,并经辽东半岛输到朝鲜半岛南部,再由朝鲜半岛通过北九州传到日本各地,是一种兼有短程海路的弧形路线。

(4)直接东来说。认为水稻从长江下游传到山东半岛,然后从山东半岛渡海;或者从长江口直接东渡到日本。①

对此,有学者从育种学上得出结论,认为稻谷不可能从中国北方经东北南部沿朝鲜半岛西海岸南下传到日本,即便从山东半岛东端到朝鲜半岛西海岸的路线,也超过了育种学的许可线。在许可线之内的,是从淮河南部到朝鲜半岛西南部的湖南地区,而最适当的路线,是从中国长江下游的浙江省到日本西北、济州岛、朝鲜半岛的西南端。② 朝鲜、日本稻作农耕的起源,在时间上是大体相当的,即开始于距今 3000 年左右,相当于绳纹文化晚期和中国殷商时代;杭州湾地区是早期稻作中心,水稻稻种从海路几乎同时输入到朝鲜半岛和日本列岛的可能性最大。③

与稻谷一起传入日本的其他栽培植物有葫芦、绿豆、菱角、芋头和白苏等④。

其次有玉玦、漆器、干栏式建筑及拔牙习俗。

(1)玉玦。石玦(玦状耳饰),是绳纹文化前期(约距今 7000 年前)的代表遗物之一⑤,由于其形制类似中国商周时期的玉玦,因而认为它的起源当与中国有关联。⑥

中国的玉玦虽盛行于商周,但它的起源可以追溯到杭州湾地区的史前时代。中国史前遗址中目前发现玉玦共有 141 件。其中杭州湾地区占 73 件,它们分布在浙江余姚河姆渡、嘉兴马家浜、邱城、上海青浦崧泽、苏州越城、吴县草鞋山、常州圩墩、吴江梅堰、武进潘家塘、南京北阴阳营等地。⑦ 分布地点较广,表明杭州湾及其周边地区使用玉玦具有传统性和普遍性。而玉玦在黄河流域史前遗址中较少见,只在商周遗址中才大量出现,如殷墟妇好墓中出土

① 安志敏:《长江下游史前文化对海东的影响》,《考古》1984 年第 5 期。
② 张建世编译:《日本学者对绳纹时代从中国传去农作物的追溯》,《农业考古》1987 年第 2 期。
③ 安志敏:《长江下游史前文化对海东的影响》,《考古》1984 年第 5 期。
④ 张建世编译:《日本学者对绳纹时代从中国传去农作物的追溯》,《农业考古》1987 年第 2 期。
⑤ 游修龄:《稻作史论集》,中国农业科技出版社 1993 年版,第 34 页。
⑥ 安志敏:《长江下游史前文化对海东的影响》,《考古》1984 年第 5 期。
⑦ 安志敏:《长江下游史前文化对海东的影响》,《考古》1984 年第 5 期。

18件。

基于上述事实,可以明确肯定玉玦最早发明于杭州湾及其周边地区,日本绳纹前期的石玦直接受到该地区的影响。

(2)漆器。中国是最早发明漆器的国家,迄今发现地仅2处,且均在杭州湾及其周边地区。最早的木制漆碗出土于河姆渡遗址第四文化层,距今7000年①;另一处在常州圩墩遗址(属马家浜文化),发现2件涂漆的残木器,距今4000年。② 结合商周漆器的盛行,足以证明漆器的历史悠久。日本绳纹时代的漆器大多出自晚期,有漆梳、竹木胎漆容器和漆弓。③ 倘若追溯其来源,也当与该地区有着密切的关联。

(3)干栏式建筑。干栏式木建筑,是杭州湾及其周边地区典型的史前建筑形式,它的特征是居住面是用支柱架离地面的楼层,需登梯而上。这种形式,利于防水、防虫蛇毒害。④ 迄今为止,能肯定为中国史前干栏式建筑遗址的,均在杭州湾及其周边地区。它们是浙江余姚河姆渡、桐乡罗家角、吴兴钱山漾和江苏丹阳香草河、吴江梅堰、吴县草鞋山等遗址。其中以河姆渡和罗家角遗址为最早,遗存也最丰富。发现的木桩或木构零件,经复原是底架桩柱且上面有长脊短檐式屋顶的干栏式木建筑。

值得注意的是,日本传赞歧国发现的铜铎和奈良佐味田宝冢古坟出土的铜镜上所表现的图案,均是与杭州湾及其周边地区相同的底架桩柱和长脊短檐式屋顶的干栏式建筑。此外,在奈良唐古遗址出土的弥生陶片所刻画的干栏式建筑图案,与上述铜铎图案基本相似。⑤ 据此推断,至迟从弥生时代以降,就已出现了长脊短檐的干栏式建筑,古坟时代的植轮家保留了同样的形制⑥,因而表现了与长江流域的密切联系。因汉代杭州湾及其周边地区已不再出现长脊短檐式的屋顶,那么日本所接受的影响当在汉代以前。

(4)拔牙习俗。拔牙,是中华民族原始居民大部分成员共有的古老而悠久的习俗,也是该地区原始文化因素的一个重要特征。在马家浜文化、崧泽文化遗址中均有发现。⑦ 日本绳纹时代晚期和弥生时代发现的拔牙形态,与中国史前流行的拔牙形态相近。据考,绳纹人中,不论男女,多拔去犬牙、门牙和小

---

① 河姆渡遗址考古队:《河姆渡遗址第二期发掘的主要收获》,《文物》1980年第5期。
② 吴苏:《圩墩新石器时代遗址发掘简报》,《考古》1978年第4期。
③ 〔日〕网干善政教:《日本古代史稿》,关西大学出版部1998年版,第61页。
④ 《中国建筑史》编写组:《中国建筑史》,中国建筑工业出版社1986年版,第103页。
⑤ 王金林:《汉唐文化与古代日本》,天津人民出版社1996年版,第113页。
⑥ 〔日〕喜谷美宣:《住居建筑》,《日本的考古学——古坟时代(下)》,岩波书店1966年版,第138页。
⑦ 韩康信、潘其风:《我国拔牙风俗的源流及其意义》,《考古》1981年第1期。

臼齿。①日本的拔牙习俗,是否与中国属于同一源流,或者说其源头是否在史前的中国大陆? 是否是受该地区原始文化的影响而出现的? 结合其他考古发现材料,我们认为,这些都是可能的。

综上所述,日本早期文化受到该地区原始文化的影响,是毫无疑问的。这是航海移民的产物。这种影响从河姆渡文化和绳纹文化时期便已经开始。当然,这种交往不是一次完成的。河姆渡文化及其后续者,都在连续不断地进行。

第二,杭州湾原始居民东渡日本的航线。

文化的传播,一般只有两种形式。一是直接传播,即由甲地文化的成员通过某种途径,直接将甲地文化携带至乙地文化区域(包括尚无文化的区域)之中,这样,在乙地文化区域中就会出现甲地文化器物。同时,甲地文化的成员,也会将乙地文化的先进因素带回本地,加以借鉴、吸收,甚至改造成为甲地文化的新形式。这便是第二种传播形式,即间接传播。但是,不管是直接传播,还是间接传播,都要有一个先决条件,即甲地文化必须到达乙地文化的区域,而到达的途径,也必是甲、乙两地的人们相互交流。杭州湾及其周边地区原始文化在日本列岛的出现,应属于第一种传播形式,即由河姆渡人及其后继者经海路,直接携带、传播至日本。

那么,杭州湾地区的原始居民,有东渡日本的航海能力吗? 答案是肯定的。

翻开今天的地图就可以看到,日本列岛与中国大陆为烟波浩渺的大海所隔断。海洋固然起着阻隔作用,但也为人类的交通联系提供了方便。"因为远程交通每多经由海道反而更加容易,即使在远古海上交通也一定格外方便,而且很频繁。"②初听起来,仿佛只是空想,不可思议;但如果了解了杭州湾原始居民的航海能力,了解了海流和内河的变化规律,这一疑问便会迎刃而解了。

考古发现表明,新石器时代杭州湾先民的海上活动已经较为频繁。河姆渡遗址濒临今天浙江姚江,距离东海沿岸只有数十千米。据考,今天的百官(属上虞市)——浒山(属慈溪)——镇海公路以北的近海平原,当时尚未成陆;所以当时的海岸线离遗址很近。多水的地理环境,为原始居民向海洋进军,提供了极为方便的条件。此外,从河姆渡遗址出土的大量鱼骨来看,原始居民以捕捞为业,已经可捕到深水中的海洋生物如鲸鱼、鲨鱼以及喜在滨海口岸附近生活的鲻鱼和裸顶鲷等。③ 这说明河姆渡先民已掌握了远海操作的能力,为

---

① 王勇:《日本文化》,高等教育出版社 2001 年版,第 58～59 页。
② 〔日〕木宫泰彦:《日中文化交流史》,商务印书馆 1980 年版,第 1 页。
③ 浙江省博物馆自然组:《河姆渡遗址动植物遗存的鉴定问题》,《考古学报》1978 年第 1 期。

远程航行创造了条件。

航海是在造船业发展的基础上实现的。河姆渡遗址中不仅出土了船桨，还出土了陶舟，都是距今 7000 年的遗物。可见，7000 年前已经使用舟船是毋庸置疑的。原始木桨的出现，"如果推到 8000 年前或更早一些，应该说也在情理之中"①。

1958 年前后，考古工作者还分别在浙江吴兴钱山漾和杭州水田畈两地，发掘出新石器时代晚期的遗物，其中有 6 把木桨。② 这些木桨的发现足以证明，在新石器时代的杭州湾地区，舟船活动就已相当广泛。舟楫的出现和应用，对于促进经济发展和文化交流都具有重要意义。

迄今杭州湾地区虽然没有发现史前时期的独木舟，但河姆渡陶舟的发现，可以作为该地区早在史前曾广泛应用独木舟的证据。陶舟舟体长 7.7 厘米，高 3 厘米，宽 2.8 厘米，壁厚 0.4 厘米，呈两头尖、底略圆状。船首形如鸡胸，在水中阻力小，利于破浪。中部有一个较大的空间，作为舱室。全舟整个轮廓形成流畅弧线，以减少阻力。左右对称表明已注意到了船身的稳定、平衡和速度。③ 这充分说明 7000 年前的河姆渡人所使用的舟船，已具有一定的科学性。④

远在 7000 年前生活在河姆渡的居民，已掌握了相当成熟的榫卯式的木构技术，已能刨出 2.7 厘米厚的木板；再结合河姆渡雕花木桨的发现，人们必然会提出木板船的问题。更有学者认为，"这时已由独木舟发展到木板船"⑤。即使此时还没有制成木板船的话，至少可以说，已为木板船出现准备了主要的物质技术基础。

我们推测，当时已有原始风帆出现。它可能用芦席或竹席一类东西制成。河姆渡遗址发现了芦席，钱山漾遗址发现了大量的竹编器和竹席。⑥ 竹席做帆坚实耐用，方便易折，便于升降，且在近代台湾等地区仍在使用。⑦ 帆船航行，不但能够顺风航行，且可以转换帆的角度，走"之"字形路线，把顶头逆风变成侧斜风，更利船舶前进。

以上情况充分显示，河姆渡居民及其后续者所使用的船只，已经不是原始

① 章巽主编：《中国航海科技史》，海洋出版社 1991 年版，第 9 页。
② 浙江省文管会：《杭州水田畈遗址发掘报告》，《考古学报》1960 年第 2 期。
③ 吴玉贤：《从考古发现谈宁波沿海地区原始居民的海上交通》，《史前研究》1983 年创刊号。参见王冠倬《中国古船图谱》，海洋出版社 2000 年版，第 4 页。
④ 席龙飞：《对宁波古船的研究》，《武汉水运工程学院学报》1981 年第 2 期。
⑤ 房仲甫：《殷人航渡美洲再探》，《世界历史》1983 年第 3 期。
⑥ 浙江省文管会、博物馆：《河姆渡遗址第一期发掘报告》，《考古学报》1978 年第 1 期；浙江省文管会：《吴兴钱山漾第一、二次发掘报告》，《考古学报》1960 年第 2 期。
⑦ 张小华：《古筏美洲》，《中国日报》（英文版）1983 年 5 月 12 日。

的舟船,而是经过改造了的较为先进的木船了。《左传·哀公十年》说,当时吴国能造长1丈、阔1.5丈,载官兵水手90人的"大翼船"。《吴越春秋》载,越王勾践迁都琅琊,曾动用"戈船"300艘,兵士8000人,而且已能制造"楼船"①。吴、越两国在当时已能制造如此巨大的船舶,组成船队,航行海洋,北上争霸。这需要千百余年长期实践和航海经验的积累。因此生活在杭州湾一带的原始居民完全有可能"是世界上最早尝试去征服海洋的民族之一"②。

由此可见,中日文化交流史并非如文献所载始于汉魏时期。古代中日之间的海路交通,从河姆渡文化和绳纹文化时代起就已经开始。不过,那时候的交流是自发的、断断续续的,不是一次完成的,而是在一个相当长的时期内多次完成的。譬如,距今3000年左右,玉玦、漆器一类的佩饰和器物便东传日本;稻作农耕输入日本,当在两三千年前的弥生文化以前的绳纹文化晚期,约在中国的商周时期。与此同时,干栏式建筑、拔牙习俗等杭州湾地区原始文化因素也随之传入。近年在舟山市马岙乡的古文化遗址,挖掘出大量印有稻谷壳痕迹的新石器时代陶片。这一现象表明,至少在5000年前,"我们祖先就已在此定居并种植大量的水稻",为"日本水稻种植技术可能是从中国江南地区经过舟山群岛传入这一学术观点,提供了有力的佐证";因此"舟山群岛可能就是古代中日文化传播的中转地"。③

20世纪40年代出版的美国海思、穆恩等合著的《世界通史》曾断言:"中国人自古不习于航海。"④而事实恰恰相反,勤劳、勇敢和智慧的中国人民自古就习于航海,并由沿海航行逐步发展为远洋航行,这正如英国的中国科技史学家李约瑟所说,"中国人被称为不喜航海的民族,那是大错而特错了。"⑤

三 美洲远古时期的亚洲移民⑥

从前面的分析中可以看出,古越人包括杭州湾先民已经在东亚、东南亚和太平洋岛屿上留下了自己的文明印痕,那么,在广阔平坦的海洋上,中国的先民是否还会走得更远?

下面,我们分析一下美洲古文明与中华古文明的关系。

---

① 《越绝书》卷10。

② 董楚平:《长江下游古越文化的广泛影响》,《人民日报》(海外版)1990年10月10日。

③ 《文汇报》17212号。

④ 〔美〕海思、穆恩、威兰:《世界通史》上册,大孚出版公司1948年版,第59页。

⑤ 胡菊人:《李约瑟与中国科学》,时报文化出版社1997年版,第122页。引见王心喜:《杭州湾地区原始文化海路输入日本论》,《文博》2002年第2期。

⑥ 本部分主要引见郝名玮、徐世澄:《拉丁美洲文明》,中国社会科学出版社1999年版,第28~30页;张启成:《美洲古文明与中华古文明之关系——兼述美洲远古时期的亚洲移民》,《贵州文史丛刊》2000年第6期。

美洲灿烂的古代文明及其众多遗址,经过约160年的研究与发掘,已越来越引起世人的注目。其雄伟肃穆的太阳金字塔、月亮金字塔,可与埃及最著名的金字塔媲美;其有120层观众席位的宏伟体育场,使希腊、罗马的同类古建筑黯然失色;其独特的象形文字与高度发达的精确历法,令人为之惊叹;其具有浓厚原始色彩图腾崇拜与血腥的祭祀方式,也给人以鲜明而深刻的印象。这神秘而灿烂的美洲古代文明,不仅令人心驰神往,而且会禁不住去追溯思考:在1492年10月哥伦布发现这片新大陆之前,这里是否会有更早的海外移民的迁徙入住? 美洲古文明是本土文明,还是外来文明? 或是兼而有之? 美洲古文明与中华古文明是否有亲缘关系? 这种关系是属于"同根同源",还是仅限于历史长河中偶尔的接触与影响? 要精确地回答这些问题,无疑为时尚早,但根据各种学科专家长期共同的探索研讨,有一些问题已逐步形成共识,答案较为明确;有一些问题学者们尚有争议,要达成共识还有待于更深入的研究。因此这里只能根据事实与证据加以综述,尽可能避免主观的臆测或过早的判断。

第一,关于美洲"土著"居民的种族与源头。

美洲"土著人"的先民,原本并非土著,而是海外的移民,这已经成为国际学界的共识。而关于美洲移民的种族及其来历,学者们则有多种猜测:①远东地区的蒙古人与高加索人。②澳大利亚人。③大西洋神秘岛屿"亚特兰蒂斯岛"(传说中该岛曾具有极其发达的文明,后来毁于地震与洪水)居民的后裔。④以色列人后代的一支。⑤素描中的雕像酷似印度教的神像,因此当与印度人和印度教有关。⑥美洲的金字塔与埃及的金字塔有共通之点,因此当与埃及人有关。⑦在西班牙的文献中,发现玛雅古文物不仅有十字架的形象,并且也有洪水传说,因而可能与基督教的传教士有关。

但是,据微生物学家对人类基因的分析研究,已基本确认:美洲的土著居民,其远古的先祖是来自亚洲的蒙古人。根据DNA(脱氧核糖核酸)资料的分析,只有蒙古人的四类变体基因(A、B、C、D),与美印人的四种原始体基因完全一致。而在今加拿大育空地区的旧克罗处发现了一处古人类遗址,经C^{14}测定,其年代可确定在5万年之前。而前7万年至1.2万年之间,是人类经历的最后一次冰川时期,亚洲东北部可以通过冰封的海洋通向北美洲的西北部,故而下列的设想是可以成立的:一支亚洲的蒙古人,为了追捕猎物,通过冰封的白令海峡,进入北美的加拿大地区,然后逐步南移。据考古资料可测定,这些移民约在2.1万年前进入墨西哥,约在1万年~1.4万年前进入南美洲。以上可称之为"美洲土著人的先民原为'亚洲人'"这一学派的见解。

而"澳大利亚人"学派的看法则有明显的不同,他们认为是澳大利亚的土著居民,约在1万年~1.4万年前漂洋过海登上了南美大陆,其依据是:20世纪初在巴西、哥伦比亚出土的 1 万年~1.4 万年前的古人类头盖骨,通过复原比较研究,可确认不是亚洲蒙古人种的头盖骨,而与澳大利亚土著先祖的头颅相似。

此外,根据加利福尼亚大学伯克利分校的语言学家约翰·尼科尔斯的研究,南北美洲土著人的语言已达 150 个语族,平均起来,一种最古老的语种约每隔 6000 年,可发展为 1.5 种语族,按此推算,亚洲移居美洲的移民至少已定居 3 万年或 4 万年。从语言学家的推算来看,进入美洲的移民应该是以亚洲的蒙古人为主的。

另外,根据多种媒体的报道,在智利的蒙特贝尔德发现了一个有 1 万多年历史的村落,按照当时移民南下的过程,至少要花 6000 年的时间,才能由美洲的北部到达这里。又据媒体的报道,1996 年在华盛顿州肯纳威克发现了一具9000 年前的男性遗骨,其相貌特征与高加索人非常相似。当然也有一些学者认为,这些遗骨不是当今欧洲人的先祖,而是阿伊努人和其他相貌与高加索人相似的如波利尼西亚人先祖的形体。

根据以上以考古为依据的人类学的研究分析,我们可大体确认:最早进入美洲的主体移民,应是亚洲的蒙古人,但后期进入美洲的移民应是多元化的。

就美洲古文明与中华古文明的关系而言,由于目前的研究都还不够全面深入,国际学术界有"同源派"(认为两种文明同源)和"本土派"(认为两种文明无关,美洲文明是本土的)两种相反的主张,因而现在还不是下结论的时候。但这两种古文明的连接点很多,可作为今后进一步系统研究和认定的基础。

第二,印第安人与黄帝、蚩尤的关系。

1992 年 6 月 19 日《华声报》刊载了《轩辕黄帝族移民美洲,易洛魁人是其裔胄》一文。该文谓:美国华盛顿《国家地理》1991 年 10 月第 180 卷第 4 号(期),刊登了布鲁治·约瑟的论文《奥次顿哥》,介绍了在莫哈克河奥次顿哥村易洛魁人保存的鹿皮画彩图,一幅是《轩辕酋长礼天祈年图》,另一幅是《蚩尤风后归墟扶桑值夜图》。这两幅彩图,为今日美国纽约州的易洛魁人是 6000年至 5000 年前移民美洲的中国轩辕黄帝族的裔胄,提供了确凿有力的证据。

《轩辕酋长礼天祈年图》画面的上方是二十八宿环绕中央的天鼋,黄帝属土,与星象相配即为土星;土星二十八年运行一周天,每年临行二十八宿之一,故土星又名"镇星",意谓镇得住二十八宿。东方七宿为"青龙",其帝为东帝伏羲;南方七宿为"朱鸟",其帝为南帝炎帝;西方七宿为"白虎",其帝为西帝少昊;北方七宿为"龟坨",其帝为北帝颛顼。而中央之帝,居于中土,为临驾四方之帝。故二十八宿的象征意义是:黄帝是镇得住二十八宿(四方之帝)的镇星,因而这个图形是黄帝征服四方,统一天下的象征。"天鼋"本是黄帝族的象征,相传黄帝与蚩尤大战之时,蚩尤作大雾三日,黄帝的将士都迷失了方向,军师风后献计说:"将天鼋军旗之天鼋头对天山指西北,尾向东南,四足定四方。"二十八宿中间的这个天鼋形象,据欧阳明、王大有、宋宝忠诸位学者分析,就是上述这一流传了数千年的史话的缩影。由上分析可证,二十八宿环绕天鼋的图像,应是轩辕氏黄帝族的图腾徽帜,它象征着黄帝族征服四方、统一天下的辉煌历史,也是黄帝族独特的图腾标志。

《蚩尤风后归墟扶桑值夜图》中的蚩尤,本是炎帝的继承者之一,曾一度获得"古帝"的称号,只是由于面对强大的黄帝部落联盟,经过长期的激烈争斗,终于以惨败告终。[①]蚩尤部族的一部分因战争而死亡,一部分战败后散落四分,一部分则归附于黄帝族。故《蚩尤风后归墟扶桑值夜图》中的蚩尤头上所戴的是"炎帝的锥形五联冠,冠上为篦形轩辕日历轮"[②],体现了黄帝与蚩尤大战后,炎黄两族的不断融合。关于《蚩尤风后归墟扶桑值夜图》其他部分,学者们分析认为"轩辕日历轮"上面有两个蛙(龟)形人,其下又有两个菱形符号,象征四时八节,又有两个"执手",由风后由右向左推动,于是蚩尤奔跑起来,足下是日落的红色禺谷,右臂下垂,有两只陌乌堕落,代表二更已过,左臂高举,指向月亮,月亮中天,说明是三更子夜,双臂成太极 S 曲线,由右向左旋,为先天太极图,与天鼋图同样亦为先天八卦方位,证明两图均为先天伏羲八卦时代的产物。[③]

今美国纽约州易洛魁人保存的两幅鹿皮彩图,确实证明了黄帝族后裔的一支,曾由海路移居美洲,易洛魁人即其传人。

第三,美洲古文明与夏、商、周三代古文明。

美洲的"前古典时期",约为公元前 2000 年～公元前 250 年之间。属于这一时期早期的文明,主要有两个代表性的拉丁美洲文明,一是位于墨西哥湾沿海低地的奥尔梅克(Olmeca)文明,一是在南美安第斯高原上的查文(Chavin)文明。在前古典时期的晚期出现了文字。

"古典时期"约从公元前 250 年～1000 年。这一时期文明之花在墨西哥、中美洲和南美洲普遍开放,而最著名的则是玛雅诸城邦。玛雅地区的文化较为发达也较有特色。

"后古典时期"约为公元 900 年～1500 年之间。墨西哥和中美洲有强盛的托尔特克"帝国"和后来的阿兹特克"帝国";南美洲安第斯山中部地区则有奇穆"帝国"和印卡"帝国"。

"古典时期"与"后古典时期",在安第斯山中部地区(包括今秘鲁、玻利维

---

① 详见张启成:《蚩尤新探》,《贵州大学学报》1992 年第 1 期。

② 1992 年 6 月 19 日《华声报》。

③ 1992 年 6 月 19 日《华声报》。

亚和厄瓜多尔的部分地区)与中部美洲地区(包括今墨西哥和危地马拉、洪都拉斯、伯利兹与萨尔瓦多)孕育出了拉丁美洲的四大文明,即托尔特克文明、阿兹特克文明、玛雅文明和印卡文明,其中后三种文明的影响尤为显著。①

1. 关于殷人东渡美洲

中国的殷商文明对奥尔梅克文明(约公元前 1200 年～公元前 300 年)的影响,已有若干证据。据 1992 年 2 月 28 日《华声报》刊载的报道及纽约《世界日报》1996 年 11 月 1 日的报道,有如下一些主要证据:

证据之一:考古学家在奥尔梅克文化遗址拉文塔祭祀中心地下数英尺的沙中,发掘出 16 尊高约七八英寸的雕像与玉圭。玉圭上所刻的铭文,其字体介于大汶口文化陶文和殷墟甲骨文、三代吉金文之间。所谓玉圭,据《尚书·尧典》所载,是"群后"即王侯身份的信符,长条形,上端呈三角状,乃是古代王侯贵族朝聘、祭祀、丧葬所用的礼器。生时执圭用于朝聘,死后刻其名号于上并供祀于宗庙,即成为"神主牌位",立于墓前即相当于"碑"。此玉圭为镇圭,上刻祖先名号,明显属于祖先的神主牌位,以此祭祀祖先。其形态与山东龙山文化日照两城镇玉斧——平首圭形制相同。文字为阴文契刻,刻写方式与殷墟甲骨文相同。线形方块字,自上而下书写,其结构方式和书写习惯与甲骨文相同。

玉圭白色,雕像 15 尊黑色、1 尊红色。这种崇白、尚黑、贵红(太阳崇拜),恰为东夷先祖的少昊氏(西帝、金星神)的习俗,殷人继承了这种习俗。由此而推,红雕像当为少昊氏或帝喾,其余的黑色雕像为商代的祖先,玉圭的铭文与红、黑雕像相对应,构成了一个有文字记载、有雕像显示的宗祀整体,以示东渡美洲殷人的根思之念。

又,1996 年 2 月,中央俄克拉何马州立大学的中国学者许辉教授,发表了《奥尔梅克文明起源》的专著,详细阐述了殷商文化的衰落与奥尔梅克文明崛起的密切联系。许教授在拉文塔出土的玉圭与玉雕上曾寻觅到 200 多个甲骨文字样。他曾带着其中 146 个字模,两次回中国,请好几位中国古文字权威专家观看鉴定,得出了"这些字属于中国先秦文字字体"的肯定结论。由于中国古文字的确凿依据,1996 年 9 月间,北京商代学术研究专家陈汉平访问华府画廊时,破译了拉文塔出土的第四号文物的一件玉圭上的符号文字,意谓:"统治者和首领们建立了王国的基础。"从目前所掌握的资料来看,殷末军事统帅攸侯喜和摩且王(徐方领袖)统率殷朝军民,约在公元前 1120 年从东海出发,经日本,东渡太平洋,抵达墨西哥海岸,在拉文塔定居,并建神庙,告祭祖先,因

---

① 此处引见郝名玮、徐世澄的《拉丁美洲文明》,中国社会科学出版社 1999 年版,第 28～30 页。

而才有拉文塔遗址中的玉圭与玉雕。殷商文明，为当地人带来了先进的农业灌溉技术和天文地理知识，从而导致美洲第一个文明——奥尔梅克文明的兴起与形成。又据调查得知，在羲（支或中）华华州、市、村居住的殷福布人自称为殷人后裔，他们彼此每日相见、起床、吃饭、睡觉时必说"YINDIAN（殷地安）"，以表示东渡美洲的殷人遗民对"殷地安阳（商都）"的深切思念。

证据之二：据《光明日报》等国内报刊报道，中国太平洋历史学会的王大有、宋保忠等学者，曾在北京的墨西哥驻华使馆举行学术报告，他们认为中国与墨西哥古文化具有整体、序列、共时、历时特殊指向的同一性，诸如太极八卦文化，龙凤文化，五方、五行、五色、五音、五气文化，凡此种种都浓缩在墨西哥国宝阿兹特克的太阳历中。他们还展示了古墨西哥多种多样的八卦历，并与我国仰韶、大汶口等文化时期的八卦太阳历对照，证实了中、墨八卦太阳历在形式与内容两方面的一致性。

证据之三：殷人东渡说之所以是可以成立的，不仅有拉文塔的殷商文物可作直接的证明，此外尚有三条线索可资证明。其一，经美国与我国台湾的人类学家的研究，发现殷人祭祀坑中的约 400 具人骨，并非都是蒙古人种，其中有两种异族人种特别值得注意，一种是太平洋的尼格罗人种，约有 38 具；另一种与波利尼西亚人相似的人种，约有 50 具。[①] 这两种太平洋岛屿中的异族人种出现于殷人的祭祀坑中，说明殷人在殷亡之前，就有远洋航海的经验，否则这些太平洋岛屿中的异族人种，不可能被俘虏并被当作祭祀的牺牲品。其二，著名历史考古学家李学勤在贵州贵阳的一次学术报告中说，殷王朝的势力范围相当广阔，殷王朝占卜使用的龟壳体积很大，经专家们考证，绝非中原本土的产物，而是东南亚的特产。这说明商王朝的势力至少已深入越南一带，并有相应的通道。因此商末殷人东渡的地点，既可从东海出发，也不排斥商朝战败南下的部队从越南一带东渡美洲的可能性。其三，有关印第安神萨尔寇特尔的传说。传说萨尔寇特尔从"太阳升起的地方"来到人间，他身穿白袍，教人们创造器具，建立礼仪，制定法律。但由于某种原因，他不得不离开帝国，后来他走到海边，开始哭泣，纵火自焚，死后心脏变成启明星；另一种说法是他乘船渡海而来，又乘船返回。两种说法的结局是一致的，他向人们宣布最终还是要回来的。[②] 如果把这个"萨尔寇特尔"设想是殷人东渡的首领，"殷人尚白"，故身着白袍是一种明确的标志，后来复国无望，故走到海边哭泣并自焚。至于另一种

①　详见 1992 年 11 月 19 日光明日报社主办的《文摘报》的《殷墟祭祀坑人骨有异种成分》一文的报道。

②　参见〔德〕西拉姆：《神祇·坟墓·学者》，三联书店 1991 年版，第 438 页。

传说,说其乘船返回故地,则有意再回中国以图复兴商朝。当 1519 年西班牙
殖民者科尔斯特带着军队与墨西哥阿兹特克的国王莫克特祖马相遇时,之所
以不但没有刀兵相见,反而得到友好的礼遇,据传记作家说,就是因为科尔斯
特是"白"种人,有"白"的标志的缘故。可见印第安人对古老的传说是怎样的
尊重而深信不疑。

2. 关于商末周初的藏、羌、彝族东渡美洲

商末周初的藏、羌、彝族东渡美洲,对美洲查文文明(约公元前 1100 年至
前 400 年)产生了影响,也有不少证明。研究认为,居住在我国西南地区的藏、
羌、彝族都是历史悠久的民族,约在商、周交替时期,西南地区部分藏、羌、彝居
民因躲避战乱,南下越南,经菲律宾、斐济、波利尼西亚,而到达秘鲁。

在秘鲁和波里维亚边境的安第斯山上,有一个南美洲最大也最高的湖泊,
名叫的的喀喀湖。该湖海拔 3656 米,面积为 8000 多平方千米,湖中有 36 个
小岛,空气清新而气候寒冷,与青海、西藏一带的地理环境与气候条件相当接
近。现今秘鲁的土著人中有不少是黄种人,其相貌、衣着打扮、舞蹈、音乐及习
俗与中国西藏、青海一带的居民极为相似。据当地的传说,在很久很久以前,
有来自远方的兄弟二人,发现了这个美丽的高原湖泊,就定居在湖边,成为最
早的居民,故的的喀喀湖实际上是"弟弟哥哥湖"的意思;后来逐渐繁衍成邦,
就取名为"迪亚瓦纳科",意为地球南部的国家,实际上就是"天华南国"的谐
音。秘鲁的印第安人有 33 种语言,其中最重要的是克丘语,与汉语一样是单
音节的,其中有部分单词其音、义均与汉语一致,如:称印加王为 TAWATIN
"大皇帝",BAGUA"八卦",YUPAN"玉盘",KOLAN"高峦",WAWA"娃
娃",NANA"娘娘"等。

从黄种人,西南地区藏族等相似的衣着、歌舞、习俗,古老的东渡传说,到
部分语词的一致性,都说明商周之际西南地区藏族等居民东渡的推测是可以
成立的。这是证据之一。

证据之二,对查文文化研究了 30 多年的秘鲁历史和考古学家利奥·特略
发现,查文文化时期的文物有额头带"王"字的人头雕像。自古以来,中国的习
俗因蝙蝠之"蝠"与"福"字谐音,视蝙蝠为吉祥物。在秘鲁的查文文化时期的
石雕、石刻及陶器中也有大量的蝙蝠图案。另外在查文文化遗址中,还发掘出
了雕刻精细的石笔筒,鸳鸯笔筒,以及石龟、石磨盘、数以百计的石雕人像、人
头像、皇帝坐像,这些石雕、石刻作品与中国的同类作品完全一致。

更令人惊奇的是以下两个事实:其一,在查文时期的文物中,竟有一块刻
有"洛书"图样的大石,后来称为九宫图,其中东、南、西、北四方为阳,东北、东
南、西南、西北四方为阴,九宫中间的中宫为阳。战国时期的齐人邹衍据此创

中国海洋文化史长编

先秦秦汉卷

120

立了大九州说，中间的部分是人类居住的地方，因为居中，故称中国云云。相传《河图》、《洛书》是五六千年前华夏文化的重要文化模式，与八千年的八卦文化模式也有密切的联系，故刻有"洛书"图样的重要文物的出现，是华夏古文明传播于美洲秘鲁的一个明显的证据。其二，中央音乐学院王雪教授曾明确指出，不仅美洲印第安人使用的乐器，如阳埙、排箫、螺号、骨笛与中国古羌人、西藏人的乐器功能相同，而且在五声音阶和五音调式上也与中国的宫、商、角、徵、羽完全相同。

证据之三，中国西南地区的古代居民如羌人、巴人、彝人都有虎崇拜的习俗，而夏王朝又是龙崇拜的继承者。古之所谓"左青龙、右白虎"，本是星象崇拜与龙、虎崇拜于一体，这一点在距今 6500 年前的河南濮阳西水坡 45 号古墓中已找到确凿的证据。据介绍，玛雅人不仅崇拜虎，而且特别崇拜西方七宿中的"昴星"。西方七宿本为白虎星象，"昴星"是白虎七宿的第四宿，由七个星组成，俗称"七姐妹星团"。以治水而闻名的大禹，本为古羌人，生于蜀地汶山郡广柔县石纽，《太平广记》卷 82 引《帝王世纪》曰：禹"虎鼻大口，两耳参镂，首戴钩，胸有玉斗"。意谓禹为西方七宿的白虎星象感应而生，故有"虎鼻大口"的特征，"胸有玉斗"则指"七姐妹星团"的"昴"宿。而玛雅人不仅崇拜虎图腾，又崇拜白虎星象中的"昴"宿，双重的一致，说明不应是偶然的巧合，而是表明了华夏文化对美洲的查文文化的影响。又查文文化中著名的雷蒙迪石碑（因秘鲁学者雷蒙迪发现而命名），很像中国龙王庙中的龙王碑，碑上刻有龙头、龙面、蛇身、龙爪，双手也是龙爪形，并各持一龙杖。夏王朝以龙图腾崇拜而著名，夏朝的龙、虎崇拜，在查文文化中均有体现，更能证明夏文化对查文文化的影响。再说彝族发现了古老的十八月太阳历，与玛雅著名的十八月太阳历是一致的，即每月为 20 天，共 360 天，余下的 5 天为节日。彝族有火把节，玛雅也崇拜火神。彝族古老的传说，认为彝人曾经历了多次的劫难毁灭与复兴，玛雅人也认为自己曾经历了 4 次劫难毁灭，现在是第 5 次复兴。这些证据，足以表明中国西南地区的藏、羌、彝的东渡美洲，确实对美洲的查文文化的兴起与发展具有一定的推动作用。

3. 关于周文化对美洲古文明的影响

华夏古文明对外的传播，往往与中国历史上的更朝换代的重大历史事件有关。商末周初之际的朝代更替，既导致了殷人的东渡，也导致了西南地区藏、羌、彝等族的东渡。当秦始皇最后消灭东周、并吞六国之时，也很自然地会导致周代遗民的东渡。据专家们的研究分析，认为奥尔梅克和查文文化与周文化有许多相似之处。如，"奥尔梅克时期的人兽同形神像、动物形状的头盔、双头龙等艺术造型均来源于周朝。奥尔梅克人设计的甬道图案、修建的水渠、垒筑的土墩均与中国古代的相似。查文时期的雕刻、浅浮雕的艺术特征均同周朝类似。例如一石兽造型酷似周朝的一铜虎形状,背上均带有一圆形器具,纹饰和尾形均相似。查文时期的纺、染工艺无不雷同于周朝及受华夏文化影响的东南亚地区。"①

综上所述,自黄帝族后裔的东渡美洲开始,夏、商、周的三代遗民也不断地东渡,因而美洲的古代文明不可能不打上华夏古文明的烙印,而其中商代古文明的证据与影响尤为显著。因此可以肯定,美洲古文明的兴起与发展,确实与更古老的华夏古文明有一定的关系,而且这种关系又有历时相当长久的特点。

但与此同时,我们也必须看到"本土派"也有其存在的理由和依据。略述要点如下,以资参考比较:

(1)美洲的金字塔系阶梯形金字塔,与埃及的金字塔有明显的不同,与中国的古祭台亦无共同之处,而美洲的金字塔是美洲文明的显著标志,"同源派"在这个问题上却无法找出相关的证据。

(2)玛雅人的象形文字结构很复杂:象形在中间,四周有附加的连缀和语尾变化,因此一个字往往就是一句话。句子按动词→实词→主词次序排列。其文字结构与语法程序与甲骨文及《尚书·商书》有明显的不同。玛雅的象形文字与中东两河流域的楔形文字、埃及的古文字亦有明显的不同。由此可见,玛雅的象形文字是自成系统的独特文字。而文字是文明的重要标志之一,这一点"同源派"亦无证据可依。

(3)玛雅人的数学成就很高,虽然18个月的太阳历玛雅人与彝族都有,但在年长的计算上玛雅人的精确程度在古代世界是举世无双的,兹比较如下:

恺撒历的年长为365.250.000天;

格利高利历年长为365.242.000天;

玛雅历的年长为365.242.129天;

恒星计算的年长为365.242.198天。②

对此,"同源派"也很难找到理由来解释。

(4)阿兹特克、玛雅与印伽的神话系统,都有太阳神、月亮神、风神、雨神、火神、死神等崇拜,这些与华夏的神话系统颇为近似。但其残酷而血腥的祭祀风俗却是极其骇人听闻的,而这种举世为之震惊的血腥的祭祀方式却数千年来绵延不断,一直到西班牙殖民者用武力袭击阿兹特克帝国时还存在着。据电视媒体报导,拉丁美洲地区至今还会发现零星地但不止一起的活人血祭事

---

① 见郝名玮、徐世澄:《拉丁美洲文明》,中国社会科学出版社1999年版,第102页。

② 〔德〕西拉姆:《神祇·坟墓·学者》,三联书店1991年版,第397页。

件。而这方面号称礼仪之邦的古代中国则好得多,《诗经·秦风·黄鸟》一诗,就对秦穆公叫三良殉葬的行为作过尖锐的批评,这是公元前 600 年前的事。殷人的后裔孔子也说过:"始作俑者,其无后乎?"对野蛮的殉葬制度作了严厉的谴责。"同源派"在这方面也没有提供合理的解释。

客观地说,"同源派"与"本土派"都各有其存的理由与依据,由于对华夏与美洲古文明的研究还不够全面深入,因而在目前或今后相当一段时间内,还不是下结论的时候。①

---

① 以上引见张启成:《美洲古文明与中华古文明之关系——兼述美洲远古时期的亚洲移民》,《贵州文史丛刊》2000 年第 6 期。

第三章

先秦秦汉时期的海洋科学认知

在先秦和秦汉时期，人们的海洋科学认知水平，从无到有，从少到多，以至达到了我们今人难以想象的高度——

人们对于台风和龙卷风等海洋风暴的认识已经产生，并开始把对季风规律的认识应用于航海，开始对海市蜃楼予以描绘和解释，对于海洋潮汐和海水盐度的认识也已经达到了一定的程度。

人们对海上地貌和海底地貌已经进行过不少描述，对中国大陆沿海的渤海、黄海、东海和南海这些海区进行了初步的划分。战国时期邹衍提出的大九州说，是典型的早期海洋型地球观。

人们对于水分海陆循环的概念也有了初步的认识，并已经明确提出了水分的海陆循环观。

人们已经具备了应用天文航海的经验与知识。

人们对海洋生物已有了较为丰富的认识。对于海洋哺乳动物、海洋鸟类、海洋爬行动物、海洋鱼类、海洋棘皮动物和节肢动物、海洋软体动物和腔肠动物、海洋藻类等的生物类别、生长发育、生态习性、区域分布、演化规律、性质归属以及应用途径等，均有了不同程度的认知，并进行了较为广泛的海洋资源开发利用。

第一节　早期海洋气象和海洋水文的认识

一　海洋占候的产生[①]

在中国沿海地区，先民们在长期的海洋实践中，对海洋气象和海洋水文的

[①]　主要引见宋正海、郭永芳、陈瑞平：《中国古代海洋学史》，海洋出版社 1986 年版，第 150～152 页。

变化产生了一定的认识，海洋占候即是这些认识的重要表现之一。

中国古代占候事业十分发达，海洋占候也随之发展。这一方面是生产和军事活动的需要，另一方面也与作为原始信仰的迷信活动有关。在天人感应思想的指导下，人们相信据天象（包括气象）能预测吉凶。[1]

殷商甲骨卜辞中，有关风雨、阴晴、霾雪、虹霞等天气状况的字占有相当比例。《甲骨文合集》中，气象设有专类。甲骨卜辞中，求雨的记载不少，天晴或天雨的卜辞也很多。这反映了当时已有"不仅希望能预报，并且盼望能对天气有所控制"[2]的意识。

西周时，天气预报有了发展，《诗经》中记载有多种预报方法：有以星月位置预测风雨的，如"月离于毕，俾滂沱矣"[3]；有以观察虹或云层色彩预报风雨的，如"朝隮于西，崇朝其雨"[4]，"上天同云，雨雪雰雰"[5]；有以蚂蚁和鹳鸟行为预报阴雨的，如"零雨其濛，鹳鸣于垤"[6]等等。

春秋时占候有较大发展。《孙子兵法》中即提出风的利用，如可占据上风方向，确定攻击敌人时间，并总结出了"昼风久，夜风止"[7]的规律，以用来预测风情。老子《道德经》又总结出"飘风不终朝，骤雨不终日"[8]的规律。战国和西汉时出现的伪托春秋时期晋国师旷撰写的《禽经》、《师旷占》、《杂占》等，均包括天气预报方法。后世《论衡·变动篇》、《孔子家语·辨证篇》等也有记载。战国秦汉时的天气谚语已比较丰富。《汉书·艺文志》"天文类"提到有关海洋气象的《海中日月慧虹杂占》有 18 卷，这说明海洋气象预报已有了相当的发展。

物候学是人类对自然界包括气候、生物等现象四时流转变化规律的统计性认识。物候学起源很早，《尚书·尧典》、《夏小正》、《诗经》等已有记载。物候学实际上是一种气候预报法，并直接为生产生活服务。但正常的四时流转、物候变化一般不算作占候法，如果物候不正常，就可用占候法来预测未来天气的变化。成书于西汉初期的《礼记》便有这方面的系统预报方法。《礼记·月令》："孟春行夏令，则雨水不时，行秋令，则暴雨忽至，行冬令，则水潦为败。季春行夏令，则时雨不降，行秋令，则淫雨早降。时雨将降，下水上腾。孟夏行秋

---

① 《后汉书·郎颛传》："能望气，占候吉凶，常卖卜自奉。"
② 刘昭民：《中华气象学史》，台湾商务印书馆 1980 年版，第 11 页。
③ 《诗经·小雅·渐渐之石》。
④ 《诗经·国风·蝃蝀》。
⑤ 《诗经·小雅·信南山》。
⑥ 《诗经·国风·东山》。
⑦ 《孙子兵法·火攻篇》。
⑧ 《老子》第 19 章。

令,则苦雨数来,六月中气后五日,大雨时行,天下时雨,山川出云,风雨节则饥,疾风迅雷甚,雨则必变。"汉初已有观象台。《三辅黄图》:"汉灵台在长安西北八里,始曰清台,本为候者观阴阳天文灾变,更名曰灵台。"①西汉时就出现了以测雨出名的人。京房《易飞候》中的一些测雨术至今仍被保存下来。② 东汉还出现了一种称为"风角"的占候法。《后汉书·郎顗传》:"父宗,字仲绥,学京氏《易》,善风角、星算"。李贤注:"风角,谓候四方四偶之风,以占吉凶也"。东汉崔实(? ~170年)《四民月令》中专门有"晴雨占"。《吴录》曰:三国时"吴人吴范……善占候,知风气"③,可见吴范是当时出色的占候家。汉代"风角术"的出现,"晴雨占"专篇的出现以及占候家的出现,标志着天气预报在当时已成为一项专门的工作。

从上面的分析可以看出,早在殷商时期,人们已经对天气状况有了一定的认识,到了春秋战国时期,天气谚语等天气预报已经获得了较大的发展。当然,这一时期还未见到专门的海洋天气预报。西汉时期已产生了海洋气象预报的现象,但乏于记载,详情很难得知,只表明海洋占候的产生。海洋占候从一般的占候中独立出来,据现在我们掌握的情况看,是宋元时期的事,这与唐宋时期中国航海事业的巨大发展对海洋气象预报提出越来越高的要求有很大关系。

二　早期对海洋风暴及海洋季风的认识④

海洋风暴及海洋季风是人们认识海洋气象中的重要内容,这种认识早在先秦时期就出现了,到了秦汉已经得到了初步的发展。

(一)早期对海洋风暴的认识

海洋风暴是我国近海主要灾害性天气,古代尤甚。古代海船抗风浪能力很差,"大海之中,台飓一至,挟樯覆舟,而人牲命随之。"⑤风暴特别是台风又在中国沿岸造成巨大的海啸。中国的海啸主要是风暴海啸。海啸给中国古代沿海地区带来一次次严重的灾害。对此,我们可以从古代人们对大风的认识说起。

---

① 《三辅黄图》,《丛书集成》本,第63页。
② 《太平御览》卷8引。
③ 《太平御览》卷2引。
④ 引见宋正海、郭永芳、陈瑞平:《中国古代海洋学史》,海洋出版社1986年版,第157~159页,第175~181页。
⑤ [清]吴震方《岭南杂记》。

甲骨文中提到大风的字不少①，可见我国早在殷商时已十分注意风暴及其危害。

最早详细描述的一次风暴是在周初。《尚书·金縢》："既克商二年，王有疾，弗豫。……武王既丧，管叔及其群弟乃流言于国。……周公居东二年……秋，大熟，未获，天大雷电以风。禾尽偃，大木斯拔，邦人大恐。王与大夫尽弁，以启金縢之书。乃得周公所自以为功代武王之说。……王执书以泣，曰：'其勿穆卜。昔公勤劳王家，惟予冲人弗及知。今天动威以彰周公之德。惟朕小子其新逆。我国家礼亦宜之。'王出郊，天乃雨，反风。禾则尽起。二公命邦人，凡大木所偃，尽起而筑之，岁则大熟"。此记载虽迷信附会"天动威以彰周公之德"，以宣扬周公为国愿代武王死的这段史实，但也真实而详细地描述了一次大风。②这次大风是一次台风。这是因为台风可以深入内地，也偶有到达今河南省的。"秋，大熟，未获"，说明是秋季台风季节。先是"天大雷电以风"而无雨，后来"天乃雨，反风"。这是台风的证据。风暴过程中，风向发生反向变化，是气旋的重要特征。由"天大雷电以风"至"王出郊天乃雨，反风"，可见风暴过程持续了较长一段时间，所以并非一般的热雷雨、锋面雷雨、飑线雷雨，而是台风雷雨。《竹书纪年》："成王元年，武庚以殷叛，周文公出居于东。成王二年，奄人、徐人及淮夷入于邶以叛。秋，大雷电以风，王逆周文公于郊，遂伐殷"③。这一史料更进一步证实《尚书·金縢》中所记述的周初这场大风暴的真实性。

《庄子》中几次提到大风。《庄子》曰："大块噫气，其名为风，是唯无作。作则万窍怒号"④，有大鹏"翼若垂天之云，搏扶摇羊角而上者九万里"。注家认为："风曲上行若羊角。"⑤这可以看做是中国古代龙卷风的最早记载。

班固（32年～92年）《答宾戏》记有："风飚雷激。……"唐代吕向注曰："飚，急风也"⑥，这又是一种大风。

风大风小，以至能否造成灾害，主要在于风速。古代对此也早有研究。晋代苗昌言《三辅黄图》记载："汉灵台，在长安西北八里。汉始曰清台，本为候者观阴阳、天文之变，更名曰灵台。"郭延生《述征记》载，长安宫南有灵台，高十五仞，上有浑仪，张衡所制。又有相风铜鸟，遇风乃动。一曰长安灵台上有相风

---

① 洪世年、陈文言：《中华气象史》，农业出版社1983年版，第8～9页；刘昭民：《中华气象学史》，台湾商务印书馆1980年版，第2～6页。
② 刘昭民：《中华气象学史》，台湾商务印书馆1980年版，第18～19页。
③ 《竹书纪年》卷下。
④ 《庄子·齐物论》。
⑤ 《庄子·逍遥游》。
⑥ 《答宾戏》，《昭明文选》卷45"设论"。

第三章

先秦秦汉时期的海洋科学认知

铜鸟,千里风至,此鸟乃动。又有铜表高八尺,长一丈三尺,广尺二寸。题云:"太初四年造"①。《三辅黄图》又载:"铜凤高五尺,饰黄金,栖屋上,下有转枢,向风若翔。"②根据《三辅黄图》的这些记载,"竺可桢(1890 年～1974 年)推测汉代曾有制作风速计的尝试。"③李约瑟也认为,汉时,中国已出现风速计,理由如下:

(1)一般风向计是风力愈强愈固定不动的,但这里的铜凤是"千里风至,此鸟乃动",联系到"下有转枢,向风若翔"的记载,暗示"转枢和下一层相连,那里可能装有一种机件,以指出——如果不是记录的话——风所引起的转动速度"。

(2)"转杯风速表就是桨轮的翻版",而具有桨板的"第一具水轮是在汉代出现的"。

(3)铜凤高五尺十分沉重,因此"作为风标是未免太大了,但作为一种测验风的阻力的机件,则并不过大"。因此,李约瑟还进一步推测:"汉代的风速表就可能是现代四转杯风速表的先驱,因为文艺复兴初期 1570 年丹蒂(E. Dan-ti)和 1667 年胡克(R. Hooke,1635 年～1703 年)的风速表是钟摆型的,现在已经不用了。"④

可见,早在商周时期,人们对于风暴已经有了初步的认识。到了汉代,人们对于风的认识更加深入,已经有了对于风速的认识。值得注意的是,在对先秦时期海洋风暴的认识方面,比较典型的是对台风和龙卷风的认识。如《尚书·金縢》记载的风暴,据考证可以认为是我国最早详细描述的一次台风。但当时还没有把台风与其他风暴区别开来。龙卷风是一种强烈的小范围旋风,是一种严重的灾害性天气现象,船舶在海洋中遇到龙卷风,是会立即船毁人亡的。中国古代对龙卷风的最早记载,见于庄周(公元前 369 年～公元前 286 年)《庄子》一书,书中形容此风"扶摇羊角而上",正确地描绘了龙卷风的宏观外形。

(二)早期海洋季风的认识

季风是大范围盛行的风向随季节显著变化的风系。我国位于亚欧大陆的东部,与太平洋毗邻。由于海陆热力性质的巨大差异,热力季风十分发育。我国又受冬夏行星风系南北推移的影响,行星季风和热力季风相配合,使我国周

---

① 《三辅黄图》卷 4。
② 《三辅黄图》卷 2。
③ 李约瑟:《中国科学技术史》第 4 卷,科学出版社 1975 年版,第 741～743 页。
④ 以上引见宋正海、郭永芳、陈瑞平:《中国古代海洋学史》,海洋出版社 1986 年版,第 157～159 页。

围海区的季风特别发达。

明显的季风和季风气候深刻地影响着世世代代中国人生产和生活的许多方面,这反映在中华民族光辉灿烂的古文明中,其中最杰出的是对季风的认识及利用季风航海。

由于处于强大季风区,所以中国古代很早就对风向予以特别的注意。有关风的分类也常是按风向来划分的。我国风向计的发明非常早。崔豹《古今注》曰:"司风鸟,夏禹所作也。"①古代甚至传说舜时已有相风鸠。王子年《拾遗记》曰:"帝与娥皇泛于海上,以桂枝为表,结芳茅为旌,刻玉为鸠置于表端,言知四时之候,今之相风,此遗像也。"②这段材料又是船上使用风向计的最早记载。甲骨文中有**倪**字,仍候风羽,是风杆上头系上羽毛之最简单的风向计。③汉武帝所建的建章宫上有两只相风的铜凤凰。《三辅黄图》卷4曰:"铜凤高五尺,饰黄金,栖屋上,下有转枢,向风若翔"。东汉张衡(78年~139年)作过相风铜鸟。

风向计的广泛使用,候风事业的发展以及对不同季节风向变化状况的研究,均说明中国古代对季风有着较早和较高水平的认识。早在殷商时,我国不但已有东、南、西、北四个方位的认识,而且已有四方风的概念。约公元前14世纪武丁时的一片甲骨上写有四方风名:东风曰**劦**,南风曰**岂**,西风曰**彝**,北风曰**殴**。④这种对四方风的认识在世界上是相当早的。"直到西元前700年,阿西利亚(Assyris)和巴比伦人才有四种风向的概念,希腊人和希伯来人也是大约这个时候才有四种风向的观念。"⑤从殷商甲骨文的四方风的名称,甚至可以推测当时中国已经开始把四方风与一年中的气候四时流转联系起来了。"东风曰**劦**,**劦穌**也,和也,有惠风和畅之义。南风曰**岂**者,**岂**即微,风暖而微矣。西风而夷,犹言厉风也。北风曰**殴**,犹言寒风也。"⑥《山海经》亦有四方风名:东风曰俊⑦、南风曰乎民⑧、西风曰韦⑨、北风曰狱⑩。《国语·周语》记载:"先时五日,瞽告有协风至"。《夏小正》记载:正月"时有俊风"。"协风"和"俊风"均为东风。由此可见当时已开始把东风与春季联系起来。

---

① 《太平御览》卷9引。

② 《太平御览》卷9引。

③ 刘昭民:《中华气象学史》,台湾中国文化大学出版部1981年版,第13页。

④ 刘昭民:《中华气象学史》,台湾中国文化大学出版部1981年版,第3页。

⑤ 刘昭民:《西洋气象学史》,台湾中国文化大学出版部1981年版,第4页。

⑥ 刘昭民:《中华气象学史》,台湾中国文化大学出版部1981年版,第6页。

⑦ 《山海经·大荒东经》:"东方曰折,来风曰俊。"

⑧ 《山海经·大荒南经》:"南方曰因乎,夸风曰乎民。"袁珂注:"夸风则来风之伪也。"

⑨ 《山海经·大荒西经》:"来风曰韦。"

⑩ 《山海经·大荒东经》:"北方曰**鵜**,来之风曰狱。"

《吕氏春秋》最先命名八方风。①《吕氏春秋·有始览》:"何谓八风?东北曰炎风,东方曰滔风,东南曰熏风,南方曰巨风,西南曰凄风,西方曰飂风,西北曰厉风,北方曰寒风。"《淮南子·地形训》也有八方风,说法与《吕氏春秋》大同小异。

《史记·律书》:"不周风居西北……十月也";"广莫风居北方……十一月也";"条风居东北……正月也";"明庶风居东方……二月也";"清明风居东南维……四月也";"景风居南方……五月也";"凉风居西南维……六月也";"阊阖风居西方……九月也"。这种有月份盛行的八方风,就是明确的季风概念。基本上可以看出,春季吹偏东风,夏季吹偏南风,秋季吹偏西风,冬季吹偏北风。至迟到西汉初,中国人已十分明确地掌握了季风规律。

在近代轮船发明以前,无论是海洋航运还是规模较大的内河航运,均依赖于风力。船用风作动力必须有帆。传说夏禹发明了帆。② 甲骨文中的凡字,根据有关解释③,可猜测是"帆"的原始字形。东汉刘熙《释名》解释:"帆,泛也,随风张幔曰帆。使舟疾泛泛然也。"④由此可见,我国在航行中使用风作动力是十分早的。风的使用自然包括季风的使用。但季风的使用在开始只是自发的。至于自觉地利用季风来航海,必须建立在远航的迫切需要和人们对季风本身充分认识的基础之上,所以是逐步形成的。

发源于黄河流域的彩陶文化和其后发展于东海海滨的黑陶文化均扩展到台湾。这说明远在新石器时代,我们的祖先可能就开始向台湾航行了。这种航行是远离海岸的。航行中不仅须用风作动力,而且方向持续不变的风本身起着导航作用,使船顺利地到达目的地。《拾遗记》记载的"帝与娥皇泛于海上"一事⑤,虽是传说,但也在一定程度上补充说明了我国新石器时代已有航海,并且这次航海已携带风向计,显然是利用风力进行航行的。《诗经·商颂·长发》:"相土烈烈,海外有截。"这说明在商汤的十一世祖相土时,商族势力不仅已扩展到渤海一带,并且继承了夏人的航海技术,发展了海上交通,甚至还有了海外领地。《尚书大传》、《论衡》等书记有周成王时中国已和日本、越南有了远洋交通。公元前485年齐国击败了远征来犯的吴国海军,也可知当时齐国的海军实力了,而当时吴国也是一个"不能一日而废舟楫之用"的国家,吴国有强大的海军,其中大船称为"余皇"。当时越国也是航海强国。越人"水

---

① 古代传说甚至提到中国原始社会就有八方风说。《河图括地象》:"天有八气,地有八风。"(《汉唐地理书钞》)《拾遗记》:"伏羲氏坐于方坛之上,听八风之气,乃画八卦。"(《太平御览》卷9引)
② 〔明〕罗欣:《物原·器原》。
③ 朱芳圃:《甲骨学》文字编,第13页。
④ 《释名》卷8。
⑤ 《太平御览》卷9引。

行而山处,以船为车,以楫为马,往若飘风,去则难从"①。越国同样有强大的海军,有专供作战用的戈船和楼船。越国灭吴后于公元前468年由会稽从海上迁都琅琊(今山东胶南县),路上有"死士八千人,戈船三百艘"②。战国时沿海交通发达,自北往南有碣石、琅琊、吴、会稽、句章等重要海港。《山海经·海内北经》:"盖国在矩燕南,倭北。倭属燕。"说明春秋战国时中日之间的远洋交通更加频繁。

秦汉时远洋航行又有较大发展。公元前210年秦始皇遣方士徐福率数千童男童女入海求蓬莱。如此漫长的海程,如此庞大的队伍,足见当时航海规模之大和航海能力之强。汉武帝时巩固了全国的疆域,汉帝国海上交通全线畅通无阻。整个秦汉时期的中越交通得到发展,中日交通比较频繁。《汉书·地理志》:"乐浪海中有倭人,分为百余国,以岁时来献见云。"由此可见当时中日交通的状况。不仅如此,《汉书·地理志》还记载了当时汉代通过南海与黄支国、已程不国等进行远洋交通的状况。黄支国即今日印度东南部麻德拉斯略南的康耶弗伦,已程不国是今斯里兰卡。汉武帝时的大战船有楼船和戈船,还有更大的船。《汉宫殿疏》:武帝时所造的"豫章大舡可载万人,舡人起宫室",可见当时造船技术已十分发达。

战国秦汉时远洋航海技术如此发达,达到如此大的规模,航海中对季风的利用也就是自然而迫切的了。古代庞大的船队要进行航海,一定要靠风作动力。对航海者来说,风有大有小,有顺有逆。顺风顺水,船行迅速,平稳,不仅减少海难,并且可以很快到达彼岸。逆风逆水,则不仅船行缓慢,并且很易发生海难。所以,古代水手努力探索天气变化规律,特别是要了解风的顺逆。《汉书·地理志》所记的航行时数最多不过五个月,这里不包括贸易、居留的时数。这是因为当时航行是需要等候季风的,而"商船等候季风的来临是需要半年以上"③的。

东汉时已出现了"舶艎风"一词。崔实《农家谚》记载:"黄梅雨未过,冬青花未破。冬青花以开,黄梅雨不来。"④"舶艎风云起,旱魃深欢喜。"⑤这里记述了舶艎风是梅雨之后的风,即能使海外船舶顺风而来的东南季风。⑥

① 《越绝书》卷8。
② 《越绝书》卷8。
③ 朱杰勤:《汉代中国与东南亚和南亚海上交通路线试探》。
④ [清]顾禄:《清嘉录》卷5"黄梅天"引。
⑤ [清]顾禄:《清嘉录》卷5"拔草风"引。
⑥ 以上引见宋正海、郭永芳、陈瑞平:《中国古代海洋学史》,海洋出版社1986年版,第175～181页。

三　早期海洋水文知识①

（一）对海市蜃楼的认识

在烟波浩渺的海面上，常常会出现远处有物体影像的一种奇幻景象，这就是海市蜃楼。这在中国古代早就引起人们的极大兴趣，并有生动的描述，对其成因也作出了较科学的解释。

在秦汉以前，人们对于海市蜃楼的认识是从蜃景开始的。

海市蜃楼在中国古代有不少名称：海市、蜃气、蜃楼、蜃市、鲛室②、山市③、湖市④、海市蜃楼等。

最早记述海市蜃楼的古代文献通常认为是《史记·天官书》。此书记载："海市蜃气象楼台，广野气成宫阙然"。比《史记》更早的《周礼·视祲》："视祲掌十煇之法，以观妖祥，辩吉凶。一曰祲、二曰象、三曰镌、四曰监、五曰闇、六曰瞢、七曰弥、八曰叙、九曰隮、十曰想"。郑司农注："煇，谓日光气也"。"想，杂气有似可形想"。贾公彦疏："想者，以其云气杂，有所象似，故可形想"。"想"曾解释为"想象中的云的形状"⑤。但"想"还是可以解释为指海市蜃楼的。⑥ 这样，中国古代的海市蜃楼记载还可以追溯到西周。而且那时已有官员负责对海市蜃楼等大气光象的观察和记载了。《山海经》载："大人之市在海中"⑦，又载"东海之外，大荒之中，有山名曰大言，日月所出。有波谷山者，有大人之国。有大人之市，名曰大人之堂。有一大人踆其上，张两臂"⑧。明杨慎、清郝懿行（1757年～1825年）等《山海经》注释家，均解释这里所指为登州海市。⑨

海市蜃楼朦胧奇丽的景象犹如仙景，极大地吸引着古人对它的赞美和描绘，因而与三神山尤其是蓬莱仙山附会在一起。《史记·天官书》、《汉书·天

---

① 本部分引见宋正海、郭永芳、陈瑞平：《中国古代海洋学史》，海洋出版社1986年版，第203～209页；第245～247页；第280页。

② ［唐］徐坚：《初学记》卷6"海第二"：木玄虚《海赋》曰："天深水怪，鲛人之室"。

③ ［明］方以智：《物理小识》卷2"海市山市"："秦山之市因雾而成，或月一见，尝于雾中见城阙旌旗，弦吹之声最为奇"。

④ ［清］钱泳：《履园丛话》："高邮州西门外尝有湖市。"

⑤ 李约瑟：《中国科学技术史》第4卷，科学出版社1975年版，第737页。

⑥ 1978年王鹏飞先生提出，"想"可解释为"海市蜃楼"（王鹏飞：《中国古代气象学上的主要成就》，《南京气象学院学报》1978年第1期）。

⑦ 《山海经·海内北经》。

⑧ 《山海经·大荒东经》。

⑨ 袁珂：《山海经校注》，上海古籍出版社1980年版，第325页。

文志》均记有蜃气象楼台,初步描述了海市蜃楼的景象。"蓬莱"原为山名,古代方士传说为仙人所居神山。汉武帝于今蓬莱之地望海中山,因而筑城,以"蓬莱"为名。古代蓬莱仙境的传说不仅和齐、燕等国航海发达地区的域外地理知识积累有关,而且也与登州海市时而显现的海市蜃楼有关。清代王仲瞿(1760年~1817年)对人们何以深信海中蓬莱的存在,就连秦皇汉武也沉迷于此,作出了科学的解释:"始皇使徐福入海求神仙,终无有验。而汉武亦蹈前辙,真不可解。此二君者,皆聪明绝世之人,胡乃为此捕风捉影,疑鬼疑神之事耶? 后游山东莱州,见海市,始恍然曰:'秦皇,汉武具为所惑者,乃此耳。'"①

海市蜃楼,在中国古代主要在海中见到,并且海市前,首先见到海面雾气上涌,云脚齐敷海上,所以古代普遍称海市蜃楼为蜃气,即海中动物——蜃吐的气。蜃在古代有两种解释。大多认为是大蛤。《礼记·月令》:"雉入大水为蜃,"注:"大蛤曰蜃。"《国语·晋九》也有类似说法:"雉之入于淮为蜃",注:"小曰蛤,大曰蜃。皆介物,蚌类",这就明确指出蜃是蚌类,罗愿《尔雅翼》采用上述古老说法。《古今图书集成》也采此说,并画出了《蜃图》。图中所画为大蛤正露出水面吐蜃气显现出海市蜃楼幻景。也有认为蜃是蛟龙。

古代关于海市蜃楼是蛟蜃之气所为的说法显然不对,但认为海市蜃楼的成因与水汽有关,却是符合本质的认识。②

(二)关于海洋潮汐的认识

海水周期性涨落的现象称为潮汐。③ 古人对于潮汐现象的认识,早在先秦时期就出现了。

潮汐是如何产生的? 它是如何形成周期性涨落的? 对此,历代的人们进行过种种猜测和解释,产生了不同的潮汐理论。古代潮汐理论十分活跃,论者近百家。④ 即使从先秦和秦汉时期来看,有关潮汐成因的理论也已经非常丰富。

在中国古代阴阳学说中,月和水同属阴类,二者在同气相求的前提下密切

---

① [清]钱泳:《履园丛话》卷3"考索·海市蜃楼"。

② 宋正海、郭永芳、陈瑞平:《中国古代海洋学史》,海洋出版社1986年版,第203~209页。

③ 潮汐词义在中国古代一直有三种解说:(1)海水涨为潮,落为汐。持此说的有五代丘光庭《海潮论》、北宋徐兢《宣和奉使高丽图经》、明张燮《东西洋考》、清陈良弼《乾隆台澎水师辑要》、嘉庆《三水县志》等。(2)海水上涨,朝至曰潮,夕至曰汐。持此说的有汉许慎《说文解字》、晋麋信(麋豹?)的潮论、南宋马子严《潮水说》、朱中有《潮赜》。(3)潮汐通指日潮、夜潮。持此说者不多,有清毛先舒《答潮问》。

④ [清]俞思谦:《海潮辑说》:"古今论潮汐者,不下数十家"。[清]周春《海潮论》卷上:"古今言潮者无虑数十家。"中国古潮汐史料整理研究组《中国古代潮汐史料汇编》(潮汐论著)(1978年)收集有潮论91篇。

《周易》中的坎卦有"习坎有孚"这段经文。①其象曰:"习坎,重险也。水流而不盈,行险而不失其信"②。《周易》还进一步解释:"坎为水……为月……"③《易纬乾坤凿度》等书越来越明确地指出了潮汐往来,行险而不失其信。根据这类记载,近人认为可以把"习坎有孚"这段经文翻译成"坎是象征水这一种物质的。水,经常地连续不断地穿过险阴,按时往来,永远遵守着一定的时刻,没有差错过",并认为"实际上,这里所描述的便是潮汐现象。"④中国古代有机论自然观占统治地位,认为天、地、人等自然界万物有着复杂的内在联系,每一个现象都是按照等级秩序而与别的现象联系着的。"中国古时的观测家们,从来没有想到月亮不能对地上的事物起作用——把月亮和大地截然分隔开来的想法是和中国人的整个自然主义有机论的世界观相违背的。"⑤中国古代很早用朔望月。中国有广大海区是典型半日潮区,这也使潮汐与月亮的关系显得更清楚。战国末期的《黄帝内经》已清楚地提到这种关系,指出:"月满则海水西盛"、"月郭空则海水东盛"。⑥

西汉枚乘《七发》虽然有潮水走到"伍子之山"缓缓流去,再远行至"胥母之场"的说法,但又明确提出潮汐"似神而非",从而批判了当时有关潮汐成因的某些迷信说法,坚持了朴素的唯物主义立场。《七发》又用"望"这个形容日相的字来说明潮汐与月亮之间的某种关系。

东汉王充对潮汐成因理论作出了杰出的贡献。王充,字仲任,会稽上虞人。少游洛阳太学,曾师历史学家班彪(3年~54年),好博览而不守章句。历任郡功曹、治中等官。后罢官家居,从事著述,著有《论衡》。王充是元气自然论者。《论衡·自然篇》:"天地合气,万物自生,犹夫妇合气,子自生矣"。《论衡·遣告篇》:"夫天道,自然也,无为"。由此可见,王充认为万物是由于客观存在的"气"的运动而产生的,不存在有意志的创造者。各种自然现象乃至自然灾异均是"气"变化的结果,有着客观自然规律。王充以元气自然论解释潮汐的成因,给当时已流行的"子胥圭恨,驱水为涛"的迷信说法以有力批判。

王充认为水是地之血脉,随气进退形成潮汐。《论衡·书虚篇》:"夫天地之有百川也,犹人之有血脉也,血脉流行,泛扬动静,自有节度。百川亦然,其潮汐往来,犹人之呼吸,气出入也。天地之性,上古有之。经曰:'江、汉朝宗于海',唐虞之前也。"接着王充根据同气相求原理,发展了《周易》中的月和水同

---

① 《周易正义》卷3"坎"。

② 《周易正义》卷3"坎"。

③ 《周易正义》卷9"说卦"。

④ 《中国古代潮汐论著选译》,科学出版社1980年版,第5页。

⑤ 李约瑟:《中国科学技术史》第4卷,科学出版社1975年版,第287页。

⑥ 《黄帝内经·灵枢·岁露》。

属阴的思想。《论衡·书虚篇》又提出了"涛之起也，随月盛衰"的科学结论，第一次明确把潮汐成因和月球运动密切联系起来，自此形成的传统潮论可称之为元气自然论潮论。此传统潮论中，各家可能有出入，但均是从海水与月亮相互关系去深入探索的，并用元气自然论和同气相求原理来解释。①

秦汉以前对于潮汐的认识中，值得一提的是人们对暴涨潮的认识。

入海河流的河口段有着复杂的潮汐现象，在一些喇叭形河口，会出现一种奇特的潮汐。这种潮汐来临时，潮端陡立，来势汹涌，犹如万马奔腾，排山倒海，异常壮观。潮汐学上把这种潮汐现象称为"暴涨潮"，也称为"涌潮"或"怒潮"。中国古代有暴涨潮的河口不止一处，观暴涨潮的记载亦是大量的。古代最著名的是广陵涛和钱塘潮。先秦的人们对暴涨潮的描述已经很多，且已十分具体形象，对它的成因也有了较高水平的见解。

中国古代有关暴涨潮成因的理论中，一种影响较大的迷信说法是与伍子胥有关的。伍子胥（？～公元前484年），春秋时吴国大夫，功臣，但后被吴王屈杀。《史记》记载，伍子胥"自刭死。吴王闻之大怒，乃取子胥尸盛以鸱夷革②，浮之江中。吴人怜之，为立祠于江上，因命胥山"③。西汉《七发》在描述广陵暴涨潮时提到，"弭节伍子之山，通历胥母之场"，意思是汹涌的怒潮到达胥山时，缓缓流去，再远行至伍子胥迎母的那个地方。《七发》中在描述怒涛情景时还提到"侯波奋振"，也就是说怒涛如涛神阳侯在发威。这些都显示了对暴涨潮成因认识的迷信色彩。但《七发》用"望"这个形容月相的字来谈论广陵怒涛和观涛，说明当时人们已清楚潮汐与月亮有某种关系。《七发》中还进一步提到涛的"似神而非"，即怒涛看来是一种神迹，但实际上并不是，从而对当时有关潮汐成因的迷信说法进行了批判。

但是，有关伍子胥冤魂驱水为涛的迷信传说，在东汉流传相当广泛。《越绝书》曰："王使人捐子胥于大江口，勇士之执，乃有遗鄌，发愤驰腾，气若奔马"④。《吴越春秋》云：吴王赐"屡镂之剑"杀死子胥后，"弃其躯投之江中"。子胥"随流扬波，依潮往来，荡激崩岸"⑤。以后记载子胥潮的文献不少，如董览《吴地记》⑥、张勃《吴录地理志》⑦、《咸淳临安志》⑧。1781年俞思谦《海潮

---

① 宋正海、郭永芳、陈瑞平：《中国古代海洋学史》，海洋出版社1986年版，第245～247页。

② 鸱夷革为形状像鸱（鹞鹰）的肚子，用起来像夷（鹈即鹈鹕）的下颌可以收缩的皮口袋，古时用于盛酒。

③ 《史记·伍子胥列传》。

④ 《越绝书》卷14。

⑤ 《吴越春秋》卷5。

⑥ 《初学记》卷6引。

⑦ 《汉唐地理书钞》。

⑧ 《咸淳临安志》卷31。

辑说·潮汐存疑第六》专门"论潮汐由于伍子胥、文种之所为",收集了历代有关史料。

王充是浙江上虞人,从小在钱塘江边生活,对钱塘江怒涛是熟悉的。王充在《论衡·书虚篇》中提到:"今时会稽丹徒大江、钱塘浙江,皆立子胥庙,盖欲慰其恨心,止其猛涛也"。接着对此迷信传说进行了逐条剖析,层层批驳。明确指出怒潮现象"上古有之",早在尧舜之前远古时代就出现了,绝不是伍子胥死后才开始有的。只是潮汐在大海中并不明显,"漾驰而已",入河口中,由于地形"殆小浅狭",才"水激沸起,故腾为涛"。为了说明这种成因,他又比喻说:"溪谷之深,流者安详。浅多沙石,激扬为濑",而涛(暴涨潮)的形成原理和濑的形成是相同的。王充用喇叭形河口的浅、狭来解释暴涨潮形成的原理,是科学的、正确的,至今仍被现代海洋学者作为河口暴涨潮成因的一个基本条件。①

(三)关于海水盐度的认识

海水是高盐度的,自古海盐生产是沿海地区的一项重要经济活动。

海盐生产在我国历史悠久,传说炎帝时宿沙氏已煮海为盐。②《禹贡》记载青州有盐贡。春秋战国时,北方的齐国和南方的吴越均有渔盐之利,为富国之本。西汉桓宽《盐铁论》记载,汉代盐铁已成为"佐百姓之急,足军旅之费""有益于国"③的重要财赋收入。汉初吴王刘濞"煮海为盐"④,作为起兵谋反的重要经济依靠。从此,海盐业不断发展,煎晒盐活动遍布沿海地区,始终是封建国家重要的财政收入之一。

由此可见,秦汉以前,人们就已经对大海的高盐度有了清楚的认识和产业应用。

四 对海洋自然灾害的认识

海洋有时风平浪静,显得很温顺,但更多时候是肆虐不羁的。在中国古代,海洋自然灾害是较频繁较严重的,并且种类也很多,如风暴潮、海啸、长浪、台风、龙卷风、海冰、海雾、海岸侵蚀、港口淤积等。这些灾害,有些在先秦时期已经为人们所认识,并在秦汉时期得到了发展。

---

① 宋正海、郭永芳、陈瑞平:《中国古代海洋学史》,海洋出版社1986年版,第280页。
② [汉]宋衷注:《世本》(《丛书集成》本)。
③ 《盐铁论·非鞅》。
④ 《史记·吴王濞列传》:"濞则招致天下亡命者,益铸钱,煎海水为盐,以故无赋,国用富饶。"

（一）对海潮及海啸灾害的认识与记录①

在中国古代记录中，潮灾实际上包括两种灾害：一种是风暴（特别是台风）引起的风暴潮；另一种是海底地震引起的海啸（或称津浪）。至于海底火山爆发引起的海啸在中国似乎没有。就目前所知，中国古代最早的潮灾记录是《汉书·天文志》所记西汉初元元年（公元前48年）："初元元年……五月，渤海水大溢。琅邪郡人相食。"②之后，潮灾记载很多，这些珍贵的历史资料目前已得到系统的整理。③

中国最早的地震海啸记载，是西汉初元二年（公元前47年）的一次。《汉书》称，初元二年"七月诏曰：'……一年中，地再动，北海水溢流，杀人民。'"④这是一次地震海啸。地震海啸在古代记载很少，只有10余次。⑤

中国古代记录的潮灾，基本上是风暴潮灾。在古代记载中，它与海啸也是容易区分的。风暴潮灾的记载，一般是"大风，海溢"、"大风，海涌"、"风灾、海啸"等。显然，中国古代所指的"海啸"实际为潮灾。它不等于现代意义上的（地震引起的）海啸。

海洋潮灾的每次来临，都对沿海、海岛人民的生产生活带来或大或小的破坏，因此人们自古对潮灾就有两种态度；一方面相信这是大自然神灵——控制、左右海潮的海神、潮神——显灵，人力难以抗拒，因而往往对其祭祀、祷告，祈望海神、潮神能够"镇"住海潮，不使其泛滥，于是，历代有不少宗教和迷信活动，如造子胥祠、海神庙、潮神庙、镇海塔、镇海楼，设海神坛、封四海为王、祭海神、潮神、置镇海铁牛、投铁符、强弩射潮等；一方面采取防御、抵挡的办法，以免受海潮的侵袭，至少能够减轻所受损失，于是，中国具有悠久历史的海塘工程，自先秦时代就应运而生。

原始海塘肯定十分简陋，抗潮性能差，从功能和结构上看，它甚至与民间修建的避潮墩有关。避潮墩，又称救命墩。在苏北海岸地带由于泥沙堆积，海岸上升，海水东退，滩涂逐渐扩大，这里成为灶丁盐户刈割芦苇、杂草的地方。然而，每当风暴潮时，海浪排山倒海而来，在滩涂上的人就很危险，因而他们就筑墩自救。《筑墩防潮议》⑥清楚地阐述了这一道理。在苏南和上海地区的古

①　引见宋正海：《东方蓝色文化》，广东教育出版社1995年版，第61页。
②　《汉书·天文志六》。
③　中国古潮汐史料整理研究组：《中国古代潮汐资料汇编》（潮灾）（1978年，油印稿）；陆人骥：《中国历代灾害性海潮史料》，海洋出版社1984年版。
④　《汉书·元帝纪》。
⑤　李善邦：《中国地震》，地震出版社1981年版，第40～50页。
⑥　《筑墩防潮议》，乾隆《盐城县志》卷15。

代文献中曾提到"冈身",这可能是原始海塘。《吴郡图经》记述："濒海之地,冈身相属"①。这条冈身位置现已清楚,是北起今江苏省常熟福山,经太仓的直塘、上海市嘉定的外冈与黄渡、原上海县所属的马桥,一直到奉贤的柘林。②这条古冈身距今已 4000 多年,可能是目前认为最早的海塘遗迹。

秦汉以前东部沿海已有海塘,东南沿海因尚未开发,故缺乏海塘记载。秦汉以后,东南沿海逐渐开发,地方政府开始重视海塘修筑,故才有了记载。所记最早的是东汉钱塘(今杭州)的钱塘江海塘。《钱塘记》称："防海大塘在县东一里许,郡议曹华信家议立此塘,以防海水。始开募有能致一斛土者,与钱一千,旬月之间,来者云集。塘未成而不复取,于是载土石者皆弃而去,塘以之成,故改名钱塘焉。"③

(二)对海侵现象的认识与记录④

海侵是指陆地相对于海平面有所下沉,或者说海平面相对于陆地有所升高,从而海水侵入陆地的一种现象。这种现象主要是由气候变化造成的。在汉代,包括渤海湾地区在内的许多地方出现了大范围的海侵现象,对此,《汉书·沟洫志》就有记录："王莽时,征能治河者以百数……大司空掾王横言:'……往者天尝连雨,东北风,海水溢,西南出,浸数百里,九河之地已为海所渐矣。'"谭其骧等专家认为,王横所言,乃是发生在西汉中期的一次大海侵。其"九河之地"相当于今渤海湾西岸的天津、宁河、宝坻、武清、静海、黄骅六县市各一部分或大部分地区,即这次海侵的范围大体在海河平原上海拔 4 米的等高线附近,方圆数百里。直到东汉中叶以后,海侵地区的海水才渐渐后退;东汉末年,海陆形势基本恢复到海侵以前的局面。

关于汉代的海侵现象及其所造成的危害的记录,已被考古所证实。

渤海湾西岸在西汉末年曾发生过海侵的论点,是根据当地的考古资料提出的。谭其骧先生曾最先提出,西汉末年渤海西岸曾发生过一次大海侵。这种说法很快被天津考古界接受。1956 年在天津东郊发现张贵庄战国墓群后,打破了天津平原成陆于宋代的传统观点,引起了学术界对渤海湾西部海岸线变迁过程的关注,并对此沿海岸线进行了专题调查。1963 年,韩嘉谷先生整理有关调查资料时,发现大部分遗址和墓葬属战国、西汉时期,罕见东汉时期的遗存,和天津地区北部蓟县等地东汉遗存极为丰富的现象表现出明显反差,

---

① 《吴郡图经》,引见金祖同《金山卫访古记纲要》,编入《淹城金山访古记》,吴越史地研究会编印,1935 年版,第 38 页。

② 陆人骥:《我国海塘起源初探》,《科学史集刊》,第 10 辑(1982 年)。

③ 《钱塘记》,《水经注·浙江水》引。

④ 引见韩嘉谷:《再谈渤海湾西岸的汉代海侵》,《考古》1997 年第 2 期。

再联系到过去丁骕、克雷陀普等地质学家都认为天津平原的成陆年代在汉代以后，以及汉魏史籍中的"九河之地已为海所渐"（《汉书》）、"昔在汉世，海水波襄，吞食地广"、"海水北侵，城沉沦者半"（《水经注》）等记录，因而提出了这个地区在汉代曾发生过海侵的推断。

学者们对宁河县田庄坨、大海北等几处遗址重新进行了考古调查，研究认定，汉代海侵的证据是非常充分的。

田庄坨遗址最初是安志敏先生报道的①，时代定为先秦。后来调查时见到有类似黄骅县李庄子出土的Ⅲ式陶罐②，下限可至新莽前后，因此韩嘉谷所写的《渤海湾西岸古文化遗址调查》中定为战国、汉。1978年在该遗址内又发现土坑墓1座，发掘者定为西汉后期③，也有学者根据陶器定为东汉早期。

田庄坨遗址面积约25万平方米，地表高程约3米，距现代海岸20余千米。遗址文化层基本裸露于地面，厚0.4米～1米，地表散布有大量以文蛤为主的海生贝壳。该遗址附近曾采集到麋鹿角，C^{14}测年为距今2765±240年。因此结论是，这里在距今2700年以前已经成陆，战国时具备了人类居住的基本条件，并发展为颇具规模的村落，到西汉末年及其以后遭到海水或湖水（泻湖）淹没，居民被迫迁移。④

大海北遗址位于宁河县中部，又名城顶子。1964年对该遗址作试掘，出土有大量建筑材料和陶器残片，以及"千秋万岁"瓦当、卷云纹瓦当、五铢钱和"大泉五十"等。这里在"汉代以后，由于海面波动，泻湖水面扩大，湖水浸淹城基，古城遭到破坏而成为废墟"。⑤

宝坻县秦城和武清县大空城是两座古城址，前者面积50多万平方米，城内堆积时代为战国晚期至西汉；后者面积25万平方米，属西汉古城。两城内文化堆积上都覆盖有水浸地层，经分析，只含纯净小玻璃介、小玻璃介未定种等淡水种属，未见咸水或半咸水种属微体古生物。这两座城址的地理环境和上述诸遗址相似，只是在筑城时地面略有垫高，此种差别或许反映了海面波动的幅度。

渤海地区除渤海西岸外，在南岸的莱州湾平原，也有学者发现"前汉古遗址多被海相泥沙覆盖，泥沙厚度0.3米～1米"⑥。渤海东北沿岸的营口、盖县

① 安志敏：《河北宁河县先秦遗址调查记》，《文物参考资料》1954年第4期。
② 李世瑜：《古代渤海湾西部海岸遗迹及地下文物的初步调查研究》，《考古》1962年第12期。
③ 邱明：《宁河县田庄坨汉墓清理简报》，《天津文物简讯》1979年第12期。
④ 高善明等：《渤海湾北岸2000年海侵》，《海洋学报》1984年第6期。
⑤ 李元芳等：《天津北部全新世海侵》，《地理学刊》1987年第18辑。
⑥ 蔡克明：《鲁北平原自然环境的变迁》，《海洋科学》1988年第3期。

等地,也有汉代墓葬被海沙侵积的例子。①

就上海地区发表的考古资料而言,东海地区长江三角洲平原,早期遗存多至西汉早中期,未见东汉遗存,再晚就是南朝的东西。② 近年扬州地区发现在西汉遗存上,有海涛上涌形成的积沙。③ 地质工作者在江苏建湖庆丰做了细致的工作,发现1万年来有三次明显的海水进退和若干次较小的波动,最后一次海进形成的地层,表现为覆盖在滨海低地上淡化泻湖相沉积,包含有多种有孔虫。被覆盖的地层经 C^{14} 测年为距今 2425±95 年,此后则"海水再次影响到这个地区",并认为距今2300年~1900年、1700年~1000年都属相对高海面时期。④

南海地区,最早的信息是南海西樵山遗址发现"在距今2500年~2000年前,又发生了一次幅度较小的海侵"⑤。近年来,地质工作者又做了大量的工作。粤东沿海根据89个样品的资料分析,确定距今2700年~1400年为海平面波动上升阶段,其中2000年时上升到高于现今海平面约2米。珠江三角洲根据107个样品资料分析,认为距今2200年~900年为海面波动上升阶段,初期(距今2200年~2000年)迅速上升,达到高于现今海平面约1.5米,以后出现过几次波动,在距今2000年~1800年、1500年~1300年、1100年~900年间均出现过波峰。⑥

渤海地区的情况和上述地区基本相似。田庄坨遗址地表的文蛤,C^{14}测年为距今 1920±90 年;武清县梅厂砖厂含海洋微体古生物的地层,C^{14}测年为距今 1968±100 年⑦;宁河县潘庄农场草炭为距今 1860±125 年⑧,这些资料皆表明东汉时期海水重新浸淹了这个地区。海面上升的幅度大致高过现在海面1.5米左右,因为在海拔3.5米以下的汉以前文化堆积,普遍被海相地层覆盖;而在地理环境虽然相同,只是由于筑城而使地面有所垫高的秦城和大空城,都不见海相微生物,说明海水没有达到这个高度。

① 王绵厚:《古代东北交通》,沈阳出版社1990年版。
② 黄宣佩:《从考古发现谈上海成陆年代及港口发展》,《文物》1976年第11期。
③ 贺云翱:《夏商时代至唐以前江苏海岸线的变迁》,《东南文化》1990年第5期。
④ 赵希涛等:《江苏建湖庆丰剖面全新世地层及其对环境变迁与海面变化的反映》,见《中国海平面变化的进展》,海洋出版社1990年版;赵希涛等:《中国全新世海面变化及其与气候变迁和海岸演变关系》,见《中国全新世大暖期气候与环境》,海洋出版社1992年版。
⑤ 黄慰文等:《广东南海县西樵山遗址的复查》,《考古》1979年第4期。
⑥ 方国祥等:《粤桂沿海全新世海平面变化》,见《中国全新世大暖期气候与环境》,海洋出版社1992年版;黄镇国等:《华南晚更新世以来的海平面变化》,见《中国海平面变化的进展》,海洋出版社1990年版。
⑦ 由天津地矿所王强同志提供。
⑧ 中国社会科学院考古研究所实验室:《放射性碳素测定年代报告》(六)《考古》1979年第1期。

这种文化层的割裂现象显然是由海侵造成的。对宁河县田庄坨、大海北、大辛庄、桐城,宝坻县程泗淀、石佛营等战国和汉代遗址所作土样分析的结果,都证明在文化层上有海相沉积覆盖,都为汉代海水再次侵入这些地区提供了地层证据。海面波动的时间和高度与东海及南海地区基本一致,大致从西汉晚期起开始侵入,东汉早期以后达到高峰,高出现代海面约 1 米~1.5 米,沿海 3.5 米高程以下的低洼地受到浸淹。《汉书》记:"九河之地已为海所渐矣。"《水经注》记:"昔在汉世,海水波襄,吞食地广。"这些记载在今天都得到了地质学和考古学的一致证实。

(三)对海洋自然异常现象的认识①

海洋自然异常现象的内容十分广泛,诸如长浪、潮鸣、海光、海市、钱塘潮不振、鲸鱼集体自杀、罕见生物、特殊生态、异常习性等。在中国古代浩如烟海的文献中,有着大量海洋自然异常现象的记录,先秦和秦汉时期的记载虽然较少,但也反映出古人早就开始关注大海中异常现象的发生了。

先秦和秦汉时期所观察记录的海洋自然异常现象,据今见文献,主要有两汉文献所反映的鲸鱼搁浅和自杀、水母虾目等。

关于鲸鱼搁浅和自杀。现代生态与自然资源保护活动中,人们十分关心鲸鱼的搁浅和集体自杀现象。这种搁浅,特别是自杀现象,至今仍是学术界探索的一个谜。中国古代有关鲸鱼搁浅现象,在古籍特别是沿海地方志中常有记载。至于集体"自杀"现象,也曾有多次记载。

殷墟中出土有鲸骨,自然不太可能是捕捞的,而是在沙滩上搁浅被食用后遗弃的。刘安(公元前 179 年~公元前 122 年)在《淮南子》中论述说:"麒麟斗而日月蚀,鲸鱼死而彗星出。"②这说明早在西汉时期,关于鲸鱼搁浅的现象已经多被人们认识,因而才探索其原因。同时也说明,古代人是用天地生人统一的有机论自然观来指导探索自然异常现象的,并且把生物象和天象自然地联系了起来。尽管我们不能因此认为鲸鱼死肯定与彗星出有必然联系,但这种天地合一、用天文原因解释地面现象的思路,在当前对发展地学、生物学是具有重要启发作用的。刘向(约公元前 77 年~公元前 6 年)《说苑》也有关于鲸鱼搁浅后死亡的记述:"嗟海大鱼,荡而失水,蝼蚁制之,横岸以死。"

关于"水母虾目"现象。有关海洋生物的共生现象在古代记载较多,但其中不少现代已不再认为是异常现象了。而古代记载的"水母虾目"现象,现代科学也仍不清楚,尚无合理的解释。东汉《越绝书》就提到了"水母虾目"现象。

① 引见宋正海:《东方蓝色文化》,广东教育出版社 1995 年版,第 80~84 页。
② 《淮南子·天文训》。

第二节　海洋地貌知识和海陆循环观的出现

一　对海洋地貌的探索和海区的划分①

中国古代航海,主要采用地文导航。海上及大陆边缘海区的地貌形态,其导航意义最为重大,首先被渔民、水手所重视,进而调查清楚,铭记在心,或记录在案;而海底地貌亦因关系到海舶的安全,并有一定导航意义,因而也同样被渔民、水手所重视,通过一切可能的手段,如丈量或通过水文辨认,来获得足够的认识,从而使驾驶的海舶避险就安。总之,人们认识地貌是为了海上航行的需要。

关于海上地貌的探索。岛屿、港湾本身就是航线经过或到达的地方。因此,渔民、水手需要了解这些地物的名称和正确位置。邹衍确认世界除中国之外,还有大九州。东方朔撰写了《十洲记》,战国时期的《山海经》更是洋洋洒洒,娓娓道来如同亲历。但是,这些毕竟过于遥远,只能作为地理观对待,作为海上地貌尚显渺茫,即便提到的"员峤"、"方壶"②等,亦缺乏现实的地貌认识意义。而有真实的地貌认识价值的,仍是岛屿与沙洲等。《释名》认为,岛是海中有人居住的地方,"海中可居曰岛,到也,人所奔到。"或者是"海中山曰岛,海中洲曰屿"③。这里的"屿",与我们现在认识的"岛之小者"不一样。总之,这反映出我国先民早期对海中陆地的认识,并给予了一般性的命名。

关于海下地貌,包括浅海的大陆架与深海的大陆坡、大洋盆地等类型。古代对海下地貌的了解,一般局限于大陆架地貌即浅海地貌,而对深海地貌不可能进行探索,即便有星星点点的知识,也属猜测与想象。这种猜测与想象反映了人们对海洋奥秘感到莫测高深的状态。我国古代对"沃燋"、"尾闾"和"归墟"的描述就体现出这一点。《庄子·秋水》:"天下之水,莫大于海,万川归之,不知何时止而不盈;尾闾泄之,不知何时已而不虚。"注说:"《文选·养生论》注引司马云,尾闾,水之往海外出者也,一名沃焦,在东大海之中。尾者,在百川之下,故称尾;闾者,聚也,水聚族之处,故称闾也。在扶桑之东,有一石,方圆四万里,厚四万里,海水注者,无不燋尽,故曰沃燋。"④《列子·汤问》:"渤海

---

① 引见宋正海、郭永芳、陈瑞平:《中国古代海洋学史》,海洋出版社 1989 年版,第 86～108 页。
② 《初学记》卷 5:"列子曰,渤海之东有壑。其中山曰员峤;拾遗记曰,海中三山,一名方壶方丈,二曰蓬壶蓬莱,三曰瀛洲。形如壶,上广下狭"。
③ 《初学记》卷 6。
④ 王先谦注:《庄子集解》卷 4。

之东,不知几亿万里,有大壑焉,实惟无底之谷,其下无底,名曰归墟,八弦九野之水,天汉之流,莫不注之,而无增无减焉。"①关于沃燋、尾闾、归墟(归塘)②等作为众水所归的大洋最深处的看法,反映出古人可能已经猜测到了海下"海沟"的存在。

关于海区的划分。中国大陆的东面和南面,自北而南有渤海、黄海、东海和南海。在古代中国,对"四海"也有确切的水体含义,与现代意义上的"四海"名同义异;古人所说的四海,乃指大陆四周(实为三面)的边缘海——即所谓的禆海。

那么,早在先秦和秦汉时期,人们对于这些海区是如何认识的呢?我们首先看一下时人对渤海和黄海的认识。

渤海。既是现在渤海的单称,也是含现在的渤海和黄海的合称。

渤字,有时亦写作"勃"字,《史记》上说齐国"北有勃海之利"③,就是没有"水"旁的"勃"字。渤海,又叫"渤澥","浮渤澥,游孟诸"④。"东海之别有渤澥,故东海共称勃海,又通谓之沧海。"⑤"渤澥,海别支也。……向曰渤澥,海分支。"⑥这里的"海"乃指渤海;而"渤澥",则是渤海的"别支"或"分支",即一部分的意思。而这里的渤海,是含今天的渤海和黄海的通称。通称的"渤海",又称为"沧海"。

渤海,在春秋时代(公元前 770 年～公元前 476 年),也曾被称作"北海"。《左传》记载,齐国要讨伐楚国,楚王闻讯便派人向齐桓公说:"君处北海,寡人处南海,惟是风马牛不相及也。不虞君之涉吾地也,何故?"⑦齐国,在今山东。汉代,渤海西还设置北海郡,属青州,辖 26 县。⑧

由于古人往往以自己生活的所在地的地理位置来命名相对方位的海域,所以有时也把现在的黄海,乃至渤海,称之为"东海"。《左传》:"为之歌齐。曰:美哉,泱泱乎,大风也哉! 表东海者,其大公乎!"⑨但更多的情况下乃专指黄海。《礼记·王制》:"自东河至于东海",注文曰:"徐州域"。这显然指黄海。⑩ 实际上,山东半岛北靠渤海,南面黄海,其"东海"也是指围绕着山东半

① [晋]张湛:《列子》卷 5。
② 《颜子家训·归心篇》、《初学记》卷 6 引《列子》均作"归塘"。
③ 《史记·高帝纪》。
④ [汉]司马相如:《子虚赋》,《六臣注文选》卷 7。
⑤ 《初学记》卷 6,李白《行路难》:"长风破浪会有时,直挂云帆济沧海"(《分类补注李太白诗》卷 3)。
⑥ [汉]司马相如:《子虚赋》,李善注引郭文。
⑦ 《左传·僖公四年》。
⑧ 《汉书·地理志》上。
⑨ 《左传·襄公二十九年》"吴子季札来聘"。
⑩ 参见《古今图书集成·方舆汇编·山川典·海部》。

岛的海域,即渤海和黄海的部分海区。这里的"东海",乃是黄河的东边。把黄河流域东边的大海视作"东海",不乏记载。譬如,"太公避纣,居东海之滨"①,此"东海之滨"即是指今天山东莒县东部的黄海之滨;又譬如,"勾践伐吴,霸关东,从琅邪台起观台,台周七里,以望东海"②,琅琊台在今青岛市胶南,正是今天的黄海之滨,所以此"东海"是指今天的黄海。同时,我们知道,秦汉时,曾在今山东诸城至江苏的海州一带设置东海郡。③ 即便在今天,人们还称海州一带为东海县。

以"东海"泛指东方的大海,尚可见《荀子·正论》:"浅不足与测深,愚不足与谋知,坎井之蛙,不足与言东海之乐"。总之,这里说的"东海",乃今天之黄海,甚至还包括今天的渤海。

从"四海"的概念出发,现在的东海和南海都属于"南海"范畴。历史上一直以"南海"来称这两个海域。因为黄河流域是中原文化的发源地,地处黄河中下游的中原诸国,总爱把处于他们南方的诸国视作南蛮,把南海当作他们的统称,南方诸国也用以自称,如楚国的君主便自称"寡人处南海"④。再是秦始皇三十七年(公元前195年)十月,始皇出巡,"过丹阳,至钱塘。临浙江,水波恶,乃西百二十里从狭中渡。上会稽,祭大禹,望于南海,而立石刻,颂秦德"⑤。显而易见,此南海所指,乃是今天浙江省外面的东海。

古代南海海域,一直延伸至今天的北部湾,从秦始皇设立南海郡⑥于今天的广州就是最好的说明。南海郡的辖境包括广州、韶州、潮州、惠州、肇庆、南雄地区及高州北境和广西的平乐、梧州的一部分。《图书编》的"南海考":"广东三面皆濒海地也,《禹贡》三江皆从会稽(汉会稽地绵亘四千余里)入于南海,南三岭复有三江,又从广城一百里合流,入于南海"。所以,南海,就是合今天的东海和南海的海区。

但是,在古代,更多地称现在的南海为"涨海"。"南海,大海之别有涨海。"⑦"涨海",不仅专指今天南海的海区,而且还指我国的南海诸岛。现存的文献里,较早记载"涨海"名称的,有晋谢承的《后汉书》:"汝南陈茂,尝为交趾别驾。旧刺史行部,不渡涨海。刺史周敞,涉(涨)海遇风,船欲覆没。茂拔剑

---

① 《孟子·离娄》。
② 《越绝书》卷8。
③ 《汉书·地理志》上。
④ 《左传·僖公四年》。
⑤ 《史记·秦始皇本纪》。
⑥ 秦始皇自二十六年"分天下以为三十六郡",当中没有南海郡。南海郡的设置,是统一岭南地区以后的事。
⑦ 康泰:《外国杂传》,《初学记》卷6。

诃骂神,风即止息。"①"交趾七郡贡献,皆从涨海出入。"②那么,今南海为什么又称为涨海呢?虽无较早的文献可征③,然从我国1000多年来对南海的地貌记载中不难发现一些端倪。东汉杨孚《异物志》:"涨海崎头,水浅而多磁石,微外大舟,锢以铁叶,值之多拔。"④吴万震《南州异物志》:"出涨海,中浅多磁石。"⑤吴康泰《扶南传》:"涨海中,到珊瑚洲,洲底有盘石,珊瑚生其上也。"⑥在南海中有无数珍珠落玉盘似的散布在我国领土——南海诸岛,它们都是珊瑚礁岛,且在不断成长中。又由于潮汐的涨落使许多岛屿、沙洲、暗礁,时而露出海面,时而又隐藏在浩渺的碧波下,时而如卧牛,时而只露出尖尖的头角。这种明显地有别于其他海洋地貌的现象,正是南海的异常之处,因而南海又被称为涨海。

二 早期的海洋型地球观⑦

我国古代人们对地理的看法,由于生活圈的局限,往往以中原为中心,将中原地区视作世界的中心,把以中原为中心建立的国家称为中国,皇帝自称天子,而视周围世界为蛮荒之地,并依照距离王都的远近划分世界。然而在远离中原的沿海地区,由于航海发达,域外地理知识不断得到积累,人们逐渐体验到世界并非如一般认识的那么小。至战国时,进取型的思想家邹衍提出了一种不同于传统认识的新的开放型的海洋地球观——"大九州"说。

从我国古代的宇宙理论中,我们了解到人类生存的实体在整个宇宙中的位置,并了解到水(即海洋)与天地的关系。这对我们论述被许多海洋分割开的大九州说提供了一个先决的条件。

水,即海洋,虽然在古人眼中,与我们栖息的大陆是异体,但毕竟是载(浮)着大陆的、可以触及的。不过,海洋深邃无垠、波涛汹涌,它不仅是大陆上百水汇注的地方,而且还是"天汉之流,莫不注之"⑧的无底大壑。因此,它又是沟通天地,吐日月、纳众星的世界,更是居仙人、藏珍宝的佳境。

第三章

先秦秦汉时期的海洋科学认知

---

① 《太平御览》卷60。
② [晋]谢承:《后汉书》,《初学记》卷6。
③ 较晚的文献,如清初的屈大均:《广东新语》卷4谈及今南海称涨海的缘由:"炎海善溢,故曰涨海"、"或曰涨海多瘴,饮其水者腹胀"。
④ [明]唐胄:《正德琼台志》卷9引《异物志》,上海古籍书店,据宁波天一阁藏正德残本影印,1964年。《太平御览》卷988引《南州异物志》如下:"涨海崎头,水浅多磁石,外徼人乘太舶,皆以铁镖之,至此关,以磁石,不得过"。
⑤ 《太平御览》卷790。
⑥ 《太平御览》卷69。
⑦ 引见宋正海、郭永芳、陈瑞平:《中国古代海洋学史》,海洋出版社1989年版,第74~81页。
⑧ 《列子·汤问》。

随着我国古人跨区域交往的日益积累,交通路线的不断开辟,人们的地理知识亦逐渐丰富起来。视野的开阔,对偌大的疆域不能统而言之,于是在中国传说中的禹的时代,就产生了"九州"的名称,以它们来专指全国九个区域。在历史上,九州的名称虽各有差异,但都约束在"九"的数字之中,这说明"九"代表着一种多数的观念。① "九州"是域内区域地理认识达到一定程度产生的。当航海技术特别是海上交通达到一定程度时,必然产生"大九州"的推理。战国以前,我国航海技术已达到较高水平。《竹书纪年》中有商朝帝芒"东狩于海,获大鱼"的记载。《春秋大事表》则有东南沿海的吴国是"不能一日而废舟楫之用"的记载。《韩诗》:"(周)成王时,越裳氏三译而朝,曰,天下不逆风疾雨,海之不波溢三年矣,中国必有圣人。"②《说苑·正谏》:"齐景公游于海上而乐之,六月不归"。甚至孔子也要"道不行,乘桴浮于海。"③可见当时渡海并不是一件异常事情。这些正是产生"大九州"说的思想与社会背景。

"大九州"说是海上交通初步发达影响人们思想时形成的一种世界地理猜想。④ 尽管后来多被视为荒唐怪诞的"海话",却是我国早期的地理思想火花,是一种比狭隘的传统地球观先进的海洋开放型地球观。

首先提出"大九州"假说的战国人邹衍(或称驺衍,公元前305年～公元前240年)是齐国(今山东东部)人。齐国三面临海,一向有渔盐之利,海上交通比较发达,又有中原文化的陶冶,因此,从既有较高文化又有优越地理环境的齐国产生出"大九州"说,是绝非偶然的。

据《史记·孟子荀卿列传》记载,齐人邹衍"深观阴阳消息而作怪迂之变,《终始》、《大圣》之篇十余万言。其语闳大不经,必先验小物,推而大之,至于无垠。……先列中国名山大川,通谷禽兽,水土所殖,物类所珍,因而推之,及海外人之所不能睹。称引天地剖判以来,五德转移,治各有宜,而符应若兹。以为

---

① 童书业:《汉代以前中国人的世界观念与域外交通的故事》,《中国古代地理考证论文集》,中华书局1962年版。

② 《太平御览》卷60,《韩诗外传》卷5与此文有出入。

③ 《论语·公冶长》。

④ 关于中国传统地球观是地平大地观还是球形大地观,历来分歧很大。最近学术界从三方面进行研究,一般认为中国古代传统地球观是地平大地观。(1)证明古代占统治地位的浑天论中的地,是平的不是球的。主要有唐如川《张衡等浑天家的天圆地平说》(《科学史集刊》第4期,1962年);金祖孟《论"张衡地圆说"》(《自然辩证法通讯》1985年5期);王立兴《浑天说的地形观》(《中国天文学史文集》第4集,科学出版社,1986年);李志超、华同旭等文。(2)从对中国古代与大地形状关系十分密切的远航、"纬度测量"、地图技术系统和潮汐成因理论等的分析,证明中国古代传统地学中没有大地球形观念。主要有宋正海、陈传康《郑和航海为什么没有导致"地理大发现"》(《自然辩证法通讯》1983年1期);宋正海《中国古代传统地球观是地平大地观》(《自然科学史研究》1986年1期)。(3)从近代地圆说传入中国后,引起极大混乱和激烈反对来论证。主要有郭永芳《西方地圆说在中国》(《天文史学文集》第4集)。

儒者所谓中国者,于天下乃八十一分居其一分耳。中国名曰赤县神州。赤县神州内自有九州,禹之序九州是也,不得为州数。中国外如赤县神州者九,乃所谓九州也。于是有裨海(《索隐》:小海也)环之,人民禽兽莫能相通者,如一区中者,乃为一州。如此者九,乃有大瀛海环其外,天地之际焉"①。《汉书·艺文志》在《邹子》四十九篇下注:"邹子,齐人,为燕昭王师,居稷下,号曰谈天衍。"其所倡导的"大九州"之说对后世的影响甚为深刻。这一学说实际上是极有价值的科学假说,开阔了人们对于地理空间的认识,并促使人们进行探索。

邹衍是中国古代阴阳五行学派的代表,应该承认,以邹衍为代表的原始的阴阳五行学者乃是一些自然哲学家。邹衍是如何产生"大九州"思想的呢? 据记载,他是"先列中国名山大川,通谷禽兽,水土所殖,物类所珍,因而推之,及海外人之所不能睹"。他作为当时杰出的逻辑学家②,用类推的方法,推衍出一个"大九州"的世界,即他用已知的中国九州为经验开始,以获得的海洋知识为素材,用天文学知识为想象力③,进行了一番放大扩充,因而得出"大九州"的世界模式。这种类推逻辑,虽不可能全是主观杜撰,但毕竟是无法验证的假设,很难得到人们的肯定。例如司马迁对他的评论就是"其语闳大不经",当然这评价并不确切。但渊博如司马迁者尚且如此贬低他,常人就更难肯定他的开拓性的积极意义了,以至后世恪守传统思想的儒者,更把这种海洋开放型地球观视作荒诞不经之谈。

邹衍类推出来的"大九州",有其认识世界的逻辑基础和知识基础。《史记·封禅书》:"自威、宣、燕昭,使人入海,求蓬莱、方丈、瀛洲(三神山)"。这正是邹衍进行类推的知识资料之一。同时,邹衍的学说是在齐国都城临淄的稷下学宫的讨论与论难中形成的,是严肃的学术问题,并非插科打诨。《史记·田敬仲完世家》:"宣王喜文学游说之士,自如驺衍、淳于髡、田骈、接予、慎到、环渊之徒七十六人,皆赐列第,为上大夫,不治而议论。是以齐稷下学士复盛,且数百千人。"可以想到,在"数百千人"面前提出一种学说,纯属说梦谈鬼或类同儿戏是立不住脚的。对于"三神山",似乎是齐国人的普遍知识(后面论及的李少君、栾大等人的活动也支持齐国人有这方面的丰富知识)。据《史记·秦始皇本纪》记载:"齐人徐市(即徐福)等上书言,海中有三神山,名曰蓬莱、方丈、瀛洲,仙人居之。请得斋戒,与童男女求之。于是遣徐市发童男女数千人入海求仙人。"

---

① 《史记·孟子荀卿列传》。
② 刘向《别录》:"齐使邹衍过赵……坐皆称善"。见《史记》卷76。
③ 邹衍还是出色的天文学家,"邹衍大言天事,号谈天衍"(《太平御览》卷2)。

邹衍的著作,《史记》说多达十万余言。今天仅就《史记》介绍的"大九州"思想来分析,在邹衍的著作中必定有不少光辉的成分。① 中国古代国内区域地理是相当发达的,但对"全球"地理的探索却十分薄弱,邹衍著作或可弥补这方面的缺陷,可惜已经失传。

在邹衍学说的影响下,产生了一部《山海经》,它受到中外学者的高度重视是有理由的,因为它弥补了邹衍著作中的部分内容(即具体的域外地理)。

关于邹衍"大九州"的州名,《史记》没有明确记载。不过,作为杂家的刘安(公元前179年~公元前122年)记载了完整的"大九州"的州名:"东南神州曰农土,正南次州曰沃土,西南戎州曰滔土,正西弇州曰并土,正中冀州曰中土,西北台州曰肥土,正北泲州曰成土,东北薄州曰隐土,正东阳州曰申土。"②当然,刘安举出的"大九州"名并不一定就是邹衍的"大九州"名,刘安"大九州"名似乎太土气了,不合于邹衍的气派。

此外,纬书《河图括地象》还有两种不甚相同的记载:"东南神州曰晨土,正南卯州曰深土,西南戎州曰滔土,正西弇州曰开土,正中冀州曰白土,西北柱州曰肥土,北方玄州曰成土,东北咸州曰隐土,正东扬州曰信土。"③另一则说:"昆仑之墟,下洞含右;赤县之州,是为中则;东南神州,正南卯州,西南戎州,正西弇州,正中冀州,西北括州,正北济州,东北薄州,正东阳州。"④此中的"则",就是"畴"的意思。

后者所述已不是"九州",而是"十州"了。州之数所以有"十",大概与《史记》上的"中国外如'赤县神州'者九"有关,所以后来出现了《十洲记》并非"杜撰"。赤县神州外尚有九州,所以"大九州"加上赤县神州,实际上是"大十州"。

汉东方朔《十洲记》:"汉武帝既闻王母说八方巨海之中,有祖洲、瀛洲、玄洲、炎洲、长洲、元洲、流洲、生洲、凤麟洲、聚窟洲,有此十洲,乃人迹所稀绝处,又始知东方朔非世常人,是以延之曲室,而亲问十洲所在,所有之物名,故书记之"。

邹衍提出"大九州",还有另外的依据。

其一,是"四海"的观念。⑤ 我们知道,中国只有东、南两面临海,西北则见

---

① 纬书《春秋元命苞》、《尚书考灵曜》中关于地动的思想均出于邹衍学派之手,似乎看出了一点端倪。

② [汉]刘安:《淮南子·地形训》。

③ 《后汉书·张衡传》注引。

④ [唐]徐坚:《初学记》卷8。

⑤ 所谓"四海",说法各异:(1)"水大至海而极,从古皆言四海,而西海、北海远莫可寻,传者亦鲜确据,惟东海南海列在职方者,皆海舶可及"(《古今图书集成·山川典》,卷307"海部");(2)"九夷八狄、七戎六蛮,谓之四海"(《尔雅汉注·释地》)。

不到海。因此,"四海"岂非虚指? 各种文献证明,古代中国人已知道远离国土的西、北方有海的存在。对"北海",古人有把今天的贝加尔湖、巴尔喀什湖和黑海称为"北海"的记载。但汉东方朔《神异经》记载了"北方有冰万里,厚百丈,有鼷鼠在冰下出焉"①。鼷鼠,就是"猛犸象"②,亦称"毛象"。因此,我们应该承认,当我国古人提出"四海"的时候,已经知道了今天的鞑靼海(峡)、鄂霍次克海,甚至更为遥远的北冰洋。

关于"西海",人们一向将之与沙漠联系起来,以瀚海为"西海";也有称青海湖、博斯腾湖、咸海等为"西海"的记载。其实,中国人早就与阿拉伯人有交往,知道西面有海。如《后汉书·西域传》:"和帝永元九年,都护班超遣甘英使大秦,抵条支。临大海欲度,而安息西界船人谓甘英曰:'海水广大,往来者逢善风,三月乃得度。若遇迟风,亦有二岁者。故入海,人皆赍三岁粮。海中善使人思土恋慕,故有死亡者'",就是证明。因此,所谓"西海",其最早的原指,并不一定是指沙漠之瀚海,而可能是阿拉伯海、红海或地中海的泛指。此段记载虽系汉朝的事实,但此前不能说就没有关于西边与海洋有关地理的传闻。既然西、北方向的海,离中国如此遥远,它们当然也给"大九州"说输送了"空间"的想象力。

其二,哲学家的宇宙观的比喻,如《庄子·秋水》:"计四海在天地之间也,不似礨空之在大泽乎? 计中国之在海内,不似稊米之在大仓乎?"中国既然是仓中一粟,产生"大九州"说已经是相当"保守"的了。王充(27 年~约 97 年)的《论衡·谈天》从盖天说的立场来论证"地"的广大,他认为站在东海边看日出的景象,"察日之初出径二尺,尚远之验也。远则东方之地尚多。东方之地尚多,则天极之北天地广长不复訾矣"。王充还从漠北来观日出,看到的是与东海的"日"一样大,可是两地相距万里,而"日"居然没有大小之别,那么我们居住的地方确实是太狭小了,从而证明了空间的广大。王充是东汉人,当然不可能给邹衍以影响;然而,学术思想有一定的继承性,王充这般论证,与两小儿驳难孔子日出日中孰大孰小的问题,恰恰有异曲同工之妙。

其三,对"地球"的大小探讨,也为"大九州"说的类推提供了"量化"。

《吕氏春秋·有始览》:"凡四极之内,东西五亿有九万七千里,南北亦五亿

---

① 《太平御览》卷 911。

② 康熙帝从俄罗斯使臣中获知西伯利亚有鼷鼠,说:"东方朔记北方有层冰千尺,冬夏不消。今年鄂罗斯来朝云:'其地去北极二十度以上,名为冰海,坚冰凝结,人不能至'。始信东方朔所云不谬。……又《神异经》云:'北方层冰之下有大鼠肉重千斤,名为鼷鼠。穿地而行,见日月光即死'。今鄂罗斯近海北地,有鼠如象,穴地以行,见风日即毙,其骨类象牙,土人以制碗碟梳篦,朕亲见其器,方信为实。……此又书之不可信而可信者也。"(《东华录》卷 24,又见《圣祖实录》卷 291,及《康熙几假格物编》卷上之上)

有九万七千里"，这个数字比同书记载的中国周围的"四海"大二十多倍(凡四海之内,东西二万八千里,南北二万六千里;水道八千里,受水者亦八千里)。

《山海经·海外东经》:"帝命竖亥步自东极至西极,五亿十选(注:选,万也)九千八百步。"

《淮南子·地形训》:"禹乃使太章步自东极至于西极,二亿三万三千五百里七十五步,使竖亥步自北极至于南极,二亿三万三千五百里七十五步。"

《河图括地象》:"极广长南北二亿三万一千五百里,东西二亿三万三千里"①。

上面所引各书的数字不甚相同,获取这些数据的手段亦值得怀疑,但却说明一个问题,"地球"是如此之大,安置上"大九州"是绰绰有余的。

三　早期的海陆循环观②

在先秦和秦汉时期,古人对于水分海陆循环的概念已经有了初步的认识,并且在此基础上对水分海陆循环模式也有了一定的理解,据此可看出时人的海陆循环观。

战国时庄周指出:关于海洋,"夫千里之远,不足以举其大;千仞之高,不足以极其深。禹之时,十年九潦,而水弗为加益。汤之时,八年七旱而崖不为加损。夫不以顷久推移,不以多少进退者,此亦东海之大乐也"③。这段话原本只是形容海洋之巨大深远,但实际上也提出了有关水分海陆大循环的问题。为什么不管十年九潦,降水何其多,也不管八年七旱,降水又何其少,海洋水位均没有多少变动? 江河日夜奔流,百川最终归海是千古不变的规律,此规律早已被人们所认识。因此,庄子对海洋水位基本不变的认识,正说明人们已注意到海洋水位有着动态平衡规律。屈原在《天问》中说:"东流不溢,孰知其故?"④也是基于这一常识。为了说明百川归海而海不溢,便很自然要提出海水是否通过汽化从空中实现海陆大循环的问题。中国古代很早就开始探讨这类课题,并且已达到一定水平。

殷商时,人们已经知道雨来自云。甲骨文中有许多谈到云、雨关系的记载。⑤《诗经》云:"英英白云,露彼管茅"⑥,朱熹注曰:"白云,水上轻清之气,当

---

① [宋]王应麟:《困学记闻》卷8引。《太平御览》卷36引"极广长"作"八极之广"。

② 引见宋正海、郭永芳、陈瑞平:《中国古代海洋学史》,海洋出版社1986年版,第196~200页。

③ 《南华真经·外篇·刻意》。

④ [战国]屈原:《天问》,《楚辞集注》卷3。

⑤ 刘昭民:《中华气象学史》,台湾商务印书馆1980年版,第10~11页。

⑥ 《诗经·小雅·白华》。

夜而上腾者也。露即其散而下降者也。"《诗经》又指出:"蒹葭苍苍,白露为霜。"①这些均说明西周时,人们又进一步知道露和霜也来自空中,来自一种称为"白云"的水上轻清之气。鉴于这种联系,古代有用云的情况来预报降水的。《师旷占》曰:"候月知雨多少……常以五卯日候西北有云如群羊者,即有雨至矣。……日上有冠云,大者即雨,小者少雨。"②《庄子》:"云者为雨乎? 雨者为云乎?"③也反映了雨和云的密切关系。东汉许慎《说文解字》云:"雨,水从云下也。一象天。冂象云。水霝其间也",这从文字结构方面生动地阐述了云与雨的关系。

另一方面,人们早已认识到云是地气,来自地。《尔雅·释天》曰:"地气之发,天不应曰雾。雾谓之晦。"《说文》曰:"云,大泽之润气也。"④这说明形成雾和云的气实为地气,地气本身来自地。由此可见,当时人们已认识到水分由地面升向天空这个过程,而且已把此认识与水分由天空降向地面这一相反过程的认识联系起来,建立起了水分循环的概念。

有关"地气"一词的出现,以及水分循环概念的建立,可追溯到春秋管仲时代。《管子》:"春三月,天地干燥,水纠列之时也。山川涸落,天气下,地气上,万物交通。"⑤这里说的地气实为万物生机需要的水,但说得还不明确。其后的《范子·计然》就说得较清楚了。《范子·计然》曰:"风为天气,雨为地气。风顺时而行,雨应风而下,命曰:天气下,地气上,阴阳交通,万物成矣。"⑥这里进一步划分天之气和地之气,且明确指出,天上掉下的雨实为由地往上升的地气,而天气只是起运输作用。这里的地气已有明确的水汽概念。如此用阴阳交通来说明水的形态变化和上升、下降运动,已是一种比较科学的看法。

《吕氏春秋》则第一次明确提出了水分的海陆循环概念。《吕氏春秋》:"水泉东流,日夜不休。上不竭,下不满;小为大,重为轻,圜道也。"⑦这里已用先秦时形成的水分循环观念,来解释自然界存在的宏观现象:江河日夜奔流入海,小河汇成大河,百川归海,河流的水源总是源源不绝,永不枯竭,而大海又永远不会溢出,海水又变成地气形成云升入高空。由此构成了水分的海陆循环图景。

《吕氏春秋》之后,人们更明确更完善地阐述了这一观念。

---

① 《诗经·国风·蒹葭》。
② 《太平御览》卷 10 引。
③ 《庄子·天运》。
④ 段玉裁:《说文解字注》中,"云"字下没有此文。现据《太平御览》卷 8 引。
⑤ 《管子·度地》。
⑥ 《太平御览》卷 10 引。
⑦ 《吕氏春秋·季春纪·圜道》。

东汉王充(27 年～约 97 年)在水文循环上的贡献是进一步阐述了循环理论。《论衡·说日篇》论曰:"儒者又曰:'雨从天下',谓正从天坠也;如实论之,雨从地上,不从天下。见雨从上集,则谓从天下矣;其实地上也。……云雾,雨之征也。夏则为露,冬则为霜,温则为雨,寒则为雪。雨露冻凝者,皆由地发,不从天降也。"

这里王充对水循环的阐述已清楚,但是《尚书》、《诗经》以及《论衡》均认为水循环与气在天上作用之间有着某种联系,这是古代有机论自然观产生的一种附会,反映了认识的时代局限性。

东汉相关论述还有不少。《说文解字》对云的"大泽之润气"的解释,说明了云的本质。而云是水分循环中的一个重要环节。

四 早期的海上导航知识①

(一)海上天文定向导航的出现

人类最初的航海活动,"基本上是视界不脱离陆地的航海,非常害怕视界里丢失了陆地。"②我国原始社会的航海起步,也只能是从视界所及的沿岸或邻近的岛屿之间的航行开始。这不但是由于一旦失去熟悉的陆岸轮廓,就会失去航行的目标,而且还由于一旦在航行中发生什么困难与危急,就可以及时地回到安全的海湾进行避泊。从技术角度看,最方便、最明显的莫过于以大陆岸标、岛屿或礁石的轮廓为定位与定向的地文导航手段。但是,地文导航的局限性很大,难以适应远离海岸进行较长距离航行的需要。随着人们在海上生活与生产实践活动范围的逐步扩大,人们开始逐步将在陆地上所经历的从"俯以察于地理"到"仰以观于天文"的认识过程应用到海洋上。"大海弥漫无边,不识东西,唯望日、月、星宿而进"③。在指南针未用于航海之前,天文导航成了远洋航行的唯一技术手段;即使在指南针用于航海之后,远洋航行中,"舟师识地理,夜则观星,昼则观日,阴晦观指南针"④,天文导航仍然是非常重要的技术手段之一。天文航海术与地文航海术、船舶操纵技术等一起,共同成为我国古代远洋航行的主要技术保证。

从西汉初期《淮南子》中最早的天文航海记录的出现,到宋代海船上的量天尺、明代郑和下西洋时所用的牵星板,我国古代的天文航海由开始的只凭肉

---

① 引见章巽主编:《中国航海科技史》,海洋出版社 1991 年版,第 245～259 页;第 313～315 页。
② 茂田寅男:《世界航海史》,日本《世界舰船》昭和 56 年 6 月号。
③ 法显:《佛国记》。
④ 朱彧:《萍洲可谈》卷 2。

眼观测天体方位以确定行船方向,发展到了借助观测仪器(量天尺或牵星板)观测天体出水高度,并结合其他方法以确定行船位置。除了定向与定位的导航作用以外,我国古代航海者还将广博的天文气象知识应用于季风航行、测定时间、预报天气与推算潮汐等方面,这同样是天文航海术不可忽略的重要方面。

虽然迄今为止尚未发现西汉以前有关中国天文航海的明文记载,但这并不意味着早期的中国航海活动中,没有应用天文航海经验与知识的可能性。

实际上,沿海先民在长期的渔猎生活与原始沿海航行活动中,利用天体来辨别方位,从而确定船舶前进的方向,是一件十分自然的事情。他们起航时,迎着太阳或让阳光照在舟筏的一侧;返航时,背向太阳或让阳光照在舟筏的另一侧。这样长年累月地反复实践与观测,就会慢慢地懂得了白天利用太阳可以在海上大致判别航向的道理。最初的航行,一般估计应是在白天进行的,因此,原始天文定向导航的第一个天体当是太阳无疑。不过,随着生产力的提高,原始祖先们有时也许会在明亮的月光下进行海上捕捞与迁徙活动,这样久而久之,他们也许就会渐渐学会参照月亮出没的方位或某些形态别致、出没方位恒定的星星,来粗略地估计本船航行的方位了。

上述原始天文定向导航之可能性分析,也许可从考古发现中得到某些具有历史现实性的佐证。在我国大陆东部沿海的新石器遗址中,出土了相当丰富的原始天文资料。如在山东烟台地区白石村、莒县陵阳河、江苏连云港锦屏山将军崖等处,均有所发现。特别值得研究的是刻在海拔 20 米的黑色岩石上的将军崖岩画。该岩画不但气势宏大,而且内涵丰富。据连云港博物馆的报告与考证,其内容有人面、农作物、鸟兽、星云等图案及各种符号。其中在人面中间夹杂的星云图,据分析,像银河系星带,有三条短线将它分为四个部分,似乎表示太空星象的变化。在长条星云图案中,还有表示太阳和月亮的图形,显示了新石器时代以渔猎为主的滨海居民的天文观测知识。[1]

在古文献方面,亦有西汉以前我国与海外各地进行海上交往的记载,例如,据王充《论衡》记载:周时“越裳献白雉,倭人献鬯草”。又如,约成书于战国时代的《山海经》,对日本、朝鲜的地理方位记载颇为明确:“盖国在巨燕南,倭北。倭属燕。”“巨燕在东北陬。”按前人考据所见,盖国即盖马县,在高句丽盖马大山之东。由上可知,迟至春秋战国时期,中国人不但已与日本、越南等建立了海上联系,而且已懂得日本在朝鲜半岛南面。只要从朝鲜半岛出航,南渡朝鲜海峡即可抵达日本。从导航技术角度考察,虽然这些长途航行的性质是

---

[1] 连云港博物馆:《连云港将军崖岩画遗址调查》;李洪甫:《将军崖岩画遗迹的初步探索》,《文物》1981 年第 7 期。

属于沿岸或视距以内的逐岛航行,但是在陌生的异域沿海航行,要判定船舶的前进方向,通过天文定向仍是十分必要的,因为海岸曲折,岛礁成群,如没有明确的恒向引导,仍有可能因兜圈子而迷失航向。

春秋战国时期,天文学有了长足的发展。"鲁有梓慎,晋有卜偃,郑有裨灶,宋有子韦,齐有甘德,楚有唐昧,赵有尹皋,魏有石申,皆掌著天文,各论图经。"在诸家中,最为著名的是甘、石两家及巫咸氏。石申著有《天文》8 卷,甘德著有《天文星占》。从保存于《开元占经》中的《石氏星表》可见,当时在天体观测的定量化上,已取得了显著进展。春秋时期,人们沿黄、赤道带将临近天区划分成 28 个区域的 28 宿体系已经齐备,为度量日、月运动的空间位置提供了参照坐标。《石氏星表》给出了 28 宿距星和 121 颗恒星的赤道坐标值。在湖北随州的战国早期曾侯乙墓中,出土了一只漆箱盖,其上绘有 28 宿的全部星名。所有这些都表明,春秋战国时期对天体的观测和天体运动规律的掌握已达到了较高的水平。以此而言,当时采用太阳、极星或北斗星为观测目标以定向导航,当毫无困难,这对于当时的航海者来说,应是一种最简单可行的导航方法。[1]

(二)汉代的海中占星术

从西汉开始,中国开辟了第一条印度洋的远洋航路。[2] 从此,古代航海事业进入了一个重要的发展时期。之所以出现此种演进态势,除了其他各种因素外,其时天文导航技术的长足进步,是一个不容忽视的因素。西汉古籍《淮南子》明确指出:"夫乘舟而惑者,不知东西,见斗极则寤矣"[3]。这是中国古代利用天体进行海上导航的最早的文字记载,证明了当时利用北极星作定向导航,在航海者中已是非常普遍了。

又据张衡在《灵宪》中说:"中外之官常明者有二十四,可名者三百二十,为星二千五百,而海人之占未存焉。"这里的"海人",虽未见有明确的考证与注释,但估想其为航海者或沿海居民,恐不会离题过远。这条记载说明了一个情况,即当时确有"海人之占",但或许因此类民间占星术不登大雅之堂,与宫廷之御用占星术未可同日而语,故为士大夫所不屑而"未存"。像这种民间科学知识与成果被排斥于官方文献之外的事例,在中国历史上每每可见。

值得研究与讨论的是,据《汉书·艺文志》介绍,西汉时冠以"海中"的星占书籍计有:《海中星占验》12 卷,《海中五星经杂事》22 卷,《海中五星顺逆》28

---

① 章巽主编:《中国航海科技史》,海洋出版社 1991 年版,第 245~255 页。
② 《汉书·地理志》。
③ 《淮南子·齐俗训》。

卷,《海中二十八宿国分》28 卷,《海中二十八宿臣分》28 卷,《海中日月彗虹杂占》18 卷。这 6 种总计达 136 卷之多的"海中"占星书,是否与汉代及其以前的航海活动有直接关系呢?

中外学者关于"海中"一词的解释,主要似有以下三种:第一种,认为"海中"是指外国或外国的岛屿;第二种,认为"海中"与"海外"相对,是指中国;第三种,认为"海中"是指中国沿海诸省。

对于第一种解释,李约瑟曾斥之为西方汉学家对中国人创造力怀有的偏见或弱视毛病①,其见解之谬误毋庸赘述。然而第三种解释却颇费猜想。如果海中占是居住在沿海地区的航海者对于与内地星空有显著差别的海空所作的与航海有关的星占,那么其在中国古代天文航海史上之地位,就十分重大了。因此,对于第三种解释,即"海中"指中国沿海诸省的观点,务先予以推敲。翻开历史地图可以看到,汉代的海岸线南北跨越的纬度很大,东部濒临的水域有北海(今渤海与黄海之泛称)、东海、南海。"海中"究竟指哪一海的沿海一带呢? 如指北海沿海一带,那么,该区域随地理纬度的升高,可见恒星将相应减少;而占星对象变少了,占星亦将比内地有所变少,似无必要另立一套占星书籍。如指南海沿海一带,则因纬度降低之故,所见星象较之中原渐多。唐代一行等人于开元十二年到交州(今越南河内)测夏至影长及北极出地高时,曾惊奇地发现"海中望老人星下列星灿然,明大者甚众,古所未识"②。唐代《开元占经》中大量引用《海中占》,可一行等却说南海一带所见星象为"古所未识",这里似乎表示他们未尝在《海中占》等古代天文书籍中见到过关于南海特有星象的占星内容。那么,究竟是一行等阅历有所欠缺,还是汉代《海中占》未及南海星辰呢? 这个问题很值得研究。由此分析可推想,一行所说的"海中"与汉代海中占星术的"海中"意义很可能是完全不同的。前者如果可以表示沿海地区的话,似不能作为后者也表示沿海地区的证明。如指东海沿海一带,则与中原地区所见星象略同。战国时代的齐国、吴国、越国就位于这一地区。齐国在春秋战国时代就有"海王之国"的美称。著名的天文学家、占星学家甘德就是齐国人。以他的名字命名的星图,被三国时代吴国的天文学家陈卓收入陈卓星图,并成为我国古代传统恒星观测系统的蓝本。按理而论,如果吴国方面有什么海上恒星观测的活动与纪录,陈卓是不会视若无睹的。可是,从流传下来的文献来看,无论是从星名,还是从占语,都尚未见到与航海有特殊关系的内容。至于越国,早在汉初即成书的《史记·天官书》中,也未见其关于海上天文或占星方面的明文记载,这或许是司马迁作为官方正史撰修者的一时疏忽,或

① Joseph Needham :"Science and Civilization in China", Vol. 4, Part3, Charpter 29.
② 《旧唐书·天文志》。

许是春秋战国时越国那里海上天文导航尚不甚发达所致。

事实上，我国古代占星术从来多是皇室的专利品，它对民间海上活动可能早已进行的天文观测是很少留意的。这种御用占卜的内容，包括江山社稷的安危、皇室成员和朝廷重臣的休咎，以及战争、瘟疫、天灾、人祸等，与黎民百姓关系较大的主要是有关农事的星占，但即使是这样，也未见有专门的农事星占书。其他的活动如手工业、开山、造河等均不入占星之列。因此，很难想象汉代民间的海上占星术能得到官方御用文人的格外青睐，而写出蔚为大观的130多卷航海天文导航专籍。

现存唯一的海中占星术资料，是《开元占经》中所辑引的《海中占》。有的学者对此曾作过研究①，并把《海中占》和其他各家的星占进行了比较，发现有很多内容与其他占验相同；不同之处主要在于"水旱灾害发生前的现象"，并由此而认为"海中星占是我国当时航海的先民，或沿海一带和大陆附近岛上的居民，从经验中积累起来的东西"。我们感到，这一见解很值得重视，但也仍有可商榷之处。如，为什么遍阅《海中占》而未见与航海直接有关的占语呢？为什么仅凭水旱灾害之预兆不同，即可断言"海中"为沿海一带或岛上呢？水旱之灾究竟是对从事农业生产的大陆居民影响大，还是对从事航海业的人们影响大？两者之间究竟谁应该更注意水旱之灾呢？答案是不言而喻的。一本如此重视旱涝而未涉及海事的占星书，恐怕不太可能出自航海先民与沿海一带或岛上居民之手。

其实，可能还是第二种"海中者，中国也"的解释较为妥切。《汉书·天文志》对此早有论述："甲乙海外，日月不占。盖天象所临者广，而二十八宿专主中国。故曰海中二十八宿"。"海中"从字面上讲与"海外"相对，指中国大陆。当然，"海外"的相对之词为"海内"似乎更贴切一些。但是，"中"、"外"亦可两两成对，这在张衡的《灵宪》中，即有明例。

基于上述分析，我们认为，从目前的研究情况考察，《汉书·艺文志》所载之136卷"海中"占星书，尚难断定其为汉代航海天文导航之专籍。虽然汉代民间确已将天文定向作为一种实践意义上的导航手段加以广泛的应用，但与之有关的、具有真正航海意义的天文导航书籍仍应着力寻觅，另辟新径。而且很有这样的可能，即由于主客观的种种原因，这类谅必是相当简陋、粗糙的民间海上天文导航的珍贵文献与凭证，早已佚散于海洋的风浪与历史的尘埃之中了。②

---

① 吕子方：《中国科学技术史论文集》下，四川人民出版社1984年版。
② 章巽主编：《中国航海科技史》，海洋出版社1991年版，第255～259页。

（三）早期的航海图

地图的起源在我国非常久远。从远古到秦汉,我国古代地图,已从原始地图逐渐发展到了具有相当绘制水平的地图,如长沙马王堆三号汉墓出土的三幅古地图,其内容相当丰富,绘制技术也已达到了相当熟练的程度。

我国古代地图的种类很多,航海图是其中的一种,它的发展除受地图知识与技术本身发展的影响外,还受航海事业发展的影响,因之,它的发展过程同我国古代地图总的发展过程不尽相同,有它自己的特点。

海上航行在我国有着悠久的历史,古代航海者在长期的航海实践中,积累了丰富的航海知识与地理知识,并在此基础上绘制了海图。《山海经》是我国古代的地理名著,明代学者杨慎在《山海经补注》序言中说:"神禹既锡玄圭,以成水功,遂受拜禅,以家天下,于是乎收九牧之金以铸鼎。鼎之象则取远方之图,山之奇,水之奇,草之奇,木之奇,禽之奇,兽之奇,说其形,著其生,别其性,分其类,其神奇殊汇骇视惊听者,或见,或闻,或恒有,或时有,或不必有,皆一书焉。盖其经而可夺者具在《禹贡》;奇而不法者,则备在九鼎。……则九鼎之图,其传固出于终古、孔甲之流也。谓之曰《山海图》,其文则谓之《山海经》,至秦而九鼎亡,然图与经存。晋陶潜诗:'流观山海图',阮氏《七录》,有张僧谣《山海图》,可证之。今则经存而图亡。"从杨慎的论述可知,《山海经》这一著作原来是有图的,即《山海图》,后来因图散失,只剩下文字。《山海图》系由"九鼎图"演化而来,"九鼎图"是一种传说中的原始地图,《山海图》当然也是比较原始的。章巽先生认为:"今已散失的《山海图》,其中一部分可能就带有原始航海图的性质。"[1]海图的出现,在我国历史久远。[2]

第三节　对海洋生物的认识[3]

海洋生物是生活于海洋中的动物、植物和微生物,是一种重要的自然资源。为了有效地开发利用这种海洋生物资源,不仅要研究它们的类别、生长发育、习性、分布、演化及其规律,而且还要研究它们的性质和应用途径。我国古

---

[1] 章巽:《记旧抄本古航海图》,载《中华文史论丛》第7辑,上海古籍出版社1978年版。
[2] 章巽主编:《中国航海科技史》,海洋出版社1991年版,第313～315页。
[3] 本节引见宋正海、郭永芳、陈瑞平《中国古代海洋学史》,海洋出版社1989年版,第330～333页;345～358页;361～371页;382～404页;405～426页;431～457页。

代有着研究和开发利用海洋生物的悠久历史和光辉成就。这种研究和开发利用早在先秦和秦汉时期就已经开始了。

一　海洋生物资源知识

我国先秦和秦汉时期对于海洋生物资源的特点和变化,已经有多方面的记述和评价。

海洋生物资源,丰富而多样。我国早在原始社会,沿海居民已经将它作为食物。距今 18000 年以前,山顶洞人已将海蚶壳作为装饰品,从而又开始了将海洋生物作为装饰品资源的历史。距今 4000 年～6000 年以前,食用后的海产贝壳,堆积如山,广布于辽东半岛至广东沿海,今人名之谓"贝丘"。在贝丘中,有的还杂着许多海鱼骨、鱼鳞及捞捕工具,说明人类以海贝、海鱼为其食用资源。战国时成书的《周易·系辞下》说包牺氏之世的人们"作结绳而为罔罟,以佃以渔",显然有其历史的真实性。

从夏朝至春秋战国,生产力的发展,社会需要的增加,促进了海洋生物资源的开发利用。春秋时期,齐桓公(?　～公元前 643 年)对此就很重视。他为了富国强兵称霸诸侯,积极发展渔盐之利,还对诸侯采取"使关市几而不征(税)"、以利"通齐国之鱼盐"①的政策。据古籍记载,春秋战国时,齐国渔人已深深地懂得海中有利可图,"渔人之入海,海深万仞,就波逆流,乘危百里,宿夜不出者,利在海也"②。战国时期又有多人对此有所论述。韩非子(约公元前 280 年～公元前 233 年)通过总结经验,正确地指出:"历心于山海而国家富"③,《禹贡》记载了海洋生物作为重要贡品的有:青州贡品是"海物惟错",徐州淮夷贡品是"蠙珠暨鱼"。荀况(约公元前 313 年～公元前 238 年)又论述了海洋生物是重要商品,说"东海则有紫绤、鱼、盐焉,然而中国(中原地区,下同)得而衣食之;西海(西部地区代称)则有皮革文旄焉,然而中国得而用之。故泽人足乎木,山人足乎鱼"④。这些记述都反映了对海洋生物资源的重视和利用。

我国很早就萌芽了保护生物资源的思想。传说夏朝已将它列入政令⑤,而《周礼》记载的西周此类政令,又有发展。春秋战国时,齐国在进一步开发海洋生物资源的同时,也注意到生物资源需要保护。《管子》云:"江海虽广,池泽虽博,鱼鳖虽多,罔(网之误)罟必有正,船网不可一财而成也。非私草木爱鱼

---

① 《国语·齐语》。
② 《管子·禁藏》。
③ 《韩非子·大体篇》。
④ 《荀子·王制篇》。
⑤ 胡寄窗:《中国经济思想史》上册,上海人民出版社 1962 年版。

鳖也,恶废民于生谷也。"①全句意为:江海虽为广阔,池泽虽然众多,鱼鳖虽然很多,网罟捕捞多少和大小必须有所限制,船网不可一截而成。这样做不是偏爱草木鱼鳖,而是憎恶毁掉民众的生活源泉。② 这种重视保护和合理开发利用海洋生物资源的科学思想,值得继承和发扬。

对海洋生物资源的认识、评价和利用,先秦已多有记载。约从西周开始,珍珠已进入装饰品的行列,而后则有珍珠贵重的记述。战国时已注意鱼质的评价,认识到河鲀有毒。"鮖鮖之鱼,食之杀人"③,就是这种反映。新的利用途径的开辟,也是对资源看法的一种反映。商朝已将货币科的贝壳作为货币。西周又将海洋动物皮用于制造皮革。《诗经》以赞美的手法描写了"象弭鱼服"。"鱼服"就是这种皮制的箭袋。④ 当时,还将贝壳作为建筑材料。《周礼》明确记载:"以共(供)闉圹之蜃"⑤,郑玄(127年~200年)注:"闉犹塞也,将井椁先塞下,以蜃御湿也。"这说的是用蛤类壳烧成的生石灰作墓室防湿材料。春秋成公二年(公元前589年)"八月,宋文公卒,始厚葬,用蜃灰"⑥,亦属此类。战国时荀况记载用鲨鱼皮作军用护身服装,即"楚人鲛革犀兕以为甲"⑦的"鲛革"甲。这些成就是古代早期文明的组成部分,在历史上起着重要作用。

秦汉时期对海洋生物资源的评价,继续有所发展;无论在文字评述上,还是实践上,都有进一步的反映。《史记》和《汉书》,都记载和评述了沿海地区的海洋生物资源。司马迁写道:西周齐国姜太公"修政,因其俗,简其礼,通商工之业,便鱼盐之利,而人民多归齐,齐为大国"⑧,又写道:"楚、越之地,地广人稀,饭稻羹鱼……果隋蠃蛤,不待贾而足,地势饶食,无饥馑之患",而燕亦"有鱼盐枣栗之饶。"⑨这说明当时很重视海洋生物资源的利用,也说明在所论地区的经济生活中,海洋生物占有重要地位。

海洋生物中的某些鱼类,在先秦已作为食物珍品,在汉朝又增加了软体动物的某些种类作为食物珍品的记载。当时记载皇帝王莽"忧懑不能食、亶饮

---

① 《管子·八观》。
② 《中国海洋渔业简史》,第29页,引文作"网眼必有正。船网不可一截而成也"。释意为"网眼必须有限制,对于不同的捕捞对象,要用不同的渔船和网具"。此释可参考。
③ 《山海经·北山经》。
④ 江阴香:《诗经译注》,北京中国书店出版1982年版,第16页。
⑤ 《周礼·地官·司徒》。
⑥ 《左传·成公二年》。
⑦ 《荀子·议兵篇》。
⑧ 《史记·齐太公世家》。
⑨ 《史记·货殖列传》。

酒,咱鰒鱼"①。鰒鱼即鲍鱼。这就是一例。当时有"献鰒鱼"②的行为,也是这种反映。东汉王充指出:"人食鮭肝而死。"③鮭是河鲀。这比战国时的认识有所发展,指出此鱼肝有毒。这对如何食用河鲀有重要启发。将海洋生物用于观赏,这时也继续有所发展和评述。与秦汉大一统局面相关,产于南海的珊瑚,当作贡品带至长安,命名为"烽火树"④和"女珊瑚"⑤,分别展览于积翠池和殿前。"秦兼天下",经改革,废贝币而行钱。货币科虽"不为币","而珠玉龟贝,银锡之属"("贝",包括货币科)仍"为器饰宝藏"⑥。成书于汉朝的《神农本草经》记载:"海藻味苦寒,主瘿瘤、气颈下核,破橄结气痈肿、症瘕坚气、腹中上下鸣,下十二水肿。"⑦这表明最迟不晚于汉朝,人们已认识到了海洋生物的药用意义。

二 海洋哺乳动物知识

海洋哺乳动物属脊椎动物,先秦和秦汉时期的人们已经对它的类别及习性有了较深入的认识。

首先看一下对海洋哺乳动物的分类和命名。关于哺乳纲动物,在我国古代,其分类和命名自成体系。自人类出现,人们就懂得哺乳,也当懂得动物的哺乳。战国时期就有在动物名上冠以"乳"字的动物命名,此后也继续有新的记载。早期常用的相当于纲一级的类名是"兽"和"毛属"。早在殷商甲骨文中已有"兽"类名。⑧ 这是从形态着眼所作的分类和命名,以区别于其他动物。又由于"兽"类一般都全身披毛,故也常称"毛属"。在"兽"或"毛属"类名下,再依形态和局部组织等特征分类和命名。在文字上,也就根据这些特征而制定,一般分属豸、豕、牛、马等类。因较早认识陆生哺乳动物,故先对这些动物分类与命名。后来发现海生哺乳动物,经历了将它们视为兽类和鱼类及多种命名后,人们又逐渐地根据它们的特征,并依与陆生哺乳动物相似性原则,在相应的陆生哺乳动物类名上,冠以"海"字,作为海生哺乳动物的类名。现在还通用的海狗、海豹及海豚等类名,都是古代这样作出的分类与命名。由于鲸类的外形较似鱼类,所以在先秦时误将它划归鱼类。

---

① 《汉书·王莽传》。
② 《后汉书·伏湛传》。
③ 《论衡·言毒篇》。
④ [东晋]葛洪:《西京杂记》卷1。
⑤ [南朝]任昉(460年~508年):《述异记》,《太平御览》卷807。
⑥ 《汉书·食货志》。
⑦ [清]孙星衍(1753年~1818年)等辑:《吴普本草》引。
⑧ 孙海波:《甲骨文编》,哈佛燕京社1934年版。

海豹和海狗,最早可能被记作"貀"。《尔雅·释兽》和《说文解字》都记载:"貀,无前足"。海豹和海狗非"无前足",只是已变异成鳍状。古人可能观察它们在陆地运动困难,误记它们"无前足"。明李时珍认为:"骨貀,《说文》作貀,与肭同。"[1]"骨貀"亦即海豹或海狗。《尔雅》是西汉初著作,辑录先秦至当时的事物类名及其解释。《说文解字》是东汉许慎(大约 58 年～约 147 年)所著,是对先秦至当时的文字的解释。由此可见,尽管古代也还有"貀"义的其他解释,但在汉朝或先秦可能已将海豹或海狗记为"貀"。汉朝还可能将海豹和海狗称为"蒲牢"和"鱼牛"。班固道:"于是发鲸鱼,铿华钟"。唐李善注:"三国时薛综《西京赋注》曰:海中有大鱼曰鲸,海边又有兽名蒲牢,蒲劳素畏鲸,鲸鱼击蒲牢,辄大鸣。凡钟欲令声大者,故作薄牢于上,所以撞者为鲸鱼。"[2]这"蒲牢"可能指海豹、海狗或鳄鱼。据东汉杨孚《临海水土记》载:"鱼牛象獭,大如犊子,毛青黄色,其毛似毡,知潮水上下。"[3]这"鱼牛"即指海豹或海狗。据学者考证,《临海水土记》是三国沈莹的《临海水土异物志》。但有的著作引沈志所记同类动物,描述有差异。沈志记道:"牛鱼,形如犊子,毛色青黄,好眠卧,人临上及觉,声如大牛,闻一里。"[4]由此看来,也可能引杨孚著作时将书名误记为《临海水土记》。据北魏郦道元记载,杨孚著有《南裔异物志》[5],而《隋书·经籍志》记载,杨孚有《交州异物志》和《异物志》。由于杨、沈所著都是异物志,引者误记是可能的。无论如何,最迟不晚于三国时期,我国对海豹、海狗或海狮,已经有较具体的描述。在命名上,"鱼牛"和"牛鱼"都还欠妥,特别是"牛鱼",易与鱼类相混。

关于鲸类,不晚于殷商,人们对它已有认识。安阳殷墟出土的鲸鱼骨即可为证。春秋时期,将它视为鱼类,记为"鱣鲵"[6]。《说文解字》释道:"鱣鲵,海大鱼也。"

对儒艮科动物的分类与命名,我国古代也有研究和记载,给它以"人鱼"和"和尚鱼"等类名。但古代也将两栖类娃娃鱼称作"人鱼",因此,古籍中的"人鱼"哪些属于儒艮,取决于描述的对象是否具有儒艮的生境和特征。战国时《山海经·北次三经》记有非儒艮的"人鱼"。屈原《天问》有:"鲮鱼何所?"[7]刘

① 《本草纲目兽部》卷 51。
② 《昭明文选》卷 1。
③ [唐]徐坚:《初学记》卷 30"鱼十"。
④ 《太平御览》卷 939。
⑤ 郦道元:《水经注》。
⑥ 《左传·宣公十二年》。
⑦ 屈原:《楚辞·天问》。

逵注《吴都赋》引作"陵鱼曷止"。"陵"、"人"音近,"陵鱼"即人鱼。① 唐柳宗元《天对》曰:"鲮鱼人貌,逐列姑射"。宋代世彩堂刻本有注:"《列子》:姑射山,在海河洲中,山上有仙人焉。《山海经》曰:西海中近列姑射山,有陵鱼,人面,人手,鱼身,见则风涛起。"②由此分析,屈原所言"陵鱼"或可能为儒艮。今传《山海经》中的"海内北经",为汉朝人所增写,其中记道:"陵鱼人面,手足,鱼身,在海中"。依"陵鱼"生境"在海中"和所述特征,也可能为儒艮。明胡世安写道:"'海内北经':东洋大海有和尚鱼,状如鳖,其身红赤色,从潮水而至。"③今传《山海经》无此文,所引或古代其他版本,或另有所据。所述"状如鳖身",虽不如实,但"和尚鱼"一般指儒艮。可见,明胡世安认为《山海经》已载有儒艮这种动物。

下面,我们再看一下当时的人们对海洋哺乳动物的生长发育和习性的认知。

海生哺乳类动物的生长发育和习性等许多方面在我国古代已被发现和记载。先秦已认识海生食肉目动物,至汉朝已有仿它们习性的应用。班固所记"发鲸鱼,铿华钟",就是这种反映。海狮或海狗"知潮水上下"的习性,可能已为东汉杨孚所认识。

关于鲸类的生长发育和习性,我国古代也有许多记载。据我国海域特点以及古籍所记,古代所记的"鲸",一般属于须鲸亚目。安阳出土的殷商文物中有鲸骨,表明当时对鲸的大小乃至习性已有所认识。春秋鲁宣公十二年(公元前597年),有"取其鲸鲵而封之"的策论。④ 这是以贪婪吞食为习性的鲸,喻不义地吞食小国的元凶,并认为对这种人要采取封官笼络的斗争策略。这表明时人对鲸贪婪吞食的习性已有所认识。

殷墟中的鲸骨,可能就是搁浅的鲸被捕杀食用后的遗骨。刘安(公元前170年～公元前122年)《淮南子》记述:"麒麟斗而日月蚀,鲸鱼死而彗星出。"⑤这里记述的是鲸自然死亡的现象,可能属于搁浅引起。至于将鲸死与彗星出现相联系,这可能由曾经发现这两种现象同时出现所引起。刘向《说苑》记道:"嗟海大鱼,荡而失水,蝼蚁制之,横岸以死"。这"大鱼"指鲸,"荡而失水",就是搁浅。

儒艮的活动与风涛和海潮的某些关系,可能在汉朝已有发现。汉朝增补

---

① 袁珂:《山海经校注》,上海古籍出版社1980年版,第323页。
② 柳宗元:《柳河东集》卷14。
③ 《异鱼图赞补》卷中"倮虫鱼"。
④ 《左传·宣公十二年》。
⑤ 《淮南子·天文训》。

的《山海经》,后世有人援引说,它记载了人鱼"见则风涛起"①、"从潮水而至"②的特性。明朝著作,依后一习性,将它命名为"望潮鱼"③。

对于海洋哺乳动物的地理分布,战国至秦汉已有认识。这个时期已有记述自然资源分布的著作出现,但因著作者知识的局限,尚未记明产区。随着沿海地区开发的进展,进一步体现出了这类动物的经济价值,到了三国时期的方志著作,对各产区的情况已有所记述。

三 海洋鸟类知识

对以海洋为生的鸟类动物,我国早在先秦时期就已有认识和记载。

古籍记载,我国公元前 7 世纪已有海洋鸟类的分类和命名。当时出现的"海鸟曰爰居"之说④,就是这种记载的反映。它的分类和命名原则是科学的,即将以海洋为生境的鸟类,在"鸟"前冠以"海"字,以区别于其他鸟类;又根据它们不同的特征,再给予相应之名,从而反映海鸟不同的种别。"爰居"之名就是依其习性所命名。它与海洋有密切关系,又属候鸟类。"爰"有"改易"和"更换"之义,故古代"迁居"也有的说"爰居"⑤。《广雅》将海鸟"爰居"又写作"延居",取停留一段时间之意。无论"迁居"还是"延居",对于候鸟"爰居"而言,都是它习性的一种反映。故取名"爰居",可谓名副其实。

后世对海鸟的分类和命名,一般都采取如上的原则,根据它们各自的特征并冠以共性海洋生活的"海"字。也有的只根据其特征、习性等命名,《庄子·逍遥游》所说的"鹏",即属此种。据《逍遥游》描述的情况,"鹏"若不是对海鸥的夸张,便是对与海洋有密切关系的某种候鸟的异化创造,二者必居其一,但并未明言明"鹏"是"海鸟"。先秦将海鸥命名为"沤鸟",也属此类。《列子·黄帝篇》记载:"海上之人有好沤鸟者,每旦之海上,从沤鸟游。"

后世继承了先秦的分类与命名,并沿着如下三个方向发展:①对先秦记载的海鸟给予特征上的考证和描述;②从水鸟类中明确分出一些种属为海鸟;③观察和记载新发现的海鸟,其中包括某些通常不作海鸟而与海洋相关的鸟类。

第一个方向的分类和命名,主要载于字书、辞书、类书,也载于其他类型的著作。成书于汉初的《尔雅》、东汉的《说文解字》、晋郭璞的《尔雅注》,就是较早的这类图书。《尔雅·释鸟》指出,海鸟"爰居"的别名为"杂县"。这别名可能是根据羽毛颜色而命名的。后郭璞注:"汉元帝时,琅邪有大鸟如马驹,时人

第三章

先秦秦汉时期的海洋科学认知

---

① 《柳河东集》卷 14。
② 《异鱼图赞补》卷中"倮虫鱼"。
③ 《异鱼图赞补》卷中"倮虫鱼"。
④ 《国语·鲁语上》。
⑤ 《三国志·吴志·钟离牧传》。

谓之爰居"。这就使人知道它是一种大型鸟类。

第二个方向上的分类和命名,突出地表现在从"燕"和"鸥"类中分出海生类。先秦《诗经》等著作都有"燕"的记载,但属家燕。至《太平御览》所引《广州志》:"燕有三种",其中有"海燕"。按《广州志》可能是晋裴渊的《广州记》,说明晋裴渊之前已经有了对海燕的了解和认识,甚至已经有了命名。

第三个方向是新发现及其记述。秦汉以后,究竟新发现多少种海鸟,有待系统地考证。以凫为例,先秦未记它与海洋的关系,所记有如"凫鹥在泾"[①]和"若水中之凫与波上下"[②]之类。秦汉才记载凫类与海洋的关系:"凫,东南江海湖泊中皆有之";"海中一种冠凫,头上有冠。"[③]

春秋时期成书的《夏小正》记载:"九月,雀入海化为蛤。"后世有说"雀"为"黄雀"。大概此种鸟与海洋有一定关系。该书的主旨是反映物候,说沿海之"雀"在"九月"迁移他去,应是合乎实际的,后人也常加引用。但说它"入海化为蛤",显然是错误的,然而,这种观点影响和流传很久。之所以如此,与此书是最古的重要著作之一不无关系。

先秦已很重视物候,从而对海鸟和与海洋相关的鸟类对气象异常敏感,也多有记述。关于爰居"止于鲁东门之外"而"知避其灾",就是对这种敏感性的记述。鲁僖公时(公元前 7 世纪)藏文仲(? ～公元前 617 年)认为:"夫广川之鸟兽,恒知避其灾也",因此主张对"止于鲁东门外"的爰居举行"祭"礼,以感谢它预告天气的变化。但展禽还未认识它的这一习性,因此对"祭之"持反对态度。但"是岁也,海多大风,冬煖"。这使展禽也相信爰居栖息异常能够预示将来天气的变化。他说:"信吾过也,季子(藏氏)之言,不可不法也。"[④]他还"使书以为三筴"。"筴"指书简。这说明春秋时对海鸟敏感天气和气候的本领已有一定的认识。

战国时继续有所记载。庄子说"鹏"当"海运则将徙于南冥"[⑤]。"海运"为海动,即因天气变化引起的海洋水文气象的异常状态。这是对黄、渤海而言,且属冬半年时间,"海动"较多,因此"鹏"迁徙至南方较暖的海域。他还记道:鹏"搏扶摇羊角而上者九万里,绝云气,负青天,然后图南,且适南冥也";"去以六月息者也"[⑥]。"扶摇羊角"指向上的旋风。不难看出,这里描述了这种鸟能够利用风力和风向飞行的本领,包括上旋风和季风的利用在内,可见当时观察

① 《诗经·大雅·凫鹥》。
② 《楚辞·卜居》。
③ 《本草纲目》卷 47。
④ 《国语·鲁语上》。
⑤ 《庄子·逍遥游》。
⑥ 《庄子·逍遥游》。

已相当仔细。

先秦对海鸟类习性的认识，并不局限于以上所述。《列子·黄帝篇》说："海上之人有好沤鸟者，每旦之海上，从沤鸟游，沤鸟之至者，百住而不止。其父曰：'吾闻沤鸟皆从汝游，汝取来，吾玩之'。明日之海上，沤鸟舞而不下也"。这个传说中可能含有不真实的成分，但关于海鸥的成群性活动、可离人很近且常"舞而不下"，却是海鸥习性的正确描述。

后世不仅记述了海鸥与潮汐的关系，且观察记载了它的产育等问题。师旷《禽经》记载："鸥，水鸟，如鸽鹢而小，随潮而翔，迎浪蔽日，曰信鸥。鸥之别类，群鸣喈喈优优，随大小潮来也。食小鱼、虾、螺之属。虽潮至则翔，水响以为信，反为鸷所击。是知信而不知所以自害也。"①它已描述了海鸥活动与潮汐的关系、食性及天敌，还有成年个体的大小。

秦汉至南北朝，出现了记载鸟类的许多著作。汉朝《尔雅》有"释鸟"专卷、《说文解字》有"鸟"字类专条。但汉朝着重鸟的分类，尚少海鸟分布的记载。东汉杨孚《交州异物志》，可能有海鸟记载，惜已早佚。

四 海洋鱼类知识

海鱼是脊椎动物鱼纲中的一大类，是海洋中最重要、最大宗的生物资源。我国古代对此作了多方面的研究，从先秦和秦汉时期就见诸文献记载了，而且取得了重要的成就。

首先，对海洋鱼类的分类与命名，当在原始社会晚期已经萌芽。当时人们已食用多种海鱼。山东胶县三里河大汶口文化遗址（距今 5000 年前）的发掘中，4 次在墓葬中发现鱼骨，废坑中还有成堆鱼鳞。此处遗址还有黑鲷、梭鱼和蓝点马鲛出土。广东潮安原始社会晚期贝丘遗址中有很多鱼骨，有的脊骨很大，可能属于鲨鱼。南海贝丘遗址发现有鲨翅骨。当时人们对这些鱼类不会不加区别，而区别就意味着分类。

现存最早记载海鱼名的著作，出现于春秋时期。《诗经》记载："有鳣有鲔。"②它反映的是西周的鱼名。"鲔"为鲟，"鳣"在古代主要有两义，即鲟科鱼类和非海生鱼——鲤。春秋至战国，还有海鱼名"鲛"③（鲨）、"比目之鱼"④（鲆、鲽科鱼）、"石首鱼"⑤（黄花鱼）及"鲥鲥之鱼"⑥（河鲀）等。这些类名的缘

① 《古今图书集成·博物编·禽虫典》卷 31 引。
② 《诗经·周颂·潜》。
③ 《荀子·议兵篇》。
④ 《吕氏春秋·遇合》。
⑤ 《吴地记》。
⑥ 《山海经·北山经·北次二经》。

起,从历史记载和汉朝人的解释中,可看出命名的一般原则。《吴地记》:"阖闾十年(公元前505年)……所司捞漉,得鱼……见脑中有骨如白石,号为石首鱼。"这是依据海鱼的内部组织特征所作的分类命名。《尔雅·释山》记载:"东方有比目鱼焉,不比不行,其名谓之鲽。"这是根据鱼眼偏向头部一侧的构造特征,猜测它有"不比不行"的习性所作的分类命名。

秦汉封建中央集权制的建立和大统一局面的形成,促成了对事物类名的统一研究。秦李斯《仓颉篇》、汉朝的《尔雅》和《说文解字》,都是这类研究成果。汉郑玄(127年~200年)注《诗经》,也带有这种性质。这些著作中的事物类名,包括了海洋鱼类。《尔雅·释鱼》记载了鲟科中的"鮥:鮛鲔",还有鲥鱼的两种古名:"鰝:当魱"。《说文解字》记载了多种海鱼名:鲔、鮥、鲧(河鲀)、鮸、鲐(鲭科鱼)、鲛、鲽、鳐等。其中有的明确说明为"海鱼"。有的则说明它的别称:"鲽:比目鱼也","鳐:文鳐鱼名"等。此外,它所记"鲢"、"鲼",可能为海生鲢鳅科鱼名。关于"鳣",它解为"鲤也"。这与郑玄《诗经注》的观点一致。三国陆机描述鳣,可明辨为鲟。至晋,郭璞《尔雅注》则明确注为"似鳁"的"黄鱼",即鲟科鱼。由此看来,汉朝以前"鳣"也含有非海生的"鲤"一义。三国至晋才普遍以"鳣"专指鲟科鱼。因此,古籍中的"鳣"不能都认为是鲟。汉朝两书的记载,虽然并非是对当时认识海鱼的全面记载,但比前人的记载有着显著进步:不仅记载的种名有所增加,而且注意到海鱼名称因时间或地区不同存在的差异性。这里要数许慎的《说文解字》所记海鱼名为多。它不仅是后代研究文字及编辑字书最重要的根据,而且也是后世研究古代生物学类名的重要根据。其中包括许多海洋生物类名,广及海生脊椎动物、节肢动物、软体动物、腔肠动物及藻类等领域。因此,他的这部著作也是古代海洋生物学的重要篇章。

其次,对海洋鱼类的生长发育与习性的认识,我们可以追溯到原始社会时期。而自春秋时期始,记载海鱼的著作已经出现。原始社会至战国食用过的海鱼,仅据考古文物和有记载的就达10类以上,未被记载的究竟有多少,难以详考。但不难推想,当时对海鱼生长与习性的认识,应不限于上述数例。然而,由于时代的局限,认识的局限性也是明显的。战国有谓"比目之鱼","不比不行",就是一种误解。上述先秦形成的正误观念,都影响后世。秦汉时期已经注意和记载了海鱼生长发育的相关问题。当时记载"鲲,鱼子";"鲵,小鱼"及鱼是否"有力"①,就属这类问题。《史记》中所记秦"方士徐市等入海求神药,数岁不得,费多,恐谴,乃诈曰:'蓬莱药可得,然常为大蛟鱼所苦,故不得至,愿请善射与俱,见则以连弩射之。'始皇梦与海神战,如人状。问占梦,博士曰:'水神不可见,以大鱼鲛龙为候,今上祷祠备谨,而有此恶神,当除去,而善

① 《尔雅·释鱼》。

神可致'。乃令人海者赍捕巨鱼具，而自以连弩候大鱼出射之……至芝罘，见巨鱼，射杀一鱼"①。这里的"大鲛鱼"可能指大鲨鱼，而与"蛟龙"不一定同义。徐市说"常为大鲛鱼所苦"，虽属借口，却是当时已认识海上有大型鱼类"苦"人的反映。引文中所言要带"巨鱼具"，也是当时已认识它的某些习性的一种反映。

自夏朝至战国，生产力有很大的发展，尤其商周金属工具的制造和发展，增强了人们开发利用自然资源的能力。海洋渔业也逐渐受到社会重视而有所发展。由于生产、贸易和纳贡等经济活动及军事活动，人们的地理视野较前有很大发展，促进了对海鱼分布的认识。历史传说夏朝帝王芒"东狩于海，获大鱼"②。当时认为黄海产大鱼，当属可信。西周人已认识与渤海相通的黄海产"鲢鲔"（鲟）③。

春秋战国的认识有较大的发展，且已有较多著作记载。《国语》不仅记载了黄、渤海区和东海沿岸盛产鱼类，而且还反映了通商和政治、军事活动使诸侯之间交流产区的情况：诸侯国"通齐国之鱼盐于东莱"④；越国范蠡对吴国王孙雒说：越国人"故滨于东海之陂，鼋龟鱼鳖之与处"⑤。《禹贡》和《荀子·王制篇》都是在总结社会实践经验基础上提出的社会理想与主张，其中都有产鱼海区的记述。前者记述的是黄海和渤海，后者记述的是"东海"（主要指东海和黄海）。战国时还记载了河鲀、鳐类及鲨鱼的某些产区。这些也都反映了当时对海鱼分布有了较多的认识。

秦汉记载海鱼产地，既有所增加，也有其特点。《说文解字》既载产"鲐"和"魵"的"秽邪头国"和产"鲅"的"乐浪藩国"（在今朝鲜半岛），又载"鲯鱼出东莱"，还有"鲈鱼"产于"吴松江"。其所载诸鱼产地都是先秦所未载。《说文解字》的特点是以某鱼为条目，然后介绍该鱼特点及产地。此书虽不是记载海鱼产地的专著，而是综合性字典，却反映出这些知识已为人们所普遍掌握。此外，汉司马迁继承先秦经济区域差异的思想，记述了沿海一些地区的物产情况：燕"有鱼盐枣栗之饶"，"楚、越之地……饭稻羹鱼"⑥，齐国"便鱼盐之利"⑦。这里的"鱼"包括海鱼甚至主要是海鱼。它反映了西汉沿海的主要产区。

总之，我国对海鱼的认识，萌芽于遥远的原始社会，此后逐步发展。商周

---

① 《史记·秦始皇本纪》。
② 《竹书纪年》。
③ 《诗经·鄘风》。
④ 《国语·齐语》。
⑤ 《国语·越语下》。
⑥ 《史记·货殖列传》。
⑦ 《史记·齐太公世家》。

至战国不仅有文字记载,而且已有海鱼的类别、生长发育、习性及分布等内容,为后世认识的发展打开了思路,创造了条件。秦汉在海鱼的分类与地理分布方面,则取得了更为显著的成就。

五　海洋爬行动物和海洋节肢动物知识

海洋爬行动物,主要有龟、蛇、鳄三类。对这三类爬行动物的特征,先秦和秦汉时期的人们早已有所认识,并进行了辨别分类。

关于海龟,殷商甲骨文有"龟"字,但未分出"海龟"类名。战国《庄子·秋水篇》有"东海之鳖"之说,又屈原《楚辞·天问》也有海生"鳖"之说,但当时都还未概括出"海龟"类名。现有史料记载这一类名的著作,以宋《太平寰宇记》为早。①

先秦对龟有一种迷信观念,认为它有神灵,所以常将龟壳用于占卜,加之龟甲可以刻记文字、龟肉可食,又促进了人们对龟类种别的认识和划分。《周礼》记载:"龟人掌六龟之属,各有名物:天龟曰灵属,地龟曰绎属,东龟曰果属,西龟曰雷属,南龟曰猎属,北龟曰若属,各以其方之色与其体辨之。"②其分类原则是龟的颜色、习性和体态。《周礼》所记,是以龟的大小为分类依据,分为"尺二寸"和"八寸"等四种。它们可能包括海龟,但难以辨认。我们可以从其他著作的记载辨别出海龟及其种属。《庄子·秋水篇》中的"东海之鳖"、屈原《楚辞·天问》中的"鳖",就是海龟。《汲冢周书·王会解》记载,商汤时南海诸侯要进贡玳瑁,这玳瑁即为海生龟类的一种。

汉朝有多种著作记载龟的分类和类名。褚氏将"名龟"分为"北斗龟"等"八名"。"其龟图各有文在腹下,文曰某之龟也。"③这是以龟腹纹与天文星象对比的分类和命名,且绘有龟图。这里也可能包括海龟分类与命名。《尔雅·释鱼》以龟甲构造和腹纹、龟的用途、生活环境为分类与命名原则,将龟分为"神龟"、"宝龟"和"水龟"等10种。这里也可能包括海龟。《说文解字》记龟名有"匿鼋",可能指海龟类中的某种龟。至于玳瑁,这时的著作也继续有记载。《淮南子·泰族》记载:"瑶碧玉珠,翡翠玳瑁",这玳瑁即指龟甲。

海蛇的分类与命名,最早是以神话形式载于《山海经·大荒东经》中:"东海之渚中,有神,人面鸟身,珥两黄蛇,践两黄蛇,名曰禺䝞。黄帝生禺䝞,禺䝞生禺京。禺京处北海,禺䝞处东海,是为海神。"这里所述黄蛇与海神的关系,说明黄蛇为海蛇。神话所涉时代,溯至原始社会,也可能是人们很早认识海蛇

---

① 道光《广东通志》卷98"鳞介类"引。

② 《周礼·春官·宗伯下》。

③ 《太平御览》卷931引。

的一种反映。无论如何，原始社会的沿海居民，当已发现海蛇，而西汉记述神话的作者对海蛇有所闻，亦毋庸置疑。《山海经》的"大荒南经"、"大荒北经"又记有海蛇名为"青蛇"和"赤蛇"，可见其分类是以海蛇的颜色为根据。这种分类法是古代最常用的方法之一。

关于与海洋相关的鳄类问题，我国古代最早何时发现，已难确考。先秦著作不乏"龙"的记载，而"龙"在古代有多种含义，其中也有鳄一义。先秦记载的"龙"是否有与海洋相关的鳄，已难确定。又鳄目的"鼍"（扬子鳄）在殷商甲骨文中已出现，因此，古代早期将与海洋相关的鳄也归类于"鼍"，恐亦难免。近人研究，早在汉晋时期就有马来鳄记载。①

对海洋爬行类动物的生长发育与习性，最早有真实认识的，可能是原始社会的沿海居民。商周要南方诸侯贡玳瑁，表明当时关于玳瑁已有较多的认识了。庄子生动地指出海龟很大而适于海洋生活，不像蛙类作"陷阱之乐"②。屈原《天问》中引用的神话"鳌戴山抃"③，是人们认识海龟能长很大且有很大负载能力的一种反映。

至汉代，人们已明确记载海龟有雌雄。《汉书·地理志》记载粤地"处近海，多……毒冒（即玳瑁）"，是认识我国玳瑁主要产地的明确记载。由于外交和对外贸易的发展，汉朝时已知道国外的某些产地。

至于海洋棘皮动物，先秦和秦汉时期的记载不多。而对海洋节肢动物的记载，则先秦和秦汉文献颇多，主要表现为对蟹类与虾类的分类、命名和分布等的认识。

蟹是节肢动物门甲壳纲的一属，海蟹是其中的重要部分。古代对它从属的纲名所据的"甲壳"早有认识。先秦所说"甲"、"壳"、"匡"、"介"就包含着它。《周易·说卦》鉴于它的生态特征，将蟹归入"离"属。这是因"离"为"火"，属阳性，而阳性又含硬之意。对蟹而言，即指其有硬壳。古代一般将它归类于"介"属或"甲"类。《大戴礼》记："蟹亦（甲）虫之一也。"由此可见，我国古代虽然未用类名"甲壳纲"，但早在先秦已将蟹归于同样意义的甲壳类中；只是"纲"与"属"等在分类学系统中有差异而已。《考工记》又将蟹归类于"小虫"类，名为"仄行"。这是以其成年个体大小和习性为分类原则所命名的。至于具体描述，荀子《劝学篇》说：蟹有"六跪二螯"。有人认为此"六"应为"八"，疑后人误写。如此，战国时人已将它的基本特征作了概括。

此后，关于蟹的分类命名和描述更为丰富，增加了它的许多别称，同时对

① 徐俊传：《与香港海滨惨案》，《海洋》1981 年第 7 期。
② 《庄子·秋水篇》。
③ 《楚辞·天问》。

蟹的内部分类命名做了许多工作,取得了重要成就。

《说文解字》:"蟹:有二螯八足,旁行,非蛇鲜之穴无所庇,以虫解声。"又:"蜽:蟹,或从鱼。"这将它归于"虫"类。"从鱼"之说欠妥。

关于蟹类内部的具体分类与命名,虽在先秦可能已经出现,但缺乏明确记载。《汲冢周书》有"海阳巨蟹"之说。《国语·越语下》记春秋时吴国"今其稻蟹不遗种"。古今对"稻蟹"有不同理解,有的认为是指蟹食稻,有的将它作蟹类中的一种种名。其实,这两种观点可能都有误。该书原意应是:"今其稻、蟹不遗种",这是极言其自然灾害之严重。若作蟹吃稻解,则语法上难通,且虽蟹会食嫩稻根,但也很难造成如此严重的灾害。若作蟹中种名"稻蟹"解,也未必仅以此物之缺形容吴国遭大灾。因此,原文中"稻"与"蟹"无关,"蟹"仍是总类名。

对海蟹的生长发育与习性,原始社会已有所发现。春秋战国时开始记载蟹,其中《考工记》记载了蟹"仄行"的习性。春秋时吴国遭灾使"蟹不遗种"之说[1],反映了人们对蟹自遗其种的正确认识。庄周以蟹不能"跳梁"喻理[2],荀况以蟹非"蛇穴无可寄托者"论理[3],说明当时对蟹的这些特点已很熟悉。《汲冢周书》又有"海阳巨蟹"之说,后人注"其壳专车",反映了人们对平常海蟹和异常海蟹的知识。

先秦虽有如上认识,但尚未专以海蟹及其某一种类立论。秦汉也大体如此。郑玄《周礼注》和杨雄《太玄经》虽有记载,仍未超出前人认识的水平。《淮南子》有"使蟹捕鼠必不得"之说[4],但亦未专以海蟹立论。

西汉《张敞集》记载:"朱登为东海相,遗敞蟹酱"[5],它不仅反映出东海(今黄海)产蟹,而且反映出至迟至西汉已有了以海蟹作酱并作为馈赠礼品的现象。

古代关于虾的分类和命名,经历了曲折。认识和利用海虾,无疑当在远古已经出现,但载其类名较晚。《尔雅》:"鰝:大鰕。"[6]"鰕"可能指虾。同书又将"魵"和"鲵"称作"鰕"[7]。可见这种类名"鰕"还易混淆。东汉《说文解字》有"虾",但释作"虾蟆",非指节肢动物之"虾"。以"虾"指节肢动物之"虾",后来才有明确记载。

---

① 《国语·越语下》。
② 《庄子·秋水篇》。
③ 《荀子·劝学篇》。
④ 《淮南子·说林》。
⑤ 《晴川蟹录》卷2引。
⑥ 《尔雅·释鱼注》。
⑦ 《尔雅·释鱼注》。

关于海虾的内部分类,若以《尔雅》为早,则有"鰝:大鰕"。郭璞注:"鰕,大者出海中,长二三丈,须长数尺。今青州呼鰕鱼为鰝。"[①]依郭注,除其对虾的大小有夸张性外,则鰝可能为海虾中最大的品种龙虾。《说文解字》说"鰝:大鰕","鰕:鰕也"。因此,《尔雅》中的"鰝"是否指节肢动物之"虾",有待进一步研究。

海虾类的地理分布,沿海居民早有认识,但明确记载较晚。早期著作中,它当被概括于"海错"和"鱼盐"一类的论述中。

六 海洋软体动物和腔肠动物知识

海生软体动物的类别观念,在原始社会已萌芽。我国旧石器时代的沿海居民已经采捞海生软体动物食用。北京周口店山顶洞人遗址出土的穿孔海蚶壳,是当时的饰品。新石器时期,我国沿海许多地方有贝丘分布。考古发现这些贝丘遗址包含的软体动物,计有蚶、牡蛎及海蛤等20多种,是食用后的遗弃物。原始社会在从长期采捞和食用软体动物的实践中,在识别质量和交流思想中,有关区分它们的类别观念早已产生。殷商起已有文字记载。甲骨文已有"贝"字,这是软体动物类的一种类名。春秋至战国著作中,除有贝以外,还有蛤[②]、蠃[③]、蚌[④]、蜃[⑤]、鰂鯛[⑥](乌贼)等类名。显然,这已经有单壳纲、双壳纲和头足纲中的动物类名,而这三纲动物是软体动物中最重要的部分。这个时期很突出的方面就是,对宝贝科当有较细的分类。商周至战国以宝贝科为货币,因此,必然导致对这科动物的细分。甲骨文和商周彝器义中有许多"贝朋"[⑦](贝为贝壳,二贝、五贝或更多相串为一朋)的记载。据考古资料,商代之贝有的属海贝[⑧],西周时的贝,有的为出自南海的宝贝科贝类。又,珍珠贝科的类名"珍珠"概念,也已经在这个时期出现。据载,"周文王于髻上加珠翠翘花……名凤髻。"[⑨]这"珠"可能指珍珠。《战国策》有"珍珠宝玉"[⑩]之说。这"珍珠"当包括海产珍珠贝壳。

秦汉时期,分类与命名取得了新的成就。《尔雅·释鱼》就有较多记载,包括类名异称及其意义。如"蚌:含浆";"蜌:廛"就是同名异称。又:"蜃:小者

① 《尔雅·释鱼注》。
② 《夏小正》。
③ 《周易·说卦》。
④ 《周易·说卦》。
⑤ 《礼记·月令》。
⑥ 《逸周书》。
⑦ 福开森:《历代著录吉金目》,商务印书局1939年版。
⑧ 河南偃师二里头商代遗址,出土海贝、石贝和骨贝。
⑨ 《格致镜原》引《妆台记》。
⑩ 《战国策·秦策》。

珧"，"蠃，小者蜬"；"贝：居陆赎，在水者蜬；大者魧，小者蠇，玄贝：贻贝。余貾：黄白文；余泉：白黄文；蚆：博而颓；蜠：大而险；蟧：小者楄"。"魁：陆"。郭璞注："珧：玉珧，即小蚌"；"颓者中央广，两头锐"；"险者，谓污薄"；楄"即上小贝，楄谓狭而长"；"魁：状如海蛤，圆而厚，外有理纵横，即今之蚶也"①。珧即江珧科的江珧；贻贝即胎贝科的淡菜。《尔雅》中关于软体动物的分类，"贝"属双壳纲，"蠃"属单壳纲。其分类原则是多样的，主要根据是个体大小、颜色及其搭配形式、形态特征以及生活环境。海生贝类即属"在水者蜬"之列，而海生螺也被名于"蠃"之中。关于后者，还可从郭璞注得到说明。他说："螺大者如斗，出日南涨海中。"②至于"蜬中诸类名，魧包括了海产的砗磲"，"蠇"包括了海产的宝贝科和其他一些科属动物。关于这点，郭璞也都注有例证。然而，《尔雅》中的"蜬"不统一，"蟧"与"蠇"分别从"虫"和从"鱼"而并用，说明分类与命名还存在某些缺点。此外，《尔雅》的软体动物分类的条目次序，也与其他生物类名存在相互穿插的杂乱现象。这或是后人传抄搞乱所至。

尽管存在这些缺点，但其总体的分类原则和记载的某些类名，在历史上是有影响的。

汉朝著有《相贝经》，是"朱仲受之于琴高，以遗会稽太守严助"③。它应当是关于宝贝科分类与命名的某种总结。此"经"所记，是以贝壳的大小和花纹为分类原则，将它分为"径尺之贝"、"紫贝"等十几种。④ 东汉班固又记载了另一分类情况。它是以贝壳大小与质量为分类原则的，将贝分为"五品"："大贝，四寸八分以上"，"壮贝，三寸六分以上"；"么贝，二寸四分以上"；"小贝，寸二分以上"；最后一种为"不盈寸二分"⑤。分类中还分别说明它们与钱的不同等价。这种依贝的大小分类，对于生物学分类而言，还欠缺科学性。《说文解字》也有分类记载："蛤，蜃属，有三，皆生于海……蛤……牡历……魁蛤，一名复累。"其中魁蛤，一般解释为巨蚶。蛤类虽不只"有三"，亦非"皆生于海"，但已记载海产中的三种，也是重视海生软体动物的表现。

汉朝还记载了海生软体动物的其他类名，有的已使类名明确化。汉朝伏胜和张生等的《尚书大传》明确记载了"车渠"⑥，而《孝经援神契》已载珠母之名，东汉《无量寿经》又载有嵌线螺科的"法螺"⑦，还有《汉书·王莽传》记载了

---

① 《尔雅·释鱼注》。
② 《尔雅·释鱼注》。
③ 《本草纲目》卷46。
④ 《本草纲目》卷46。
⑤ 《汉书·食货志》。
⑥ 《尚书大传·西伯堪黎》。
⑦ 佛经《无量寿经》，东汉至唐宋有不同译名，现存东汉译名为《无量清净平等觉经》。

鲍科的"鳆鱼"。这些比先秦所记都较具体和明确。

关于乌贼(或写作乌鲗)的命名,有人将它寓于秦始皇"东游弃算袋于海,化为此鱼"的神话中,说是"形犹似之,墨尚在腹也"[①]。此说之谬,显而易见。但言它的"形"、"墨",却比喻生动。又说:"乌贼鱼,一名河伯度事小吏,常自浮水上,鸟见以为死,便往啄之,乃卷取鸟,故谓之乌贼。"[②]乌贼是取意它能"吸波巽(同喫)墨,令水溷黑以自卫"之义,先秦可能已有认识,故名鰂"鲗",即属"乌贼"的异写。

自夏至战国,特别是商周至战国,人们对软体动物的认识又有了较大发展。这从沿海渔业的发展过程中,把海错作为贡品、贝壳作为货币、珍珠作为装饰等情况中可得到证明。

战国晚期,有人已试探软体动物的肥瘦规律,并提出了相关的理论:"月也者,月望之本也。月望则蚌蛤实,群阴盈;月晦则蚌蛤虚,群阴亏。夫月形乎天,阴化乎渊。"[③]这里的"蚌蛤"和"群阴"包括海生类在内。这种"如意阴随月盈亏论",引起了后世的重视,常被引用,乃至现代也在研究,且有不同观点。一般地说,海生动物的活动与光和潮汐相关,而夜光和潮汐随月亮而变化,因此,月盈亏对蚌蛤活动具有一定的影响。由于不同海洋动物的习性有差异,且影响肥瘦还有许多因素,故似乎不致形成它们与月盈亏相应的有节律的肥瘦变化。古代之所以形成这种观念,可能是以大潮汐期间,低潮期能采拾到较肥大的蚌蛤为根据,并从月、水、水生物同为"阴性",而月是阴之"精",从而推导出这种结论的。尽管这种理论尚欠全面,但对于注意总结软体动物生长发育规律,仍有着启发作用。

关于海生软体动物的分布,原始人已有一定的认识,而从殷商至西周,中原地区的人已经知道南海出产宝贝科贝类。当时已以这种贝壳为货币。甘肃、陕西、河南、河北、山东及安徽都出土了这个时期的这种货币,说明使用这种货币广及黄河上中下游地区。春秋战国使用这种货币又有发展。因此,知道南海出产宝贝的人,有可能广及这些地区。《尚书·禹贡》中的贡赋之物,青州有"海物惟错",徐州有"蠙珠",扬州有"织贝"。前两地的贡物中当包括海生软体动物在内。"织贝"应是佩有贝壳的织物。因此,《禹贡》记载表明,夏朝至战国时期人们已知海生软体动物的地理分布相当广。

秦汉的地理视野进一步扩大,也表现在对软体动物分布的认识上。西汉元鼎六年(公元前111年),因为知道海南岛东北沿海出珍珠贝和珠,就把当地

第三章

先秦秦汉时期的海洋科学认知

---

① 《本草纲目》卷44引。

② 沈怀远:《南越志》,《初学记》卷30"鱼第十"引。

③ 《吕氏春秋·季秋纪·精通》。

命名为"珠崖":珠崖和儋耳"二郡在大海中,崖岸之边出珍珠,故曰珠崖。"①司马迁仿《禹贡》记载物产方式,写成《史记·货殖列传》,也记载了国内的产地。西汉已知国外产地有:成帝时(公元前 32 年~公元前 7 年),"真腊夷献万年蛤,光彩如月。"②这"万年蛤"可能指砗磲或其他大型蛤贝类。至迟不晚于东汉,中原已确知岭南合浦产珍珠贝和珍珠。当时孟尝为合浦太守,那里有采珠活动,并出现了"合浦珠还"故事。③又顺帝时(126 年~144 年),岭南桂阳太守茗曾"献大珠"④。东汉,还因佛教自国外传入,又知国外也产大海螺(法螺)。

关于海洋腔肠动物,如珊瑚,在分类与命名问题上,由于它的形态与树木有相似之处,因此,有的将它归入草木类,常称珊瑚树;又因为它的骨骼硬如石,因此又有人说它为石类。对它的本质特征缺乏正确认识,就会导致分类学上的失误,而类别认知上失误,必然又将阻碍对它的习性等方面的深入认识。

南海是我国出产珊瑚的唯一海域。远古时沿海居民可能已发现它。至西汉,已有珊瑚生态的描述:"珊瑚丛生。"⑤珊瑚虫以胚芽形式繁殖,形成丛生形态,可见,这种描述符合实际。据传西汉又有越南王赵佗向汉王朝献大珊瑚,号称"烽火树","高一丈二尺,一本三柯,上有四百六十二条"枝杈。⑥当时已发现和展览如此巨大的珊瑚,说明对它的生长发育已有一定的认识。东汉《说文解字》已正确地记载"珊瑚色赤,生于海"。至于又说它"或生于山",可能是因已发现珊瑚岛的死珊瑚而言,也可能是指非生物的珊瑚石出产地。

腔肠动物的另一重要成员是水母。对它我国古代很早就有利用和记载。东汉袁康《越绝书》记载:"水母虾目,南中人好食之。"⑦此书是记载春秋吴越史地和名人活动之书,由此推论,可能早在春秋时,东南沿海人民已食用水母了。

七 海洋藻类知识

海藻属于能进行光合作用的单细胞的海洋水生低等植物。它具有重要的利用价值。早在先秦和秦汉时期,人们对它已有认识和利用。

人们从植物界分出海藻类,是出于利用海藻的特殊性的需要。原始社会沿海居民在长期沿海捕捞鱼贝类实践中,当已发现海藻。传说舜曾对禹说,欲

---

① 《汉书·武帝纪》注。
② 《赵后外传》,《渊鉴类函》卷 443 引。
③ 《后汉书·孟尝传》。
④ 《后汉书·顺帝本纪》。
⑤ 《史记·司马相如传》。
⑥ [晋]葛洪《西京杂记》卷 1;又《三辅黄图》卷 4"池沼"。
⑦ 《越绝书》现行本无此句,但类书有引。

仿古人的样子,制作衣服,要有"藻、火"等形彩。① 这"藻"指水藻,可能包括海藻在内。《诗经·召南》等多篇都有"藻"类名,说明"藻"类概念已较流行。至《尔雅》已载"海藻"类名。② 由此推论,先秦可能已出现"海藻"类名。

《尔雅·释草》:"薅:海藻"。这薅是红藻门的海萝。《尔雅·释草》还载:"纶,似纶;组,似组;东海有之"。郭璞注道:"纶,今有秩、啬夫所带纠青丝。纶、组,绶也。海中草生彩,理有象之者,因以名云。"郭氏正确地指出它是海藻。但究竟如何具体理解,后世有不同观点。南朝陶弘景认为:"昆布似组,青苔、紫菜似纶。"③但唐代陈藏器却有不同理解。他认为海藻有两种,并将这两种与纶组等同起来,将它们分别指为马尾藻和大叶藻(指海带)④,这就将纶与组局限于这两科海藻的范围。宋代苏颂附和陶氏观点,对陈氏之说持有异议。此外,关于纶与组,何者为藻体阔薄类,何者为藻体细长类,也有异议。李时珍所持观点,就与陶氏以组为阔薄类相反,认为纶才是阔薄类,昆布即此类。⑤

《尔雅》中的"纶"和"组"是海藻象形的次级类名,而不是分别特指海藻的某一种,古代非藻类的"纶"和"组"有多种意义。其中"纶"有"粗如丝"、"似絮而细"和如"绳"等义,而"组"则有"薄阔为组"等义。因此,海藻"纶"可能是形态细长若丝或似小绳的名种海藻的统称,而海藻"组"可能是形态宽薄的各种海藻的统称。类似的分类方法,《尔雅》还用于脊椎动物和软体动物的分类中,由此也可以说明"纶"、"组"不是特指某种,而是统称,是海藻类的两面种并列的次级总类名。

汉代还有其他著作记载海藻种名。《说文解字》记有"薅"外,还载有"篱:江篱"。但是,汉代所记具体种名还很少。

古代海藻分类学上的成就和发展,也反映在对海藻的描述方面。

春秋时有"藻棁"的记载⑥,说的是于梁上短柱,绘以藻文。此外,还有服装上配以具有藻类的颜色。这些都是应用上的可贵成就。然而,仍缺乏文字上对海藻类的具体描述。"纶似纶,组似组",也有可能为先秦已有的观念,但这是大类特征的概括,尚未具体到种一级的描述。这后一种描述,出现于汉至三国期间。郭璞《尔雅·释草注》云:"薅,药草也,一名海萝,如乱发,生海中。《本草》云。"这《本草》未说明是汉《神农本草经》还是三国《吴普本草》。后人虽有辑录本,但已难确辨。

---

① 《尚书·益稷》。
② 《尔雅·释草》。
③ 《本草纲目》卷19引。
④ 《本草纲目》卷19引。
⑤ 《本草纲目》卷19引。
⑥ 《论语·公冶长》。

第四章

先秦秦汉时期的海洋疆域及海洋军事

海洋疆域作为一个国家范畴的地理概念，在中国古代早已存在，它不是一个海岸线或海岸带概念，而是一个区域概念，是由海岸线以内的沿海地区及靠近大陆的海岛构成的、有着海洋文化特征的"沿海疆域"。在先秦和秦汉时期，海洋疆域概念逐步形成和发展，有着不同的表现形式，即夏商周时期以居于当时中国东方部族"九夷"居住地区为限，春秋战国时期以沿海的诸侯国海界为主，秦代的海洋疆域主要表现为傍海郡县的设立，汉代继承了秦代的管理方式，在沿海设立部（州）郡（国）。

在国家海洋军事方面，夏商和西周中原王朝尚未组建海洋军事力量。春秋时期，沿海的诸侯国家都拥有自己的海洋军事力量，时称舟师。较为发达的造船业和航运业，较为精良的战船和兵器，是当时海洋军事力量最为显著的表现。秦汉时期，造船业和航运业在春秋战国的基础上进一步发展，海洋军事力量进一步加强，海战规模进一步扩大。

第一节　海洋疆域的形成及发展

一　先秦时期海洋疆域的形成和发展

在先秦时期，中国的海洋疆域概念已经出现。如果说夏商和西周时期的海洋疆域意识尚不明晰，到了春秋战国时期，沿海诸"国"的强大，在一定程度上促进了海洋疆域概念和观念的形成和发展。

（一）夏商与西周时期海洋疆域概念的形成①

在中国的语言文字中，"疆"代表境界、边界。《诗经·大雅·江汉》说，"式辟四方，砌我疆土"，可见，疆域的本意是指陆地、陆界。

疆界的概念起源颇早，原始社会的疆界已具有地域管理的性质，但并不具有政治统治的内涵。根据考古资料，最早的疆界出现在新石器时代中期。由于生产力水平的限制，这时城垣的规模还不大，城垣内的范围还比较小，城垣只是储藏粮食、财物和避难的场所。氏族成员平时居住在城堡周围，当外族入侵时，他们便聚集在城垣内，保护妇孺，抵御外敌。

到了夏商与西周时期，陆地边界形态更加明显。夏商与西周的国家组织是以"邑"为基础建立起来的，邑是自然形成的居民聚居地。进入阶级社会以后，一些"邑"的规模不断扩大，成为王的居住地，成为区域政治、经济和文化中心。在夏商"都邑"的外围，分布着许多方国或诸侯国，它们拥戴夏、商王室为共主，依距夏商统治中心距离的远近，臣服的程度也不同。这种自然形成的统治方式被后世学者理想化和理论化，形成了服畿制度。周王朝建立后，继承了商殷的外服制度，但又对这一制度进行了重大改造。改造包括两项内容：一是把殷人的四服制改造成五服制；二是分封子弟功臣，施行分封制。

周王室施行分封制，核心是授民授疆土。在授疆土中，重要的内容是封疆界。封疆界是自都邑的中心区域向东西南北四方各延伸一段距离，在辖区的边缘挖一道壕沟，将挖出的土堆在沟侧，用木桩加固，即"封疆"。实际上，封疆是小城邦或酋邦的疆域特征，不可能是大面积国土划界方式。王畿周边达数千里，这么长的壕沟，在现代都难以挖掘，也没有考古学上的证据。

实际上，在稍大的国土范围内，这类标准统治区是难以实现的。夏商周三代，通过兼并战争，三代帝王直接统治的地域大大扩张，超过了城邦、酋邦的范围，只能以山岭、河川为疆域标志，大山大川成为自然屏障。由都邑封疆扩展到边境的险峻山川，便产生了"四至"的观念。后代史书记载夏朝的疆域"左河济，右华山，伊阙在其南，羊肠在其北"。记殷的疆域"左孟门，右太行，常山在其北，大河经其南"②，皆源于此。③

可见，在中国的疆域发展史上，首先产生的是陆地疆域。但是，随着人们对于海洋认识的深入，人们也逐渐把海洋作为边疆看待，把海洋纳入到他们的

---

① 引见安京：《试论先秦国家边界的形态》，《中国边疆史地研究》1999 年第 3 期；安京：《中国古代海疆史纲》，黑龙江教育出版社 1999 年版，第 23～32 页。

② 《史记·孙子吴起列传》。

③ 安京：《试论先秦国家边界的形态》，《中国边疆史地研究》1999 年第 3 期。

疆域范围。这是一个动态发展的过程，以大山大川乃至以大海作为自然屏障，这种现象在春秋时期已经开始出现。当时与海为邻的部落或方国，一直把大海当作天然屏障，以海洋为边疆的思想已较为普遍。我们可以从有关记载中寻觅到这一点，如"于疆于理，至于南海"，"方行天下，至于海表"等。

关于夏王朝与海洋的关系，我们了解的还很少，但在反映上古历史的《尚书·禹贡》中，我们还是可以看出当时海洋疆域的基本情形。

《禹贡》记载，禹时已有了国家组织，禹夏的疆域分为九州。其中兖、青、徐、扬四州临海。

兖州。《禹贡》曰："济、河惟兖州。"孔安国说兖州"东南据济，西北距河"。当时的黄河河道与今日河道不同，沿华北平原流入渤海，下游河流众多，有徒骇、太史、马颊、覆釜、胡苏、简、洁、钩盘、鬲津九条河流注入渤海。

青州。《禹贡》曰："海、岱惟青州。嵎夷既略，潍、淄其道。厥土白坟，海滨广斥。厥田惟上下，厥赋中上。厥贡盐、𫄨，海物惟错。"《孔传》说青州"东北据海，西南距岱"。孔安国认为青州跨越渤海，包括了辽河以东的地区。西南至泰山。嵎夷是沿渤海居住的居民。马融认为："嵎，海嵎也；夷，莱。"潍水，发源于山东莒县东北潍山；淄水，发源于山东莱芜市原山北麓，均流入海。青州的土壤充斥碱、卤，呈白色。贡品是海盐、𫄨（一种细葛布）和种类繁多的海产品。

徐州。《禹贡》曰："海、岱及淮惟徐州"，并说淮夷的贡品是"蠙珠暨鱼"。《孔传》："东至海，北至岱，南及淮"。这是说徐州的疆域东至海，即今黄海；北至岱，即泰山；南到淮河，方位是清楚的，大致包括了今天山东南部，安徽、江苏的北部。这里居住的淮夷贡奉的是"蠙珠"。孔颖达解释说："蠙是蚌之别名，此蠙出珠，遂以蠙名"。

扬州。《禹贡》曰："淮、海惟扬州。"《孔传》说，扬州"北据淮，南距海"。北边临淮好理解，南面达到"海"似乎不可能。这可能是因为当时的人把长江口以南的东海称为南海。从《禹贡》叙述的三江、震泽（太湖）来看，扬州的南界不会超过长江三角洲区域。扬州临海，因此居住在这里的有岛夷。扬州的贡品有"织贝"。对于"织贝"，学者有不同意见。颜师古认为，"织贝"是作为货币使用的贝类，而郑玄则认为"织贝"是一种纺织品的名字。但无论是哪种货物，它们都是经过海路运往中原的。《孔传》解释"沿于江海，达于淮泗"这句话时，认为贡品是"沿江入海，自海入淮，自淮入泗"。后代学者曾运乾推测："所谓沿于海者，即岭外各地附海诸岛之贡道也。其程沿海入江，溯江入淮；由淮达泗，转由菏济而达于河也。"虽然这只是推测，但考古发掘和相关的人类学研究证明，在四五千年前，东亚民族确实已能驾舟在沿海航行，足迹遍布东亚、东南亚的海岛上。

在《左传》、《史记》及汲冢出土的"古本"《竹书纪年》中也保留了一些夏代的史料。

夏人来自东方还是来自西方，是个正在论争的问题，但有关夏人在沿海地区活动的史料并不少见。[①]

从总体上说，夏王朝时期的东方疆域是远至海洋的，其具体内涵，是夏王朝间接统治的方国（如淮夷、畎夷、风夷、黄夷、白夷、赤夷、玄夷、阳夷、有穷国、寒、有鬲、斟灌、斟寻、有仍国、过国、观国、顾国、莘国、杞国等）有临海的，它们的东方疆域是以海洋为界的。可惜的是关于这方面的材料我们掌握得太少。

关于殷商民族的来源和迁移，史学界说法众多。有越来越多的证据表明，商是来自东方的民族。商与东方沿海民族的关系比以前更为密切。这为我们了解商时期东方海洋疆域提供了较为详细的材料。

殷代的先民们一开始是生活在河北北部靠近渤海湾的广大区域。最新证据来自语言研究，有专家认为殷人的亳，相当于满语中的"居地"。在早期传说中，商人曾多次迁徙。在这些迁徙中，商人曾多次到达东部，濒临大海。商人的祖先曾经有崇拜海洋神祇的习俗，商人的北海神叫止若，《史记》作"昌若"；东海神叫"王吴"，《山海经》中称作"天吴"，《世本》作"粮圉"，王吴即东海大神禺疆。

至少在成汤之际，商人已有了"四海"即四方有海的观念。《诗经·商颂·玄鸟》中有："武王靡不胜，龙旂十乘，大糦是承，邦畿千里，维民所止，肇域彼四海，四海来假。"

在殷商鼎盛的时代，殷的统治达到极为广大的区域。其北方影响到西伯利亚鄂毕河一带；西方扩展至陕甘、巴蜀；南部则抵达大海，地处今江西、湖南的强大方国均受到商文化影响；东部则对黄河中下游流域、长江中下游流域产生过重大影响。

殷人与东方的联系比与其他方向的民族更紧密。东方之人被称作夷，在甲骨文、金文中又写作尸、兒，即夷方、人方。

夷人分成许多小邦国，就是一些小部落。《馭钟》记："南夷、东夷具廿又六邦。"

在甲骨文和古传史书中有不少商殷人与夷人作战的记录：

《竹书纪年》："仲丁征于蓝夷。"

《竹书纪年》：河亶甲"征蓝夷，再征班方"。

据后世史书，帝武乙时"东夷寖盛，分迁淮岱，渐居中土"。

帝乙时代，帝乙屡攻夷方。帝辛时攻人方，获得大批俘虏。

商时，造船技术已比较成熟。甲骨文中的"舟"字是舟船的俯视图。这类

---

① 安京:《中国古代海疆史纲》,黑龙江教育出版社 1999 年版,第 23～26 页。

船已不是石器时代用整段原木挖凿的独木舟,而是有左右侧板、隔板、底板的木板船。

在上海博物馆馆藏的铜鼎上有一金文"荡"字,字的主体是一人负担站于舟中,后有一人划桨(橹),而他脚下的舟船就是一只木板船。

甲骨文的"津"字,像人立舟上,以篙撑船,所驾之舟也是板式舟。"津"是水渡的意思,引申为渡河的渡口。

商周时代使用的这种木板船并没有消失,而是通过改进保留了下来,在长江流域这种加装风帆的木板船至今仍在使用。

关于商殷的地理区划有不同说法。《汉书·地理志》认为殷承夏制,九州的区划没有变化。而三国时期魏人孙炎注《尔雅》,以《尔雅》的九州为殷制。《尔雅》不同于《禹贡》《周礼职方》和《吕氏春秋》的是,有幽州和营州,而无青、梁两州。显然这些说法都只是当时学者的推论,并无多少实据。

总之,商时期有关海洋疆域的材料相对夏王朝时期的来说多了起来,商王朝自身与海洋疆域的关系也更为密切起来。但是,商王朝时期的社会性质依然是早期国家,商朝对沿海地区的控制力是有限度的,远没有形成强大的帝国。

在周王朝,其势力的延伸是随着周民族不断由西向东扩展而伸至东方海滨的,因此周王朝海洋疆域的产生有一个发展过程,即在其早期(西周时期),其东方的海洋疆域还没有形成,西周人对于海洋的认识是通过滨海国家而获得的。到了周王朝的后期,即春秋战国时期,在分封制度基础上诞生了沿海国家,从而在中国出现了真正意义上的国家海洋疆域观念和管理历史。

周民族不断由西向东扩展而伸至东方海滨的明显例子是:

《逸周书·作雒篇》说周公"凡所征熊盈族十有七国",《孟子·滕文公下》又说周公"伐奄三年讨其君,驱飞廉于海隅而戮之,灭国者五十"。说明当时在山东沿海半岛,东夷的支族十分众多。

从西周金文来看,周公东征胜利之后,到康王时,东夷有大反叛。召公和卫侯伯懋父又大举东征。旅鼎铭文:"佳(唯)公大保来叛尸(夷)年"。大保即是召公奭的官名。小臣逨簋铭文:"歔!东尸(夷)大反,白(伯)懋父以殷八**自**十又一月,**趞**(遣)自達述东联,伐海眉(湄),□(粤)厥复归才(在)**牧自**。白(伯)懋父王令(命),易(锡)自達征自五崤贝。"伯懋父即是卫侯康叔之子伯髦,亦即王孙牟,髦、牟、懋三字声同通用(从郭沫若之说)。牧即牧野附近的牧邑,是殷八师的驻屯地。由此可见,卫侯伯懋父因东夷大反,统率殷八师一直攻到了海湄(即海滨)地区,并征收得那里出产的贝。康王以后的金文中就不见有对东夷大规模用兵的记载,该是从此之后,东方沿海的夷部族都已服从周朝的统治了。①

　　周公翦灭了武庚、管叔、蔡叔和东方东夷人的叛乱之后，又大举分封诸侯。周公旦的儿子伯禽被封为鲁君，占据山东西南部。周公的军队在征灭蒲姑（亳姑、薄姑，今山东博兴东北）后，以其地为吕尚的封地，建齐国，都营丘（今淄博），可能在这时周的统治达于沿海。封于齐地的吕尚是"东海上人"，到国后，"修政，因其俗，简其礼，通商工之业，便鱼盐之利，而人民多归齐，齐为大国。"②

　　周公主持营建了周的东都——大洛邑（今洛阳西南）之后，举行了盛大的庆典，四方的氏族、部落都来祝贺，并带来了各地的土特产——方物。居住在东方和南方的居民贡奉的多是海产品。《逸周书·王会》记："扬州，禺禺。"注文："禺禺，鱼名。"又记："东越，海蛤。"注文："东越则海际蛤，文蛤。"又记："且瓯，文蜃。"注文："文蜃，大蛤也。"又记："若人，玄贝。"注文："若人，吴越之蛮。玄贝，照贝也。"又记："海阳，大蟹。"注文："海水之阳，一蟹盈车。"越人是驾船的行家里手。《越绝书》记载：越人"水行而山处，以船为车，以楫为马，往若飘风，去则难从。"据记载，越人曾向周王朝献大舟。《艺文类聚》："周成王时，越人献舟。"

　　周时设立了"职方氏"，以掌管方域事务。根据《汉书·地理志》记载，周时临海的州为幽、兖、青、扬四州，较之禹夏疆域九州中的兖、青、徐、扬四州扩大了许多。

　　幽州："东北曰幽州，其山曰医无闾，薮曰貕养，川曰河、泲，浸曰菑、时，其利鱼盐。"师古注曰："医巫闾在辽东。"貕养在长广，即今山东莱阳东，早已湮废。邑水出莱芜，北入渤海。时水出般阳，汉时般阳县在今山东省淄博市西南。幽州似乎包括了环渤海的广大区域，其中一部分与其他州重叠。

　　兖州："河东曰兖州。其山曰岱，薮曰泰壄，其川曰河、泲，浸曰卢、潍。其利蒲鱼。"岱即泰山。泰壄即大野泽。卢水、潍水皆在山东半岛。兖州似乎在山东北部，濒临渤海。

　　青州："正东曰青州。其山曰沂，薮曰孟诸，川曰淮、泗，浸曰沂、沭，其利蒲鱼。"沂山即沂水发源之山，孟诸大约在今河南省商丘市东北，淮、泗、沂、沭四水分布在今山东、安徽、江苏三省。从这里看出，青州临东海，今称黄海。

　　扬州："东南曰扬州。其山曰会稽，薮曰具区，川曰三江，窦曰五湖。"会稽山在今浙江绍兴市东南。对"三江"，古人有种种说法，已不能确指。"具区"一般认为即今天的太湖。扬州实际是指淮河以南、长江下游的江浙地区，濒临今

---

① 杨宽：《西周春秋时代对东方和北方的开发》，《中华文史论丛》1982 年第 4 期。
② 《史记·齐太公世家》。

日的黄海。①

总的看来，殷周之际是国家制度逐步完备的时期，关于疆域的管理、划分及疆域概念也逐渐进步，为其后的国家管理奠定了基础。夏商周(西周)中央王朝是远离海岸线的，它们与海洋的关系是间接的，当时的海洋疆域与其说是夏商周(西周)中央王朝的疆域，不如说是当时沿海方国的疆域。

(二)春秋战国时期的海洋疆域②

我们在分析春秋战国时期的海洋疆域时不能忽略的事实是，自西周时期开始的国体变革，导致了春秋战国时期诸侯国相对独立地位的产生，而这样的结果则是沿海国家主体的形成，由此，真正把海洋作为一个国家的疆域的地理观念与管理现象产生了。

春秋战国时期始于公元前770年，止于公元前221年。春秋战国时期是中国历史上发生巨大变革的时期，反映在国家管理制度上，就是从诸侯分封制度过渡到以区域划分为特征的行政管理制度，并在各诸侯国家逐步实行了郡县制度。各国(各诸侯国家)的疆界确定后，管理疆界成为行政管理的重要组成部分，这也是郡县制度在国家边境地区有特别作用的原因。

春秋战国时期，齐、燕、吴、越及楚都是沿海的重要国家。

齐国是东方大国。首封于齐的是吕尚，他是"东海上人"，西行归附周王，并在助周灭殷中发挥了重要作用。史书说："天下三分，其二归周者，太公之谋计居多。"③正因为吕尚立下了如此大的功劳，因而周封吕尚于齐营丘。《括地志》云："营丘在青州临淄北百步外城中"，即今山东淄博市临淄北。吕尚就国之时就与久居山东半岛的莱夷发生纠葛，"莱侯来伐，与之争营丘。营丘边莱。莱人，夷也"。④吕尚到国后，"修政，因其俗，简其礼，通商工之业，便鱼盐之利，而人民多归齐，齐为大国。"⑤周成王时，管蔡作乱、淮夷叛周，周授予太公尚父以征伐之权，齐于是得以扩张，其疆土"东至海，西至河，南至穆陵，北至无棣"。⑥据考证，在今山东临朐县南150里的大岘山上有穆陵关，为齐南境。今河北盐山县即古无棣，为齐北境。当时的黄河趋东北流，为齐西境。齐东北部疆域临渤海。在齐的东方，今山东半岛上有莱夷居住。在齐的南方，临海居住的有淮夷。进入春秋时代，齐国出现了另一个著名的君主齐桓公。公元前

① 安京:《中国古代海疆史纲》，黑龙江教育出版社1999年版，第26～32页。
② 引见安京:《中国古代海疆史纲》，黑龙江教育出版社1999年版，第33～42页。
③ 《史记·齐太公世家》。
④ 《史记·齐太公世家》。
⑤ 《史记·齐太公世家》。
⑥ 《史记·齐太公世家》。

685年齐桓公继位后，以管仲为辅，"修齐国政，连五家之兵，设轻重鱼盐之利，以赡贫穷，禄贤能，齐人皆说。"①

齐国经济发达是开发海洋资源、扩大贸易的结果，主要的海产品是鱼、盐。

以柴薪煮盐是齐国重要的产业。据《管子》记载，管子曾向齐桓公献策曰："楚有汝汉之金，齐有渠展之盐，燕有辽东之煮"，"君伐菹薪煮沸水为盐，正而积之，三万钟。至阳春，请籍于时。"管子解释说，阳春之时，农事方作，令民专事农耕，不做其他事情，包括煮盐。这样，盐价就会上升，用价格提高获得的利润疏浚黄河、济水，把盐输往梁、赵、来、卫等国，可以获得很多利润，并且可以借此控制各国。

齐国不仅与内地进行贸易，而且与沿海国家有通商关系，《国语·齐语》有"通齐国鱼盐于东莱"的记载。

经过几代君主治理，兴工商渔盐之利，齐国迅速发达起来，成为"带山海，膏壤千里，人民多文采布帛国盐"②的富饶国家。当时的临淄成为东方的大都会。

齐凭借军事实力，先后吞并了谭（今山东历城西北）、遂（今山东肥城南）、薛（今山东微山东北）、牟（今山东莱芜东）、夷（今山东胶州东北）、东莱（今山东黄县至荣成一带）等地。齐桓公曾自诩说："余乘车之会三，兵车之会六，九合诸侯，一匡天下。北至于孤竹、山戎、秽貊，拘秦夏，西至流沙、西虞，南至吴、越、巴、牂牁、䍦、不庚、雕题、黑齿、荆夷之国。莫违寡人之命。"③这类记载显然有夸大之处，但齐曾为东方霸主是历史事实。

齐桓公二十三年（公元前663年），因山戎伐燕，齐遂起兵救燕，至于孤竹而还。孤竹在今河北卢龙。有学者认为，齐这次救燕战役，是在临海地区进行的，很可能动用了水军。因为齐桓公在制定扩张计划时充分考虑了利用海洋的地理特点，利用海滨、海湾、海滩，实施掩护，作为补给地。在征燕计划中也包含了这类内容。

公元前567年，齐国征服了莱夷，占据了山东半岛，齐人与海洋民族莱人互相融合，驰骋于千里海疆。

据说自齐桓公时就开始了海疆巡狩活动，《国语·越语》记："齐桓公将东游，南至琅邪。"

齐国另一位君主齐景公出巡的路线肯定是沿近海而行的。《孟子·梁惠王下》记齐景公对晏子说："吾欲观于转附（今山东省烟台市芝罘）、朝舞（今山

① 《史记·齐太公世家》。
② 《史记·食货志》。
③ 《管子》。

东半岛东北端成山),遵海而南,放于琅琊(今青岛市胶南琅琊台西北)。"《韩非子》也记载了"景公与晏子游少海。"西汉著作《说苑》记齐景公与晏子"游于海上而乐之,六月不归"。

凭借海上势力,齐国与吴后进行了一次大规模海战。

公元前 494 年,吴王夫差战胜越国后,回首北上,逐鹿中原,"伐齐南鄙",开凿邗沟,以运兵秫。公元前 485 年,吴与鲁、邾、郯进攻齐国,吴王夫差率军由邗沟入淮北伐,另遣大夫徐承率舟师自海入齐。这次海战齐国取得胜利,吴水军返航。《史记·吴太伯世家》记:"齐鲍氏弑齐悼公,吴王闻之,哭于军门外三日,乃从海上攻齐。齐人败吴,吴王乃引兵归。"

战国时,齐国为田氏所篡,取代姜氏。齐威王击赵、卫,破魏,大大扩张:"南有泰山,东有琅邪,西有清河(洹水下游入河处),北有渤海,所谓四塞之国也,地方二千余里。"①战国时齐国经济也很发达。"临淄之途,车毂击,人肩摩,连衽成帷,举袂成幕,挥汗成雨,家敦而富,志高而扬。"②

其后,齐逐渐衰落,但在秦攻燕时,齐水师"仍涉渤海",救援燕国。

燕国居于渤海之滨。这一地区在殷商、西周时代有孤竹国(今河北卢龙)、令支(今河北迁安)。周初,周武王封召公于燕,始封地为蓟,在今北京市房山县琉璃河董家林村一带。春秋时期初年,燕国常受周边国家侵扰,国力较弱,一度迁至临易(今河北雄县)。公元前 663 年,山戎侵燕,"齐桓公北伐山戎,刜令支,斩孤竹。"③在齐援燕后,燕在渤海西岸的地位开始巩固,"燕君送齐桓公出境,桓公因割燕君所至地予燕。"《括地志》记:"燕留故城在沧州长芦县东北十七里,即齐桓公分割燕君所至地与燕,因筑此城,故名燕留。"长芦在今河北省沧州市西。

至燕孝公(公元前 464 年~公元前 450 年)时,燕"东有朝鲜、辽东,北有林胡、楼烦,西有云中、九原,南有呼沱、易水,地方二千里"④。

据史书记载,燕文公(公元前 361 年~公元前 334 年)时,燕国已有海上舟师,并开始发展海上交通。

燕昭王二十八年(公元前 284 年),燕国殷富,士卒勇于战斗,遂与秦、楚、三晋合谋伐齐,齐兵败,燕军进入齐都临淄,齐城不下者,唯聊、莒、即墨,其余皆归属燕国。燕占齐地达 6 年之久。燕昭王二十九年(公元前 283 年),燕将秦开攻东胡,东胡退千里,燕筑长城,西起造阳(今河北怀来境内),东抵襄平

---

① 《战国策·齐策》。

② 《战国策·齐策》。

③ 《国语·齐语》。

④ 《战国策·燕策》。

（今辽宁省辽阳境内）。燕国向东北发展，开拓了大凌河、辽河流域，并设上谷、渔阳、右北平、辽西、辽东五郡。

战国末年，在秦强大的攻势下，燕在易水流域被击败，公元前226年，秦将王翦率军攻占燕都蓟，燕王喜逃奔辽东，秦将李信率军追击。公元前222年，秦将王贲"攻燕辽东，得燕王喜"①，燕国灭。

吴国地处水网地带，濒临大海，是水上强国。吴造船能力很强，水军战船种类很多，"船名大翼、小翼、突冒、楼船、桥船，今舡军之教比陵（陆）军之法，乃可用。大翼者当陵军之冲车，楼船者当陵军之楼车，桥船者当陵军之轻足骠骑也。"吴舟师主力舰大翼一艘约广一丈五尺二寸；长十丈；中翼一艘广一丈三尺五寸，长九丈六尺；小翼一艘广一丈二尺，长九丈。

至吴王阖闾时（公元前514年～公元前496年），在楚人伍子胥的辅弼下，国势强大，连续进攻周边国家楚、越。公元前506年，吴与唐、蔡西伐楚，进至汉水，大败楚军，并占领了楚都郢。

公元前494年，吴王夫差率精兵攻越，在夫椒大败越军，越王勾践以甲兵5000人退保会稽，以美女8人送吴太宰伯嚭，使越人免于亡国灭种的结局。

公元前489年，吴王不听伍子胥劝阻北伐齐。公元前487年，吴北伐鲁。公元前485年，吴再一次北伐齐，"乃从海上攻齐。齐人败吴，吴王乃引兵归。"②

公元前482年，卧薪尝胆、以图复仇的越王乘吴王北上会盟、后方空虚的时机，偷袭攻入吴都，俘获太子友。这次攻吴，越水陆并进，水军自海路攻吴退路，越大胜。吴王夫差退回吴地后，士卒疲惫，只得与越言和。

吴都于姑苏（今江苏苏州），国土包括今江苏大部和安徽、浙江一部，北至淮泗流域，南临太湖流域（今浙江嘉兴湖州之地），东依海。

公元前475年，越攻吴。公元前473年，吴王夫差自杀，吴国灭。

越为水上民族，长于行舟。《越绝书》记："夫越，惟脆而愚，水行而山处，以船为车，以楫为马，往若飘风，去则难从。"③《淮南子》中说："胡人便于马，越人便于舟。"正因如此，越人有高超的造船技术，舟船种类也很多。战船有戈船、楼船，民用船有扁舟、轻舟等。越人称船为"须虑"，喻海为"夷"。在战争中，水军是越国重要的军事力量。

公元前482年，越乘吴王北上会盟，大举攻吴，"乃发习流二千人，教士四

---

① 《史记·秦始皇本纪》。
② 《史记·吴太伯世家》。
③ 《越绝书·外传记地传第十》。

万人,君子六千人,诸御千人伐吴"①,吴军被击败。"习流",古人解为流放之人,或指水军。据《国语·吴语》,越军分兵两路,一路由范蠡、后庸率领舟师"沿(沿)海泝(溯)淮,以绝吴路";另一路由大夫畴无余、讴阳为先锋,勾践自领主力随后,从陆路进攻。此役,攻占吴国首都姑苏。

辅佐勾践灭吴的范蠡后来"浮海出齐,变姓名,自谓鸱夷子皮,耕于海畔,苦身戮力,父子治产,居无几何,致产数十万。"②

据《吴越春秋》记,灭吴后,越王杀相国大夫种,葬种于国之西山,"葬一年,伍子胥从海上穿山胁而持种去,与之俱浮于海"。这当然是个习海民族的传说。其后,"越王既已诛忠臣,霸于关东,从琅邪起观台,周七里,以望东海,死士八千人,戈船三百艘。"③

越首都为会稽(今浙江绍兴),初时有浙江大部和江西东部,灭吴后,据有吴地,其后迁都琅琊,据有山东南部。

楚也为春秋战国时强国,至楚威王时(公元前339年~公元前329年),楚兴兵与越军抗争,大败越军,杀越王无疆,"尽取故吴地至浙江,北破齐于徐州。"④这样,楚国的东部疆域抵达东海。而越国遂亡,诸侯子孙"滨于江南海上,服朝于楚"⑤。

《战国策·楚策》记楚四至:"西有黔中、巫郡,东有夏州(今武汉)、海阳(东海之滨),南有洞庭、苍梧(今湖南境),北有汾陉之塞(即陉山,在河南新郑南)、郇阳,地方五千里。"

公元前306年(一说在公元前334年),楚怀王灭越,在江东置郡,楚国终于成为沿海国家。

二 秦汉时期海洋疆域的发展⑥

(一)秦代的海洋疆域

在秦王朝的历史上,不同时期的秦王朝的疆域是不同的,秦疆的开辟是随着秦王朝统治范围的不断扩大而扩张的。

经过几代君王的经略,秦的政治、经济、军事实力大大加强,开始向东方扩

---

① 《史记·越王勾践世家》。
② 《史记·越王勾践世家》。
③ 《吴越春秋·勾践伐吴外传》。
④ 《史记·越王勾践世家》。
⑤ 《史记·越王勾践世家》。
⑥ 引见安京:《中国古代海疆史纲》,黑龙江教育出版社1999年版,第43~49,50~67页。

张。到了秦王嬴政的时代,征服东方的战争大规模展开①,到了公元前221年,六国皆灭,秦疆域"地东至海暨朝鲜,西至临洮、羌中,南至北响户,北据河为塞,并阴山至辽东"②。秦海疆自辽东一直延至浙江流域。

前214年,秦始皇开凿灵渠,沟通了湘水和岭南水系,进军攻取岭南地,置桂林郡(今广西桂平南)、南海郡(今广州市)、象郡(今广西崇左境内),发谪戍50万屯驻岭南。这样,秦海疆向南延伸至南海。

统一中国的秦王朝的出现,第一次形成了中国统一的海疆。而秦始皇的几次东巡,则在一定程度上促进了对当时中国东部乃至南部沿海疆域管理和认识的加强。

秦始皇统一中国后,威仪赫赫。为了加强统治,他开始进行大规模的巡狩活动。秦始皇曾有过五次大规模巡行,其中四次是沿海巡视,可见其对海疆的关注。

秦始皇二十八年(公元前219年),他开始第二次巡狩活动。这次他东行先登邹峰山,后登泰山,刻石颂功;然后沿渤海岸东行,路过黄(今山东省黄县)、腄(今山东省福山县),抵达成山(今山东半岛成山头);并登芝罘(今山东烟台市);随后南至琅琊,加筑琅琊台,立石刻,颂秦德。其中特别强调了秦国疆土的完整性:"六合之内,黄帝之土,西涉流沙,南尽北户,东有东海,北过大夏。"③秦始皇与属臣在海上航行中议论到国家制度变革及其影响:"古之帝者,地不过千里,诸侯各守其封域,或朝或否,相侵暴乱,残伐不止……今皇帝并一海内,以为郡县,天下和平。"④也就是在这次旅行中,齐地人徐市(徐福)上书,说海中有三神山,名蓬莱、方丈、瀛洲,仙人居住其上,并请求给予童男童女以便寻访神山。秦始皇批准了这个计划,于是开始了徐福率领数千人的大规模航海活动。

二十九年(公元前218年),秦始皇再次东巡至芝罘、琅琊,刻石树碑,其中提到"清理疆内,外诛暴强"⑤,对海内外施加威仪。

三十二年(公元前215年),秦始皇来到离当时黄河口不远的碣石。他命令燕人卢生寻访仙人,命韩终、侯公、石生求仙人不死之药,随后巡视了北部疆界。卢生入海,一无所获,只好借鬼神之辞说:"亡秦者胡也。"⑥于是秦始皇派蒙恬率兵30万进攻胡人,夺取了唐灵、夏、胜等州。后世儒生附会说,卢生实

---

① 《史记·秦本纪》。
② 《史记·秦始皇本纪》。
③ 《史记·秦始皇本纪》。
④ 《史记·秦始皇本纪》。
⑤ 《史记·秦始皇本纪》。
⑥ 《史记·秦始皇本纪》。

际上是告诉秦始皇，亡秦的"胡"，不是胡人，而是秦二世胡亥。这其实是历史的巧合。

三十五年（公元前212年），秦始皇"立石东海上朐界中，以为秦东门"①。朐在今江苏省连云港市。这可能是中国国家政权第一次设立的海疆标志。

三十七年（公元前210年），秦始皇开始了他第四次海疆巡狩活动，也是最后一次巡狩。与他同行的有少子胡亥。这次行动的路线是经云梦，沿长江东下，过丹阳（今安徽当涂），到达钱塘（今浙江杭州），观浙江，到达会稽（浙江绍兴），驰望南海（今东海）。

其后秦始皇北还，至吴（江苏苏州市），自江乘（江苏镇江）渡，乘舟沿海航至琅琊。在东巡中发生了一件有趣的事。访仙多年、花费了巨资的徐福欺骗秦始皇说，之所以不能到达蓬莱，是因海上有大鱼作怪，于是秦始皇"乃令人海者赍捕巨鱼具，而自以连弩候大鱼出射之。自琅邪北至荣成山，弗见。至之罘，见巨鱼，射杀一鱼。遂并海西"②。在这次海上航行后，秦始皇得了重病，还未回到都城就病死了。

秦二世秉政后，也学先帝"巡行郡县，以示强，威服海内"。于是东行郡县"到碣石并海，南至会稽"，后"遂至辽东而还"。③

秦始皇海疆巡狩的一个重要目的是寻访仙人仙药，这是不容否认的。但是，他的海疆巡狩也具有政治目的。首先，秦始皇的海疆巡狩是为了向海内外各类势力证明中央王朝的统治权。秦始皇统一全国后，六国贵族并未平定，而是蠢蠢欲动，意欲复辟。尤其是地处偏远的临海诸国更是难以对付。为了防止旧势力反抗，秦始皇除了把一些六国遗族迁往京畿地区外，还借巡视海内外显示秦王朝的强大。其次，秦皇东巡祭祀名山大川，也希冀得到各地区各阶层被统治者从精神上和道义上对中央政权的支持。

以上从秦朝历史发展的角度粗略地论述了秦朝疆域的发展情况，以及秦始皇对海疆的重视，下面着重分析一下秦代海疆的政区地理状况。

秦灭六国后，"分天下以为三十六郡，郡置守、尉、监"。至秦末有四十二郡。其中秦傍海郡县为：

辽东郡：治襄平（今辽阳市），故燕郡，始皇二十五年占。《读史方舆纪要》："今辽东定辽（今辽宁辽阳）等卫境。"

辽西郡：治阳乐（今辽宁义县西南），故燕郡，始皇二十五年占。"今永平府

① 《史记·秦始皇本纪》。
② 《史记·秦始皇本纪》。
③ 《史记·秦始皇本纪》。

（治今河北卢龙）以北至废大宁卫，又东至辽东广宁（今辽宁锦州一带）等卫境。"①

右北平郡：治无终（今天津蓟县），故燕郡，秦始皇二十五年占。"今永平府至蓟州（今天津蓟县），又北至废大宁卫之西南境。"②

渔阳郡：治渔阳（今北京密云西南），故燕郡，始皇二十一年占。"今顺天府（治今北京）东至蓟州一带。"③

广阳郡：治蓟县（今北京市西南），故燕郡，始皇二十三年占。"今保定府（治今河北保定）、河间府（治今河北河间）及顺天府之南境、西境，又延庆、保安二州至宣府镇境内皆是。"④

钜鹿郡：治巨鹿（今河北平乡西南），始皇二十三年置。"今顺德府（治今河北邢台）及真定府，郡治钜鹿。"⑤

济北郡：治博阳（今山东泰安东南），秦置。据《汉书·高帝纪》，汉初尚有胶东、胶西、临淄、济北、博阳、城阳郡七十三城，是以秦置。

齐郡：治临淄（今山东淄博市临淄）。秦置齐郡："今青州府（治今山东益都）、登州府（治今山东蓬莱）、莱州府（治今山东掖县）及济南府（治今山东济南）之境。郡治临淄。"⑥

胶东郡：治即墨（今青岛市所辖即墨市）。

琅琊郡：治琅琊（今青岛市所辖胶南），始皇二十六年置。"今兖州府（治今山东兖州）东境，沂洲（治今山东临沂），青州府南境，莒州（今山东莒县）、莱州府南境，今胶州（今青岛所辖胶州市）一带皆是其境。"⑦

东海郡：治郯县（今江苏郯城北），始皇二十三年置。《汉书·地理志》、《水经注》：始皇二十三年置薛郡。后析薛郡为郯郡，汉改郯为东海郡。"今兖州府东南至江南海州（治今江苏连云港）一带是其境。"⑧

会稽郡：治吴县（今江苏苏州市），始皇二十五年置。"今苏州、常州、镇江、松江（治今上海华亭）诸府及浙江境内州郡皆是，郡治吴"⑨。

闽中郡：治东冶（今福建福州市）。《史记·闽粤王传》："秦并天下，以其地为闽中郡。"《读史方舆纪要》："今福建州郡，郡治侯官（今福建福州）。"

---

①《读史方舆纪要》。
②《读史方舆纪要》。
③《读史方舆纪要》。
④《读史方舆纪要》。
⑤《读史方舆纪要》。
⑥《读史方舆纪要》。
⑦《读史方舆纪要》。
⑧《读史方舆纪要》。
⑨《读史方舆纪要》。

南海郡:治番禺(今广州市),始皇三十三年置。"今广东广州、肇庆、南雄、韶州、惠州及高州府(治今广东茂名)北境,广西平乐府(治今广西平乐)东境,及梧州(治今广西梧州)东南境,皆是其地,郡治番禺(今广州)。"①

桂林郡:治桂林(今广西桂平西南),始皇三十三年置。"今广西境内州郡。"②

象郡:治临尘(今广西崇左),始皇三十三年置。"今广东雷州(治今广东海康)、廉州(治今广西钦州)、高州诸府,及广西梧州府南境,以至安南(今越南)州郡皆是。"③

秦代是中国实现大一统的时代,高度集中的中央集权政府按行政区划进行管理,不仅有了完整的陆上疆界,显著的陆疆标志——长城,而且也有了统一的海上疆界,明确的海疆标志,从而在疆域管理方面达到了前所未有的高度。④

(二)汉代的海洋疆域

汉代政区分划和行政管理分为三级:州、郡(国)、县。在郡之上设州始于汉武帝。《汉书·地理志》云:"武帝攘却胡、越,开地斥境,南置交趾,北置朔方之州,兼徐、梁、幽,并夏、周之制,改雍曰凉,改梁曰益,凡十三州,置刺史。"十三刺史部及司隶校尉部辖郡、国,郡、国下置县。西汉海疆列下:

第一,幽州刺史部。

乐浪郡:治朝鲜(今朝鲜平壤)。汉武帝元封三年(公元前108年),灭朝鲜,置乐浪、玄菟、真番、临屯四郡。昭帝始元五年(公元前82年),罢真番、临屯二郡,并入乐浪、玄菟郡。《后汉书·东夷传》:"昭帝始元五年,罢临屯、真番,以并乐浪、玄菟。玄菟复徙居句丽。自单单大岭以东,沃沮、涉貊悉属乐浪。后以境土广远,复分岭东七县,置乐浪东部都尉。"

辽东郡:治襄平(今辽宁辽阳)。

辽西郡:治阳乐(今辽宁义县西)。

右北平郡:治平冈(今辽宁凌源西)。

渔阳郡:治渔阳(今北京密云西南)。

渤海郡:治浮阳(今河北沧州东南)。汉初"立张耳为赵王"。《史记·汉兴以来诸侯王表》:"常山以南,太行左转,渡河,齐、阿、甄以东薄海,为齐、赵国。"

---

① 《读史方舆纪要》。

② 《读史方舆纪要》。

③ 《读史方舆纪要》。

④ 安京:《中国古代海疆史纲》,黑龙江教育出版社1999年版,第43~49页。

后析巨鹿置清河郡、河间郡。文帝十五年（公元前165年），"河间国除，分河间、广州、渤海五郡"。

第二，青州刺史部。

千乘郡：治千乘（今山东高青东）。

齐郡：治临淄（今山东淄博临淄）。

北海郡：治营陵（今山东昌乐东南）。

东莱郡：治掖（今山东掖县）。

第三，徐州刺史部。

琅琊郡：治东武（今山东诸城）。

东海郡：治郯（今山东郯城北）。

临淮郡：治徐（今江苏泗洪东南）。

第四，扬州刺史部。

会稽郡（吴郡）：治吴（今江苏苏州）。

第五，交州刺史部。《史记·南越尉佗传》记："南越已平矣，遂为九郡"。《汉书·武帝纪》记九郡名为：南海、苍梧、郁林、合浦、交趾、九真、日南、珠崖、儋耳。杜佑《州郡典·古南越地》注："分秦之南海、桂林、象郡，置苍梧、郁林、合浦、日南、九真、交趾并归九郡。"珠崖、儋耳二郡为武帝元封元年置。《汉书·贾捐之传》："武帝征南越，元封元年立儋耳、珠崖郡。"昭帝始元五年（公元前82年），儋耳并入珠崖。元帝初元三年（公元前46年），弃珠崖郡。

南海郡：治番禺（今广东广州）。

合浦郡：治合浦（今广西合浦东北）。

交趾郡：治赢陵（今越南河内）。

九真郡：治胥浦（今越南清化西北）。

日南郡：治西捲（今越南广治西北）。

东汉海疆与西汉海疆略同，其有变者如下：

第一，幽州刺史部：辽东属国，分辽东郡西部置，治昌黎（今辽宁义县）右北平郡，治土垠（今河北丰润东）。

第二，冀州刺史部：渤海郡，治南皮（今河北南皮北）。

第三，青州刺史部：乐安国，治临济（今山东高青东南）；北海国，治剧县（今山东昌乐）；东莱郡，治黄县（今山东黄县东）。

第四，徐州刺史部：琅琊国，治开阳（今山东临沂北）；广陵郡，前汉国，治广陵（今江苏扬州）。

第五，扬州刺史部：吴郡，分会稽郡置，治吴县（今江苏苏州）；会稽郡，治山阴（今浙江绍兴）。

第六，交州刺史部：交趾郡，治龙编（今越南北宁）。

汉代行政管理在秦代开创的基础上,更加巩固,并有所发展。州、郡(国)、县三级国家区划体制对后代国家行政管理制度产生了较大的影响。①

第二节　先秦时期海洋军事的出现②

一　海洋军事力量的产生

海洋军事基于一个主权国家的外部安全需要,其前提是与海洋为邻,并且拥有一定的海洋防卫和海战力量。在先秦时期,夏商和西周王朝的中心地区居于中原地带,远离海洋,自然没有海洋军事的因素。到了春秋战国时期,在分封制基础上裂变而形成的诸侯列国,虽然名义上隶属于周王朝,但是其所拥有的独立性使得它们成为实际上有相当实力的主权国家。沿海的齐、吴、越等国与大海天然为邻,它们出于自身国家安全的需要,各自储备了一支强大的海洋军事力量。这样的海洋军事力量,其名称是舟师。舟师的形成,标志着中国古代海军的诞生。

人类社会自从出现阶级和阶级战争以后,船舶逐渐由运输和捕鱼工具,发展成为一种暴力工具。据殷商甲骨卜辞记载,商代后期,商王武丁曾派人乘船追捕逃亡海上的奴隶,用了 15 天时间把这批奴隶捕捉回来。后来,随着船舶质量的提高和数量的增加,船舶便大规模地用于战争了。

最初,船舶只是被征调用来运送部队和军事物资。武王伐纣渡孟津,是我国史籍关于船舶用于军事运输的最早记载。公元前 1027 年正月(另一说为公元前 1066 年,见唐志拔《中国舰船史》等),周武王率兵车 300 乘,虎贲(周王的近卫军)3000 人,甲士 45000 人,并联合了一些方国部落的军队,大举伐纣。参战部队由 47 艘大船运送,在孟津渡河东进,直捣商都朝歌,灭亡了商朝。这次渡河作战,组织严密,有专人指挥船只,规模空前。但这些船只毕竟是临时征集的,没有专门用于水战的兵器和人员,因此还称不上舟师。

到了春秋时期,由于生产力的发展,特别是铁器的使用,造船技术和造船能力得到空前的提高。临江傍海的诸侯国都出现了造船业,其中以吴、越最为发达,称之为"船宫",能造多种用途的船只。南方各国江河密布,水上运输也很兴盛,吴国"不能一日而废舟楫之用"。至于越国,还在周代,就有"于越献舟"的盛事,浩浩荡荡的部队沿海北上,入淮河西行,到达今天西安附近周王朝

---

① 安京:《中国古代海疆史纲》,黑龙江教育出版社 1999 年版,第 50~67 页。
② 本节引见张铁牛、高晓星:《中国古代海军史》,八一出版社 1993 年版,第 4~17 页。

统治的中心地区。所有这一切,为中国古代海军的形成创造了物质条件。

春秋时期,各诸侯国力量日渐强大,出现了王室衰微、诸侯争霸的局面。各诸侯国之间的战争连绵不断,先是在中原地区进行,后来扩展到东南地区。为了适应水网地区作战的需要,南方的吴国、越国、楚国和濒临东海的齐国,都先后改装和建造战船,抽调官兵进行水上作战训练。于是,古代海军便应运而生了。

我国古代海军诞生于何时何地,史书没有明确记载,但可以根据史料推算出来。据《左传·襄公二十四年》记载:"楚子为舟师以伐吴,不为军政。无功而还"。这是目前见到的第一次水战记载。这次水战发生在鲁襄公二十四年,即公元前549年。这就是说,在公元前549年以前,楚国就已经有了舟师。据元代的马端临考证,"楚用舟师自康王始。"①按楚康王元年,正当鲁襄公十四年,即公元前559年。可见我国古代舟师在鲁襄公十四年至二十四年,即公元前559年至549年之间就已诞生,距今已有2550多年的悠久历史了。

春秋战国时期较为发达的造船业和航运业,较为精良的战船和兵器,成为当时海洋军事的物质基础。

春秋时期的内河航运相当发达,"泛舟之役"就是一个突出的例证。据《左传》记载,鲁僖公十三年(公元前647年)秦国赈济晋国的几万斛粮食"自雍及绛相继"。雍是秦国的都城,在今陕西凤翔县,临渭水。绛是晋国都城,在今山西省绛县,傍汾水。运粮船至绛,先沿渭水东下入黄河,然后逆流北上,东折入汾水,航程六七百里,首尾相继,浩浩荡荡,蔚为壮观。

长江的航运更为兴盛。据《史记·张仪列传》记载,张仪游说越怀王时说:"秦西有巴蜀大船,积粟起于汶山,浮江以下,至越三千余里,舫船载卒,一舫载五十人与三月之食,下水而浮,一日行三百余里,里数虽多,然而不费牛马士力,不至十日而距扞关(扞关在楚的西界)。"1958年,在安徽寿县出土了战国时期楚怀王赐给鄂地一个名叫启的封君的行路符节,叫"鄂君启金节"。节文规定,鄂君持有此节,可以集3艘船为1批,以50批即150艘为限,自武昌出发,在长江、汉水、湘江、资水、沅江、沣水和赣江航行,以达汉口、南昌、沙市等处,可免税通行,并可得到食宿优待。这从一个侧面说明,当时楚国已经设立了水路驿站,由此可见长江中下游广大地区舟船往来之盛况。

公元前506年,吴王阖闾命伍子胥开凿了世界上最早的一条运河——胥河。胥河又称胥溪,它从苏州通太湖,经宜兴、高淳,穿石臼湖,在芜湖注入长江,全长100多千米,从而缩短了从苏州到安徽巢湖一带的路程。在胥溪开成的当年,吴王阖闾就率军从胥溪伐楚,取得了胜利。阖闾死后,夫差又派人开

第四章

先秦秦汉时期的海洋疆域及海洋军事

---

① 《文献通考·兵一注》。

凿了江都到淮安长达 185 千米的邗沟。公元前 484 年,吴国军队从这条水路进攻齐国,又取得胜利。连续两次胜利,使夫差更加相信利用水路进军的价值,于是又深挖了泗水和济水之间的菏水。这样一来,吴国军队从苏州乘船出发,从邗沟进入淮河,再从淮河进入泗水,然后通过菏水进入济水,就可以直达中原腹地,与中原诸侯国争霸了。

下面我们再来看春秋战国时期舟师的战船和兵器。

春秋末期,各诸侯国的兼并战争从中原地区逐渐转移到江南。中原地域平坦,在战争中多用兵车。江南江河交错,宜于水战。于是,专门用于水战的船舶——战船便应运而生了。《神机制敌太白阴经》卷 4 说:"水战之具,始于伍员,以舟为车,以楫为马。"

伍员,又名伍子胥,楚国人,因父兄为平王所杀,投奔吴国,佐吴伐楚,深受吴王阖闾倚重。一日,阖闾向伍子胥请教船军之备,伍子胥"对曰:船名大翼、小翼、楼船、桥船"①。这是见之于文献的我国战船的最早分类。

另据《吴越春秋》记载,吴国的战船,除上述几种外,还有中翼。大翼、中翼和小翼合称"三翼"。

大翼,"广一丈五尺二寸(以当时每尺约合 0.23 米换算,约 3.5 米),长十丈(23 米),容战士二十六人,櫂(桨手)五十人,舳舻三人,操长钩矛斧者四人,吏仆射长各一人,凡九十一人"②,船上配备的兵器有长钩、长矛、长斧各 4 把,弩 32 把,箭矢 3200 支,头盔 32 顶。③ 这种战船船身狭长,桨手多,因而速度快。从船的尺寸和人数看,大翼可能有两层,下层为桨和操船水手工作的场所,上层是士兵作战的地方。

中翼,广一丈三尺五(3.1 米),长九丈六(22 米)。

小翼,广一丈二尺(2.8 米),长九丈(20.7 米)。

这三种船船体狭长,速度快,适宜于在长江中下游活动。

突冒,船首所装坚硬而突出的冲角,船体结构坚固。《尔雅》记载,"冒突取其触冒而唐突也"。冒突即突冒,意思是说这种船是因有冲角,能冲击敌人而得名的。

楼船,"楼船者,当陵军(陆军)之行接车也。"④所谓接车,据《通典》的解释,是"以八轮车,上树高竿,竿上安辘轳,以绳挽板屋止竿首,以窥城中"。《梁书·侯景传》说,"设百尺楼车,钩城堞尽落,城遂陷"。由此可见,楼车是在车

① 《越绝书·杂记》。

② 《越绝书·札记》。

③ 参见唐志拔:《中国舰船史》,海洋出版社 1991 年版。

④ 《越绝书·札记》。

上设十余丈高架,推临城边,既可瞭望又可攻城的一种战车。与楼车相当的楼船,也是在船上设高架,可在上面发矢石,居高临下地攻击敌人。这种楼船由于形体高大,还可在水上阻挡敌人的进攻。

桥船,据《越绝书·札记》记载,伍子胥把这种船解释为相当于"陵军之轻足骠骑"。可见桥船是一种体积小、速度快、机动性好的轻捷战船,可用于冲锋陷阵。

此外,吴国还有一种专供君王乘坐的"王舟",称为"余皇",是水战中的指挥船。

越国舟师的实力不亚于吴国,战船的种类不少,但见之于文献的只有戈船。据《越绝书》记载,公元前468年,越王勾践自会稽(今浙江绍兴)迁都至琅琊时,曾用"死士八千人,戈船三百艘"。什么是戈船?一种观点认为"越人于水中负人船,又有蛟龙之害,故置戈于船下,因以为名",另一种观点则认为船"以载干戈,因谓之戈船"①。看来后者比较可信,戈船可能是载执戈的战船,用于与敌人短兵格斗。

齐国的战船,无从查考。据《北堂书钞》卷137记载,秦国有太白船,晋国有飞云船、仓隼船、金船、小儿、先登、飞鸟等战船。

综上所述,我们可以看出,春秋时期在建造战船时,已注意到了速度、机动性和战斗力,注意到了按作战任务和作战水域配套发展战船,既能在水战中各自发挥其性能特点,又能取长补短,形成整体战斗力。

春秋时期舟师所使用的兵器,除与陆师通用的刀、剑、弓、矛之外,还有专用的,如长钩矛、长斧之类。据《墨子》记载,公输班帮助楚国"为舟战之具,谓之钩拒,退则钩之,进则拒之"。这种兵器的形状不详,可能是一根带金属钩刀的长竿。古代水战主要是接舷战和撞击战。敌船进攻时,用钩拒拒之,使之无法接近;敌船退却时,则用钩拒钩住,不让其逃脱。真是匠心独具。

战国时期的战船和水战,史籍中没有多少记载,但从战国墓出土的三件铜器上却得到了生动可靠的反映。

第一件是1935年河南汲县山彪镇出土的水陆攻战纹铜鉴,上面有水战图案。

第二件是故宫博物院收藏的晏乐渔猎攻战纹铜壶。壶上的图纹共分三组,最下一组的左方是水战图。图案与第一件基本相同。

第三件是1965年在成都市百花潭中学战国墓出土的嵌错燕射水陆攻战画像壶,壶上有四组画面,第三组右面为水战图。

这三件文物出自不同地区,但水战图像相似,具有可靠性,从中可以看出

---

① 《文献通考·兵志》。

战国舟师的基本情况：①战船船身修长，船尾翘起，分上下两层，上层作战，下层划桨。②所使用的武器为弓矢、长钩矛、长斧等，指挥作战的工具有旌旗、枹鼓等。③作战方式主要是接舷战。

舟师战船的发展、装备的改善，给水上作战提供了坚实的物质基础。

二　春秋战国时期的海战

春秋末期的水战，大都发生在我国东南地区各诸侯国之间。这是因为当时诸侯的争霸战争，已由沃野千里的中原转移到了濒临大海、江河交错的东南地区，舟师大有用武之地。当时的水战以江战居多，一是为了争夺对长江的控制权，二是通过江河进行战略机动。海上行动也有两次：一次是吴国舟师从海上进军，在战略上配合陆师攻齐；另一次是越国舟师从海上进行战略迂回，以保障陆师攻占吴国都城姑苏。下面看几次主要水战，以见当时各国舟师之盛。

1. 吴楚水战

春秋时期，楚国的疆域西北到武关（今陕南丹凤东南），东南到昭关（今安徽含山化），北到今河南南阳，南到洞庭湖以南。建都于郢（今湖北江陵县）。吴国拥有今江苏、上海大部分和安徽、浙江一部分地区，建都于吴（今江苏苏州）。楚吴共有长江，世为仇敌，经常相互征伐。有人据史籍统计，吴楚之战达18次。但《吴越春秋》卷2则记为20余次。其中可以查考的水战，有以下几次。

鲁襄公二十四年（公元前549年），"夏，楚子为舟师以伐吴，不为军政（赏罚不明），无功而还"。这是我国古籍中有明确记载的第一次水战。

鲁昭公十七年（公元前525年），吴国起舟师伐楚，这是吴楚第二次水战。据《左传》记载："吴伐楚……战于长岸……大败吴师，获其乘舟余皇……吴公子光请于众曰：丧先王之乘舟，岂唯光之罪，众亦有焉。请籍取之，以救死。众许之。使长鬣者三人，潜伏于舟侧。曰：我呼余皇，则对。师夜从之，三呼皆迭对楚人，从而杀之。楚师乱，吴人大败之，取余皇以归。"

七年之后，即鲁昭公二十四年（公元前518年），楚国在越国的支持下，又"为舟师以略吴疆"①，结果不仅中途无功而还，而且越的属国"巢"（安徽六安东北）和"钟离"（今凤阳东北）反而为吴国吞灭，丧师失地。从此，楚国国势一蹶不振，接连又有几次水战失败。据《文献通考·兵一》注，"昭王时，救潜之役，令尹子常以舟师及河内而返，竟无成功。襄互伐吴，师于豫章。吴人见舟豫，而潜师于巢，遂败楚师。入郢之后，吴太子终纍又败楚舟师，获其帅……"

鲁定公四年（公元前506年），吴国与蔡国（今河南新蔡）、唐国（今湖北随

---

① 《文献通考》卷158。

州西北)结盟,联合攻楚。这年冬天,吴王阖闾率其弟夫概及伍员、伯嚭、孙武等谋臣武将,发兵3万,乘船由胥溪入淮河西进,在淮汭(今河南潢川西北)舍舟登陆。然后以3500名精锐士卒为前锋,在蔡、唐军的引导下,越过大别山与桐柏山之间的三大隘口——大隧(今河南信阳南与今湖北交界处)、直辕(今河南信阳市)、冥阨(今河南信阳西南与湖北应山县交界处),直向汉水东岸挺进。楚国派令尹子常、司马沈尹戍、武城大夫黑、大夫史皇等率军在汉水西岸抵御,与吴军隔岸对阵。楚军按照沈尹戍的建议,由子常坚守汉水西岸,正面阻击吴军;沈尹戍率军迂回至吴军侧后,毁吴舟,塞三关,断其归路,然后前后夹击。但子常听信了"吴用木(舟师)也,我用革(战车)也,不可久也,不如速战"的意见①,又想独占功劳,擅自改变原定计划,单独率主力渡汉水列阵。吴军鉴于楚军势盛,为免遭前后夹击,即由汉水东岸后退。子常企图速胜紧追吴山,在小别(山名,在今湖北汉川东南)至大别(今大别山)间,三战不利,锐气受挫。

十一月十九日,吴军在柏举(今湖北麻城东北,一说汉川北)迎战楚军。夫概认为子常不得人心,军无死战之志,即率部5000人先发起进攻,楚军一触即溃,阖闾及时投入主力,扩大战果,子常逃奔郑国,史皇战死。楚军遭重创后,吴军乘胜追击,在清发水(今湖北涢水),用夫概半渡而击的计谋,再歼楚军一部。吴军继续追击,在雍澨(今湖北京山西南),再败楚军,于二十九日占领了楚都郢城。

这次吴国进攻楚国,先水路后陆路,横跨今天的苏、皖、豫、鄂四省,实施远程战略机动,这在春秋时期是罕见的。在这次作战中,舟帅无疑起了重大作用。因此,《文献通考》、《古今图书集成》都把这次作战列入舟师水战,是很有道理的。

2. 吴齐海战

春秋时的齐国位于今山东东北部,其疆域东到海,西到黄河,南到泰山,北到无棣(今河北盐山南)。齐国本是一个霸主国,到了春秋末期,国势逐渐衰败。鲁哀公元年(公元前494年),吴王夫差战胜越国以后,一心要北进争霸。鲁哀公十三年,夫差为准备"伐齐南鄙",开凿了邗沟,以便从水上进军。鲁哀公十年(公元前485年),吴国会合鲁、邾、郯三国军队攻打齐国。吴王夫差亲率主力由邗沟入淮水北上,直抵齐国南部边界。另派大夫"徐承帅舟师自海入齐"②,在黄海与齐国舟师进行了一场海战。这是我国史书记载的第一次海战,也是第一次海陆协同作战。第二年,吴鲁再次联军伐齐,艾陵(今山东泰安附近)一战,齐军大败,鲁、卫、宋诸国都归顺吴国,吴国势力更加强盛。

---

① 《左传·定公四年》。
② 《左传·哀公二年》。

3.吴越水战

春秋末期,先后崛起于长江下游的吴、越两个诸侯国,进行了一次争霸战争。

鲁哀公元年(公元前 494 年),越被吴击败。越王勾践卧薪尝胆,伺机灭吴。吴王夫差胜越之后,因胜而骄,穷兵黩武,急于以武力威胁齐、晋,称霸中原,放松了对越国的戒备。鲁哀公十三年(公元前 482 年)春,夫差率吴国精锐部队北上黄池会盟。勾践乘吴国后方空虚,"乃发习流(水兵)二千人,教士(经过训练的士卒)四万人,君子(越王的警卫部队)六千人,诸御(在职军官)千人戍吴"①。越军兵分两路,一路由范蠡、后庸领舟师"沿(沿)海沂(溯)淮,以绝吴路"②,一路由大夫畴无余、讴阳为先锋,勾践自率主力继后,从陆路北上,攻入吴国都城姑苏,歼敌万人,夫差被迫求和。这次战役,越国舟师进行 1000 多里的远程战略迂回,确保了大军主力的袭击成功。

夫差向越求和后,双方息兵四年。鲁哀公十七年(公元前 478 年),越国在进行了充分准备之后,乘吴国大旱之机,向吴国发动了大规模的进攻。三月,勾践进军到笠泽(江名,今苏州市,自太湖东至海,南与吴湘江平行)。夫差也率领姑苏所有的部队迎战。越军在江南,吴军在江北,双方隔水对阵。勾践派出部分部队,为左、右句卒。③ 黄昏时,命左、右句卒分别隐蔽在江边;半夜时,鸣鼓呐喊,进行江上佯攻。夫差误以为越军分两路渡江,连夜分兵阻击。勾践乘机率主力,出其不意地从吴军两路中间的薄弱部位展开进攻。吴军败退。越军乘胜猛追,再战于没(今苏州南),三战于郊(今苏州郊区)。越军三战皆捷,取得了决定性胜利。周元王元年(公元前 475 年),越军在长期围困姑苏之后,发起总攻,灭亡了吴国。

越吴笠泽之战在战术上的主要特点,是夜间潜渡,动作迅速,乘虚捣隙。为此,既要在江上两路佯攻以牵制敌人精力,又要运送主力隐蔽渡江。没有一支训练有素的强大舟师,显然是不可能的。有人在谈到舟师在此战中的作用时说:"笠泽之战,越以三军潜涉,盖以舟师胜。"④这样的评价是恰当的。

总之,早在春秋末期,我国沿海的齐、吴、越三国的舟师,不仅具有了海战能力,而且已经成功地进行了海上作战行动。这正如清朝人顾栋高在其《春秋大事表》卷 8 下所说:"海道出师,已作俑于春秋时,并不自唐起也。……春秋之季,惟三国边于海,而其用兵相征伐,率用舟师蹈不测之险,攻人不备,人人

---

① 《史记·越王勾践世家》。
② 《国语·吴语》。
③ 句卒亦作勾卒,句音句。见《左传·哀公十七年》。
④ 徐天佑注:《吴越春秋》。

要害,前此三代未尝有也。"

第三节　秦汉时期海洋军事的发展①

一　秦汉时期海战条件的具备及海战力量的发展

(一)秦汉时期海战条件的具备

秦汉时期,海洋军事条件比以前有了大大的提高,这突出地表现在造船、航运和战船配备上。

秦始皇统一全国后,在政治上采取了一系列措施,以巩固封建的中央集权制度。在经济上也实行了不少积极的政策,如实行土地私有制、统一货币、统一度量衡、统一车轨等,促进了经济的发展。汉承秦制。西汉初期诸帝大都是有为的君主,特别是汉武帝接受桑弘羊的建议,制定和推行了一系列重大的经济措施,如改革币制,统一盐铁、均输、平准(平抑物价)等,使西汉的经济出现了繁荣的局面。冶金业有了巨大的发展,300人以上的大工场有400多处,冶铁工人多达10余万,出现了一次可炼2000斤铁的大冶铁炉,淬火技术也已发明。铁兵器已基本上代替了铜兵器。炼铁已开始在生活中得到广泛使用。所有这一切,给造船和航运的蓬勃发展,提供了物质和技术条件。

秦朝二世而亡,只存在了短短的14年。但由于秦始皇建立了统一的全国政权,利于承袭前人的成果和便于组织力量进行开发,所以在航运和造船方面所取得的成就是空前的,有以下几件大事可资证实。

第一,大规模的水上漕运。秦始皇三十二年(公元前215年),秦始皇命蒙恬发兵20万北击匈奴。蒙恬收复黄河以南44个县以后,驻兵扼守北河(今内蒙古自治区磴口以下黄河地段)。为了保障军队的供应,派出大型船队从山东沿海港口出发,渡渤海,入黄河,向北河防地运送粮食。这是我国海上漕运之始。

第二,开灵渠。秦始皇三十三年(公元前214年),秦始皇发兵50万到岭南,在今广西兴安县境内开凿了一条长约60里的运河——灵渠,沟通湘江和漓江,使长江和珠江水系相连接,保障了进军和开发岭南的需要。

第三,徐福东渡。秦始皇二十八年(公元前219年),秦始皇命徐福入海求仙,秦始皇三十七年(公元前210年),再次命徐福带童男女数千人入海求仙。

---

① 本节引见张铁牛、高晓星:《中国古代海军史》,八一出版社1993年版,第18～33页。

徐福出海远航,得平原广泽,止王不来。①中外历代学术界普遍认为,徐福远航抵达的地点是日本。也有学者甚至认为徐福抵达了美洲。

第四,秦始皇巡海。从秦始皇二十六年(公元前221年)统一中国起,到秦始皇三十七年(公元前210年)病死为止,前后12年,曾4次到沿海巡视。

从这四件大事中,我们不仅看到秦代航运的发达,而且可以推断造船业的兴旺。远程水运几十万人的给养,派童男女数千人东渡日本,没有数量多、质量好的船舶,是不可想象的。

汉代的造船业和航运业,在秦代的基础上得到进一步发展。汉代所造船舶种类之多,质量之好,海上航运之发达,前所未有。

西汉的造船中心有数十处之多,其中主要的有长安、雒阳(今洛阳东)、巴蜀(今四川)、长沙和洞庭湖一带、庐江郡(今安徽庐江县一带)、豫章郡(今江西南昌一带)、吴(今苏州市)、会稽(今绍兴)、福州、番禺(今广州市)等地,能造出多种类型的民船和战船。民船有龙舟、漕舫、舸、艑、艇、轻舟之分,战船有楼船、斗舰、蒙冲、龙船、赤马、斥侯之别,还有适航性好的海船"艒艒"和"艐"。

随着造船技术的提高,船舶的规模日益增大。据《酉阳杂记》记载,汉武帝在长安所造的豫章大船,可载千人。在船舶的形制方面,汉代的船舶已出现了上层建筑。有一种船的上层建筑竟多达四层,并各有专名,从第二层起叫"庐",第三层叫"飞庐",第四层叫"雀室"。这种有上层建筑的船汉代泛称"楼船"。还有一种体形十分庞大的战船也叫"楼船"。

汉代的造船技术,当时在世界上处于领先地位。在中世纪,阿拉伯人还只知用平镶法造船,而在我国西汉就已经采用榫连法拼合了。西欧在公元4世纪~公元5世纪,还只知道用皮条缝船,而我国至迟在公元前2世纪至公元前1世纪的西汉,就知道用钉子钉船了。20世纪50年代,在湖南长沙西汉墓出土了一条木船模,船身两侧和首尾平板上都有钉孔,就是明证。

船的属具锚、舵、橹、帆,在汉代已经出现。广州东汉墓出土的陶船模,船首的锚和船尾的舵清晰可见。东汉的文献也有记载。《释名·释船》说:"其尾曰柁(舵),柁,拖也,在后见拖曳也,且言弱正船不使他戾也。"西方的舵,据认定出现在1242年(一说1180年),比我国晚了1000年左右。

在我国古代文献中,最早出现"帆"字的,是马融于东汉元初二年(公元115年)写成的《广成颂》。此后6年问世的我国最早的字典——许慎的《说文解字》,也有关于帆的记载。这就是说,我国的帆最迟在汉代就已经出现了。

橹的记载,也最早见之于《释名》,其出现年代也当不迟于2000年以前的汉代。英国学者李约瑟在其著作《中国科学技术史》中,把橹的发明看做是"中

---

① 《史记·秦始皇本纪》。

国发明中最科学的一个"。现代的螺旋桨,可以说是橹进一步发展的结果。

综上所述,可见汉代在我国船舶发展史上占有十分重要的地位。汉代的船舶的种类日渐增多,属具基本齐备。橹的创制,是中国对世界造船技术的重大贡献。船尾舵也是中国的一项重大发明。风帆的出现,使中国进入了利用自然风力作为船舶动力的时代。由于风帆的使用,船舶的动力增大了,船舶的载重量也随之增加,从而能容纳更多的兵员和武器装备,储备更多的食品和淡水。由于战船的使用,战船机动能力提高了,能够更有效地使用武器,特别是实施火攻和发射火器。这就为中国古代海军的远洋航行和作战开辟了广阔的前景。

汉代水军的战船,在春秋战国的基础上,又有了新的发展,见之于汉代文献的,有楼船、艨冲、先登、赤马、斥侯、槛等数种。

楼船。这种战船始于春秋,兴于汉代,延续使用到宋代。据《史记·南越尉佗传》裴骃集解引应劭说,"时欲击越,非水不至,故作大船。船上施楼,故号曰楼船也。"《史记·平准书》也说:"是时,越欲与汉用船战逐,乃大修昆明池。列观环之,治楼船,高十余丈,旗帜加其上,甚壮"。这两段记载说明:①这里所说的楼船不是民用的楼船,而是用于"战逐"的战船;②这种船形体高大,上插各种形状不同,大小各异的彩色旗帜,甚是壮观。到了东汉,出现了"露桡"和"冒突"两种楼船,前者因装有露在舷外的小楫而得名,后者则"取其触冒而唐突也"①,即船首装有冲角,可以撞击敌船。另据《后汉书·公孙述传》记载,东汉还造了"十层赤楼帛兰船"。这些船也属楼船。

艨冲。《释名·释船》说,"外狭而长曰艨冲,以冲突敌船也。"艨冲形体狭长,速度快,机动性也好,可乘人之不备,实施攻击。

先登。《释名·释船》说,"军行在前曰先登,登之先向敌陈(阵)也。"可见先登是一种快速冲锋战船,水战中排在队列的最前面,抢先冲入敌阵或登上敌船进行白刃格斗。"先登"还可用于侦察。

赤马。《释名·释船》说,"轻疾者曰赤马舟,其体正赤,疾如马也。"这种船着红色,犹如一匹枣红色的骏马,纵横驰骋,进退自如,配合艨冲、先登,予敌船以突然袭击。

槛。《释名·释船》说,"上下重版(一作床)曰槛,四方施版以御矢石,其内如牢槛也。"《玉篇》释槛为"板屋舟",《广韵》释槛为"御敌船"。是说"槛"是一种木质"装甲"战船,分上下两层,四周设有木制栏杆,并钉有墙板,以御矢石。

斥侯。《释名·释船》说:"五百斛以上,有小屋,曰斥侯,以视敌进退也。"这是一种上甲板有小舱室的,载重量约40吨的侦察船。侦察兵藏在舱内,隐

第四章

先秦秦汉时期的海洋疆域及海洋军事

---

① 《后汉书·岑彭传》。

蔽观察敌军的动静。

另据《文献通考》卷 158 记载：“武帝时有楼船，有戈船，有下濑，有横海。”戈船在春秋末期就已出现。至于“下濑”、“横海”这两种战船虽无详细记载，但因汉代除设有楼船将军和戈船将军外，还有横海将军、下濑将军，就是明证。

汉代的战船是在春秋战国的基础上发展起来的，又为以后许多朝代所沿用和改进，所以汉代战船在战船发展史上起了承先启后的作用。

（二）秦汉时期海洋军事力量的发展

秦汉时期，海洋军事力量得到了进一步的加强，汉代水军的建置即是其例。

汉代水军称楼船军。在我国武装力量建制中正式设置水军，是从西汉开始的。据《文献通考·兵考八》记载：“高祖命天下选能引阅蹶张财力武猛者，以为轻车、骑士、材官、楼船……平地用车骑，山阻用材官，水泉用楼船。”又据《汉书·刑法志》记载，汉武帝发动统一东南沿海战争时，“内增七校，外有楼船，皆岁时讲肄，修武备”。这两项记载说明，楼船军是在屯骑（骑兵）、步兵等七校之外，根据沿江海的地理条件和防务需要而设立的，属汉代郡国兵制备军。郡国兵属于中央王朝，郡守可行使管辖权，但不能发兵。发兵需凭皇帝的虎符和行使符。武帝建元三年（公元前 138 年），汉武帝“遣助以节发兵会稽”，浮海救东瓯（《前汉书·严助传》），就是一例。

楼船军士兵称“楼船士”、“楫濯士”或“卒”，多由渔民、水家子弟充任。据《汉仪注》，其服役年龄为 23 岁到 56 岁。

如前所述，汉代水军既属郡国兵，自然不设常任指挥官，所以在《汉书》百官表中没有载列楼船官职。统帅楼船军作战的指挥官，是在征伐时临时拜封的。例如散见于《史记》、《汉书》名传中的，有伏波将军路博德、马援，楼船将军杨仆、段志，戈船将军归义越侯严，下濑将军归义越侯甲，横海将军韩说，横海校尉刘福等人。这些将军的等级和职务大小，史书中未见有明确划分，其中伏波将军的职务可能最高。因为据《后汉书·光武帝纪》记载，汉光武帝发兵征交趾郡时，楼船将军段志是由伏波将军马援节制的。汉兵制规定“不立素将，无拥兵专制之虞”[①]，因事立称，事毕撤官，兵归防地。所以汉代只有常备的水军部队，而无常设的水军将领。平时楼船的管理和训练，由没有发兵、战争指挥权的官员负责。例如，《汉书·百官公卿表》中列举的楫濯令丞（即船官）和《汉书·地理志》中提到的楼船官，大概就是这类官员。

汉代楼船军为郡国兵，原则上以外郡为基地，主要在江淮以南，但在北方

---

① 转引自包遵彭：《中国海军史》，中华丛书编辑委员会，1970 年版。

的齐地也有楼船军及其基地,如进攻朝鲜的楼船就是从现在的山东半岛调集和出发的。从现有史料查考到的汉代楼船军的主要基地有:

1. 豫章、寻阳

豫章属豫章郡,即今之南昌。据《汉书·武帝纪》记载,平南越时,"楼船将军杨仆,出豫章,下浈水",便是从南昌溯赣江南下,在赣州入桃江转入浈水,顺流达韶关,再进入北江直到广州。若由赣江北上,则可过鄱阳湖,进入长江。

寻阳,属庐江郡,在九江府西 15 里,据江湖之口,为咽喉要地。《汉书·伍被传》上说:"略衡山,以击庐江,有寻阳之船。"《汉书·尹助传》也说到闽越反叛,而"入燔寻阳楼船"。汉武帝第三次巡海是从寻阳登船沿江东下的。可见寻阳是汉代较重要的一处水军基地。

2. 庐江、枞阳

庐江、枞阳同属于庐江郡。据《汉书·地理志》记载,汉代在庐江郡设置"楼船官",又有造船工场。庐江郡治所先设在今之安徽舒城,后移潜山,均距长江甚远.这里所说的水军基地当指今之安庆,造船工场也在安庆下游江边菜子口的枞阳(《读史方舆纪要》)。当汉武帝在元封五年(公元前 106 年)乘船巡海时,从浔阳登船,顺流而下,到安庆视察了造船工场,又增添了船只,然后"舳舻千里,薄枞阳而出"①。可见对长江下游来说庐江基地的重要性,远在寻阳之上。

3. 会稽、句章

会稽郡辖今江东部与浙江西部地区,郡治在今之苏州。后于东汉永建四年(公元 129 年)移至绍兴。汉武帝时曾派朱买臣为会稽太守,朱买臣到郡后"治楼船,备粮食,水战具"②。这说明在汉代,苏州既是造船中心,又是水军基地。建元三年(公元前 138 年),浮海救东瓯,水军就是从会稽出发的。元鼎六年(公元前 111 年),汉水军平闽越,也是由会稽出海南下的。③

句章城址在今浙江慈溪县以西与上虞以北交界的杭州湾海边。平闽越时,"上遣横海将军韩说出句章,浮海从东方往"。元封元年(公元前 110 年)冬,攻至闽越,"闽越军使徇北军守武林,败楼船军,数校尉杀长史,楼船军卒钱塘。"④从这段记载中,可以得知钱塘江口外的句章,是一处水军基地。

4. 博昌

博昌属千乘郡,在今山东博兴县小清河入海口附近。小清河自济南经高

① 《汉书·武帝纪》。
② 《汉书·朱买臣传》。
③ 《汉书·武帝纪》。
④ 《汉书》卷95。

苑县流过博昌而入莱州湾。济南以东、临淄以北的所有河流皆汇于博昌入海。凡海上渔盐之利及沿小清河、大清河各地物产,都在博昌集散,所以博昌是当时北方的一个重要口岸。据《汉书·卜式传》记载:"臣愿与子男及临菑习弩博昌习船者请行。"可见,博昌也是汉代水军基地之一。

此外,元狩三年(公元前 120 年),汉武帝在长安城西南挖了方圆 40 里的"昆明池"①,"中有戈船楼船各数百艘"②,终日进行操练,准备讨伐南越。看来,当时西安的昆明池是汉水军的训练基地。

二 秦汉时期的海战

(一)西汉水军的作战

汉朝十分重视水军的建设,建立了一支拥有 4000 余艘战船、20 多万水兵的楼船军。这支水军南征北伐,对开拓疆域,统一中国,起了重要的作用。

汉代初期,在我国东南沿海主要存在着三个割据政权:东瓯(今浙江和江西东部)、南越(今广东、广西西部和湖南南部)和闽越(今福建)。当时,刘邦因天下初定,无力征战,只好对其采取笼络政策,予以承认。西汉经过 70 年的休养生息,国力逐渐强盛。到了汉武帝,便着手用武力统一这三个地区。先是从海上进军,占领东瓯。接着派 10 万楼船军,经珠江水系,进攻番禺(今广州),灭了南越。最后,海陆夹攻,平定闽越。

汉武帝统一东南沿海地区后,又派水陆大军进攻朝鲜,并在平定后的朝鲜设都,将其纳入汉朝版图。

现将这四次作战分述如下。

1. 进占东瓯

建元三年(公元前 138 年),闽越王无诸发兵进攻东瓯,东瓯王无力抵抗,向汉朝廷告急求救。汉武帝刘彻以"小国以穷困来告急,天子不救,尚安所愬,又何以子万国乎"③为由,派严助持节发会稽水军,出长江,浮海南下,在永嘉登陆。闽越得知汉军来援,未经交战便引军回国。汉军乘机占领了东瓯,然后将东瓯居民迁徙到汉淮地区,并在永嘉建立了南进的根据地。

西汉时,会稽郡为现在的苏南和靠近苏南的浙江部分地区,与东瓯接壤。按理也可以由陆路进军,而汉朝廷却派水军浮海登陆。由此可见西汉水军之强大,亦可见对水军之倚重。

---

① 《文献通考》。
② 《西京杂记》。
③ 《资治通鉴·汉纪九》。

2. 攻取南越

南越本是秦国的郡县。秦亡汉兴时,南海郡尉赵佗乘机吞并象郡、桂林,自立为南越武王。汉初,朝廷因无力南顾,即册封赵佗为南越王,借以维持与东南地区的关系。汉武帝时,南越王母子上书汉朝廷,表示愿意归属汉朝,撤除割据边防。南越丞相吕嘉起而反对,杀南越王母子及汉使,拥立赵建德为南越王,与汉对抗。

元狩四年(公元前119年),西汉对北方匈奴作战取得决定性胜利后,得有余力南顾,便着手发动统一南越的战争。元鼎三年(公元前112年)秋,汉武帝发楼船军10万人,讨伐南越,其部署分为以下四路:

(1)卫尉路博德为伏波将军,出桂阳(郡治在今湖南郴县),下湟水(源出湖南郴县,南流经广东连县,东会汇水为进州江,经阳山至英德县,入北江);

(2)主爵都尉杨仆为楼船将军,出豫章,下横浦(今广东南雄县西,源出大庾岭,南流经始兴县西,入北江);

(3)归义越侯2人分别为戈船、下濑将军,主力出零陵,与路博德会师,一部下漓水至苍梧与驰义侯会师;

(4)驰义侯发夜郎(今贵州西北地区)兵牂牁江,会师苍梧,沿江而下。

以上四路中的第四路,因故未参加作战。

元鼎六年(公元前111年)冬,杨仆军先攻陷寻陕(今广东曲江县境),沿北江而下,破石门(今番禺县北),后继继推进,再破越峰,并在此驻军,等待同路博德会师。杨仆军同路博德军会师后,一道进发,楼船在前,进至番禺城下。南越军闭城坚守。于是,杨仆军从东南方向,路博德军从西北方向发起攻击。经过一整夜激战,番禺城被攻破,全城尽降。吕嘉率数百人乘夜暗逃亡入海,后被杨仆水军捕获,南越遂平。

南越灭亡后,汉朝将南越属地设置儋耳、珠崖、南海、苍梧、九真、郁林、日南、合浦、交趾九郡,其疆域包括现在的广东、广西、海南及越南之河内、清化、义安一带。

3. 灭亡闽越

西汉时,闽越的辖地,大致包括现在的福建全境,西接豫章,北靠东瓯,南邻南越。闽越王对汉王朝阳奉阴违,心怀二意,对四邻则采取扩张政策,北侵南掠。汉武帝早就想平定南越,并为此作了充分的准备和部署。他任命朱买臣为会稽太守,令其"治楼船,备粮食,水战具,须诏书到,军马俱进"①。同时,接受朱买臣的建议,制定了"发兵浮海,直指象山,陈舟列兵;席卷南行"的平定闽越的战略方针。

---

① 《前汉书·朱买臣传》。

元鼎五年(公元前112年),当汉武帝发兵讨伐南越时,闽越王余善自请发水军8000人随杨仆南征。但当兵至揭阳(今广东揭阳县境)时,余善却借口风涛汹涌,停军不前,一面又与南越暗通消息。汉军攻克番禺后,杨仆拟在回军途中顺便攻取闽越。汉武帝认为,闽越散居山泽腹地,易守难攻,应引其离境就歼,拒绝了杨仆的建议,令汉军在豫章集结,休整待命,余善闻讯,公开反叛,发兵进攻豫章、武林(今江西省余干县)。汉武帝令横海将军韩说率水军出句章(今浙江慈溪县境),浮海南下,从海上进攻闽越,并切断其海上退路;楼船将军杨仆出武林,中尉王舒出梅岭,以归义越侯2人为戈船、下濑将军出若邪(今浙江省绍兴)、白沙(今江西省鄱阳县),分路进攻闽越。① 元封元年(公元前110年),汉水陆大军攻入闽越,闽越人杀余善投降。汉武帝又"诏诸将悉其民徙于江淮之间"②,闽越遂统一于中国。

汉武帝用了28年(公元前138年～公元前110年)的时间,先后统一了东瓯、南越、闽越,使东南沿海的广阔地域悉归汉朝版图。在长期的征战中,汉代水军起了决定性的作用。

4. 进攻朝鲜

汉武帝统一东南沿海地区后,立即把注意力转向北方的朝鲜。自西周起古代朝鲜一直是中国中原王朝的封地或属国。早在西周时代,武王即封箕子于朝鲜。战国时,朝鲜属燕国。秦灭燕后,朝鲜改属秦。西汉初,复修辽东故塞,至浿水(今清川江)为界,归属燕王管辖。汉惠帝元年(公元前194年),燕人卫满率千余人,"东走出塞,渡浿水,居秦故空地上下障"③,自号韩王,建都王险(今平壤附近),史称卫氏朝鲜。西汉前期,卫氏朝鲜为外臣,受辽东太守节制。卫氏王朝传至第三代有渠时,断绝了与汉朝的关系,并且切断了中国经朝鲜至日本的交通线。元封二年(公元前109年),汉武帝派涉何为使,劝说右渠归顺。右渠不从,遣其裨王长送涉何回国。行至浿水时,涉何指使随从杀死裨王长。汉武帝遂任命涉何为辽东郡都尉,右渠出兵袭击辽东郡,杀死涉何。战端遂起。

这年秋天,汉武帝发兵进攻朝鲜,一路由左将军荀彘率领陆军出辽东,渡浿水,一路由楼船将军杨仆率领楼船兵5万人,自胶东芝罘(今山东烟台市)渡渤海,在朝鲜登陆,直取王险城。

杨仆军的前军7000人,皆为齐兵,首先渡海,在列口(今朝鲜南浦之河口)登陆,未待荀彘军到达,即急趋王险城。朝鲜军先是闭城固守,后见杨仆军少,

① 《史记·东越传》。
② 《资治通鉴》卷20。
③ 《资治通鉴》卷21。

即出城反击。杨仆前军大败,后续部队亦被击破,乃退入山中收集残部,待荀彘军到达后再战。荀彘军的前军多为辽东兵,同样不待主力集结即先行攻击,也遭到失败。后荀彘率大军渡江作战,又受挫。

杨、荀两军在王险城下会师后,分别从城南、城西北攻城,由于缺乏统一指挥,两军互不协同,一连数月未能攻破。为了统一指挥和协调两军行动,汉武帝派济南太守公孙遂前往担任统帅。公孙遂到达朝鲜后,违背武帝旨意,偏袒荀彘,囚禁杨仆,并将杨军并入荀军,造成严重后果,使本来混乱的汉军更加混乱。

元封三年(公元前108年)夏,汉军经过整顿后,在荀彘指挥下再攻王险城。眼看城池将被攻破,朝鲜宰相尼溪参杀右渠出降,朝鲜遂告平定。汉武帝以其地设置真番、临屯、乐浪、玄菟四郡,归属汉朝版图。

2000多年前,杨仆率领的水军5000人渡海作战,开创了我国古代海军大规模渡海作战的先例。

(二)东汉水军出征交趾郡

交趾在我国秦代属象郡。西汉元鼎六年(公元前111年),汉武帝发兵平定南越叛乱之后,设置了交趾郡。到了东汉,交趾仍是中国的一个郡。东汉建武十六年(公元40年),交趾郡雒越贵族女子征侧、征贰姊妹,因怨恨交趾太守苏定,乃发动当地民众反抗汉朝政府,占领岭外60余城,征侧自立为王。

建武十八年(公元42年),汉光武帝刘秀拜马援为伏波将军,以扶乐侯刘隆为副,督楼船将军段志等,南征交趾。军至合浦,段志病死。刘秀命马援直接统率段志所部浮海而进。入红河,逆水而上,在浪泊(今越南河北仙山地区)与征侧军激战,取得歼灭征侧军数千人的胜利。接着,又追击征侧军至禁溪(今越南永富安乐),连战皆胜。征侧军溃败。第二年正月,征侧、征贰战败被杀,但征侧军余部仍在继续战斗。马援又率大小楼船2000余艘,士兵2万余人,南上九真,进攻都羊等,自无功一直打到居风(今越南宁平省东南至清化一带地区),歼灭对方5000余人,取得了征战的胜利。

自汉武帝时,中国通过南海而与东南亚、印度、斯里兰卡等国的海上交通和贸易,就已建立起来。① 从汉使回程中,可以看到其行程是取道南海或经过

---

① 参阅《汉书·地理志》"粤地"条。有关西汉海上交通的地名考释及其讨论,可参阅韩振华:《公元前2世纪至公元1世纪间中国与印度东南亚的海上交通》,载《厦门大学学报》(社会科学版),1957年第2期;岑仲勉:《西汉对南洋的海道交通》,载《中山大学学报》(社会科学版),1957年第4期。

南海诸岛的。①

　　汉朝的政府官员,往来越南者,"皆从涨海出入"②。所谓涨海是指包括南海诸岛在内的南海。③ 东汉时,中国地方官员有每年定期出巡所管辖地区("行部")的制度④,我国南方的地方官员也不例外,定期出巡南海诸岛。晋代谢承《后汉书》记载:"汝南陈茂,尝为交趾别驾。旧刺史行部,不渡涨海。刺史周敞,涉(涨)海遇风。"⑤一直到晋朝,仍然可以看到中国官员"行部入海"的记载。⑥ 可见自汉以来,中国政府已对南海诸岛行使主权,这是谁也抹杀不了的事实。⑦

①　《汉书·地理志》载:自皮宗,"船行可二月,到日南、象林界(在越南中部)云。"从其所说的航程两个月看来,已经不是历时好几个月的沿岸航行,很有可能是采取经过南海和南海诸岛的航道而归还的。

②　见[晋]谢承:《后汉书》,引自徐坚:《初学记》卷6。并参阅《后汉书》卷63《郑弘传》。

③　"天池物志云:天地四方,皆海水相通,茫然一巨浸焉,茹而不吐,满而不溢,故涨之名归之。《文昌志》亦云:水恒溢,故曰涨海。"引自《儋县志》卷1《地舆志·潮候·涨海》。[清]屈大均:《广东新语》卷4"水路·涨海"条说:"炎海善溢,故曰涨海。""或曰:涨海多瘴,饮其水者,腹胀,故入涨海者,必慎其所养。"后者对涨海的解析,是错误的。

④　范晔:《后汉书·百官志》。

⑤　引自《太平御览》卷60《内部二十五·海》。

⑥　郝玉麟:雍正《广东通志》卷56,1731年刻本,第3页。

⑦　韩振华:《南海诸岛史地研究》,社会科学文献出版社1996年版,第54页。

第五章

先秦秦汉时期的海洋经济

在我国沿海地区,分布着大量自旧石器时代以来内涵十分丰富的海洋贝丘遗址,反映着原始海洋经济的滥觞。到了夏商周时期,尤其是春秋战国时期,人们对海洋渔业资源的开发力度大大增强,海洋渔业和海洋盐业在沿海诸侯国的经济发展中占有重要地位。政府对海洋渔业和海洋盐业的开发、管理也非常重视。到了秦汉时期,一方面,海洋渔业和海洋盐业在原有的基础上继续向前发展,海洋渔业的区域扩大、海鱼产品加工技术的多样化、海丞官吏的设立以及海洋盐业中海盐产区产量的扩大、海盐技术和工艺水平的提高、海盐管理的规范等,都成为当时海洋经济发展的重要表现;另一方面,海港的出现和发展,海洋交通和海外贸易层面上出现的海外丝绸贸易以及其他有关贸易,获得了长足的进步,这些都是这一时期海洋经济发展的表现。

第一节　先秦时期的海洋经济

一　早期滨海居民的海洋经济生活①

早在原始社会时期,生活在我国沿海地区的居民已经开始向海洋索取海洋资源了,通过贝丘遗址,我们可以看到先民们的早期经济生活。

在中国北起辽宁、南至两广的漫长沿海地带,考古工作者发现了新石器时代的大量贝丘遗迹。② 这些遗迹,是古代人类把吃剩下来的贝壳抛弃在居住地附近,长期日积月累堆积而成的。当时中国人类正处于渔猎时代。渔猎时

---

① 引见宋正海:《东方蓝色文化》,广东教育出版社 1995 年版,第 2～9 页。
② 贝丘在历史上早已发现并记载过。《左传·庄公八年》:"齐侯游于姑棼,遂田于贝丘。"

代起始于旧石器时代,充分发展于新石器时代。一般说来,贝丘主要是新石器时代海洋渔猎得到充分发展的产物和见证。在新石器时代的贝丘中,往往还同时出土有渔猎工具。所以贝丘遗迹是新石器时代海洋渔猎的历史见证,更确切地代表着中国海洋文明的滥觞。下面自北而南系统介绍一下重要的考古发现所显示的史前海洋渔猎文化遗存。

小珠山文化,位于辽东半岛地区的小珠山遗址,以首先发现于大连广鹿岛中部的小珠山而得名。遗址共分三期。经历了大约 2000 年的历史。一、二期大约相当于中原地区的仰韶文化阶段,三期则大约相当于龙山文化阶段。第一期,表明定居农业出现之后,渔猎业仍占有相当大的比重,不仅发现网坠、石球等渔猎工具,而且发现大量贝壳。第二期,表明渔猎业在当时的经济生活中仍占有十分重要的地位,故留下众多的海洋贝壳。从遗址中还经常见到石制的箭头、网坠等。第三期中渔猎业仍较重要,出土大量的骨镞、石镞和网坠等就足以证明。

在黄、渤海沿岸还发现过多处贝丘遗址,仅 1949 年以来在辽宁长海县的岛屿上就发现了十几处。大连市郊的小磨盘山贝丘,遗址东西长 20 米,南北宽约 5 米,厚 0.5 米。贝丘内堆积的贝壳以长牡蛎为最多,蛤仔次之,还有一些蝾螺。螺壳的尾端大部分被击掉,是食用壳内软体所造成的。小长山岛大庆山北麓贝丘,南北长 500 米,东西宽约 300 米,贝壳堆积厚度 0.3 米~1.5 米。贝壳种类是鲍鱼、海螺、海蛤等。英杰村西岭东地贝丘,长约 400 米,宽约 300 米,堆积厚度 0.3 米~2.5 米。贝丘中有一垛垛的灰层,还有陶片、骨制鱼钩、石网坠和石斧。广鹿岛东西大礁贝丘,长宽各约 200 米,贝壳堆积 1 米~2.5 米。贝丘中有一垛垛方形灰层,灰层中夹杂着大小不一的石头。贝丘中还出土有半月形卵石网坠、双孔石刀、陶器碎片。大长山岛上马石贝丘,长约 300 米、宽约 150 米,贝壳堆积厚度 0.6 米~3 米。贝丘还出土有网坠、石斧等,另外还发现鹿角、兽骨。

河北宁河县发现有几个贝丘遗址。① 这些贝丘现已距海 30 余千米,说明古今海岸线位置已有较大变化。

山东发现新石器时代遗址上百处。公元前 5700 年~公元前 1600 年,山东地区前后经历了北辛文化、大汶口文化、龙山文化和岳石文化,由低级向高级发展。这一文化系统主要分布在山东半岛,然后沿海分布,北至辽东半岛,南至苏北地区。北辛文化最早发现于山东滕县北辛遗址,还有江苏邳县的大墩子遗址和连云港市的二涧村遗址等。由于当时农业水平较低,所以渔猎在当时仍占有相当重要的地位。渔猎工具有镞和鱼镖,已出土 50 多件。渔猎对象是龟、青鱼、丽蚌、中国圆田螺等。大汶口文化最早发掘于泰安与宁阳交界

---

① 安志敏:《河北宁河县先秦遗址调查记》,载于《文物参考资料》1954 年第 4 期。

的大汶口,目前主要分布于山东省的中南部和江苏淮北一带。渔猎经济在大汶口文化中仍占一定的比重,尤以早期阶段比重为大。在山东及苏北的一些遗址中发现箭镞较多,大部分为骨制,有三棱形和短铤圆柱形;另外还有带双排或三排倒刺的尾部钻孔的骨质和角质鱼镖,以及陶制网坠。到了中、晚期出现了牙质鱼钩,以及一种特殊的牙刃钩状器。近代在太平洋沿岸的一些原始部落中,仍有用类似的方法制成钩状器来捕鱼的。在青岛胶州三里河的大汶口文化遗址中,出土了5000年前的海产鱼骨和成堆的鱼鳞,鱼鳞成堆地存放在废坑内,显然是吃鱼前加工除鳞的结果。有的鱼骨还可能是随葬品,说明早在5000年前,这些鱼类已是人们爱吃的水产品,并且有了对鱼类的信仰。龙山文化最早发现于山东章丘县龙山镇城子崖遗址,现山东有典型龙山文化遗址200处。在龙山文化中,渔猎经济比重已有所下降,但仍占一定的比例。捕鱼工具发现很多。箭镞不仅有石制的,还有骨制、蚌制和陶制的。骨鱼镖和陶网坠等渔猎工具也时有发现。

山东长山列岛是黄、渤海的分界,又是候鸟旅栖之所,所以发现有鸟形古陶器。这里已发掘到新石器时代遗址,出土有石网坠、骨镞、渔钩、蚌刀、蚌镞等,还有大量贝壳、鱼骨。早在旧石器时代晚期,这里各岛屿之间就有着航海活动。

马家浜文化是目前已发现年代较早的新石器文化。它最早发现在浙江嘉兴马家浜,年代距今7000年～6000年。它是一支以种植稻谷为主要生产活动的新石器文化。但渔猎仍是重要谋生手段,曾骨和石头磨制的箭头、骨鱼镖、陶网坠是捕鱼时常用的工具。

良渚文化最早发现于浙江余姚良渚,它主要分布于苏南和浙江,此文化距今约5000年～2200年。良渚文化以农业为主,但渔猎是肉食主要来源之一。上海松江富林遗址出土有捕鱼用的倒稍(一种竹制的渔具)及竹篓等。浙江吴兴钱山漾遗址中出土的木桨,说明当时已有舟楫。当时人们有了水上交通,可到更广阔的水域进行渔猎活动。

河姆渡文化最早发现于浙江余姚河姆渡,它分布于杭州湾以南的宁绍平原上。其年代距今约7000年～5000年。河姆渡出土有鱼类及软体动物的骨骼,有不少滨海河口的鲻鱼骨。有骨镞、木矛、石丸、陶球等渔猎工具,说明渔猎仍是当时不可缺少的经济活动。由于未发现网坠一类渔具而存在大量鱼骨,故可推测,有的骨镞是用来射鱼的。在这一文化中出土有木桨。

昙石山文化,重点遗址在闽侯县昙石山,位于闽江下游冲积区。此文化遗址表明渔猎生活较发达,渔猎工具有陶网坠、石镞、骨镞等,有着大量贝壳堆积,最厚处可达3米。

左镇人文化,发现于台湾台南县左镇,距今约30000年～20000年。台湾自古以来与大陆有密切联系,早在旧石器时代台湾就有人类居住。学术界认为左镇人可能是由大陆渡海移居台湾的。

大坌坑文化,发现于台北县八里乡大坌坑遗址。它主要分布在台湾北部淡水河下游和西海岸一带,时间在公元前 5000 年~公元前 4000 年。渔猎占有主要经济地位。出土文物主要是网坠和箭镞。

圆山文化,最典型的是台北市圆山贝丘遗址,此文化在公元前 2500 年~公元前 1100 年。渔猎也是当时重要的获取食物的手段。当时正值海水上升,台湾学者称此时期为"大湖期海进",海水灌入今台北盆地,使之成为淡水河的入海口,为各种海水、淡水贝类理想繁衍地。所以这里留下了著名的贝丘遗址。贝丘遗址直径数百米,厚达 4 米。贝丘中含有水晶螺、小旋螺、棱芋螺、牡蛎等海栖贝类,还有中国田螺、台湾小田螺、川蜷等淡水贝类。出土的渔猎工具有石箭头、骨鱼叉、石网坠等。

芝山岩文化,发现于台北芝山遗址。此文化距今 4000 年~3000 年。经济以种植水稻为主,但渔猎也很发达,出土工具有石网坠、骨鱼叉、石箭头等,还出土了许多鱼骨。台湾学者认为芝山岩文化在台湾无祖型,其文化内涵与浙江、福建一带的新石器文化有密切联系,故可能是大陆航海传播而来的。

富国墩贝丘,发掘于金门。贝丘由 20 种贝壳构成,还有黑色和红色的陶片。陶片的表面多用贝类壳缘印出波浪纹等纹理。

陈桥贝丘,发现于广东潮州市西部。出土贝壳数十万斤,其种类以牡蛎、海螺、乌狮为最多,其次是魁蛤、文蛤、海蛏,也有少量淡水的蚬。还有出土采挖牡蛎的专用工具——蚝蛎啄。

新村港湾贝丘,发现于海南陵水,贝丘多为腹足类软体动物的螺壳,还出土 39 件石网坠。

东兴的亚菩山贝丘、杯较山贝丘、马兰嘴贝丘,分布于广西东兴的海滨地带。出土贝壳有牡蛎、文蛤、魁蛤等。出土蚝蛎啄 204 件,蚶壳网坠 19 件。这种网坠是把蚶壳顶部击出圆孔,成串缚在小网上,用于捕捞小型鱼、虾,当地渔民至今仍在使用。

原始海洋渔猎活动起源于旧石器时代,充分发展于新石器时代。在新石器时代中晚期,尽管沿海地区农业和养殖业有了很大发展,但海洋渔猎活动仍占有十分重要的地位。贝丘遗址是原始海洋渔猎活动成果的见证。

在人与海洋的接触过程中,人们不断地从海洋中获取资源,对海洋资源的依赖性并不因为陆地农业的出现而有所减弱,在相当长的时间内,人们对海洋的经济价值的认识和对海洋资源的充分利用仍然占重要的地位。

渔猎的发展,水产的富余以及储藏技术的提高,导致了蚌窖的出现。上海马桥遗址第五文化层中曾清理出两个蚌窖。窖挖在介壳沙层中,坑内填满了单扇蛤类。

调味品在渔猎时代就为人类所注意了,例如海盐生产在中国有悠久历史。传说炎帝时宿沙氏已煮海为盐。据说最早的炼盐方法十分原始,可能是烧一堆木炭,把海水泼在上面,这样在木炭上就出现一层白色的盐末,到后来才出现如宿沙氏的用锅煮盐方法。

二 夏商周时期海洋渔业资源的开发利用①

夏商周时期,随着社会生产力的发展,人们对海洋资源的认识不断深入,对海洋渔业资源的开发力度大大增强,这突出地表现在以下三个方面。

第一,海洋捕捞技术有了初步发展。

考古资料表明,早在 6000 年前,钓具、网具就已出现,并用于海洋捕捞了。沿海地区的贝丘遗址和其他遗址,出土了不少纺轮、网坠、鱼钩、鱼叉,就证明了这一点。文献记载也可以证明,如《庄子》说"投竿而求诸海"、"投竿东海,旦旦而钓"。

当时在海上捕捉较大的鱼类,可能是用箭或索标射杀。《竹书纪年》载:夏代帝王芒,"东狩于海,获大鱼",很可能就是用带索的标或箭射的。用这种方法射杀大型鱼类,到秦代还在使用,秦始皇曾派人在海上射杀较大的鲨鱼。后世用带索的标枪、炮射杀鲸鱼的方法,或许就是由古代的标、箭射法演变而来的。

海洋渔船的出现是这个时期最主要的进步。在渔船出现之前,渔民只能在滩涂和浅海活动。渔船出现之后,才可以进入较深的水域,在较广的海域捕捞游动性比较大的鱼类。海洋渔业的发展正是在渔船出现之后才进入了新的阶段。1977 年,在杭州湾南部的河姆渡遗址,出土了小型木桨,据推断是属于母系氏族社会的遗物,距今 7000 年前后。当时河姆渡一带滨海,原始人利用小型船只进行池沼或浅海渔捞,是可能的。到春秋时代,海洋捕捞已经广泛使用船只。《管子·禁藏》载:"渔人之入海,海深万仞,就比逆流,乘危百里,宿夜不出者,利在水也。"能够到"万仞"深海过夜和捕鱼,并有收获,说明船只网具和捕捞方法都已相当进步了。

第二,海产品已经成为重要的贡品和商品。

据考古资料和文献记载证明,早在夏、商时代海产品就是沿海地区向中原王朝进贡的物品,到周代则成了最重要的商品之一。这也是当时的海洋渔业比原始时代的渔猎活动更进步的重要标志。

考古工作者在郑州商代早期遗址发现了直径 1.5 厘米的大鱼牙、鱼鳞、海贝和海产蛤蜊。安阳殷墟出土了产于南海和印度洋的大龟、鲸鱼骨,以及鲻鱼

---

① 引见张震东、杨金森:《中国海洋渔业简史》,海洋出版社 1983 年版,第 9~11 页。

骨。关于鲻鱼骨，《中国考古学报》1949 年第 4 册载伍献文的文章说："此项鱼骨埋藏于灰坑之中，与其他鸟类及兽类之骨块相混杂，想系庖厨之弃物。"这就说明，在 3000 多年前，商代贵族在中原地区就能吃到海产品了。

周代以后，海产品则成了重要的商品。《荀子·王制篇》载："东海则有紫绤、鱼、盐焉，然而中国得而衣食之。西海则有皮革、文旄焉，然而中国得而用之。故泽人足乎木，山人足乎鱼。"可见当时鱼产品已是沿海地区与内地进行交换的重要商品。

第三，海洋渔业在沿海诸侯国的经济发展中占有重要地位。

在西周到战国期间，海洋渔业是沿海诸侯国的主要经济活动和国家富强的源泉之一。凡是致力于发展海洋渔业的地方，就成为富庶的鱼米之乡。正如韩非子所说："历心于山海而国家富。"

在沿海诸侯国中，最善于利用海洋资源的是齐国。齐国地处今日山东沿海地区，海洋资源丰富。《史记·齐太公世家》载："太公至国，修政，因其俗，简其礼，通商工之业，便鱼盐之利，而人民多归齐，齐为大国。"管仲相桓公时代，更注意开发利用海洋资源。他称齐国为"海王之国"，即海洋大国，提出"官山海"（即由国家组织开发利用海洋资源）的政策，由此齐国日益富强，正如《左传纪事本末》所说"通鱼盐之利，国以殷富，士气腾满。"

燕、楚、越国，也是当时的"海王之国"，也因为开发利用海洋渔盐资源而成为富强的诸侯国。正如司马迁在《史记》中所说"燕有鱼盐枣栗之饶"，"楚、越之地，地广人稀，饭稻羹鱼。"

三　先秦时期的海洋盐业

盐是人们日常生活中不可或缺的必需品，每一个人都离不开它。地球上盐的来源是多方面的，其中，海盐是很重要的来源之一。中国人对于海盐重要性的认识，早在先秦时期就出现了。由于人们对海盐的需求量大增，先秦沿海国家（如春秋时期的齐国）的海盐生产获得了突飞猛进的发展，无论是在管理上，还是在国民经济生活中，海盐都受到了特别的重视。盐之进入人们的生活，涉及的层面是很广的，在古文字中有它们的身影，在神话传说中有它们的声音，在政府的管理中有它们的位置。

（一）古文字中的卤和盐[1]

明人邱仲深说："考盐名，始于禹，然以为贡，非为利也。"[2]他的根据是《禹

---

① 引见郭正忠主编：《中国盐业史》（古代编），人民出版社 1997 年版，第 11～30 页。
② 《盐法考略》（《学海类编》本）。

贡》。《禹贡》称："海岱惟青州，厥贡盐、绨。"《禹贡》是《尚书·夏书》的篇名。据近代学者的研究，其成书约在周、秦之际。《禹贡》历来被认为是地志方面的经典性著作，虽事涉洪荒，它的记载还是可以相信的。

夏时，尚无文字。殷商有甲骨文、金文。查《甲骨文编》和《金文编》，都未确认"盐"字，因此夏禹时是否已经有了"盐"名，似乎还可以怀疑。汉许慎著《说文解字》，在其第十二篇上有"盐"字。许慎解释说：盐，"卤也，天生曰卤，人生曰盐。从卤，监声"。段玉裁注，在引用《周礼》"盐人掌盐之政令"之后说："有出盐直用，不湅治者；有湅治者"。也就是说，"盐"和"卤"指的是同一物质；但两者也有区别，按许慎的说法，自然形成的称卤；只有经过人力加工而成的才称之为"盐"。看来，在同一产盐区，从自然形成的"卤"到人力加工的"盐"之间，还应该存在着一个发展过程。

金文中找不到"盐"字，却有"卤"字。[①] 西周穆王时（公元前 976 年～公元前 922）的"**免**盘"上刻有铭文："锡**免**卤百**降**。""**免**"，贵族人名，"**降**"，或可释为"筐"。[②] 一次赏给贵族"**免**"的自然盐（卤）就有"百**降**"，说明西周时期自然盐的利用，在数量上已很可观。但是，我们不知道周天子赏赐给**免**的自然盐产于何处。东周初年的"晋姜鼎"也铸有铭文，它说："锡卤赍千两。"[③]此鼎得之于韩城（今属陕西，东临黄河）。韩城东临黄河，离古代盛产池盐的山西安邑很近，所以唐兰说："晋姜鼎说'卤赍千两'，（其卤）指河东安邑之盐。《说文》：'盬，河东盐池'。盬从古声，与卤一声之转。盖古先有自然形成之盐，即盬，而后有海水煎成之盐。盬味微苦而盐味微咸。"[④]在这里，唐兰认为，"卤"就是"盬"，即一种自然形成的盐，其味微苦，产于河东安邑的盐池。

西周末和东周初之金文中有"卤"无"盐"，似乎可以说明，当时在渭水流域、黄河中游，还很少有经过人力加工过的盐，或者说在周天子直接统治区内，"卤"或"盬"，还是最主要的"盐"。

在金文中，"卤"和"西"为同一字。唐兰指出："古代地处黄河下游，河东盐已被认为是西方，所以'西'和'卤'为同一字。"[⑤]最早使用和丰富甲骨文、金文的商朝人，其统治中心一直在今河南中部以东和山东境内[⑥]，河东以及关陇地

---

① 甲骨文和金文中是否有卤字，学术界尚有歧义。
② 唐兰：《西周青铜器铭文分代史征》卷五中"穆王"类，载有"**免**"的拓片释文及注释。
③ ［南宋］薛尚功：《历代钟鼎彝器款识》卷十载"晋姜鼎"的摹本及释文。但此句误释为"赐虎贲千两"。此处释文是根据唐兰《西周青铜器铭文分代史征》"**免**盘"注。
④ 《西周青铜器铭文分代史征》卷五中，"**免**盘"注释。
⑤ 《西周青铜器铭文分代史征》卷五中，"**免**盘"注释。
⑥ 翦伯赞：《中国史纲要》上册，第二章第二节《商的兴起，商王朝的建立和发展》，北京大学出版社 2006 年版。下引此书均为此版本。

区都被认为是"西方",以"西"为"卤",指的正是河东、关陇出产的自然盐(包括河东的盬盐和关陇一带池盐)。

商人曾建都于今山东的曲阜。曲阜临近东海,但在他们的头脑中,只有"卤"(天生之盐)产于西方,而没有盐(人工之盐)产于东方的概念。说明在商代,人力加工生产的盐,虽已经在山东滨海出现,或因质量不高、或因数量不多,还没有引起曾建都于曲阜的商人的关注。①

(二)先秦时期的盐业管理

先秦时期的盐业管理包括生产流通和贡赋两个方面。

1. 先秦时期盐的类别、生产和流通

夏商及其以前,自然盐已经被发现和使用;商周之际,或更早的时代,在今山东地区,人工煮海水为盐也已出现。周武王灭商纣统一全国后,曾分封太公望(吕望)于营丘(今山东昌乐县东南),建立齐国。齐国土地"潟卤",太公望施政使百姓"极技巧,通鱼盐",境内手工业、商业迅速发展,邻国的百姓也纷纷前来归附。②

起于豳(今陕西旬邑)、周原(今陕西岐山)、建都于丰镐(今陕西长安县)的西周王朝,有效地控制了关中平原、河北、山东和江淮地区,通过各诸侯国的朝贡,周王室可得到各地的珍稀贡品,其中就包括各式各类的盐。《周礼·盐人》称:"盐人掌盐之政令,以共百事之盐"。"共"即供。《周礼·盐人》又称:"祭祀,共其苦盐、散盐;宾客,共其形盐、散盐;王之膳羞,共饴盐,后及世子亦如之"。据陆德明解释,"苦盐",或即盬盐,其味淡,稍苦,是自然盐,产于河东盐池。③"散盐",即海盐,人工煮炼而成,味咸,当时产于山东滨海。"形盐",也是自然盐,属于"戎盐"的一种,如虎形盐、卵盐。④饴盐,味咸美,是"戎盐"中的佳品,后来有称为"君王盐"、"玉华盐"者。盬盐是池盐;形盐、饴盐都属于"戎盐",即产于西北地区的岩盐或池盐:以上均统属自然盐。只有散盐属于人工盐。君王、后妃及世子食用的是饴盐;供祭祀、宾客用盬盐、散盐。据此我们推测,此时,齐、鲁等山东诸国虽朝贡海盐,但其数量似乎很有限。

春秋(公元前770年~公元前476年)、战国(公元前476年~公元前221年)时期,社会生产力普遍有了提高,而盐业的发展也进入了上古时期的新阶段,这主要表现为食盐的生产、运销比较活跃,盐的资源亦有新的开发。

---

① 参见黄惠贤:《"盐神"与"盐宗"》,冯天瑜编《人文论丛》(1998年卷),武汉大学出版社1998年版。
② 《史记·货殖列传》,《史记·齐太公世家》。
③ 《周礼·盐人》唐陆德明注释。
④ 卵盐,《礼记·内则》郑玄注:"似为人君所食之盐"。

《管子》称:"齐有渠展之盐,燕有辽东之煮。"①《史记》记载,伍被曾经引用春秋时期吴楚的故事来谏阻淮南王刘安,他说吴楚"地方数千里","东煮海水为盐","国富民众"。② 说明春秋战国时期,煮海水为盐,已经不限于所谓"青州"(山东半岛),北面已扩展到了辽东半岛,南方更达到了江浙沿海地区。

《管子》又称:"伐菹薪,煮沸水为盐。"③唐人尹知章注:"草枯为菹",沸水指的是山东境内的济水,其"流入海之处,可煮盐之所也"④。戴望《管子校正》引洪迈语则称:"沸,当作沸。"⑤解释虽有不同,但有一点是可信的,即当时制海盐的技术水平,尚处于砍伐枯干的柴草来煎煮海水的较原始阶段。但是,《管子》提到"北海之众""聚庸而煮盐"⑥,这一点却很重要。唐司马贞《史记索隐》称:"《广韵》:'佣,役也。'按:谓役力而受雇直。"⑦北海,指今渤海。《管子》这条资料说明,早在春秋时期,齐国已经出现了大盐业主,他们利用雇佣方式,集中大批的劳动力,从事食盐生产。

《史记·货殖列传》载:"猗顿用盬盐起。"猗顿是春秋时鲁国人,本是个"耕则常饥,桑则常寒"的"穷士"⑧,在理财专家陶朱公的启迪之下,迁居河东盐池附近,从事盐业和畜牧,十年之间,成为"与王者垺富"的大盐业主和畜牧业主。

战国时期,食盐生产中发生的最重大的事件是"广都盐井"的开凿。根据《华阳国志·蜀志》和应劭《风俗通》的记载,盐史学者们推定,在公元前255年"周灭"后,秦昭王以李冰继任为"蜀守"⑨。李冰是一位杰出的水利专家,他在开凿都江堰等举世闻名的水利工程的同时,又于公元前255年~公元前251年之间⑩,在今四川双流县东南的华阳镇,有目的地开凿了我国历史上第一口盐井——"广都盐井"⑪。这口由在任蜀守李冰主持开凿的盐井,自然不能归之于某豪强富商私人所有,而当属于"官营"的性质。

① 《管子·地数》。
② 《史记·淮南王安列传》。
③ 《管子·轻重甲》。
④ 《管子·轻重甲》尹知章注。
⑤ 《管子·地数》戴望《校正》。
⑥ 《管子》中的《地数》、《轻重甲》。
⑦ 《史记·陈涉世家》司马贞《索隐》。
⑧ 《史记·货殖列传》宋裴骃《集解》引《孔丛子》。
⑨ 白广美:《中国古代盐井考》,载《中国盐业史论丛》,中国社会科学出版社1987年版,第48~70页;另见廖品龙:《试论张若在成都置盐铁市官与李冰穿广都盐井》,载《四川井盐史论丛》,四川社会科学出版社1985年版,第50~51页。
⑩ 据白广美:《中国古代盐井考》,《中国盐业史论丛》,中国社会科学出版社1987年版,第49页。
⑪ 参考林元雄等:《中国井盐科技史》,《中国盐业史论丛》,中国社会科学出版社1987年版,第136页。

盐为"食者之将"①,人人仰给;"无盐则肿"②,百姓不食盐则四肢乏力。因此,盐的运输和销售,历来受到重视。早在商代末年,就有从事盐业的名人胶鬲。西周初年,太公望封于齐,当时齐地瘠民寡,吕望正是从"通商工之业,便鱼盐之利"入手③,即从重视运输和商业、手工业出发,来推动社会生产力的全面发展。就食盐而言,主要是从解决运输和销售,来促进食盐的生产发展。通过"便鱼盐之利"等手段,吕望使地瘠民寡的齐国很快成为国富民众的东方泱泱大国。

春秋时期,山东、辽东出产海盐,河东有池盐,关陇和西北有岩盐和池盐,而中原地区的"梁、赵、宋、卫、濮阳"却不产盐④,食盐的运输和销售,就成为一种很有利可图的事业。齐国的管仲除了把食盐运输到这些不产盐的诸侯国去销售之外,还曾创造性地提出搞"转手贸易"。他说:"因人之山海假之,有海之国,雠盐于吾国,釜十五吾受,而官出之以百。"⑤尹知章注:"雠,卖也;受,取也"。"假令彼盐平价,釜当十钱者,吾又加五钱而取之","既得彼盐,则令吾国盐官出而粜之。釜以百钱也。"⑥可见,这种转手贸易所获之利是很大的。

当时,还有一位与贩盐有关的名人百里奚。百里奚,字井伯,楚国宛(河南南阳)人,曾仕于虞国,为大夫。虞亡,百里奚作为晋国的俘虏,充作秦穆公姬的媵仆。后来,他亡命归于宛。⑦ 据《说苑·臣术篇》称:"秦缪公使贾人载盐于卫,征诸贾人,贾人买百里奚,使将车之秦。缪公观盐,见百里奚"⑧,后成为缪公的贤相。晋献公灭虞,在秦缪公(即穆公任好)五年,为东周惠王二十二年(公元前655年)。秦居于渭水,古称"西戎",其贾人所运之盐,当属解池盐或产于更西、更北之所谓"戎盐"(岩盐)。卫国临近解池,若喜食"戎盐",则说明"戎盐"的质量,远优于河东的池盐;至少可以说,早在春秋战国时期,中原不产盐的地区,是海盐和池盐乃至戎盐争夺的市场。

2. 先秦时期的盐政

夏以前的"盐政"情况,尚不大清楚。商、周两代,实行等级分封制,以"贡"代税。推测所谓青州"厥贡盐",也就是以"盐"作为贡品,向领主交纳,以代赋税。史书上一般都说,当时贡税较轻,而且交纳的是当地土产,所以百姓负担

① 《汉书·王莽传》。
② 《管子·轻重甲》。
③ 《史记·齐太公世家》。
④ 《管子·地数》。
⑤ 《管子·海王》。
⑥ 同上尹知章注。另《管子校正》引王念孙解释与尹释不同;此处仍从尹注。
⑦ [清]俞正燮:《癸巳类稿》卷11《百里奚事异同论》。
⑧ 此处据《北堂书钞》卷46《盐·观盐见百里奚》条注引;《太平御览》卷865引作《世说》。

不重。对食盐的生产和运、销,听任百姓们自己经营,官府仅在产地设置虞衡之官,执掌政令,督促民众以时采煮。

春秋、战国时期,食盐业在经营管理方面也发展到了一个新的阶段,其最重要的标志是官府直接介入食盐的生产和运、销环节,形成了食盐官营制度。创建这一制度的就是春秋时齐国的理财家管仲。

东周庄王十二年(公元前685年),齐襄公去世,桓公继位,任用管仲以为辅佐。管仲即依据齐国海盐资源丰富这一优势,创制了食盐民产、官收、官运、官销的官营制度。

首先是民产、官收之制。曾仰丰指出:"'请君伐菹薪,煮沸水为盐',此有官制之证也'。'山林梁泽,以时禁发,草封泽,盐者之归譬若市人',此主要产盐属于民制之证也。"据此,他认为:"其制盐法,有官制,有民制。大都滩场散漫之地,则归官制;其整聚之处,易于管理者,则归民制。但以民制为主、官制为辅。"①这里,制盐有无官制,似可商榷。《管子·轻重甲篇》载管仲说:"今齐有渠展之盐,请君伐菹薪,煮沸水为盐,正而积之"。桓公同意之后,"十月始正,至于正月,成盐三万六千钟。"尹知章注:正,"音征";赵守正注释:"正,通'征'"②。这种从十月开始至次年正月征收积聚起来的"三万六千钟"食盐,仍当出自"民制"。当时食盐官制的证据似乎不足。"普天之下莫非王土,率土之滨莫非王臣"③,本着这条传统的原则,齐管仲对食盐民产的控制,主要表现为对食盐资源的管理和生产者时间的限制上。渠展的食盐资源是齐国官府所拥有的,齐桓公可以下令要民众砍伐柴草煮盐;"孟春既至,农事且起","北海之众无得聚庸而煮盐"④,则是按上述"山林梁泽,以时兴发"的方针来制约民众的食盐生产。

其次,食盐官府专运。曾仰丰指出:"无论本产或由外输入,均归政府统制经营。如'积盐以令粜于梁、赵、宋、卫',是内盐出境由政府运销之谓。如'通东莱之盐,而官出之',是外盐输入,亦由政府收买出售之谓"⑤,在这里,我们还可以强调一点:由于官府的限产,食盐价格上涨后,管仲主张:"君以四什之贾(价),循河、济之流,南输梁、赵、宋、卫、濮阳"等无盐之国。这样做不仅经济上可以获利,而且"恶食无盐则肿,守圉之本,其用盐独重",控制食盐运输,更可以达到政治上、军事上左右这些不产食盐的诸侯国的目的。⑥ 在他回答齐

---

① 《中国盐政史》,上海书店1984年版,第5~6页。
② 《管子注释》下册,广西人民出版社1982年版,第350页。
③ 《诗经·小雅·北山》。
④ 《管子·轻重甲》。
⑤ 《中国盐政史》,上海书店1984年版,第6页。
⑥ 《管子·地数》。

桓公"国无海不王乎"的问题时,提出"因人之山海假之",主张收买产盐国的廉价食盐,加价"而官出之"①,搞这种转手贸易,更离不开食盐的长途转运。

最后是食盐的官卖。除食盐出口和转手贸易外,管仲特别强调在国内的官卖。他有一句名言:"海王之国,谨正盐筴"②,所谓"盐筴",通俗的解释就是食盐人口的册籍。产盐的国家,对全国食盐人口要有详细的登记,由官府按时按册籍卖给食盐,以稳收盐利,即"给之盐筴,则百倍归于上,人无以避此者"③。曾仰丰指出:"管子之意,以盐为人民日用所必需,若明令征税,则人民鲜有不疾首蹙额呼号相告、以图抵抗者,不如寓租税于专卖之中,使人民于不知不觉之间,无从逃税,盐利收入,其数必巨,公家可不必另筹税源,而国用已足,此乃专卖制之优点。故《海王》一篇,实为千古言盐政之祖。"④这样的解释,可谓中的。

通过上述资料和分析可知,管仲的"食盐官营"政策,实际上是食盐民产,官府统购、统运和统销。

明人邱睿说:"自管仲兴盐筴,以夺民利,始开盐禁。"⑤元人马端临说:"按《周礼》所建山泽之官员多,然大概不过掌其政令之厉禁,不在于征榷取财也。至管夷吾相齐,负山海之利,始有盐铁之征。观其论,盐则虽少男少女所食……皆欲计之,苛碎甚矣。"⑥尽管人们对管仲"食盐官营"多有批评,但盐禁一兴,历代仍多效法,无论专卖也好,官营也好,理由无不在于"为富国之计"。因此,管仲其人,盐禁其法,在中国盐业发展史上,都具有重要的历史地位。而管仲被尊为三大"盐宗"之一,就是尊重其兴食盐之官营,此法虽不利于民而大利于"国",是以各朝统治者无不重视,特别是自秦而汉,自汉而唐,下至宋、元、明、清,盐的管理制度,不是走向松缓,而是日益趋于严密。

春秋末年,齐晏婴对景公曾经说过:"薮之薪蒸,虞候守之;海之盐蜃,祈望守之",官府"征敛无度",以致"民人苦病"⑦。曾仰丰说:"齐自桓公至景公时,凡一百八十余载,虽行专卖,已非当时之旧",即"将民制之例,完全改为官制,尽夺民利,卖价昂贵",所以晏子"极言其苛"⑧。此时的齐国,食盐的煎煮,是

---

① 《管子·海王》。
② 《管子·海王》。
③ 《管子·海王》。
④ 《中国盐政史》,上海书店1984年版,第6页。
⑤ [明]邱睿:《盐法考略》。
⑥ 《通考·征榷考》。
⑦ 《晏子春秋·外篇》。
⑧ 《中国盐政史》,上海书店1984年版,第6～7页。

否完全改为"官制",尚可研究;但此后的秦国,其盐政确有此趋势。

战国时,秦国生产池盐,大概始于夺得安邑盐池之后。秦夺安邑盐池在孝公二十二年(公元前340年),夺得安邑之后即征盐税,是很自然的事。《华阳国志·蜀志》载,秦"惠王二十七年(公元前311年)(张)仪与(张)若城成都……置盐铁市官并长丞。"据廖品龙考证①,"秦统一巴蜀的时间应为公元前316年",即秦惠王改元后的九年,"由于当时还没有穿凿盐井,张若任蜀守时还无盐的生产可管",成都"盐铁市官只管盐的销售则是无疑的",而德文《四川盐业史研究》已以此为中国四川盐垄断之始②;约60年后(公元前255年~公元前251年),秦蜀守李冰主持开凿四川第一口盐井——广都盐井,即属"官营"。因此,在秦统一六国前,即已置盐官、收盐利,甚至由官府直接介入食盐的生产。宁可指出,战国时期,"秦于商鞅变法(公元前359年、公元前350年共两次)后,置盐官'颛(专)川泽之利,管山林之饶',实行食盐官营。"③日本学者森克已也认为:"秦国不仅对制盐……征多额的税,而且本质上是已进而为国营,而使奴隶从事于此项工作。"④据此,似乎可以认为战国时秦国的食盐官营,比之于春秋时齐国的渔制又进了一步——在食盐的生产上,已经不再是一般百姓私制,而是由官府强制奴隶们从事于生产。⑤

以上简单分析了先秦时期的盐业管理,其中有些内容是着重于池盐与井盐的管理,但是,从西周开始,尤其是春秋时期,沿海国家对于海盐资源极为重视,因而先秦时期盐业管理中的一些措施,同样适用于对于海盐的管理。

先秦时期,中国沿海的海盐生产与管理最为典型的是山东地区,尤其是对于最为强盛的诸侯国齐国统治时期来说,更是如此。这方面的材料比较丰富,有必要在此作一重点论述。

(三)山东地区的盐业及其管理⑥

山东地区的海岸线长达3000余千米,为发展盐业提供了得天独厚的条件。这一地区的古先民在长期的生活、生产实践中,不断积累经验,使盐业由

---

① 廖品龙:《试论张若在成都置盐铁市官与李冰穿广都盐井》,载《四川井盐史论丛》,四川省社会科学院出版社1985年出版。

② HANS ULRICH VOGEL:《UNTERSUHUNGEN UBER DIE SALZGESCHICHTE VON SICHUAN(311V. CHR.——1911)》. STUTTGART, 1990. P. 26.

③ 宁可撰:"秦汉盐官"条,见《中国大百科全书·中国历史》,中国大百科全书出版社1986年版,第797页。

④ 陈昌蔚译:《中国社会经济史》,商务印书馆1936年版,第135页。

⑤ 郭正忠主编:《中国盐业史》(古代编),人民出版社1997年版,第11~30页。

⑥ 本部分引见吕世忠:《先秦时期山东的盐业》,《盐业史研究》1998年第3期。

小而大,逐渐发展起来。时至今日,山东的盐业在全国仍占有极其重要的地位。下面,我们从先周时期、西周时期以及春秋战国时期这几个不同的时期来分析一下山东的盐业发展情况。

1. 先周时期山东的盐业

考古资料证明,早在四五十万年前的旧石器时代早期,山东就有人类居住。我们知道,盐是人类生活不可或缺的物质,尽管我们无法知道人类从什么时候开始食用盐,但是我们从山东分布密集而广泛的史前文化遗存可以断定,山东地区有着丰富的盐业资源可供远古居民选用,即所谓古先民"向盐而居",否则,在无盐的条件下要想进行正常的生活、生产是不可想象的。据文献记载,传说中的黄帝、尧、舜都在山东留有他们活动的痕迹。《史记·五帝本纪》载:"(黄帝)东至于海,登丸山,及岱宗。"岱宗即泰山;"丸山",据《括地志》载:"丸山即丹山,在青州临朐县界朱虚故县西北二十里,丹水出焉。"至尧时,命羲仲理东夷青州之地,直接把青州作为其辖区。舜即位后,巡视东方,至于岱宗,在羽山杀了治水无方的鲧。《括地志》称:"羽山在沂州临沂县界。"由此看来,黄帝、尧、舜之所以选择在山东一带活动,除了山东地区当时的经济文化发展水平较高而外,另外应当有一条很重要的原因,那就是山东有丰富的渔业盐业资源,能满足人体之所需。

从盐业史的角度看,最早的盐业生产是煮盐即煮海为盐。煮海为盐起码要具备三个条件,一是认识到海水中含有盐分,可以加工食用;二是火已被广泛利用,燃料充足;三是手工制品水平高,可用于煮盐。到大汶口文化时期,山东地区已具备了上述条件。前两个条件不言而喻,第三个条件,大汶口文化时期,已经产生了制陶器的手工业者,陶器生产形成一定规模,达到了一定水平,所以山东的煮盐业应始于大汶口文化时期。据《世本》记载,早在公元前2600年(亦即大汶口文化时期),胶东地区就有"夙沙氏煮海为盐"。夙沙氏又称宿沙氏,当为大汶口文化时期居住在胶东地区的一个部族或酋长,煮海为盐或许为集体智慧的结晶,后被托于一人。

到了夏代即岳石文化时期,山东土著居民——夷人的力量相当强大,其经济、文化均达到了很高的水平,对夏王朝构成了严重威胁,东夷首领中的后羿、寒浞居然先后摄代夏政,成为夏王朝不得不专门对付的一股强大势力,夏王朝统治者不得不更加注意这一地区。这一时期,山东的盐业已初具规模,并且成为全国重要的海盐产地。惟其如此,禹行九州定贡物时,盐被定为青州的贡物,这在其他地区是没有的。《史记·夏本纪》称,"海岱维青州:嵎夷既略,潍、淄其道。其土白坟,海滨广潟,厥田斥卤。田上下,赋中上。厥贡盐絺,海物维错,岱丝、枲、铅、松、怪石,莱夷为牧,其篚檿丝。浮于汶,通于济。"

商代前期,国都数次迁移,但都离不开鲁西南一带,离出产海盐的青州相去不远。盘庚迁殷后,殷都离青州也不远。这一时期,山东地区的经济文化水平较之夏代有了更进一步的发展,与商王朝的关系比夏代要密切得多,而且有几个势力较大的方国如薄姑、奄、莱、箕等。青州作为向王朝贡海盐的基地没有改变,人们还认识到了食盐在烹调中的作用,所谓"若作和羹,尔惟盐梅"①,说明饮食文化的发达。姜太公为商末周族重臣,他不能不注意到山东的盐业资源。周初分封,他一到齐国,即将盐业确立为齐国国民经济的主要产业,这从一个侧面反映了商代山东盐业的发展情况。

商代是青铜器高度发展的时期,在山东济南、平阴等地都曾发现过商代青铜器作坊遗址,证明商代山东青铜冶炼手工业之发达。考虑到商代的青铜器主要是礼器和兵器,而且主要供王室使用,所以我们推测商代山东煮海盐使用的工具,仍然是陶器,使用青铜器的可能性不大。

有必要指出的是,夏商时期青州向王朝提供的盐贡,还不能说是严格意义上的盐税,但可以肯定,盐贡已是盐税的雏形。

2. 西周时期山东的盐业

西周时期,山东的盐业得到了进一步发展,主要原因是:一、夏商两代山东的盐业生产已初具规模,为王朝所倚重。为王朝所倚重,反过来又刺激着山东的盐业生产,从而为西周时期山东盐业的发展打下了良好的基础;二、周初,佐周灭商的功臣吕尚东封于齐。吕尚是周朝创业的关键人物,对海盐在生活中的地位了如指掌,而且他所就封的齐国,正是青州之地,吕尚因地制宜,提出了"便鱼盐之利"的发展渔盐业的方针。这一方针的确立,不仅为齐国找到了自身的经济资源优势,培育了齐国经济的增长点,而且客观上推动了山东的盐业生产。《史记·货殖列传》称:"故太公望封于营丘,地泻卤,人民寡,于是太公劝其女功,极技巧,通鱼盐,则人物归之,繦至而辐凑。故齐冠带衣履天下,海岱之间敛袂而往朝焉。"

西周王朝高度重视盐的使用,为此专门设置了"盐人"。《周礼·天官·盐人》载:"盐人掌盐之政令,以共百事之盐。祭祀,共其苦盐散盐。宾客,共其形盐散盐。王之膳羞,共饴盐。后及世子亦如之。凡齐事,鬻盐以待戒令。"这里不仅列举了盐的不同用途,而且还列举了盐的种类。设官管理盐的使用,证明西周时期盐文化已发展到相当的水平。《周礼》中提到的散盐是海盐,也就是山东贡的海盐。海盐比较珍贵,只在祭祀和招待宾客时才使用,周王室的膳食中也没有海盐,而是以其他盐代替。这一方面说明当时山东的海盐生产能力比较低,产量少,无法满足王朝大量的海盐需求,另一方面也反映出山东距周王朝路途遥远,贡海盐极其艰难。

———————————
① 《商书·说命下》。

因此，我们说西周时期山东的盐业有了进一步的发展，是相对于夏商而言的。对于西周时期山东的盐产量，我们不能估计过高。可贵之处在于，姜太公把盐业划为齐国国民经济的主要产业，初步建立了盐业外贸体系，既带动了山东地区盐业的发展，也促进了山东经济的发展。

除齐国外，位于胶东半岛的莱国也是一个较强大的诸侯国，三面环海，盐业生产开展较早，在山东盐业中占有重要地位。因史料不足，难述其详。

3. 春秋战国时期山东的盐业

我们知道，姜太公封于齐时，只有自然条件差的方圆百里之地，而且局势很不稳定，莱国曾多次与之争营丘。终西周一代，齐国虽经两次迁都，终于站稳了脚跟，但其版图并没有大的扩展。春秋时期，这种状况有了改变。这一时期，齐国国力有了较大提高，公元前 690 年，齐襄公灭纪，公元前 685 年齐桓公登位，开始扩张领土，公元前 684 年灭谭，公元前 681 年灭遂，公元前 567 年（齐灵公时）齐又灭莱、破棠。至是，山东半岛及鲁北地区才尽入齐之版图。我们这里说的山东的盐业主要指的是齐国的盐业。

管仲相齐后，协助齐桓公在齐国推行了一系列的重大改革。这些改革措施中，影响最大、效益最显著的改革，莫过于推行"官山海"之策。所谓"官山海"，即实行盐铁专卖，因为盐和铁都是人们生产生活中一日不可或缺的物资，在生产力处于较低水平的春秋时期，盐、铁无疑是特殊的产品，具有战略意义。管仲认为，实行盐铁专卖，国君就可以依靠盐铁之利保证国家机器的正常运转，无需再开辟其他税源。

管仲认为，要实行盐的专卖，首先要正盐策，即征税于盐之策。管子说："十口之家十人食盐，百口之家百人食盐。终月，大男食盐五升少半，大女食盐三升少半，吾子食盐二升少半。此其大历也。盐百升而釜。令盐之重升加分强，釜五十也。升加一强，釜百也。升加二强，釜二百也。钟二千，十钟二万，百钟二十万，千钟二百万。万乘之国，人数开口千万也。禺策之，商日二百万，十日二千万，一月六千万。万乘之国，正人百万也。月人三十钱之籍，为钱三千万。今吾非籍之诸君吾子，而有二国之籍者六千万。使君施令曰：吾将籍于诸君吾子。则必嚣号。今夫给之盐策，则百倍归于上，人无以避此者，数也。"[1]也就是说，管仲的正盐策，是按照人口数预算耗盐量，将人头税附加到盐价中，不再另征头税，这样任何人都无法逃避，于不知不觉中交纳了税收。管仲不愧为千古理财能手，实际运作中尽管未必像他算的那么精确，但寓税于盐比单纯征税至少多获利一倍，而且不致激化矛盾。

为了限制盐的产量，并且不误农业生产，管仲规定："孟春既至，农事且起。

---

① 《管子·海王》。

……北海之众无得聚庸而煮盐。若此,则盐必坐长而十倍。"①从"聚庸而煮盐"看,当时的生产规模是比较大的,场面比较壮观。

为了获取最大的盐业利润,管仲看到单靠齐国的生产能力难以达到目的,于是他向齐桓公提出了"因人之山海"的策略。他说:"因人之山海假之,有海之国雠盐于吾国,釜十五,吾受而官出之以百。我未与其事也,受人之事,以重相推。"(《管子·海王》)与此相配套的措施是"通齐国之鱼盐于东莱,使关市几而不征",即免除关税,从东莱进口盐(每釜十五),齐国再以官价(釜一百)出卖,从中赚取多倍的差价。

管仲看到,没有海盐资源的诸侯国须受食于人,而且他们需求量大,必然要依靠齐国供给海盐。用这种人人都必须消费的特殊商品作为一种贸易手段,无疑会增强本国的经济实力。为此,管仲建议齐桓公"请以令籴之梁、赵、宋、卫、濮阳。彼尽馈食之也。国无盐则肿,守圉之国,用盐独甚。"②此举一出,齐国得成金万一千余斤。无盐之国明知齐国故意加价,怎奈"国无盐则肿",也不得不源源不断地进口齐盐。显然,管仲把盐当成了削弱邻国、充实齐国的工具,可谓匠心独具。

管仲时期,齐国境内的煮盐业,民制官营,官府有计划地组织生产,由官府统一收购、统一定价、统一销售,并且建立了盐外贸体制,进出口亦由官府垄断。管仲独擅盐利的政策,使齐国迅速走上了富强之路,不久,齐桓公成为春秋首霸。

那么,管仲时期山东的盐产区又在何处呢?《管子·轻重甲》云:"今齐有渠展之盐,请君伐菹薪煮沸水为盐,正而积之。"这里,若理解"渠展"是产盐地名,在何处已不可考;若将"渠展"理解为晒盐之盐田,即开渠引海水展开为盐池以晒盐,或许更符合实际。此与"煮水为盐"两相对照,更可证明。齐国的盐产区,应在临淄北部沿渤海一带。位于胶东半岛的莱国,也是山东地区的一大盐产区,所以管仲才"通齐国之鱼盐于东莱"。公元前 567 年齐灭莱以后,齐国便据有了山东的绝大部分盐产区。

春秋后期,齐景公废除了民制官营政策,改民制为官制,尽夺民利,且卖价昂贵,百姓怨声载道。晏婴为此提醒过齐景公,他说:"山林之木,衡鹿守之;泽之萑蒲,舟鲛守之;薮之薪蒸,虞候守之;海之盐、蜃,祁望守之。……布常无艺,征敛无度……民人苦病,夫妇皆诅。"③除了盐之外,晏婴还提到了其他山林薮泽之产,齐景公也还能听取晏婴的意见,使有司宽政、毁关、去禁、薄敛、已

① 《管子·轻重甲》。
② 《管子·轻重甲》。
③ 《左传·昭公二十年》。

责,让利于民。尽管如此,春秋末期的齐国仍不可避免地为陈氏(田氏)所取代。晏婴早在公元前539年已看出端倪,他说:"此季世也,吾弗知齐其为陈氏矣。公弃其民,而归于陈氏。齐旧四量,豆、区、釜、钟。四升为豆,各自其四,以登于釜。釜十则钟。陈氏三量皆登一焉,钟乃大矣。以家量贷,而以公量收之。山木如市,弗加于山;鱼、盐、蜃、蛤,弗加于海。民参其力,二人于公,而衣食其一。公聚朽蠹,而三老冻馁,国之诸市,屦贱踊贵。民人痛疾,而或燠休之。其爱之如父母,而归之如流水。欲无获民,将焉辟之?"①

陈氏(田氏)行阴德,大量贷,小量收,其中就有盐。经过几代人不懈的努力,陈氏(田氏)完成代齐的事业,姜齐政权变成了田齐政权。在这里我们可以说盐是陈氏(田氏)夺取政权的一种工具。

经过春秋时期大国争霸兼并之后,到战国时期,山东除齐国外,只剩下鲁、莒、邹、郯、任、薛、滕等国。鲁、莒等国国力日益削弱,先后为大国所灭,只有齐国日益发展壮大,成为战国七雄之一,在时代舞台上发挥了重要作用,在战国史上写下了光辉的篇章。

当时的齐国,可谓国强民富,兵强马壮,到处呈现一片蓬勃发展、繁荣昌盛的景象。《战国策·齐策一》是这样描述的:"齐南有太山,东有琅邪,西有清河,北有渤海,此所谓四塞之国也。齐地方二千里,带甲数十万,粟如丘山。齐车之良,五家之兵,疾如锥矢,战如雷电,解如风雨。即有军役,未尝倍太山、绝清河、涉渤海也。临淄之中七万户,臣窃度之,下户三男子,三七二十一万,不待发于远县,而临淄之卒,固以二十一万矣。临淄甚富而实,其民无不吹竽、鼓瑟、击筑、弹琴、斗鸡、走犬、六博、蹴鞠者;临淄之途,车毂击,人肩摩,连衽成帷,举袂成幕,挥汗成雨;家敦而富,志高而扬。"

《史记·货殖列传》描述说:"齐带山海,膏壤千里,宜桑麻,人民多文采布帛鱼盐。临淄亦海岱之间一都会也。"

考古材料则向我们展示了齐国都城的规模:临淄故城总面积(大城、小城)60余平方千米,是我国古代规模最大的早期城市之一。齐故城内发现有冶铁遗址6处,冶铜遗址2处,铸钱遗址2处,还有范围较广的制骨作坊遗址,这些遗址足可反映临淄手工业的发展盛况。

齐国如此兴旺发达,原因固然是多方面的,但盐业的发展是其中最重要的原因之一。尽管我们无法量化其盐业发展情况,可是可以肯定,较春秋时期从规模到产量都有了较大的发展。

我们知道,一个产业要兴盛不衰,必须具备这样几个条件,即资源优势不变、行业传统积累丰富、生产技术不断提高、无强大竞争对手。战国时期,齐国

---

① 《左传·昭公二十年》。

完全据有胶东半岛和鲁北地区,基本控制了海岸线,沿海盐业资源取之不尽、用之不竭,而且政令统一、畅通无阻。自太公以来,齐国历代统治者都十分重视盐业生产,至管桓时代更上一层楼,在产、供、销等方面积累了丰富的经验,盐业成为齐国的主要产业,田氏行阴德时,盐也是重要物资,因而田齐政权重视盐业亦属情理之中的事情。鼓风设备的使用,大大提高了煮盐的能力,在煮海史上具有划时代的意义。战国时期虽有燕国的海盐和楚国的海盐以及河东、西北的池盐,但它们在市场上均无法和齐盐抗衡。

战国时期,社会经济全面进步,齐国走在前列。农业、手工业、商业的发展及人口的增加、水陆交通的发达、城市的发展,对齐国的盐业无疑都起了巨大的推动作用。农业的发展为盐业提供了充足的粮食保证和其他农副产品的供应;手工业的发展为盐业提供了诸如鼓风机、铁器一类的生产工具以及一大批消费盐的手工业工人;商业的发展促进了盐业的流通。根据考古发掘出的各种齐币及齐币铸范地点来看,在整个现今的山东及其相邻地区,均有齐币出土,可见齐国商业之发达;人口的增加一方面加大了盐的需求量(其他诸侯国人口的增加必然加大盐的消耗量,亦不得不加大进口齐国海盐的数量),另一方面为盐业生产提供了劳动力资源。据学者考证,齐国境内有 6 条陆上交通线和 1 条水路可与境内外联系,如此发达的交通,在当时其他诸侯国并不多见,也为盐的运销提供了有利条件;经济发展的一个重要结果是城市的发展,临淄就是战国时期最大的都市之一,城市居民的饮食水平相对来讲一般比较高,也比较讲究,饮食文化发达,盐的消费量自然更大。

战国时期,战争成为社会的主旋律,齐国未能幸免。为了支付庞大的军费开支,齐国不得不想尽一切办法增加财政收入,而大力发展盐业生产无疑是一个最简捷、最有成效的方法。从这个意义上讲,战争又是战国时期齐国盐业的助推器。

春秋战国时期山东的煮盐工具,仍然以陶器为主。从当时冶铁、冶铜水平推断,有可能使用过铁锅、铜盘一类的东西,因无确切资料,只能暂付阙如。

综合上述情况,我们可以得出关于先秦山东盐业的几个结论:

(1)先秦时期山东是世界上盐业生产开展最早的地区之一,至少可追溯到公元前 2600 年亦即大汶口文化时期。山东古先民为后世山东及全国的盐业奠定了基础,为中国盐业乃至世界盐业作出了不朽的贡献。

(2)先秦山东得地利之便,盛产海盐。海盐亦即《周礼》中所讲的“散盐”。山东的海盐除自己消耗而外,还必须向王朝进贡。在春秋战国时代,还向周边国家提供了大量的海盐,换回了巨额利润。山东的海盐在整个先秦时代都占有举足轻重的地位,非其他地区、其他盐种可比。

(3)管仲开世界史上盐专卖的滥觞。管仲首创的盐专卖及其创立的其他有关盐业的生产、流通、管理体制,为我国盐业史作出了巨大贡献,被誉为"千古盐政之祖",其影响至今犹存。

(4)盐业在先秦山东政治生活中尤其是齐国的政治生活中发挥了巨大作用。夏商周王朝需要仰赖于山东的盐,因而不能不格外看重山东。周初分封,封吕尚到山东,原因固然很多,但是山东的渔盐之利不能不说是一个诱因。齐国擅海盐之利得以存在,又因盐之利成为春秋五霸之首、战国七雄之一,盐甚至可以说是齐国的立国之本。在自然经济条件下,拥有海盐资源的山东在政治生活中比其他地区发挥大一点的作用也是情理中的事。

(5)先秦山东盐产量尚不高。这主要是由当时的生产力水平决定的。即使如《管子·轻重甲》所载:"十月始正,至于正月,成盐三万六千钟。"这三万六千钟若按人均占有量也仍然是比较少的,更何况还要用于进贡、外销。可以肯定的一点是,时间愈往后产量愈高。

第二节　秦汉时期的海洋经济与海外贸易

一　秦汉时期海洋经济

从公元前 221 年嬴政统一全国,建立强大的秦王朝,直至公元 220 年东汉献帝禅位,秦、汉两大统一王朝,统治中国共计 440 年之久。海洋渔业与海洋盐业是海洋经济中的大宗,这在秦汉时期尤为明显。

(一)秦汉时期的渔业①

关于秦汉时期的渔业,我们可从秦汉渔业技术的发展、秦汉渔业生产的地位及区域、秦汉渔业生产的经营组织形式等三个方面来看。

在新石器时代的遗址中,鱼钩、鱼叉、鱼镖、网坠等多有发现,反映了当时渔业生产工具的发展状况。甲骨文中的"渔"字,有数种象形写法:有像以手持杆钓鱼者,有像以手抓鱼者,有像以手拿网捕鱼者。学者们据此认为,商代的渔法大致就是钓、抓、网三种。②

秦汉时期,渔具和渔法有了新的进步。《淮南子》中有"钓者静之、罛者舟之、罩者抑之、罾者举之,为之异,得鱼一也"的记载,可见渔具和渔法已经日趋多样。

---

① 引见余华清:《秦汉时期的渔业》,《人文杂志》1982 年第 5 期。
② 见孟世凯:《殷墟甲骨文简述》,文物出版社 1980 年版,第 88 页。

就钓具而言,《吕氏春秋》云:"鱼有大小,饵有宜适,羽有动静。"《淮南子》云:"钩箴芒距,微纶芳饵,加之詹何娟嬛之数。"可知时人对钩、饵、纶、浮等各个部位及钩钓技术都加以注意了。

网具是当时最重要、最进步的渔具。所谓"临江而钓,旷日而不能盈罗……不能与网罟争得也"①的说法,正表明了网具的生产效率要远远高于钓具。《尔雅》中记录了不少当时的网具名称,其中有"九罭"和"罛"。据郭璞注,"九罭"是"百囊罟","罛"是"最大罟"。由此可知,比较复杂和大型的网具已经出现了。陈胜、吴广起义时,曾"丹书曰'陈胜王',置人所罾鱼腹中"②。这里的所谓"罾"者,文颖曰:"乃鱼网也"。据《初学记》引《风俗通义》云:"罾者,树四木而张网于水,车輓之上下。"需要使用机械作为拉网拖曳的工具,显然是一种比较先进的捕捞方法。另据《说文》释"罺"云:"积柴水中以聚鱼也",《尔雅》"椮"字郭璞注云:"聚积柴木于水中,鱼得寒,入其里藏隐,因以薄围捕取之。"这是一种将鱼类集中然后加以捕捞的有效方法。

除了钓具和网具之外,还有一些以竹木编制的小型渔具。如筌(《广雅》云"以竹为之")、罩(《尔雅》郭璞注云"捕鱼笼也")、笱(《说文》云"曲竹捕鱼")、籗(《说文》云"罩鱼者也"),等等。这些渔具简单易制,使用较为普及。

渔船是渔业的重要生产工具之一。秦汉时期的造船业十分发达。当时的常用船只宽度可达 5 米～8 米,长度可达 20 米左右,载重量可达 25 吨～30 吨,少数大船可能还会更大。船上已具有帆、橹、锚、舵等设备。③ 造船业的发展,固然主要是为了适应交通运输的需要,但无疑也会提供数量众多、使用便利的渔船,从而对渔业生产的发展起到重要的促进作用。秦始皇东巡时,曾乘船浮海,"令入海者赍捕巨鱼具,而自以连弩候大鱼出射之"④。汉代也屡有出"大鱼"、"巨鱼"的记载。⑤ 如果没有使用大型的渔船,要获得这些"大鱼"、"巨鱼",显然是不可能的。

秦汉时期捕鱼技术的不断进步,促进了渔业生产的发展,社会消费的鱼类品种和数量也随之增多。在汉代的砖石画像和墓葬壁画中,多有鱼鳖的图像,可见当时民间食用鱼类是比较普遍的。《盐铁论》所云"今民间酒食……臑鳖、脍鲤……鲐鱲",虽有夸张之嫌,但也反映了一定的实际情况。例如,辽阳棒子

① 《淮南子·原道训》。
② 《史记·陈涉世家》。
③ 《秦汉时期的船舶》,《文物》1977 年第 4 期。
④ 《史记·秦始皇本纪》。
⑤ 《汉书·五行志》。

第五章

先秦秦汉时期的海洋经济

台汉墓壁画的饮食图中,食架上挂有鱼多条。[①] 马王堆汉墓遣策记载的随葬品中,包括有魢、鳢、鲭、鲤、鳜、白鱼、紫鱼、鲍鱼等多种鱼类。[②] 不仅富贵人家食鱼,也有戍卒"买鱼烹食"[③]的记载。从目前可考的当时鱼价来看,鲤鱼长一尺至三尺者,每条值五十钱。[④] 居延汉简记载,售鱼五千条,售主企图获钱四十万,平均每条八十钱。售出结果是:连同一头牛价在内,总共只获钱三十二万。实际售价每条鱼当在二、三十钱之间。在同一简册中,还记有其他一些物价,如大麦一石值三千、肉一斤值三百、缰绳一枚值五百。[⑤] 与这些物价相比,鱼价可算是低廉的。在一些渔业生产发达的地区,甚至将鱼作为牲畜的饲料。如《论衡·定贤篇》云:"彭蠡之滨,以鱼食犬豕。"《新论·殊好篇》中亦有类似记载,并说:其所以"人不爱者,非性轻财,所丰故也"。上述材料即是秦汉时期渔业生产发展的有力例证。

由于渔业生产的发展,其在整个社会经济中的地位日渐重要。当时有"民之所生,衣与食;食之所生,水与土也"[⑥]以及"鱼鳖之堀,为耕稼之场"[⑦]的说法,高度评价了各种水域的经济意义。秦汉统治者为了扩充封建国家的财源,也开始课取渔业税。据《汉书·食货志》记载,武帝曾征收"海租",即海洋渔业的生产税;王莽时规定:"诸取众物鸟兽鱼鳖百虫于山林川泽及畜牧者……皆各自占所为于其在所之县官,除其本,计其利,十一分之,而以其一为贡。"管理渔业税收事务的官吏,有海丞、水官等。《续汉书·百官志》云:"凡郡县……有水池及鱼利多者,置水官,主平水收渔税。"汉代水官的设置比较普遍,根据《汉书·百官公卿表》的记载,太常、大司农、少府、水衡都尉以及三辅地区均有都水长丞的设置。地方都水官今可考者有"浙江都水"[⑧]、"蜀都水"、"安定右水长"、"张掖水长"[⑨]等等。另据《汉书·地理志》,九江郡有"陂官"、"湖官",南郡编县与江夏郡西陵县有"云梦官"。这些水官、陂官、湖官、云梦官的主要职责,即是收取各地的渔业税。

就当时的渔业生产区域来说,关于海洋渔业生产区域,秦汉辽阔幅员的沿海地区,北起上谷、辽东、乐浪,中经齐、楚,南达南海,每每都是。《汉书·地理志》云:"上谷至辽东……有鱼盐枣栗之饶";"齐地……通鱼盐之利","楚地

---

① 《文物参考资料》1954 年第 9 期。

② 《马王堆一号汉墓》,文物出版社 1973 年版。

③ 《史记·陈涉世家》。

④ 《齐民要术》卷 61 引《陶朱公养鱼经》。

⑤ "建武三年候粟君所责寇恩事"释文,《文物》1978 年第 1 期。

⑥ 《管子·禁藏》。

⑦ 《齐民要术·序》引仲长统言。

⑧ 《汉印文字征》第 11。

⑨ 转引自陈直:《汉书新证》,天津人民出版社 1979 年版,第 99 页。

……民食鱼稻,以渔猎山伐为业。"《说文》中收有不少出自乐浪的鱼名。《西京杂记》云:南海"尉佗献高祖鲛鱼"。这些记载表明,秦汉的北部、东部、东南、南部沿海地区,普遍从事渔业生产。其中尤以齐地的近海渔业最为发达。早在春秋战国时期,齐国就有"兴鱼盐之利"的生产传统,至秦汉时,更是出现了"莱黄之鲐,不可胜食","燕齐之鱼盐……待商而通"[①]的盛况。

上述地区的海产品不仅为当地人民提供了重要的食品,而且源源不断地输往中原,成为与内地交易的重要商品之一。司马迁在《史记·货殖列传》中说:"通都大邑……鲐觜千斤、鲰千石、鲍千石……此亦比千乘之家。"其中多为海鱼。当时的一些海鱼品种,已为中原人士所熟知和喜食。例如《吕氏春秋·本味篇》云:"鱼之美者",有"东海之鲕"。《汉书·王莽传》云:王莽喜食"鳆鱼"。东汉张步曾遣使"诣阙上书献鳆鱼"[②]。曹操亦"喜食鳆鱼"[③]。《说文》云:"鳆,海鱼名。"据李时珍《本草纲目》,鳆鱼今名"石决明",系海洋中的一种软体动物。

在当时的条件下,除了冬季有可能长途运输鲜鱼外,大部分海产品须经过干制或盐制,以便于储存和运输。晒干的鱼,称为"枯鱼"、"槁鱼"。其他的加工方法,尚有"鲍"、"鲊"等。据《释名·释饮食》云:鲍是"埋藏奄使腐臭也",鲊是"以盐米酿之和菹熟而食之也。"此外,还有以鱼或鱼子作酱者,从鱼中炼取鱼油者。秦始皇墓中,"以人鱼膏为烛,度不灭者久之"[④]。所谓"人鱼膏",即是炼取的海鱼油脂。

就渔业生产的经营组织形式而言,西汉中期,一度实行过渔业官营政策。由于资料极其缺乏,这方面详情不得而知。《汉书·食货志》中简单地提到,"武帝时县官尝自渔,海鱼不出,后复于民,鱼乃出。"除此之外,未见其他记载。从当时的社会背景来看,武帝为了从经济上加强封建中央集权、解决因边地用兵造成的财政困难,实行了盐铁官营、酒类专卖、均输平准、改革币制等一系列经济强制政策。在这种形势下,为扩大财源而实行渔业官营是完全可能的。

在渔业官营期间,官府对部分海域实行垄断。所谓"后复于民",即说明了渔业官营期间是禁民捕鱼的。这样做的结果,是造成了"海鱼不出"的局面,引起了渔业生产的下降。渔业官营的政策实施不久,旋即废止。

---

① 《盐铁论》之《通有篇》与《本议篇》。
② 《后汉书·伏隆传》。
③ 曹植:《求祭先王表》,引自《全三国文》卷15。
④ 《史记·秦始皇本纪》。

（二）秦汉时期的盐业①

在秦汉统一的专制主义中央集权下，社会生产力普遍有较大进步，盐业也有很明显的发展，其主要表现是产盐区的增加，生产技术和生产者地位的提高，食盐运输、销售以及经营管理方面的改善等。

1. 秦汉时期海盐产区的增加

秦时，食盐业有了发展，仅就井盐开采而言，已由广都一县扩大到三县②。《史记》卷129《货殖列传》记汉初的情况，说燕"有鱼盐枣栗之饶"；"齐带山海"，人民多"布帛鱼盐"；吴则"东有海盐之饶"，主要是海盐产区。又说："山东食海盐，山西食盐卤，岭南、沙北固往往出盐"。《正义》称，沙北，"谓池、汉之北"。这是简略的食盐运销情况。

西汉中叶以后，食盐业的生产有了较为迅速的发展，产盐区已经遍布全国各地，这一点可以从《汉书·地理志》对盐官的记载得到印证。《汉志》载西汉中叶后及王莽时所置盐官36处，它们分布于27个郡国。从汉新时期郡国盐官设置来看，沿海的郡县有：千乘郡，位于山东高青县东北；北海郡，下辖都昌（今山东昌邑县）、寿光（今山东寿光县）；东莱郡，下辖曲城（今山东招远西北）、东牟（今山东牟平）、㜫县（今山东黄县西南）、昌阳（今山东文登南）、当利（今山东掖县西南）；琅琊郡，下辖海曲（今山东日照西南）、计斤（今山东胶县）、长广（今山东莱阳东）；会稽郡，下辖海盐县（今浙江海盐县和平湖县）；南海郡，下辖番禺（今广州市）；苍梧郡，下辖高要（今广东肇庆）。需要说明的是，东莱郡黄县，有咸泉池，百姓取以为盐，未设盐官，"盖地濒海，故处处有盐，不尽设官"③。曾仰丰也曾指出："汉吴王濞都广陵，煮海饶国用，淮、浙煎盐"④，已经见诸记载；"而广陵一郡，为今两淮重要（盐产）区域"，西汉时却"未设盐官"⑤。据上二例，未设盐官之处，并非当时不产盐，此其一。曾仰丰又指出："五原郡成宜县，即今五原县"，"按现今五原县并不产盐，当时于成宜县设置盐官，所销之盐，殆以现今套内蒙盐为多，则成宜盐官疑系转运机关。"⑥安定之"三水县，即今固原县"，"今固原县并不产盐。而汉时于三水县设（盐）官，疑亦系转运机

---

① 引见郭正忠主编：《中国盐业史》（古代编），人民出版社1997年版，第31～56页；林仙庭、崔天勇：《山东半岛出土的几件古盐业用器》，《考古》1992年第12期。

② 曾仰丰：《中国盐政史》，上海书店1984年版，第78页。

③ 《汉书·地理志》上王先谦《补注》引。

④ 《中国盐政史》，上海书店1984年版，第51页。

⑤ 《中国盐政史》，上海书店1984年版，第57页。

⑥ 《中国盐政史》，上海书店1984年版，第89页。

关。"①又苍梧"高要县,即今高要","高要县并非产(盐)地,而现今西江盐运必由之路"。汉于此"设置盐官,确系转运机关。"②因此,"汉置盐官处,也并非都是盐产区",此其二。不过《汉志》所载置盐官处,多为当时主要产盐地,它为我们提供了汉代食盐产地的基本分布情况。

在西汉沿海置盐官的地方有:辽东的平郭,辽西的海阳,渔阳的泉州,渤海的章武,千乘和北海的都昌、寿光,琅琊的海曲、计斤、长广,东莱的曲城、东牟、嵫县、昌阳、当利,会稽的海盐,南海的番禺,苍梧的高要等 18 处,几乎占汉置盐官 38 处的一半。可以说明海盐在西汉时已成为食盐中的主要品种。18 处沿海盐官中,属江南者仅 3 处,占 1/6;多数则集中于辽东半岛和山东半岛,特别是原齐国故地。仅今山东境内就有章武、千乘、都昌、寿光、海曲、计斤、长广、曲城、东牟、嵫县、昌阳、当利等 12 处,占西汉盐官总数 1/3、沿海盐官的 2/3,足见其地位之重要。

东汉时,盐产区又有所扩大,从盐官增置同样可以看出。有些本为老产盐区,西汉时未置盐官,至东汉时增置。章和元年(公元 87 年),马棱任广陵太守,"时,谷贵民饥,奏罢盐官,以利百姓。"③广陵(今江苏扬州市)为淮南产盐区,西汉初年,吴王刘濞都此,擅东海之利,以煮盐而致富,但西汉未曾于此地置盐官;马棱奏罢之盐官,当增置于东汉初年。《汉书·地理志》"朔方郡·朔方县"条,王先谦撰《补注》引《魏土地记》称:"县有大盐池,其盐大而青白,名曰青盐,又名戎盐,入药分。汉置典盐官。池在新秦中"。《汉志》本文不载置有盐官,仅称朔方县有"金连盐泽、青盐泽,皆在(县)南"。推测此类淮南老产盐区之"典盐官",也有可能和广陵一样增置于东汉初年。东汉初增置的盐官,涉及海盐(广陵)、池盐(朔方)和井盐(临江、蜻蛉),这反映出东汉时各类盐产区都有一定的发展。

2. 秦汉海盐的生产技术和工艺水平

产盐区的增加和扩大,与盐业生产力包括生产技术和工艺的发展进步有着密切关系。

关于秦汉时期的煮海水为盐,《汉书》卷 24 下《食货志》下载有盐铁丞孔仅、东郭咸阳的建议。对"建议"中有关"官与牢盆"等语,古今中外学者,从文字的标点到注释,都存在着明显的分歧。

首先是标点。中华书局《汉书》点校本作:"愿募民自给费,因官器作鬻盐,

① 《中国盐政史》,上海书店 1984 年版,第 90 页。
② 《中国盐政史》,上海书店 1984 年版,第 91 页。
③ 《后汉书·马援附族孙棱传》。

官与牢盆。"①《史记会注考证》引日本学者中井积德称:"'作',谓冶铸也,愚按'作'字句,言采铁者以官器冶铸;煮盐者,官与牢盆。"②其次是注释。"官与牢盆"一句,注释家们的分歧更大。如淳认为:"牢,廪食也,古者名廪曰牢;盆,鬻盐盆也"③,则"官与牢盆",即是煮盐者官府供给饭食、供给工具。《索隐》引乐彦云:"牢乃盆名"④,则"官与牢盆",也就是官府供给生产工具。又《注》引苏林语:"牢,价直也。今世人言'顾手牢'。"⑤《史记索隐》引苏林语,作"雇手牢盆"⑥。王先谦释称:"'顾手牢',不知何语,详其文义,当是雇佣价值耳,无'盆'字是也。此是官与以煮盐器作而定其价值,故曰牢盆。"⑦在此,"官与牢盆",又解释成为官府供给工具、规定价格。郭嵩焘则认为:"《说文》,牢,闲养牛、马圈,取其四周币也。则'牢'为煮盐所,'盆'则煮盐器也。乐彦曰'牢乃盆名',误。"⑧此则"官与牢盆",为官府供给煮盐场地和工具。

金少英撰《汉书食货志集释》一书,点校从中井积德而诠释从郭嵩焘。⑨他说:"案此数句,应如此标点:'愿募民自给费,因官器作。煮盐,官与牢盆'。谓民自备工本,利用政府设备,从事冶铸。煮盐者则政府与以工具(盆),供给场地(牢)也。'作'指冶铸,'牢'谓盐场。上文'山海天地之藏',下文'擅斡或山海之货':冶铸与'山'相应,牢盆与'海'相应。又'煮盐'两字但泛言之,非谓汉代之盐悉由煮也。"金少英氏的标点、解释,其义较长。宋人徐度说:"今煎盐之器,谓之盘,以铁为之,广袤数丈,意'盆'之遗制也。"⑩似宋"盘"为汉"盆"发展演变而来,虽为铁制而容积小于宋制,精细亦不如宋"盘"。⑪

对于秦汉时期海盐盐业用具,值得一提的是山东半岛出土的几件古盐业用器。

1972年在山东半岛的掖县(今莱州市)路旺乡当利古城遗址出土有一件铁釜(现藏烟台市博物馆),该铁釜大口、深腹,口沿下有两道凸棱,双环耳,圜底。铁釜所出的当利地区,是汉代的一个县,属东莱郡,地处胶莱河入渤海海

① 《汉书·食货志下》中华校点本。

② 〔日〕泷川资言《史记会注考证》卷30《平准书》,北京文学古籍刊行社1955年版。

③ 《汉书·食货志下》颜师古注引。

④ 《史记·平准书》司马贞《索隐》。

⑤ 《汉书·食货志》下,颜师古注引。

⑥ 《史记·平准书》司马贞《索隐》。

⑦ 《汉书·食货志》下王先谦《补注》。

⑧ 郭嵩焘:《史记札记》卷3"官与牢盆"条,商务印书馆1957年9月。

⑨ 金少英:《汉书食货志集释》(油印本),第30~131页。

⑩ 徐度:《却扫编》卷中。

⑪ 以上引见郭正忠主编:《中国盐业史》(古代编),人民出版社1997年版,第31~39页。

口东岸,西北距海 5 千米。海滩地势低平,汉时曾设盐官于此。① 铁釜体大厚重,口沿处又设有巨大的环形耳,以便杠抬搬动,当非一般的生活用器,而应该是供多人劳动的器具。《史记·平准书》记"愿募民自给费,因官器作煮盐,官与牢盆"。"(东郭)咸阳,齐之大煮盐","敢私铸铁器煮盐者,钛左趾,没入其器物。"这几条材料说明:一是汉时以烧煮海水之法取盐,二是盐业官营,煮盐必用"官器",三是煮盐之器为铁器,名曰"牢盆"。即谓煮盐,需用大量海水,故煮盐之器有较大容量。铁釜不但为铁铸,而且体大、腹深,正具有容量大这一特点,与《史记》所载诸多相合。我们认为,铁釜可能就是史籍记载的煮盐官器——牢盆。时代可能在东汉或更晚一些。

山东半岛出土铁釜之外,还出土有铜印,也是海盐使用的器具之一。1981年 3 月出土铜印于掖县(今莱州市)西由镇西头村(现藏莱州市博物馆),该铜印中下部为印文。印文阴文,四字,田字格布局,左读为"右主盐官"。字呈方体而略扁,篆书体,与一般汉印文等文字略近。铜印中的"右主盐官"蕴涵什么意思呢?

该铜印的出土地点西去 2.5 千米即为渤海海岸,这里是一片广阔的粉沙型海滩,古称"万里沙",历代都是胶东著名盐场。此地西汉时属东莱郡曲成县,设盐官,隶大农②;东汉时为曲成侯国③,"其郡有盐官"、"郡国盐官……皆隶郡县"④。这件罕见的大型铜印,可能正是朝廷设于地方的盐官之用印。

山东半岛出土的与海盐生产有关的器物中,还有两件铜盘(藏烟台市博物馆)值得一提。其中,一件于 1982 年 5 月在蓬莱县(今蓬莱市)城关镇西庄农民建房挖地基时出土,西庄地处海边沿岸,距海数十米。另一件于 1971 年 4 月在掖县(今莱州市)朱由镇路宿村农民挖土时出土。路宿村西距海岸 4.5 千米,也是古西由盐场之一部分。这两件铜盘的出土包含什么含义呢?

据清嘉庆《掖县志》载:"嘉庆初年,西由场官署灶房,旧有铜制盐锅三十余,今存其二。底平而色绿,口径四尺有奇,相传是管仲煮盐锅,疑即汉《食货志》所谓牢盆也。"路宿村正在古西由盐场范围以内,所出铜盘在形制、色泽、口径诸方面都与志书所记相合,可见所谓"管仲煮盐锅"正是出土的这类铜盘。⑤

3. 秦汉时期的盐政

春秋战国时期,东方诸国除齐用管仲推行"食盐官营"外,多采取放任政

---

① 《汉书·地理志》。
② 《史记·平准书》。
③ 《后汉书·郡国志》。
④ 《后汉书·百官志》。
⑤ 以上引见林仙庭、崔天勇:《山东半岛出土的几件古盐业用器》,《考古》1992 年第 12 期。

策，由民产、商销，官府只管课税。而西方的秦，自从商鞅变法之后，"禁山泽之原"，置盐官以收"百倍之利。"①即普遍于产盐区设置盐官，垄断山泽，推行食盐的官营政策。此即所谓商鞅虽死，其禁断山泽的"秦法未败也"②。

秦王嬴政灭六国、统一天下，秦国的基本政策推行于整个中国。司马迁说，秦始皇"离六国而王天下，其道不易，其政不改"③，其食盐官营等"峭法"④，自然继续推行。因此，秦王朝所获得的盐利，比只收盐贡、盐税要高二十倍。⑤

秦王朝的盐利悉入"少府"，少府"掌山海池泽之税以给供养"⑥，即"以供王之私用"⑦。日本学者森谷克已根据商鞅变法令上所说"事末业及怠而贫者举以收孥"和陈胜、吴广起义时，秦少府章邯免郦山"徒人、奴产子"以组织军队的资料，推断说："实际上秦好像真的独占盐铁，设官掌山泽之利，而使奴隶从事于制盐、冶铁"。罗庆康则认为商鞅时专卖，秦始皇令民承包纳租。⑧

汉初，为了医治战争的创伤，在"黄老"思想指导下，朝廷曾推行一系列"与民休息"的政策，"弛山泽之禁"⑨，就是其中重要的一项。罗庄康、王子今、齐涛等先生对汉盐多有论述。

"弛山泽之禁"，标志着食盐官营政策被取消，而为食盐的"自由"开采、运输和销售打开了方便之门。盐官们不再承担食盐的产、运、销，只负责征收盐税。但是，权贵、豪强和富商大贾们，却乘机"擅障山泽"⑩，役使成百上千的奴僮和逃亡农民从事煎煮以获盐利。其中尤以世袭权贵吴王濞为代表的诸侯王最为突出。

刘濞，汉高祖兄刘仲之子。高祖十二年（公元前 195 年）擢为吴王。⑪吴国建都于广陵（江都扬州），辖丹阳、豫章、会稽三郡五十三城，地方三千里，胜兵五十万，是东南之大国。⑫惠帝、吕后时期（公元前 194 年～公元前 180 年），"天下初定，郡国诸侯各务自抚其民"，吴得地利，有铜山，滨东海，吴王濞

---

① 《盐铁论·非鞅篇》。

② 《韩非子·定法篇》。

③ 《史记·秦始皇本纪》。

④ 《盐铁论·非鞅篇》。

⑤ 《汉书·货殖传》。

⑥ 《汉书·百官公卿表》。

⑦ 《汉官仪》，《宋书·百官志上》。

⑧ 罗庆康：《秦的盐制管窥》，《盐业史研究》1991 年第 3 期。

⑨ 《史记·货殖列传》。

⑩ 《盐铁论·错币篇》。

⑪ 《史记·汉高祖本纪》。

⑫ 据《汉书·地理志》载，西汉昭帝时（公元前 86 年～公元前 81 年），会稽等郡共有 61 县、398041户、1789730 口。

乃"招致天下亡命者,盗铸钱,煮海水为盐"。煮盐、铸钱,得利极厚,以致"无赋于民"而"国用富饶"①。文帝时(公元前179年~公元前157年),吴国铸钱、煮盐业进一步发展,不仅民无赋国用足,而且还能做到:百姓应"践更"时,吴官府"为卒者雇其庸,随时月而平贾(价)"②;吴官府每年拿出一笔钱,"存问茂材"、"赏赐闾里"。刘濞治吴四十余年,以冶煮之利收买人心,"以故能使其众"③。

汉中央"弛山泽之禁",刘濞却在吴"擅鄣山海",直接控制盐、铜生产资源;朝廷纵民煮铸,只收盐税,吴国却由官府出面"招致天下亡命者",以致"山东奸猾,咸聚吴国"④,甚至"他郡国吏欲来捕亡人者",也由官府出面保护,"相容禁止不与"⑤。这些煮盐、铸钱的"亡命",来自他国、外郡,"远去乡里",既无生活资料,更无生产资料,只能"依倚大家"⑥,在滨海、深山从事艰苦劳动,以养家糊口。因此,西汉初年,像吴王濞这样有特权、有实力的诸侯王,在其境内不行汉制,他们所推行的是与"黄老之术"相对立的"法家之术"。

司马迁指出,从阖闾到吴王濞,都是依仗"东有海盐之饶,章山之用,三江、五湖之利","招致天下喜游子弟",使吴地繁华起来,成为"江东一部会"⑦的。山泽之利,历来就是割据势力重要的经济基石。吴王濞正是以此起家,最后成为景帝三年(公元前154年)"吴越七国之乱"的魁首。⑧ 因此,汉初"弛山泽之禁"的最大获益者,正是吴王濞这一类拥有世袭特权的大贵族。

刘濞垄断山海,铸钱、煮盐的反朝廷经济活动,迅速发展成为公开的武装叛乱。因此,在汉中央平定"七国之乱"后,这种包括役使"亡命罪人"⑨、"官营"煮盐的经济活动,也由于政治上的失败而随之没落。

当然,"弛山泽之禁"的获利者,还有那些"蹛财役贫"使"黎民重困"⑩的富商大贾,他们的势力也很大,"得管山海之利,采铁石、煮盐,一家聚众或至千余人"⑪。

---

① 《史记·吴王濞列传》注引如淳语。《盐铁论·错币篇》说,吴国铸钱、煮盐的亡命,主要来自山东;《汉书·吴王濞传赞》也说:"吴于擅山海之利,能薄敛以使众。"因此,煮冶之利充国用,而本国"百姓"得以"无赋"。

② 据《史记·吴王濞列传》集解引《汉书音义》。

③ 《史记·吴王濞列传》。

④ 《盐铁论·错币篇》。

⑤ 《史记·吴王濞列传》。

⑥ 《盐铁论·复古篇》。

⑦ 《史记·货殖列传》。

⑧ 《史记·汉景帝本纪》。

⑨ 《史记·吴王濞列传》载景帝制诏将军语。

⑩ 《汉书·食货志》下。

⑪ 《史记·平准书》、《盐铁论·复古篇》。

西汉初年的私人大盐业主，主要出在盛产海盐的齐国。武帝时，著名的齐人东郭咸阳，司马迁称之为"大煮盐"，他以煮盐致富，家资"累千金"①。刀闲（《汉书·货殖列传》作"刁闲"）也是齐国人，他大批役使奴僮，从事煮盐、捕鱼，也搞长途贩运，积累资产达"数千万"②。

"聚深山穷泽之中"③，煮盐、冶铁，确"非豪民不能通其利"④；这种简单协作的劳动，既艰苦又极繁重。刀闲（或刁闲）、卓王孙都役使奴僮从事食盐生产，在这点上与同时代的权贵吴王濞是一致的。海盐的生产，一般要比井盐简单些，但汲卤、运卤、煮盐、运盐等基本工序仍不可少。司马迁说，汉初，"齐俗贱奴虏"而刀闲"独爱贵之"。这是因为在"穷泽之中"从事艰苦的食盐生产，是一般平民所不愿干的，只有驱使那些既无生产资料，又无生活资料，甚至毫无人身自由的奴虏去干。刀闲对"人之所患"的"桀黠奴"特别有兴趣，"愈益任之"。我们怀疑，很可能在食盐生产的各工序中，都是由这些"豪奴"来直接进行管理。所以，在"（刀）闲终得其力，起富数千万"的同时，"豪奴"们也得以"自饶"了⑤。

汉武帝中期，由于长年战争，军费开支浩繁，加上天灾频仍，百姓破产流亡，朝廷财政也极为困难。国库空虚，入不敷出，朝廷不得不向豪富借贷。但是，富商大贾"冶铁、煮盐，财或累万金，而不佐国家之急，黎民重困"。因此，经济方面的一场尖锐斗争，不可避免地迅猛展开。

元狩（公元前122年～公元前116年）中⑥，御史大夫张汤，秉承汉武帝的旨意，"笼天下盐铁"⑦，也就是实行盐铁官营。

"食盐官营"的具体办法是：官府募民制盐、官收、官运、官销。这和管仲在齐国的"正盐筴"大同而小异；与同时期施行的"冶铸官营"的不同之处仅在于食盐在更大程度上允许"民制"。

汉武帝采纳孔仅、东郭咸阳的建议，重禁山泽，不允许富商大贾和权贵们擅有山泽之利，不允许他们使用奴隶或"亡命罪人"从事煮盐以致富；对私自煮盐的人，要受到"钛左趾"的严厉惩处。山海都由官府管理，官府招募百姓，自备生产费用煮盐，官府提供煮盐的场地（"牢"）和主要生产工具（"盆"，即煮盐

---

① 《史记·平准书》，《盐铁论·复古篇》。
② 《史记·货殖列传》。
③ 《盐铁论·复古篇》。
④ 《盐铁论·禁耕篇》。
⑤ 刀闲事，均据《史记·货殖列传》。"桀黠奴"即"豪奴"；"自饶"是指豪奴们在为主人经营盐铁时，从中渔利而富足起来。
⑥ 《通鉴》卷19，系盐铁官营于元狩四年（公元前119年）冬。
⑦ 《汉书·张汤传》。

的大铁锅)①,用以间接控制食盐生产,产品由官府收购。官府控制主要生产资料"山海",提供生产场地"牢"、生产工具"盆",使用的劳动力是招募来的略具资产的、具有自由身份的农民。因此,汉武帝在官营食盐生产中,实际上废弃了此前私煮食盐中奴隶(包括"亡命罪人"和奴僮)制生产方式。

综上所述,可以归纳为两点:①从"盐政"来看,大体可分为四个阶段。秦代严禁山泽、山海之利,为官府所垄断,为"食盐官营"时期,时间仅 15 年左右。汉初至武帝元狩四年,弛山泽之禁,"浮食奇民"擅山海之利,为食盐私营时期,为时约 85 年;不过,当时所谓"奇民"的诸侯王,据有郡国,拥有政治特权,在其境内垄断食盐生产,仍具有"地方官营"的性质。汉武帝重禁山海,严法推行食盐官营,组织较为严密,成效也较显著。此一制度推行于西汉中、后期,直至新莽末年,前后共约 140 年。东汉皇权不振,地方割据势力发展迅速,朝廷重弛山海之禁,山泽之利多为地方豪强所占有,直至曹操执政,食盐私营约 180 年之久。②从食盐生产者的身份来看:秦和汉初,无论是食盐的"官营"或"私营",其役使的劳动力,多为所谓"亡命罪人"或奴僮,属于奴隶制生产形态。汉武帝重禁山海,推行食盐官营,用给予场地和主要生产工具的方法,控制招募来的略具资产的平民从事煮盐,从生产关系来分析,较之使用奴僮有所进步,食盐业有较明显的发展。东汉是食盐私营时期(除章帝末约四年曾行"官营"),山海之利,多为地方豪强所占有,其役使的劳动者,或为奴僮②,或为佃客式依附民。③

二 秦汉时期海外贸易的开启与发展④

(一)秦始皇巡海的动因及对海外航路的探索

秦始皇巡海是秦王朝时期海外贸易开启的重要信号,二者之间的关系虽然不是直接的,但是对航海价值的不断深入认识,将会不断促使海外贸易的产生与发展。

秦始皇二十六年(公元前 221 年),秦始皇统一了中国,建立我国历史上第一个统一的封建地主专政的国家,辽阔的疆域东至大海,西至甘青高原,南至

---

① 《史记·平准书》,解释从金少英《汉书·食货志集释》,参考宁可撰"盐官"条,载《中国大百科全书·中国历史·秦汉史》单行本,第 200 页。
② 《华阳国志》卷 1《巴志》"临江县"条及《水经·江水注》"江水又迳虎臂滩"条。
③ 以上引见郭正忠主编:《中国盐业史》(古代编),人民出版社 1997 年版,第 39～56 页。
④ 引见中国航海学会:《中国航海史》(古代航海史),人民交通出版社 1998 年版,第 35～39,45～62 页。

岭南,北至河套、阴山、辽东,揭开了统一的中国既是内陆大国又是海洋大国的序幕。秦始皇在其登上统治宝座以后,便下令以咸阳为中心,修筑通向全国各地的驰道,"东穷燕齐,南极吴楚",沟通了全国的陆上交通。同时对各诸侯领地内河渠上的截水堤坝及拦阻水道的设施,全部决通。并以鸿沟为中心、疏通济、汝、淮、泗等水。此外,又在吴、楚、齐、蜀大兴水利,跋山开凿灵渠,沟通了珠江、湘江、长江水系,发展通航和灌溉,还派人出海,将内陆驰道与江、河、湖、海的航路互相衔接,构成了全国一体的水陆交通网。秦始皇在采取这些重大措施的同时,还付出很大的精力,推进航海事业的发展。

秦始皇巡海,与当时的经济状况也有一定的联系。

秦朝是在六国新兴商人地主的支持下,吞并六国,实现统一局面的。从这一角度来看,它是以商人地主为主体的政权,商人地主成为与国家权力相结合的官商。像山东的程郑,经营"冶铁,贾椎髻之民",与西南边民交易。乌倮氏以丝绸与匈奴、西戎交易牛马牲畜,有十倍之利。当时这些商人行"贾郡国,无所不至",可与万乘诸侯分庭抗礼。他们"大者倾郡,中者倾县,下者倾乡里",有左右国家大政国策的势力。秦朝之所以有"堕毁城郭,决通川防"的措施,"一法度衡、石、丈尺,车同轨,书同文字"的改革,正是商品流通突破封建领主的封闭以后,商人地主按照自身愿望改变社会制度的具体表现。而此时的商品交换,在全国统一的水陆交通无远不至的情况下,不仅需要积极占领中原以外的市场,而且需要通过沿海港口向海外发展。秦始皇作为商人地主的政治代表,他多次巡海,与这种要求有一定的内在关系。

秦始皇三十三年(公元前214年),秦始皇为统一岭南并取得"越之犀角、象齿、翡翠、珠玑"之利,"发诸遒逃亡人、赘婿、贾人"共50万人,分作五军进入岭南。在这个队伍里便有一大部分官商随军南下,并专门分出"一军处番禺之都",以驻戍兵力扩建广州海港城市,对海外交通进行开发。秦始皇进军岭南虽有多方面的动机,但争取开港出海,应是其目的之一。

在北方,秦始皇多次巡视过的四个港口,分布在燕齐两国的沿海。如《史记·货殖列传》上所说的那样,"燕亦勃、碣之间一都会也……有鱼盐枣粟之饶。北邻乌恒、夫余,东绾秽貉、朝鲜、真番之利",是一处富饶而有交通海外之利的地方。"齐带山海,膏壤千里,宜桑麻,人民多文采布帛鱼盐"而有士、农、工、商、贾五民之众,多有经营航海贸易的商人。《史记》上便记载过一个活动于秦汉之际的大海商,名叫刀闲。他收拢着一大批航海贸迁之徒,"使之逐鱼盐商贾之利,或连车骑,交守相,然愈益任之,终得其利,起富数千万"。司马迁称赞他是"当世千里之中,贤人所以富者"。由此可见,当时在沿海地区,已有一些可以交通王侯的海商势力。此外,当时次于刀闲的小帮,或者三五成群的小户,还有很多。秦始皇对这些商贾航海势力,寄有一定的期望。为开辟海上航路到沿海巡视,并下令迁 3 万户扩充琅琊港和进军开发岭南番禺,都是与向海外发展有直接联系的。①

(二)西汉时期海上丝绸之路的开辟

西汉时期是中国航海事业的发展前期,它的标志是南亚海上丝绸之路的形成。中国航海事业所以在此时有较大的发展,是与西汉的社会经济发展联系在一起的。

秦朝末年,陈涉、吴广揭竿而起,天下云集响应。此时已被推翻的"山东诸侯",借着农民起义的洪流,重又复辟了战国时期的割据局面,后经刘邦削平了各地的旧贵族势力,建立了统一的西汉王朝,当时由于连年混战,农民死亡流散,城乡人口锐减,"大城名都,民人散亡,户口可得而数"。社会经济凋敝,百物腾贵,"米石五千,人相食,死者过半",国内一片萧条景象。面对这种局面,汉朝统治者不得不把稳定秩序、恢复生产作为首要任务,认真采取"与民生息"的政策。到文帝、景帝时期(公元前 179 年~公元前 141 年),汉朝达到了初步稳定。到汉武帝时,则出现了"都鄙廪庾皆满,而府库余货财。京师之钱累钜万,贯朽而不可校"的盛况。汉武帝刘彻,即在这样一个海内物阜民丰的条件下积极开拓了通向国外的商路。

汉代对外输出的商品主要是丝织品。丝织品是中国的特产,而且产量多,质量好,国内外需求量都很大,因此丝织业是西汉比较发达的一种手工业。当时丝织品的来源有三个方面:一是全国范围内"男耕女织"自给自足的生产。这方面的生产总数虽无据可查,但从武帝时"一岁之中"赋税征收的"诸均输帛五百万匹"这个数字,对当时丝织品的生产能力,我们也可以想见一斑。第二是民间以商品生产为业的丝织作坊。例如张安世夫妇二人经营的丝织业,雇养着"家童七百人,皆有手技作事,内治产业,累积纤微,是以能殖其货,富于大将军(霍)光"。这种民间丝织业作坊,不仅提供丝织商品的数量,并且在质量上也比前代人有提高。例如钜鹿织户陈宝光的作坊,设有 120 镊的精密织机,能织出蒲桃锦、散花绫等各种花色的高档丝绸。"六十日成一匹,匹值万钱"。三是皇家官办的丝织室。当时在长安设有东织室和西织室两处,规模宏大,每年用费达五千万之钜。同时在丝织品主要产地临淄(山东临淄)和襄邑(河南睢县)设有官办丝织场和服装场,"作工各数千人,一岁费数巨万"。这类工场作坊的产品,主要供皇家服用或作为赏赐品,因此集中了全国能工巧匠的技艺大成,能织出复杂图案和花纹的精美织物。

---

① 中国航海学会:《中国航海史》(古代航海史),人民交通出版社 1988 年版,第 35~39 页。

关于两汉丝织品的生产能力，可以从国内用量及向国外的输出量中看出。据《汉书》记载，西汉的历代皇帝曾一次次向全国的三老、孝悌力田者，或者鳏寡孤独者赏赐帛。其发放数量之大，十分可观。西汉不仅把丝织物赏给国内臣民，也经常作为赠予使者的礼品。例如赠龟兹王"绮绣杂缯琦珍凡数千万"，赠给匈奴单于"黄金锦绣，缯布万匹"，"彩缯千匹，锦四端"，另外"赐单于母及诸阏氏、单于子及左右贤王、左右谷蠡王、骨部侯有功善者，缯彩合万匹"。这动辄几万匹的赠送并非一次，而且是"岁以为常"，年年遗赠成为定例。这类外赠的绮、锦、绣都是价格昂贵的精品。据《范子·计然》记载："绣细文，出齐。上价匹二万，中万，下五千也"。可以看出，西汉的丝织物不仅生产甚丰，而且质量精美。丝织业的发达，推动着商业也快速发展起来。《史记·货殖列传》说："汉兴，海内为一，开关梁，弛山泽之禁。是以富商大贾周流天下，交易之物莫不通，得其所欲。"《史记·淮南衡山传》也说："重装富贾，周流天下，道无不通，故交易之道行"，可见商业之繁荣。商业的繁荣又刺激着农业、手工业的发展，推动着都市经济日益兴旺。这时除一些老城市重新恢复繁盛外，还出现了一些新的城市。沿海的老城市番禺、临淄的经济实力均上升为全国重要都会的地位，反映着当时商业活动有向国外延伸的趋势。

中亚南路，是汉武帝时由中国通向罗马的贸易通道，大量的中国丝绸和丝制品由这条路线西运，这条路线遂被称誉为丝绸之路。当时在这条欧亚通道上，派赴西方的汉朝使者，"相望于道，一辈大者数百人，少者百余人"，在政府使者后面跟随着一大批商人。汉代的使者，实际便是商队的领头人，况且使者中也有许多"皆贫人之子，私县官赍物，欲贱市以私其利外国"，他们官商结合，成群结伙络绎不绝，把大汉帝国的声望远播到中亚及罗马。

正当汉王朝统一中国时，罗马人也统一了意大利半岛，建立了强大的罗马帝国（汉称大秦，又称犁鞬）。当时世界上的大国，基本上就是东方的大汉帝国和西方的罗马帝国。是时罗马势力东移，汉朝势力西进，而其间有大月氏和安息两大势力横在中亚，成了东西两个世界历史交流的壁障，使中国与罗马不能发生直接接触。《后汉书·西域传》说："大秦，一名犁鞬，在海西，亦云海西国。……其王常欲通使于汉，而以安息欲以汉缯彩与之交市，故遮阂不得自达"。说明中国丝绸虽然远销罗马，但并不是由中国人直接运销到罗马，而是把丝绸卖给大夏和粟特两国的商人，由他们转售给安息商人，最后再由安息商人转销到罗马。安息商人为牟取暴利，故意隔阻在中间，不使中国与罗马接触。以后，汉武帝派张骞通西域，并在中亚商路的中国境内沿途驻军设防，作了多方的沟通和保卫措施。但由于这条通道路途过于遥远，沿途又经过若干民族或国家，其中若有一处发生变化或动乱，都会阻塞商路的通畅。所以这条路有时因"匈奴绝和亲,攻当路塞",有时因"西域反叛乃绝",忽通忽断时有所见。张骞在国外历尽艰难,虽取得一定成效,但仍难以改变中亚商路这种多变的局面,东西双方,都急于另外开辟一条直接进行交往的通道。

为了摆脱中亚商路的困扰局面,张骞向汉武帝建议,通过"蜀身毒道"先与印度连接,然后再从印度出发直达中亚。汉武帝采纳了张骞的建议,于元狩元年(公元前122年),命他从四川四道并出,打通去印度的通道。张骞设想的这条道,与后世所通的"滇缅道"基本一致,即自川西平原中经西昌和云南的姚安、大理、永昌(云南保山)、腾冲通过缅甸而到印度。这条路要通过西南少数民族地区,沿途多原始森林、深山峡谷,一路是羊肠小道,栈道索桥,稍有骚扰,便会被阻断,比西北的商路更难保证其畅通。张骞设想的这条通路,在其生前始终没有打通。

张骞去世后,汉武帝便又采纳了番阳令唐蒙的建议,开始集中全力,把与罗马直接交往的希望转移到海路上来。早在建元六年(公元前135年),汉武帝第一次攻闽越时,曾派唐蒙到番禺联络过南越,南越王曾用蒟酱招待他,唐蒙即询问其所由来,得到的回答是,蒟酱来自四川,"道西北牂牁。牂牁江广数里,出番禺城下"。唐蒙回到长安后又向蜀商查询,蜀商说:"独蜀出蒟酱,多持窃出市夜郎。夜郎者临牂牁江。江广百余步,足以行船,南越以财物役属夜郎"。于是唐蒙向汉武帝建议:"诚以汉之强,巴蜀之饶,通夜郎道为置吏,易甚。"这段记载,说明唐蒙已调查了从四川到夜郎,从西江顺流而下到达广州,然后自广州出海可航印度的路线。唐蒙的建议,促使汉武帝于元鼎六年(公元前111年)发楼船共十万攻下南越,开辟了从广州徐闻、合浦通向印度和斯里兰卡的远洋航线。①

一般说来,浩瀚的海洋能把各国隔开,但是当人们掌握了一定的造船技术和航海技能以后,海洋即可成为无远不至的通途,它无需沿途筑城设防靡费巨大的开支,又不易受到沿途政治变迁的干扰,除有少数灾害天气的影响需要注意规避以外,完全可以根据需求开辟航线或临时改变航路,以保证长年通航。从运输效益来说,海船运载量大,运价低,这些都是陆运驼队所不能比拟的。另外从汉代丝绸之路输出品的货源来看,蚕丝和丝绸产地都在沿海的江南吴、越和山东齐、鲁一带,这些地方自古以来便是盛产蚕丝和造船的基地,像山东的兖州,是"桑土既蚕,厥贡漆丝,厥筐织文";青州是"厥贡

① 中国航海学会:《中国航海史》(古代航海史),人民交通出版社1988年版,第45～48页。

盐绨,厥篚枲丝"①,都是以丝绸生产著称的地方。沿海从南到北,自合浦、番禺、闽越(福州)、永嘉(温州)、会稽,到琅琊、东莱(今山东莱州至福山)、渤海(河北沧州),均是秦汉时期著名的造船基地。这些地方既能为对外输出提供货源,又能提供航海外输的运载工具。这两者是汉代开辟海上丝绸之路的物质基础。

据《资治通鉴·汉记》记载,汉武帝曾亲自巡海七次。对于汉武帝的七次巡海,史家多以"武帝好神仙之事"为贬词,但这未必是公允之论。从汉代史籍中,同样可见汉武帝七次巡海的动因,也绝不是为着求仙寻药。

《汉书·大宛传》对汉武帝巡海作了概括性的叙述,说:"是时,上方数巡狩海上,乃悉从外国客。大都多人则过之,散财帛赏赐,厚具饶给之,以览视汉富厚焉。"从这段记载中,显见汉武帝巡海时,是邀请了许多浮海、陆行而至的外国商人随行,并向他们赏赐财帛,供应丰厚,同时还"令外国客遍观各仓库府藏之积,欲以见汉广大,倾骇之"。其目的是向外商夸示中国富强,施加政治影响,与寻求神仙几无丝毫瓜葛。史书上也说,汉武帝为人"聪明能断,善用人,行法无所假贷",是一个比较英明的政治家。他能根据当时条件,大力开辟海上交通,当时便得到了"外使更来更去"②,倭人百余国"以岁时来献",南洋各国从"武帝以来,皆献见"③的效果。

汉代造船能力的提高,船舶形制的改善,船舶属具的日趋完备,为汉代海外交通的发展,创造了物质条件。汉代内河航运,已四通八达。汉武帝七次巡海,与西汉初期恢复沿海航路和开辟远洋航线有直接关系。由于汉武帝开边和巡海,当东南沿海的南越、闽越、东瓯三个割据势力被削平以后,在汉武帝晚年,终于沟通了我国北起辽宁丹东、南至广西白仑河口的南北沿海大航线。还开辟了两条国际航线,一条从广东番禺、徐闻、合浦经南海通向印度和斯里兰卡的南航线;另一条从山东沿岸经黄海通向朝鲜、日本的北航线,为我国后世航海事业的发展,奠定了基础。

1. "徐闻、合浦南海道"远洋航线

汉武帝于元鼎六年(公元前 111 年)统一南越后,将南越地划分为九个郡,以合浦郡为起点,开拓了通向西方的海上丝绸之路,史称"徐闻、合浦南海道"。这条航线,被记录在《汉书·地理志》上:

自日南障塞、徐闻、合浦船行五月,有都元国;又船行可四月,有邑卢没国;又船行可二十余日,有谌离国;步行可十余日,有夫甘都卢国。自夫

---

① 《尚书·禹贡》。
② 《汉书·大宛传》。
③ 《汉书·地理志》。

甘都卢国船行可二月余,有黄支国,民俗略与珠崖相类。其州广大,户口多,多异物,自武帝以来皆献见。有译长,属黄门,与应募者俱入海市明珠、璧流离、奇石异物,赍黄金杂缯而往。所至国皆禀食为耦,蛮夷贾船,转送致之。亦利交易,剽杀人。又苦逢风波溺死,不者数年来还。大珠至围二寸以下。平帝元始中,王莽辅政,欲耀威德,厚遗黄支王,令遣使献生犀牛。自黄支船行可八月,到皮宗;船行可二月,到日南象林界云。黄支之南,有已程不国,汉之译使自此还矣。

这条航线的走向,用今天的地名,可作如下表述:从徐闻、合浦出航,沿北部湾西岸和越南沿岸航行,绕过越南最南部,沿暹罗湾沿岸,顺着马来半岛海岸南下,进入马六甲海峡,到达都元国(今印尼苏门答腊西北巴塞河附近)。再从都元国绕航,沿马来半岛西海岸北上,到达邑卢没国(今缅甸南部萨尔温江入海口附近)。从这里沿缅甸西海岸向西北方向航行到谌离国(都城在今缅甸蒲甘城附近)。然后沿印度东岸向西南航行到达黄支国(印度南部),最后向南航行,到达已程不国,即今天的斯里兰卡。然后由此回国,往返一次需要28个月,航程达数万千米。

汉武帝打通的这条海上丝绸之路,从一开始,目的港便十分明确,他是要从海上经由印度沟通与罗马的贸易交往。

原文中说到这次出发的船队里,"有译长,属黄门"。"黄门"是汉代皇帝近侍内臣的衙门,以宦官为主,设有"给事内廷黄门令、中黄门"诸官。可见在出国的远洋船上,也像陆路上的使节一样,是派遣近侍内臣担任使者率船远航,到海外去建立贸易关系。在这支汉政府的官办航运船队中,也组合了一大批商人,如文中所说的"应募者",便是这种惯于出海的冒险商人。当时积极探寻海外市场和海上交通路线,已经成了官私双方一致的殷切要求。汉代海上丝绸之路,即是在这样的历史背景下形成的。

这条航线以徐闻、合浦为起端,经印度东岸之康契普拉姆(黄支国),到达终点港斯里兰卡(已程不国)。形成这样一条穿过马六海峡而贯通两大洋的航线,首先取决于当时东西双方的商品流向。根据海运原理,货物流向尤其贸易双方的货物对流的流向,是形成航线的内在规律。假若双方有时必须在某一中转港口互相交易的话,这个中转口岸,便自然成为双方航线的终点。依此来看,汉船所载的货物是丝绸和作为货币使用的黄金,而在国外收买的货物是"明珠、璧流离、奇石异物"。因此可以说汉船输出输入货物的最后交易港口,就应是汉船航线所能达到的最终目的港。关于汉船的目的港,在国外古代文献中曾说明就在斯里兰卡,即该港成为欧亚贸易的中转港。古罗马学者白里内著有《博物志》一书,说到在罗马帝国的奥古斯都·恺撒时期①,有一名斯里兰卡的拉切斯(Rachiase,意为区长)率领着四个人,从海道到达罗马。据这位拉切斯对罗马人说,他曾亲自到过中国,提到了中国和罗马这两个东西方大国,都与斯里兰卡有直接往来。《博物志》上还说,罗马人通过印度航商用宝石和红海产的珍珠在斯里兰卡与中国商船交换衣料(丝绸)。而汉代中国海商,还在科罗曼德和斯里兰卡建立了货栈,与来自埃及的西方船舶交换货物。②

又据吉本所著的《罗马帝国之衰亡》记载:"而与(罗马)通商最盛之邦,则首推阿拉伯与印度。每岁约当夏至节边,一百二十艘商船,自迈奥霍穆出发,是乃江海傍埃及之一海港。因风之助,四十日可渡大洋。印度的马拉巴海岸及锡兰岛(斯里兰卡),乃其寻常停泊之处。亚洲远邦商贾,多麇聚于这些地方,以待罗马商人之来与之交易。十二月或一月为其预定归期,回到非洲后,乃卸货于骆驼背上,自红海至尼罗河,以达亚历山大里亚港,然后再由此渡地中海输入罗马都城"③。说明这时印度航海者已开通了与埃塞俄比亚的海上航路,独自经营了到红海的航运贸易。④ 他们载着罗马的珍珠、宝石,与满载丝绸的中国海船在斯里兰卡进行交易。由于双方对流中转港的限制,汉船航线终点当时只能到达斯里兰卡,买到所需的货物后,"汉使自此还矣"。所以在汉初(公元前2世纪)中国船到达印度和斯里兰卡时,中国与罗马的海上交易,是在中转港口依靠印度海船为中介进行倒载转运的。中国运去的丝绸,要由印度船运到罗马市场;汉船所需购买的珍珠、宝石,也要由印度船从罗马运回来卖给中国海商。

既然当时东西双方均有急欲沟通海上交通的需要,中国丝绸与西方璧流离、明珠等货物的对流流向已经存在,双方的中转交换港口已经形成,汉代海船也具备了扬帆乘风的能力,这时实现海上交通的主客观条件均已成熟,汉船便驶进印度洋,开辟出了这条直达印度和斯里兰卡的航线。

这条航线的形成,也为中外海上交通和贸易的后世发展提供了重要的海上网络前提。

2. 东渡日本的航线

早在战国时期,便有一条从山东半岛、辽东半岛经朝鲜半岛通日本的航线。汉朝立国后,仍把朝鲜看做辽东故塞。汉惠帝元年(公元前194年),燕人卫满率众东入朝鲜,据王险城(今平壤)称王,自此箕朝鲜亡而卫朝鲜兴。当时

---

① 〔锡兰〕尼古拉斯,帕拉纳维达纳:《锡兰简明史》,商务印书馆1964年版,第20页。

② 《汉书·地理志》。

③ 翦伯赞:《秦汉史》,北京大学出版社1983年版,第416页引录。

④ 沈福伟:《中西文化交流史》,上海人民出版社1985年版。

汉朝廷无力顾及中原以外，则对卫满采取羁縻政策，承认卫满为外臣，受辽东太守约束；卫满则对汉朝廷负责保卫边境安全，并承诺不阻碍其他各族通过朝鲜之路与汉廷的交往联系。但传至其孙右渠为王时，不仅背约断绝与汉的关系，并且阻止其他各族与汉朝来往。原来经辰韩而通日本的航路，也被堵塞，历经汉初六十几年，长期不能畅通。到元封元年（公元前110年），南方沿海最后的一个分裂势力闽越被平定的同时，汉武帝便亲自赶赴到东莱，他派了千余人发船探寻通日本之路。次年，又派左将军荀彘从辽西出兵，楼船将军杨仆率水军五万从山东渡海。水陆兼进攻击朝鲜。从这次两路进军的路线来看，正与汉武帝第一次巡行东莱和辽西的路线相吻合，可以看到，汉武帝这次巡海似为开通渡日航线而来的。

元封三年（公元前108年），由于朝鲜内讧，右渠被杀，战争结束。汉便在朝鲜设乐浪、临屯、玄菟、真番四郡。于是汉人大量移徙朝鲜和日本，而倭人经朝鲜也能顺利无阻地来到中国，旧有的中朝日海上通道复又畅通。这次朝鲜之战的动因，主要是要解决这条中日航线的中间阻塞。它与打通东南沿海航线一样，是汉武帝的既定方针。如《汉书·地理志》上所说："乐浪海中有倭人，分为百余国，以岁时来献见云。"《后汉书·东夷传》上也说："倭在韩东南大海中，依山岛为居，凡百余国。自武帝灭朝鲜，使译通于汉者三十许国"。这些都反映了汉武帝在朝鲜设四郡与其开拓海外航路的关系。

由于汉代航海家的积极活动，开阔了人们的视野，改变了人们的认识，蓬莱神山的传闻彻底破灭，中日人间世界的现实交往开始了，[①]日本的弥生文化遂之被推到一个跨时代的大发展阶段。[②]

远在2100多年前的西汉，海上航线就可东至日本，西抵印度半岛南部，南达南洋群岛，北到朝鲜，应该说这是世界航运史上的一大创举，为我国后世航海事业的发展奠定了重要基础。

（四）东汉时期海上丝绸之路的发展

东汉时期，海上丝绸之路进一步发展。

东汉时期，中亚陆上丝绸之路依然时通时断，给中亚交通带来无穷的繁难和困扰。东汉朝廷虽然几经致力沟通，结果是三通三绝。在东汉中期的前后79年之间，先后共沟通了46年，阻塞33年。东汉朝廷为争取此路畅通，曾连年动员数十万军队，耗费了巨额军费。仅为第三次打通此路，便用

---

① 〔日〕木宫泰彦：《日中文化交流史》，商务印书馆1980年版；〔日〕井上清：《日本历史》上册，天津人民出版社1974年版，第13页。

② 中国航海学会：《中国航海史》（古代航海史），人民交通出版社1988年版，第48～55页。

了"八十余亿"饷钱①,结果连时通时断的局面也没能维持住,足见陆上交通的艰难。在这条路上,东汉使者越过了乌弋山离国②,再"西南马行百余日",到达了安息与条支交界处的波斯湾海口。"条支国城在山上,周回四十余里,临西海、海水曲环其南及东北,三面路绝,唯西北隅通陆道。……转北而东,复马行六十余日至安息。"③甚至当时可能有一些中国商人已经"从安息陆路绕海北行,出海至大秦",走到了西汉未曾到过的地方。此时,汉使班超对条支已有所知。这里所说的条支,是指波斯湾幼发拉底河与底格里斯河汇合入海处的安提阿克城(Antioch),当时是希腊、阿拉伯、印度和埃塞俄比亚商船会集的港口。此港在西方是仅次于地中海亚历山大港的贸易城市。④班超似已耳闻这座海滨城市的航运情况,早在他第二次打通中亚交通后,便于永元九年(97年)派甘英取道条支,探寻出使大秦的海上航路。当甘英抵达条支准备西渡大秦的时候,安息船人欺骗甘英,说是"海水广大,往来者逢善风三月乃得渡,若遇迟风,亦有二岁者,故入海人皆赍三岁粮。海中善使人思土恋慕,数有死亡者"。甘英一时畏难,"闻之乃止"。⑤甘英此行虽然未能达到预期目的,但他在条支却见到印度海船出入此港的事实,扩大了眼界,至少在认识上,已经构成了一条自中国广州、合浦出发,中经斯里兰卡、波斯湾而到达红海与罗马交易的航路设想。但自西汉以来,罗马"以金银为钱",仍"与安息、天竺交市于海"。罗马虽"欲通使于汉,而安息欲以汉缯彩与之交市,故遮阂不得自达"⑥。这种状况一直存在,罗马想突破安息的长期隔阂,东汉也想摆脱中亚商路断绝的困境,双方为求取达到直接交往,都有转道海路交通的愿望,从而促进了自西汉以来中国与罗马东西相应发展的航海活动,把西南太平洋与印度洋西部海区直接地连接在了一起。

1. 东汉时期的西方航路

西汉开辟的"徐闻、合浦道",只能通到印度和斯里兰卡,还不能与罗马直接通航。印度洋西部的一大段航程,中国船还没走过。到东汉至三国、西晋时期,中国通罗马的航路由双方的航海家共同努力开拓了出来。

到东汉中期,通罗马的海道先后有了两条。第一条,是从永昌郡到掸国(缅甸)出海。永昌郡建于东汉永平十二年(69年),辖区相当于今之云南大理及哀牢山以西地区,治所在不韦(今云南保山)。是当时与掸国、天竺、大秦等

---

① 《后汉书·西羌传》。
② 《后汉书·西域传》。
③ 《后汉书·西域传》。
④ 沈福伟:《中西文化交流史》,上海人民出版社1985年版,第42~43页。
⑤ 《后汉书·西域传》。
⑥ 《后汉书·西域传》。

国进行贸易的通商要地。由保山沿萨尔温江可以直达缅甸的毛淡棉海口。这条航线在当时是通过缅甸为中介进行接触的。据《后汉书·南蛮·西南夷传》记载,永元九年(97年),"掸国王雍由调遣重译奉国珍宝,和帝赐金印紫绶"。到了永宁元年(120年),"掸国王雍由调复遣使者诣阙朝贺,献乐及幻人,能变化吐火,自支解,易牛马头。又善跳丸,数乃至千。自言我海西人。海西即大秦也,掸国西南通大秦"。从这一记载看,掸国在这条航路上,是受着东汉的聘任和委托,起着在边境上的中间联系作用的。掸国借遣使祝贺汉安帝改换年号的机会,把罗马的魔术、杂技演员引见到洛阳。这是中国史册上记录下的第一批来到中国的罗马人。他们便是沿着这条航路,先到缅甸,而后沿萨尔温江进入中国境内的。

第二条是继续沿用西汉开辟的徐闻、合浦道,这条航线是沿岸航行。罗马的商人或使节,便是沿着这一条航线来到中国的。据《后汉书·西域传》记载,在"桓帝延熹九年(166年),大秦王安敦遣使自日南徼外献象牙、犀角、玳瑁,始乃一通焉。"这说明,中国与罗马直接发生往来的初始,是从徐闻、合浦道而来的。当时的罗马皇帝是马可·奥里略·安东尼(Marcus Aurelius Antoninus),《后汉书》所说的"大秦王安敦",便是"安东尼"的音译。这位罗马皇帝于162年率兵东进,击败波斯军,占领了安息,将波斯湾据为罗马势力范围之内,然后于166年(东汉延熹九年),派遣使臣由海路与中国建立了直接联系。这条航线在西汉开拓的航路基础上,突过了印度——斯里兰卡中介港,把东西两段航路接通了。

2. 东汉时期的东方航路

东汉时期,与太平洋西部地区各国、各民族,仍旧保持着密切的海上往来。与日本的海上交通,较西汉时有所发展,当时,在日本列岛上,已经出现了地区性农业生产,生产与消费之间起了很大的变化,交换与积累已经开始,并有了步入国家体制的条件。据《后汉书·光武帝纪》所记,建武中元二年(57年),"东夷倭奴国王遣使奉献"。这是中国史书对中日正式交往的第一次记载。《后汉书·东夷传》记载:"建武中元二年,倭奴国奉贡朝贺,使人自称大夫,倭国之极南界也。光武赐以印绶"。这条记载已被出土文物所证实。1784年(日本天明四年,清乾隆四十九年),日本九州福冈县志贺岛的一位农民在整修水沟时,挖得了一方金印,印上刻有"汉倭奴国王"五字印文,经鉴定,即是东汉光武帝赐给倭奴国王的那方金印。

"安帝永初元年(107年),倭国王帅升等,献上生口百六十人,愿请见。"[1]

---

① 《后汉书·东夷传》。

从这段记载中,显见日本使者带到中国来的并不是土产方物,而是男女奴隶。处于弥生时代中、后期的倭国,在无物可以交换时,只能靠输出奴隶表示敬意,借此得到一些丝织品、铜铁器皿和铜镜等回赠物。

东汉与日本海上往来的内容实质,与对西方的航海活动不同,它并不完全符合海上商品流向的规律,而是受双方政治动因的影响较大,这种册封,对东汉帝王来说,是为了满足其权势欲;对倭国被册封者来说,可利用东汉的经济、政治实力作为巩固本身统治的后盾。在这种背景下,不论在经济上、文化上,东汉对倭国都是无偿的支援和推动,实际上并没有航海贸易的意义。

东汉时期的东西方海上活动范围,比西汉时期发达了。这是中国与世界有关地区社会经济共同发展的结果。[①]

第三节　先秦秦汉时期的海港

一　交趾港与日南港

(一)交趾港

交趾,公元前 2 世纪初南越王赵佗置,辖境相当于今越南北部,公元前 111 年,路博德平定南越后归汉。汉元封元年(110 年)置交趾刺史部,是汉武帝置 13 刺史部之一,辖境相当于今广东、广西大部、海南及越南的北部、中部,设治于赢娄(今越南河内百北)。东汉末改为交州,移治龙编(今河内东天德江北岸,至南朝均为交州和交趾治所)。后辖境逐渐缩小,限于红河三角洲一带。隋大业初(607 年)改交州为交趾郡。隋开皇十年(590 年)改置交趾县,唐末废,改设安南都护府。五代晋时独立,建国号瞿越、大越等。北宋开宝八年(975 年)宋王朝封其王为交趾郡王,南宋兴隆二年(116 年)改封安南国王,此后即称其国为安南。明永乐五年(1407 年)以其地置交趾省,治所在交州府(今越南河内),宣德二年(1427 年)复独立建国,我国仍称之为安南。15 世纪以后,其南部疆土不断扩展,占有占城国全部和真腊国的一半,濒临遏湾。1802 年(清嘉庆七年)才改国名为越南。

从西汉起的 1000 多年间,交趾属于中国的版图,是南越诸郡中的大郡之一,是南海区域的贸易中心,海南岛处于南海交通的主航道上,与交趾隔海相

---

① 中国航海学会:《中国航海史》(古代航海史),人民交通出版社 1988 年版,第 56～62 页。

望,历来与交趾的贸易及人员来往相当频繁。约翰·克劳弗德斯所著《出使暹罗及交趾》一书中写道:"交趾之外国贸易,每年有海南岛船 15 只～20 只,每船载重 2000 担～2500 担。""交趾之 FAI-FO 港,每年有 18 艘海南岛来交趾之东京贸易,每艘载重约 3000 担。"随帆船到交趾进行贸易的商人和船工,在当地经商或定居者,便成为华侨的祖先了。所以交趾是海南人最早的移民侨居地,越南是琼侨最早的侨居国。①

《后汉书·贾琮传》说:"旧交趾土多珍产:明玑、翠羽、犀、象、玳瑁、异香美木之属,莫不自出。"说明交趾龙编当时已是明玑、翠羽等奇珍异宝的市场,也是大秦和东南亚商人前来贸易的港口。特别是到了东汉末年,因中原的战乱很少波及到这里,中原人士前来避难的日益增多。《三国志·士燮传》言:"中国人士往避难者以百数。"又说:"燮兄弟……威尊无上,出入鸣钟磬,备具威仪,笳箫鼓吹,车骑满道,胡人夹毂焚烧香者,常有数十。"这里所指的"胡人",是在这里经商的外国人。《三国志·士燮传》又说士燮每年大量地赠送奇珍异宝给孙权。说明此地是当时南中国的一个重要贸易港,有大量的奇珍异物进口。

(二)日南港

汉武帝平南越后,经营的重点集中在日南。

日南郡是武帝灭南越后建立起来的一个郡,郡治在西卷,港口也在这里。据法人鄂卢梭的考证,西卷就是现在越南顺化。关于西卷的兴起和繁荣,中国的古书有如下的记载:

《后汉书·南蛮传》:"元始二年(公元 2 年)日南之南,黄支国来献犀牛。"

《南史·夷貊传》:"汉桓帝延熹九年(公元 166 年),大秦王(即罗马)安敦遣使日南徼外来献。汉世唯一通焉。其国人行贾,往往至扶南、日南、交趾。"

汉武帝时期开辟的印度洋航线,出航的港口也有"日南障塞"。可见从汉武帝的后期开始,日南的西卷港已成为我国中西交通的主要孔道和重要对外贸易港。其航线还远至南海诸国。

后世对此记载颇多,如《晋书·林邑传》:"徼外诸国赍斋宝物,自海路来贸货。"指东南亚国家通过西卷,前来中国贸易。任昉《述异记》:"日南有香市,商人交易诸香处。"不一而足。②

第五章

先秦秦汉时期的海洋经济

---

① 以上引见王俞春:《海南移民史志》,中国文联出版社 2003 年版,第 83～84 页。

② 以上引见邓端本编著:《广州港史》,"中国水运史丛书",海洋出版社 1986 年版,第 27 页。

二 徐闻港与合浦港[①]

(一)徐闻港

徐闻，是我国古代重要的南疆重镇、陆路驿站、海道要津和滨海县治，并且曾经是雷州半岛和海南岛的政治经济中心，也是我国古代对外贸易最早的通商口岸之一。徐闻港从汉代兴起后，一直到三国、东晋南北朝时，对外通商贸易都相当发达。由于东汉前期(117年前后)匈奴占领河西走廊以西大部分地区，因此，中西方的陆路交通受到阻塞，以至南方海路交通显得更加重要。而徐闻港地处琼州海峡，是当时船舶沿岸航行到东南亚各国的必经之地，在历史上发挥过重要作用。此后由于陆地的延伸和航海技术的进步，以及陆路交通的发展，使徐闻港不再是航行东南亚各国的必经之路了。虽然2000多年来名称依存。但当年的港口旧址，已经是沧海桑田，湮没无闻了。

徐闻港地处雷州半岛南端，扼守琼州海峡，与海南岛隔海相望，是我国西南沿海地通往海南岛的咽喉之地，也是琼、雷之间的交通枢纽。徐闻古港位于海峡北岸中部，其三面环海，风帆易顺。可南出琼崖，东通闽浙，西往钦廉，沿中南半岛下，可到越南、暹罗、南洋群岛及印度等国，是古代中西方航海交通的必经之地，也是中国大陆南端的海防要塞。

徐闻古港的港址，随县治的移驻而变迁。据《徐闻县志》记载和考古发现，汉代时期的港址在今徐闻城西南35里的华丰讨网村，今名七旺(讨网和七旺在当地土语中发音相同，为取其语把吉利改为七旺)。唐朝以后，港址迁到今徐闻城南海安港西侧的麻城杏磊村(旧称踏磊浦，古地图上标有踏磊驿)。南宋时迁至海安。而今的徐闻城是在明朝天顺年间(1457年~1464年)才正式迁建的。

自从汉武帝元鼎六年(公元前111年)派遣伏波将军路博德和楼船将军杨仆平定南越，设置合浦郡徐闻县之后，徐闻与中原的交往已开始频繁，有关的历史记载也比较明确。如《汉书·地理志》载："粤地(包括合浦郡徐闻县)处近海，多犀、象、毒冒、珠玑、银、铜、果、布之凑，中国经商贾者多取富焉。"(注：毒冒，玳瑁；珠玑，珍珠；果，龙眼荔枝；布，葛布。)说明南粤一带靠近沿海，物产丰富，并且已与中原一带商人进行贸易往来。同书又记载："自合浦徐闻南入海，得大州，东西南北方千里，武帝元封元年略以为儋耳、珠崖郡。"接着又记载了汉王朝派遣黄门译使从徐闻、合浦登船航海出发到东南亚和南亚各国进行外

---

① 引见沈荣嵩：《汉代古港徐闻的兴衰历史原因》，引见杨少祥：《试论徐闻、合浦港的兴衰》，《海交史研究》1985年第7期。

交活动和经济文化交流的经历。这是我国古籍对于中国边境徐闻、合浦等港口与海外交通贸易的最早记载。东汉初年,西域陆路交通阻塞,不能畅通,东汉桓帝延熹九年(166年~167年),大秦(罗马)使者安敦来贡,即走经徐闻、合浦、九真、日南出海以通波斯之水路。

关于徐闻港,唐朝宰相李林甫编的《元和郡县志》又云:"雷州徐闻县,本汉旧县……汉置左右侯官,在徐闻县南七里,积货物于此,备其所求,与交易有利。故谚曰:'欲拔贫,诣徐闻'。"由此可知,汉代的徐闻港囤积着大量的货物和海外商人进行非常有利可图的交易。谚语"要脱贫,到徐闻",正反映了徐闻港国内外商业贸易繁盛的历史情况。

1973年~1974年间,广东省博物馆,湛江地区博物馆和中山大学考古专业师生及海康县、徐闻县文化馆等单位组成的考古队,在迈陈公社华丰村、龙塘化社红坎村和附城公社槟榔埚村三地,发掘了51座东汉墓,出土有琉璃珠、琥珀珠、水晶珠、紫晶珠、檀香珠、银珠玉石等。在这以前,当地群众还挖掘出了陶船、陶洋狗、洋人铜头、网锤、铜碗、铜盆等许多古物。从这些文物可以看出,在伴随官方贸易的同时,民间的海外贸易也很繁盛。

港口的兴衰是随着社会政治经济条件和自然条件的变化而演变的。从历史记载和考古发现,徐闻港作为我国对外贸易口岸,在两汉时期比较发达的主要原因是:

第一,西汉时期政治稳定,经济繁荣,开创了官方的海外贸易,使徐闻港成为对外贸易的重要门户。汉明帝时,"天下安平,百姓殷富。"社会经济的繁荣,必然促进工商业和交通运输及对外贸易的发展。两汉时期国内不设关禁,商业通行无阻。从汉武帝扩展疆域以后,又开创了官营的海外贸易。汉王朝经常派遣直属宫廷的黄门译长,率同应募的船员们,带着黄金和丝织物,从徐闻或合浦上船,出海远航,和海外国家进行官方的外交活动和贸易。因此,西汉时期的经济繁荣,是徐闻港繁荣发展的重要条件。

第二,徐闻港的地理位置有利于当时的海上交通贸易。

徐闻港地处我国大陆南端,扼守琼州海峡,是当时船舶沿岸航行的必经之地,是我国与海外交通接触最早的地区之一。是两汉时期我国商船驶往东南亚和印度洋的出发港,也是大秦(罗马)、天竺(印度)、波斯等国的船舶到达中国的目的港。由于两汉时期对海外贸易有严格的限制,只允许在边境的几个港口如徐闻、合浦及越南沿海进行互市贸易,同时,两汉时期在徐闻派驻有左右侯官,掌管军政事务和对外贸易,在那里囤积着大量的货物和海外商人进行交易,许多远洋的中外船舶也在此港停靠,补充淡水、食品和货物,因此,徐闻港在两汉时期成为重要的货物中转港和集散地。

东汉后期,政治进入黑暗时期,地方官吏和豪强集团的斗争日益加剧,导致魏、汉、吴三国的割据局面。政治上的动荡,必然造成经济衰退,也一定影响对外贸易的开展和贸易政策的改变。同时,在三国时代,交趾一度反叛,攻打合浦等地,使徐闻、合浦至东南亚各国的航路受到严重阻碍,以至使徐闻这个繁荣的贸易中转港受到了严重影响。至晋代,番禺(广州)港已逐渐取代徐闻、合浦,成为我国最大的对外贸易口岸,航经徐闻港的远洋船已显著减少,以至使徐闻港逐步衰落。后受自然因素影响,徐闻古港逐渐被泥沙淤积,日久之后便成了荒墟。

(二)合浦港①

汉武帝元鼎六年(公元前 111 年),西汉政府在环北部湾沿岸等地设置了合浦郡。"合浦"一名因其地理位置而得,其境内有南流江在州江分五条支流入海,故其含义是江河汇集于海的地方。② 元封五年(公元前 106 年),西汉设置交趾刺史部,合浦郡隶属于交趾刺史部。据《汉书·地理志》:"合浦郡,户万五千三百九十八,口七万八千九百八十。县五:徐闻、高凉、合浦、临允、朱庐"。徐闻县,即今广东的海康、徐闻、遂溪等县地;高凉县即今广东的阳江、阳春、电白、化州、吴川等县地;临允县即今广东新兴、开平等县地;朱庐即今海南岛琼山县境③;合浦县境相当于今广东的廉江和广西的防城、钦州、灵山、横县、浦北、北海、博白、北流、容县、陆川、玉林等县市的全部或一部。④ 关于汉代合浦县县城所在,一般认为是在今广西浦北县旧州境内⑤,但旧州境内尚未发现汉墓,只发现唐代及唐代以后的文物,而在今合浦县城东南郊已发现汉墓 1000 多座,这些墓葬分布在东西宽 5 千米、南北长 18 千米的广阔地带。⑥因此,西汉时期的合浦县城很可能是在今合浦县城附近,而不是浦北的旧州。西汉的合浦县城离海较近,又有南流江经过,适合作港口,"合浦"这一名称与"江河汇集于海的地方"之意也相吻合。东汉光武帝建武十九年(公元 43 年),合浦郡治地由徐闻县迁往合浦县县城,即今合浦县城附近。

汉武帝统一岭南设置了合浦等郡后,以环北部湾沿岸的合浦、徐闻两县和位于今越南中部的日南等地为始发港,开辟了远洋贸易的"海上丝绸之路"。

---

① 引见廖国一:《中国古代最早开展远洋贸易的地区—环北部湾沿岸》,《广西民族研究》1998 年第 3 期。
② 合浦县志编纂委员会:《合浦县志》,广西人民出版社 1994 年版,第 882 页。
③ 合浦县人民政府编:《合浦县地名志》,1983 年铅印本,第 15 页。
④ 合浦县志编纂委员会:《合浦县志》,广西人民出版社 1994 年版,第 45 页。
⑤ 见郭沫若主编:《中国史稿地图集》,第 30 页,地图出版社 1979 年版;又见郭利民编:《中国古代史地图集》,福建人民出版社 1988 年版,第 16 页。
⑥ 合浦县志编纂委员会:《合浦县志》,广西人民出版社 1994 年版,第 687 页。

对此,《汉书·地理志》有比较详细的记载,上文已引。这是史籍中关于汉代中国环北部湾沿岸至东南亚、南亚等地之间远洋贸易航线的最早记载。这条远洋贸易航线以丝绸贸易为主,故又称"海上丝绸之路"。《汉书·地理志》所载的"译长",即通晓外国语言的翻译官;"应募者"即被招募参加远洋贸易船队的人,他们中可能有中原汉人,也可能有环北部湾沿岸一带生活的熟习航海驾船技术的越人。

合浦港是汉代环北部湾沿岸的重要海港之一,通过合浦港而与中国有海外贸易往来的国家和地区有印度尼西亚、缅甸、印度、新加坡、马来西亚、罗马帝国等。在所交易的商品中,合浦地区的珍珠是有名的商品之一。在汉代,"合浦珠还"的传说家喻户晓。环北部湾沿海滩涂底平流缓,面积宽广,水质清新,自然饵料丰富,水温适宜,是珍珠生长繁殖的好地方。环北部湾沿海所产的珍珠后世称"南珠",清朝屈大均在《广东新语》卷十五中说:"合浦珠名曰南珠……南珠自雷、廉至交趾,千里间六池",即环北部湾沿海自雷州半岛西侧,至合浦和越南北部沿海,有六个大海湾适宜南珠生长。南珠凝重结实,细柔圆润,晶莹夺目,是名贵的装饰品,也是具有镇心安神、去眼翳障和润肤等功效的重要药材。因为南珠价值如此重要,所以它深受中原等地贵族和商人的青睐。从汉代起,环北部湾沿岸出产的珍珠,成为当地居民用以和外地商人换取粮食的重要商品。《后汉书·循吏列传》载合浦"郡不产谷实,而海出珠宝……常通商贩,贸籴粮食"。民国《合浦县志》卷四也说西汉时"合浦人以珠易米,珠多而人不重"。中原不少汉人因到合浦买卖珍珠而致富。如西汉成帝时候,京兆尹王章因刚直敢言,被下狱致死,其妻子充成合浦后获得了大量的珍珠,"致产数百万"①。前面所引的《汉书·地理志》则说:"粤地……处近海,多犀、象、毒冒、珠玑……中国往商贾者多取富焉。"环北部湾沿岸成为汉代商贸繁荣的地方,导致了合浦港的形成和发展,而合浦港的形成和发展,又对合浦一带的商贸繁荣和对外贸易起了很重要的推动作用。

三　番禺港②

番禺港(广州港的前身)在秦汉时期也得到了较快的发展。

据《广东通志》和《广州府志》记载,西周期间,番禺属楚国的势力范围,故周夷王八年(公元前887年)有"楚庭"之建。楚庭者,城郭也(《广东新语》认为是宫室);周显王时(公元前339年),南海人高固为楚威王相,建"五羊城",并

---

① 《汉书·王章传》。

② 引见邓端本编著:《广州港史》,海洋出版社1986年版,第19～29页。

有五仙骑羊降临之传说;周赧王时(公元前 314 年～公元前 256 年),粤人公师隅筑城,号曰"南武"。仇池石的《羊城古钞》还说:"越王与魏通好,使(公师)隅往南海求犀象珠玑以修献。"但以上这些记述均无确凿文献可征,不能作为历史依据。据《史记·越王勾践世家》记载:周显王十四年(公元前 355 年)楚灭越,"而越以此散,诸族子争立,或为王或为君,滨于江南海上,朝服于楚。"其在东瓯一带(今温州市附近)的,叫"东越";其在治(即今福州一带)的为"闽越";其在番禺一带的称南越,其在广西一带的叫"西瓯";其在今越南北部的叫"骆越"。

秦始皇三十三年(公元前 214 年),秦在岭南推行郡县制,设南海、桂林、象郡。南海郡就是现在的广东,治所设在番禺。秦始皇三十四年(公元前 213 年),秦统一岭南后,便有组织地向这一带的地方移民,与越人杂处,从事岭南的开发。南海郡尉任嚣并在广州建"任嚣城",又叫番禺城。城址在今仓边路附近,是一座规模很小的城。这是在历史上比较可信的一次早期建城活动。大批中原移民南下,给这个地区带来了先进的中原文化和生产技术,对促进汉、越人民的融合,加速岭南的开发,有着重大的意义。

秦末,天下大乱,当时的南海郡尉任嚣病危,急召龙川令赵佗付以后事云:"番禺负山险,阻南海,东西数千里,颇有国人相辅……可以立国。"[①]于是,赵佗建立南越国,管辖原来三郡之地,其首都亦设在番禺,并扩建番禺城。赵佗是岭南最早的开拓者之一。在秦未统一岭南以前,岭南基本上是处于部落割据的状态。由于赵佗"甚有文理",对越人中的各部落一视同仁,注重教化,再加上他注重发挥中原移民的作用,因此岭南地区社会历史的发展进入了一个划时代的新阶段。

既然番禺是岭南较早开发的一个地区,那么进入秦汉之际,经过中原人士与越人杂处的一段经营,番禺作为一个港口城市的条件也就逐渐成熟了,以下的史料可以作为依据。

(1)如《淮南子》卷 18 载,在秦之前,番禺已因犀角、象齿、翡翠、珠玑等珍物的集散扬名于全国了。而这些东西在后来都是海外输入的商品。故可以想见,在秦汉之前,岭南与海外已有贸易接触。也就是说,在这期间,番禺已有港口城市的萌芽成分出现了。

(2)公元前 196 年(汉高帝十一年),汉大夫陆贾出使岭南,说服南越王赵佗归汉,后来陆贾在其著作《南越行记》一书中写道:"南越之境,五谷无味,百花不香。此二花(即素馨花与茉莉花)特芳香者,缘自胡国移至,不随水土而

---

① 《史记·南越尉佗列传》。

变。"①据日本研究中西交通史专家藤田丰八的考证:素馨又名耶悉茗,是波斯移植至广东的。另外,在南越王赵佗献给西汉皇帝的贡品中,有"白璧一双,翠鸟千,犀角十,紫贝五百……生翠四十双,孔雀二双"等珍品。王士鹤在《东南亚古代国际贸易港》一文中认为:"犀角、紫贝、玳瑁等物都是东南亚地区的珍贵特产,显然是从东南亚地区输入的。"《汉书·平帝纪》也曾记载:"元始二年,黄支国献犀牛。"同书《王莽传》也有"黄支自三万里贡生犀"之说,按黄支国即印度。广州出土的文物中有西汉早期的犀角模型,则犀角自汉初输入番禺,似无疑义了。事实上,像珠玑、象齿这类珍品,即使在当时的广东有出产,但产量也是极少的,既然番禺成了珠玑、象齿、犀角、玳瑁的集散地,那么这些珍品大部分应是从海外输入的了。

(3)《史记·货殖列传》在列举汉初全国 19 个大城市时,特别突出了 9 个城市,称为"都会"。番禺是九个"都会"当中的一个。同时还特别指出是"珠玑、犀、玳瑁、果布之凑。"《汉书·地理志》也说:"处近海,多犀、象、毒冒、珠玑、银、铜、果、布之凑,中国往商贾者多取富焉。番禺,其一都会也。"因此,我们完全可以说,秦汉之际的番禺,已是我国南方集散"珠玑、犀、玳瑁、果布"的城市了。关于"果、布",最近有新的解释,认为应为"果布",是马来语呼龙脑香"果布婆律"的音译。联系到广州汉墓出土的薰炉(共 112 件),表明那时已有用薰炉熏燃香料了,故"果布"解释为"果布婆律",亦不是毫无根据的。②

(4)从广州的西汉墓地出土的文物中,有一种玻璃珠和琥珀雕饰品,据化验,玻璃珠所含铅和钡的成分低微或者没有,与古代国产铅钡玻璃制品截然不同,而与西方玻璃相类似。另琥珀产自大秦国(即罗马)和缅甸,我国当时云南也有生产,但云南石寨山和李家山两处汉墓群都不见有琥珀出土,所以,广州出土的琥珀不会来自云南,应从当时的海外贸易角度加以考虑。此外,在苏门答腊、爪哇、加里曼丹等岛的汉代出土文物中,有底部刻有汉元帝初元四年年号的陶鼎(苏岛出土)和印圆圈纹的陶魁(加里曼丹出土),都和广州西汉墓出土的同类器形极为相似。③

(5)在与全国港口和各地的交通贸易方面,《史记》最早记载了汉朝与南越通关市的情况。该书《南越尉佗列传》云:"汉高帝十一年,遣陆贾立赵佗为南越王,与剖符通使和集百越……高后时有司请禁南越关市铁器。佗曰:'高帝

① 引文出自稽含:《南方草木状》,陆贾:《南越行纪》已佚,对此书的史料真实性,目前学术界仍有争论。
② 《广州汉墓》第八章《结论》,文物出版社 1981 年版。
③ 《广州汉墓》第八章《结论》,文物出版社 1981 年版。

立我通使物,今高后听谗臣,别异蛮夷,隔绝器物,此必长沙王计也。'"《宋史·互市舶法》亦言:"自汉初与南越通关市,而互市之制行焉。"当时中原的铁器为岭南所必需,故赵佗曾三次上书请开关市,在吕后不准所请的情况下,还派兵攻打长沙王国的边界。

又据《史记》、《汉书》称:早在汉初,番禺与夜郎(今贵州)便有水路交通和贸易。汉武帝建元六年(公元前135年),东越反,武帝命王恢伐东越,王恢平定叛乱后,为了显耀军威,特派番阳令唐蒙出使南越,南越人招待唐蒙的食物中,有一种酱,唐蒙问其产地,知为川蜀,唐蒙归长安后复问四川商人,商人曰:"独蜀出酱,多窃出市夜郎,夜郎者临牂牁江,江广百余步,足以行船。"由此我们可以知道,早在汉初,广州的水运便较为发达,与各地已有贸易通商。桓宽的《盐铁论》亦曾说到商人运蜀货到南海交换珠玑、犀、象等珍品。

入汉以降,番禺与东南沿海各港口的海上交通的发展,在古籍史料中也有了更多的反映。《史记·东越传》载:汉武帝元鼎五年(公元前112年),南越在其丞相吕嘉的策动下叛乱,当时东越王余善曾出兵8000人,由福州浮海至广东揭阳,以碰到大风为借口,逗留于中途,没有到达番禺。从这一则史料中可以看出,早在余善发兵之前,从福州到番禺的航路已经开辟,否则,余善是不可能选择从海路进军的。在同一时期,齐相卜式也向汉武帝上书:"臣闻主忧臣辱,南越反,臣愿父子与齐习船者,往死之。"①虽然卜式只是上书请求,未曾行动,但可看出从山东到广东,亦有海上航路可通,否则卜式不可能请求率"齐习船者"从海路进攻南越。

1974年,在广州市文化局院内发掘出古代三个平行排列的造船台,测定为秦初的产物。其中一号船台滑道间距宽1.8米,长88米。据测算,可建造宽6米~8米,长30米,载重50吨~60吨的木船。在当时能造如此规模的船舶,说明番禺是一个造船基地,而且拥有比较先进的造船技术。广州市文物管理处撰写的《广州秦汉造船工场遗址试掘》一文称:该工场的两组滑道不作固定处理,可以随时调节,根据不同需要,灵活运用。"两个船台可以分别造大小不同的船,也可以造同一规格的船。"②在汉墓出土的文物中,有船模12件。这也反映出广州造船业和航运业的发达。

(6)《汉书·地理志》记载了西汉开辟的"徐闻、合浦道",出航点在番禺附近的口岸,与番禺有密切的关系。"中国与罗马等西方国家之海上贸易,要以广州为终止点:盖自纪元三世纪以前,广州即已成为海上贸易之要冲

---

① 《史记·平准书》。
② 广州市文物管理处:《广州秦汉造船工场遗址试掘》,《文物》1977年第4期。

矣。"①

（7）泥城（今东风一路西端的西场），是番禺见诸史书记载最早的码头。据考证，陆贾第一次出使南越，是循水路而来的。古代西北两江到番禺的航线，大都经官窑、石门而南，抵泥城登陆，所以泥城也就成为番禺城外西侧的一个重要水陆码头。陆贾当时就是由这条航线在泥城上岸的，因此，《元和郡县志》称："贾之来也，佗不即前，贾故为城以待之。""贾"即汉大夫陆贾。当时赵佗对汉高祖的和平政策不理解，陆贾便在这里"筑城以待佗"。"泥城"的名称就是这样来的。为了纪念陆贾来南越执行这一重要的使命，后人也称泥城为"陆贾城"，并建有陆贾祠。泥城码头一直沿用至清朝末年。第一次鸦片战争期间，英国军舰曾在此登陆，并从这里进攻四方炮台，可见其在交通和军事上的重要性。

我国最早的海港是胶州湾的琅琊（今青岛市胶南）。琅琊自春秋时期就是极重要的一个港口，越王勾践曾迁都琅琊，后来又陆续有碣石（今河北乐亭南）、转附（在今烟台市）、吴（今苏州市）、会稽和句章（今浙江宁波市西）等港口见诸史册。但这些港口大都是作为军港而兴起的，就对外贸易港口来说，番禺港是最为重要的古港之一。②

汉武帝元鼎五年，南越丞相吕嘉反，杀南越王赵兴、王太后和汉使，立术阳侯建德为王。于是，汉武帝于元鼎五年秋"令粤人及江淮以南楼船十万师往讨之"，以"卫尉路博德为伏波将军，出桂阳，下湟水；主爵都尉杨仆为楼船将军，出豫章，下横浦；故归义粤侯二人为戈船、下濑将军，出零陵，或下离水，或抵苍梧……咸会番禺。"③元鼎六年（公元前111年）冬，楼船将军杨仆统率的一路军首先攻破石门，然后会合伏波将军路博德的军队，纵火攻城，"城中皆降伏波。"至此，南越国的赵氏政权经历5代93年的时间后，终于为汉武帝所灭。

战乱造成了重大的破坏，番禺城估计已被夷为平地，故"汉筑番禺城于郡南六十里，为南海郡治，会龙湾、古霸之间是也"④。就是说，汉平南越后，不得不筑新城以作为南海郡的治所。虽然新城的遗址现在仍未找到，但根据当时的情况分析，文献记载也许是可信的。另外，南海郡的管辖范围也比以前缩小，岭南的政治中心暂时移向交趾，交趾的发展也就日益超过番禺了。这一

① 见武育干：《中国国际贸易史》第二章。
② 据《西京杂记》载：南越王赵佗曾向汉宫献烽火树，高一丈二尺，一本三柯，上有四百六十三条。学者考证为珊瑚，这样大株的珊瑚，肯定是从东南亚海域采集进口的，从这条史料记载中，亦可证明当时广州对外贸易是在不断的发展。
③ 见《汉书·西南夷两粤朝鲜传》。
④ 见《读史方舆纪要》卷101。关于龙湾、古霸之间的城址，至今仍无发现。

点,《后汉书》和《旧唐书》均有记载。① 《汉书·地理志》关于西汉末年的户口调查记录,亦可说明这一问题。② 汉武帝平南越后,海外贸易有了一定的发展,但其经营的重点似乎集中在日南和交趾。因在这期间史料极少反映番禺的情况,而日南郡的西卷港和交趾郡的龙编港却有不少记载。

但是,番禺仍然是南中国的一个重要对外贸易港口,广州汉墓出土文物属于西汉中期的出土文物中,有较多的串珠,这些串珠包括玛瑙、鸡血石、石榴石、煤精、水晶、硬玉、琥珀和玻璃等不同的质料,还有迭嵌眼圈式玻璃珠、蓝色玻璃碗、绿色玻璃带钩和璧(还有黄白色的),其中带钩、璧的是我国传统的礼用器物,其他的则与中国传统的工艺品相异,应与海外贸易有关(参见《广州汉墓》)。另外,在西汉中期以后,西汉墓出土的熏炉亦逐渐增加,至东汉尤为普遍,它反映统治阶级燃熏香料习惯的普及。也说明香料进口的增加。同时,在西汉中期到东汉后期的基地中,还发掘出一种托灯的陶塑俑和侍俑。"这种俑的形象有异于汉人,亦不同一般侍俑。托灯俑有男性也有女性,侍俑均女性,站立作接物状。这两种俑的形象都是头较短,深目高鼻,两颧高,宽鼻厚唇,下颌较为突出,身材不太高,从刻画的胡子与胸毛来看,再生毛发达,有人说这与印度尼西亚的土著居民——'原始马来族'接近。这些俑的服饰特点是缠头、绾髻、上身裸露或披纱,侍俑下体着长裙如纱笼,亦与印度尼西亚一些岛上土著民族风习相似。但从深目高鼻这一体形特征来看,他们似乎更有可能来自西亚或非洲的东岸。"(见《广州汉墓》第 8 卷《结语》)这与对外贸易也有关,即通过对外贸易进行的奴隶贩卖,而且这些奴隶还是来自西亚或非洲东岸的。

《后汉书·郑弘传》说,后汉章帝建初八年(83 年),大司农(管运输的官吏)郑弘奏开零陵及桂阳峤道(即过岭山路),运输贡献的物资。桂阳峤道就是通过番禺北运,逾骑田岭而达湖南郴州的,这条峤道的开辟,亦与当时的对外贸易有关,因贡献的物产就有一部分是进口的东西。

东汉末年桓帝时期(148 年~167 年),桂阳太守周昕开凿六泷。后人为他立了功勋碑。碑的铭文指出:"郡又与南海接北,商旅所经,自瀑亭至于曲江(今韶关市),一由此水。……故其败也(指船沉舟覆之意),非徒丧宝玩,潜珠

---

① 《后汉书·郑弘传》:"郑弘为大司农,旧交趾七郡贡献转运,皆从东冶汎海而至,风波艰阻,沉溺相系。弘奏开零陵、桂阳峤道,于是夷通,至今遂为常路。"《旧唐书·地理志》:"交州都护制诸蛮,其海南诸国大抵在交州南,自汉武以来,朝贡必由交趾之道。"

② 《汉书·地理志》载西汉末年户口调查情况,其中交趾七郡户口数是:"南海郡:户万九千六百一十三,口九万四千二百五十三;苍梧郡:户二万四千三百七十九,口十四万六千一百六十;郁林郡:户万二千四百一十五,口七万一千一百六十二;交趾郡:户九万二千四百四十,口七十四万六千二百三十七;合浦郡:户五千三百九十八,口七万八千九百八十;九真郡:户三万五千七百四十三,口十六万六千一十三;日南郡:户万五千四百六十,口六万九千四百八十五。"当时南海郡的人口还没有九真郡、苍梧郡多,而交趾郡的人口却几乎比南海郡高出八倍。

贝,流象犀也……(开凿之后)小溪乃平直,大道克通。抱布贸丝,交易而至。"①六泷属武水上游,开凿前,经常舟覆货沉,损失很大。在这些货物中,铭文特别说明有珠贝和象犀,而开凿之后,"大道克通",北方丝绸等物,由此南输,明显的是一条对外贸易的运输线。清郝玉麟《广东通志》卷58也说:"桓帝时,扶南之西,天竺、大秦等国,皆由南海重译贡献,而贾番自此充斥于杨、粤矣。"由此可知,番禺作为一个对外贸易港仍然在发挥作用,而且更为繁荣。

综上所述,可以看出,一方面,秦始皇统一岭南,结束了南越部落割据的局面,开创了岭南地区的一个新时代。由于中原地区向岭南不断的移民,带来了先进的文化和耕作技术,岭南地区的生产有了很大的发展,故番禺港能在秦汉之际开创形成,并得以发展起来。另一方面,汉武帝平南越后,进一步促发了这一地区对外贸易的繁荣,尽管汉代随着海上丝绸之路的开辟,南中国海地区的港口重心由番禺港转移到了新兴的日南郡西卷港和交趾郡龙编港,但番禺港作为对外贸易港口的作用一直没有中断,并在后世得到了进一步的加强,一直延续发展成了今天的广州港。

四　东冶港②

福州古称东冶,先秦时期为七闽之地,秦汉时期为闽越首邑都会,也是一大重要港口。

福州地区已发现的文化遗址主要有昙石山遗址、浮村遗址、闽侯庄边山遗址、闽侯溪头遗址、闽侯小箬牛头山遗址以及福清东张遗址等。这些遗址都处于濒近江海溪流的地方,最近的就在近水旁边,最远的也不超过1000米。由此可以看出上古居民已开始濒江临溪而居,并利用竹木制造舟筏,开创了原始江海水上捕捞活动。当然,由于当时生产力水平十分低下,各部落来往也不频繁,剩余产品交换、人口迁移都十分有限,水上交通也是短程的,属于低级萌芽阶段。

周朝时,把福建称为七闽之地。《周书·周官》载:"职方氏掌天下之图,以掌天下之地。辨其邦国、都鄙、四夷、八蛮、七闽、九貉、五戎、六狄之人。"先秦时期,中国南部及东南部是越族人的居住区,"自交趾至会稽七八千里,百越杂处,各有种姓,互不相属"③。福建地区是越族中的一支——闽越族人居住的地方。闽越族世代生活在大海江河之滨,长期与江海接触,生产以渔猎经济为

---

① 见《韶州府志》卷27《周昕传》。
② 引见郑元钦主编:《福州港史》,"中国水运史丛书",人民交通出版社1989年版,第9~15页。
③ 《汉书·地理志》。

主,往来交通以舟楫为工具,积累了丰富的江海航行经验。"水行而山处,以船为车,以楫为马,往若飘风,去则难从"①,正是闽越族人航行在江海的生动写照。《山海经·海内经》云:"闽在海中。"因为闽越族人和其他族人的联系依靠海上交通,所以人们才会有他们都住在海上的印象。

春秋末期,居住在江浙一带的越人也开始由海道进入福州地区。周显王三十五年(公元前 334 年),越王无疆兴兵犯楚,兵败,无强被杀,越王族各支向南逃散,分居江南海道,各据一隅,"或称君,或称王"②。长乐二十一都有越王山,乃当时越人南下入闽的一个居留地。③ 这是北方越人沿海岸南行至福州附近海域的一次较大规模航海活动,也是目前所知的福州与邻省最早的航海活动。

楚灭越后,南方百越纳入楚国势力范围,闽越族与中原政府的关系更加密切。"楚子称霸,朝贡百越。"④其时闽越朝贡楚国的路线,或取道海上自河口溯流入楚境;或溯流而上,再翻山越岭入楚境。两种路线均离不开水运。

公元前 221 年,秦始皇吞并六国,统一中国,嗣后秦人入闽。秦人入闽至闽江上游,再顺流而下到达东冶(今福州)。此时,具有一定规模的闽江航运已经开创。后来闽越首领无诸率兵参加抗秦反楚战争,出师及班师的路线亦是经由闽江。

公元前 180 年,吕后崩,南越国主赵佗以"兵威边,财务赂遗闽越"⑤。闽越都东冶,南越都番禺(今广州)。这一时期,福州与番禺间已存在货物、使节往来。根据福建地理环境与当时陆路交通条件判断,联系东冶与番禺间的主要渠道乃是海上交通。

汉景帝三年(公元前 154 年),吴王刘濞联合诸国叛汉,兵败走死。吴王之子逃居闽越国,挑唆闽越国攻东瓯。闽越国正有意扩充疆土,即派兵围东瓯(治于今浙江永嘉)。东瓯势弱难以抵抗,即向汉朝告急。武帝遣大将严助浮海救东瓯。闽越国见状,引兵归国。这是福州至浙江的北路近海航线的开辟。

建元六年(公元前 135 年),严助奏言:"(闽)越人若为变,必先由余干界中积食粮"⑥,"盖其地当闽越襟领也,且北扼大江,西阻重山,兵争出入,常为孔道"。余干是闽赣交界重镇,闽越人占其地无非防止汉兵自赣入闽,顺江而下至东冶。另外,闽越人又在闽北地区建造乌坂、汉阳、临江等大小 6 座城堡以

---

① 袁康:《越绝书》卷 8。
② 《史记·越王勾践世家》。
③ 《长乐县志》卷 4《山川》。
④ 《后汉书·南蛮西南夷列传》。
⑤ 《史记·南越列传》。
⑥ 《汉书·严助传》。

拒汉兵。这些城堡位于今邵武市、浦城县、建阳市等地,分布于闽江上游的富屯溪、南浦溪沿岸。它们之间的相互距离达百里左右,有水陆线路供驰达交往。① 后来汉军征闽越,其中一路也确实是翻越武夷山,再顺江而下,攻东冶。以上史实说明福州至内地水上交通已经形成。然而闽江水运自然条件是十分险恶的,正如淮南王刘安上书所言:"水道上下击石……漂石破舟,不可以大船载粮食下也。"②

汉武帝元鼎五年(公元前 112 年),南越相吕嘉起事,杀南越王赵兴、太后及汉使者。"东越王余善上书,请以卒八千人从楼船将兵击吕嘉等,兵至揭阳,以海上风波为解,不行,持两端,阴使南越。"③此时,不但福州至揭阳的南路海上航线已经开辟,而且福州至广州的海上航线也已存在,否则余善不可能"阴使南越"。

元鼎六年(公元前 111 年),余善杀汉三校尉,自立为武帝,"天子遣横海将军韩说出句章,浮海从东方往;楼船将军杨仆出武林;中尉王温舒出梅岭,越侯为戈船、下濑将军出若邪、白沙。元封五年冬,咸入东越。"④余善败亡,东越遂灭。横海将军韩说所率水师正是沿着句章(今浙江宁波)至东冶的航线进袭福州的。这一时期,服务于军事、政治活动的福州与邻省南北近海航线均已开辟。

1975 年,在福建连江县鳌江下游山堂村西北 40 米的江畔,出土了一艘独木舟。中国科学院贵阳地球化学研究所对舟休木材进行 C^{14} 测定,认为其年代距今 2170±95 年,上限为战国末期,下限为汉武帝天汉元年(公元前 100 年)。⑤ 这艘独木舟出土地点距离鳌江入海处 10 千米。福建水文地质队勘探了鳌江一带地层关系,认为今山堂村在 2000 多年前独木舟沉没时是鳌江濒海处。鳌江发源于今古田、罗源两县山地,是一条独流入海的河流,干流长 135 千米,由西向东贯穿连江县。古田、罗源、连江都属于闽江流域。此时,闽越族水上活动已在内河和近海广泛推进。如余善曾与宗族首领密谋"今杀王,以谢天下,胜则已,不胜即亡入海"⑥。

港口的形成是一个渐变的过程,古代港口一般都经历了自然状态、半自然半社会人文状态、社会人文状态 3 个发展阶段。人文状态下的港口是古代港口的形成阶段,其标志应该是在一定时期内有相对固定且具有一定数量的几

---

① 《太平寰宇记》卷 101。
② 《汉书·严助传》。
③ 《史记·东越列传》。
④ 《史记·东越列传》。
⑤ 黄天柱、林宗鸿:《连江独木舟初探》,载《福建文博》1980 年第 1 期。
⑥ 《史记·东越列传》。

种货物经常性地从港口输入或输出。以这个尺度相衡量，福州古港的形成应在西汉初年。

秦汉时期，中原王朝势力开始向南推进。随着统一战争的进行，各方出于自身的政治、军事需要，竞相利用船舶作为运送人员、物资的工具，促进了东南沿海的海上交通发展。在闽越国与中原王朝及南越时而结盟、时而敌对的政治活动中，福州的南北近海航线亦随之得到发展。公元前221年，秦始皇翦灭六国后进兵福建，在闽越人居地设闽中郡。秦二世时，天下大乱，闽越族首领无诸不甘心屈服于秦，乘中原动荡，率兵反秦。秦亡后，因助汉灭楚有功，故"汉五年，复立无诸为闽越王。王闽中故地，都东冶"①。这样福州开始作为闽越国的首邑出现在历史舞台上。

汉代，福州盆地内的陆地仍很狭窄，只有东起石鼓山麓、北抵西郊的屏山一带，形成沿山边的一线港湾。据考证，闽越王建都东冶后，在位于屏山东支的一座小丘（冶山前）建筑城郭，称"越王城"②，又称冶城。其时福州为一临水的半岛，宋人梁克家说过，今福州市内东大路的澳桥（铁路东站附近），在无诸时"四面皆江水，地如屋澳"，是个"舟楫所赴"的地方。③《福建通志·津梁志》云："旧为罗城大濠（即澳桥），相传无诸时，澳桥四面皆江水"。此处原为海岸大湾坞，水深、不冻、避风，是占有地利的良港，同时因地处石鼓山麓，故名"石鼓川"。可以推断，今福州还珠门外沿澳桥而下曾有一宽广的港汊，即东冶古港。

汉武帝时消灭了割据政权，开辟了海外贸易的通道。同时，封建统治者对海外珠宝的向往与需求与日俱增。汉元帝年间（公元前48年～公元前34年）设置的南海、苍梧、郁林、合浦、交趾、九真、日南（今广东与广西的南部及越南北部）、交趾七郡，因"处近海，多犀、象、毒冒、珠玑、银、铜、果、布之凑"，出现了"市明珠、璧流离、奇石异物，赍黄金杂缯而往"④的海外贸易，成为中外商贾汇集、权臣贵戚瞩目之地。这里的宝物相当一部分运往京师，以满足统治者的奢侈享受。而"旧交趾七郡贡献转运皆从东冶泛海而至"⑤。当时，贡品由交趾七郡泛海至东冶，再转运往江苏沛县或山东登州、莱州，然后由陆路运往洛阳或京都。

东汉建初八年（83年），郑弘代郑众为大司农。以交趾贡献货物自海道运送"风波险阻，沉溺相系"为由，奏开零陵（今广西全州县）、桂阳（今湖南郴州）

---

① 《史记·东越列传》。
② 林枫：《榕城考古略》卷上。
③ 梁克家：《三山志》卷4。
④ 《汉书·地理志》。
⑤ 《后汉书·郑弘传》。

栈道，于是爽通，成为常路。至此，贡物北运，改由陆路，东冶港渐失其转运功能。

东冶港是在海上交通发展的基础上，受南海贸易的推动而兴起的。寄泊转运是西汉时期东冶港的主要功能，因而尚不具备真正的贸易港条件。当贡献货物改由陆路北运后，虽受到一定程度的影响，但东冶港海上交通仍然持续不断。东汉"初平中（190年～193年），天下乱，避地会稽，遂浮海客交趾"①。汉献帝建安元年（196年），孙策引兵攻会稽（今浙江绍兴），太守王郎弃郡，由海道奔东冶，"侯官长高开为郎起兵"，孙策遣将讨之②，以及"袁忠等浮海南投交趾"③，许靖"皆走交州，以避其难"④等，这些活动均以东冶港为中转港。自此及以后的一段时期，东冶港的功能又开始演变为以军事、政治活动为主。

五　句章港⑤

现在的宁波，先秦秦汉时期称为句章。由于句章的自然地理区位和人文社会地理区位的重要，句章港早在先秦秦汉时期，就凸显出了其重要地位。

第四纪更新世以来，宁波沿海的地壳不断下沉，更由于全球性的气候转暖使大陆冰川溶化，海平面上升，因而发生了范围广泛的海进。宁波平原第四纪松散沉积层中的三个滨海——浅海相沉积层说明，新生代中宁波平原曾有过三次规模较大的海进海退事件。第一次海进发生于18万年前的中更新世；第二次发生在7万年前的晚更新世；最后一次发生在1.2万年前的全新世。海进在高潮时，由于地动型的海面上升（地壳下降）和冰消作用引起的水动型海面上升的叠加，使海面上升的幅度很大，形成了冲刷能力极强的涨落潮流。正是因为这两者的作用，把原先高低起伏的沿海陆地改造成了岛屿和水道相间排列出现的现代港湾格局。余姚江中游河姆渡文化遗址中第四文化层（距今7000年）的下面是第三次海进时沉积的海相沉积层。因此可以说第三次海进的高潮是在8000年前，到7000年前海水已退至河姆渡以东，余姚江中游成了陆地和滨海相连地带。宁波平原大部出露海面的时间约在6000年前。此时海岸线已向东推进至今余姚县城、镇海县骆驼镇和宁波市三官堂一线。

4000年前，海水退出宁波平原。尽管在1500年前后又发生过一次规模较小的海进，但宁波地区现代河流的分布、海岸线的展开和港湾格局的形成，却在4000年前就已基本定型。

---

① 《后汉书·桓晔传》。
② 《三国志·吴书》。
③ 《后汉书·袁闳传》。
④ 《三国志·蜀书·许靖传》。
⑤ 引见郑绍昌主编：《宁波港史》，人民交通出版社1989年版，第3～17页。

宁波的海上交通,可溯源于7000年前的河姆渡文化时代。考古实物证明,六七千年前,在今宁波余姚县的河姆渡人已经能制造和使用舟楫,航行于港湾和近海。这是迄今为止已被实物证明的中国最早的航海活动。

河姆渡位于甬江上游余姚江北岸,距宁波城区约25千米。1973年首次在这里发现新石器文化遗址,考古学上定名为河姆渡文化。①

河姆渡文化与海上交通有密切联系。其遗址由四个文化层组成。经C^{14}测定,第四文化层的年代距今约为7000年(公元前4887±96年)。② 其余三层分别为6000年、5500年和5000年。第四文化层出土的文物有:石斧、石刀、石锛、骨耜、木耜等工具700多件,夹碳黑陶和夹砂黑陶陶片10多万件(其中可复原的陶器有235件)。直接与海上活动有关的是6支木桨。这6支木桨中有两支比较完好,一支残长92厘米,另一支残长63厘米。桨叶长50厘米,阔12.2厘米;厚2.1厘米;柄部与桨叶用同一块木料制成。残留的桨柄下端绘刻着弦纹和斜线纹相间的图案。全器细长扁平,形如柳叶,造型轻巧,做工精细。

同层出土的还有:鹿、龟、犀牛、象与各种淡水与海生鱼类及猪、狗、水牛等动物的骨头。并发现多处有稻谷、谷壳、稻秆、稻叶、菱壳、葫芦、酸枣、麻栎果等果壳、果核和其他禾本科植物混在一起的堆积,以及燃烧过的灰烬和许多栽桩架板干栏式木构建筑的遗迹。③

从河姆渡第四文化层出土的大量实物资料来看,石斧、石锛、陶器、栽桩架木建筑和燃烧灰烬遗迹,特别是几把做工精细的木桨,证明河姆渡人不仅已经具备制作独木舟的条件,而且已进入使用独木舟从事捕捞和航海活动的阶段。从鲻鱼、鲨鱼、鲸鱼的脊椎骨的出土,可见当时人们的捕捞范围已不以附近水域为限,而已开始面向滨海河口并近而到了近海海面。随着独木舟的使用,在河姆渡文化向四周呈辐射传播时,大约在5500年前,河姆渡文化就已延伸到舟山群岛。舟山群岛由舟山本岛和岱山、大衢、泗礁、嵊山、普陀山等大小近600个岛屿组成。近年在舟山已发现新石器时代遗址9处,主要分布在舟山本岛、大衢、泗礁、马目等较大岛屿上。有代表性的遗址是十字路、孙家山、塘家墩三处,年代是5000年~5500年前。定海的湖面、大支,岱山的馒头山,嵊泗的菜园镇等地也有遗址发现,年代在4000年前后。这些遗址像珍珠一样散落在各岛屿之上,如果串联起来,便显示出一幅5000多年前人们开发沿海

---

① 参阅《河姆渡发现原始社会重要遗址》,《文物》1976年第8期。
② 夏鼐《C¹⁴测定和中国史前考古学》,《考古》1977年第4期。
③ 参阅《河姆渡发现原始社会重要遗址》和《浙江河姆渡遗址第二期发掘的主要收获》两文,后者载《文物》1980年第5期。

岛屿的航海图卷。①

近年来,考古工作者又陆续在慈溪县、余姚县、宁波市等地新发现与河姆渡内涵相同的遗址 16 处,都属于河姆渡文化。② 根据历年考古资料所知的遗址分布和遗址中各个文化层的相互关系来看,西部遗址一般年代较早,其早期文化层的内容比较丰富;而东部和海岛遗址则年代较晚,其晚期文化层的内容特别丰富。由此可见,河姆渡文化是随着时间的推移逐渐东进的。凭借原始寄泊港和海上交通工具,它终于跨海东渡到达了舟山群岛。

河姆渡文化的传播和影响的范围是相当广泛的,如长江以南广大地区的古代文化就或多或少的受到了它的影响,台北出土的大量新石器时期的文物,也具有河姆渡文化的特点。③

就夏商周三代这一带的古港情况而言,历史文献尚无明确的记载。相传夏少康五十二年,封庶子无余于会稽(今绍兴),建立越国④,其领地就包括整个甬江流域。越人习于航海,视汪洋如平地。《越绝书》说:“水行山处,以舟为车,以楫为马,往若飘风,去则难从。”商、西周时期,用青铜制成的工具为用木板造船提供了条件,造船技术从独木舟进入到木板船时代。《竹书纪年》称:“成王时于越献舟”。周成王在位约于公元前 11 世纪,那时,贯通南北的大运河还没有开凿,所贡的舟船势必取道海路,从现在的浙江沿海出发,沿海岸北航,然后溯河而上,抵达周都。可见在周代,越人的航海活动已相当活跃。此外,从淮、济一代的河间海口也时有人乘船至越。所以《慎子》说:“行海者,坐而至越,故有舟也。”

春秋战国时期,随着浙东地区经济的开发和技术的进步,甬江流域出现了最早的港口——句章港。

公元前 494 年吴攻越,越败,勾践被俘。三年后,吴王夫差释勾践回国,越国成为吴的属国。此后,越国加紧发展生产,训练士卒,打造“舸舰”,建设水师。当时像齐国、吴国等水运发达的国家都已建立了水师,成为作战中的重要兵种。越国在经过“十年生聚”之后,终于建立起一支拥有 300 多只战船的水师。

周敬王三十八年(公元前 482 年),正当吴王夫差率大军北上争做盟主时,越军乘隙攻入吴都,越水师从海道入淮,断了吴军的归路。⑤

周元王三年(公元前 473 年),勾践灭吴后,为发展水师,增辟通海门户,遂

---

① 吴玉贤:《从考古新发现谈宁波沿海地区原始居民的海上交通》打印本。
② 《关于河姆渡文化的传播》,1987 年 11 月宁波市文管会、宁波考古研究所供稿。
③ 参阅厦门大学历史系考古研究室《台湾省三十年的考古发现》。
④ 《史记·夏本纪》。
⑤ 《国语·越语》云:“越王入吴也,范蠡、舌庸师师,自海诣淮,以绝吴路。”

在其东疆勾余之地开拓建城,称名句章,是为句章古港之始。① 这是甬江流域最早出现的港口。

周贞定王元年(公元前468年),勾践率"死士八千,戈船三百"自会稽经海道北上琅琊,欲扬威海上,图谋霸业。勾践之开辟句章港实出于政治军事上的需要,以加强都城与内越及外越之间的联系。

句章的具体地理位置,据《浙江通志》卷7《鄞县建置》句章辨证条援引唐代张守节《史证正义》云:"句章故城在鄞县西一百里。"这是指同谷到城山的距离。同书又云:"句章在慈溪城山渡。"明人高宇泰《敬止录》说得更明白:"句章在姚江东,即今慈溪县南十五里,句余山之东有城山,即句章县治。"据此,则句章的确切地点应在今宁波市郊区乍山乡城山(又叫城山渡)。城山在余姚江江边,东距三江口(今宁波市区)22千米,西去河姆渡不足3千米,溯姚江可直达余姚县城;顺流入甬江经镇海出海。

句章是越国的通海门户,也是中国最古老的海港之一。秦汉之际,句章作为海上交通和军事行动的出入港口而屡见于史册。

秦始皇二十五年至二十六年(公元前222年~公元前221年),甬江流域置句章、鄞、鄮三县,隶属于会稽郡。② 三县以甬江为界,县治分别设在句章、白杜(今奉化白杜)、同谷(今鄞县宝幢附近)。

汉武帝时,为了征服百越和控制海上交通线,派庄助和朱买臣等建立海上武装。闽越出兵进攻东瓯,武帝派庄助从会稽发兵航海救东瓯。公元前111年秋,东越王余善反叛朝廷。据《史记·东越列传》载,武帝派横海将军韩说率领军队,从句章乘船出海,于次年冬攻入东越。这是见诸史籍最早的一次从句章出海的大规模海上军事行动。

东汉顺帝阳嘉元年(132年),"海贼曾旌等寇会稽,杀句章、鄞、鄮三县长,攻会稽东部都尉","诏沿海县各屯兵戍"③。句章实为会稽的海上门户。

秦汉之际,史籍记载多是关于句章港的军事活动,对海上贸易却很少记录。实际上,甬江流域对近海的贸易活动很早便已开始。例如,鄮县县治鄮廓(又叫同谷),在秦以前,就曾是甬江流域与海岛居民贸易的重要场所。公元前221年秦置鄮县,设治于此。鄮廓在鄮山山麓,即今宁波市东25千米的鄞县宝幢附近,那时有小浃江通海。小浃江是一条与甬江平行的短源河流,但要比甬江短窄,全长约15千米,唐时已筑坝截流蓄水,不通海舟了。

---

① [清]董沛:《明州系年录》载:"周元王三年,越王勾践城句余。"《光绪慈溪县志》援引《光绪鄞县志》云:"勾践以南疆句余之地,旷而称为句章。"

② 据《浙江分县简志》,浙江人民出版社1984年版,第149页。

③ 参阅《后汉书·顺帝记》。

据《十道四蕃志》说:郯山"以海人持货于此,故名"。所谓海人,就是善于弄海的岛屿或滨海地区之居民。可见秦以前常有舟山群岛各岛及沿海渔人,驾着满载海产品的船只,从海口进入小浃江,来到港埠廓,以交换当地生产的粮食和其他农副产品。

六 温州古港①

在远古时代,勤劳勇敢的温州原始居民——瓯越人(百越的一支)便选择了温州这块肥沃的土地,作为栖息、生活、劳动的场所,与自然界不断地进行斗争,发展了自己的文化。

在夏商时代,温州虽已成陆,但是地势低下,大部分地方还是一片浅海滩,在陆地平原中还有许多湖泊和沼泽。原始的瓯越人居住在沿江一带的小山坪上②,"剪发文身","以渔猎为生,食海蛤、蝉蛇等物"③,惯于水上生活。公元前11世纪,中原地区的文化随着周王室政治势力的扩大,已越过长江,影响江南地区。瓯越人曾以"鱼皮之鞞"等土特产作为礼物贡献周王室④,与中原地区交往逐渐增加。

春秋时期(公元前770年～公元前476年),舟船已成为越人日常的交通运输工具,正如越王勾践所说,越人"行而山处,以舟为车,以楫为马,往若飘风,去则难从"⑤。越国的造船业十分发达,造船技术较高,能够打造称为扁舟或轻舟等日常使用的船只,以及戈船、楼船等供政府及作战使用的船只。⑥ 当时海上交通也有了进一步的发展。越国主要根据地虽在浙江省境内一带,但越的族种很多,分布很广,除瓯越外,还有闽越、南越、骆越等,自今福建、广东以至越南的北部地区及附近岛屿,皆为越族居住之所。越人各族间的联系就依赖海上交通来维持。⑦ 这对温州海上交通的发展和港口的孕育,起了积极的促进作用。

战国时期(公元前475年～公元前221年),东瓯的海上交通有了一定的发展,出现了原始港口的雏形。⑧ 这时东瓯的海上交通,除了和东南各族越人

---

① 引见周厚才编著:《温州港史》,"中国水运史丛书",人民交通出版社1989年版,第1～3页。
② 朱烈:《温州市的历史地理》,《温州市地理学会第一、二届年会论文集》,1964年8月。
③ 《逸周书·王会解》。
④ 《逸周书·王会解》。
⑤ 《越绝书》卷8,商务印书馆1956年影印本。
⑥ 章巽:《我国古代的海上交通》第一章,商务印书馆1986年版。
⑦ 章巽:《我国古代的海上交通》第一章,商务印书馆1986年版。
⑧ 据章巽《我国古代的海上交通》第一章称:东瓯是战国时见诸于史籍的中国沿海交通线上的九个重要港口之一。这九个港口指碣石(在今河北乐亭县南)、转附(今山东半岛北面的芝罘半岛)、琅琊(今山东半岛南面)、吴(今苏州市,古代长江口在今崇明岛以西入海,吴很近海)、会稽(今浙江绍兴)、句章(今浙江宁波市西)、东瓯、冶(今福州市)及番禺(今广州)。

进行联系外,并有可能和北方一带也有直接往来。《山海经》说"瓯居海中",就表明了瓯越人和北方交通往来都取道于海上,所以给人们的印象是居住在海岛之上。①

秦朝末年,越王勾践后裔驺摇率领越人参加反秦战争,接着又帮助汉高祖攻打项羽,佐汉有功。汉惠帝三年(公元前192年),驺摇被封为东海王,都东瓯,故世称为"东瓯王"。东瓯国的都城约在今温州市区对岸楠溪江和瓯江交汇处一带。② 东瓯建都后,海上交通有了进一步发展。汉武帝建元三年(公元前138年),由于越族统治者之间的斗争,东瓯遭到了闽越王军队的围攻。情况危急。东瓯王广武侯望派人向汉武帝求救。朝廷命令会稽郡(都治在今苏州市)派兵浮海救援。闽越王闻讯,在援兵未到之时,即自行撤退。东瓯王因怕闽越王再来攻击,经汉武帝同意,率其众4万余人,举国迁徙至江、淮之间的庐江郡(今安徽舒城一带)③,东瓯国也随之灭亡。经过这次大迁徙以后,东瓯的生产和文化遭到了极其严重的破坏,成为一片荒凉之地,港口也处于萧条冷落的状态。

东瓯在大迁徙后,经过了200多年,人口方才逐渐有所增加,社会经济也逐渐有所恢复和发展。东汉顺帝永和三年(公元138年),析章安县东瓯乡为永宁县④,县治在瓯江北岸的贤宰乡(今永嘉县罗浮区一带)。

七　杭州古港⑤

在钱塘江入海与杭州湾的交汇地带,古代港口中以今位于杭州港的古钱塘港最为重要。

以杭州良渚为轴心的散布在钱塘江、太湖流域区中的良渚文化遗址,十分明确地证实,早在距今5200年的良渚文化时期,今杭州市区尚未成陆,杭州湾的岸线,大致在杭州西部天目山余脉的山麓地带,今天的杭嘉湖平原,当时大多处于水乡沼泽状态。从出土的良渚文化遗址分布地区看,除了部分遗址与陆地相连,其余的遗址均处于水网隔绝的孤立地带,其对外联系,只有借助自

---

① 《山海经十·海内南经》载:"瓯居海中"。晋代郭璞注:"今临海永宁县,即东瓯,在海中也"。按《山海经》为战国时书。

② 郑缉之:《永嘉郡记》"瓯水"条云:"水出永宁山,行三十余里,去郡城五里入江。昔有东瓯王都城,有亭积石为道,今犹在也"。郑缉之为南朝宋人,可见故城遗址在刘宋时尚存。清代温州著名学者孙诒让在《永嘉郡记集校》中说:"瓯水盖即今楠溪,入江即谓东瓯入永宁江(瓯江)。"据此,东瓯王故城应在楠溪江下游一带,靠近瓯江。

③ 《史记·东越列传》。

④ 《光绪永嘉县志》卷21《古迹·名胜》:"新城去府城六里,在江北贤宰乡……初议立城于此,后迁过江,今其地为田野,犹其新城云。《方舆纪要》《万历府志》案:汉永宁县治。"

⑤ 引见吴振华编著:《杭州古港史》,中国水运史丛书,人民交通出版社1989年版,第17~36页。

然水道来实现。频繁的水上活动,也就促使了原始港埠靠泊点的形成。

钱塘江流域的舟楫制作年代久远,距今7000年前的余姚河姆渡遗址中,已有木桨和陶舟的出土。这是我国迄今为止的最早的水上交通工具遗物。2000余年后,良渚文化兴起,水上交通工具的制作,又成为良渚文化时期重要的产物。

良渚文化遗址中出土的水上交通工具主要是木桨和独木舟。就木桨来说,杭州水田畈遗址(今杭州市北郊的半山山麓)和湖州钱山漾遗址(今湖州市南)内均有出土。水田畈遗址中的木桨分窄翼和宽翼两种。窄翼式,桨身窄而扁平,桨柄呈圆锥形,桨翼宽为10厘米~14厘米不等,桨翼和桨柄连成一体,是用一根木料削磨而成;宽翼式,桨身宽而扁平,桨翼宽26厘米、厚1.5厘米,装柄缚扎其上。一般说来,桨翼的宽窄与船体的大小有关,窄翼式木桨,桨叶短窄,多作为独木舟之类的小型舟船的推进工具;而宽翼式木桨,桨叶宽度为窄翼的两倍,受水面比窄翼为大,应属于较大船舶的推进工具。水田畈遗址中出土的木桨数目较多,从一条不长的发掘沟中就出土了4把,说明水畈遗址在良渚文化时期的舟楫制作已进入较为成熟的阶段。

独木舟出土于杭州西部郊区的龙尾巴山麓。这只舟长约3.5米,直径约0.7米。整个舟形两头微翘,舟首部位呈菱形,舟尾短平,[1]其断代是良渚文化时期。

木桨和独木舟的出土,表明杭州古代的水上舟楫活动至少在4000年前就已经非常活跃了。从目前河姆渡、水田畈及钱山漾出土的木桨可以看出,杭州及其周围的钱塘江、太湖流域,经过了自距今7000年~4000年间的长达3000年之久的发展历史,水上交通工具的制作日趋进步。木桨由河姆渡的窄翼式木桨已发展到水田畈的宽翼式木桨,这标志着船的体积由小到大,船的结构由简趋繁的一个发展过程。

早期的杭州原始港埠靠泊点已具备了下列三个条件:一是各个遗址点都有水路通达(当然也有陆路相通);二是有供舟楫停泊和进出的自然港湾;三是岸上有供堆放物品的场地。正因为他们利用舟楫从事水上捕捞,所以他们的居住点附近的港湾便被选作停泊舟楫的处所。随着渔猎活动的增加以及物物交换的发展,舟楫停泊数量逐渐增多,便自然形成天然的原始港埠靠泊点。

就杭州地区而言,良渚文化时期的这种原始港埠靠泊点大致有良渚、水田畈、老和山等几处。

良渚。该靠泊点在今杭州西北方20余千米处的余杭县良渚镇附近。"良

第五章

先秦秦汉时期的海洋经济

---

① 20世纪70年代,当地农民在整理土地时发现此舟。独木舟的周围有许多与良渚文化遗址中相同的石器出土。惜不及报告,舟体已被村民损坏。此资料系考古爱好者袁大梁先生提供。

渚遗址"在这个地区实际上是良渚、安溪、瓶窑三镇间许多处遗址点的总称。其中，以良渚镇及围周的荀山、棋盘山、横圩里、茅庵前、长命桥、钟家村、金家桥、全山、安溪等地最为密集，形成一个良渚、瓶窑、安溪为三角的遗址群。这里系天目山余脉之山谷，水运条件十分便利。自有舟楫始，这里就与良渚文化其他遗址点的人群就有了水上活动的联系。

水田畈。该靠泊点在今杭州城北 10 余千米的半山西南麓，皋亭山区的西南边缘区。良渚文化时期，这里尚系孤悬海中的岛屿，与大陆隔绝。遗址内有稻谷、陶器、石器、木器、竹编物等农业、手工业制品以及灶基、水井等设施，是皋亭山区的良渚人村落，因其四面环水，良渚文化的传入，唯有借助舟楫。从遗址中出土的舟楫表明，该地的舟楫停靠已具有一定规模。水田畈遗址背依半山，东南向有半山余脉伸延，可挡东海浪涛直击，兼之该地又与良渚、老和山隔水相对。这些条件，使之成为一个舟楫靠泊点。

老和山。该靠泊点在杭州城区西北的老和山麓。其地三面环山，一面濒水，北有老和山余脉，西有灵隐诸山，南有玉泉丘陵，东南有栖霞、葛岭、宝石等山连横，东面是古浙江海湾。其地形有如弯柄之伞杆，为舟楫停泊创造了有利的地形条件。该遗址内发掘出原始灶基 5 座，上面堆满了红烧土及草木、兽骨灰烬，还出土石器、玉器 500 余件，陶器残片 2000 余斤。可以看出，良渚人在此居住的时间很长，其经济与文化也发展到了一定程度，他们与相隔咫尺的水田畈、良渚以及较远的钱山漾、邱城等遗址的人类都有了水上往来。年复一年的水运活动，使老和山逐步发展成为钱塘原始港埠靠泊点之一。

以上这些杭州地区原始港埠的几个主要靠泊点，均处于地势较高的山麓（当时西湖海湾的水位较高），又未经任何人工修筑，故我们称之为高地自然港埠靠泊点。不过，这还只能算是十分原始的萌芽状态的港口，或只可称为"渡口"、"靠泊点"。但这是良渚人的成就之一，也是杭州古港发展最初的基础。

传说禹建夏朝经钱塘"舍舟登陆"至会稽茅山（今浙江省绍兴市会稽山），大会天下诸侯，计功行赏，后病故并葬在此地。经过五代，夏朝君主少康的庶子无余为奉祀禹陵，来会稽建立越国。当时的越国领地北至今嘉兴，西南至今衢州，东止今舟山群岛，也包括钱塘地区在内，纵横 800 余里。浙江（今钱塘江）横贯越国中部。钱塘扼江口是南北水运的必经之路，自夏朝开始建立越国，钱塘港埠的水运活动日渐开拓，到春秋时期已具有一定规模。

春秋中期，钱塘出现人工修筑的固陵军港，钱塘港进入初兴时期。这时，钱塘港的港址由北部的良渚、水田畈、老和山等地逐渐向中部的西湖海湾及浙江两岸迁徙。东汉至三国时期，人工筑港又在新形成的沙洲上进行，终于形成了钱塘人工沙洲港。

春秋中期以后钱塘港之所以能够取得大的发展，除了港口的自身建设外，内河航道的沟通、造船业的日益兴盛、水军活动的频繁及海上贸易的出现,均是其重要因素。

春秋中期,位于江浙地区的吴国和越国逐渐强大起来。由于国境毗邻,"三江环之,民无所移",双方都想争夺对该地区的统治权,以致为争霸,到了"有吴则无越,有越则无吴"①势不两立的地步。春秋后期,两国矛盾激化,吴、越地区爆发了频繁的战争。据史籍记载,自周景王(姬贵)元年(公元前544年)吴王余祭对越国用兵开始,到周元王(姬仁)三年(公元前473年)越王勾践灭吴的短短71年中,钱塘地区发生的较大的水上军事活动就有11次之多。当时的越国和吴国的军事力量均以水军为主,《吴越春秋·勾践伐吴外传》云:越有"楼船之卒三千人";《史记·越世家》云:勾践有"习流二千";《越绝书·记地传》又云:"勾践伐吴,霸关东,从琅邪起观台……死士八千人、戈船三百艘"。吴国大夫伍员曾将中原诸国比作陆人居陆之国,将吴越两国比作水人居水之国,吴国虽能战胜中原国家却"不能居其地,不能乘其车",而对自然人文条件相同的越国"吾攻而胜之,吾能居其地,吾能乘其舟"②。

在这样的历史背景之下,越国开始加紧对军港的建设,以对付虎视眈眈的吴国。周景王元年,吴国水师顺太湖至浙江的自然水道入侵越国,越国水师不敌,被吴国俘去宗人,刖其足,令其守余皇大舟。周敬王十年(公元前510年),吴国水师复来攻越,越军又败。两次迎战的失败使越国警惕起来。越王允常为了对吴国进行有效的防御和进攻,除进一步加强水军的作战力量外,又于周敬王十四年(公元前506年)在浙江口之南岸兴筑屯扎水军的基地。

关于新建的水军基地,《越绝书》载:"浙江南路西城者,范蠡敦(屯)兵城也。其陵固可守,故谓之固陵。所以然者,以其大船军所置也。"西城,即固陵,后改西陵、西兴,即今杭州钱塘江南岸之萧山县西兴镇。春秋时,固陵紧靠浙江南岸,背依萧然诸山,有自然内河水道通会稽,与钱塘的吴山、凤凰诸山隔江相对。这个军事港的选址是独具匠心的,进攻,则可以出钱塘港入太湖水系与吴国争战,退却,则可凭借浙江天堑进行防守,即守住会稽城大门,又保存水军实力。固陵港的修建工程是由大夫范蠡主持的。

固陵军港建成后,越国利用这个军港为基地,开展军事活动。建成后不久,允常主动出水师伐吴。周敬王二十四年(公元前496年),允常之子越王勾践起兵伐吴。周敬王二十六年(公元前494年),勾践再次出兵伐吴,周敬王三十六年(公元前484年),越出兵助吴攻齐。周敬王三十八年(公元前482年),越兴兵伐吴,而后10年中又三次兴兵伐吴。以上这8次大的水军活动,均是

---

① 《国语·越语上》。
② 《国语·越语上》。

由固陵港出发的。

当时的固陵港的军运活动,是十分壮观的。公元前494年,吴国进攻越国北部领土,勾践亲率水军拒吴。越国水军3万人,船只数百艘,浩浩荡荡地驶出固陵港,自钱塘入笤溪迎战吴军。公元前482年,越国在固陵港集中了水手2000人、水师官兵4.7万人。战舰数百艘,一路出海入长江,一路经钱塘直趋苏州,灭掉了吴国。以后,越国北上争霸,攻占琅琊,从固陵港发出的海船(即戈船)到达琅琊港的就有300艘。以水上军事活动为建港目的的固陵港,在春秋末期迅速发展,固陵军港建港之早、规模之大,在中国古代海港史上占有重要地位。

由于固陵港的出现,浙江两岸的钱塘军事港渡逐渐增多。北岸出现了柳浦港(今杭州城南凤凰山麓)、定山浦港(今杭州西南郊区狮子山麓),南岸出现了渔浦港(今杭州萧山县之浦阳江口)。这个时期的钱塘港是以军事活动为中心的,港址自身也处于自然利用与人工建筑的演变之间。

柳浦港。该港渡位于杭州城南凤凰山、将台山之西南麓,南临浙江,周围有金家山、将台山、乌龟山、慈云岭、玉皇山、大慈山环抱,港址呈"∩"字形,两翼南伸的一对岬角和分布于谷口的白塔、樱桃诸山(原系港湾口处的岛屿)起着防波堤的作用,是船舶停泊、避风的良港。这里往北越过慈云岭可抵达灵隐谷地的钱塘村镇居民稠集处,直到清代,岭上的老玉皇宫崖壁上尚有"上下马(码)头必经之路"的刻文,这是古代有港口之明证。

定山浦港。该港渡位于杭州西南部的转塘乡狮子山东麓,东、南两面濒临钱塘江,春秋时处于浙江与浦阳江的汇合处北岸,南与渔浦港相对,是钱塘以西地区南渡浙江的主要港渡。

渔浦港。该港渡位于浙江、浦阳江汇合处的东岸(今萧山闻家堰之西),是春秋时期钱塘江南岸又一个重要军事港渡。

关于内河航道,这个时期的钱塘港已有了与具区泽(今太湖)、江水(今长江)相沟通的定型内河水道。《越绝书》卷二载:"吴古故水道,出平门,上郭池,入渎,出巢湖,上历地,过梅亭,入杨湖,出渔浦,入大江,奏广陵。"该水道即今苏州到常州以北的江南河故道。同书又载:"百尺渎奏江,吴以达粮。"这里的江指的是钱塘江,百尺渎在今杭州东北,也即杭州至苏州的江南河故道。可以说,江南河早在春秋中期已初具雏形。至于春秋晚期吴王开邗沟,沟通江、淮、鸿沟,又沟通河(黄河)淮,说明春秋后期以钱塘为起点的沟通钱塘江、长江、淮河、黄河四大水系的人工开凿和自然水道相结合的南北大运河体系,已初具规模了。这也是钱塘港展示其生命力的不可缺少的因素之一。

秦至三国时期,钱塘县的地貌发生了巨大变化。西湖海湾的湾口,淤沙猛涨,形成了一条狭长的沙洲平原(相当于今中河以西的市区)。因此,这个时期的钱塘县的发展分成了山中小县和沙洲平原县两个时期。两个时期以两汉之交的新莽政权为界,而东汉时完成了山中小县向沙洲平原的大迁徙。地理条件的变迁,使钱塘港的部分港址发生了变化。山中小县时期的钱塘港新增加的宝石山、灵隐等港址,到沙洲平原县时期又先后废去,转换成在沙洲上兴修的钱塘堤、前洋街、后洋街,官港、洋坝头及泛洋湖等人工港址。

灵隐港。该港在今杭州西部的九里松一带,为山中小县的县治所在地,周围有灵峰、北高峰、飞来峰、月桂峰、三台山环抱,而东对西湖海湾,内有金沙、卧龙两水通入腹地,整个谷地是一片西高东低的扇形开阔地。秦代时,九里松谷口一带筑有防海大塘,船舶进出钱塘县治时,多在此处停泊。

宝石山港。该港即秦皇缆船石,又称大石佛,位于宝石山中部凹处的山麓。据传秦始皇南巡会稽至钱塘,曾在此处登陆系舟。虽是传说,但由此也可以判断这里曾是一个重要的港埠。

钱塘堤港。该港位于今宝石山东麓至六公园古钱塘门遗址处,这里原是沙洲北端的西湖通江之口,东汉初年筑塘以防海潮,堤外逐渐形成江船海舶停泊的港埠。

前洋街、后洋街。两埠位于新沙洲北端的钱塘堤东边,大约为现在的青春路和竹竿巷一带。前、后洋街之分是沙岸北涨的结果,先形成的洋街岸线在今青春路、众安桥以西;后形成的洋街在今竹竿巷,为了区别这两个时期的岸线港址,故分称前、后洋街。1986年竹竿巷东北曾发掘出用石块砌岸的码头,证明此处曾是汉代沙洲的北沿泊船港埠。

官港。该埠即今中山路中河之西的官巷口,汉时濒江,是沙洲县城的中部对外港址。

洋坝头。该埠在今中山路中段的中河以西,汉时筑有拦截江水的堤坝,故有洋坝头之称,是汉代沙洲县城的临江港口。

泛洋湖。该埠在今城北艮山港至朝晖新村一带。东汉时,这里是浙江江域。三国时,钱塘堤和前、后洋街因沙洲漫长而失去效用后,这里成为城北的主要港址。

灵隐诸港的出现,是山中小县时期的地理条件所决定的。它的初始时期可以追溯到战国时期。那时,钱塘人向此移居,遂成村落。经过250年的惨淡经营,终于将这里建成了一个具有一定规模的市镇。秦统一六国后,即于此地置县。自此以后这里逐渐发展起来。

灵隐诸港初始时,主要用于民间的水运商贩活动。汉文帝十六年(公元前164年),灵隐诸港的性质有了变化。这一年,辅佐郡守处理日常政务并掌管会稽郡西部诸县的军守防卫机构——会稽郡西部都尉治所设在钱塘县。重兵的驻守使山中小县的钱塘灵隐诸港具有了军港的内涵。汉武帝元鼎六年(公元前 111 年),横海将军韩说从会稽泛海攻东粤,就曾征调驻守钱塘灵隐诸港的水军。因此,西汉时的钱塘灵隐港,具有水运商贩和水军要塞的双重身份。

东汉初年的钱塘沙洲港,主要功用又是通过港口的水运活动来发展钱塘县的经济。当时的钱塘县正处于新城开发阶段,居民的迁入、园舍的营建、商业市场的设立、城市建设的初创,促使钱塘港的物料运量增加。经过 170 余年的扩建,与港口同时发展的钱塘县城便牢固地屹立在沙洲之上了。汉献帝(刘协)建安元年(196 年),钱塘又成为吴郡都尉治所。这时,我国已与东亚、东南亚、南亚、西南亚及南欧地区有了海上往来关系,双方互有使者通好。处于这样一个开放的环境,钱塘港开始了对外贸易。据载,东汉时,海舶已经常出入钱塘港。海舶之奇珍货物,甚至引起了海盗垂涎。汉灵帝熹平元年(172 年),富春(今杭州富阳县)人孙坚"与其父共载船至钱塘,会海贼胡玉等从舱里上掠取贾人财物方于岸上分之,行旅皆住,船不敢进"①。钱塘东北的盐官也有海盗出没。海舶的进出、海盗的出现,说明钱塘港已进入海上贸易港的起步阶段。

总之,经过秦汉三国时期钱塘人的不断开发,钱塘港终于完成了其初兴历程,开始向中国古代大港的行列迈进。

这一时期,钱塘内河航道与钱塘江海塘得到了大规模的整治。这些活动也是影响这一时期钱塘港口变化的一个重要的原因。

战国后期,越国和楚国相继统治江浙地区,钱塘至长江的江南河堵塞,无法通航,秦始皇(嬴政)统一中国后,曾发动了一次由长江经太湖至钱塘的大规模河道疏浚工程。史载,秦始皇东巡,"江东有天子气,始皇乃令囚徒十万人掘污其地表。"②也就是说,借助天子气而修复了运河,便捷了交通,加强了对江东的控制。秦始皇所发起的江南运河流凿工程已奠定了今日江南河之基本走向。秦始皇南巡江浙,还在江南地区大筑驰道,大修运河,把挖出的泥土沿河筑成高大宽阔的陵道。水陆两路并垂钱塘,使钱塘山中小县与内地诸县结成"县相属"的四通八达的交通网。自此以后,钱塘港便迅速发展了起来。

东汉初年,华信来到会稽郡担任郡议曹之职。他在巡视钱塘山中小县时,看到江潮从沙洲北端的西湖通江之口涌入,危及县治和濒湖村居、农田、人畜的安全,于是便发动县民修筑防海大塘。南朝宋刘道真《钱塘记》云:"郡议曹华信乃立塘以防海水,募有能致土石者,即与钱,及塘成,县境蒙利,乃迁理此地,于是

---

① 《三国志》卷 46《吴书·孙破虏讨逆传第一》,中华书局 1959 年版,第 1093 页。下引本书版本同。
② 吴卓信:《汉书地理志补注》卷三十八。

改为钱塘。"①关于钱塘堤的位置,《钱塘记》又载:"防海大塘在县东一里"。海塘的建筑材料是砂质土、红黏土及石块,由官员对工程进行监督、对工料进行统计。整个工程进度较快,前后只用了 1 个多月的时间。海塘建成后,西湖海湾与江海分离,形成了今天的西湖(唐时又称上湖)。海塘外旧系江道,两晋前形成大湖(唐时又称下湖)。自东汉初年至三国吴亡的 250 年间,钱塘堤外仍是钱塘江湾。海舶驶来塘下停泊,形成县境北部的一处新埠头。华信所筑之塘,是杭州历史上最早的人工港建设工程。海塘筑成后,灵隐山中的县城与新成陆的沙洲连成一片,交通大大改善,更有利于它的开发。随着经济不断地发展,人口逐渐增多,狭小的灵隐山谷限制了钱塘的发展和扩大,于是县治也由灵隐山中迁出,结束了"山中小县"时期,为港口发展开拓了更有利的条件。

八 琅琊港及碣石港②

琅琊港,古址在今青岛市胶南,因地近琅琊山而得名。周贞定王元年(公元前 468 年),越王勾践曾迁都于此。随行的有"死士八千,戈船三百"(《越绝书·记地传》)。遂"霸于关东,从琅邪起观台,周七里,以望东海"。《水经注·潍水》也说:"琅邪,山名。越王勾践之故国。"据此史实来看,琅琊成港的时间,最迟不晚于春秋时期。琅琊城即旧诸城的故地,在今诸城市东南 160 里,今属青岛市胶南,夏河城以北的海湾边上。

自春秋以降,琅琊港已是一处渔盐业兴隆、人文荟萃的地方,并且还是沿海南北航路的中枢港口。③

琅琊在春秋时期就是齐之大邑,地处沿海,"擅鱼盐之利",又盛产稻谷,经济发展,人口繁衍,是齐之东方中心城市。战国中期,苏秦说齐王曰:"齐南有泰山,东有琅邪,西有清河,北有渤海,此所谓四塞之国也"。公元前 219 年,秦始皇"徙黔首三万户于琅邪台下",即琅琊港城的人口数量,当至少一二十万。如此丰富的人口资源,自然为经济发展和基本建设提供了保证。公元前 201年,也就是秦亡后仅仅 5 年,田肯说刘邦曰:"齐,东有琅邪、即墨之饶,南有泰山之固,西有浊河之险,北有渤海之利……非亲子弟,莫可使王齐"。可见琅琊

---

① 华信所筑海塘的地址,有四种说法:九里松、西湖东岸、中河西岸及昭庆寺前一带。东汉时沙洲已经形成,海潮不会对大大高于沙洲的九里松丘陵区造成危害,九里松海塘址非东汉时筑,而系秦代所筑。东汉时,钱塘县人户不多,经济尚不发达,又据史载,华信筑塘,共计 1 月,也就是说人力、物力、时间都受到限制,要完成北山(宝石山)至南山(吴山)长长的海塘(即西湖东岸、中河西岸)是不可能的,特别是西湖东岸筑堤,并不能起到保护新淤沙洲的功用,单纯为围西湖成内湖,似无此举之必要。

② 引见〔日〕藤田丰八:《中国港湾小史》,台北沧浪出版社 1986 年版;中国航海学会:《中国航海史》(古代航海史),人民交通出版社 1988 年版;以及张树枫与龚振河、李文渭与范浩儒文。

③ 中国航海学会:《中国航海史》(古代航海史),人民交通出版社 1988 年版,第 28~29 页。

之丰饶,闻名天下。故秦灭齐后,析齐地为二郡,齐之北部、东北部为齐郡,郡治在故齐都临淄。齐之南部为琅琊郡,郡治就在琅琊城(今青岛市胶南琅琊镇)。其原因主要是看中了琅琊的丰饶及其在东方沿海作为港口的重要地位。秦始皇三临琅琊,久留不去,其庞大的扈从队伍之接待、居住、给养之供应等,除琅琊外,其他巡经地点都难以承担。而徐福航海求仙十年,建造船只,征集船员和童男女、补充给养等,"所费以百万计",若不是以琅琊为基地,其航运活动也很难实现。

琅琊地处东方海滨,航海业早有开展。《管子·戒篇》曰:"齐桓公将东游,南至琅邪"。《晏子春秋》亦载:"齐景公出游,问于晏子曰:'吾欲观于转附、朝舞,遵海而南,至于琅邪。'"齐景公尤喜航海,曾"游于海上而乐之,六月不归"。可见,至迟在齐桓公时,琅琊已成为东方良港。至齐景公游于琅琊附近之"少海"(今胶州湾)"六月不归",其航海规模和航海技术及造船工艺等均应具备相当水平。而齐国"宜桑麻,人民多文采布帛鱼盐",其丰饶如此,以至于"织作冰纨绮绣纯丽之物,号为冠带衣履天下"。手工业如此发达,也带动了商业发展,同时也促进了以商贸为主体的航海业的发展。因此,琅琊成为齐地的东方主要贸易港口。

琅琊同时也是齐国重要的军事港口。由于琅琊为齐之东方大邑,南接吴、越(后为强楚),北捍齐长城,军事地位十分重要。而作为三面环海的齐国,自然需要一支规模很大的水师,才能确保其东境安全。因此,当公元前486年吴国水师乘破越之威,"自海入齐"时;齐水师出击,两军在琅琊海域展开激战,结果"齐师败之,吴师乃还"。此例足证齐国水师之强大。秦统一中国后,置琅琊郡,郡治即设在与琅琊港同处一地的琅琊城,琅琊郡遂成为秦36郡中重要的滨海郡城。除城大物阜外,琅琊港口优良,航海贸易发达,海路北接齐、燕,南连吴、会(稽),并连接了环渤海、黄海与朝鲜半岛和日本列岛的海上航线。

正因为琅琊城市和港口有如此重要的位置和优势,才成了秦始皇东巡时行经次数最多和停留时间最长的地区。秦始皇统一中国后,自公元前219年至公元前210年,三次巡幸山东沿海地区,每一次巡幸都到琅琊。

公元前219年,"始皇东行郡县",登泰山后,"乃并渤海以东,过黄、腄、穷成山,登之罘立石颂秦德焉而去。南登琅邪,大乐之,留三月。乃徙黔首三万户琅邪台下,复十二岁。作琅邪台,立石刻,颂秦德,明得意……既已,齐人徐福等上书,言海中有三神山,名曰蓬莱、方丈、瀛洲,仙人居之。请得斋戒,与童男女求之。于是遣徐福发童男女数千人,入海求仙人。"然后过彭城而还。此次东巡,以琅琊为重点:"留三月";遣徐福入海求三神山;徙民、筑台、立石。其停留时间之长和任事之多,皆为他地所无法比拟。

公元前 218 年,"始皇东游……登之罘,刻石……旋,遂之琅邪。"

公元前 210 年,"始皇出游……从江乘渡,并海上,北至琅邪。"然后与徐福一起"自琅邪北至荣成山……至之罘,见巨鱼,射杀一鱼,遂并海西"。

从秦始皇东巡,三次在琅邪做长期停留的史实来看,他始终是将琅邪作为其出巡的重点或目的地。①

汉朝建立后,到了汉武帝时,由于经济的快速发展,不仅社会较安定,人民生活也得到了改善。所以,汉武帝也学秦始皇东巡,并进行封禅,他曾数次到过琅琊港。据《史记》和《汉书》的记载,汉武帝大约有 5 次到过琅琊:元封五年(公元前 106 年),第一次来琅琊港;太初三年(公元前 102 年),第二次;太初四年(公元前 101 年),第三次来到了琅琊港;第四次到琅琊港是在太始三年(公元前 94 年),可见到汉武帝时,琅琊港仍很兴盛。所以,太始四年(公元前 93 年),汉武帝再至琅琊,祠神人与交门宫。

但是,自汉武帝之后,琅琊港似乎就从"地球上消失了"。史籍中极少提到,一直到唐朝才又在文人墨客的笔下读到颂扬琅琊的诗句。这究竟是什么原因造成的呢?

对此,《汉书》和《史记》均有记载:"汉宣帝本始四年(公元前 70 年)夏四月,琅邪十四郡地震,坏城郭及祖宗庙,死亡 6000 人。"可以看出,琅邪是这次地震的重灾区。这次地震是一次强震,因为"郡国四十九"都有震感。从其破坏性也可看出,"坏城郭及祖宗庙"。"祖宗庙"只有皇室及将相一类人物才得以建筑,并且也非常讲究,比一般建筑要牢固。坚固的城郭和祖宗庙均被地震损坏,一般建筑可想而知了。从地震导致"死亡 6000 人"来看,这是一次大地震,2000 年前即使城市中也无高大建筑,人口居住是分散的,死亡 6000 人,可见对琅琊、琅琊港破坏的严重程度。

更为惨重的事,自这次大地震以后,琅琊港一带地方,自然也可以说琅琊一带,自然灾害经常发生,甚至是接连不断地发生。如:"汉元帝初元元年(公元前 48 年)……其五月,渤海水大溢……琅邪郡人相食。"这里的"渤海"也指北部黄海,不是"渤海"专用,"琅邪郡人相食",说明此次风暴潮及其他自然灾害非常凶猛,特别是在地震之后,又受风暴潮灾,土地盐碱化无法种植庄稼,所以,只能"人相食"。更令人惊讶的是,"汉元帝初元二年(公元前 47 年)二月戊午地震,其夏,齐地人相食"。有的书也记载"海溢"或"北海水溢"等,有的还明确载有"琅邪郡人相食"。尤为严重的是,又过 5 年,"汉元帝初元七年(公元前 42 年),其夏,齐地人相食"。7 年之内,接连发生 3 次"人相食"的灾难,可谓是

---

① 张树枫、龚振河:《徐福当属琅邪籍》,《琅邪与徐福研究论文集》,华夏出版社 1996 年版。

灭顶之灾。因而在后世相当长的时间里,这里只能是一片荒芜了。①

碣石港,是渤海湾北岸的古港。它与南岸的黄、腄两港隔海相望,自三代以来,便是横渡渤海航线的北端港口。

碣石港是以碣石山而得名,当在碣石山附近的海滨。碣石山位于今河北省昌黎县城北,抚宁县西南,卢龙县东南的三县交叉点上②。这一带在三代时属于孤竹诸侯国的地面③,抚宁古称骊城,即三代时的孤竹城。④《汉书·武帝纪》注中即说:"碣石在辽西秦县,今罢入临渝(今山海关临渝县)。"《水经注》说:碣石在濡水(滦河)口,其所处的地理位置,实为通向辽东的水陆要道隘口。后世,随着自然条件的影响和航海船舶的发展,港口逐渐东移,遂被秦皇岛所替代。⑤

九 登州港及黄、腄港⑥

在先秦时代和秦代,广义的登州古港,由于带有原始港口的性质,具体港址经常变迁,因此包括着渤海南岸今山东半岛东北端、原属登州辖地的所有古港,其中重要的有黄、腄二港;狭义的登州港,则指古代登州府治所蓬莱城(今蓬莱市)的港口。

黄和腄位于山东半岛东北部沿海,是渤海南岸的两个古港。

《史记》集解上说:在东莱有黄、腄二地,即夏商时期的莱子国。腄即今之牟平,位于烟台港东侧近旁。黄即今之黄县,位于蓬莱港西侧近边。这两港与渤海北岸的碣石港,辽宁南端的旅顺港一水相隔,是船舶横渡往来极为便捷之地。尤其黄港,是渤海著名的登州古港的前址。由此出海,沿庙岛、长岛、大、小钦岛、砣矶岛、南、北隍城岛逐岛航行,便抵辽东半岛南端,这是古代逐岛航行横渡渤海最安全的航线,同时,也是通向朝鲜半岛、日本列岛、形成北方海上丝绸之路的重要起始港口。但随着时代的发展和船舶等条件的演变,后世黄、腄港的功能被附近沿海的其他港口所代替,黄、腄港遂逐渐被遗弃了。

以下以狭义的登州港论之。

新石器时期的晚期,登州域已有先民聚居生息,他们的生活是与海洋和海上活动分不开的。至今发现的多处原始文化遗址,均揭示了这一点。

20世纪20年代以来,登州已发现多处大汶口文化、龙山文化、岳石文化

---

① 李文渭、范浩儒:《琅琊港衰落原因初探》,《琅琊与徐福研究论文集》,华夏出版社1996年版。
② 《中国地图册》河北省图。
③ 《中国历史地图册》商周地图。
④ 《太平寰宇记》、《汉书·地理志》。
⑤ 藤田丰八:《中国港湾小史》,台北沧浪出版社1986年版。
⑥ 主要引见杨寿宾主编:《登州古港史》,人民交通出版社1994年版。

遗址。这一原始文明,是自成体系、承上启下的,和其他地区相比,有其独特的风格和光彩。如岳石文化的发现,被认为是"填补了山东龙山文化和商文化之间的空隙"①,弥补了文化断层。

原始文化经过交通传递,在登州海角和庙岛群岛(古属蓬莱)有着广泛的分布。新石器时期文化遗址,在登州海角、登州古港附近的紫荆山、大仲家、湾子口黄家、南王绪等多处。在庙岛群岛,先后出土的文物更超过万件,发掘出原始文化遗址达11处之多②,出土文物较多的是大黑山岛北庄、长山岛北城、砣矶岛大口、大钦岛北村等地。考古表明,山东的原始文化,特别是兴起于山东半岛的龙山文化,呈现了向北、向南、向西发展传布的线索,从海路而言,向北曾到达辽东半岛及朝鲜半岛;向南曾到达浙江、江西、福建,并到达了台湾。

当然,经济文化上的往来及其影响,从来就是相互的,只是程度有所差异罢了。在山东半岛的登州、特别是庙岛群岛,以及其他地区,同样吸收融合了若干辽东文化因素。不过,考古表明:"山东半岛的原始文化对辽东半岛原始文化的传播和影响,是诸种关系中的主流。"③辽东半岛上的新石器时期遗址中,包含山东半岛的原始文化因素较多、影响地区较广、范围较大,有的已经到丹东地区,甚至进入朝鲜。而辽东半岛的原始文化对山东半岛的影响则较小,有也只限于胶东地区,从现有资料看,尚未深入山东内地。

山东半岛(胶东地区)和辽东半岛的原始文化是怎样传播的呢?考古资料未能揭示陆路传播的线索和证明,大量的资料均证明,海路是主要的甚至是唯一的传播渠道。

航海离不开舟船。山东半岛当时的造船技术,已达到了一定的水平。考古资料证明了这种情况。1984年,在山东半岛北部的荣成湾郭家村,在距今地表4米处,发现了一只保存完美的独木舟。经初步测定(未做脱水处理),该舟长3.90米、中宽70厘米、两头各宽约60厘米;舟的两舷等高,保持原木弧形,底部加工平整;舟舱深30厘米～40厘米,舱中有原木刻成的两道隔梁,形成3个小舱。此舟虽为独木刳成,但已具向木板船过渡的条件。关于沉舟年代,据测算:"此舟沉没年代不会晚于距今5000年前。"④1983年,登州港外庙岛群岛的大黑山岛大诺村,在距地表7米深处(一说12米),发现了龙山文化层,层上还迭压着一艘已经腐烂的残木船和一支残断

第五章

先秦秦汉时期的海洋经济

① 夏鼐:《中国文明的起源》,文物出版社1985年版,第103页。
② 《山东长岛史前研究》,载《史前研究》,1983年,创刊号。
③ 许玉林:《我国辽东半岛、山东半岛及朝鲜半岛原始文化对东亚的影响》,载《太平洋文集》,海洋出版社1988年版,第177页。
④ 曲石、袁野:《我国古代莱夷的造船与航海技术》,载《太平洋文集》,海洋出版社1988年版,第171页。

木桨。从残木船碎片分析,该船板厚约 5 厘米,板面加工十分平整,交接处榫卯结构清晰可见;船桨与近代大体相同。这只残船的年代,经考古工作者初步鉴定,至迟为 4000 多年前,即龙山文化时期的遗物。① 20 世纪 80 年代,在南长山岛浅海曾打捞到一具石锚(今存长岛航海博物馆),据考察,该锚呈哑铃形,两端皆作扁锥形,长约 1 米,重数十斤。据考家推算,该锚沉水底可稳住排水量 6 吨左右的船只。关于石锚的年代,虽无定论,但多数学者倾向于距今 4000 年前,亦为龙山文化时期器物。

综上所述,史前社会登州一带,已经有较高的造船能力,已经有桨和锚的应用,已经有隔舱技术,特别是木板船的出现比人们想象的要早,就造船工艺而言,榫卯技术已被采用,从而使船体不受木料的限制,可以根据实际需要由若干木料拼接理想中的船。

另据航路条件来看,登州至辽东半岛老铁山的航路,散布着众多可以湾泊、避风、补给的岛屿。从经济航程计,这条航路以登州港为起点,北行 7 千米到南长山岛(南大榭岛);南长山岛至北长山岛(北大谢岛)仅 1 千米,西侧即庙岛(沙门岛),由北长山岛北行 19 千米即砣矶岛(鼍歆岛);再北行 13 千米至大、小钦岛;北行 4 千米多至南隍城岛(乌湖岛),南隍城岛至北隍城岛仅隔 1 千多米。出北隍城岛即乌湖海,至老铁山约 42 千米。古代航行,大抵以目击物为航行参照物,傍岸航行,或通过岛与岛之间的推进,来联系整个航线,从当时舟船技术和航行水平来看,也是可以做到的。或者说,登州至老铁山的航程,有递进的过程,分三个阶段实现,即蓬莱和庙岛群岛之间;庙岛群岛和辽东半岛之间;辽东半岛和长海县诸岛之间。也就是说,山东半岛和辽东半岛间史前时代文化的传播和交流,是以庙岛群岛为桥梁来实现的。②

海道传播,从登州史前文化在海外登陆的考古发现,亦可以得到佐证。在朝鲜半岛南部的"全罗道、庆尚道各地,均发现了龙山石棚墓葬的遗存","并在朝鲜、日本、太平洋东岸和北美阿拉斯加等地,还发现了龙山文化的有孔石斧、有孔石刀和黑质陶器。标志着龙山人在远方海上活动的行踪"③。

从这些史前遗存的分布,或从海外发现的龙山文化遗址分布状况来看,龙山人是从山东半岛的登州经庙岛群岛,渡海至辽东半岛的老铁山,沿着黄海北岸到达朝鲜半岛南端,然后借左旋环流漂航到日本北部地区,再穿过津轻海

① 曲石、袁野:《我国古代莱夷的造船与航海技术》,载《太平洋文集》,海洋出版社 1988 年版,第 171 页。
② 刘敦愿、逄振镐主编:《东夷古国史研究》第二辑,三秦出版社 1990 年版,第 291 页。
③ 彭德清、杨熺主编:《中国航海史》(古代部分),人民交通出版社 1988 年版,第 7 页。

峡,趁北太平洋暖流向东漂航,一直漂航到北美洲西海岸的。

至夏商周至春秋战国时期,登莱沿海的港航活动,史亦每每有载。战国时期,齐国则曾从海上伐燕,齐宣王七年(公元前314年),宣王曾遣齐五都之兵,水陆攻燕。后来,由于秦、魏对抗日趋恶化,有关诸国准备联合抗秦。诸国支持洛阳策士苏秦关于"合纵"的建议,并在订立的六国盟约中,规定了一条,"秦攻燕则……齐涉渤海,韩魏出锐师以佐之。"①由此可知,齐国的舟师在齐悼公四年(公元前485年)的我国第一次海战中,于青岛海区大败吴国舟师之后,仍应保持相当的实力。② 如果齐国舟师没有装备齐全的舟船,没有足够航海技术和海战能力,是难以承诺盟约规定的援燕义务的。而齐涉渤海援燕,就地理条件而言,登州港必是理想的港口。

登州港不仅是理想的港口,还是海上求仙的策源地。后世盛行海上求仙或寻觅海上"三山"、"三岛",实起于战国时代。王嘉在《拾遗记》中说:"三壶,则海中三山也。一曰方壶,则方丈也;二曰蓬壶,则蓬莱也。三曰瀛壶,则瀛洲也"。《史记》记"自威、宣、燕昭③使人入海求蓬莱、方丈、瀛洲。此三神山者,其传在渤海中,去人不远,患且至,则船引风去。盖尝有至者,诸仙人及不死之药皆在焉"④。从上述记载观之,入海求仙的始作俑者当属齐威王。若以齐威王即位之年算起,离越王从琅琊回迁吴(苏州),亦仅20余年,齐国的海港活动,主要当在北方,即登州一带。

秦始皇统一中国后,多次巡海,数次到山东半岛,即是重视山东半岛海上交通和出海口的明证。汉武帝对山东半岛及渤海一带的巡幸活动,除了求仙这一内容和秦始皇巡幸目的相同外,还应和对外用兵、开拓海外航线等联系起来。从海上求仙活动来看,说他"志尚奢丽,尤敬神明……俯观嬴政,几欲齐衡"⑤,似乎是不够的。汉武帝派遣的求仙船和求仙人,都比秦始皇多,时间也长,而且想亲自从登州(蓬莱)乘船渡海求仙山。一次为群臣谏止,一次连苦谏也不听,一定要从登州渡海,无奈天公不作美,风涛10余日,不得不作罢。不过,汉武帝的海上巡幸和求仙活动,到征和四年(公元前89年)即宣告中止,认识到海上求仙是"为方士所欺",没有像秦始皇那样,最后死在巡幸的归路上。

所以司马光评曰:"晚而改过,顾托得人,此其所以有亡秦之失而免秦之祸"①。汉武帝的海上巡幸活动,据《史记》、《汉书》等记载,共计8次,从第一次汉元鼎五年(公元前112年)巡幸东莱(汉东莱郡,蓬莱港所在地,港在郡治北)起,至第8次巡幸东莱时止,历时共23年。②

第一次,汉元鼎五年(公元前112年)三月,"上遂东巡海上行礼祠八神。……益发船,令言海中神山者数千人求蓬莱神人……至东莱……宿留海上"③,东莱,即汉时东莱郡。登州(蓬莱)属是郡。志曰:"蓬莱县,本汉黄县之地,属东莱郡。昔汉武帝于此望蓬莱山,因筑城,以蓬莱为名。"④

第二次,元封元年(公元前110年),"天子既已封禅泰山,而方士更言蓬莱诸神山若将可得……乃复至海上望,冀通蓬莱焉……并海上,北至碣石。"⑤

第三次,元封二年(公元前109年),"其春……至东莱,宿留之数日。"⑥

第四次,元封五年(公元前106年),"舳舻千里……北至琅邪,并海上。"⑦

第五次,太初元年(公元前104年),"东至海上,考入海及方士求神者",十二月又"临渤海,将以望祠蓬莱之属。"⑧

第六次,太初三年(公元前102年),"东还海上,考神仙之属,未有验者","莫验,然益遣"求仙船并求仙人。⑨

第七次,太始三年(公元前94年)二月,"幸琅邪,礼日成山;登之罘,浮大海,山称万岁。"⑩

第八次,征和四年(公元前89年),"东幸琅邪,礼日成山,登芝罘,用事八神延年。"⑪此次据《资治通鉴》卷22,记为汉武帝最后一次巡海到东莱。

上述汉武帝巡幸海上8次,证及其他资料,可知每次均到山东半岛,几乎每次都到登州(蓬莱)。巡幸的规模也相当可观,史谓"舳舻千里";时间也长,如:元封元年出巡,春正月至五月;元封二年出巡,春正月至四月;元封五年出巡,冬至次年四月;太初三年出巡,春正月至四月。

---

① 《资治通鉴》卷22《汉纪·世宗孝武帝下》。
② 实际上,另据记载,时间要超过23年。《资治通鉴·汉纪10》记为"元光二年(公元前133年)……遣方士人海求蓬莱安期生之属",则汉元光二年至征和四年。差不多达半世纪,为44年。可见其求仙时间之长。
③ 《史记·孝武本纪》。
④ [唐]李吉甫《元和郡县图志》卷11《河南道七》;[唐]杜佑撰《通典》同是说。
⑤ 《史记·孝武本纪》。
⑥ 《史记·孝武本纪》。
⑦ 《汉书·武帝记》。
⑧ 《汉书·郊祀志》。
⑨ 《史记·孝武本纪》。
⑩ 《汉书·武帝记》。
⑪ 《汉书·郊祀志》。

和秦始皇相比,汉武帝的活动地点,主要在登州(蓬莱)一带,汉武帝不仅造船遣人,而且对求仙船的下落、求仙的结果进行调查考察,甚至要随船出海,要亲自"登蓬莱,结无极"①。

秦皇汉武的求仙活动,均以失败告终,但另一方面,他们的巡海无疑促进了造船、航海以及港口业的发展,对山东半岛,特别是登州(蓬莱)港的发展意义十分重大。

发展丝绸之路,开展丝绸外交,是汉武帝时期的一大特色,对发展文明有重要贡献。汉代曾遣使两次赴西域开辟陆道丝绸之路;在海上开辟同西方的联系,把太平洋和印度的航线连接起来,形成了海上丝绸之路;同时,在东方发展了和朝鲜、日本之间的海上丝绸之路。

以登州(蓬莱)为起点的东方海上丝绸之路,即登州和朝鲜、日本的海上贸易往来,要早于和西方沟通的北路陆上丝绸之路及南路海上丝绸之路。原因有二。

首先,山东半岛是丝绸的故乡。正如法国著名汉学家布尔努瓦所指出的:"据我们对古代东方地理书籍推敲稽考的结果来看,这一发明诞生在中国北方,更具体地说就是山东省……时至今日,山东省仍是中国一个盛产野蚕丝的省份。"②布尔努瓦甚至考据远古,"中国传说中的帝王黄帝的正宫娘娘嫘祖就发明了养蚕缫丝的主要操作技术……黄帝确实曾把其帝国的疆域向东一直扩展到山东海岸"。国内对此亦有定论。李白风著《东夷杂考》引《尚书·禹贡》"莱夷作牧,厥篚枲丝",指出,"在登州海角一带,又有莱夷族","莱夷,原是东方古老的土著部落,最早应是游牧部族而在此定居下来,然后从事农业,而以养蚕出名,直到现在,山东半岛的柞蚕丝纺织成的山东丝绸依然是全国闻名的"。

山东半岛的丝织品和纺织品,先秦时期就扬名于世。《史记》记载:"齐带山海,膏壤千里,宜桑麻人民多文采布帛鱼盐。"③据光绪《登州府志·祥异》记载:汉元章刘奭"永光四年(公元前40年),东牟山野蚕茧收万余石,人以为丝絮"。秦汉时代,山东仍是丝织品的主要产地,"齐部世刺绣,恒女无不能"④,"齐国给献素缣帛,飞龙凤凰相追逐"⑤,师古注《汉书》曰:"言天下之人冠带衣履,皆仰齐地",均不是过誉之说。

其次,考古发现,早在龙山文化时期的登州文化,就在朝鲜和日本都有了

① 《汉书·礼乐志》。
② 〔法〕L·布尔努瓦:《丝绸之路》,新疆人民出版社1984年版,第7页。
③ 《史记·货殖列传》。
④ 〔汉〕王充:《论衡·程材篇》。
⑤ 〔汉〕王充:《论衡·急就篇》。

传播。三代以降，这种联系更为频繁。早在周武王时期，"箕子不忍商之亡，走之朝鲜"，武王闻之，即"封箕子于朝鲜"①。箕子在朝鲜，"教其民田蚕织作"，养蚕技术已传之朝鲜。《山海经》曰："盖国距燕南，倭北。倭属燕。"又曰："朝鲜在列阳东。"②《山海经·海内经》亦记及朝鲜，说明是时对朝鲜和日本列岛已不是一般的了解。

事实证明，秦汉以前，养蚕和丝绸已经传播到朝鲜和日本。多是齐燕人侨居朝鲜带过去，后来又渡海到日本的。秦灭六国，山东半岛的齐人从登州海角泛海去朝鲜的更多，当然也带去了丝织技术。后来在朝鲜的中国人，有不少移居日本的。这些大陆移民，其意义"特别显著的是他们于（日本）养蚕丝绸事业的发展作的贡献"③。汉代也是这样，考古发现，在朝鲜平壤乐浪区的1000多座汉墓中，曾出土大量中国丝织品。这是中国丝织品于汉代大量传入朝鲜的重要实物证明。

从登州渡辽东、经朝鲜而至日本的航路，在战国前就存在，历来往来畅通。

朝鲜在秦代已设郡设守，为秦极边。大批秦移民在那里居住，汉立国亦视为辽东故塞，中朝日的联系更为密切。但为时不久，朝鲜半岛形势就发生了变化。汉惠帝刘盈元年（公元前194年），"燕人卫满于是年左右入据朝为王，旧王箕准奔马韩。于是箕氏朝鲜亡，卫氏朝鲜兴。"④时汉立国仅10余年，战乱方罢，百废待兴，汉政府一时无力左右朝鲜形势，不得不承认卫满朝鲜既成事实，承认卫满为外臣，受辽东太守约束等。卫满传至其孙时，汉、朝关系恶化，朝鲜王"阻其番、辰国通使之路，（汉）遣人谕之又不听"⑤，阻断了早已存在的中朝日航路，使这条丝绸之路中断了60余年。

作为中兴之主，汉孝武帝当然不能容忍这种情况继续下去。元封初年，他在二次巡幸东莱并渤海以后，即发动了对朝鲜的战争。元封三年（公元前108年），战争结束，汉武在朝鲜设了乐浪、临屯、玄菟、真番四郡。汉人再次大量移民朝鲜和日本，并使这条丝绸之路更趋完善和巩固。

《朝鲜通史》就此记述说，汉武帝在原古朝鲜领域内设置了乐浪郡等四郡，其中，"乐浪郡是汉侵略东方的中心区，不仅汉商人往来频繁，而且汉人居民也日益增多"⑥。日本古籍也有"秦汉百济内附人民，各以万计"的记载。

秦人和汉人由于各种原因，经由登州或经由朝鲜半岛大批移民日本，日本

---

① 《汉书·地理志》注。
② 《山海经》卷7《海内北经》。
③ 〔日〕木宫泰彦：《日中文化交流史》，商务印书馆1980年版，第43页。
④ 翦伯赞主编：《中外历史年表》，中华书局1961年版，第102页。
⑤ 翦伯赞主编：《中外历史年表》，中华书局1961年版，第112页。
⑥ 《朝鲜通史》卷上，吉林人民出版社1973年版，第1～64页。

的养蚕丝绸事业,立即有了显著的发展。据日本《姓氏录》记载,仁德天皇曾把移入的秦人分置各郡,从事养蚕织绸事业,从而使日本的养蚕和丝绸技术开创了一个新的局面。日本天皇渴望发展丝织业以改善人民生活,因而很重视从事这一技术的秦人和汉人。这从天皇赐秦人姓的升格中可以看出。据日本《姓氏录》载,仁德天皇时代赐秦人为"波多公",即"秦公";雄略天皇时代,将分散居住的秦人召集起来,计18670人,赐以"秦酒公",令他们养蚕织绸,从而使织出的绢、缣,达到了"朝廷上堆积如山"的地步,因此又赐姓为"太秦公"。从事丝绸的秦人,甚至获得了"绫人"这一荣称。①

秦汉人移民海外,开辟自己的事业。结果在文化落后的异域获得殊荣和推崇,取得了较国内更为安定更有前途的生活地位,从而进一步吸引了移民的增加。

据考察,登州庙岛群岛的人民,有着漫长的移民历史。移民甚至成为当地的传统。他们移民的主要去向是国内关东,朝鲜、日本,秦汉时期或更早即出现移民。登州是沟通该航路的主要港口,登州又有养蚕丝织的传统,在移民潮流中,港口必然起着一定的作用。

汉帝国通过以登州港为起点的东方丝绸之路的输出,使中国文化在日本得到了广泛的吸收和传播。如据日方资料记载,"博多湾沿海地方大量发现可能是中国制造的铜剑、铜锋,在筑前国紫郡春日村大字须玖以及丝岛怡土村大字三云等地从弥生式系统的瓮棺内所发现的很多中国古镜、璧、玉之类,以及在丝岛郡小富村的海边遗址中所发现的王莽时代的货泉等物"②,都是实物证明。

汉朝虽然"重装富贾、周流天下"③,但没有发现汉朝政府派使节去日本和去日本经商的记载。所以,文明的传播和丝绸的输出,一方面是由于大批秦汉人移民朝鲜和日本的结果(在朝鲜南部的秦汉人到日本仅一苇之渡,往来也是极平常的),另一方面,日本也不会就此满足,因为当时的日本社会"恰如婴儿追求母乳般地贪婪地吸收朝鲜和中国的先进文明"④。这样就导致了日本走上了对汉王朝"朝贡"的道路,朝贡更为日本带回汉代的文明和丝绸。丝绸之路是由登州(蓬莱)——庙岛群岛——辽东旅顺老铁山——鸭绿江口——朝鲜西海岸——朝鲜东南海岸——对马岛——冲之岛——大岛——北九州等连接起来的,日本朝贡也大致沿着这一路线,从登州登陆后,前往汉帝国首都长

---

① 〔日〕木宫泰彦:《日中文化交流史》,商务印书馆1980年版,第34页。
② 〔日〕木宫泰彦:《日中文化交流史》,商务印书馆1980年版,第14页。
③ 《史记·淮南衡山列传》。
④ 《日本历史》上,第20页。

安。

东汉朝也有日本朝贡的记录,也是通过上述路线。建武中元二年(57年),"东夷倭奴国王遣使奉献"①。《后汉书》有"建武中元二年,倭奴国奉朝贺,使人自称大夫,倭国之极南界也。光武赐以印绶。安帝永初元年(107),倭国王师升等献生口,百六十人"②的记载。关于汉光帝赐印事,业已为日本考古发掘所证明③;而"献生口"的记载,则为前引《日本历史》所印证。

另外,秦始皇统一中国后,在北方,由于匈奴不时衅边,始皇乃遣蒙恬率大军北击匈奴,并筑长城以防之。据范文澜估计,"蒙恬所率防匈奴兵30万人,筑长城假定50万人"④,那么总数约为80万人。这样,戍边和匈奴对峙的军队,以及修筑长城的民工的供给就成了问题。就近供给既办不到⑤,陆运也难以救急,因此,秦始皇成功地运用了巡幸江海的经验,毅然决策海运粮饷。《史记》记严安上书:"(秦)欲肆威海外,乃使蒙恬将兵以北攻胡,辟地进境,戍于北河,蜚刍挽粟以随其后。"⑥唐李吉甫详述:"使天下蜚刍挽粟,起于黄、腄、琅邪负海之郡,转输北河,率三十钟而致一石"⑦,《通志》所载略同。"使天下蜚刍挽粟",说明征粮征船普及天下,可见征粮范围之广,动用力量之多。"起于黄、腄、琅邪负海之郡",登州(蓬莱)、琅琊、芝罘等港的作用和地位显而易见,从此运粮北渡(特别是登州港),堪称便捷,粮船出港后,渡渤海,自天津入古黄河,溯流北上运抵北河防地。可见,运粮表现为海——河联运,或陆——海——河联运。

此后,汉代曾承袭秦的运道,用以"飞刍挽粟"。汉元朔二年(公元前127年),汉武帝依秦蒙恬规模,建立朔方郡,招募10万口徙居朔方,作为边防重镇,并由山东半岛等地转漕粮饷。这一情况,《资治通鉴》、《史记》和《汉书》均有记载:汉"兴十余万人筑朔方城,复缮故秦时蒙恬所为塞,因河为固,转漕(编者按:车运曰转,水运曰漕)甚远。自山东咸被其劳,费数十百巨万"⑧。朔方设卫,匈奴屡遭打击。至元朔六年(公元前123年),匈奴单于龙廷被迫迁往瀚海以北。可见登州等山东诸港,在支援朔方前线抗击匈奴的粮食集散运输中发挥的重要作用。

---

① 《汉书·光武纪》。
② 《汉书·东夷传》。
③ 日本学者亦认为:日光格天皇天明四年(1784年),在筑前国槽屋郡志驾岛叶崎发掘到的名为"汉委奴国王"的金印,就是史载汉光武帝所赐印绶。
④ 范文澜:《中国通史简编》,修订本,人民出版社1964年版,第二编,第18页。
⑤ 《汉书·主父偃传》。
⑥ 《史记·平津侯主父列传》;《汉书·严安传》。
⑦ 《元和郡县图志》卷71《河南道七》;[宋]郑樵《通志》卷62。
⑧ 《资治通鉴》卷18《汉纪》十,《孝武纪上之下》。

同时,登州港作为军事用兵的始发港,其作用也同样不可忽视。

汉高祖十三年(公元前194年),"燕王卢绾反入匈奴,满亡命东走……居秦故空地"①,"朝鲜蛮夷及故燕、齐亡命者王之,都王险(平壤)"②,史称卫氏朝鲜。卫氏朝鲜对汉帝国承担着保塞防边,畅通各族和汉朝水陆交通的责任和义务,但传至第三代即右渠氏时,卫氏朝鲜出兵进犯与汉朝有密切关系的真番和辰韩,甚至背弃盟约,攻杀辽东地方官吏,破坏朝鲜半岛其他国家和汉王朝的交往及海上通道,使登州、莱州港对辽东、朝鲜的海上交通中断。

这样,汉元鼎五年(公元前112年)、元封元年(公元前110年)、元封二年(公元前109年),武帝多次到东莱巡视登州(蓬莱)诸港,亲临海上,对渤海航路进行实地考察。这三次巡幸活动,他有多种目的,其中之一,可以认为是为了讨伐朝鲜做准备。元封二年这一次,从正月到夏四月,汉武在东莱活动了很长时间,回京以后,秋天就发动了讨伐朝鲜的战争。据史载:"天子募罪人击朝鲜。其秋,遣楼船将军杨仆从齐浮渤海,兵五万人。"③《资治通鉴》:"遣楼船将军杨仆从齐浮渤海,左将军荀彘出辽东,以讨朝鲜。"④这场战争持续了一年左右,征伐部队的粮草军需供应等,也需海路运送。前有秦始三十二年(公元前215年)的"转输北河",后有汉武元朔二年(公元前127年)的转漕朔方,这是第三次大规模的海运粮草了。

汉朝陆水军兵临城下,经过一年左右的围困和外交攻势,右渠被刺杀,战争宣告结束。汉帝国即在朝鲜半岛设置四郡,直属汉中央政府管辖。自此,登州港的海外交通得以开通和发展,和辽东、朝鲜半岛等的海上交往复呈往日的繁荣。

秦汉时期的登州古港,平时则是往来海外的进出口港。据史载:往来海外的交通活动,大抵有三种情况,即经商、移民、交使。

经商。秦汉代商品经济已经有很大的发展。"足迹所及,靡不毕至","船车贾贩,周于四方","富商大贾,周流天下",大规模的商品交流和贸易已很平常。登州港的贸易活动,经过秦皇汉武巡幸的推动,经过几次大的兵员和粮食运输活动,国内和对海外贸易都有发展。如和朝鲜的联系,据《朝鲜通史》说:"汉商人往来频繁",从登州和辽东、朝鲜的传统交往看,这种现象是必然的。到日本的经商活动,未见到记载,但登州港贸易活动的发展,肯定为后世中日间海上贸易奠定了基础。

---

① 《后汉书》卷85《序·注》。
② 《史记·朝鲜列传》。
③ 《汉书·朝鲜列传》。
④ 《资治通鉴》卷21《汉纪·孝武记下之上》。

移民。秦代已有移民往朝鲜的。还有记载表明,东汉末江南望族有举家移至日本的。虽未详其海路,但从两汉时期中日间航线以及其时航海水平来看,比较可能的是从江南沿岸北上到山东半岛,经由登州港,然后由传统的航线过去的。

关于移民的情况,山东半岛一带主要迁往辽东、朝鲜。史载多认为是"避乱"、"避祸",这当然是事实,但忽略了到海外求发展者,如前述庙岛群岛居民,有传统的移民海外谋生的习惯,这也是历史上庙岛群岛始终人口稀少的一个原因。另外,由于征伐朝鲜的胜利,汉把统治扩大到朝鲜中部,移民之增加及深入,也是形势使然。

秦汉对朝鲜、日本的移民,朝鲜、日本史有诸多记载。据《日本书记》、《古语拾遗》等记载:日本仲哀天皇八年(199 年),相当于东汉建安四年,一位名叫功满王的汉人,把蚕种从朝鲜半岛的百济传至日本;日本应神天皇十四年(214年),相当于汉建安十九年,弓月君率领来自 120 县之中国居民前往日本,日应神天皇二十年(220 年),又有知使率来自 17 县的中国人移居日本。

所谓"避乱"、"避祸"的移民,实际上也有两种情况。一种是到海外后,成为归化人。这在朝鲜和日本就很多。一种是权宜之计,一旦乱靖祸消,他们仍然会重返家园。因"乱"因"祸"移民者,据史书记载,主要是从登州港等浮海而去的。如"陈胜等起,天下叛秦,燕齐、赵民避地朝鲜数万口"①。"汉初大乱,燕、齐、赵人往避地者数万口。"②避祸者,除了一般百姓,史书里还记载了一些有名有姓的望族,这实际上是"政治避难"了。如"诸吕作乱,齐哀王襄谋发兵,而数问于仲。及济北王兴居反,欲委兵师仲。仲惧祸及,乃浮海东奔乐浪山中,因而家焉"③。"例如北海郡都昌县(今山东昌邑县)人逄萌,在王莽时渡海至辽东,到东汉初年又渡海回山东半岛……东汉末年管宁、王烈、邴原、刘政、国渊、大史慈等,都曾由山东半岛移居辽东。"④《资治通鉴》记载:"公孙度威行海外,中国人士避乱者多归之,北海管宁、邴原、王烈皆往依焉"⑤,还有大史慈,是东莱黄人,即蓬莱一带人,亦"恐受其祸,乃避之辽东"⑥。上述人物,是跨朝代人物,史书大都有传。由于他们的影响而移居的人就更多了。如"邴原,字根矩,北海朱虚人也……以黄巾方盛,遂至辽东……原在辽东,一年中往

---

① 《三国志》卷 30《魏志·传》。
② 《后汉书》卷 85《东夷传》。
③ 《后汉书》卷 76《循吏传·王景》。
④ 章巽:《我国古代的海上交通》,商务印书馆 1986 年版,第 12 页。
⑤ 《资治通鉴》卷 60,汉献帝初平三年条。
⑥ 《三国志》卷 49《吴志·太史慈传》。

归原者数百家"①。"管宁,字幼安,北海朱虚人也。……遂……至于辽东",
《三国志》注管宁因山建庐,居室简陋,但由于他的名望,"越海避难者,皆来就
之而居,旬月而成邑。"②管宁是连家属都带走了的,是举家避难。综上所述,
"一年中往归原居者数百家",而"就之(管宁)而居,旬月而成邑",可见一时渡
海避难辽东的人数之众了。

　　交使。由于中朝日的航线的存在,虽然有短期的中断,但其带来的影响很
快就消除了。如"倭,中元二年(57 年)春正月,辛未,东夷倭奴国王遣使奉
献"③;永初元年(76 年)"冬十月,倭国遣使奉献"④,关于朝鲜,"光武建武八年
(32 年),高句丽遣使朝贡"⑤。由于汉政府在朝鲜设有衙门,日本和朝鲜半岛
的其他小国,更多的恐怕是和设在朝鲜的汉衙门打交道,真正到汉朝京都去的
不会太多。据一般认为,大都是渡海至登州,登岸后转陆道去京城的,登州港
在交使活动中的作用也就十分显著了。

① 《三国志》卷 11《魏志·邴原传》。
② 《三国志》卷 11《魏志·管宁传》。
③ 《后汉书》卷 1 下《光武帝纪》。
④ 《后汉书》卷 5《安帝纪》。
⑤ [唐]李延寿撰《北史》卷 94《高丽》。《梁书》略同,并详"始称王"。

第六章

先秦秦汉时期的海洋交通

在石器时代,先民们已经开辟了对台湾及其他许多沿海岛屿的海上交通,发展了山东半岛和辽东半岛之间的海上交通。在夏商周三代,渤海、黄海、东海和南海上的海外交通得到了发展。春秋战国时期,随着沿海诸侯国家的出现,这一时期的海洋交通获得了全面的发展。到了秦汉时期,随着海外贸易的发展,海洋交通在获得了长足发展的同时,也丰富了多方面的内涵,开辟了我国航海的新纪元。秦汉时期,渤海、黄海和东海区域与朝鲜半岛、日本列岛的海上交通日益频繁,南方则开辟了到中南半岛一带的海外交通航线。秦汉时期,自北面、东面至南面的整个海上,均有海上交通线,海上丝绸之路沟通了东方与西方两个世界。

海洋交通的出现和发展,是以造船术和造船业的出现和发展为前提的。

第一节 先秦秦汉时期的造船业[①]

一 原始与早期的渡水工具

(一)原始的渡水工具

远古的人类,以采集和渔猎为生,逐水草或森林而居。他们经常见到落叶、枯木等物漂浮在水面上,因而对某些物体的漂浮现象逐渐有所感知。远古的先民在猎取食物以及与洪水搏斗中溺死于水中的事必然是时有发生的。多次地利用浮性好的自然物体得以生存的实践,更能启发他们对浮性的认识。

---

① 本节引见章巽主编:《中国航海科技史》,海洋出版社 1991 年版,第 2～47 页。

在为取得食物，或是对某一处隔水相望的地方产生向往的时候，想必更能促使他们根据已有的某些自然物体能漂浮于水面上的认识，选择浮性较好的自然物体，作为泅渡工具。纵然是跨着一段浮水渡河，也是经过多次实践而取得的重大突破。

古书《世本》记载说："古者观落叶因以为舟"，而《淮南子》更记叙为："见窍木浮而知为舟"。尽管后者在记叙中突出了关键的一个"浮动"字，但两者把舟船的产生都未免说得过于轻而易举了。这些都不过是后人在已经有了舟船的时候替前人说的话而已。

《物原》一书的记载，比较能说明舟船由低级形式向高级形式发展的层次和规律。它说："燧人氏以匏济水，伏羲氏始乘桴。""匏"就是自然界生长的葫芦。"桴"就是渡水用的筏。《物原》里的这一句话是立足于谈筏的起源，顺便说到在筏出现以前还曾有过抱着葫芦渡水的情况。

由于原始的渡水工具都是用有机质制成的，易腐难存，所以在我国石器时代的考古中尚未有所发现。但是，根据我国民族学者在一些少数民族居住地区的考察，近在数十年前，甚至在目前，仍沿用着许多形形色色的原始浮具。这些被认为是"社会的活化石"，它对于认识和研究舟船的产生，有着重要的借鉴作用。

1. 葫芦——"腰舟"

我国古代称葫芦为瓠、匏、壶，后来又称壶芦、葫芦、瓠瓜，等等。在7000年前的浙江河姆渡遗址就发现过葫芦及其种子，这是我国早在7000多年前已栽培葫芦的有力见证。

葫芦具有体轻、防湿性强、浮力大等优点，所以很早就被人类作为渡水浮具。

《易经》中有"包荒冯河"这句卦词。"包"是"匏"的假借同义字，就是葫芦。"荒"是空虚的意思。"冯河"是指涉水渡河。"包荒冯河"就是抱着空心的葫芦渡河。这种浮具也许沿用了一两万年之久。抱着葫芦过河，在后来的诗歌里也常被提到。如《诗经》中有"匏有苦叶，济有深涉"，《国语·晋语》中有"夫苦匏不材，于人共济而已"等诗句，其中济即渡。

《庄子·逍遥游》中说："今子有五石之瓠，何不虑以为大樽而浮于江湖。""虑"就是用绳缀结在一起。"樽"为酒器，缚之可自渡。由此可以看出，从单个葫芦进而把几个葫芦用绳子连缀在一起，不仅浮力成倍增加，而且双手可以解脱，用以划水。这应当说是一个很大的进步。

过河时把几个葫芦拴在腰部，也称为腰舟。这种腰舟的遗风，至今在一些少数民族地区还能看到。云南省哀牢山下礼社江两岸的彝族，当捕鱼和出远门的时候,就在腰部拴上几个葫芦。① 这种腰舟在黄河流域也有遗迹可寻。例如建国前晋南黄河岸边的人民,为了耕田就常骑着两个葫芦往返于黄河两岸。

朝鲜过去称船夫为瓢公,因为最初从朝鲜去日本时,人们可能是在腰间拴上若干个葫芦作渡具的,改用舟船之后,对船夫仍然沿用过去的名称——瓢公。

2. 皮囊

可能比使用葫芦更晚些时间,大致在人类可以饲养牲畜以后,在某些地区还出现过用牲畜的皮革制成皮囊以为浮具。其作法是在宰杀牲畜时,先将头部割去,稍割开颈部,去掉四蹄,将整个皮革翻剥下来。经过加工后再把颈部和三个蹄部的孔口系牢,留一个蹄孔作为充气孔道进。用时,先把皮囊吹鼓,然后再结扎充气孔,便可单独作浮具了。

葫芦和皮囊,虽然都是原始的浮具,但是葫芦可取自自然界,而皮囊则须人工制造。制造皮囊,显示出人们已经有了关于物体浮性的认识。当人们了解到浮具与自己生活需要的关系后,才可能有制造浮具的主观行动。从利用自然浮具,到人工制造浮具,这是人类的又一大进步。

《诗经·邶风·匏有苦叶》中说:"济有深涉,深则厉,浅则揭。"揭是提起衣裳,厉是河水深过腰部。这句诗的意思是,凭葫芦的浮力渡水时,难免腰部以下大半个身体还要淹在水中。这就是说,葫芦也好,皮囊也好,这都仅仅是一种浮具,都不具有水上运载工具的作用和意义。只有达到造筏渡水时,人类才开始脱离水浸,飞跃到一个主动建造水上运载工具的新时代。

3. 筏

筏是简单浮具的发展。一棵树干,在远古时就是一件浮具。但树干呈圆柱形,在水中易于滚动。为使其平稳,人们便将两根以上的树干用藤或绳并系起来应用。这样一来,单木浮具就变成了筏。

筏,因其大小或用材的不同而有不同的名称。《尔雅》中说:"桴,树编木为之,大曰栿,小曰桴。"郭璞注解说:"木曰𥫱,竹曰筏,小筏曰泭。"《说文解字》则说:"编木以渡曰泭,或栿,通称作桴。"名称虽繁,但其相同之点是用原材编系而成。

将许多皮囊编扎在一起,就成为皮筏。组成皮筏的皮囊少则 6 个~12 个,多则 400 个~500 个②,都用树棍绑扎成规则的形状。这种皮筏的应用,在黄河流域大约已经有三四千年了,因为有文字记载的"革船"已经近 2000 年

① 宋兆麟:《从葫芦到独木舟》,《武汉水运工程学院学报》1982 年第 4 期。
② 鲁人勇:《古老的水上运输工具——皮筏》,《中国水运史研究专刊》,1987 年第 1 期。

了。

《后汉书·南匈奴传》记述了东汉永平八年(公元65年)的事情,"其年秋,北虏果遣二千骑候望朔方,作马革船,欲渡南部畔(叛)者,以汉有备,乃引去。"文中所说马革船,如果是指用马皮缝合的船,则实属更为先进的船。皮囊或以皮囊组成的皮筏,当较革船更为原始,其年代自然更为久远。

皮筏的应用,经久未衰,是因为它具有独特的优点:制作简单,操纵灵活;安全可靠,不怕搁浅;成本低廉,不耗能源。近年在宁夏黄河岸边还时常见到这样的皮筏。这种小型皮筏的重量很轻,一个人就可以用肩背起来上路。在长江上游的一些少数民族地区,近年仍有使用皮筏的。

中国的南方盛产竹子,竹筏的使用也很广泛。用火将竹竿的两端烧烤后使其向上翘起,然后以藤条、野麻编缚在一起,划动起来阻力小,顺流则漂浮如飞。

筏有因地制宜、取材不拘一格、制作简单和稳定性好等优点,历代都被沿用。不过,民间使用的竹、木筏,原来是一种水上运载工具,而后世把竹、木筏当运载工具使用者日见其少,绝大多数的竹、木筏本身便是被运载的货物。如山区采伐的竹、木材,主要靠山间小溪或小河漂流到山下集散地点。然后编结成筏,顺江、河漂流下运。南宋诗人陆游乾道六年(公元1170年)入蜀,任夔州通判。所著《入蜀记》写下了沿长江所见,在江中"遇一木筏,广十余丈,长五十余丈,上有三四十家,妻、子、鸡、犬、臼、碓皆具,阡陌相往来。亦有神祠,素所未睹也。"他还听说"舟人云此尚小者耳,大者于筏上铺土作蔬圃或作酒肆",前者是陆游所见,后者是得于传闻。近数十年来,在长江中的竹、木筏上,押运者确实搭着简单的竹木棚屋居住,有时也带着家眷,支着锅灶,养着鸡、狗。但铺土种菜和开酒店等项传闻,或许有夸饰之嫌。不过,木筏本身既是货物、同时又是运输工具的这种运输方式,颇为经济,人们自然乐于采用。

尽管筏的构造简单,但它是人类征服自然的智慧结晶。人们从半身浸在水中抱中葫芦渡水,一旦得以登上木筏,甚至还能载上些猎物,其欢欣赞叹之情,是不难想象的。《事物纪原》说:"变乘桴以造舟楫,则是未闻舟前,但乘桴以济矣。"筏是舟船出现前的第一种水上运载工具。它与以后出现的独木舟,是我国平底船与尖底船两大船型的始祖。

水上运载工具,更具容器形态的,也就是具有干舷的,才能称作舟或船。葫芦或是皮囊只可称浮具,筏也算不得船。只有当独木舟问世以后,在人类的文明史上,才算是出现了第一艘船。

(二)从独木舟到木板船

随着原始社会发展和生产力提高,先民为向江海获取更多的生活资料而制造舟楫,作为水上活动工具。《易经·系辞》说:"伏羲氏刳木为舟,剡木为楫。"可见先民早就能制造舟楫了。当时的舟楫是刳木与剡木制作的独木舟,仅能在小河及近岸浅海驶行。除舟楫外,还有木筏,它是将若干树干捆扎作为济水或捕鱼的工具。先民经过长期操筏驾舟航行,积累了不少经验。由于小型舟楫和木筏不适合于在海洋风浪中驶行,需要制造较大型体木板结构的船。先民用这种新型木板船航行海上,原来的木桨、撑竿已不足用,而以纺织物为帆,置挂船上,借风力推动船行驶,于是出现了早期的帆船。考古学家研究浙江海滨的河姆渡原始社会文化遗址出土的文物,认为在六七千年前的河姆渡先民已能制造早期帆船,出海航行和进行较大规模的捕鱼活动。帆船的出现,标志当时造船和航海事业有了重大发展。先民有了帆船就可以漂洋过海,扩大海洋捕鱼生产范围和规模,驾船远航到海岛和海外地方。尽管早期的帆船制造还不完善,航行能力有限,但它为后世造船和航海事业奠定了基础,在此后几千年间,帆船一直是航海和海上活动的主要工具。

1. 独木舟

第一艘独木舟是什么时候出现的?第一艘独木舟的发明权又属于何人?对这个问题,有不少古人曾想探本溯源。在我国古籍中,有多处作过记载或推测。《山海经·海内经》说是番禺开始作舟。《易经·系辞》则又把舟的出现向前推进一段时间,说是黄帝、尧、舜挖空木头作成舟,切削木头作成桨,就是古书上"刳木为舟,剡木为楫,以济不通,致远以利天下"这句话。《世本》又说是黄帝的臣子叫做共鼓、货狄的两个人发明了舟。《墨子》说舟是巧垂这个人发明的,但又说舜的臣子后稷首先做成了舟,可见墨子也是先后矛盾而缺少定见,难以说得准确。《吕氏春秋》却提出舟的发明人是舜的臣子虞姁。《发蒙记》说舜臣伯益是舟的创始人。《舟赋》又说黄帝的臣子叫做道叶的人"刳木为舟,剡木为楫"。《拾遗记》说还是黄帝从木筏改进而做成了舟。以上8种古书,提出了11个发明人,众说纷纭,令人无所适从,难以将发明舟船的荣誉加诸某人。这些古书在作者写下自以为正确的记载时,或取自传说,或根据所见到的典籍时,并不一定有什么信实可靠的根据。不过,古代治学者所反映的人类文化的进化观,还是值得珍视的。

从"以匏济水"到"始乘桴",再"变乘桴以造舟楫",准确地说明了舟船发展的层次和规律。"刳木为舟,剡木为楫"句中的"刳"与"剡"两字,按辞书的解释是:将木材"剖其中而空"为刳;"削令上锐"为剡。刳木与剡木,倒是真实地反映出独木舟和桨的制造过程。

在我国现代民族学资料中虽尚未发现用火烧、用石斧刮的办法制造独木舟的实证,但云南省佤族人在制造木臼时,却还是沿用用火烧斧挖的办法。①

独木舟出现的年代,按前述我国各种古籍的记载,上限在于皇帝轩辕。然而在实际上,独木舟是新石器时代早期的产物,要比传说中的皇帝时代早得多。

新石器时代,是从磨制石器和烧制陶器出现为特征的。摩尔根(Lewis Henry Morgan,1818年～1881年)在他的代表著作《古代社会》中写道:“燧石器和石器的出现早于陶器,发现这些石器的用途需要很长时间,它们给人类带来了独木舟和木制器皿,最后在建筑房屋方面带来了木材和木板。”②恩格斯在《家庭、私有制和国家的起源》一书中更进一步指出,在新石器时代,“火和石斧通常已经使人能够制造独木舟,有的地方已经使人能够用木材和木板来建筑房屋了。”③

1921年,在我国河南省渑池县仰韶村,首次发现我国新石器时代的一种文化遗址。生产工具以磨制石器为主,常见的有刀、斧、锛、凿等,骨器相当精致。日用陶器以细泥红陶和夹砂红褐陶为主。红陶上常有彩绘的几何形图案,故也称彩陶文化。据 C^{14} 测定,其绝对年限在 6500 年以前。古籍中的黄帝“始做衣裳”、“刳木为舟”、“剡木为楫”等传说记载,在仰韶文化中都有文物可寻,得到印证。史学界推论,以黄帝为名的文化当是仰韶文化。

新石器时代,约在 10000 年到 4000 年前,中间经历了 6000 年。火和石斧这两个基本条件,在烧制陶器以前便全部具备了。独木舟出现的时间可能在大约 10000 年前,最迟不晚于 8000 年前。显然要比轩辕黄帝的时代早得多。

1973年,在浙江省余姚县的河姆渡村,发掘了长江中下游新石器时代的一种早期文化遗址。发现了干栏式建筑遗迹,梁柱间用榫卯结合,地板用企口板密拼,具有相当成熟的木构技术。生产工具有伐木用的石斧、石凿。出土文物有 6000 多件,其年代相当古老。经 C^{14} 测定,绝对年代相当于 7000 年前。④河姆渡遗址的发现证明,我们的祖先不仅在黄河流域,同时在长江流域也创造了灿烂的原始文化。特别值得注意的是,在出土文物中还有几把木桨,做工精细,柄部和桨叶结合处,阴刻有弦纹和斜线纹图案。显而易见,这样做工精细

---

① 宋兆麟:《从葫芦到独木舟》,《武汉水运工程学院学报》1982 年第 4 期。

② 〔美〕摩尔根:《古代社会》上册,商务印书馆 1977 年版,第 13 页。

③ 恩格斯:《家庭、私有制和国家的起源》,《马克思恩格斯选集》第 4 卷,人民出版社 1972 年版,第 19 页。

④ 河姆渡遗址考古队:《浙江河姆渡遗址第二期发掘的主要收获》,《文物》1980 年第 5 期,第 1～15 页。

的木桨,绝不会是最原始的。原始木桨的出现当然会更早,如果推到 8000 年或更早一些,应当说也在情理之中。据理而论,有桨必有舟,独木舟在这一地区形成于 8000 年前或更早,也大概可以成为定论。

1958 年前后,我国考古工作者分别在濒临太湖的吴兴钱三漾和杭州水田畈两处,发掘出新石器时代末期的文物,其中有五、六支木桨。据鉴定,这些都是 4700 年前的遗物,钱三漾木桨以青冈木制成,桨叶呈长条形,长 96.5 厘米,稍有曲度,凸起的一面正中有脊,柄长 87 厘米。① 水田畈木桨分宽窄两种。宽者叶宽而扁平,宽 26 厘米,厚 1.5 厘米,末端削成尖状,另作桨柄捆绑在桨叶上。窄者数量较多,桨叶宽 10 厘米~19 厘米,用整根木料削成,桨柄呈圆锥形。② 这一批木桨的发现足以证明,在长江中下游地区,在新石器时代,舟船活动就已相当广泛。舟楫的出现和应用,对于促进生产发展和文化交流都具有重要意义。

1958 年,在陕西省宝鸡市新石器时代遗址,出土一件舟形壶③,底呈弧形,两端尖而向外突起,腹部宽而外鼓,侧面绘有渔网形花纹,这当是模仿当时渔猎用独木舟而制成的陶器。

1973 年,在地处长江中游的湖北省宜都县红花套新石器时代遗址出土一件陶器,方头方尾,两端略上翘,底呈弧形。这可能是模仿当时方头方尾式独木舟的陶制品。经 C^{14} 测定,其年代为距今 5775±120 年。④

1973 年,在浙江省余姚县河姆渡遗址,除了出土 6 支木桨以外,还采集到一件舟形陶器,长 7.7 厘米,高 3 厘米,宽 2.8 厘米。两头尖,底略圆,首端有一透孔。据研究,它很可能是仿独木舟的陶制品。⑤

从中原到沿海,从南方到北方,新石器时代的舟形陶器都有所发现。在辽宁丹东市东沟县的后洼遗址中,也出土了舟形陶器。⑥ 此陶器呈长椭圆形,长 13 厘米,宽 5.5 厘米~6.6 厘米,高 2.2 厘米,壁厚 0.4 厘米。其年代应在 6000 年以上。

大量的出土文物证明,独木舟是在新石器时代应用火和石斧的技术基础上,经过远古诸多先民在漫长岁月的实践中逐渐形成的,其中包含着无数无名

---

① 浙江省文物管理委员会:《吴兴钱三漾遗址第一、二次发掘报告》,《考古学报》1960 年第 2 期,第 93 页。
② 浙江省文物管理委员会:《杭州水田畈遗址发掘报告》,《考古学报》1960 年第 2 期,第 103 页。
③ 《陕西宝鸡新石器时代遗址发掘报告》,《考古》1959 年第 5 期。
④ 戴开元:《中国古代的独木舟和木船的起源》,《船史研究》1985 年第 1 期。
⑤ 吴玉贤:《从考古发现谈宁波沿海地区原始居民的海上交通》,《宁波港海外交通史学术讨论会论文》1981 年版。
⑥ 许玉林:《从辽东半岛黄海沿岸发现的舟形陶器谈我国古代独木舟的起源与应用》,《船史研究》1986 年第 2 期。

生产者的劳动与智慧。

河姆渡文化的年代，比仰韶文化约早500年。河姆渡遗址及6000多件文物的发现，说明了一个事实，长江流域也是中华民族古文化的摇篮，从而也是古老舟船的发源地之一。

20世纪50年代以后，在我国山东、江苏、四川、浙江、福建、广东等省，先后发现过30余艘古代独木舟遗存物。1965年在江苏武进县奄城出土的独木舟，残长4.34厘米，最大宽0.8米，深0.56米，底厚约6厘米，一端尖锐上翘，另一端横截面呈U形，两舷也凿有大致对称的孔，端部凿有一较大圆孔，可能是作拴缆之用。据C¹⁴测定，当是2890±90年前的遗物。其年代恰好是西周。①

1958年，在江苏武进县的奄城已经出土过一艘独木舟。它长11米，口宽0.9米，深0.42米，舟体形制如梭，两舷凿有若干对称孔。根据同时出土的器物判断，这约为春秋晚期至战国初期的遗物。②

1975年，在福建省连江县发现一艘西汉独木舟③，据C¹⁴测定为距今2120±95年。船长7.1米，头宽1.2米，尾宽1.6米，用整个樟木制成。在舱体部分，有明显的火烧和石凿的痕迹。这真实地反映了我国古籍所记载的"刳木为舟，剡木为楫"的独木舟制作工艺过程。

1976年，在山东平度县出土了一艘隋代双体复合独木舟。其每一舟体用三段树木刳制，衔接处以舌形榫槽搭接，凿10余方孔穿木榫固定，再以20根左右的横木贯穿连接两只单体舟，上面铺甲板，设上层建筑。舟总长约23米，总宽为2.82米，单体宽1.05米，载重约23吨。④

近几十年来，在中国出土的独木舟，可谓不胜枚举。一些外国学者认为中国古代没有独木舟，这显然是不符合实际情况的。

在我国出土独木舟中，年代有早也有晚，随同独木舟出土的还有木板船。这就证明，在木板船出现以后，仍有独木舟在各地应用。

2. 木板船

筏的缺点和弱点在于没有干舷，筏体本身又有较大的间隙。当筏的载重量增加时，乘载在筏上的人和货不可避免地要受到水的浸湿。独木舟虽然不漏水而且有一定的干舷，但在水中的稳性不好。制造独木舟时还要受到原株树木的局限。沉重的独木舟也难以满足载重量日趋增长的要求。

---

① 戴开元：《中国古代的独木舟和木船的起源》，《船史研究》1985年第1期。
② 《奄城发现战国时期的独木舟》，《文物参考资料》1958年第11期。
③ 《福建连江发掘西汉独木舟》，《文物》1979年第2期。
④ 《山东平度隋船清理简报》，《考古》1979年第2期。

为了提高载重量和防止水浸，人们逐渐试着在筏和独木舟的两舷增加原木或木板，也试着在筏发间隙上加充填物以求少受水浸。这样的实践持续下去就使筏和独木舟逐渐产生了质变。在木筏的两舷增加木板，同时在筏体采取堵漏捻缝措施，使木筏逐渐演变成方头方尾平底的木板船。

在独木舟的两舷增加木板，可使干舷提高，容量增加。两舷木板逐渐加多的结果，则使舷板变成了主要部件，原来的独木舟则逐渐退居于次要地位，最后则使独木舟的"独木"转化成为尖底船的龙骨了。

在我国的考古发现中得到了独木舟正在向木板船演变中的古船实物。

1975 年，在江苏省武进县万绥镇蒋家巷通往长江的古河道上，发现一艘古船。① 其结构形式奇特，出土的木船结构包括船底、一侧船舷、木榫和木梢。② 底部板由三段木材组成，采用搭接，搭接处用四只 5×5 厘米的方榫固定。

武进万绥古船的两舷，具有独木舟的形态，然而底部又采用一块木板。可以认为这是由独水舟向木板船过度的一种形态。

木船周围出土的遗物，多为汉代器物。木船经南京大学地理系 C¹⁴ 测定为距今 2195±95 年；又经中国考古所 C¹⁴ 测定为距今 1945±85 年。据此可断定木船为西汉时期的遗物。

根据诸多历史及船史文献记载，早在秦汉时期之前就已经出现过木板船，武进万绥古船显然是反映了较为原始的一种技术状态，它的宝贵之处就在于为今人提供了一份很典型的实例，即由独木舟向木板船过渡的一种形式。

1979 年，在上海浦东川沙县川杨河开掘过程中，于北蔡镇出土一艘造型别致的古代木船。③ 古船发现于吴淞口水准零下 95 厘米，距地表 4.6 米。该处是公元 6 世纪的古海岸。④

古船残体结构十分简单，通体只有三部分：一条独木舟；两侧装有舷板。这是一艘典型的加舷板的独木舟。

船底由三段独木连接而成，中段长 11.62 米，宽约 90 厘米、厚约 42 厘米，形似独木舟，只是所挖去部分较浅，只有约 10 厘米。古船的舷侧板是厚度为 5 厘米的独幅板，具有弧形，有火烤加工的痕迹。舷板用铁钉接在船底独木两侧深 5 厘米的接口上，在接口处填大量油灰，未发现麻丝等掺入物。在舷板距

① 王正书、杨宗英、黄根余：《川沙县、武进县发现重要古船——从独木舟向木板船的过渡形式》，《船舶工程》1980 年第 2 期。
② 武进县文化馆、常州市博物馆：《江苏武进县出土汉代木船》，《考古》1982 年第 4 期。
③ 王正书、杨宗英、黄根余：《川沙县、武进县发现重要古船——从独木舟向木板船的过渡形式》，《船舶工程》1980 年第 2 期。
④ 王正书：《川杨河古船发掘简报》，《文物》1983 年第 7 期。

口沿 6 厘米的水平线上,有一排间距 24.5 厘米的小方孔,它是安装横梁的榫孔。

由于目前发现的从独木舟向木板船过渡形式的古船实例尚不多,很难确切说出木板船的年代。不过,出现木板船的首要和必备条件,就是必须具有木板。按前述摩尔根的学术见解:是石器的出现和应用,给人类带来了木板。这也为我国新石器时代的河姆渡文化遗址发现的木板和相当成熟的木构技术所证实。过去认为只有出现青铜器才有可能剖制木板的学术见解,看来难以维持。当然,究竟在 7000 年前的河姆渡文化时代能否出现木板船,还有待考古学的研究,不可草率作出结论,但是那时制造木板船的技术却是基本具备的。

在我国出现木板船的有力见证,还是甲骨文中所见到的"舟"字。从而推论木板船最晚也应是殷商时代的产物。其时限相当于公元前 16 世纪到公元前 11 世纪之间,距今约 3000 多年。

象形文字,是客观事物实体特征的描绘。从甲骨文中的"舟"字,可以看出它所表征的舟,是由纵向和横向板材组合成的。"舟"的横线,代表肋骨或隔壁等构件,既能把船体分隔成若干隔舱,又能支撑两舷的纵向板材以加强船体的强度。更重要的是可以把纵向板材接长,即可用较短的木板造出长大的船。

甲骨文中"般"字,从字形看,像一个人持篙或桨使船旋转移动。"般"字中有一种读音为 pán(盘),可当盘旋解。在《康熙字典》上,对"般"的解释是"象舟之旋"①。

木板船突破了原木的局限,用同量木材可以造出比独木舟更大更多的船舶。② 木板船可以通过变化尺度来提高稳性和快速性,为后世的船舶大型化和多样化开辟了无限的发展前景。

在商代的 600 年期间,木板船究竟发展到何种规模,还缺少确切的记载。不过,大约在公元前 13 世纪,商帝武丁曾"南击荆蛮",其势力达到了长江流域,当时的船舶应是发挥了重要作用的。

在这次社会制度大变动的决定性战役中,周军在孟津(又名盟津,今洛阳市北)渡黄河时,用船舶作了敌前抢渡。《艺文类聚》引《太公六韬》:"武王伐殷,先出于河,吕尚为后将,以四十七艘船济于河。"③

在武王伐纣强渡孟津的战役中,调集起来务急之用的船舶也只不过 47

① 杨槱:《中国造船发展简史》,中国造船工程学会 1962 年年会论文集第二分册,国防工业出版社 1964 年版。
② 杨槱:《中国造船发展简史》,中国造船工程学会 1962 年年会论文集第二分册,国防工业出版社 1964 年版。
③ 〔唐〕欧阳询撰:《艺文类聚》卷 71,上海古籍出版社 1965 年版。

艘,数量甚少。不过,从能渡 4.5 万大军①这一点看,这 47 艘船,当不是一叶扁舟,更非沉重的独木舟。这说明在商朝末年已经有供许多桨手撑驾的较大型的船舶了。

黄河北岸的孟津,地处中原,当有舟船之繁盛,而商代的海上活动也有迹可寻。《诗经·商颂》在追颂商汤的祖先相土时,有"相土烈烈,海外有截"在赞颂。郭沫若认为,"可能相土的活动已经到达渤海,并同'海外'发生了联系"②。章巽则以商人末有商的王族箕子出走朝鲜之事,说"看来商朝一代已超出近海,而在渤海以东发展了海上交通"。

二 先秦时期的船舶

先秦是指从周朝立国到秦始皇统一中国的这个时期,历史进入了封建社会的初期阶段,即封建领主制阶段。自公元前 11 世纪到公元前 222 年,大约经历了 800 余年。这个阶段习惯上又分为西周、春秋和战国。关于造船技术的发展,文献记载逐渐增多,通过出土文物,更可较深入地了解古代造船技术的发展脉络。

(一)西周的船舶

西周时期与船舶有关的文献,值得注意的有周文王用船舶搭成浮桥迎娶新娘的故事。《诗经·大雅·大明》:"迎亲于渭,造舟为梁,丕显其光"。用船搭成浮桥,很难说是周文王姬昌的发明,但经他在结婚时用了一次,便成了我国以船搭浮桥的最早记录。"丕显其光",说这是一次煊赫、显耀的盛事。不过自此以后就制定了一种按官阶等级乘船的制度。《尔雅》中说,"天子造舟(指用船搭浮桥),诸侯维舟(并联四舟),大夫方舟(并二舟),士特舟(单舟),庶人乘柎(筏)。"③这样一来,直接造船的平民百姓连船也不能乘,只好乘木筏子了。

在周朝时曾专设主管舟船的官员,叫做"舟牧"。舟牧大约要执行类似于今日的船舶检验局的职责。《礼记·月令》:"命舟牧覆舟,五覆五反,乃告舟备具于天子焉。天子始乘舟。"从这段记载看,舟牧主要是为了保证周天子乘船的安全,要翻来覆去检查五遍,然后报告是否合于天子乘坐的安全条件。对于庶民乘船的安全保障问题,大概就不是舟牧的职责了。尽管这样,舟牧毕竟是

---

① 《史记·周本纪》载:武王"率戎车三百乘,虎贲三千人,甲士四万五千人以东伐纣,十一年十二月戊午师毕渡盟津。"

② 郭沫若:《中国史稿》第一册,人民出版社 1976 年版。

③ [唐]欧阳询撰:《艺文类聚》卷 71。

作为舟船的安全检验员而出现在我国早期的历史舞台上了。

说到要建立对帝王所乘的舟船进行安全检验的制度，就要联系到周代的第四个帝王周昭王的死。按《通俗文》的记述，当周昭王攻楚时，有人向楚王献策，令船匠大造王舟，用胶粘合船板，泊在汉水渡口，待周昭王到达汉水，由越君假意相迎，请周王登胶合舟使其与舟共溺中流。《史记·周本纪》则说："昭王之时，王道微缺。昭王南巡狩不返，卒于江上，其卒不赴告，讳之也。"[①]不论说法怎样，上述故事都从侧面反映了当时的楚国具有高超的造船技艺水平。

（二）春秋、战国的船舶

春秋，是封建地主制经济萌芽时期，战国时则开始向封建地主制经济过渡。春秋末到战国初，开始广泛使用铁工具，大大提高了生产效率。铁制的斧、凿、锯等木工工具和测垂直的悬锤，测平面的水平仪等都已出现，并且发明了曲木压直和直木弯曲的方法，对造船业的发展，起了极大的推动作用。船舶因航区不同或运输要求各异，也逐渐出现了特点不同、形状不一的各类船舶。

民间有以快速为主的轻舟、扁舟，还有适用于短途交通的舲船。屈原在《楚辞·九章》中唱"乘舲船余上沅兮"，就指这种有棚有窗的小船。余皇则是大舰，又称王舟，专供国君乘坐。《墨子》说这类船建造坚固，航行轻快，并且雕刻华丽，技术工艺达到了较高的水平。

人们在春秋时就认识到，船舶在运输中承载量大，且有不费牛马之力的优点，特别是在运输粮谷时，船的效能是车辆所无法比拟的。春秋时期，在我国的黄河、长江，都有相当规模的水上运输，文献上多有记载。例如《左传》就载有僖公十三年（公元前 647 年）秦国赈济晋国粮食的"泛舟之役"的纪事。"十三年冬，晋荐饥，使乞籴于秦。"秦伯乃向左右征询意见。有的同意，说："救灾恤邻，道也。"也有人持反对意见，"请伐晋"。秦伯则说："其君是恶，其民何罪？""秦于是输粟于晋，自雍及绛，相继，命之曰泛舟之役。"[②]雍是秦国都城，在今陕西省凤翔县，临渭水。绛是晋国都城，在今山西省绛县，傍汾水。自雍到绛的水道，先是沿渭水东下，入黄河则逆流北上，再东折入汾水，航程六、七百里。船舶能前后"相继"，那真是相当庞大的船队。运粮的船称作漕船，"漕"字原来就是水运的意思，后来演变成水运粮食的专用词了。自此，历史上把泛舟之役看做是漕运之始。春秋时，即使是中原地区，比起西周来，船舶也有了

---

① 《史记·周本纪》注引《帝王世纪》云："昭王德衰，南征，济于汉。船人恶之，以胶船进王。王御船至中流，胶液船解，王及祭公俱没于水中而崩。"

② 《春秋左传集解》，上海人民出版社 1977 年版，第 284 页；《左传纪事本末·秦穆公伯西戎》，中华书局 1979 年版，第 811 页。

很大发展。沿黄河和汾水逆流而上的航程是很艰难的,划桨和拉纤当是并用的,当时是否有橹还不得而知。

再如,《史记》还记载有战国时长江水运的规模和水运优越性方面的资料。这是以秦惠王的使臣张仪(? ～公元前 310 年)到越国游说时向楚怀王介绍的形式记叙的。文曰:"秦西有巴蜀,起于汶山,浮江以下,至楚三千余里。舫船载卒,一舫载五十人与三月之食,下水而浮,一日行三百余里,里数虽多,然而不费牛马之力,不至十日而距扞关(今湖北长阳西)。"①

虽然黄河和长江的水运情况有这样一些重要的记载,但是,在这样两条大河中怎样解决舟船的操纵问题,尚未得其详。长江上游的航道,历来滩多流急,前人必然积累有操纵舟船的技术和经验,这是有待进一步探索的。

在西周时期只有作为大夫这一等级的官员才能乘坐的舫船,到了战国时期则变成了实用货运工具,可见造船业发展之迅速。

战国时期,楚怀王赐给鄂地封君名启的金节,1957 年于安徽寿县城东丘家花园出土。此种青铜器共两种,一为车节,一为舟节。舟节是一个特准的水路运输免税通行凭证。节上铸有:"大司马邵阳败晋师于襄陵之岁"。查《史记》卷 40 载,楚怀王"六年,楚使柱国昭阳将兵而攻魏,破之于襄陵,得八邑。"②由此可断定此金节为越怀王六年(公元前 323 年)所铸。可能是这位叫做启的鄂地封君随军战晋有功,因而获得楚怀王的恩赏。这里的战晋与攻魏,并不相悖。因为到公元前 377 年,韩、赵、魏"灭晋侯,而三分其地"③。

鄂君启金节刻有节文,规定了舟船数目:以 3 艘船为一批,每年以 50 批即百五十艘为限。还划定了通航路线:自武昌出发可通行长江、汉水、湘、资、沅、沣和赣江以达汉口、南昌、沙市等处。在上述任何地点均准免税通行并可得到食宿优待。

舟节的制度,似可以从侧面说明,当时楚国已经设立了官办的水路驿站,更可窥见当时长江中游广大地区舟船往来的盛况。

春秋、战国距今已两千多年,人们只能通过有关文献、文物去了解当时船舶的概貌。若想得到古船的实物,是很困难的。正因为这样,我们对于河北省文物管理处在 1974 年到 1978 年于平山县三汲乡战国墓中发掘出随葬的2300 年前的实船④,感到特别珍贵。

河北省文物管理处在平山县三汲乡发现战国时期的古城遗址一座,即中

---

① 《史记·张仪传》,中华书局 1959 年版,第 2290 页。
② 《史记·楚世家》,中华书局 1959 年版,第 1721 页。
③ 张传玺:《中国通史讲稿》上,北京大学出版社 1982 年版,第 66 页。
④ 河北省文物管理处:《河北省平山中山国墓葬发掘简报》,《文物》1979 年第 1 期。

山国都城灵寿。古城内外有战国墓 30 座,埋葬时期约为公元前 310 年前后。陪葬的除车马坑以外,还有葬船坑。葬船坑内有船数只,经考证是中山王(公元前 344 年～公元前 308 年)生前所用的游艇。游艇的船板虽已朽毁,但在坑底坑壁却残留有许多灰痕漆皮,其木纹及漆仍清晰可辨,犹如留下了一具实尺的彩绘浮雕。

经复原研究①,其船身总长 13.1 米,最大宽度 2.3 米,最大深度 0.76 米,吃水为 0.6 米,则排水量为 13.28 吨,方形系数为 0.74,菱形系数为 0.78。

随船出土大桨 5 只,桨叶长 141 厘米,桨柄残长 17 厘米,宽 19.5 厘米;小桨 2 只,桨叶长 58 厘米,宽 9.5 厘米。大小桨均有褐色及朱色彩绘,图饰瑰丽。

出土文物还有篷杆铜帽 30 只,铜帽还带有钩,铜环用以结篷并套在篷杆铜帽的钩上,可推知此船无上层建筑。还有错银铜饰 4 只,下口与桨柄直径相合,疑为桨柄端的铜饰。

特别引人注目的是,这艘古船用铁箍连接船板边缝的技术为前所未见。铁箍为宽 20 毫米、厚约 3 毫米的长铁片绕制而成。用肉眼看几乎与现代锻打的熟铁无异。联拼船板的方法是,在船板的边接缝处,距边缝 40 毫米～50 毫米处各凿一 20 余毫米见方的穿孔,以铁片经穿孔绕三四道,相邻两船板即为之联拼,然后将穿孔之间隙以木片填塞,再注以铅液封固。铁箍的形状不一,均按外板的型线而定。船体平直部位的铁箍呈矩形,高 100 毫米～150 毫米,宽 80 毫米～100 毫米。

当时为什么不用铁钉而用铁箍? 可能是在铁器应用之始,尚缺少对铁钉功效的认识。现代木船在重要部位使用的"蚂蟥钉",实际上就是半个铁箍,显然是铁箍的继承和发展。

中山国是北方小国,地处华北平原的西北边陲,无江河之利,竟有如此纹饰瑰丽的游船和这般技艺高超的造船能力,那么齐魏大邦定会更有甚之。南方的吴越濒海滨江之地,舟楫之盛更非中原所及。

从平山县一带的考古发掘中,获得战国中晚期的大量的铁制生产工具如镢、锛、铲、锄、镰、斧等。中山国冶铁技术的发展和铁制生产工具的广泛使用,促进了农业生产的发展,也促进了手工业生产的发展。看来,在中山国王的墓葬中发现如此先进的游艇,绝不是偶然的。这是与当时的经济技术发展水平相一致的。正因为在战国时期的舟船技术有了坚实而广泛的基础,所以才有可能使我国从秦汉时代开始发展海洋船舶,并且开拓了海上丝绸之路。

① 王志毅:《战国游艇遗迹》,《中国造船》1981 年第 2 期。

（三）春秋、战国的水战及战船

春秋战国期间，各封建领主的兼并战争激烈而频繁。从田亩辽阔的中原到江河交错的江南，战争四起。中原争战用车，江南水战则以舟船为主。战争的需要，推动了造船业的发展，也促进了船型的多样化。

中国历史上的第一次水战，是公元前549年夏，楚康王以舟师伐吴。《文献通考·兵》载："用舟师自康王始。"说的是楚康王十一年"楚子为舟师以伐吴，不为军政，无功而还。"①吴楚之间的水战相当频繁。到了公元前525年，又发生一次激烈的水战，是吴国派公子光率舟师逆长江而上攻打楚国，结果反而被楚国俘去王舟余皇。这就是《史记》所载"王僚二年，公子光伐楚，败而亡王舟。光惧，袭楚，复得王舟而还。"②自此以后，水战频仍，不仅在江河作战，甚至发展到海上作战。吴王夫差十一年（公元前485年），"徐承率舟师，将自海入齐，齐人败之，吴师乃还。"③《吴越春秋》记述着吴楚水师的大小战例20余次。吴越之间的争夺，水战也很频繁。吴国的战船有大翼、中翼、小翼三种，另外还有楼船、突冒、桥船。《越绝书》、《武经总要·水战》对各船的尺度均有记载。大翼长10丈，阔1.52丈，官兵桨手总共93人；中翼长9.6丈，阔1.35丈；小翼长9丈，阔1.2丈。据考证，晚周到战国时的尺度，每尺约相当0.23米，折合成米制，大翼长23米，阔3.5米；中翼长22米，阔3.4米；小翼长20.7米，阔2.8米。其长宽比值各为6.6、6.5和7.3。这些翼都是吴国在长江中下游活动的军事船舶，船体修长，速度较快，若顺水而下，再用50名桨手奋力操桨，则船行如飞。

战国早期水战与战船的情况，在出土和传世的铜鉴和铜壶上得到了生动的反映。有关水战图像的青铜器共获有三件：1935年在河南汲县山彪镇一号墓出土的水陆攻战纹铜鉴④；故宫博物院藏有一件传世文物晏乐渔猎攻战纹铜壶；1965年又在四川成都百花潭中学战国时期十号墓中出土了一件嵌错耕战纹铜壶。⑤ 三件文物的水战图像，其构图和技法几近相同。船形明确，战斗形态生动。⑥

铜鉴上的水战画面，描绘了左右向对驶的两艘战船，形制相同，都是船身

① 《左传纪事本末·吴通上国》，中华书局1979年版，第721页。
② 《史记·吴太伯世家》，中华书局1959年版，第1461页。
③ 《左传纪事本末·勾践灭吴》，中华书局1979年版，第779页。
④ 郭宝钧：《山彪镇与琉璃阁》，科学出版社1959年版，第18页。
⑤ 四川省博物馆：《成都百花潭中学十号墓发掘记》，《文物》1976年第3期；杜恒：《试论百花潭嵌错图像铜壶》，《文物》1976年第3期。
⑥ 杨泓：《水军和战船》，《文物》1979年第2期，第76～77页。

修长,首尾起翘,分上下两层,战士在上面作战,桨手在下面划桨。划桨手也身佩短剑,站立划桨。虽只绘出 4 人,但左右舷当为 6 人。看来这种战船并没有风帆,完全以人力划桨作为动力,也没有尾舵。

战船所用武器,在类型和形制上与当时战车所用者相同。指挥系统有战旗立于船首,而指挥水战的将领则站在鼓架后面,击鼓鸣金以节制舟师的进退。指挥的位置设在尾部,较能避开敌方武器的攻击。

图像中的战船是当时大型战船的图案化的概括。三名桨手只是象征性的代表而已,真实的数字当几倍于此数。据《越绝书》记载,当时的战船大翼,全船的 93 人中,桨手就有 50 人,船头船尾操驾 3 人。由此可见,驾船人员几近 2/3。

三 秦汉时期造船技术的发展

秦始皇于公元前 221 年结束了战国长期割据的混乱局面,建立了一个统一的封建帝国。秦代为时不过十数年,继而兴起的是汉代,秦汉两代前后 441 年。秦皇汉武对海外交通十分重视,连续多次巡海,尤其是汉代统一国家后,相对稳定地发展了 60 多年,生产繁盛,当时的繁荣景象是:"富商大贾周流天下,交易之物莫不通,得其所欲。"(《史记》)当时,国内交通四通八达,可谓已经无远不至。国外交通,除从河西走廊经塔里木盆地南北边缘通向中亚、西亚的丝绸之路以外,还形成了从广东出发通向印度洋的航路、从山东半岛出发经朝鲜半岛通向日本的航路。为适应发展海外交通的需要,中国舟船获得了大发展,出现了我国造船史上第一个高峰时期。

(一)秦代的水运与船舶

早在春秋末期的吴王夫差十一年(公元前 485 年),就曾有吴王派遣舟师从海路北上攻打位于山东半岛的齐国的战例,在这次海战中吴国被齐国击败,可见齐国也是有海上舟师的。另据史载,当越王勾践最后战胜吴王夫差之后,越国大夫范蠡以为越王"可与共患难,不可与共乐",于是在越王勾践二十四年(公元前 473 年)"乃装其轻宝珠玉,自与其私徒乘舟浮海以行,终不反。"这就是范蠡离开位于江浙的越国乘船渡海到齐国经商致富的故事。这些事例说明,早在春秋之末、战国之初,江浙与山东沿海的船舶往来已经很频繁了。

秦王政二十六年(公元前 221 年),秦军最后灭了齐国,秦王政称号为皇帝,自为始皇帝。秦始皇统一全国后,进行了一系列改革,对于发展陆路及水路交通尤为注意:第二年就开始筑驰道,"东穷燕齐,南极吴越";第三、四两年,秦始皇两次东巡芝罘、琅琊等沿海,还曾命方士徐福发童男女数千人入海求仙药。在公元前 215 年,秦始皇派蒙恬发兵 30 万攻匈奴便是以山东黄县、牟平为后方补给基地,征集海船,渡渤海向河北军前运粮的。历史学家把这次大规模的渤海运粮,定为中国海上漕运的开始。秦始皇在北御匈奴构筑长城的同时,更在公元前214年发兵50万到岭南,开凿成灵渠,连接湘江和漓江,保证了从湘江用船运输粮饷到前方,于是秦军攻下了岭南,设置了桂林、南海、象郡,并派兵戍守。

如果注意到秦始皇致力于开拓水上运输的这些事例,便能透过寻神觅药那种神话的迷雾,显露出人们对发展海上交通的向往和追求。

《史记·封禅书》记有:"自威、宣、燕昭使人入海求蓬莱、方丈、瀛洲。此三神山者,其传在渤海中,去人不远;患且至,则船风引而去。盖尝有至者。"事实上,渤海是齐、燕两国长期渔猎和交通活动的海区,或因航行中直接接触,或因海市蜃楼景象的诱惑,激发两国的人们探索海外的热情。上述文献所记的时间相当于公元前356年到前311年。可见秦始皇之派徐福入海,并非什么创举,应当说是探索开辟海上航路活动的继续。据《史记·秦始皇本纪》载:徐福曾两次出海,第一次可能到达了目的地,然后回航中国,集合了各种工匠和男女劳力数千人,装载了足够的粮食种子又做第二次航行。后世盛传徐福到了日本,或者到过美洲等地,这都是可能的。至今在日本和歌县,还有徐福墓及徐福登陆处遗迹。

秦代船舶往来于中日航线,须横渡平均每昼夜24海里的对马海流。若没有风帆设置和相当水平的航海技术,是很难想象的。当时既已有所往返,自然令人联想到秦代船舶可能已具备了相当规模,并且有适于远海航行的各项设备。但秦朝立国短暂,关于其船舶的形制无确切资料可考,其实际规模迄今也难以说得清楚。不过,可以认为,我国春秋、战国特别是吴越的古代造船技术成就,是通过秦代继承下来并传于汉代,秦代至少起到了传递环节的作用,推动汉代成为我国造船史上第一个大发展时期的到来。

(二)从文献和文物看汉代的船舶

据《太平御览》记载,汉武帝在长安所造豫章大船,可载万人。"万人"这个数目或为误记或为夸大之词。后来《酉阳杂俎》上记述豫章大船时,就说可载千人。这个数字大致合乎情理。后世的中外史籍上,对可载七百人到千人的中国大海船也有记载。

汉代以楼船最为著名。这是说汉代的船舶已不是一般的木板船,在构造上已经有了较为发达的上层建筑。具有发达的上层建筑的楼船,或作为水师的旗舰,或作为皇家的座船,少不了要加一些辉煌的装饰。如文献所载:"治楼船高十余丈,旗帜加其上,甚壮。"《后汉书·公孙述传》甚至记有:"又造十层赤楼帛兰船。"所谓帛兰,即以帛饰其栏。船有十层颇难令人置信,但在汉代发展了带有四层建筑的楼船,并且"旗帜加其上,甚壮",则是可以理解的。

汉刘熙所撰《释名》一书,讲到船的上层建筑并各有专名。从第二层算起叫做庐,第三层叫做飞庐,第四层叫做爵室。① 联系这诸多文献的记载,可谓楼船具有多层建筑言之不虚。

20 世纪 50 年代之后,在广州、江陵、长沙等地,相继出土了汉代的陶质和木质的船舶模型,借助这些文物倒是可以对汉代船舶有较深入的了解。

20 世纪 50 年代初期,在长沙曾出土一只西汉时期的木船模。据当时的发掘报告说,这只船模的船身是由一段整木雕成的,船形细长,头部较狭,尾部稍宽,中部最宽,船底呈圆弧形。在船头、船尾上又各接出一段长方形的平板,总长 1.54 米,船头部稍高,尾部方阔,上部外侧最宽处为 0.2 米。在船身两侧和首尾平板上都有模拟的钉孔。两侧有较高的护舷板,左右共 16 只桨,为内河快速船型。尾有桨一支,用以代舵。现存北京历史博物馆。

1956 年,在广州西郊西汉木椁墓中出土一艘木质船模。② 这只船模也是用一段整木雕成。船底中部略平而首尾部分略上翘,船中部有两个小房,前房较高呈方形,上为四阿(坡)式的盖顶。后房稍低,长形,篷盖是两坡式。小房两侧有用长板条构成的通道。前房以前为操舟之所,有木俑四个,持桨并坐两排,各持短桨一把。尾部有狭小的小房,顶盖是三面斜坡。在这尾区还有一个木俑,持一桨,或许是掌握船的方向的。此船模全长 0.806 米,通高 0.206 米。

1955 年,在广州东郊的东汉墓中出土一个陶质船模。③ 底略平,全长 54 厘米,宽 11.5 厘米,通高 16 厘米。前窄后宽,从船首到船尾架横梁八根,甲板上建小房三间,前房矮而宽,上有梯形篷顶。中房略高,方形,上盖圆形篷顶。后房又高,也是横形篷顶,作为舵楼。船首两侧各安桨架三支,船首悬一碇。最为重要的是船尾有舵,舵叶上有一孔。两舷有外延木板条,可作为船工司篙的通道。船上有六个姿态各异的陶俑,分布在船面的不同位置上。

1973 年,在湖北江陵凤凰山汉墓中出土一只木质船模,系用一段整木雕成,全长 71 厘米,宽 10.5 厘米。船型细长,尾部略宽,首尾呈流线型上翘。甲板上置两根横梁并伸出舷外,作舷边通道板之支座。前部有桨四支,尾部有后梢一支,与广州西汉木船模有相似之处。该船模现陈列在湖北省荆州地区博物馆。

① [清]王先谦撰:《释名疏证补》第 7 卷,上海古籍出版社 1984 年版。又见[唐]欧阳询《艺文类聚》,上海古籍出版社 1965 年版,第 1229 页。
② 广州市文物管理委员会:《广州皇帝岗西汉木椁墓发掘简报》,《考古通讯》1957 年第 4 期,第 22~29 页。
③ 广州市文物管理委员会:《广州市东郊东汉砖室墓清理纪略》,《文物参考资料》1955 年第 6 期,第 1~76 页。

这四艘汉代船模，都是作为墓葬品而保留下来的，虽然由于模型的尺度较小，制作的精细程度不一，但是通过这些模型，再结合有关文献的记载，毕竟有助于了解当时船舶的形制和属具的基本特征与概貌。

四艘船模有共同的特点，即在甲板以上都设有舱室，也就是带有上层建筑。以广州东汉的陶船模为例，上层建筑的长度几乎占了全船的 3/4。即使是长沙西汉 16 桨船模，为了加快船速，设了众多的桨手和桨，也具有相当长的上层建筑。如果和西方古希腊、罗马及北欧海盗船等大部都没有上层建筑的船型比较起来，中国船的上层建筑却是别具特色的。

再以广州东汉陶船模为例，该船在甲板之下设有八道横梁（而且各横梁均伸出舷外），这不论对支撑甲板或保证横向强度方面，都是有利的。特别是有的上层建筑的前后端壁均置于横梁上，这种构造就更加显得合理了。

此外，在长沙西汉木船模的舷板以及其他部件之间的连接位置上，都可见到模拟的钉孔。当时模型制作者的细微精神，为我们提供了实证，那就是在战国时期应用铁箍联拼船板的基础上，到汉代已广泛使用铁钉。从战国时即有用麻布、油灰等物质作为捻缝材料的基础上，发展到汉代再加上应用铁钉，其捻缝技术已相当先进了；若用在隔舱板上则确实具备了制作水密舱壁的条件。

再则，在长沙木船模的发掘报告中说，散见的部件中，有编号为 93 号、94 号两块大小相同的长木板，平面和侧面上都有许多打孔，尚不知复原在何处。这两块长板条应安放在哪里呢？如果借鉴广州陶船模型的横梁伸到舷板以外，甲板也伸向舷外这一点，再借鉴广州木船模有左右两条木板供作行船时使篙通行之用，那么似可以把这两个木板条安放在两舷。现代造船术语中的所谓"舷伸甲板"就起这样的作用。这种舷伸甲板，在古船中叫"板"。

在三个木船模上，还有在船头船尾各向外延伸的部分或木板，这在古船法式中也是可以见到的，就是叫前出艄和后出艄。在船上加装前出艄、后出艄和左右两厥板，便可以在不改变原始尺度的条件下，增加船长和船宽，扩大了甲板的装载面积和操作面积。可以说，增加出艄和加板的法式，是从汉代就沿用到现代的。

（三）汉代的船舶属具

中国古代的造船业在汉代获得重大发展，船舶各项属具的齐备，是不可忽视的重要方面。

1. 桨

桨是舟船的推进工具，而且是最原始最古老的一种船舶属具。随着舟船的发展，桨本身也在不断改进和变化。桨因其形状和各地叫法不同，而有櫂、楫、扎等不同的名称。汉代刘熙著有《释名》一书，其中《释船》1 卷，对桨的解释是:"在旁拨水曰櫂。櫂,濯也。濯于水中也,且言使舟櫂进也。又谓之扎,形似扎也。又谓之楫也,楫,捷也。拨水使舟楫疾也。"①这里写"在旁拨水"是说明操桨的位置;"使舟捷疾"是说桨的作用;"形似扎"是指桨的形状像汉代写字记事用的木扎,形容它是长片状。实际上楫与櫂在形状和用途上还是稍有区别的。通常认为"短曰楫,长曰櫂"。《太平御览》记扶南行船,说站着用櫂,坐着用桨,水浅用篙。把这些解释与汉代木船模型相印证,可知长沙木船模上有 16 把桨,也就是所说的櫂。桨柄伸进舷板上的圆孔,这圆孔实际上构成桨的支点,行船时船工站立着划进。广东陶船模的船首部左右也各有三个支撑櫂的支架。櫂较长,力矩大,有了支点,櫂的操作就具有杠杆的性质,船工划动时可以较小的力量获得较大的推船效率。站立着划桨时,便于桨手用自身的重量去推桨。广州木船模的四个木俑则持四把短桨,并且是坐在板凳上划进。结合这些文物,可以使我们对桨的长短区别以及操作方法了解得更具体了。

2. 橹

这是汉代船舶推进工具中一件带有突破性的大发明。《释名》说:"在旁曰橹。橹,膂也。用膂力然后舟行也。"在旁,指明了橹的操作位置。膂作脊梁骨解,用膂力则意味着用全身的力气,以推动舟船前进。这段记载可准确地说明橹的出现至少是汉代。但可惜没有进一步说明橹的特点。用桨时要"划",用橹时却要"摇",即通常所说的摇橹与划桨。这个"摇"字,是对橹的特点的集中概括。

划桨比撑篙已有显著的优越性,它可以远离岸边,在深水区靠水的反作用推船前进。但在划动时,桨入水作功一次之后,则要离开水面为第二次作功做准备,是间歇作功。对舟船来说,便是间歇推进。橹,则可以左右连续不断摇,橹就不间歇地连续作功。橹对舟船是连续推进的,这在推进工具上是一次带根本性的改革。

橹较桨具有更高的效率,则是它的另一大优点。橹是由櫂直接演变而形成的,它的外形极像长櫂,但橹的把手和橹板却是弯曲的,不像桨那样平直。橹与櫂有一个共同点,即都必须有一个支点。橹与櫂在使用上则不同:"纵曰橹,横曰櫂"。櫂是横向布置,前后划动;橹是纵向布置,左右摇动。如果从流体力学的角度分析的话,桨是靠桨叶划水时产生的反作用力推船前进的;橹则是利用橹板在水中划动时产生的升力推船前进的。

橹板向上伸延,通过叫做"二壮"的部位和橹柄相连接,构成一支整橹。在操橹的甲板上,设置一个球顶的铁钉,叫做"橹人头"(橹支钮),作为橹的支点。使用时将橹垫(橹脐)置于橹支钮上,橹柄的顶端系一根绳,叫做橹索。橹索的

311

---

① 〔清〕王先谦:《释名疏证补》,上海古籍出版社 1984 年版,第 381 页。

下端,拴在甲板上的一个铁环上。橹索,一是起固定橹的作用,二是可以伸缩它的长短来调节橹板入水的深浅。

橹除有推进作用外,还可以操纵船舶转弯、调转方向。因为它有这些优越特点,自从它出现以后,无论在内河或沿海,船舶便广泛利用它作为主要推进工具之一。即使在风帆设施齐全的船上,橹仍作为一件辅助推进工具与风帆长期并存。远洋海船遇到无风带仍须靠摇橹。大船进出港口时也是这样,橹通常是不能缺少的。

橹最早出现的年代很难考证。既然《释名》上已作记载,那么橹出现的年代当不迟于 2000 年前的汉代。橹,起初是设在船的两舷的,所以《释名》说"在旁曰橹"。现在一些小型船用橹几乎都在尾部,这或有一个演变过程。敦煌第323 窟的初唐壁画上,描绘着一艘无帆无桨的大船,在船尾装一只大橹用以推进船舶。由上可知,最迟在唐初已出现了尾橹。

橹,是中国对世界造船技术上的重大贡献之一。橹的效率高的特点,是由于橹板在水中以较小的冲角划动时,阻力小而升力大,再加上橹是连续性推进工具,而且有操纵船舶回转的功能,一直到现代仍被外国学者所称道,赞誉它"是中国发明中最科学的一个"成就。

现代广为应用的螺旋桨推进器,它的不间歇作旋转运动的叶片,实际上也与在水小划动的橹板相似。桨叶的叶片也是具有阻力小而升力大的特点和优点。螺旋桨的发明和改进,是否也从中国的橹板运动中得到应有的启示呢?这当然是非常有趣的问题。

3. 舵与梢

这两者都是控制船舶航向的属具。《释名》一书对舵的解释是:"其尾曰舵。舵,拖也。在后面拖曳也。且言弼正船使顺流不使他戾也。"这说明舵的位置在船尾,用途是扶(弼)正船时航向。至于舵的形状与构造,《释名》里没有作进一步的说明。据已有的汉代文物和船模,经过一些人的研究,认为舵与梢都是由桨演化而来的。桨叶的面积展宽成为舵,桨柄伸长则成为梢。作为船舶操纵工具的船尾舵,是中国的一项重大发明,比外国最早出现的舵至少要早700 年。[1]

桨向舵的演进过程,大致可以从前述几个出土的船模看清楚,广州西汉木船模,尾部一个木俑,显然是以桨代舵,"弼正"船的航向。其形体和作用,都与西方常用的操纵桨相近似。

无独有偶,在湖北的江陵也出土了一具西汉时期的木船模型。江陵与广

---

① 引见《中国大百科全书·机械工程卷·船尾舵条》,中国大百科全书出版社 1987 年版,第 100 页;席龙飞:《桨舵考》,《武汉水运工程学院学报》1981 年第 1 期。

州相距数千里,但两地出土的西汉木船模却有极为相似之处。两个船模都具有四把推进用的桨,一把尾桨,兼起代舵的作用。不过江陵船模的尾桨不是架在左舷,而是设在尾部中间位置上,它已不是桨舵兼用,而是专司代舵的职能了。从广州木船模到江陵木船模所显示的尾桨由船的一舷向尾部中央的变化中,可以认为,在西汉时期,桨已经转移到舵的位置上,出现了向舵演化的态势。

广州东汉陶船模,距今已将近 2000 年,在它的尾部正中位置上已经有了舵。这个舵已比代舵的桨有很大的发展,它比桨叶的面积宽展了许多,有了较大的舵面积,舵面积系数约为 9%。若仔细观察陶船模,还会发现,这个舵还不是沿着竖直的舵杆轴线转动,还残留着以桨代舵的痕迹。即使是这样,这个舵已经不是桨了。它是舵的祖式,在世界范围来说,它也是最早的舵祖。在西方的一些船史著作里,一致认定最早的舵出现在 1242 年,其最有力的物证是德国埃尔滨城发现的一个带有船尾舵图案的印记,该船为"科格"型船,尾部有一个很窄的舵。① 公元 1242 年,在我国是南宋淳熙二年,我国这个时候不仅普遍使用了舵,而且已经采用了现代意义上的平衡舵。这种普遍采用的平衡舵形象在许多绘画中可以看到②,甚至已经出土了一具远比 1242 年更早的平衡舵实物。③ 中国古代造船技术在世界上的领先地位,由此可见一斑。

扩展桨叶面积使桨演变成舵,这是船的定向工具发展的一个途径。另一个途径是,增长桨柄的长度则使桨成为梢。

梢,是用一根整木料制成的,其长度约等于船长的 70%。梢的末端做成大刀形状,多用于急流河道的船上。桨向梢的演变,在长沙西汉木船模上还可以看到。该木船模全长 1.54 米,两舷共 16 把长櫂,每只长 0.52 米,约等于船长的 1/3。尾部有一只大长桨,桨叶呈刀形,背厚刃薄,架在尾部正中凹缺处,长 1.02 米,约占船长的 70%。可见这尾部的大长桨与两舷其他 16 只把长櫂是完全不同的,它就是控制航向的长梢。

1955 年,在云南省晋宁县距滇池约一千米的石寨山出土了两面铜鼓,这是战国末期到西汉初期的文物。铜鼓上铸有舟船竞渡的纹饰。④ 这艘竞渡中的小船可能在滇池或某小河里。在这艘小船上,除桨手们奋力划动的短楫外,在尾部还架着一支梢,用来掌握舟船的航向。该铜鼓船纹中的梢似尚未完全改变桨的基本形态。

第六章

先秦秦汉时期的海洋交通

---

① George F. Bass, "A History of Seafaring", Walker and Company, New York, 1972.
② [宋]张择端:《清明上河图》(张安治著文),人民美术出版社 1979 年版。
③ 天津市文物管理处:《天津静海元蒙口宋船的发掘》,《文物》1983 年第 7 期。
④ 冯汉骥:《云南晋宁出土铜鼓研究》,《文物》1974 年第 1 期。

4. 碇

船舶作为水上运载工具,要有行有止。行靠桨、橹,或者利用自然风;止要靠各种系泊工具。现代的系泊工具是锚,古代就是碇。

在独木舟和舟船的初期,可以靠河岸上的树木或木桩系船,有时也可把船系在大的石头上。当船舶向开阔水域或海洋发展以后,没有近岸的木材和石头可借用系泊,便只有靠系泊工具了。

早期的泊船工具叫做"碇",用绳索将一块未经加工但形状又便于捆扎的石头,绑扎起来投入水底,利用石块的重量拖住船身,这是简单易行的方法。随着使用经验的丰富,或者在石块上凿孔穿上长绳,或者将石块稍加雕凿成为易于绑扎的形状,有的在绳端编结一个绳网,再往绳网里装若干石块,碇发展成多种式样。系泊时将碇放到水底,所以古籍上说到泊船时,概用"下碇"两字。

碇石沿用了很长时间,因石碇的重量有限,在风浪较大时有时就系不住船,后来就发明了木石结合的碇,或称为木爪石碇。这种木石结合的碇,既有碇石的重量,又有木爪扎入泥底,可使系泊船的能力成倍增加,成为更有效的系泊工具。

木石结合的碇,在中国最晚出现在汉代。广州东汉陶船模就悬挂着这种碇。仔细观察广州东汉陶船模的碇,就会发现有两个爪,在垂直于两爪构成的平面又有一横杆。令人惊异的是,近代西方所发明并风靡全球的有杆锚或称为海军锚,便是采用这种构造形式。海军锚的优越性是可以以较小的锚重而获较大的系船力,这已为世所公认。虽然我们不能说海军锚的发明是借鉴过中国汉代的碇,但至少可以说汉代的碇在构造上的合理性,已为后世的大量实践所证实。

发端于汉代的木石结合的碇,沿用了很长时间,当不断有所改进。北宋宣和年间(1119年～1125年)徐兢乘庞大的船队奉使朝鲜,归国后著《宣和奉使高丽图经》,书中对碇的使用情况叙述颇详:"船首两颊柱,中有车轮,上绾藤索,其大如椽,长五百尺,下垂(碇)石。石两旁夹以木钩。"[①]这里不仅说到碇的构造,而且说明碇是用粗大的缆索系牢并用绞车升降的。

5. 帆

桨和橹都是以人力为原动力的推进工具。只有帆的出现才开始跨入利用自然界的风力作为船舶动力的时代,船舶的航程才基本上不再受人力的局限和制约。所以说风帆的出现,是船舶推进动力上的一次飞跃,为船舶的远洋航行开辟了广阔的前景。

---

① [宋]徐兢:《宣和奉使高丽图经》卷34,故宫博物院影印1931年版。

若论帆的出现,外国出土的有古埃及王墓中的一个陶制花瓶,上面绘有帆船,其年代大约为公元前 3100 年。① 在公元前 1500 年,埃及女王曾用帆船去远征,在阿里—巴哈里的寺院里有这一帆船的浮雕。该帆船树一桅并挂一帆。从这些文物,可确信埃及帆船出现之早。

中国出现风帆的年代,迄今尚未有定论。中国科技史界有一个比较流行的说法,认为商代的甲骨文中的"凡"字就是帆。由此则意味着中国的帆至少也有 3000 年到 3500 年的历史。在古文献中首次出现"帆"字的是马融于汉元初二年(公元 115 年)写的《广成颂》。② 在这之后六年,许慎的文字学巨著《说文解字》也有帆的记载。汉末成书的《释名》更有对帆的解释:"随风张幔曰帆,使舟疾汛汛然也。"这些文献可以确切地证明汉代确实有了帆,但是帆最早出现的年代显然应比公元 115 年为早才是。

西汉时中国东与朝鲜、日本,西与印度、斯里兰卡,均有海路的频繁往来,如果没有帆又怎样能实现呢? 特别值得提出的是,汉武帝于元鼎五年(公元前 112 年)秋,曾派杨仆率 10 万水军,从浙江出发南下广东,次年冬天攻克番禺。这样浩浩荡荡的大型船队在海上长途航行,没有适宜的风帆实在是难以想象的事。况且,出发与攻克的时间,又都是东北季风大作而有利于北船南行的季节。这一切或许能提供甚至在汉代初年就已经有了适宜的风帆设施的信息。如果再想到秦代徐福的远航,风帆的出现或有可能更早些。

近年,根据湖南出土的战国时代越族的古乐器"镈于"上的船纹,推断"船纹中部立有一扇状图形","应是一种原始风帆的图像"。如果此说成立,则可以认定"中国的风帆始于战国时代"③。

中国的风帆虽不能说比外国为先,似因为有舵与帆相配合④,加上中国风帆的特点,使中国的风帆别具特色和优点。另外,最晚从汉代起,就有相当成熟的驶帆技术,或许是基于这些原因,使中国的帆船能够跨海越洋,领先于全世界。

关于汉代的驶风技术,《南州异物志》的记述为我们提供了宝贵的文献资料。《南州异物志》为三国时东吴太守万震所撰,原书已失传,但所记关于从广州出发的海舟等内容,由于被收于《太平御览》而得以保存。例如卷 769 对大型海船就记有:"大者长二十余丈,高去水三四丈,望之如阁道,载六七百人,物出万斛。"如按每丈为 2.3 米~2.5 米计,则 20 丈的船,大约有 46 到 50 米的

① 席龙飞:《中外帆和舵技术的比较》,《船史研究》1985 年第 1 期。
② 文尚光:《中国风帆出现的时代》,《武汉水运工程学院学报》1983 年第 3 期。
③ 林华东:《中国风帆探源》,《海交史研究》1986 年第 2 期。
④ 席龙飞:《中外帆和舵技术的比较》,《船史研究》1985 年第 1 期。

长度。关于船舶载量的记叙,其中载六七百人较为明确。"物出万斛"或说载重量之大。如果将 3 世纪的斛合一石计算,每斛可视为百公斤,万斛的船则相当于千吨。

最为重要的还是《太平御览》卷 771 引《南州异物志》关于风帆的构造和驶风技术的记载:"外徼人随舟大小,或作四帆,前后沓载之。有卢头木,叶如牖形,长丈余,织以为帆。其四帆不正前向,皆使邪移相聚,以取风吹。风后者激而相射,亦并得风力,若急则随意增减之。邪张相取风气,而无高危之虑,故行不避迅风激波,所以能疾。"从这段叙述中我们可以得知:第一,汉代由于船舶长而载量大,已经开始使用多桅多帆;第二,帆为卢头木叶所织成,迄今虽不确知卢头木为何种植物,但从后世使用的由蒲叶和篾片织成的帆来看,这用卢头木叶织成的帆当属于硬帆;第三,用植物叶织成的帆,古曰篷,厚而硬,可利用侧向风力,"其四帆不正前向"就证明了这一点;第四,汉代已经注意到多帆的相互影响,要随时调节帆的位置和帆角,更要因风力的大小而调节帆的面积。

中国船舶的船型、构造、属具以及建造法式等,均自成体系,别具一格。其中帆与驶帆技术就更具中国特色。在西方,帆虽出现得很早,但进展较慢,西方所有代表性船型皆应用软帆,只适用于顺风,对偏逆风和侧向风则远不如中国的硬帆有效。从某一攻角吹向硬帆的侧向风,按空气动力学原理,可获得较大的升力以推船前进。"风有八面",硬帆皆可利用。西方的软帆主要是按动量理论获得由顺风而产生的推进力,并不能适应"风有八面"这种大自然常有的现象。当中国的篷帆从由植物叶编织过渡到采用布帆时,横向密布横杆称为帆竹,由诸多帆竹支撑的布帆仍保持着硬帆的特点。带帆竹的布帆,和由植物叶编织的篷一样,都可以随风力的大小,对帆面积"随宜增减之"。当遇到特大风暴时,中国式的硬帆可利用自身的重量而迅速落帆。西方式的大块软帆,这时就要用众多的人力将帆卷起并绑扎在横桁上,紧急时有时需要砍断桅杆。

中国式的硬帆通常是采用"平衡纵帆"的形式,能绕桅杆转动,可根据风向随时调节帆角以获得较大的推进力。若遇顺风时,前后两个帆如一个帆的宽边横出左舷,则另一个帆的宽边就要横出右舷。两帆充分横向展开,加大受风面积,可提高航速。这就是《太平御览》卷 771 引《南州异物志》中所形容的:"皆使邪移相聚,以取风吹。"调节后面帆的角度,充分利用流经帆面的气流,也可提高帆的推进效率。正如《太平御览》卷 771 引《南州异物志》中所说:"风后者激而相射,亦并得风力。"

采用中国式的硬帆,即使在逆风或斜逆风中,船舶仍可采取曲折航线,以减小风向角,尽可能地利用风力前进。这叫做打戗驶风,船舶沿"之"字形航线曲折前进。为了既充分利用高空的风力,又考虑船的安全,风帆的上横桁常有六十度以上的倾角,使方挂帆的顶端呈尖角并高过桅顶。"邪张相取风气,而无高危之虑",正是形象地说明了这个问题。

东汉年间成书的类似今日辞书的著作《释名》,有专门一篇对船舶技术问题加以解释,十分珍贵,这就是《释船》。

《释名》为东汉刘熙撰。另一说始作于刘珍,完成于刘熙。全书分8卷27篇,《释船》为其中的第25篇。全书以音同音近的字解释意义,推究事物所以命名的由来。其中虽有穿凿附会之处,但对探求语源和古义,普遍认为很有参考价值。正因为如此,后世的学者对其也颇为重视,并加以疏通与润色。清代华源有《释名疏证》,清代王先谦有《释名疏证补》及《释名疏证补附》。全书既然类似于辞书,免不了分条记述,漫无层次,像似随其所见信手写成,但仔细排比以后,便可发现关于船舶的内容概可分为以下五个部分。

(1)总论定义。给船的性质和船的作用定了名,作了注释。

(2)船舶属具。在这一部分里,除对碇这种系泊工具遗漏之外,对桅、帆、桨、橹,甚至拉船的纤绳等各项属具,从作用、形状、操作部位等,都作了解释和说明。对舵的安装位置、作用也有简要的记载。

(3)船体结构。对汉代船舶的甲板、舱底结构,对上层建筑的庐、飞庐、爵室等均有说明。

(4)船舶分类。对各类船舶分别立名,在兵船中,根据战时的作用分有攻击舰"先登",装甲舰"蒙冲",快速战船"赤马",多层战舰"槛"(舰)。还以载重量分五百斛以上的"斥候",三百斛的"艑"和二百斛的"艇"等。

(5)稳性理论。在书中明确地讲到船的主要尺度对稳性的重大影响。"短而广,安不倾危者也。"

《释船》这一篇,虽然还算不得有关造船技术的鸿篇巨制,但是,它能在约1800年以前,把中国当时曾获得的造船成就和达到的技艺水平,翔实地记录下来,不仅在中国,即使在全世界范围来说,也是难能可贵的。外国的一些船史专著中,迄今还在那里片面地强调舵是1242年前后发明和使用的,举出的证据就是德国埃尔滨城的一个带有船尾舵图案的印记。[1] 然而,在中国,不仅有公元前后的船尾舵的文物,而且有《释船》这样的文献,对舵的作用、安装与操作部位均加以明确的解释。这就是说,在公元前后,中国不仅有了舵在使用,而且已经引起文人学士的注意,认为有必要在他的著作中加以概括。

---

① Peter Kemp, "The History of Ships."Orbis Publishing Ltd. London, 1978.

第二节　先秦时期的海洋交通

　　早在我国历史上的先秦时期,海洋交通已经出现了,这与我国先民对海洋的长期认识分不开的。到了春秋战国时期,由于沿海国家的出现,海洋交通得到了长足的发展。

一　夏商周时期的海洋交通①

　　从我国海上交通的产生来看,远在旧石器时代,我们的祖先——居住在今周口店地方(在北京市西南部)的山顶洞人,就已经和海发生了接触,他们从海滨拣取了海蚶介壳,并在壳顶部磨出窟窿,用它们做成串珠状装饰品。② 与山顶洞人同时,我们的濒海而居的祖先,他们的生活是和海洋结合着的,可以推知,最早的航海活动也就是由他们开始的。

　　到了新石器时代,以我国黄河流域这一东西横列的地带为主,产生过著名的仰韶文化和龙山文化。这两种文化曾向北分布到辽东半岛,向东分布到台湾,向南分布到香港。③ 这些由考古发现而获知的历史事实,证明了远在使用新石器的原始社会时代,我们的祖先便已发展了对台湾及其他许多沿海岛屿的海上交通;而山东半岛和辽东半岛之间的海上交通,在当时已经充分建立起来。

　　大禹治水是一个很古老的传说,它告诉我们,大约 4000 多年前我国人民已经能有力地控制和利用水了。《竹书纪年》说到,禹的儿子启建立了我国历史上第一个奴隶制国家夏朝,有一个国王叫后芒(即帝芒),曾经"东狩于海,获大鱼"④。这是历史上关于夏朝航海事业所留下来的一鳞半爪的记载。稍后,在我国古代史上以善于航海著称的百越人,据传也是夏禹的子孙。⑤

　　商朝是继夏期而起的国家。夏灭亡以前,商已是我国一个兴旺的部落。《诗经·商颂》在追颂商汤的祖先相土时,有"相土烈烈,海外有截"的赞颂。⑥

---

① 引见章巽:《我国古代的海上交通》,商务印书馆 1986 年版,第 1～3 页;中国航海学会:《中国航海史》(古代航海史),人民交通出版社 1988 年版,第 22～24 页。
② 裴文中:《中国石器时代的文化》,中国青年出版社 1954 年版,第 28 页。
③ 裴文中:《中国史前时期之研究》,商务印书馆 1948 年版;《中国石器时代的文化》,中国科学院历史研究所第三所《丛刊》第二集,1955 年刊,第 28 页。
④ 方诗铭等:《古本竹书纪年辑证》,上海古籍出版社 1981 年版,第 10 页。
⑤ 《史记·越王勾践世家》。
⑥ 《诗经·商颂·长发》。"截"是治理和整齐的意思。

假如据此就说当时商部落已有海外的领地,并且通过海上交通来治理,恐怕还得研究。不过,郭沫若认为,"可能相土的活动已经到达渤海,并同'海外'发生了联系"①。后来汉代人的记载,曾说到商末、周初时,有商的王族箕子出走朝鲜之事。② 可以相信商朝一代已超出近海,而在渤海以东发展了海上交通。③

夏朝立国之初,在北方沿海居住着一个很大的族系,古称东夷。

史籍上说"夷有九种",这不过是概言其多的一个约数,实际上有十几个种族。据《括地志》记载,其中有几支就分布在渤海、黄海和东海的一些岛屿上。住在南方沿海的族系,总称为百越,他们和九夷人都是长于航海的部族。当社会生产发展到需要商品交换的时候,随着造船能力的日益发展,航海技术的不断提高,他们由近及远,开辟出了若干航路,几经往返探索,形成了一条条的海上航线。九夷中的商族,他们从原始社会末期和夏代奴隶社会的初期,便开始了大规模的海上活动。据《十六国春秋·前燕录》上记载:"昔高辛氏游于海滨,留少子厌越居北夷,邑于紫蒙之野"。此处所说的"高辛氏",即历史上称为五帝之一的"帝喾",其少子厌越即是商族的始祖"契"。这段记载,是说在夏朝立国之前,高辛氏将其少子留守在其氏族的故乡紫蒙(今辽宁省赤峰市的老哈河一带),然后带领一部分族人沿渤海南迁。商族是东夷中长于航海的一支族系。在《诗经·商颂》中即有颂扬他们与海外往来的诗文:"肇域彼四海,四海来假;来假祁祁,景员维河";"相土烈烈,海外有截"。这是为颂扬商侯相土建立了卓越的航海功业而作的。

考古证明,夏商两代,从现在的山东蓬莱到辽宁大连之间,已开通了一条横渡渤海的航线,它与越人开辟的河姆渡到舟山群岛和台湾的航线南北相应,是现知我国最古老的两条沿海航线。另外,同时活动于沿海的东夷航海者还大有人在,例如在相土所在年代以后不久,夏朝的第八代君王帝芒,曾"命九夷,狩于海,获大鱼"。"命九夷"这一句话,一方面是说明夏王朝对沿海各部族的统属关系;另一方面,说明沿海的东夷人均有出海的物质条件和航行能力。从而可以测知东夷人在沿海各地之间,多有短程的航路联系了。④

当时的百越人,尤以善于造船著名。《艺文类聚》卷 71 所引《周书》有"周成王时,于越献舟"的记载。周成王约为公元前 11 世纪人,当时我国江、淮、河、济四大河流,平行东流入海,尚未开凿沟通南北的运河,则越人所献的船,自今浙江东岸出发,一定要通过海上,向北航行,才能驶入淮水或济水,向西到

---

① 郭沫若:《中国史稿》第一册,人民出版社 1976 年版,第 157 页。
② 《尚书大传》卷 3(《四部丛刊》本);《史记·宋微子世家》。
③ 章巽:《我国古代的海上交通》,商务印书馆 1986 年版。
④ 中国航海学会:《中国航海史》(古代航海史),人民交通出版社 1988 年版。

达周王的统治中心地区。当时的淮水,约在今江苏阜宁附近入海,济水约在今山东小清河口附近入海。由此可见,西周时由今浙江东部直通江苏东北部或山东半岛北面的海上交通,已经见于文字记载。

后汉的王充所著《论衡》中,还有周时"越裳①献白雉,倭人②贡鬯草"及周成王时"越裳献雉,倭人贡畅"③的叙述。《尚书大传》(前汉人的著作)亦有周成王时越裳国献白雉的记述,这亦是西周已和东方的日本及南方的越裳有了海上交通之传说的最早记载。④

到了春秋战国时期,地处沿海的齐国,已是以渔盐之利为立国之本,吴国已不能一日废舟之用,越国向例以舟为车、以楫为马。他们的航海实力,远远超过夏商与西周,达到了航海事业初创期的成熟阶段,这时航海活动范围比前代扩大了许多,形成了一些沟通诸侯国之间的航线。像《论语》上记齐景公对晏子说:"吾欲观于转附(芝罘,今烟台)、朝舞(成山),遵海而南,放于琅邪"。从这句话里,可以反映出当时以渤海湾口的芝罘为中转点,北到辽东半岛,南到琅琊已有了一条南北航线。至于琅琊以南的沿海航线,可从春秋时期的几次海战中反映出来。例如当春秋末年吴国国势日盛,北上与齐国争霸之时,于周敬王三十五年(公元前485年),曾派徐承率水军沿海北上进攻齐国。周敬王三十八年(公元前482年),正当吴国争霸中原时,越国范蠡率水军从浙江出发,沿海北上,从淮北攻进淮河,溯流而上截断吴军后路。

从春秋后期的海战活动中可知,从琅琊到浙江,已形成一条航路。若以琅琊为基点,把南北两段航路衔接起来,便形成南起浙江,北至辽东,长达数千里的一条沿海航线。我国后世的沿海北洋航线,便是由此发迹,经过逐代改进而完善起来的。⑤

二 春秋战国时期的海洋交通⑥

春秋战国时期,由于沿海诸侯国家的出现,使得这一时期的海洋交通比以前有了明显的发展。

春秋时代(公元前770年~公元前476年),在我国海上交通事业中占最重要地位的,北方为齐国,南方为吴、越两国。

---

① 越裳指今越南的北部一带。
② 倭人指今日本。
③ 鬯、畅二字相通。鬯,一种香草酿的饮料。
④ 章巽:《我国古代的海上交通》,商务印书馆1986年版。
⑤ 引见中国航海学会:《中国航海史》(古代航海史),人民交通出版社1988年版。
⑥ 引见章巽:《我国古代的海上交通》,商务印书馆1986年版,第1~9页;中国航海学会:《中国航海史》(古代航海史),人民交通出版社1988年版,第24~28页。

但在春秋时代的前期,齐国向东通大海的路径仍然被莱夷阻隔着。公元前七世纪中期,齐国已十分强盛,齐桓公虽然能够"通齐国之鱼盐于东莱"①,但并未能征服莱夷。当时莱夷的首都在今山东黄县东南二十里,整个山东半岛的东部皆受其控制。公元前567年,齐国终于灭了莱夷,齐国的势力才达到东部的大海。富有海上生活经验的莱人,也和齐人融合起来。渤海海面以及环绕山东半岛的航行,主要就归齐国人掌握了。汉人著作《说苑·正谏篇》说:"齐景公(公元前547年~公元前490年)游于海上而乐之,六月不归。"可见当时航海规模已经很大。春秋末年人孔子(公元前551年~公元前479年),曾说他想"乘桴浮于海"②,可见当时山东半岛一带的海上航行已很平常。公元前485年,吴国派遣海军由海上进攻齐国,但未能入境,就被齐国击败退归③,可见当时齐国已经有了强大的海军。

吴国是一个"不能一日而废舟楫之用"的国家④,这是对春秋时代历史有深入研究的清代学者顾栋高所说的。尤其在春秋后期,吴国在造船技术上也有了提高,已能造出各类船只和很大的船舰。春秋时吴、楚两国常用水军交战。吴国拥有这样完备的水军,所以能于公元前485年由大夫徐承指挥自海上去进攻齐国,结果却被齐国打败。

当时吴国的首都,就在现在的苏州市,西滨太湖,东通大海。我们可以想象得到,在吴国水军船艇的四周,那时一定活跃着大大小小各种民间的船只,在古代中国东部的江海交会区,呈现出帆樯林立和乘风破浪的雄伟景象。

吴国人还特别善于治理水道。吴王夫差时,曾于公元前486年开掘邗沟,沟通长江和淮水,公元前484年~公元前482年间又开掘深沟⑤,东边沟通沂水和泗水(二水皆通淮水),西边沟通济水和黄河,这样,就把江、淮、河、济四条大河的水道都贯通起来了。不过,据清代著名地理学者胡渭的研究⑥,吴在开通邗沟以后,对北方的主要水路交通,仍旧取道于海上。胡渭举出充分的理由,这是可以使人信从的。

以会稽为首都的越国,主要根据地是今浙江省境一带。但百越民族分布范围很广,南到今福建、广东、广西以至越南的北部,包括广大的沿海地区及附近岛屿。如现在舟山群岛中的定海,春秋时候称为勾东,就是越国的直属领土。当时百越人各族间的联系,多依靠海上交通,正如越王勾践(公元前496

第六章

先秦秦汉时期的海洋交通

---

① 《国语·齐语》。
② 《论语·公冶长》。
③ 《左传·哀公十年》、《史记·吴太伯世家》及《齐太公世家》。
④ 顾栋高:《春秋大事表》卷33。
⑤ 《国语·吴语》。
⑥ 《禹贡锥指》卷6。

年～公元前 465 年)所说,百越人的习性是"水行而山处,以船为车,以楫为马,往若飘风,去则难从"①的。他们的造船技术很高,所造的船,有的称为扁舟②或轻舟③,有的称为舲④,大约这些都是日常使用的;还有戈船和楼船⑤,大约专供政府及作战使用。《越绝书》还说越国和吴国都有"船宫",大约就是造船的工场;越国称伐木造船的工人为木客,称水军兵士为楼船卒;百越人的土语,称船为"须虑",称海为"夷",他们就在海上演习船战。

越、吴两国之间,也常在水上作战。公元前 482 年,越国乘吴王夫差远赴北方黄池和晋君相会的机会,派范蠡和舌庸率领越国海军沿海北上,驶入淮水,以断吴王归路。⑥ 公元前 473 年越国灭吴国后,范蠡恐怕勾践忌他功高,从越国浮海逃至齐国。⑦ 公元前 468 年,越国首都由会稽迁到琅琊。以上一切都说明,春秋末年前后,由今浙江至山东一带的海上交通是怎样发达了。⑧

战国时代(公元前 475 年～公元前 221 年)我国北方航海事业的主角,除了齐国以外,又增加了一个以蓟城(今北京市西南部)为首都的燕国。当时齐、燕两国的航海事业都很发达。以寻找神仙追求出世的方士们就利用航海事业鼓吹他们的幻想,说渤海里面的蓬莱、方丈、瀛洲等三处神山上有仙人和不死之药。这三处神山究竟在什么地方?我们今天,和两千余年前的那些方士们一样,并不能指出确实的所在。但史籍里面关于战国时代燕、齐海上方士们生动的记载,说明了战国时代我国北方的海上交通已经有了很大的发展。

《战国策·赵策》有"秦攻燕则……齐涉渤海"的记载,可见当时齐国的海军已活动在渤海上了。战国时燕、齐两国的航海范围,后来还不限于渤海。《山海经》里面的各篇"海内经",虽然一般认为到汉代才编集起来,但其中也保存着汉代以前的资料。《海内北经》中称"南倭、北倭属燕",有可能即是对战国以来燕和日本已有海上交通传说的记载。战国时候齐国著名的学者邹衍,提倡大九州说⑨,这一学说与其说是对地球空间的观察和认识,不如说是对海洋和岛屿的观察和认识,反映出当时的航海活动已经很发达,其范围很大了。

至于南方,由山东半岛以南至今浙江东岸的海上交通线,仍旧控制在越国

① 《越绝书》(《四部丛刊》本)卷 8。
② 《史记·货殖列传》。
③ 《国语·越语》。
④ 《淮南子·俶真训》,舲是一种有窗的船。
⑤ 《吴越春秋》及《越绝书》。
⑥ 《国语·吴语》。
⑦ 《史记·越王勾践世家》。
⑧ 章巽:《我国古代的海上交通》,商务印书馆 1986 年版,第 1～7 页。
⑨ 《史记·孟子荀卿列传》。

所统治的百越人和吴人的手中。公元前 379 年,越国首都由琅琊迁至吴;公元前 323 年,越国被楚国所败,自今江苏南部以至山东南部滨海一带地方便成了楚国的领地。战国时代这一带的海上交通持续不断,海战也不时发生,这些足以反映战国时代地理形势的《禹贡》中说"沿于江海,达于淮泗",正是当时事实的描写。楚破越后,楚国的领地大约限于浙江(水名,即今新安江及钱塘江)以北。至于浙江以南,直至今福建、广东诸省沿海一带,仍在各族越人手中,在东瓯(即今温州市)一带的即称为东瓯,在冶(即今福州市)一带的为闽越,东瓯和闽越两族又合称东越;在番禺(今广州市)及今广东沿海的为南越,也称扬越;在今广西南部及沿海一带的为西瓯,也称骆越。《山海经·海内南经》说"瓯,居海中。闽,在海中。"说明当时我国东南一带的许多岛屿都已经有航海的百越人往来其间或居住在上了,百越人和北方的交通也都取道于海上。又《竹书纪年》中有公元前 312 年越王派人至魏国献舟的记载,可见过去一般认为公元前 323 年楚灭越国,并不完全准确,因为此后南方仍有越王,而且南方的越人和黄河流域的魏国之间仍然维持着必须经过海上的交通联系。

关于战国时代我国沿海交通线上的重要港口,见于史籍的,渤海西北有碣石(在今河北昌黎县境)①,它是燕国通海的门户;山东半岛北面有转附(即今芝罘半岛,自春秋时代就是海上港口②,南面有琅琊③;长江口附近有吴(即今苏州市,古代长江口在今崇明岛以西入海,吴很近海);更南有会稽和句章(今浙江宁波市西)④,它们是越国的海港。再往南,东瓯、冶、番禺等各族越人的都邑也都是比较重要的港口。⑤

从春秋到战国,沿海的燕、齐航海者,从山东及辽东出发,中间经过朝鲜半岛,航行到日本,前后共开辟了两条航线。春秋时期的一条,是左旋环流航线;战国时期随着航海技术的提高,又开辟出一条经由对马岛直航日本北九州的航线。从近代日本考古出土文物的分布地址所见,证实了这两条航线的存在和通航的大致年代。

1. 左旋环流航线

这是一条趁日本海左旋环流的航线,这条海流起源于鞑靼海峡的里曼寒流,它沿朝鲜半岛东岸南下,流至北纬 36 度,相当于韩国庆尚南道庆州以外的海域,与从西南流来的对马暖流相遇。遂后,里曼寒流便分成了两部分,一支成为潜流继续南下,到济州岛附近,再度上浮为表流,成为中国沿海寒流的源

① 《禹贡》及《史记·秦始皇本纪》。
② 《孟子·梁惠王》下。
③ 《孟子·梁惠王》下。
④ 《国语·吴语》、《国语·越语》及韦解。
⑤ 以上引见章巽:《我国古代的海上交通》,商务印书馆 1986 年版,第 1~9 页。

头;另一支,与对马暖流平行流向东方,到日本的西海岸山阴、北陆地区,便又沿着日本西岸转而流向东北,直到津轻和宗谷海峡,又分成几小股支流,流势逐渐减弱,最后在库页岛附近消失。这条海流的走向,在日本海上则成为一股沿着四周陆岸向左旋转的环流,趁着这条环流,从朝鲜半岛东南方向,可以航行到日本西岸。在 1904 年日俄战争时,俄国曾在海参崴港外布设了 313 个水雷,其中有 59 个被左旋环流漂到朝鲜半岛东岸和郁陵岛,还有 198 个漂到日本西海岸的出云到津轻海峡一带和隐岐、佐渡两岛沿岸。1906 年,日本人和田雄治又做过一次测验,他在釜山与清津之间海岸投放了 339 个空瓶,竟有 80% 以上的空瓶,随左旋环流漂到日本的山阴和北陆地区。中国在春秋时期,便是中经朝鲜半岛借着这条海流通向日本的。在这条环流所经各地,遗留下许多春秋时期的青铜器。

近代在日本山阴、北陆地区,出土了大小 350 多件铜铎,其形状与春秋时期的编钟相似,据日人栗山周一的考证,这些铜铎的形状、花纹都像中国乙侯钟的样子。而且其上细部的涡旋雷纹、锯齿纹等花纹图案均酷似。乙侯钟是著名的山东"陈氏十钟"之一。原为春秋时山东登州的乙侯国所铸。乙侯国是东夷人的诸侯国,后来有一支迁至辽西,据此认定,日本出土的铜铎,是起源于中国沿海东夷人的文物。这种铜铎,还在韩国庆尚南道沿海一带屡有发现,尤其在入室里出土的小铜铎,与 1918 年在日本大和葛城郡吐田乡出土者一样。这说明铜铎是由乙侯国迁渡到辽宁的一支东夷人先传到朝鲜半岛,而后又渡海传到日本的。从铜铎遗址在朝鲜半岛和日本列岛的分布地点来看,恰好是在左旋环流行经的沿途。这些材料证明早在 2400 年~2500 年以前,中国的青铜器,是沿着这条左旋环流航线传到日本去的。

另外,从语言学的关系上,也可以清楚地看出这条左旋环流航线的走向。由于当时沿着这条航线东渡的不仅有山东的东夷人,也有东北地区的肃慎人,即以后所称的女真人,他们的语言属于阿尔泰语系的满—通古斯语。当女真人趁左旋环流东渡以后,在其所经过的日本山阴、北陆、陆奥这些地区的方言中,深深的保留着女真语的印记。一些女真语的词汇、句法、语序等,也被移植为日本语的构成部分了。可以说,女真语对日本语言的影响,有一定的普遍性。例如,据日本的《东日流外三郡志》上说,日本北部的古老民族是阿曾部族。其始祖传称为宇曾利ウソソ,即通古斯语"乌苏里",其意即是"天王",迄今在青森县陆奥,还有以宇曾利命名的村、河、湖泊,证明这个地区的先人是来自中国东北地区乌苏里江流域各地。再如日本北海道的"手宫文字"来源于肃慎人;モヨロ是中国"毛挹娄"族人的遗址等等。这些语言学、民俗学的现象和考古文物、遗址,均可以说明,中国的东夷人在春秋时期开拓了这条左旋环流航线,而后相继渡海到了日本。

2. 经对马岛到北九州航线

到了战国时,随着造船和航海技术的发展和提高,又开辟了一条经过对马岛直航日本北九州的航线。

中国古文献中最早记载过日本的,是战国时期成书的《山海经》。在《山海经·海内北经》盖国条上说:"盖国在距燕南,倭北。倭属燕。"据注释,"盖国"即"高勾丽盖马大山"。按其方位又在倭之北,当即指对马岛。这条记载,指示了对马岛与通北九州航线的关系。文中提到的"倭",在中国古籍中又称作"倭面土"或称"倭奴",这些名称皆来自音译。"倭"字古音读 ya。据此"倭面土"读若 yamandu,与"大和"族的日语的读音相同ヤスト。所以中国古籍中的"倭",实际是指日本列岛而言。具体说来,《山海经》上的这条关于对马岛和日本的记载,是由这条航线的走向而来的。在这条航线的沿途,遗存下大量战国时期的青铜剑、青铜鉾(戈),标示着这条航线的起止点及其走向。航线的北端起自朝鲜半岛今韩国的庆尚南、北道,在这里发现了战国青铜剑、鉾遗址 3 处,总共遗存文物 11 件;由此向南,在对马岛发现 17 处,共 59 件;博多湾岸边有 22 处,共 85 件;北九州的筑后有 15 处,共 48 件;丰后有 12 处,共 43 件。把这些青铜兵器的遗址的分布点连接起来,便成为从朝鲜半岛南端出发,中经对马岛而达日本北九州的航线。在这条航线上,对马岛是渡日的中间站。据《读史方舆纪要》上说,釜山"滨大海,与日本对马岛相望,扬帆半日可至"。对马岛由上下两岛组成,南北长 73 千米,东西宽 18 千米。岛中央的御岳山高 490 米,是为渡对马海峡时的陆标。从对马岛的南端出发时,可见东南方 35 海里处的冲之岛。该岛处于对马岛与关门海峡西口的连线中间,其高点 224 米,是航路途中的良好陆标和寄泊地。再从冲之岛出发,可见 25 海里外的大岛,岛高 234 米,地标明显,而且对马岛东侧水道为对马暖流的支流,流速平缓,航行无大困难。船过大岛即到北九州的宗象。这条航线在左旋环流以西,又在三国曹魏所开的航线以东,《日本书纪·神代卷》上把它称谓"海北道中",是中国文化向日本流传的一条重要的海上交通干线。当在这条航线上航行时,往返都要横渡流速 24 海里的对马海流,所以这条航线的开通,反映着战国时期的造船和航海技术水平,已具备了克服对马海流横漂的能力。

在日本,出土铜铎的地方,则基本上少见铜剑和铜鉾;反之,出土铜剑的地方也少见铜铎。至今没有见到在一个地方有两种文物交杂或迭压同见的现象。有的学者认为这是两个文化圈,但说不清产生这种现象的原因。假若从形成以上两条航线的海流、船舶、驾驶技术等角度来研究的话,便可以清楚地看出,铜铎和铜剑分离遗存的现象,是由先后不同时期的两条航线(即春秋时期的左旋环流航线和战国时期的经对马岛至北九州航线)传播过去而形成的。特别是在发现铜剑的经对马岛到北九州航线的沿途,同时都发现了燕国的货币"明刀"的遗存。由此便可比较确切地把经对马岛至北九州航线出现的时间,定在战国时期了。①

第三节　秦汉时期的海洋交通

一　秦朝的海洋交通②

　　秦始皇于公元前 221 年统一中国后,表现出对海洋和海洋交通的极端重视。公元前 219 年,登基不久,秦始皇就开始东巡海疆,沿着渤海南岸,到黄、腄、芝罘、成山等地视察,南登东海(今黄海)北部的琅琊,并驻跸达三个月之久。这些地方都是以前齐国的重要海港。秦始皇在琅琊期间,令迁三万户居民于琅琊城,并派徐福带领了童男童女数千人入海求仙,一次次成就了大规模的海上航行。公元前 215 年,秦始皇又亲到渤海北岸的碣石(是以前燕国主要的海港,在今河北昌黎县境),从该处派遣燕地方士卢生们入海求仙。公元前 210 年,秦始皇东游会稽山(在今浙江绍兴市附近),然后沿海北上到琅琊;从琅琊经过劳山(今青岛崂山)、成山到芝罘,在山东半岛的东面环航一周。在回京途中,不幸病逝。

　　秦始皇派遣徐福率领的数千童男童女组成的庞大的航海船队,后世盛传曾到过日本,或者到过亶洲和夷洲(即今台湾),也有的说到了美洲,这些都是可能的。秦朝时渤海区域东到朝鲜半岛的海上交通,尤为发达。当时朝鲜半岛南端有三个国家,号称三韩:西为马韩,东为展韩,南为弁辰。据《后汉书·东夷传》的记载,辰韩就是避苦役而逃亡海外的许多秦人所创建的。

　　秦时中国南部广大的地区,仍居住着各族越人。公元前 222 年～公元前 214 年间,秦征服了各族越人,建立了闽中、南海、桂林、象等四个郡。各族越人素来善于航海,秦在南方建立南海等四郡后,积极在南方发展了海上交通。

　　下面我们从考古材料来看一下秦代海洋交通发展的情况。

　　1974 年底,在广州市区中心的中山四路北面,曾发现一处古造船工场的遗址,这地方在古代紧靠珠江北岸。工场规模巨大,有三个平行排列的造船台,还有木料加工场。综合研究的结果,认为这个造船工场始建于秦代统一岭南时期,一直到西汉初年的文帝、景帝之际才废弃填覆。③ 这工场遗址正是秦

---

① 以上引见中国航海学会:《中国航海史》(古代航海史),人民交通出版社 1988 年版,第 24～28 页。
② 引见章巽:《我国古代的海上交通》,商务印书馆 1986 年版,第 13～14 页。
③ 《广州秦汉造船工场遗址试掘》,《文物》1977 年第 4 期。

帝国统一南越后,积极在南方进一步发展海上交通的证明。

秦帝国南收百越,是含有经济动机的,《淮南子·人间训》中说,秦之南进,是为了"利越之犀角、象齿、翡翠、珠、玑"。《汉书·地理志》也说,越地"近海,多犀、象、毒冒(即玳瑁)、珠、玑、银、铜、果、布之凑(凑即集合地之意),中国往商贾者,多取富焉,番禺其一都会也"。以上这些物品的产地,一直展延到南方的中南半岛一带,所以秦平南越后急速在番禺(即今广州市)建立造船工场,以便向更南方发展。

根据这一造船工场遗址船台大小估计,一号船台所造船只的宽度应为3.6至5.4米,二号船台则应为5.6至8.4米。根据推算,当时常用船的宽度不超过5米,少数特殊的大船可能宽达8米左右;至于长度,宽5米的船的长度可能在20米左右,载重约500斛~600斛(合25吨~30吨),宽8米船的长度和载重按比例增加。这样大的船自然可以胜任在南海沿中南半岛一带航行了。[①]

广州这个建立于秦代的造船工场,汉代初年仍继续使用,秦代在南海方面的航海活动,汉代也继续发展了下去。

二 汉朝的海洋交通[②]

西汉帝国(公元前206年~公元8年)的初年,分封同姓。帝国的东部沿海一带,北从现在的辽宁省起,南到现在的浙江省止,分封成许多刘姓的王国;自今浙江省境以南,东瓯、闽越、南越、西瓯各族在事实上也恢复为相对独立的王国。公元前154年,西汉中央政府击败了吴越七国,加强了中央集权。

汉朝建国初期,采取了休养生息政策,社会经济逐渐得到恢复和发展。到汉文帝、景帝统治时期,出现了一代繁荣景象,历史上称之为"文景之治"。

公元前140年,开始了汉武帝的统治时期。汉武帝刘彻,是在文景之治的社会经济繁荣和财富积累雄厚的背景下登上历史舞台的,他很重视航海事业的发展,对陆上和海上的交通路线的开辟,起到了重要的历史作用。

汉建元三年(公元前138年)武帝派遣张骞出使西域凡13年,开辟了一条中西贸易的交通大道,这就是迄今仍载誉中外的丝绸之路。但这条通路经常受到匈奴的骚扰而中断,汉武帝不得不设法另寻他途。于是在元狩元年(公元

---

① 《秦汉时期的船舶》,《文物》1977年第4期;《水军和战船》,《文物》1979年第3期。据上海《解放日报》(1984年11月29日第三版)载文,一艘由中国广州造船厂制造的木帆船,船身长二十五米;宽六点八米,排水量七十吨,由十个不同国籍的二十六名男女青年驾驶,从广州出发,经过三年多时间,于1984年10月中到达法国首都巴黎塞纳河岸。由此也可表明,秦代所造宽八米以上的船,是能够出远海航行的。

② 引见章巽:《我国古代的海上交通》,商务印书馆1986年版,第15~17页。

前122年)派使者从四川开辟经过印度通往西方的新路线,由于种种原因而未获成功。因此,开辟海上的航路就提到了议事日程。

秦始皇时,虽征服了百越,但秦末以后,百越各国又都独立了。为了征服百越和控制海上交通线,汉武帝派遣严助和朱买臣等吴人,建立海上武力。公元前138年,闽越出兵进攻东瓯,汉武帝就派严助从会稽郡(郡治在今苏州市)发兵航海援救东瓯。公元前135年,原来以今福州市一带为中心根据地的闽越,分为越繇和东越两国。东越国王后来曾移居泉山(在今福建泉州市城北)及其南方大约500里的岛屿中。公元前112年~公元前111年,汉武帝派兵灭了以今广州市为中心的南越。公元前111年~公元前110年间,又灭了东越。在进攻东越时曾利用海军,由句章(今浙江宁波市西)出发,浮海南征。

从西汉政府这几次对南方的用兵中,我们可以发现,当时西汉的海军船队,对于季风是已经有了充分的认识并加以掌握了。例如公元前138年的一次用兵,是在7月,当时汉武帝年轻心急,急着要出兵,但严助的浮海南征行动很慢,直到闽越退兵战役结束,船队尚未到达前线。看来船队之所以迟迟才行,应该是为了力求避免夏季南来的季风对于南向航行的不利。至于公元前112年~公元前111年和公元前111年~公元前110年的两次用兵,前一次虽非航海,却也是船军沿河流南下,利用了风力,后一次是浮海南航,更有赖于顺风。这两次的船军和海军都在秋季出发南航,顺利获胜,显然是在航行进军中充分掌握和利用了秋冬季节北来的季风的。

至于朝鲜半岛方面,西汉初年时,燕人卫满灭了箕氏朝鲜,自立为王,史称卫氏朝鲜,建都王险,即今天平壤附近。卫氏朝鲜对于半岛中部的真番及南部的辰韩等邻国进行侵略,而且破坏他们和汉帝国的交通,汉帝国在渤海以东航运因而受到了阻碍。公元前109年~公元前108年间,汉遣海、陆军灭了卫氏朝鲜,设置四郡,直接辖属于汉中央政府。其中所遣海军5万人,就是由今山东港口出发,渡渤海前往的。

通过上述战争,汉帝国东面整个的海上交通线,北起渤海,南迄今越南沿岸,都通行无阻了。不仅如此,西汉时代我国还通过南海和今日印度洋上的国家建立了海上交通联系,开辟了太平洋和印度洋之间的远程航行。

自从汉武帝以后,直至东汉帝国末年,渤海和山东半岛附近一带的海上航行是非常发达的。例如北海郡都昌县(今山东昌邑县)人逄萌,在王莽时渡海至辽东,到东汉初年又渡海回山东半岛,可见当时在渤海上航行已经很便利了。又如公元109年~111年间,渤海区域曾发生人民起义,起义军以海岛为根据地,纵横海上,转战于辽东半岛和山东半岛的北部。东汉末年,如管宁、王烈、邴原、刘政、国渊、太史慈等,都曾由山东半岛航海移民。航海事业向东发展,不但到达了朝鲜半岛,而且也确立了中国和日本之间比较经常的海上交通。当时日本和中国之间的海上交通，大约是以朝鲜半岛为其中介的。

《汉书·地理志》记载说："乐浪海中有倭人，分为百余国，以岁时来献见云。"这是说汉武帝攻占朝鲜后，设置了乐浪、临屯、玄菟、真番四郡，开始与日本建立了海上交往。日本虽在中国东方，但限于当时的航海知识和技术等条件，双方只能沿着传统形成的绕经朝鲜的沿岸航线。这是自汉武帝以后直到曹魏时期的中日交往的主要航线。近代在日本弥生时代的文化遗址发掘中，发现很多中国的古镜、璧、玉及王莽时代的货物，这当然是汉代中日间海上交往的有力见证。

南方的海上交通，也很发达。两汉时在今广东和广西的南部，设置南海、苍梧、郁林、合浦四郡；在今越南境内，设置交趾、九真、日南三郡。在公元83年以前，上述七郡对北方的交通主要取道于海上，所以《后汉书·郑弘传》说："交趾七郡，贡献转运，皆从东冶（东冶即今福州市）泛海而至，风波艰阻，沈溺相系"。公元83年以后，才在今湖南省的南部增开陆道，通往今广东、广西境及越南的北部。但增开陆道之后，海上航行仍然畅通。《后汉书》曾记载桓晔、袁忠诸人自会稽（东汉会稽郡治在绍兴市）浮海至交趾的航程；《三国志》中也有许靖自会稽远航交趾，以及王朗自会稽浮海至东冶，并欲再由海道前往交趾的记载。这些都是东汉末年的事情了。

汉帝国自汉武帝开始在南方海上航行畅通，促成了对印度洋以西海上交通的重要发展。

在《汉书·地理志》里面，留有弥可珍贵的记载，说从日南郡的边境（今越南广治附近一带）或徐闻（县名，故址在今广东徐闻县附近）、合浦（郡名，治合浦县，故址在今广西合浦县东北）航海出发，"船行可五月，有都元国；又船行可四月，有邑卢没国。又船行可二十余日，有谌离国；步行可十余日，有夫甘都卢国；自夫甘都卢国船行可二月余，有黄支国。……自黄支船行可八月，到皮宗；船行可八月"，就回到日南郡界了。记载中还说，这些国家在汉武帝时就来献见，汉帝国方面，则由国家派遣直属宫廷的译长，率同应募的船员们，带了黄金和丝织物品，入海远航，交换明珠、璧流离（一种宝石名）及其他的奇石异物带归。记载中还说，黄支以南有已程不国，是汉使所到的最远的地方。由此可知，西汉时代我国航海家的踪迹，已经远达印度半岛的南部和斯里兰卡了。往返一次需要28个月，航程达数万千米。这就当时而言，是非常了不起的。

至东汉时代，中国和天竺（印度）的海上交通始终畅通，佛教也早已传入中国了。公元131年，叶调国王所派的使者经由日南航海来汉，叶调大约即今爪哇，或苏门答腊岛东南部。公元166年，有"大秦王安敦道使自日南徼外献象牙、犀角、玳瑁"的记载①,大秦即指罗马帝国东部,安敦可能即罗马皇帝马可·奥勒留·安敦尼(M·Aurelius Antoninus,161年~180年在位)。这事可能是由罗马帝国东部的商人们借用了大秦王的名义东来活动,因为此时的大秦正与中国汉王朝一样,都在谋求建立直接的海上交通,以发展丝绸贸易。

大秦的首邑位于埃及北部的亚历山大城,中国丝绸传统上经由陆路向西运入大秦,途经中亚地区后,须经行安息(今伊朗)境内,而安息就加以阻挠,以求由它来垄断丝绸的西运,从中谋取高额利润。汉帝国与大秦都要打破安息的垄断,所以只好另辟海路,以谋求开辟直接通航贸易的海上航线。结果是,通过海上航线,当时世界上的两大帝国——汉帝国和罗马帝国(东部)就直接连接起来了。

这条航线因沿途国家较多,从开辟之始,便显示出适应东西方需要而交往频繁的优势。《舆地纪胜》广州条中说:"番禺格控引海外,诸国贾胡,岁具大舶,贵奇货,涉巨浸以输中国。"当时这条航线的起点是徐闻,《元和郡县志》中说:"雷州徐闻县,本汉旧县。……汉置左右侯官,在徐闻县南七里,积货于此,备其所求,与交易有利。"徐闻之能成为汉代的重要港口,是它的地理位置优越所决定的。在以沿岸航行为主的时代,进出广州的海船,每经琼州海峡时,都要在雷州半岛南端的徐闻停泊,储存或补充一部分货物或给养。徐闻在汉代海上丝绸之路的全程中,既是广州的储备外围港,又是全航线的始发港。所以,汉初形成的这条丝绸之路,被交通史家称之为"徐闻、合浦海南道"。

远在2000多年前的两汉时代,中国的海上航线就形成了北到朝鲜半岛,东至日本列岛,南达南洋群岛,西抵印度半岛南部直至非洲和地中海的庞大的海上交通网络,应该说这是世界航运史上的一大创举,为我国后世航海事业的发展奠定了基础。

---

① 《后汉书·西域传》。

第七章
先秦秦汉时期的海洋信仰与崇拜

　　在夏商周时期,已经出现了海洋信仰。一方面,人们把海洋的祭祀纳入祭祀礼仪的范围;另一方面,当时出现了对禺虢、禺彊等海神的信仰以及对海盐神、海洋潮汐神、军事海神与求仙海神等行业海神的信仰,这时期的海洋信仰处于萌芽状态,具有原始的特征。其功能体现为东部沿海的东夷各族人在长期海洋实践基础上渴望开发、利用和征服大海并使之为人类服务的愿望,体现为人们对那些在认识海洋、开发海洋过程中作出了重大贡献的开拓者的崇敬之意。人们在认识海洋的过程中,赋予了海洋特有的文化理念,即海与海洋在人们的视野中可用于地域的划分,体现着特定的地域观念,海洋展示给人们包容和襟怀,海洋赋予了人们特定的超尘意识。在我国东南方沿海地区,在与我国东南沿海毗邻的环太平洋地区及其附近的滨海岛屿上,存在着鸟类图像遗存、鸟类器物和鸟形装饰,流传着众多的鸟图腾和鸟生传说,这里有渤海湾地区氏族部落的鸟生传说,有"居在海曲"或"食海中鱼"的鸟崇拜部族,有沿海百越部族的"雒越鸟田"即雒鸟助耕的神话,体现着特定的鸟崇拜文化。舟形器、舟形屋、陶制海船模型以及船形棺等器物造型表达的特定的海洋艺术,甲骨与青铜器上特定的海洋物象、帛画与铜镜上暗含的海洋因素、古老的岩画上传达的悠远的古海洋文化信息,均是以器物为载体的海洋文化形式。中国海南岛、台湾岛等沿海岛屿的早期传说中蕴涵着特定的海洋文化色彩。沿海地区盛行的徐福文化经久不衰。秦汉时期滨海方士文化的盛与衰适应着该区域亘古以来的滨海天然环境。在中国早期海洋文学的文化蕴涵中,《山海经》中"海"味十足,春秋战国及秦汉时期的滨海地区流传着很多海洋故事,秦汉时期的海赋散发着海的气息。

第一节　早期的海神信仰

涉海民众在长期的海洋生活过程中,对海洋的认识基本上可分为物质层面的和精神层面的,海洋资源的认识是属于物质层面的,而对海洋的信仰或崇拜则是属于精神层面的。精神层面的海洋认识往往具有非常神秘、非常模糊的特征,尤其是在人类社会的早期,那些沿海居民的海洋信仰,无论是祭祀海洋的现象,还是信奉各种海洋神灵的现象,都具有这样的特征。

一　海神信仰的产生与演变①

我国早期海神信仰,是伴随着我国沿海先民的早期海洋生活而逐步产生和丰富的。

探讨中国海神信仰的发生,自然应从最早的海神着眼。迄今为止,见诸文献与传说口碑的我国早期海神应是《山海经》所载的禺虢、禺彊父子。

《山海经·大荒东经》:"东海之渚中,有神,人面鸟身,珥两黄蛇,践两黄蛇,名曰禺虢。黄帝生禺虢,禺虢生禺京。禺京处北海,禺虢处东海,是谓海神。"郭璞注曰:"虢,一本作号。"由此可知,禺虢即禺号,是东海的海神,其神容为珥、践两黄蛇的鸟(人面鸟身)。其子——北海海神禺彊(郭璞注:禺京,"即禺彊也。")的神容:"北方禺彊,人面鸟身,珥两青蛇,践两青蛇,"(《山海经·海外北经》)禺虢与禺彊除了所珥、践之蛇的颜色不同外,其神容是相同的。

关于海神禺虢与禺彊的族属,《山海经》中有两说:一为"黄帝生禺虢"(《山海经·大荒东经》),一为"帝俊生禺号"(《山海经·海内经》)。这不同的族属解释似乎很矛盾,其实不然,这反映了不同海神信仰在不同沿海地区同时流行的情况。

黄帝生禺虢一说,强调了其神容构成中蛇的正统地位。《山海经·海外西经》说:"轩辕之国在此穷山之际。其不寿者八百岁。在女子国北,人面蛇身,尾交其上。"黄帝氏轩辕,蛇形。轩辕国信仰的蛇形,还表现在它的宗教象征物即图腾上:"轩辕之丘,在轩辕国北,其丘方,四蛇相绕。"黄帝之系谱在《史记·夏本纪》中是这样构成的:黄帝——昌意——颛顼——鲧——禹。《山海经·海内经》引《归藏·启筮》说:"鲧死三岁不腐,剖之以吴刀,化为黄龙。"鲧死化为黄龙实为其显出其神容——蛇(在先民眼里,蛇与龙是相类的)形。海神神容构成中的四蛇(珥两蛇、践两蛇),当是轩辕之丘四蛇的转型。推而思之,鲧

---

① 引见郭泮溪:《中国海神信仰三论》,《海南教育学院学报》1992年第1期。

所化的黄龙也当与禺虢神容构成中的黄蛇有着密切的关系。

帝俊生禺号（虢）一说，则强调了其神容构成中鸟（人面鸟身）的正统地位。帝俊即"夋"。甲骨文中的"夋"为鸟首人形。这正是以鸟为图腾的东夷族天帝——帝俊的形象。鸟首人形和人面鸟身是相通的。胡厚宣在《甲骨文所见商族鸟图腾的新证据》中有详尽的论证。

从海神禺虢、禺彊的神容构成看，似乎向我们传达了这样一个信息：鸟图腾与蛇（龙）图腾的结合。更确切一点说，是鸟图腾对蛇（龙）图腾的役使。

从古文献所载可知，鲧和其子禹均是上古时著名的治水者，因所采取的治水方法不同，鲧失败而禹成功。其所治之水主要是黄河及其支流。王孝廉说："夏民族所祭祀的河神，也即是他们的祖神伯鲧（即鲧）。正因为水神河伯是大禹的父亲伯鲧死后所化，所以《尸子》卷上我们看到了河伯曾经赐给大禹治水的地图，然后返身入渊的故事。"①我们知道，上古时黄河流域各族所祭祀的河神是不同的，但夏族祭祀的河神则为鲧。在我国古代神话中，有羿射河伯（河神）之举。《楚辞·天问》："帝降夷羿，革孽夏民，胡射夫河伯而妻彼雒嫔?"《山海经·海内经》："帝俊赐羿彤弓素矰，以扶下国。""羿"字从"羽"，也是以鸟为图腾，属东夷族。羿射夏族的河神（除此外，羿还有其他壮举）应是秉承东夷族天帝俊的旨意而行的。王逸注《天问》关于羿射河伯之事时，引用了这样一则民间传说："河伯化为白龙，游于水旁，羿见射之，眇其左目。河伯上述天帝曰：'为我杀羿。'天帝曰：'尔何故得见射?'河伯曰：'我时化白龙出游。'天帝曰：'使汝守神灵，羿何从得犯汝。今为虫兽，为人所射，固其宜也，羿何罪欤?'"河神之所以打不赢这场官司，因为这本来就是帝俊的旨意。羿射河伯一事，实际反映了东夷族征讨夏族之举。这与商人（属东夷族）革夏之命可能有关。羿射河神的结果是"眇其左目"，并夺去了河神的妻子雒嫔——征服了河神。

在新石器时代及其以后很长的一段历史时期里，我国东部沿海地区的居民是东夷各族人（鸟夷、禺夷、莱夷、淮夷等）。面对波浪滔天的大海，沿海地区的东夷人既靠简单的渔具获取海中的水族，又时遭大海的报复。为了征服和控制大海，东夷人曾与之进行了不屈不挠的长期斗争。"精卫填海"的神话故事即反映了这一斗争。当东夷人征服了夏族的河神后，自然会想到役使这治水者去管理大海，于是就创造出了人面鸟身（处于主导地位的东夷人鸟图腾）珥两蛇，践两蛇（使之处于被役使的地位）的海神形象。

从上面的分析可以看出，从我国海神信仰产生的区位来看，它发生在我国沿海地区，其最早产生的地区，主要是沿海的东夷各族。海神禺虢、禺彊的出

---

① 王孝廉：《黄河之水——河神的原像及信仰传承》，《民间文学论坛》1989 年第 5 期。

现,标志着我国早期海神信仰在一定时期的"权威说法"的相对统一。

随着时代的变迁,海神禺虢、禺彊父子的名气渐渐弱了下去。这一现象的出现与东夷族人不断被征服与同化有关。与之相适应的是海神角色的演变。这种演变的结果就是龙蛇摆脱了人面鸟身的役使,主动行使管理海神的职能。至此,海神与河神、江神相类似,其神容多为龙蛇形(包括大鱼,俗云黄河之鲤跃过龙门则为龙①)。王嘉《拾遗记》:"羽渊(神话中鲧死后入羽渊而化为龙)与河海通源也。海民于羽山之中,修立鲧庙,四时以致祭祀,常见玄鱼与蛟龙跳跃而出,观者而畏矣。"另《史记·秦始皇本纪》载:始皇帝于三十七年(公元前210年)出游,"上会稽,祭大禹,望于南海,"后北上琅琊。方士徐福又编造了因海中有大鲛鱼所阻,无法去蓬莱求仙药的谎话。随之,始皇帝梦中与海神战。醒后占梦,博士说:"水神不可见,以大鱼鲛龙为候。今上祷祠备谨,而有此恶神,当除去,而善神可致。"后来,始皇帝便以连弩射海神。从《史记》和《拾遗记》的文字可知,当时的海神早已不是珥两蛇、践两蛇,人面鸟身的神容了,而是以大鱼和鲛龙的面目出现。正如《史记》所记,秦始皇祭大禹,望于南海,是祭祀海神;但在琅琊又"梦与海神战",当博士言此海神为"恶神"后,又以连弩射海神。秦始皇的一祭一射,当反映了当时世人对海神的态度:如海神对人们有利,则祭之;反之,则对其大不敬,驱之、伐之。

东汉时期,佛教开始传入我国,后与中国传统文化融合,普及到社会各阶层。在这一基础上,佛教中统领水域并掌管兴云布雨的龙王,便与中国海域的龙蛇海神相融合,海龙王作为海神的信仰,就在民间广泛传承、普及开来,堂而皇之地享用起了渔民舟子的香火。从此以后,不但中国北、南、东诸海域,凡是有水之处,皆由龙王管辖,皆建有龙王庙。原为龙蛇神容的水神(包括海神),也融合进了龙王信仰的观念之中。同时,佛教中的观音菩萨作为中国化的观音娘娘,不久也成了女性海神;至宋代,被升为国家祀典的女海神妈祖娘娘,又成了更为普遍的海神,享受起了上至国家、下至民间并波及世界各地的祭祀香火。对此,可参见本书相关卷册中的专门介绍。

二 早期的行业海神

古人云:"依礼,有益于人则祀之。"在人类社会发展中,大凡在某一领域作出了重大贡献的人们,往往会被后人当做纪念的对象,有的甚至还会被神化,当成某一行业的行业神。人们在认识海洋、开发海洋的过程中,那些开拓者以及作出了重大贡献者,则被后人视为行业海神,在历史的长河里熠熠生辉,成为人们祭奠和缅怀的对象。

----

① 《艺文类聚》卷96《三秦记》:"河津一名龙门,大鱼积龙门数千不得上,上者为龙,不上者鱼。"

1. 盐神①

盐是人体必需的物质,盐很早就为人们所认识。在人们认识海盐、开发海盐的历程中,那些与海盐的生产管理有关的重要人物,往往被赋予神化的色彩。先秦时期的宿沙氏和管仲便是其中被神化的人物。

《说文解字》称:"古者夙沙初鬻海盐。"②在《广韵》注中,也有类似的记载。③ 鬻,即煮;据《说文解字》段玉裁注称:"夙,大徐(本)作宿,古宿、夙通用"。从以上资料看,首创煮海为盐的"夙沙",应该是人工盐在中国的创始者。

段玉裁《说文解字注》又说,许慎之说,"盖出《世本·作篇》。"④《世本》,据学者们研究,是春秋时人所撰,汉时宋衷(字仲子)为之作注;宋时已散佚。《图书集成》收有孙冯翼、雷学淇和张澍三种辑本,而以张澍本为详细。诸本《作篇》的正文,都只有"宿沙作煮盐"五个字。"古者"、"初"、"海"等四个字,似为汉人许慎所增益。

"夙沙",或者说"宿沙",是一个人,还是一个部落?又是什么时候的人或者部落?对此,古籍上有很多相互矛盾的、十分混乱的记载。

段玉裁《说文解字注》引《吕览》注称:"夙沙,大庭氏之末世",是把它当作一个古老的部落来看待的。《庄子·胠箧篇》说:"昔者容成氏、大庭氏……神农氏。当是时也,民结绳而用之"。认为大庭氏是与神农氏即炎帝同时代,或者早于神农氏的部落。而《诗谱序》却说:"大庭、轩辕,逮于高辛",在这里,大庭氏又成了神农氏的别号。大概正因为《诗谱序》的这个传说,清嘉庆(1796年~1820年)年间,自贡井的煮盐工人组成的行会组织,就曾经取名为"炎帝宫"⑤。

被当作"大庭氏之末世"的夙沙,在《渊鉴类函》的"煮海"条中⑥,又成了黄帝轩辕氏的"诸侯",并称他"始以海水煮乳,煎以成盐,其有青、黄、白、黑、紫五样,盐之作,自此始",但未注明这些说法出自何书。张澍辑《世本·补注》称:"《北堂书钞》引《世本》云:'夙沙氏始煮海为盐。夙沙,黄帝臣。'"这大概也就是清朝初年编辑《渊鉴类函》的依据。

张澍的《补注》又说:"《路史》⑦注引宋衷注:'夙沙氏,炎帝之诸侯。'"《路

---

① 引见郭正忠主编:《中国盐业史》(古代编),人民出版社1997年版,第19~22页;宋良曦:《中国盐业的行业偶像与神祇》,《盐业史研究》1998年第2期。

② 《说文解字注》第12篇上"盐"。

③ 《广韵》二十四"盐"注:"古者夙沙初作煮海为盐"。

④ 《说文解字注》第12篇上"盐"。

⑤ 《自贡文史资料选辑》第11辑,第36~39页。

⑥ 《渊鉴类函》卷391《盐三·煮海》条注。

⑦ 《路史》47卷。宋人罗泌撰,记载三皇至夏桀的传说,依据纬书和道书,多荒诞不经。

史》这部书虽不可信，但夙沙氏是炎帝"诸侯"的记载却并非孤证。《吕氏春秋·用民篇》载："夙沙氏之民，自攻其君而归神农"。南宋郑樵《通志》卷26《氏族略·以氏为国·夙沙氏》条引《英贤传》曰：'炎帝时侯国．'"同书卷1《三皇纪》称："夙沙为诸侯，不用命，箕文谏而杀之。神农退而修德，夙沙之民，自攻其君而来归"。看来，传说中居住在胶东半岛上的夙沙氏，作为一个发明煮海为盐的古老部落，曾经是炎帝神农氏的"诸侯"，大概没有问题。

《北堂书钞》卷146《盐·宿沙善煮》条，原注引《鲁连子》说："宿沙瞿子善煮盐，使煮滔沙，虽十宿不能得。"《太平御览》卷865引《鲁连子》，"滔"作"溃"，末多一"也"字，余同于《北堂书钞》。《鲁连子》一书，5卷，战国时齐国人鲁仲连所撰。这个熟悉故乡传说的鲁仲连，他所提到的那位"善煮盐"的夙（宿）沙瞿子，很可能就是传说中古老的夙沙部落中最善煮海的老盐工或者盐业的"大老总"。

《太平御览》卷865引《世本》称："夙沙作煮盐"下，有小注说："宋志曰：宿沙卫，齐灵公臣。齐滨海，故（宿沙）卫为自盐之利"。所谓"宋志"，当系"宋衷"的抄误。查《左传》鲁襄公二年（即齐灵公十年，前572年）、十七年、十八年、十九年，都记载有夙沙卫的事迹；称"齐灵公臣"，不误。根据《左传》的记载，夙沙卫曾经是齐灵公的"寺人"，后来升任"少傅"。至于"齐滨海，故（宿沙）卫为鱼盐之利"云云，不知汉人宋衷是否另有所本。

综上所述，这个在远古或上古时期就居住在山东半岛上的"夙沙氏"，长期与海为邻，首创煮海为盐是理所当然的。根据商人以"西"为"卤"来推测，至迟约在商周之际，这个古老的部落中终于出了一位远近闻名、技术精熟的煮盐人夙沙瞿子。直至春秋中期，人们一提到夙沙部落，总把他们和"鱼盐之利"联系在一起。

人工盐的煎煮成功，不仅在自然盐（卤）之外，增添了新的品种，并且，随之而来的是"盐"的概念、"盐"的文字，也广为传播。随着人工盐的发展，至战国之后，除了专门的文字书如《说文解字》之外，人们多知用"盐"，反而很少，甚至不知用"卤"了。

上述有关夙沙氏的记载虽然矛盾很多，但有两点是明确的：一，夙沙氏是一个长期居住在山东半岛上的古老部落，和传说中的洪荒时期的炎帝部落有密切的联系；二，夙沙部落长期与海为邻，不仅首创了煮海为盐，而且大概在商、周之际，就已在当地推广和普及煮盐。正因为如此，夙沙氏被后世尊崇为"盐宗"。

早在赵宋以前，在河东解州安邑县东南十里，就修建了专为祭祀"盐宗"的庙宇。《太平寰宇记》引用吕忱的话说："宿沙氏煮海，谓之'盐宗'，尊之也。以其滋润生人，可得置祠"①。直至清同治年间，盐运使乔松年在泰州修建"盐宗庙"，庙中供奉在主位的"盐宗"就是煮海为盐的夙沙氏，而把商周之际贩运卤盐的胶鬲、春秋时在齐国实行"食盐官营"的管仲，置于陪祭地位。座次的排列，似乎自发地反映了生产第一的观点。②

可见，煮海为盐的夙沙氏之所以被供奉在庙中主位而被称为"盐宗"，这与他所代表的早期沿海部落对于海盐的开发利用是分不开的。

要之，传说中的夙沙被供为盐神，这种信仰最为普遍。夙沙又作宿沙，一说为黄帝臣，一说为炎帝时的诸侯，还有一说为齐灵公时的奄人夙沙卫，说法很多，不一而足，而以信奉前两说者为多。也就是说，在我国相当广泛的海盐和池盐产区，大都是将宿沙作为盐业生产的鼻祖来供奉的。

在中国各类手工行业中，盐业的行业偶像和神祇数量甚多，构成了一个庞杂的体系。因为盐业的从业者既包括盐工、盐商，又包括盐官、盐运使，还有不少为盐业提供原、燃材料的间接人员，加之盐的产制又分成海盐、池盐、井盐、岩盐等，再因盐业产区、产场的分散和封闭，所以形成了与其他手工行业不同的特点，即不仅在全国盐业中，没有一个共同的行业偶像，而且在海盐、井盐、池盐各产区，也没有共同的行业神祇。如两淮盐区供奉夙沙氏、胶鬲、管仲；长芦盐区供奉盐姥、詹打鱼；两浙盐区供奉头神；川盐产区供奉张道陵、十二玉女、开山姥姥、梅泽、扶嘉、杨伯起。

盐业神祇的诞生，既有历代统治者敕封而成的，又有盐业从业者敬奉而立的，均为在一定的历史时期和社会条件下，造神者根据自己的需要和自身的利益，并按照一定的标准，从已知的材料中选择某一对象制造出来的。这一对象必须被认定为当地盐业的开发者、创始者、保护者，从而成为盐业的行业偶像。这种行业偶像可能是人，也可能是神，还有个别地区认定的偶像是某一种动物。由人变成行业偶像和神祇，是将人神格化，使之具有神的特征和法力；由神变成行业神祇，则是神性和神的职司的转换；至于将动物作为顶礼膜拜的行业神祇，则有一个赋予该动物神性的过程，并带有行业图腾崇拜的影子。

盐业行业神祇十分芜杂，既有人，又有神，还有动物；既有历史人物，又有神话人物，还有古老相传的民间人物，总之，既有真实的开业祖师，又有虚构的技艺神灵。

真实的开业祖师，系指历史上确有其人，而此人又是盐业某一领域、某一方面的开拓者、创始者，因而被尊为祖师、先师，成为盐业的行业偶像和神祇。真实的开业祖师在盐业神祇中仅占很小的比例，如管仲即是。管仲系春秋时

---

① 《太平寰宇记》卷46《河东·解州·安邑县》条。

② 以上引见郭正忠主编：《中国盐业史》（古代编），人民出版社1997年版，第19～22页。

齐国贤相,他为齐桓公殚精竭虑,正盐筴,官山海,设官煮盐,首创盐铁官营,促进了齐国的盐业和社会经济的发展,为齐桓公五霸称雄打下了坚实的基础。《管子·轻重甲》:"管子曰:'今齐有渠展之盐,请君伐菹薪,煮沸水为盐,正而积之。桓公曰:'诺。'十月始正,至于正月,成盐三万六千钟。《管子·海王》又载:"桓公曰:'然则吾何以为国学?'管子对曰:'唯官山海为可耳。'桓公曰:'何谓官山海?'管子对曰:'海王之国,谨正盐筴。'"可见管仲既是中国盐政的创始人,又是海盐生产的开拓者。在两淮地区的盐宗庙中,管仲与夙沙氏、胶鬲一起被尊为盐宗奉祀。在泰州,管仲被尊为中国盐政之祖供奉:"泰州西门内有小香者,中供先贤管子塑像,为淮官商云集之所。"①吴恭亨《对联话》卷2录有湖北武穴榷运局长朱纯经自题署门联:"管子天下才,霸图表海盐专卖;东坡宦游地,吏隐即仙心太平。"旧时海盐区有的盐店挂有颂扬胶鬲与管仲的对联:"胶鬲高踪传隐市,夷吾遗术足匡齐。"②夷吾即夷吾,管仲名夷吾,字仲。昔日在内地如四川的盐店门楣,也时有称颂管仲的对联:"胶鬲生涯,桓宽名论;夷吾煮海,傅说和羹。"

胶鬲是殷纣王时的贤臣,与微子、微仲、比干、箕子等并称为辅佐君王的贤人。因曾从事过渔盐之业,故被奉为盐神,享祀于两淮盐区的盐宗庙中。《孟子·告子章句下》载:"孟子曰:舜发于畎亩之中,傅说举于版筑之间,胶鬲举于鱼盐之中,管夷吾举于士,孙叔敖举于海,百里奚举于市。"凭此记述,盐业从业者便将胶鬲奉为祖师了。③

2. 潮神④

潮汐现象的发生很早就为先民所关注,人们在认识这种海洋现象的过程中,也赋予了它们神秘的色彩,从而产生了潮神(或曰"涛神")。

在中国古代对潮的含义有时不是严格的,它实际包括:月亮和太阳引潮力形成的潮汐(tide);喇叭形河口形成的暴涨潮(涌潮、怒潮)(bore);地震引起的海啸(tsunami);风暴引起的风暴潮(storm surge)。中国古代潮神的周期性显神威,似是第二种,但从人们对潮神的畏惧膜拜心理以及设置镇海神物来看,显然主要是指后两种潮灾。而实际上常是彼此叠加在一起后,才造成巨大的潮灾。

西汉枚乘在《七发》中已把广陵涛说成"候波",即古代传说中的涛神阳候的波,并且又提到怒涛到伍子胥庙所在的"伍子之山"时,即缓缓流去,远远地

---

① [清]朱彭寿:《安乐康平室随笔》卷6。

② 李乔著:《中国行业神崇拜》,中国华侨出版公司出版,第215页。

③ 以上引见宋良曦:《中国盐业的行业偶像与神祇》,《盐业史研究》1998年第2期。

④ 引见宋正海:《东方蓝色文化》,广东教育出版社1995年版,第175~176页。

直奔传说伍子胥迎母之处的"胥母之场"。《七发》虽然提到了上述传说,并且描绘了广陵涛的神奇和壮观,却又强调这些均"似神而非",乃是客观自然现象。

伍子胥(? ～公元前484年),春秋时楚国人,后逃亡吴国,在佐吴王夫差伐楚中建立了功勋而升任吴大夫。后吴打败越国,他因坚持反对夫差同意越王勾践的请和,而触怒吴王,最终被吴王屈杀。据《史记》记载,他"自刭死。吴王闻之大怒,乃取子胥尸盛以鸱夷革,浮之江中。吴人怜之,立祠于江上,因命胥山"①。战国楚大夫屈原,对此有同感。他曾感叹说:"浮江淮而入海兮,从子胥而自适"②。要入海追随伍子胥而任意沉浮。东汉时,有关伍子胥冤魂驱水为涛的传说流传相当广泛。这些传说后来又被载入史册。③ 王充在《论衡》中谈潮汐时,也提到伍子胥驱水为涛的传说及当时立庙祭祀情况:"今时会稽丹徒大江、钱塘浙江,皆立子胥庙,盖欲慰其恨心,止其猛涛也。"④但接着王充对此迷信传说,进行了逐条剖析和层层批驳。王充指出:"广陵曲江有涛……吴杀其身,为涛广陵,子胥之神,竟无知也。"⑤这就是说,虽然伍子胥为当时吴王所杀,吴都城在今苏州,若那么怨恨吴王,就应在吴地驱水为涛才对,不该在吴地外报复。即既不该在越国的钱塘江作涛,也不该在长江北面的广陵作涛。王充又明确指出:怒潮现象"上古有之"⑥,并非始自伍子胥时代,并进而用喇叭形河口地形来解释怒潮的成因。东晋葛洪也指出:"俗人云,'涛是伍子胥所作',妄也。子胥始死耳,大地开辟已有涛水矣。"⑦

但是古代有关潮汐的迷信和迷信活动是始终不绝的,如造子胥祠、海神庙、潮神庙、镇海塔、镇海楼,设海神坛,封四海为王,祭海神潮神,置镇海铁牛,投铁符,强弩射潮等。

3.航海神⑧

那些在战争中有所建树的人,往往会成为人们敬奉的对象,他们有时还会转化成一种精神力量,成为航海者崇拜的对象。

如汉伏波将军,开发华南地区,功不可没。"伏波故有神灵为徼外蛮酋所畏,自汉至今,恪遵约束,岁时腊,或祭铜柱于西屠,或祠铜船于合浦,其涉乌

---

① 《史记·伍子胥列传》。

② 《楚辞·悲回风》。

③ 《越绝书》卷14;《吴越春秋》卷5。

④ 《论衡·书虚篇》。

⑤ 《论衡·书虚篇》。

⑥ 《论衡·书虚篇》。

⑦ 《抱朴子·外佚文》(四部备要)。

⑧ 引见陈伟明:《古代华南少数民族的宗教文化》,《世界宗教研究》1996年第1期。

蛮之滩,渡朱崖、澹耳之海者,亦必精心所祷,乃得安流"。^① 这里说的"伏波"即汉代的伏波将军。把历史上某些英雄人物置庙奉祀,对于加强汉族与少数民族的交流,增大少数民族对中原王朝之向心力具有一定的意义。

那些通过航海来追求海外仙山或仙境的人物,由于其活动本身的神秘性,因此也被赋予了神秘的色彩,被后人作为求仙海神而祭祀着。如秦朝时,在日本及山东沿海就建有徐福祠(详见本书有关徐福文化的章节)。

三 早期的海神祭祀[②]

先民们对于大海的认识,和认识大自然中的其他物象一样,起初都是以崇拜或图腾的方式来实现的。《礼记·学记》云:"三王之祭川也,皆先河而后海",这里说的三王实际上是对夏商周三个王朝的泛称,可知夏商周时期已经开始对大海进行祭祀了。当然,对大海的膜拜在时间上并非如此具体,因为任何一种文化都不是在某一时段突然出现的,它必然要经历一个相当长的发展时期。在中国,对海洋进行祭祀这种崇拜方式是什么时候出现的呢? 我们可以用南海神崇拜为例作一说明。

相传南海神名祝融,本是火官,又称赤帝、或称炎帝。《礼记·月令》:"仲夏之月……其日丙丁,其神祝融。"(注):"祝融,颛顼之子曰黎,为火官。"他是主司南方的神。《汉书·魏相传》云:"南方之神炎帝,乘离执衡,司夏。"历代天子以立夏之日来迎接他,以祈求降福。《后汉书·祭祀中》云:"立夏之日,迎夏于南郊,祭赤帝祝融。"自隋文帝开皇十四年在广州扶胥镇为他立祠之后,南海庙便成为赤帝祝融的宫室,以便他在此坐镇,保护南方臣民。按屈大均谓:"南海之帝实祝融。祝融火帝也。帝於南岳,又帝於南海……故祝融兼为水火之帝。其都南岳,故南岳主峰名祝融,其离宫在扶胥。"故昌黎云:"南海阴墟,祝融之宅。"在诸神中,他的名次最贵,位于东、北、西三神及河伯之上。碑文云:"海于天地间为物最巨,自三代圣王莫不祀事。"屈大均云:"四海以南为尊,以天之阳在焉"。由于他是主司南方之神,故称他为"南海之君"或"南海之帝"。[③]

大抵古人对天地山川海岳的奥妙,所知不多,且深不可测,常见怪异,能为云,作为风雨,同时也会给国家和人民带来祸害与幸福,因此以为有神。《礼记·祭法》云:"山林、川谷、丘陵之神,有益于人民者也。""五岳、四渎、名山大

---

① [清]屈大均:《广东新语》卷 2,中华书局 1985 年版,第 40 页。
② 引见曾一民:《隋唐广州南海神庙之探索》,《唐代文化研讨会论文集》,台北文史哲出版社 1991 年版,第 312~317 页。
③ [清]屈大均:《广东新语》"南海神及海神"条。

川,神明所居,风雨是主。"①是故必须以祭祀来安抚它,来怀柔它。《诗经·周颂·时迈》云:"怀柔百神,及河乔岳。"《礼记·月令》云:"仲冬之月……天子命有司祈四海、大川名源、渊泽井泉。"这是我国古代传统的民间宗教信仰,希望借此"礼神致福"②,以保平安。故历代天子皆有立祠来祭祀它们。《史记·封禅书》云:"自五帝以至秦,轶兴轶衰,名山大川,或在诸侯,或在天子。礼损益世殊,不可胜纪。及秦并天下,令祠官所常奉天地名山大川鬼神可得而序也。"秦始皇就曾多次巡海,并祭祀海神。即使不能到达南海,也于会稽举行祭祀仪式,"以望南海"。到了汉宣帝的时候,除了名山大川渎岳皆立祠致祭之外,还开创了立祠祭海神仪式的先例。其事始自神爵元年(公元 61 年),制太常云:"夫江海,百川之大者也。今阙焉无祠。其令祠官以礼为岁时,以四时祠江河雒水,祈为天下丰年。"③自是五岳、四渎皆有常礼。大抵汉宣帝有感三代以来名山大川、渎岳,甚至山林川谷等历代天子,皆有立祠致祭的郊祀,为何独海没有?何况海乃百川之大者,而且有益于国计民生甚大,又怎可无祠来祭祀呢?所谓"依礼,有益于人则祀之。"汉文帝十二年(168 年)就有依礼增修立祀的法令:"比年五谷不登,欲有以增诸神之祀。《王制》曰:'山川神祇有不举者为不敬'。今恐山川百神应典祀准则未尽秩,其议增修群祀宜享祀者,以祈丰年,以致嘉福,以蕃兆民。"④及秦始皇一统天下,北抵长城,南达五岭,东至于海。自是与东南二海的接触渐频。

有关南海的开发,则在秦始皇平服百越之后,置南海、桂林、象三郡。南海,今广东境;桂林,今广西境;象都,则今安南境。皆南海的领域,而以番禺(广州)为中心。所谓"处近海,多犀、象、毒冒、珠玑、银、铜、果、布之凑,中国往商贾者多取富焉。番禺,其一都会也。"⑤及汉武帝登位,雄才大略,南北拓展疆土。自平定南越王后,与南海的接触更为密切,就以海路交通来说,时由广州或徐闻、合浦出发,经中南半岛、马来半岛,可抵达黄支国(东印度建志补罗国⑥)。他们"自武帝以来皆献见。有译长,属黄门,与应募者俱入海市明珠、璧流离、奇石异物,赍黄金杂缯而往。所至国皆禀食为耦,蛮夷贾船,转送致之,亦利交易。剽杀人,又苦逢风波溺死。不者数年来还。大珠至围二寸以下。"如此看来,秦皇、汉武对南海的兴趣与财货之利有密切的关系。自南海交

① 《册府元龟·卷三二·帝王部》"崇祭祀"条。
② 见张秉权《殷代的祭祀与正术》,中研院史语所集刊第 49 本,1978 年。
③ 《汉书·郊祀志》。
④ 见《后汉书·祭祀中》,"章帝元和二年注"。
⑤ 《汉书·地理志》。
⑥ 见方豪:《中西交通史》"汉代中印间之交通",华岗出版有限公司 1977 年版,及冯承钧《中国南洋交通史》"汉代与南洋之交通",台湾商务印书馆 1976 年版。

通开发之后,既有如此优厚的利益可图,海路波涛险恶虽可怕,但若祈求得到海神的庇佑,则海之有益于国计民生甚大。此所谓"依礼,有益于人则祀之。"在我国传统的宗教观念里,"功施于民则祀之。天文日月星辰,所昭仰也;地理山川海泽,所生殖也"①。基于上述原因,海之有益于百姓与后稷、山谷、丘陵、岳渎相同。既然自古以来对后稷、山林、川谷、丘陵、渎岳,历代天子皆有为它们立祠致祭的礼制,何以独海没有?此所以汉宣帝特别要为它立祠祭祀的缘由。大抵古代以海道遥远,未便在近海处立祠,仅在洛水附近设坛立祠望祭而已。此种望祭仪式,自古已有,或称之"四望"。《史记·楚世家》:"乃望祭群神,请神决之。"所谓"四望","不可一往就祭,当四望为坛遥祭之。故云四望。"②海道虽便,但比陆路更为险恶,为求海上旅途平安,于是乃有设立海祠来祭祀的需要,祈求海神庇佑的宗教思想因之自然而生,因此,到了隋文帝开皇十四年,开始直接在沿海近处立祠致祭。东海则在山东莱州西北 17 里立海神祠,南海则在广州扶胥镇,西北距广州城 80 里。

第二节　鸟图腾崇拜③

在对于大海的早期认识中,人们不但对海洋本身、人—海关系本身产生了神灵信仰与崇拜,而且对和大海相关的某些其他事物也产生了信仰与崇拜,这种信仰与崇拜是和对大海认识有着密切联系的,反映着人类特别是早期人类对于海洋、对于涉海社会的整体思维。对于这一类与海洋直接或间接相关的事物的信仰和崇拜,我们可统称之为海洋信仰与崇拜。

比如,从空间位置上来看,日出东方,而山东沿海在上古时期就曾认为是日出大海,大海,被人们看做是日出之所在。《尚书·尧典》:"分命羲仲,宅嵎夷曰旸谷。"《传》云:"宅,居也。东夷之地称嵎夷。旸,明也。日出于谷而天下明,故称旸谷。旸谷、嵎夷一也。羲仲,居治东方之官。嵎,言隅。马曰:嵎,海隅也。夷,莱夷也。"说明旸谷即东夷人所认为的日出之谷,在海隅一带的东夷之地。帝尧命主管天文历法的羲和氏首领羲仲居于日出之旸谷,目的是为了就便观测、祭祀日出。可以看出,人们对于从海中出生的太阳予以崇拜,在一定程度上可以说是与对大海的认识密切联系着的。大海的浩渺无边,大海的

---

① 《汉书·郊祀志》。
② 《周礼·春官·大宗伯》:"则旅上帝及四望""疏"条。
③ 本节引见石兴邦:《我国东方沿海和东南地区古代文化中鸟类图像与鸟祖崇拜的有关问题》,《中国原始文化论集——纪念尹达八十诞辰》,文物出版社 1989 年版。

深不可测，赋予了人们这样一种认识，即给予人们温暖的、遥不可及的太阳只有在浩瀚的大海中才能够自由出入，才能够自由升降，这从一个侧面反衬出人们对大海广漠浩瀚、有容乃大的认知。

另外，水之所在，就成了人们想象洗浴的空间。太阳从大海中升起，于是人们就把太阳从海水中的升起，看做是太阳在洗浴。《山海经·大荒南经》云："东南海之外，甘水之间，有羲和之国。有女子名曰羲和，方日浴于甘渊。"对于这种"浴日"行为，郭璞注指出："羲和，盖天地始生，主日月者也……作日月之象而掌之，沐浴运转之于甘水中，以效其出入旸谷虞渊也。"与之类似的记载还有"有女子方浴月"①，可知，这里洗澡的水只能是大海才能够说得通。人们已经把自身的洗浴和太阳与月亮在海上升起而运行的现象联系起来，这种对于太阳和月亮从海水中升起、落下的反复运行行为的朴素认识，蕴涵着人们对于日月崇拜的神圣心理，而这种日月崇拜和对于大海的崇拜，是密切联系在一起的。

由于历史的久远，由于古人对此疏于记述，我们现在来认识和描述这种海洋信仰与崇拜，可以查找到的文献史料毕竟有限，但我们通过考古工作，却发现和认识了许许多多反映我们祖先为表现这种信仰和崇拜所遗留下来的种种器物、种种艺术样式、种种文化景观遗产，甚至种种一直传承在民间的口碑遗产。对此，我们可统称之为早期海洋信仰与崇拜的艺术表现。

在这些早期的海洋信仰与崇拜中，鸟图腾崇拜是最为普遍和突出的文化现象之一。

一　鸟图腾崇拜的遗存

在我国东部、东南部和南方沿海地区的古代海洋文化中，鸟类图腾与鸟祖崇拜现象十分普遍、突出和鲜明，我们现在通过考古所能够发现和认知的，主要是远古人们刻画在岩石、器物上的艺术的图像遗存。通过这些类似于我们今天的"大地艺术"和"造型艺术"的图像遗存，我们可以感受到当年先人们在涉海生活中把鸟视为图腾神灵、对其作为祈祷和祭祀的对象物的虔诚之心，我们可以想象出甚至那顶礼膜拜的喃喃之声、虔虔之态以及缭绕的香火与攒动的人群。

在我国新石器时代，东方沿海及黄淮下游地区的考古学文化中，鸟类图像遗存及鸟形纹饰与塑造，向我们展示了这里曾是人类对鸟顶礼膜拜、寄托无尽感念与情怀的一处处神圣的殿堂。

东方沿海地区是古代鸟类崇拜的窠臼。繁荣滋长在这里的大汶口文化和

---

① 《山海经·大荒西经》。

龙山文化,是这一地区原始文化相继发展的两个阶段。在这一文化系统中,器物上的鸟类图形及陶塑鸟行遗存相当丰富。大汶口文化距今约 6000 至 4000 多年,可分三个发展阶段,鸟类器物和鸟形装饰一直相沿不断。

大概从龙山文化末期,经岳石文化而到早商时代,仍然流行鸟纹装饰。在传世的一批玉器上,雕刻有鸟形纹样和鸟形变态的图像,与商殷铜器上的纹样很相似。

美国弗利尔美术馆藏有三件玉璧,其上刻有鸟立于山上之形的图像,山作五峰,和大汶口文化陶尊上的山形一致,只是中峰是平顶。李学勤认为,鸟在山上可读为岛字。三件玉璧的符号都是两字的复合,其中都有岛字,这使我们联想到《尚书·禹贡》冀州、扬州条提到的岛夷,即古代海滨的部族,正好是大汶口文化分布的地区。这三件玉璧,大概是山东地区大汶口文化和龙山文化的遗物。①

燕人活动于沿渤海湾地区,也是古夷人后裔,也以鸟为图腾,并把图腾徽号铸于货币上。

在长江下游三角洲地区——河姆渡、马家浜、崧泽和良渚文化时期的鸟图像遗存,也同样反映着其丰富的鸟崇拜文化。

河姆渡文化,是这一地区新石器时代最早的文化遗存。河姆渡文化早期陶器上的纹饰,以刻画纹最发达,其题材是动物纹、植物纹以及由动物纹演变而来的圈点和线条组成的图案花纹。动植物纹多饰在釜、盆腹部,图案花纹多饰在釜上。动物纹中以鸟形图像最为突出,既丰富又生动、逼真,在陶器和骨器、牙器和装饰品上都有。

在古越人分布地区的各国,广泛流行的鸟篆书,是中国文字学中最独特的一种书体,是这一地区历史文化特点的反映。这些书铭多铸刻于春秋战国时代的青铜器上。容庚先生在《鸟书考》②中根据当时的资料统计,已知有鸟篆书的器物约 40 件,其中仅越国就有 15 件。

1981 年冬,在浙江绍兴坡塘公社发现一座战国时期越人墓出土大批徐国铜器,其中最珍贵的是一座铜制的房屋模型,在房顶中央竖立一柱,柱头蹲一只大尾鸠。这是鸟图腾柱的明显标志。③ 这件标本可说明它是越人中以大尾鸠为图腾的后裔,在其宗庙中正在进行宗教祭祀的场面,说明徐国也以鸟为图腾,并保留了相当长的时间。

---

① 李学勤:《重新估价中国古代文明》,《人文杂志》增刊,1982 年。
② 容庚:《鸟书考》,《中山大学学报》1964 年第 1 期。
③ 浙江省文物管理委员会、浙江省文物考古所、绍兴地区文化局、绍兴市文管会:《绍兴 306 号战国墓发掘简报》,《文物》1984 年第 1 期。牟永杭:《绍兴 306 号越墓刍议》,《文物》1984 年第 1 期。

按越人习惯,航海时,每遇厄难,拜求祖先图腾——雒鸟或龙鳢,降临福佑,保护他们。在这种图腾崇拜意识支配下,每次出海时,按照图腾形象,把他们自己装扮成以鸟羽为衣冠的羽人或鸟人,同时也把它们所乘的船只予以图腾化,祈祷平安。

珠江三角洲地区的石峡文化中,其鸟形遗迹也有许多表现,现在发现的主要是鸶形器和鸟形罐。

雒越是越族分布在南方的主要支系,以鸟为图腾,故其分布地区有鸟田或雒田的传说。

《吴越春秋》记载:"少康恐禹祭之绝祀,乃封其庶子于越,号曰无余。余始受封,人民山居,遂有鸟田之利。"《地理志》:"龙山上有禹井,禹祠,相传下有群鸟耘田也。"《水经注》亦记:"鸟为之耘,春拔草根,秋啄其穗。"又说越王无余时,"安集鸟田之瑞,以为百姓请命"。"禹崩之后,众瑞并去,天美禹德而劳其功,使百鸟还为民田,大小有差,进退有行,一盛一衰,往来有常。"

《越绝书》也记有:"大越海滨之民,独以鸟田,大小有差,进退有行,莫将自使,其故何也。"《水经注》引《交州外域记》云:"交趾昔未有郡县之时,土地有雒田,其田从潮水上下,民垦食其田,因名为雒民"。

不管是"鸟田"或"雒田",反映的都是一回事。雒,在汉代写作"骆",雒和骆乃同音异写字,雒,《说文》写作"鸬鹧",意为小雁。"雒田"本身包含鸟田的传说在内。"雒田"就是鸟田,由于雒鸟助耕,所以雒越人民感怀此鸟,便把它奉为图腾。从而他们自称雒民,首领称雒王、雒侯和雒将。越南陶唯英认为:"铜鼓上的候鸟疑为图腾形象,即属候鸟的雒鸟。""船头和船尾饰以鸟头和鸟尾。""无论如何,那些越过多少风险骇浪,载他们去觅寻新的容身和生聚之地的船,对他们来说,却有着神圣的意义。安全的越海是由于有着图腾的威灵的护佑,甚至有时在越海的时候,他们也要把自己和船化装成图腾。"这个解释符合当时历史情况。但除了这个解释以外,还应有一个"雒鸟"耕田的情节存在,所以骆鸟成为骆越人民世代崇拜的图腾,后来便把它的图像铸在铜鼓上。[①]

西南地区的考古发现,同样证明了古百越人在原东南、南方滨海祖居地时期作为海洋民族与海洋结下的不解因缘,直到迁徙到山区和平原居住,还世代代传承着祖先的文化基因和图腾性信仰。在石寨山出土的铜器图像中,可见有一种船形屋,并有三个铜模型,脊长于檐,两角高翘,屋顶上均有鸟形装饰。祥云大波那、江川李家山出土的房屋模型亦同。沧源岩画中之房屋亦作此型。这类房屋也普遍存在于南洋群岛的一些部族中。屋上的鸟,一般认为即是图腾标志。

---

① 见石钟健:《试论越与骆越出自同源》,《百越史研究论文集》第一辑。

在石寨山、李家山及其他广西铜鼓上的花纹,主要是翔鹰纹和羽人纹,以后者为最突出。羽人纹是头插大鸟的人物图像,多见于洪声分类中的丙型铜鼓上:"羽人或称舞人,或称鸟人。他的形象是头戴羽冠,身披羽衣,全身作鸟形装饰。其中羽人划船图,最清楚地反映了羽人的社会情景及社会意识形态。在羽人划船图中,通过船上羽人的装束、活动及所处位置,可以看出他们的不同身份。船舱中有一高踞于台座的人物,装饰华丽,举手作指挥状,应是酋长。台座下前方有两人执羽似前导,装饰也较华丽,似属义卫臣侍从吏。船两端各数人,荡桨掌舵,从事劳动,装束简单,当属被役使的劳动者。"[1]船的头尾也雕刻成鸟形,船头装饰成鸟头,船尾装饰成鸟尾。把船只图腾化是期望得到祖先的保护,这幅图画,活现出了同族出海时的情景。

二 鸟图腾崇拜的传说

有关鸟图腾和鸟崇拜的信仰传说,从我国古籍中,也有一些记载。从我国先秦和秦汉的古籍中,我们可以发现,这些有关鸟的崇拜和鸟生传说,主要有:

1，太昊、少昊氏族部落的鸟崇拜

太昊、少昊氏族部落,就居住在沿渤海湾地区,即山东、辽东和山东半岛,因为以鸟为图腾,所以,历史上又称这一带的古代居民为鸟夷。《尚书·禹贡》说冀州"鸟夷皮服",扬州"鸟夷卉服"。《汉书·地理志》:"冀州鸟夷。"颜师古注:"此东北之夷,搏取鸟兽,食其肉而衣其皮也。一说,居在海曲,被服容止,皆像鸟也。"《大戴礼记·五帝德》:"东方鸟夷羽民。"从这些记载可窥知,东方夷人以鸟为图腾,在服饰、装束方面亦仿鸟形,亦如越人之仿鸟装束同。

少昊氏族部落,不仅是鸟图腾,而且有图腾柱作为表记,这是图腾社会的惯例。在《拾遗记》中有关于少昊氏鸟图腾柱的记载:"帝子与皇娥泛于海上,以桂枝为表,结薰茅为旌,刻玉为鸠,置于表端。言鸠知四时之后……及皇娥生少昊,号曰穷桑子。"

2.《山海经》中有关人鸟、人兽合体图像的记载

《山海经》记羽民国,其南为讙头国,"其为人人面有翼,鸟喙,方捕鱼……或曰讙朱国。"讙朱国即丹朱国,是丹朱后人南迁后所建立的国家,以鸟为图腾,并以捕鱼为生。《南次二经》记有"柜山……有鸟焉,其状如鸱而人手,其音如痺,其名为鴸,其名自号也,见则其县多放士。"鴸,即丹朱,或指丹朱部族之一支而言。同书《大荒南经》说"讙头人面鸟喙,有翼,食海中鱼,杖翼而行。维宜芑苣,穋杨是食。有讙头之国。"郝懿行《山海经笺疏》云:"案讙儿古文……人面,鸟喙,《史记》正义引《神异经》云:'南方荒中有人焉,人面,鸟喙,而有翼,

---

① 洪声:《广西古代铜鼓研究》,《考古学报》1974年第1期。

两手足扶翼而行,食海中鱼',即斯人也。"这种半人半鸟的形象,大概是崇拜鹳鸟图腾而加以人格化的反映。

此外,《山海经》还有关于人鸟合体的记述,四海海神的形象,即是如此:"北方禺疆,人面鸟身,珥两青蛇,践两青蛇"(《海外北经》)。"西海渚中,有神,人面鸟身,珥两青蛇,践两赤蛇"(《大荒西经》),《大荒东经》说:"东海渚中,有神,人面鸟身……名曰禺䝞……是为海神。"

在我国,从史前考古学的证迹和历史时期文献的记载中都可以证明,从7000多年前的氏族部落时代到秦汉时期,这种鸟图腾崇拜的传统和信念一直延续不断,北起渤海湾,南到雷州半岛,西南到滇黔高原的广大范围内,不同历史时代都有出现。台湾地区高山族与越人的关系密切。在我国东部夷族那里,鸟图腾信仰一直到商代还十分虔诚,并成为商人的共同图腾:"天命玄鸟,降而生商。"(《诗经·商颂·玄鸟》)在台湾地区的高山族中,也同样广泛流传着丰富的鸟生传说。台湾泰雅族是以鸟为图腾的,其鸟生传说富有诗意。台湾的南澳社群、合欢社群、万大社群以及台湾的阿美族和排湾族的神话中,也都有鸟生传说的内容。由于历史发展的不平衡性,在相当晚的时期,在一些少数民族中仍保有这种遗俗,足证鸟崇拜在这一文化体系分布的地区内是根深蒂固的。①

在与我国沿海和海域毗邻的环太平洋地区及其附近岛屿中,如北亚、东北亚、玻利尼西亚、北美西北海岸等地,也都有关于鸟图腾和鸟生传说,而且有许多文化内涵是类同的。

1. 朝鲜半岛的鸟崇拜传说

朝鲜半岛是古代鸟夷文化领域的一部分,有关鸟生传说与殷商和满族的鸟生传说,大体相同,在汉文史籍记录中不乏其例。在朝鲜传说中,卵生和感太阳而孕生交混在一起,带有东北亚的特征,是太阳崇拜与鸟类崇拜交融在一起的反映。这与我国传说中有羿射九日、日中有九乌一事有类同处。

2. 西伯利亚部族中的鸟生传说

西伯利亚东部土著居民也盛行鸟生传说和鸟崇拜,与我国东北地区的传说有很相似之处。

3. 北美西北海岸的鸟崇拜传说

美洲西北海岸的印第安人,也流行鸟崇拜。哥伦比亚河口的印第安人中有一个鸟变巨人的传说,意思是:很久以前,南风老人到北方来,遇到了一个女巨人,女巨人给了南风老人一张网,叫他捕鱼。他捉到一条小鲸鱼,便将鱼体

---

① 环太平洋地区的鸟崇拜和鸟生传说,可参看文崇一:《亚洲东北与北美西北及太平洋的鸟生传说》,《民族研究所集刊》1961年第12期。

横切开,取出脂肪。这条鱼变成了一只大雷鸟,雷鸟向北飞到哥伦比亚河口的马鞍山,在那里下了一巢蛋。老女人赶到那里去,将蛋扔到山谷里,每个蛋就变成了一个印第安人,这就是印第安人被创造的过程和来由。

4. 太平洋诸岛屿上的鸟生传说

在玻利尼西亚(Polynesian)群岛的夏威夷(Hawai)、塔希提(Tahiti)、萨摩亚(Samoa)和毛利岛(Maori)均有鸟崇拜。夏威夷居民认为拉威鸟(Raven)是他们祖先灵魂的化身(与北美印第安人类同),夏威夷岛是一只大鸟在太平洋上下了一个蛋形成的。拉威鸟不仅创造了人,也创造了地。

萨摩亚岛的诞生与夏威夷的情节略同。据传,天神塔格劳(Tagalau)的儿子吐里(Tuli)变成一只鸟,从天上降下来,他在水面没有休息的地方,Tagalau神为他造了一个萨摩亚岛。后来替他造了男人和女人,最后,Tagalau 的女儿也变成一只鸟下来了。毛利人相信:他们最初的女人是由卵里孵化出来的,卵变成鸟。他们的神泰尼(Tane)再把鸟变成一个少女,这个少女便成为诞生他们的始祖母。

印度尼西亚、苏门答腊、爪哇、婆罗洲诸岛也有鸟图腾和鸟生传说,大体上属同类性质的社会文化模式,这里不一一列举。

三 鸟图腾崇拜的文化分区及其功能

我国古代的鸟图腾崇拜是环太平洋文化的一个组成部分。根据考古资料与传说记载可以把鸟图腾及鸟崇拜分作以下几个文化区。

(1)长江下游三角洲地区(包括安徽淮南地区)。从公元前 5000 年到公元前 2000 年,延续约 3000 年。鸟形图像和纹饰比较丰富,可指出的有鸠、鹰、鹊和雁等类,是崇拜或图腾制的发达时期。文献对此记述不多,主要是考古资料可供参考。

(2)渤海湾周围地区。淮河以北沿渤海周围的山东、辽东以及朝鲜半岛地区为一鸟崇拜文化区,这一地区鸟图腾制度发展最典型,文献记载和考古资料能联系起来。从大汶口文化到龙山文化,有丰富的鸟形陶塑和花纹装饰,并有明晰的演变过程和规律。4000 多年前进入历史民族文化层积时代后,由于这里是东夷族的地区,故文献称当地部族为鸟夷。关于鸟图腾制度的文献记载中有较完整、系统化的组织。其特征是:①敬奉玄鸟(燕子);②其祖先是由卵而生,因玄鸟衔卵而生;③鸟卵生传说的事迹较完整。

(3)东北亚地区。中国东北北部及邻近的西伯利亚东北部为一文化区,这里有鄂温克、雅库特、布里亚特等民族崇奉鸟图腾,相信人与鸟结婚而产生人类后代,崇拜天鹅和黑色拉威鸟,部分与北美相同。

(4)中国东北满族地区。他们以神雀为图腾并自为保护神,相信其祖先是食神雀所衔之仙果而生。

(5)西南两广越南北部地区,即雒越族系各部族,崇拜雁、鸽等鸟类,与长江三角洲越人同俗。

(6)东南沿海及台湾地区。闽越族系,根据民族志和传说:①相信乌秋鸟(黑色)是开天辟地的英雄;②人是由鸟变成的;③人是从石头中生出,而石能开是鸟的神力作用。这种"石"可能是蛋的变化或夸张,与太平洋及东方沿海部分相同。

从上述各组特点分析,可以看出:

(1)各地区各部族信奉鸟图腾的传说和种类不一,或为鸟生,或为卵生,或由鸟直接变化而成,其祖先起源直接或间接与鸟的作用相关。因之,共奉鸟为祖先或其氏族保护神或是以鸟为通神的使者则是相同的。

(2)各地区各部族或各时代的传说各形各异,但有颇多类同之处,有颇多历史联系。其相邻地区之间的关系尤亲。

(3)鸟图腾崇拜,即为环太平洋文化的一部分,关于这一文化的渊源,瓦特布吕(Waterbury)曾认为"鸟神的传说起源于太平洋地区,然后散布到各地区","中国的商、周以及夏威夷的鸟舞似乎都与祖先有些关系"①。不过根据考古资料与文献传说,这一广大地区鸟始祖的传说和演变史迹,繁简不一,详略各异。在我国境内,山东沿海地区的资料既详确,又有系统,而且时代早,发展变化的脉络清楚,而附近地区,包括近海岛屿其色彩渐渐淡薄。因此,可以初步认为:东太平洋沿岸鸟崇拜的窠臼可能原来就在中国东方沿海,以后逐渐向四周发展,向西与中原地区的仰韶文化接触,向西南可到红河流域,东北到渤海湾及朝鲜半岛,彼此的关系都很密切。在这一文化系统中的其他几种文化因素为拔牙习俗②,陶鬶的使用③,有穿孔石钺和有段石锛的使用及传播的规律、范围和路线大体都是类同的。

鸟图腾和鸟崇拜及其图像刻画如此流行,是一定社会意识形态的反映,具有特定的社会功能。张光直在《商周青铜器上的动物纹样》④一文中认为,商周青铜器上的动物图纹是与原始宗教祭祀有关的精灵图形(或形象),是原始巫师在人神之间交通的一种工具。这诚然是对的,但还不止于此。商周青铜器上的动物纹样,是沿袭原始社会氏族部落文化上的艺术图像而来,有些来自陶器上的彩绘,有些仿自木器上的雕刻。从原始艺术中所体现出的当时人们

① 文崇一:《亚洲东北与北美西北及太平洋的鸟生传说》,《民族研究所集刊》1961年第12期。
② 韩康信、潘其风:《我国拔牙习俗的源流及意义》,《考古》1981年第1期。
③ 高广仁、邵望平:《史前陶鬶初论》,《考古学报》1981年第4期。
④ 张光直:《商周青铜器上的动物纹样》,《考古与文物》1981年第2期。

的思想内容和社会特点,至少有三方面的社会功能:即巫术的工具(或信使)、图腾的徽号和生活、生产活动的映象。这三个方面,在不同时代、不同文化共同体所反映的深度、广度不同,应视其文化特点而定。东方沿海和东南地区原始文化中,鸟形图像的大量出现,以前两个社会功能为主。

第一,巫术上的社会功能。纹饰和雕塑中的鸟,是巫师达到宗教目的的工具,精神功能的信使,萨满用以驱邪的神物,这在古代文化发达国家的原始时代和现代一些民族部落中都有踪迹可寻。在原始宗教崇拜中,鸟神的崇拜是以人所不具的超人力量而达于生命与永生之源的中介。以其鸟的神力,完成人靠自身无法达到的向往的境界。

第二,氏族图腾标志是社会行为的模式。我国古代,东方沿海和东南地区氏族部落的图腾崇拜相当发达,可提的有犬、蛇、龙、鳄鱼和鸟类。其中以鸟类图腾最发达,分布范围较广,影响也较深远。这在考古发掘、文献记载或民族志材料中,都有较充分的反映。

第三节　秦汉时期滨海的方士文化①

我国漫长海岸地带的北部,即大致相当于先秦燕、齐、吴、越与九夷旧域。《汉书·地理志》中幽、青、徐三州,兖州之泰山、城阳二郡,豫州之鲁国,以及扬州宁绍平原以北诸地,在古代曾是一块宗教文化相当发达的狭长地带。独特的滨海景观与环境条件,浓重的东方传统,土著的夷、越文化,加之阴阳五行等学术思想,光怪陆离的神话传闻,造就了极为肥沃的宗教土壤。② 战国中期,燕齐滨海地区成长起一种新的强大的宗教文化——燕齐方士之学,并由此导致了秦汉时期一场由滨海地带风卷全国的巨大宗教浪潮。

滨海方士文化是各类方术、方说的综合体,其初大抵以海上神山仙人之说为主旨,饰以阴阳五行之学,泛海求仙、寻找不死之药是燕齐方士的主要活动。其后由于传播渐广,内容日益杂芜,奇异、荒诞的方术层出不穷,其中以炼丹化金、断谷导引、房中之术等最为流行,但各类方术方说始终未能形成一个完整的体系。秦汉时代,方士文化相当兴盛,曾在全国大多数地区对社会各阶层产生广泛影响,成为纪元前后4个多世纪中,与正统学术文化并立的另一显学,对秦汉宗教、学术、社会面貌、政治变迁发挥了巨大作用。至东汉末,才逐渐为早期道教所取代。

① 引见卢云:《秦汉时代滨海地区的方士文化》,《复旦学报》(社科版)1988年第6期。
② 见卢云:博士论文《汉晋文化地理研究》第2章第1节。

一　燕齐滨海地带方士文化的渊源与崛起

滨海方士文化是在燕齐滨海地带特殊的地理环境与社会条件下产生的，崛起于公元前4世纪下半叶的齐威王、齐宣王时代。对此，《史记·封禅书》有较为详细的记述，已如前引。

滨海地带的华夏族与东夷吴越各族本即盛行着各类原始崇拜，在滨海的地理环境下，仙人思想也起源很早。《左传·昭公二十五年》，齐景公问晏子："古而无死，其乐如何？"这反映了早期的长生观念。早于《庄子》的《齐谐》一书今虽已见不到，但从《庄子》所援引它的海洋、神岛等部分内容以及它的"志怪"性质看，该书与滨海神话以至方士们的"怪迂"之说肯定有着某种渊源关系。《晏子春秋·外篇第八》载齐景公言，"东海之中，有水而赤，其中有枣，华而不食"。这段记载就可能是齐地早期的传说。秦汉齐地方士所宣扬的安期生居海上，食巨枣，大如瓜①，当与这一传说同源。

这样，自公元前4世纪下半叶始，燕齐自身的宗教神话与外来神话传说在滨海地带大规模地混杂、交织起来，并在滨海环境下继续发展，融合成一种相当流行的学说——神仙家言。《楚辞·远游》就很集中地反映了神仙家言的内容。燕齐方士文化直接来源于这种神仙家言。燕齐方士曾大力宣扬渤海外有蓬莱、方丈、瀛洲三神山，其上有黄金、白银砌成的宫殿和纯白色的禽兽，仙人们就居住在那里，他们有不死之药，因而可以永远逍遥自在。又，司马迁论燕齐方士，言其为"怪迂阿谀苟合之徒"②，《汉书·艺文志》论神仙家言，言其多"诞欺怪迂之文"，可见神仙家言实为早期燕齐方士文化的主要内容。方士们在齐威王、齐宣王、燕昭王以及秦始皇、汉武帝时多次大规模入海求仙，则神仙说下的泛海求仙可说是燕齐方士的主要活动。

再次，滨海地区发达的学术文化，如阴阳五行学、黄老学、儒学等，对滨海方士文化的最终形成，也起了极大的促进作用。

如果仅仅在滨海神仙说的基础上加以发展，还不足以形成兴盛的方士文化。齐威王、齐宣王之际稷下学宫的兴盛，致使阴阳五行学、黄老学等在齐地迅速发展，并北传至燕地，加之齐鲁地区固有的儒学传统，构成了发达的滨海学术文化。方士们从这些学术文化中大量吸取养分，给原始粗陋的方术方说

① 《史记·封禅书》。
② 《史记·封禅书》。《楚辞·远游》自王逸以来一直认为是屈原作品。今人游国恩、姜亮夫仍持此说。（姜亮夫《楚辞今绎讲录》第七讲）但近世以来也有许多学者从艺术水平与主题思想上加以分析，认为非屈原所作。顾颉刚先生以其神话内容断言，该诗应成于楚国都城东迁之后，此论甚是。但顾先生又以该诗中曾出现秦方士韩终的名字，认为还可能更晚至秦代以后，此说则不足取，秦汉方士素喜大言，托名先人、同名方士屡见史载，不足以确定时代的证据。

第七章　先秦秦汉时期的海洋信仰与崇拜

351

涂上一层混杂的理论色彩,从而促成了滨海方士文化的崛起。

燕齐方士文化与邹衍学说关系最为密切。邹衍学说主要为阴阳五行说与大九州说。阴阳与五行的观念起源甚早,春秋时已屡见史载,并广泛用于天象解释、宗教祭祀与社会生活。邹衍的贡献是把五行说发展成五德说,即"终始五德之运"与"阴阳主运"。① 大九州说是滨海地理环境下的产物,是邹衍据各类海外传说加以创造的。邹衍,齐人,曾为齐稷下宫大师,又曾北仕于燕,受燕王尊崇,因此其说在燕齐一带最为流行。邹衍学说宏大不经,又有《迂怪之变》等篇,极易为方士所接受。按《史记·封禅书》的说法,方士文化就是邹衍学说之末流,系怪迂阿谀苟合之徒传其术不能通而为之。其实不仅邹衍学说,邹衍论述事物的方法也为方士们所承袭。《史记·孟子荀卿列传》载邹衍事迹云:

> 其语闳大不经,必先验小物,推而大之,至于无垠。先序今以上至黄帝,学者所共术,大并世盛衰,因载其机祥度制,推而远之,至天地未生,窈冥不可考而原也。先列中国名山大川,通谷禽兽,水土所殖,物类所珍,因而推之,及海外人之所不能睹。称引天地剖判以来,五德转移,治各有宜,而符应若兹。

此后方士也多由小推大,宣扬其说。如齐方士栾大谒见汉武帝,先验斗棋小方,博得汉武帝信任后,方大谈神山仙人。方士们引述符应,以成己说,史籍中更是屡见不鲜。

黄老学对方士文化也有很大影响。黄老学源于道家学说,在老子《道德经》中,已有"谷神不死"、"长生久视之道"的论述,《庄子》一书更是多言真人、神仙与呼吸吐纳之术。黄老学者托名黄帝,吸取了道家学说的许多哲学思想,多言静泊无为、养生之道。黄老学在齐地相当兴盛,田骈、接予、慎到、环渊都是齐地稷下学宫的黄老学大师,方士们很自然会从黄老学中吸取某些具有神秘意味的内容。安期生是早期滨海地带的方士,后又被尊为长生不死的仙人,但安期生又是黄老学流传系统中的一个重要人物,他学黄老于河上丈人,又传授于毛翕公,三传至于胶东盖公,从而使黄老学在齐地流传下来。道家《关尹子》一书,也被齐地方士持为方书,刘向《关尹子书录》云:"盖公授曹相国参,曹相国薨,书葬。至孝武帝时,有方士来,以七篇上,上以仙处之。"到了东汉末,黄老学与方士文化同为中国早期道教的两个重要来源。

方士文化还杂糅了许多儒家文化的成分。儒家兴起于鲁地,很快传至齐地,战国之世,以齐鲁最为发达。《史记·儒林列传》曰:"天下并争于战国,儒学即绌焉,而齐鲁之间,学者独不废也。"整个西汉时代,齐鲁地区仍是儒家文

---

① 见齐思和:《五行说之起源》,《师大月刊》第22期;吕思勉:《辩梁任公阴阳五行说之来历》,《东方杂志》第20卷20号。

化发展的重心之地。儒家文化作为"显学",对滨海方士文化同样影响巨大。方士们喜欢以儒学为饰,秦始皇时,"悉召文学方士甚众"①,其中多是方士化的儒生,或曰儒生化的方士。他们一方面寻仙求药,以博重禄,另一方面又皆法孔子,以儒学为诸生、博士。后终因屡次出海无获,逃亡诽谤事发,为秦始皇所坑。所以"焚书坑儒",实际上是"杀术士,燔诗书"②。汉武帝以后,儒学与方士文化进一步结合起来,曾导致了汉代学术与政治的巨大变化。

方士文化内容杂芜,在以后的流传中,还吸取了其他诸子学说的内容。但在其早期,主要接受的是滨海地区最为盛行的阴阳五行学、黄老学与儒学,这也反映了方士文化形成过程中区域文化因素的相互影响作用。

二 燕齐滨海方士文化的发展与兴盛

滨海方士文化兴起之后,迅速发展,秦始皇与汉武帝时代,方士文化在其源区——燕齐滨海地区达到了它的鼎盛。

滨海方士文化的第一次高潮出现在秦帝国统一之后,对此,《史记·封禅书》已有记述,多被称引:"自威、宣、燕昭使人入海求蓬莱、方丈、瀛洲……及至秦始皇并天下,至海上,则方士言之不可胜数。"而《史记·秦始皇本纪》的记载更为具体。秦始皇时燕齐方士的出海求仙活动,大规模的有两次:第一次在秦始皇二十八年,始皇东巡至齐,听信齐方士徐市等人的三神山之说,令其率数千童男女出海寻求。另一次是在三十二年,始皇东巡至燕地碣石山下,东临大海,令燕地方士卢生、韩终、侯公、石生分别泛海求仙人及不死之药。在燕齐滨海地区,秦皇所至之处,方士无不闻风而动,云起雾合,秦始皇笃信方术,反过来又刺激了方士之学的发展。所以此时滨海方士之众,的确有些难以胜数了。

秦帝国时滨海方士文化的兴盛,有着特殊的社会背景。战国之世,兼并剧烈,国君权贵最需要的,是各种周济救世、富国强民的法术,或审时度利,纵横变诈的计谋,甚至鸡鸣狗盗之徒,只要间或有用,皆可延为上宾。而方士们的神山仙人之说虚无缥缈,一无实用,因此其发展也很有限。但秦统一后,社会环境发生很大变化,纵横之士走了下坡路,他们在统一局面下既无用武之地,又受到秦王朝的猜忌。而方士之学却大受统治者欢迎,在游说这块天地里,独步天下,尽擅其利,滨海地带下层士人纷纷走进方士行列,致使方士文化迅速发展。此外,秦始皇在滨海地带的多次巡游及其对方士方术的笃信,也促进了滨海方士文化的繁荣。秦始皇统一六国后,四次巡游至燕齐滨海地带。其最初是出自政治的考虑,但一接触滨海地带浓重的方士文化气氛,便立即沉迷于

---

① 《史记·秦始皇本纪》。

② 《史记·淮南衡山列传》。

此。他率领庞大的侍从队伍,在海滨、海上寻仙人之迹,并亲自射杀妨碍求仙的大鲛鱼。这种封建帝王直接参与的求仙活动,在滨海地区的影响自然非同一般。秦始皇还重金优待并亲近宠信滨海方士,如徐市出海,前后所费以"巨万计",燕方士卢生所进谶言方说,始皇一一言听计从。这更使滨海士民对方士方说趋之若鹜,滨海方士之风越演越炽,蔚为高潮。至秦始皇三十五年,秦始皇大坑方术士,史称"坑儒",燕齐方士受到了一次沉重打击。

秦末大乱,天下残破,汉初以清静无为为本,除文帝一度听信方士新垣平外,诸帝对方士之学都相当冷淡。但汉初大行分封,关东诸侯王力量强大。燕齐方士转而依附滨海地区及其周围的诸侯王,是这一时期滨海地区方士文化的发展特点。如齐地方士李少君,"其游以方遍诸侯",他做过深泽侯舍人,又为武安侯座上客。齐方士栾大,曾为胶东王尚方,又与齐康王、乐成侯有着密切关系,而方士卫庆为衡山王谒者,淮南王刘安身边聚集的方士数以千计,广川王刘去、燕王刘旦也都笃信方术,国内也云集着一批方士。

汉武帝时,燕齐滨海的方士文化再度掀起高潮。同秦始皇相似,汉武帝作为封建帝王,他的个人欲望大为膨胀,为了长生仙道,汉武帝对燕齐方士文化产生了浓厚兴趣。他在位期间,先后十一次巡游燕齐滨海地带,冀遇仙人,多次大规模派遣方士出海,寻求神山与长生之药。在汉武帝的提倡与需求下,燕齐滨海地区的方士显得异常活跃,汉武帝时以方术进身、显赫一时的方士很多,前后见于记载的有李少君、宽舒、谬忌、少翁、栾大、公孙卿、丁公、公玉带等。这些方士除李少君、谬忌外,都是齐人。李少君籍贯无载,但他谙熟齐地史实,往来海上,也极可能是齐人。谬忌亳人,地亦近齐。滨海地带的方士,每年都达数千人。可以说,汉武帝时滨海地带方士文化的兴盛,已臻至鼎盛。

随着方士文化的兴盛,燕齐滨海地带各类祠祀也有很大发展。齐地祠庙数量已相当可观,与关中平原同为两个密集分布区①,这与滨海方士的祠祀活动有密切关系。一方面,方士们把齐地许多旧有的祠祀纳于方士文化的范围。如齐地的八神祠,起源远在方士文化之前,但自战国中期以后,就逐渐与方士文化结合起来,秦皇汉武巡游至齐,总要祭祀八神。另一方面,方士们还兴起更多的祠庙,如规模很大的"明年"祠,即是在方士们直接设计下在海滨建造的。它与八神、凡山等祠享有同样礼遇,皇帝"行过则祠,去则已"②。再如琅琊郡不其县的太一、仙人祠九所,也完全是方士文化的产物。方士兴建的祠庙大致分两种类型:一种由祠官所领,规模较大。汉武帝以前没有统计数字,但

---

① 周振鹤:《秦汉宗教地理略说》,载《中国文化研究集刊》第3辑。
② 《汉书·郊祀志》。

成帝时"长安厨官县给祠郡国侯神方士使者所祠,凡六百八十三所"①。这些祠庙仅有部分被记载下来,大部分今已无考。还有一种是方士自主的祠庙。汉武帝时,"方士所兴祠,各自主,其人终则已,祠官不主"②,这类祠庙规模小,存在时间短,随人设置,兴废无常。燕齐方士动辄万人,这类祠庙的数量在燕齐地区必相当可观,不过今天大都无法考实了。

　　从秦统一至汉武帝时代,可说是燕齐滨海方士文化的繁荣时期。这一时期方士文化有两个主要特征:第一,方士文化的繁荣区域,主要集中在它的源区——燕齐滨海地带。虽然南部的淮南、吴越地区与西部的关中、巴蜀地区方士文化也已有所发展。但主要为燕齐方士集聚影响所致。这一时期著名方士基本出自燕齐,大规模的方术方说热潮也屡屡发生于这一地带。第二,这一时期的方士文化,是以宣扬海中神山、仙人、长生之药以及这种神话下的泛海求仙活动为其主要内容的,带有明显的滨海色彩。但除此之外,还有一些方术,如炼丹术、辟谷、导引,使鬼致神等也逐渐流行。炼丹术与泛海求仙都是以求仙药为目的的,由于泛海求仙无法验效,方士们便另辟蹊径,力图用自己的力量求得仙药。秦始皇时,已有不少方士从事炼丹活动,经过半个多世纪的发展,至汉武帝时,方士们把这两种方法结合起来。方士李少君论述过一套始于祭灶、终于封仙、由益寿而长生的完整修炼步骤:"祠灶则致物,致物而丹砂可化为黄金。黄金成,以为饮器则益寿,益寿而海中蓬莱仙者乃可见,见之以封仙则不死。"辟谷、导引战国时已出现,《庄子》一书有导引的记载,鲁国方士单豹曾行辟谷之术。③ 汉初,张良也"辟谷,道引轻身"④,他的方术很可能学于黄石公,黄石公的记载非常怪诞不经,后世又为道教所尊,其实剥去这些记载的神秘外衣,他不过是秦汉之际齐地济北郡的一个方士,以方术与兵法传授张良。此外,方士们还根据统治者的欲望与某些时代需求,随时臆造出一些新的方士文化的内容。如秦时匈奴族构成北方的威胁,方士卢生就造出"亡秦者胡也"的谶言。汉武帝时河决严重,方士栾大即声称"黄金可成,而河决可塞"⑤,汉武帝"尤敬鬼神之祀"⑥,方士们就造出从泰一、三一到封禅长生一整套祭祀体系。武帝以后,随着方士文化在其他地区的传播,这些形形色色的方术大大发展,而滨海地带特有的泛海求仙活动则逐渐浸微。

　　汉武帝时代是燕齐滨海方士文化的鼎盛时期,同时也是其衰落的起点。

---

① 《汉书·郊祀志》。
② 《汉书·郊祀志》。
③ 《吕氏春秋·必己》、《庄子·达生篇》。
④ 《史记·留侯世家》。
⑤ 《史记·封禅书》。
⑥ 《史记·封禅书》。

汉宣帝时,还依方士之说,在齐地兴建许多新的祠庙,到了成帝时,对方士兴建的各地祠庙进行了一次大的整理。有 2/3 以上被罢除,其中很大部分是燕齐地区的祠庙,包括汉宣帝所新建者。自成帝末至王莽时,又连续掀起三次方士活动高潮。成帝末无子,于是各地"多上书言祭祀方术者",汉哀帝时,因久病,又"博征方术士",并基本恢复了被成帝罢废的各地方士祠庙。至王莽篡位,以神学襄佐政治,大兴方术,方士上书者达万余人,各地方士兴建祠庙达 1700 所。但在西汉末的三次方士文化热潮中,燕齐滨海地带已失去秦皇汉武时的那种重要地位,虽然燕齐方士绵绵未绝,但其他地区的方士也已相当繁多,与之平分秋色了。很显然,这是方士文化从燕齐滨海地带向外广泛传播的结果。

三 方士文化的衰退与区域遗存

汉武帝以后,随着方士文化的广泛传播,其内容日渐杂芜,与早期燕齐方士文化相去越来越远。西汉晚期,谶纬神学兴起,并逐渐脱离方士文化而独立发展,方士文化中预言、符瑞等内容转而依附谶纬神学而存留,并随着谶纬的衰亡而衰亡。东汉顺帝以后,道教兴起,许多方术如炼丹、导引、服饵、劾鬼等,为道教所吸收、发展,成为道教文化的一部分。虽然许多方术如占卜、相术等仍冠以方术之名,在中国封建社会长期流传下来,但实际上与燕齐方士文化已完全不同,不过沿袭了这一旧名而已。因此可以说,自战国以来起于燕齐滨海的方士文化浪潮,在东汉以后就基本消失了。但是,早期燕齐方士文化的许多内容,仍作为一种文化形式的遗迹,在某些地区存留下来,演化为民俗文化的一部分。主要的存留地区,是由燕齐滨海地区经淮南吴越地区至荆楚地区这一月牙形地带。

燕齐吴越滨海地区:燕齐滨海地区是方士文化的起源地区与发达地区,淮南、吴越一带也最早接受方士文化传播并曾一度成为方士文化兴盛之地。这一狭长的地带又有着亘古以来的滨海环境,因此,方士文化的遗迹最为显著。在燕地北部的滨海地域及其邻近地区,后世有着很普遍的仙人传说。如在涿郡一带,有仙人琴高的传说,相传他入居涿水之中,常乘赤鲤出没。在宁县(今万全县)一带,曾长期流传着仙人班邱仲的传说,百姓称他为谪仙。道人县一带(今阳原境内),也相传有仙人游于其地,故有道人一名。广昌(今来源县境)东南郎山上有燕王仙台,"台有三峰,甚为崇峻",相传为燕昭王求仙处。无终山(今蓟县境)相传为仙人帛仲理合神药、炼黄金处,又有所谓的仙人玉田。在累县大碣石山(今昌黎境),也流传着秦始皇与海神相会的故事。燕地如此众多的仙人、海神、金丹、玉田的传说与遗迹,是方士文化在人们心理上与信念上的传承,说明方士文化在这里长期保持着较大的影响。齐地、淮南、吴越一带的滨海地区在东汉以后同样也有许多类似的方士遗迹与仙人传说。如东海郡朐县东有郁州岛,其上有仙人石室,东汉末崔琰曾实地经历过,郦道元《水经·淮水注》还有记载。左思《吴都赋》中描写吴地,"增冈重阻,列真之宇,玉堂对溜,石室相距……江斐于是往来,海童于是宴语"。刘渊林注曰:"玉堂石室,仙人居也。海童,海神童也,吴歌曲曰:'仙人斋,持何等,前谒海童'。"①西晋时,临淮一带还保留着方士们津津乐道的古仙人赤松子庙,而直到南北朝时,寿春八公山上还有淮南王刘安庙与淮南方士八公的隐室、石井与"遗物",以及关于淮南方士的许多传说。这些遗迹与传说也反映了方士文化的久远影响。

至于荆楚地区,至两汉时代这里的方士文化尚不发达,历史记载中还很少见到这一地区的方士活动,但至汉后魏晋六朝,这一地区的方士文化遗风,却明显地浓厚起来,这一事实在《荆楚岁时记》关于荆楚正旦民俗的记载中有所反映。正月一日,楚民"进椒柏酒,饮桃汤,进屠苏酒,胶牙饧,下五辛盘,进敷于散,服却鬼丸,各进一鸡子。"这一连串饮食大多与方士文化有关。如椒柏酒,注曰:"椒是玉衡星精,服之令人身轻能走,柏是仙药"。这种身轻能走的仙药,正是方士们所竭力宣扬的。再如五辛盘与鸡子,晋吴兴人周处《风土记》曰:"元旦造五辛盘,正月元旦五熏炼形"。又曰:"正月,当生吞鸡子一枚,谓之炼形。"所谓炼形,即通五脏之气,系方术之一种。再如却鬼丸,出自《天医方·序》,这是方士文化在楚地的发展,楚地尚鬼,方士善服药,两者结合便出现了可以避邪防恶的却鬼丸。敷于散,出于葛洪《炼化篇》。葛洪是早期道教的重要人物,对古代方术很熟悉,多所记载,食敷于散实际也是方士文化的产物。《炼化篇》还讲到食赤豆可避瘟气,所以元旦食大豆也成为荆楚习俗。

第四节　蓬莱仙话与徐福信仰

一　蓬莱仙话

中国神话学界一直将中国神话分作"昆仑山神话"与"蓬莱神话"两大系统。而"蓬莱神话"更多地表现为仙话,其中以"蓬莱、方丈、瀛洲"三神山的信仰与传说最具有代表性。

"蓬莱、方丈、瀛洲"三神山的信仰和传说,如上所说,固然是滨海方士们的"创造",但更主要的起因和基础,则是滨海先民们作为"海人"、"海民"长期生活与海滨、航行于海上的"知识"、"经验"的精神感知与心灵信仰的产物。于

---

① 《文选》卷 4 引。

是，巡海求仙，自先秦就在我国东部沿海广泛流行，成为沿海地区诸国上至王侯下至民间的普遍时尚。

《史记·封禅书》说："自威、宣、燕昭使人入海，求蓬莱、方丈、瀛洲。此三神山者，其传在渤海中，去人不远，患且至，则船风引而去，盖尝有至者，诸仙人及不死之药皆在焉。其物禽兽尽白，而黄金银为宫阙。未至，望之如云；及到，三神山反居水下。临之，风辄引去，终莫能至云，世主莫不甘心焉。"

这是关于三神山较早的记载。实际上其产生的时代当为更早。燕齐沿海是三神山仙话发源地，燕齐方士及阴阳家后学是蓬莱仙话的主要传播者和发展者。战国中期齐国稷下学宫"百家争鸣"中的阴阳家创始人邹衍，其大九州之说惊世骇俗，"宏大不经"，自然不无受到"海客谈瀛洲"的影响。而他的学说的创立，则更为神仙信仰及仙话故事的传播提供了广阔的空间，因而邹衍之后，仙话故事发展极快。阴阳家的后学非常多，把阴阳家学说导向了神仙方术之学，"燕齐海上之士传其术不能通，然则怪迂阿谀苟合之徒自此兴，不可胜数也。"显然，如果从文学创作的角度来看，是该给方士阴阳家后学们记功的。

秦统一后，秦始皇虽是法家皇帝，阴阳家的思想却对他深有影响。他接受秦朝是水德主运的说法，数用六，色尚黑，为政主刑杀，严刑峻法，同时，也相信了方士们关于采神山之药以求长生的说法。为此他不断在巡海过程中派人入海搜求不死之药。"及至秦始皇并天下，至海上，则方士言之不可胜数。始皇自以为至海上而恐不及矣，使人乃赍童男女入海求之。船交海中，皆以风为解，曰未能至，望见之焉。"秦始皇不但曾多次派人入海寻找仙山，而且亲自下海，以求不死之药。秦始皇二十八年，"齐人徐市等上书，言海中有三神山，名曰蓬莱、方丈、瀛洲，仙人居之。请得斋戒，与童男女求之。于是遣徐市发童男女数千人，入海求仙人。"二十九年，始皇东游，"……登芝罘，刻石。……旋，遂之琅邪，道上党入。""三十二年，始皇之碣石，使燕人卢生求羡门、高誓（传说中的古仙人）。……因使韩终、侯公、石生求仙人不死之药。始皇巡北边，从上郡入。燕人卢生使入海还，以鬼神事，因奏录图书，曰'亡秦者胡也'。始皇乃使将军蒙恬发兵三十万人北击胡，略取河南地。"始皇三十七年，"并海上，北至琅邪。方士徐福等入海求神药，数岁不得。费多，恐谴，乃诈曰：'蓬莱药可得，然常为大鲛鱼所苦，故不得至。愿请善射与俱，见则以连弩射之。'始皇梦与海神战，如人状。问占梦博士，曰：'水神不可见，以大鱼蛟龙为候；今上祷祠备谨，而有此恶神，当除去，而善神可致。'乃令入海者赍捕巨鱼具，而自以连弩候大鱼出，射之。自琅邪北至荣成山，弗见；至之罘，见巨鱼，射杀一鱼，遂并海西。"

秦始皇的巡游求仙，一是刺激了方士们的想象，编造了更多的故事；二是留下了许多秦始皇寻仙及徐福东渡本身的故事。这进一步丰富了三神山的内容，丰富了东方仙话系统。

秦始皇寻仙不得而死，并没有使信仙、寻仙者绝望。到汉武帝时，入海求仙反而变本加厉，登峰造极。司马迁《史记·封禅书》说："今天子初即位，尤敬鬼神之祀。"上行下效，自然就有一批神仙家出来。

最初靠言神仙得宠的是李少君。"是时李少君亦以祠灶、谷道、却老方见上，上尊之。"有些势力人物迷信他，馈赠金钱衣食，人们见他不劳而富，愈加信服。他又会捣鬼，"好为巧发奇中"，人愈惊为神仙。他对汉武帝说："祠灶则致物，致物而丹砂可化为黄金。黄金成，以为饮器则益寿，益寿而海中蓬莱仙者乃可见，见之以封仙则不死，黄帝是也。臣尝游海上，见安期生，安期生食巨枣，大如瓜。安期生，仙者，通蓬莱中，合则见人，不合辄隐。"于是"天子始亲祠灶，遣方士入海求蓬莱安期生之属。"后"李少君病死，天子以为化去不死，而使黄锤、史宽舒受其方，求蓬莱安期生，莫能得，而海上燕齐怪迂之方士多更来言神事矣。"司马迁说得很明白，是汉武帝的迷信靡然而兴，愈演愈烈。

李少君死后第二年，又有齐人少翁，以鬼神之方得宠于武帝，说是能致神仙。后来做假露了馅，武帝一怒之下把他杀了。不料过了四年，其师弟栾大又步后尘来到汉宫。栾大是胶东王的宫人，原来就以神仙方术迷惑胶东康王。栾大彻底迷惑了武帝，在数月之内，连连受封为五利将军、天士将军、地士将军、大通将军、乐通侯、天道将军。栾大以六将军印，一时荣宠无比。"于是五利常夜祠其家，欲以下神，神未至而百鬼集矣，然颇能使之。其后治装行，东入海，求其师云。人见数日，佩六印，贵震天下，而海上燕齐之间，莫不扼腕而言有禁方、能神仙矣。"编造神话，造作玄虚竟成为一时时尚。

后来栾大虽然被杀，武帝求仙之痴心不改，而神仙妄言自然不息。不久，又有一个齐人公孙卿。通过太监献上一本一般人都认为荒诞不经的书，说是书从与安期生交好的齐人申公那里得来，宝鼎出世则出圣人，黄帝时就是通过得宝鼎又封禅才登仙的，而现时与黄帝时条件相当，汉武帝也会像黄帝一样得鼎升天。果然就有鼎出，汉武帝大悦，拜公孙卿为郎，让他到东边太室山等候迎仙。公孙卿说见仙人于缑氏城上，骗得汉武帝去看，什么也没看到。他又说黄帝是蓬莱仙人引导飞升的，于是，"上遂东巡海上，行礼祠八神。齐人之上疏言神怪奇方者以万数，然无验者"。"天子既已封泰山，无风雨灾，而方士更言蓬莱诸神若将可得，于是上欣然庶几遇之，乃复东至海上望，冀遇蓬莱焉。""其春，公孙卿言见神人东莱山，若云'欲见天子'，天子于是幸缑氏城，拜卿为中大夫，遂至东莱，宿留之数日，无所见，见大人迹云。复遣方士求神怪采芝药以千数。""其后二岁……东至海上，考入海及方士求神者，莫验，然益遣，冀遇之。……今上封禅，其后十二岁而还，遍于五岳、四渎矣。然方士之侯伺神人，入海求蓬莱，终无有验。……天子益怠厌方士之怪迂语矣，然羁縻不绝，冀遇其真，自此之后，方士言神祠者弥众，然其效可睹矣。"司马迁似乎带着嘲讽的笔调写来,但稍加留心,便会发现,当时山东一带,言神仙方术者以万数,派出海上寻仙者以千数,当时齐国一共能有多少人,几千几万,真是一个全民言仙的群众运动,所造出的种种仙话怪异,不用说是数不清了。

汉武帝寻仙寻山的时间是如此之长,涉及范围是如此之大,参与的人数是如此之多,中国皇帝之中,可算第一。那么多人创作"怪迂语",推波助澜,更有许多故事流传下来。流传日久,后世竟说汉武帝已寻到神仙,常有仙人与之游,如西王母、上元夫人等,托名郭宪的《别国洞冥记》,托名班固的《汉武内传》,题名葛洪所作的《神仙》,任昉所著《述异记》,都有关于汉武寻仙及与神仙交谈之事,《别国洞冥记》还把东方朔说成神仙。①

早期仙论的产生实际来源于海上夏季偶然出现的海市蜃楼景观,而最早发现这一"气象"的自然是生活于海边的燕齐渔民和航海者,进而是燕齐方士。对此,如上引,《史记·封禅书》中已经作了记载。至《汉书·天文志》,又描述道:"海旁蜃气象楼台,广野气成宫阙然。云气各象其山川人民所聚积。"

"海市蜃楼"的出现实际上是由于大气变化而造成的视觉上的幻景。光线经过不同密度的空气层,发生显著折射(有时伴有全反射)时,将远处景物显示在空中和地面、海面上而出现的种种奇异幻景,常发生在海边和沙漠地区,呈现为上现蜃景、下现蜃景、侧现蜃景等景观。如同物体在光线照射之下会产生阴影,海市实际上是现实世界投射在空中的"影子"。但在科学逻辑尚未建立的古代,这一现象几乎很自然地与来自域外的"世界"信息联系在一起。海市蜃楼这一现象的出现,激活了古人地理探索的想象力和好奇心,海外九州的存在因此也被战国阴阳家邹衍请上了稷下学宫的讲坛。

作为海市蜃楼的直接影响的产物,恐怕要属徐福东渡及其信仰与传说最为著名、影响最为广泛了。如托名东方朔的《十洲记》说,"八方巨海之中",有祖洲、瀛洲、玄洲、炎洲等十洲,为人迹稀绝之处,上有不死之草、不死之药、不死之仙人之类。其中"祖洲"条说:"祖洲,在东海之中。地方五百里,去西岸七万里。……上有养神芝,始皇乃使使者徐福发童男女五百人,率接船等入海寻祖洲,遂不返。福,道士也,字君房,后亦得道也。"②

二 徐福信仰的历史遗迹③

徐福东渡,作为对中国的历史及其国际影响产生了重大作用的一大事件,尤其作为对中国的文化及其国际化产生了重大作用的一大事件,是中国海洋

① 以上引见孟天运:《蓬莱仙话传统与历代帝王寻仙活动》,《东方论坛》2002年第2期。
② 以上引见张树国、梁爱东:《蓬莱仙话及其文化意蕴》,《中国海洋文化研究》,1999年第1卷。
③ 引见曲金良:《中国沿海的徐福文化资源及其当代开发》,《青岛海洋大学学报》2002年第4期。

文化的历史为我们留下的值得骄傲的一大遗产。

　　关于历史上的徐福,实际上只有《史记》等史书上记载的那么几句话,就严格的史学层面而言,人们对徐福知道得还很少、很有限;但是一提到徐福,在中国,尤其是在中国沿海,却几乎妇孺皆知,甚至许多地方的人们能够如数家珍。关于秦始皇东巡,关于徐福东渡,关于海上三神山,关于长生不老草,关于徐福在哪里造船、在哪里起航,关于五百(或数千)童男童女,关于东渡扶桑不回……故事一串接着一串,遗迹一个接着一个,传承了一代又一代,而且传播到了日本列岛和朝鲜半岛,使得他们传说者众,信仰者众,并不断到中国来寻根问祖。这就得归功于民俗的力量了。这是一段传承了两千年、并无疑将永远传承下去的天下故事:中国历史上从来没有第二个人物会像徐福这样在中国沿海甚至在海外产生过如此深远的民俗影响;中国民俗中也从来没有另外一种现象会像徐福民俗这样与历史互为表里,与海洋密切相关,成为许许多多自然景观与人文景观的文化内核,关乎社会族群血脉,成为环黄海圈国际文化交流的密不可分的媒介。因此,与其说徐福文化是历史的,毋宁说它是导源于历史而成为民俗的(并且它本来就是根植于民俗的)。它的奥妙,正在其作为历史和作为民俗的合二为一上。

　　正因为徐福是历史的,同时又是民俗的,亦即是作为历史和作为民俗的合二为一,才具有如此大的艺术魔力:由此被人们"考证"着、传说着、猜测和试图破解着似乎永远不能考实,因而也永远不可能破解的千古之谜。

　　首先,徐福是哪里人? 目前最主要和最激烈的论争是山东黄县(今龙口市)说和江苏赣榆说。《史记》只记徐福为"齐人","齐"是指战国时的"齐国"(大范围)、还是"齐地"(中范围),抑或是秦朝的"齐郡"(小范围)? 都有可能。这就引发了旷日持久的学术界加各地政府对这一历史—民俗文化资源的论争。说法众多,互不相让。

　　其次,徐福的船队是从何处起航的? 于此说法最多,主要有:浙江省的慈溪以及舟山;江苏省的海州一带(今连云港赣榆);山东省的登州湾(今龙口市黄县)、胶州湾(青岛)琅琊、荣成湾成山头——天尽头以及石岛湾;河北省的秦皇岛以及黄骅附近;等等。①

　　其三,徐福东渡抵达何处?《史记》说徐福"得平原广泽,止王不来"。多数学者认为徐福到达的是日本列岛,也有不少说去了或路经朝鲜半岛,也有的认为可能去的是吕宋岛,还有的认为是去了海南岛,等等。

　　其四,徐福的后裔在哪里? 在中国,上述"徐福故里"中都有一些徐氏家

第七章

先秦秦汉时期的海洋信仰与崇拜

---

　　① 安作璋、朱绍侯等:《徐福故里考辨》,山东友谊出版社 1996 年版;山东省徐福研究会、龙口市徐福研究会:《徐福研究》,青岛海洋大学出版社 1991 年版。

族,甚至有一些徐姓乡、村,其中不少人自认是徐福后裔,甚至一些徐姓港台同胞也到这些"徐福故里"寻祖认宗;在海外,尤其是在日本,就连日本前首相羽田孜也自称是徐福后裔。[①]在日语中,秦与羽田的发音相同,这是一些日本人认定自己是徐福后裔的理由。还有一些人认定徐福就是日本的神武天皇,尽管商榷和反对意见不少。[②]

而几乎所有这些传说、遗迹,都似乎言之凿凿,让人大有不可不信、不由不信之感。历史—民俗文化,就是在这样一些看似"偶然"的因素中被创造出来的:假如司马迁的《史记》、班固的《汉书》等将徐福其人其事记载得具体、详细,历史的徐福就没有了这么多的神秘、这么多的猜测、这么多的传说、这么多的故里、这么多的遗迹、这么多的可能性;就不会有这么多至今仍然争论不休、沸沸扬扬、似是而非、似非而是、热闹非凡、环黄海圈各地争相进行的徐福招牌、徐福搭台而"经济唱戏"活动。哪是历史、哪是民俗?民俗在历史中,历史在民俗中焉。纵使所有的这些传说、遗迹就历史而言全是假的,没有真的,而在民俗文化这里,也全都是真的——中国的海洋文化认同如此,环黄海文化圈和族群认同如此,人们的情感认同如此,审美认同如此。这就是民俗文化资源的魔力与价值所在。

从秦皇东巡、徐福东渡至今,在两千多年的历史长河和民俗传承、传播的文化长河中,徐福民俗文化早已成为中国沿海以至内陆、中国国内以至国外共同的中华历史—民俗文化传承播布的重要内涵。在中国整个沿海地带,由北到南,依次可见许多徐福传说的"遗迹"。[③]

(1)河北省盐山县的"千童城"。此地古为饶安县,唐《元和群县图志》记:"饶安县,本汉千童县,即千童城。秦始皇遣徐福将童男童女千人入海求蓬莱,置此县以居之,故名。"这里相传有徐福募集、培训童男童女和百工巧匠的场所"百匠台";有汇聚五谷良种和金银珠宝之所;有打造航船之地;有东渡起航之地千童城;有入海之道无棣河;有停泊航船的链船湾;有出发前杀鲸祭海的龙井;并且竟然有秦始皇送别徐福千童集团的秦王台……于此史书不载,且考之历史、地理和航海条件,显然难以凿实,但作为文化传说,却不可忽视。近年

---

① 日本前首相羽田孜在给河北沧州召开的中国千童城徐福千童国际学术研讨会的致辞中写道:"日本和中国自公元前就有友好往来。作为我们家远祖的徐福,在中国秦代,也就是日本从绳纹到弥生的时代,率领童男童女跨海东渡,给日本带来了技术和文化。"引见网站:http://www.china-xu-fu.com/hebeiyan.htm.

② 周延云、宫同文《建国以来国内外徐福研究述评》,载《徐福故里考辨》,山东友谊出版社1996年版;关于不同意见,杨正光《徐福东渡的伟大历史意义》中有专门一节"与'神武天皇论'商榷",见《徐福东渡钩沉》,山东友谊出版社1996年版。

③ 本节相关资料参见"中国徐福会"网站:china-xufu.com。

来,当地政府不断进行徐福文化纪念和国际交流活动。

(2)江苏赣榆徐福村(原名徐阜村,1982年地名普查后认为应是"徐福村",即改)。这里传为"徐福故里",且居然"发掘"出了"徐福故居",周围数十千米内还"发掘"有:①夏家沟,据传为"下驾沟",是秦始皇东巡经此下驾驻跸处;②大、小王坊村,据说是徐福受皇命造船处,是"皇(王)家造船作坊";③吴公村,相传原为"圬工"(捻船工)村;④造船与起航地:在一处古河道地下海沙中,发现有两处已经炭化的木头堆积。另外,在赣榆县城东海中有秦山岛,志载"旧传秦始皇登此求仙,勒石而去";岛上有棋子湾,传说当年徐福曾陪同秦始皇于此对弈;等等。赣榆较早就成立了徐福研究会,后改为连云港徐福研究会;1987年,他们发起召开了全国首届徐福学术讨论会,同时倡导发起成立了中国徐福会(1992),举行了大量的徐福文化研究和中外交流活动。

(3)浙江省慈溪市达蓬山。明天启浙江慈溪志载:"秦始皇登此山,谓可以达蓬莱而东眺沧海,方士徐福之徒,所谓跨溟濛泛烟涛,求仙采药而不返者也。"达蓬山上有"秦渡庵"遗址;有摩崖石刻,画面有海水波涛、航行船只、异兽、人物等;有传为徐福出海前舂谷碾米的18只磨坊;有传为徐福船队出海东渡的凤浦湖,等等。慈溪市成立有徐福研究会,承办过日本东京歌剧协会和中国歌剧舞剧院合演的歌剧《蓬莱之国:徐福传说》,策划编、拍有20集电视连续剧《徐福东渡传奇》,可见当地对徐福文化的重视程度。

另外,秦皇岛等地,则主要是有关秦始皇的民间传承。

然而,就历史真实而言,秦始皇四次东巡,其主要的和中心的巡游地带是山东沿海;《史记》等所有的史书都记徐福为齐人,徐福上书秦始皇、秦始皇诏见徐福的地点都在山东沿海的琅琊台,因而徐福东渡这一重大历史事件的发生地、徐福文化这一重要民俗文化现象的导源地,是在山东半岛;因而关于徐福历史和徐福民俗的传承的中心地带和主要的遗迹"物证",以山东半岛沿海地区最为集中。在山东半岛沿海,从北到东,从东到南,构成了散落在3000千米海岸线上的徐福历史—民俗传说与遗迹互为依附、互为表里的景观点、线、群,形成了一大中心群落、二大次中心群落和数个外围点落。

1. 一大中心群落:今青岛地区

在今青岛地区,包括胶南琅琊台一带、崂山一带,有大量集中的徐福文化遗存资源。为此,胶南市、黄岛区(青岛经济技术开发区)都成立有徐福研究会。

琅琊台。在青岛胶南西南26千米的琅琊镇,三面环海,为古时天然良港。公元前472年,越王勾践灭吴后迁都于琅琊,在此筑琅琊台,以图称霸中原。秦始皇置琅琊郡,并三次亲临,曾驻跸三月,徙民三万户于此,还扩建了琅琊台,由丞相李斯题写"颂诗"和"诏书",《诏书》石刻现存北京历史博物馆。徐福每次拜见并上书秦始皇，《史记》明记就在琅琊台。此处现为重点文物保护单位。近年来，当地政府拔巨款整修琅琊台，已建成秦始皇遣徐福入海求仙群雕、琅琊刻石、徐福殿、徐福东渡起航处、御路、云梯石级以及越王望越楼等。

斋堂岛。琅琊台前面海中有斋堂岛，民间相传为始皇登山、从臣斋戒之地。

沐涫岛。与斋堂岛相邻，属泊里镇，传为秦始皇从官斋沐于此。

徐山。琅琊台东邻海岸，不远处有徐山，《太平寰宇记》引西晋伏琛《三齐记》云："徐山，始皇令术士徐福入海求不死药于蓬莱方丈山，而徐福将童男女二千人于此山集会而去，因曰徐山。"这里还有传说中的徐福炼丹处"徐山石屋"（齐长城东端的遗址也在此）。

徐福岛。在青岛市区崂山近海，传说徐福曾住此岛。

登瀛村。在青岛市区崂山沿海，相传徐福于此集合数千童男童女登船入海。

徐福村。在青岛市郊平度市。现已经成为旅游部门开辟的旅游景点之一。

⋯⋯⋯⋯⋯

青岛地区如此多的与秦皇东巡、徐福东渡相关的历史与传说紧密扣合的遗迹资源，所构成的这一大集群网络，在中国沿海的任何地区都找不到第二个。这是徐福历史文化—民俗文化景观的最大最集中的群落。

2. 二大次中心群落：今龙口与荣成

第一个次中心群落：龙口。山东龙口市徐福镇，即秦代齐郡黄县徐乡。徐乡，清王先谦《汉书补注》引元于钦《齐乘》云："盖以徐福求仙为名。"传说当年徐福曾在此进行求仙活动。不少历史学家据《史记》所记秦始皇东巡屡经黄腄（即黄县地区，今龙口）、黄腄属齐地、徐福为齐人、黄腄汉代有徐乡、元人《齐乘》云徐乡"盖以徐福求仙为名"等，判断徐福故里是徐乡即黄县（今龙口）。龙口市因此也将"乡城镇"改名为"徐福镇"。据传徐福船队的出海口就是现在的黄河营港。龙口市1989年成立徐福研究会，并在其后两三年间，发起成立有山东省徐福研究会、中国国际徐福文化交流协会，连年举办较大规模的国际徐福文化活动，编辑出版书籍、刊物多种，并自1999年开始举办富有民间性、社会性、国际性的"徐福故里文化节"，促进了经贸洽谈、招商引资以及与韩国、日本相关城市之间的交流与合作。

第二个次中心群落：荣成。荣成著名的遗迹景观，以关于秦始皇的为主，关于徐福者居次。一是龙须岛成山头（"天尽头"）的秦皇宫遗址，一是秦东门遗址（传说为徐福求仙处，秦始皇在此为徐福送行，秦丞相李斯手书"天尽头"三字,刻石碑于南峰,现残碑尚在)、秦桥遗迹(传说神助秦始皇造石桥渡海,以抵达海中神山采得长生不老药,惜始皇太为急切,得罪了海神,因此桥崩,今仅遗数块基石)。相关民俗传说、民俗信仰十分普遍。这里因而是十分火爆的旅游景点。另外,据当地学者考察,荣成石岛也有徐福起航处的传说。

3.数个外围点落

一为烟台市的芝罘岛(史载:始皇自琅琊北上,至芝罘,射大鱼)、养马岛(传说这里曾经是秦始皇东巡到此养马的海岛,其邻山为"系马山");一为日照市的三桂山(相传系始皇东游时命名);一为滨州地区无棣县与河北千童城遗迹相关联的徐福东渡传说——解说无棣女子为何漂亮的多,原因是徐福东渡所选童男童女,多为美少年,其中有不少童女未能出海,而流落在无棣,因而至今无棣女子多漂亮;如此等等,不一而足。

关于徐福东渡的去向,《史记》中明载徐福东渡后"得平原广泽,止王不来",不仅后人猜测徐福抵达的是日本,路过的是朝鲜半岛南部,而且日本、韩国也多有其"历史遗迹",并多有传说,很多日本人甚至把自己的家族视为徐福的后代。在日本的遗迹主要有:

(1)爱知县名古屋市热田区的热田神宫,原称蓬莱仙山。日本旧时传说,此一"热田"和"富士"、"熊野",被称为日本的"蓬莱三山"。

(2)三重县熊野市,丸山下的"矢贺"海岸,传为徐福登陆地;山上有徐福墓;墓旁有木制小屋,供徐福石像,为徐福宫;山下有少林寺,内有古钟,铭文有"秦栖"字样,意即"秦人居住之地",后改为波田须;波田须町有波田须神社,奉祀徐福;波田须民至今仍视自己为徐福子孙,每年十一月五日举行"氏神祭典";在木本町,成华山上有"文字岩",上刻汉字草书:"警去徐仙子,深入前秦云。借问超逸趣,千古谁似君。梅花仙子题。"据传所言即为徐福之事。

(3)山梨县富士山东北麓的吉田市,传说徐福在登富士山途中仙逝,富士山谐音"不死山",徐福化为鹤,当地人建造了"鹤冢",以怀念徐福。吉田市东,有徐福祠;河口湖町,也有徐福祠,徐福被祀为纺织之神;有长池村,即长命村,传说有的就是徐福后裔。

(4)在秋田县男鹿市的本山(赤神山),相传有徐福墓。

(5)在青森县北津轻郡的小泊村,有尾崎神社,据传有徐福像。《东日流外三郡志》云:"尾崎神社镇座于山顶,据传祭祠中国的老子、孔子、孟子、徐福等,今只存徐福";"元历元年(公元1184年)十一月建社殿,称尾崎神社。祀鹿岛大明神、八幡大神、更祀祖神徐福至今";并记神社内供有"金铜制徐福等神像十六尊"。

(6)京都府谢郡伊根町,有新井崎神社,供徐福及童男、童女木像。在八丈岛和青岛,有传说云,徐福船队有一部抵达熊野,但有五百童女漂流至八丈岛,有一些童男漂流至青岛,因此人们称前者为"女护岛",后者为"男岛"。传说此为过去八丈岛女多男少的缘由。

(7)宫崎县延冈市,有徐福岩,传说是徐福在此登陆时的系船石。

在韩国的,以其西南和南部沿海"遗迹"和传说为夥。济州岛有"西归浦",据传即徐福求仙在此住过,后由此港浦西归回国;济州岛上有正房瀑布,崖壁有刻字,据辨认即"徐福过此",今已模糊。整个济州岛,韩国历史上相传就是"瀛洲";岛上的汉拿山,就是"瀛洲山";等等。韩国的南海郡,也有相似的遗迹和不少传说。

在日本,"徐福研究会"早已遍地开花,有"日本徐福会"、"日本东京徐福研究会"、"佐贺县徐福研究会"、"富士吉田市徐福会"、"新宫市徐福研究会"、"京都伊根町和大阪明日叶徐福会"等。在韩国,西归浦市也成立了徐福国际交流协会,举办了"徐福国际学术大会"(2002 年),并正在发起筹备成立国际徐福学会。

要之,缘于海洋,"徐福情结"2000 多年来已经在中国—日本—韩国之间传承播布,蔓延扩散,深入人心;它已经不再仅仅是中国沿海的徐福,而是全中国的徐福,东方的徐福,世界的徐福。"徐福"已经从历史的徐福、航海的徐福、移民的徐福,成为了传说的徐福,民俗的徐福,精神的徐福,信仰的徐福,文艺的徐福①,旅游的徐福②,地方政府的徐福,家族、社会的徐福,国际交流的徐福,国际血缘亲情的徐福,甚至已经成为了经济的徐福,企业的徐福,比如医药的徐福③,糖果的徐福④,酒业的徐福⑤,建筑与造型艺术的徐福⑥,等等。

三 徐福传说与祭祀⑦

大多数徐福文化现象都是以民间文化的形态呈现的。虽然有关徐福的其

---

① 有关徐福的文艺创作和演出,近年出现了不少。如山东友谊出版社出版的《徐福文化集成》(1996),其中就有以徐福为主人公的小说、戏曲等多种,如《蜃楼梦》、《楼船梦》、《登瀛梦》。1998年,江苏又有《徐福东渡传奇》20 集电视连续剧面世。
② 旅游的徐福:无论是在中国还是在日本、韩国,"徐福"被作为旅游文化和产业的重要景观资源,已经给旅游企业带来了不知多少利润。
③ 有的以"徐福"冠名医药机构,如北京协和医学公司徐福医学试剂中心;有的以徐福相号召,宣传其药草延缓生命、甚至可以长生不老的灵验,如灵芝草之类;等等。
④ 如中国海峡两岸十分红火的糖果食品企业"徐福记"公司。
⑤ 比如江苏赣榆"徐福故里"产有"徐福酒";山东龙口"徐福故里"产有"徐市酒",等等。
⑥ 所有的关于徐福的"历史遗迹",都不是自然的景观,都是人工、人文的建筑。至于那些某块石头、某座山头之类的传说,则都是因为其形似、神似而激发的人们丰富的艺术想象化创造。
⑦ 引见蔡丰明:《徐福东渡与东亚民间文化》,《青岛海洋大学学报》2002 年第 4 期。

人其事不在正史中占有很大的位置,但在民间生活与民间文化中却有着极其丰富的表现。这样的事实提醒我们,有关徐福问题的研究,除了必须重视文献记载与考古资料以外,还必须重视至今依然以活生态的形式而存在的徐福传说与祭祀这种民间文化遗存现象,这些现象不像文献与考古资料那样完全脱离了现实中的民众生活,而是与现实中的民众生活紧密地结合在一起,呈现出一种活动的、充满生命力的姿态。这种以活生态形式呈现的民间徐福文化现象在东亚地区各个国家中大量存在,它们构成了一个庞大的东亚民间徐福文化圈,显示了徐福文化在民间生活中的丰富内涵与强大活力。

(一)徐福传说

徐福传说故事是中国以及日本、韩国等东亚地区民间徐福文化圈中极为重要的内容,它们主要通过口头传承的形式,将徐福的事迹进行编织和演绎成一段段美丽动人、奇妙有趣的民间故事情节,塑造出一个个生动感人、栩栩如生的徐福人物形象。东亚地区广泛流传的徐福传说故事中,包含着许多幻想的成分,它们表现了人们勇于抗争、惩恶扬善,开拓进取的精神,反映了人们对于美好生活的追求和安定环境的渴望。东亚民间的徐福传说虽然不能称其为历史,但它又的确包含着某些真实成分。这些真实的成分,即是从现实生活众多的原型和事实中提炼出来的。

流传于中国东部沿海地区的民间徐福传说故事,在表现内容上大致可以归纳为三种类型,一是徐福东渡求仙故事,这类故事主要从《史记》等正史中有关秦始皇派徐福率童男童女东渡求仙的记载出发,从各方面加以延伸和拓展,演绎出一段段生动有趣的情节。

二是将徐福事迹融入地名物产故事。这一类故事在东亚地区民间流传最为广泛。它们大多是将徐福事迹附会在当地的某一地名或物产之中,从而组成一些具有徐福文化特色的地物故事。例如《童子豆腐》故事说:徐福从各处招来了许多童男童女,安置在饶安城(今盐山县千童城)内。为敬神灵,童男童女一律吃素,早晨一人喝一碗豆汁。童男里有一个名叫宝川的,睡觉有发忆症(现在叫夜游)的毛病,这天夜里他又发起忆症来,迷迷糊糊跑到厨房里,冲着盛豆汁的罐子撒了一泡尿,没想到,罐子里的豆汁结成了块,第二天一早,人们一人盛一碗,都说好吃。徐福在《黄帝内经》上找出了答案:尿的成分跟卤水差不多。他试验了几天,发现不管往豆汁里放童子尿还是卤水,都能使豆汁腐化变成块,于是就起名叫"豆腐";一些穷困人家做豆腐买不起卤水,就用童子尿,所以又叫"童子豆腐"。徐福后来到了日本,就把做豆腐的法儿传给日本人了。所以无论中国人还是日本人,都喜欢吃豆腐。

其三是徐福生平故事。这一类故事主要是通过各种生动有趣的生活佚事,来描述徐福的生平事迹,塑造徐福这一人物形象。这些故事中有些与东渡事迹有关,有些则没什么关系。例如徐福收徒、徐福施医、徐福捉妖等。

《徐福治病》故事说:很久以前,饶安有一大户人家姓陈,只有一个独生女儿,美似天仙,远近有名,富家子弟、书生、才子前来求婚者不断,但陈大户都没有答应。有一位书生为此害了相思病,求徐福帮忙。徐福听说陈家小姐爱吃花生,近来每天吃得很多,几乎当饭,知道这小姐过不了多久就会得病,而这种病只有喝花生壳熬的汤才能治好,于是他找到书生,让他准备两大箩筐花生壳,洗净晒干备用。没过多久,陈家小姐果然得病,很多名医都没有治好,徐福也故意不说秘方,陈大户没有办法,只好贴出告示:谁治好小姐的病,有媳妇的给银子千两,没媳妇的取小姐为妻。徐福将秘方告诉了书生:"花生壳熬汤,食盐一捏,每晚一次。"书生揭榜,陈家小姐喝下花生壳汤,果然好了。书生和小姐便成了亲。这书生因治好了小姐的病,在饶安出了名,他为不想担虚名,立志学医,后来成了饶安名医,被人们称为"药王"。至今千童镇的药王庙,香火不断。每年三月三举行庙会,据说这是书生和陈小姐成亲的日子。

在这则故事中,徐福被塑造成了一个既机智聪明,又热心帮人的神医形象;而在另一则《徐福除孽龙》故事中,徐福则成了一个具有高明法术的神仙人物。故事说:秦始皇派徐福四方寻找仙药,徐福一到饶安,就听说两条孽龙闹得四方不宁。徐福会武功,同情百姓遭遇,便施武功法术除掉了孽龙,于是徐福成了这一带的恩人,所以他下海去寻仙药,人们才愿意跟着他去。

日本与韩国也存在着大量的有关徐福的民间故事和传说。据彭双松调查,当前在日本国土中流传的形形色色的徐福故事,分布于日本的20多个县市中,主要有:佐贺县武雄市、佐贺县佐贺市、佐贺县诸富町、福冈县八女市、鹿儿岛县串木野市、鹿儿岛县坊津町、宫崎县延冈市、山口县祝岛、广岛县佐伯郡宫岛町、京都府伊根町、和歌山县新宫市、三重县熊野市、爱知县名古屋市热田神宫、爱知县宝饭郡小坂井町、静冈县清水市、山梨县富士吉田市、秋田县男鹿市、青森县北津轻郡小泊村、东京都八丈岛、东京都青岛等等。这些故事与传说紧接着中国的传说故事进一步展开,主要描述徐福移民集团登陆日本以后的种种经历与遭遇,如船遇到沼泽地时用布匹铺地克服困难,掘井洗手,与原住民恋爱,教原住民稻作蚕桑、行医用药,秦姓族人的繁衍定居,以及徐福及其随从后来如何死亡、死后的安葬和人们建神社祭祀、徐福及其随从遗物的神化等等,内容几乎无所不包,且逐渐增加了神话色彩。这些故事在情节上与中国的民间故事相联结,在徐福形象方面也与中国传说相一致:在故事中,徐福是一个才智出众、普惠众生、道术通神的人物,最终被供入神社,受万人景仰。有的故事也追述东渡前的情节,它们大都是对中国史书记载的复述。

日本的徐福民间故事在流传时间上要晚于中国,它们基本上都是14世纪以后见于文献记载的。另外,就故事的内容而言,日本徐福故事的传奇色彩和神话色彩要胜过中国。

（二）徐福信仰与祭祀

除了民间故事以外,中国、日本等东亚民间还有一种非常重要的徐福文化现象——徐福祭祀活动。每逢一些特殊的时日,当地民众就要举行盛大的徐福祭祀集会,进行各种仪仗、音乐、舞队、台阁、戏剧、火花等表演。这些祭祀活动,有的是当地某些宗教组织发起举办的,有些则是完全出自民间的自发行为。这种以徐福名义举办的祭祀活动之所以在东亚地区民间十分盛行,与当地民众对徐福的崇拜心理有着密切关系。

在中国江苏省的赣榆县徐福镇,每有节日,人们便要焚香点烛,对徐福虔诚祭拜,以表敬意。在中国河北省的千童镇,徐福连同众多的童子一起受到民众的崇拜。每当"信子节",人们都要举行大型的祭祀活动,列队巡游、表演。"信子节"的举行日期,为每个甲子年的农历三月十八日。民间信仰,按照阴阳八卦,人生六十年一个轮回,每当这个岁时,阴曹地府就要召集灵魂汇聚重新分配转世,此时活在阳世的亲人若召唤故去的亲人的灵魂,就能使亲人的灵魂重回故里,故信子节就放在这一时间进行。信子的高度达 12 米,外观呈"古"字形,由木杆、铁棍绑制而成。竖杆的顶端用铁棍、木板搭起空中舞台,台上有童男童女表演各种各样的艺术造型,内容有"天河配"、"许仙游湖"、"小磨房"、"西游记"、"八仙过海"、"红楼梦"、"水浒"等。每出戏文人物出场,或坐跪或鹤立或相依或舒袖而舞,造型优美奇特,表演惊、险、奇,俊男秀女犹如游于蓝天碧空,舞于云端雾中。支撑童男童女表演舞台的木杆下端,固定在由铁、木制做的架子上,架子上放着许多石磨盘（或石块）,重达数吨,以稳定架子和高杆上的空中舞台。架子由 36 名粗壮的大汉抬着,踏着锣鼓点稳步前进,在千童镇四街游行演出。架子前,由会武术的人用三节棍和狮子舞开道;架子后,还配以龙灯、洛子、高跷、旱船、竹马、花狸虎、秧歌、武术等各种花会,一边走一边演。每当演出之时,天津、济南、德州等地的观众便提前几天抵达千童镇,到开化寺进香,等候观赏"信子"表演。方圆百里的百姓和商贾也争相而至,围观者常多达数万人,涌满大街小巷,喧声震天。各种货摊商位,犹如雁群蚁队,摆出古城几里远。这一壮观浩大的景象,显示了"信子节"在人民群众中的巨大影响。

在日本,徐福是作为日本先民的引导者和日本文化的开拓者的形象出现的,因此日本各地对于徐福的崇敬程度更要超过中国,由这种崇敬心理而引发的祭祀活动,也更是层出不穷,热闹红火。例如,每年收获季节之后日本新宫地区有丰收祭、御粥祭,熊野滩一带有御船祭、三轮崎祭,特别是佐贺地区 50

年一度的徐福祭,参加人数多达数千人,持续时间为三天。日本流行的祭祀徐福活动,有许多是自发组织、自觉参加的,这样的活动经过世代相传,现已逐渐演变成为民间的节日盛典,并从民间发展到官方,从国内到国外,规模越来越大,形式越来越多,充分表现了人们对于徐福的尊崇之情。

日本的徐福祭祀活动,也有许多是由当地的民间宗教组织——神社发起举行的。这些神社的产生与神道教有很大关系。古代时期,日本国土上存在着成百上千个神社组织。其中祭祀徐福的神社,几乎遍及全国,分别祭祀着徐福及其传说中的 7 名子孙和有关人士带到各地的神灵及遗物。一些著名的神社组织,如新宫市的阿须贺神社、神仓神社,熊野市的波田须神社,佐贺县的金立山神社等,都有专门的徐福庙、徐福宫,尤其是佐贺县的金立山神社,社内的主神为"金立大权观",即徐福的金身,距此不远的另一座庙宇供的女神就是阿辰。长久以来,佐贺一带一直流行着徐福春、秋祭和每 50 年举行一次的"徐福大祭"。虽然历史变迁朝代更替,祭祀徐福的活动却盛行不衰。参加祭典的多为"氏子"。所谓"氏子",是指氏神后裔和在同一地区信奉同一氏神的人们。在佐贺县,有据可查的徐福氏子有 1 万余人。祭典开始,由主持人带领行祭队伍首先出庙游察。他们身穿白衣,头戴乌纱僧帽,脚穿特制的童履,精神庄严肃穆,步伐坚实整齐。神舆前,排列着手持旌、旗、幡、伞、戈、戟、矛等的仪仗队开道。这支队伍行进的第一站就是阿辰观音庙(传说徐福到日本后与阿辰结婚)。阿辰观音由一美妙女子扮演,坐上早已备好的神舆,由挑选的众童女簇拥,随徐福神舆串街过市至海边,面向西方行祭拜礼。然后沿原路返回,将徐福神舆放归神位。因为参加祭典队伍的多是氏子,又称"氏子节"。这种隔海向徐福故里和祖先行祭拜之礼的典仪,意在不忘祖先,表达思念家乡之情。

除了金立山神社的"徐福大祭"之外,日本新宫市、熊野市的"徐福万灯祭"、"火花大会"、"徐福传养祭"等祭祀活动,也各有特色。例如徐福万灯祭是一种集灯火、文艺表演为一体的祭典徐福的文艺形式,日期不尽相同。有人撰文这样描述 1992 年 8 月 12 日的新宫市徐福万灯祭的盛况云:"排在前面的鼓乐队,乐器是中国的三大件:鼓、锣、钗,演奏者是着中国旗袍的少女,演奏的是中国最简单的打击乐调:'咚咚呛,咚咚呛,咚呛,呛咚呛。'乐队后面是天狗队、徐福立像和龙灯队。徐福像安装在特别的方桌似的机动车上,由两根粗麻绳牵引着徐徐前行,牵绳的都是经过挑选的童男童女,一律着日式短衫裤,头上扎一根写着日文的白带子。现代化的灯光设备,使徐福像周身通明,照得四周如同白昼。一位少妇扮演丹鹤姬,端坐在敞篷车上,一动不动,好像雕塑一般。再往后是身着和服的少妇,随着音乐节拍尽情地舞蹈。整个表演队伍有 250 多人,按计划沿街表演,所经之处,张灯结彩,万头攒动。徐福像经过时,有的合掌鞠躬,有的热烈鼓掌,人们以各种方式虔诚地向自己的恩人徐福表示崇高的敬意。"

　　通过以上的论述我们可以看出,在中国、日本、韩国等东亚国家,存在着大量的民间徐福文化现象,这些文化现象或是以实物的形态,或是以文学的形态,或是以宗教信仰的形态,表现了人们对徐福其人的观念与心理,反映了人们对于徐福事件的态度与评价。如果把这些纷繁多样、丰富有趣的民间徐福文化现象组合在一起,我们就可以看到一个清晰的徐福文化圈全形,这个文化圈记录着中、日、韩三国民族交往、文化传播的历史,体现了人民对于美好生活的共同追求和迫切愿望。

第八章

先秦秦汉时期的海洋文学艺术

海洋文学艺术,包括的范围很广,内容十分丰富。广义地说,在人类的海洋文化史上,人类一切具有审美价值的涉海文学艺术创造,都属于海洋文学艺术的范畴;狭义地说,海洋文学艺术是指那些主旨在于通过审美形象塑造来表现海洋、表现人类涉海生活的文学艺术作品。因塑造和表现的手段、方式及其作品的时间、空间呈现形态不同,海洋文学艺术可分为文学、舞蹈、音乐、绘画、雕塑、戏剧等等。①但在我们的先人那里,自古就是诗、歌、舞三位一体,甚至连绘画、雕塑、戏剧都是综合一体的,实际上就是我们今天所谓的"综合艺术"。这种"综合艺术"虽然在后世被分了家,但很多时候依然难舍难离。至于反映或表现同一题材和内容的艺术,艺术门类之间的重叠交汇现象就更多了。我们现在分析认识的先秦秦汉时代的海洋文学艺术,在很多情况下就是这种重叠交汇的"综合艺术作品"。

先秦秦汉时代的海洋文学艺术作为先秦秦汉时代人们对海洋认识、感知的精神创造,是我们祖先对海洋的理解、对海洋的感情、与海洋的生活对话的审美把握和艺术体现,是我们祖先的海洋生活史、情感史和审美史的形象展示和艺术记录,是我国海洋文化史上重要的精神财富。哪里有我们祖先的海洋生活,哪里就会产生我们祖先的海洋文学艺术创造和传承。先秦秦汉海洋文学艺术的作品一定是浩如烟海、灿若群星,却不知有多少没有被以文字语言的形式记录下来,有多少没有被以造型艺术或绘画艺术的形式保存下来;也许还有很多很多没有被我们在古代文献里发现,还有很多很多没有被我们在考古作业中发掘,对于这些,我们还是满怀祈望,希冀有一天我们还会有新的发现、新的惊喜,但我们先人们那激情的歌喉,那跳动的舞姿,那虔诚的讲述,那逼真的扮演,那刻画、造型时的冲动……那一切一切的创作和传承过程,我们是再也听不到、看不到了。

---

① 参见曲金良主编:《海洋文化概论》,青岛海洋大学出版社 1999 年版,第 170 页。

这里，我们只能将先秦秦汉海洋文学艺术中现在还能看得到和读得到的，择其要者加以介绍和解说。

第一节　早期的海洋艺术创造

一　海洋艺术造型

我们追溯人类认识和表现大海的历程，除了史籍中的文字记载以外，还可以从流传下来的器物造型中来寻找人类认识大海的艺术表现，在这里，我们可以深切地感悟、体味到古人是如何向我们传达着他们认识和感受大海的信息的。

在器物造型中，海参形罐、舟形器、舟形屋以及船形棺等最具有明显的海洋文化的艺术表现特色。在辽宁大连大潘家村新石器时代遗址中，人们发现了网坠、骨鱼卡、蚌器及大量鱼骨、鱼鳞、陶器上的网纹、海参形罐器，①看其中的海参形罐器取象于大海中的海参，传递着古人是如何认识海参这种海生动物并用于人们生活器物之上的信息。

（一）舟形

舟形器、舟形屋以及船形棺也是滨海器物中具有典型海洋文化色彩的东西。

在山东沿海的"岳石文化"中，有一种特殊的"舟形器"，它与淮夷氏族文化联系紧密，均是滨海地区特有的器物。在滨海而居的徐人活动的中心地带，淮阴市高庄出土的战国墓中，发现其青铜器刻纹内容中，其车舆呈龙舟状。"这种造型的海滨器物，亦可看成是当时生活中的图像折射。"②

舟形屋（船形屋）与船形棺的形状均取象于航海工具，而其产生的地理位置又在沿海地区，这从一个侧面说明它们和海洋文化的密切关系。

在海南岛的黎族区，黎族富有民族特色的传统住宅是船形屋，是黎族最古老的居屋。相传黎家祖先从大陆沿海乘船漂洋过海而来，靠岸后，由于地处荒凉，没有人烟，只好将船翻过来，覆盖在地面上当住屋用。后来，他们的后人，为纪念祖先，便模仿船的样子建造房屋。这种房屋，屋檐一直贴到地面，状如船篷，远远望去，仿佛就是一只船，故名为船形屋。

---

① 《辽宁大连大潘家村新石器时代遗址》，《考古》1994 年第 10 期。
② 李世源：《海洋文化中的古徐人迁徙》，《广西民族学院学报》1997 年第 4 期。

这是有关海南岛船形屋由来的传说故事,不管其真实程度如何,我们从其造型来看,确实和海洋上航行的船舶有着一定的关系。

船形棺也同样如此。在福建西北部武夷山中的一些山崖山峰腰部,有许多天然洞穴,里面发现了一些船形棺、龟盘器以及其他遗物。

这是越人遗留下来的东西。越人以造船和善于用舟著称。《武夷山志》云:船棺以"楠木刳成"。《溪蛮丛笑》云:"蛮地多楠,有极大者刳以为舟。"

随葬品中的龟形四足木盘,颇能反映它与渔猎有关。龟是古代神话中的水母,最受水上人家崇拜。船棺、龟形盘这些与近水生活有关的遗物,可以说明武夷山船棺的主人应是秦汉以前活跃于武夷山脉的"百越"族的一个支族。

类似武夷山崖洞墓葬制,沿武夷山系、五岭以及川滇一带,均有遗迹。浙江南部的临海山区,那里的"安家之民,悉依深山,架立屋舍于栈阁之上,似楼栖,父母死亡,杀狗祭之,作四方函盛尸……乃悬高山崖石之间,不葬土中(《太平御览》卷 780 引《临海水土志》)。"①

船形棺取象于船,与这种器物有关的"船棺葬"风俗,曾经被人们视为"神秘文化"。这种"船棺葬"在福建、湖南、四川等地都有发现。这应该是原始海洋民族的古越人分散迁徙成为多个分支后的文化传承的结果。而在沿海的贝丘"土著"那里,比如在环渤海湾的东夷人的后裔那里,直到汉代,还有以贝壳筑为贝墓的风俗。在辽宁新金县花儿山汉代贝墓中,考古者发现,古人构筑的墓室,用牡蛎、蛤蜊、海螺等贝壳筑成,挖好墓穴后,墓底铺贝壳,四周竖木板为椁,空隙用贝壳填满,然后封土。这是西汉晚期的一座贝墓。②至于以海产鱼类和贝类品陪葬,则更为普遍。

在距今 7000 年到 6000 年间的钱塘江河姆渡文化遗址,出土有陶制海船模型;而在旧石器时代晚期(大约距今 1.8 万年前)洞庭湖畔的临澧县竹马村遗址,就出土了椭圆形的上面开有方洞的"高台式建筑",这种古怪的建筑形制,至今尚无人能作出解释。从它的建筑形制与今日海南岛原居民的"船形屋"的屋基颇为相似,再联系到与之邻近的南县涂家台遗址(大约距今 8000 年前)曾出土过船形墓葬来看,它有可能是水居渔民的"船形祭坛"。

考古研究还发现,距今 7600 年前中国洞庭湖沅水流域黔阳县高庙遗址的陶画上,就出现了装饰豪华、艺术精湛的风帆船。这一现象说明:早在七八千年前的中国人就已有了比较高超的造船工艺和绘画水平了。

无论是"船形屋"、陶制海船模型、"船形祭坛",还是船形棺以及船形墓葬,

---

① 《福建崇安武夷山百岩崖洞墓清理简报》,《文物》1980 年第 6 期。
② 旅顺博物馆:《辽宁新金县花儿山汉代贝墓第一次发掘》,《文物资料丛刊》第 4 辑,文物出版社 1981 年版。

这些器物的造型都和特定地域特定时期人们的海洋生活有关,从一个侧面反映了沿海先民的海洋社会生活图景。①

(二)鱼形②

海洋是海鱼的故乡,人们不仅把海鱼当成是食用品,而且在海鱼身上寄托了自己的精神世界,这在先民生活中的各种饰用、器用物品上也都有所反映。

在中国,无论是沿海的贝丘遗址还是夏商乃至春秋战国时期的滨海开发,表明人们已对海中的鱼族有了一定的认识。就海中的鲨鱼而言,先秦时期人们的认识早有突破。古代捕捞鲨的一个重要目的是用它的皮。"鲨鱼皮有甲珠文,可以饰物,古今皆然。"③《诗经》以赞美的手法描写了"象弭鱼服","鱼服"就是用鲨鱼皮作的箭袋。④《左传》有"归妇人鱼轩","鱼轩"就是用鲨鱼皮装饰的车子。《荀子·议兵篇》有"楚人鲛革犀兕以为甲",这是用鲨鱼皮作的护身铠甲。因此自商代开始,历代朝廷都规定东南沿海地区要进贡鲨皮。⑤

原始时期包括旧石器时代和新石器时代,这是中国海产造型文化的萌勃期。这可以追溯到旧石器时代的山顶洞人阶段,它最初以鱼类、贝类饰品的形态出现,其萌生过程体现了劳动对象、食物来源与精神观念的环合链条,其中的意识成分既是物质存在的派生物,又是文化创造的新的推动力。这里,我们不妨以不仅沿海、在内陆也曾同样普遍流行的鱼文化为例加以说明。对此,文化人类学者和民俗学者陶思炎作了有关论说。

到了新石器时代的河姆渡文化阶段,鱼文化已经摆脱了开始时那种形态单一、内容朦胧和结构环合的性质,分解为物质型文化、精神型文化与制度型文化,渔具、鱼物、鱼信与鱼俗大量涌现,形成了中国鱼文化发展史上的第一个高峰。此期中国鱼文化的勃兴标志,可归纳成五个方面:第一,从文化形态看,人类可观察的三种基本文化形态已经生成,并各具体系,虽相互交叉,而又并行不悖;第二,从文化地位看,就仰韶文化而言,鱼文化在当时的社会诸文化中据有着超越一切的主导地位,特别是半坡时期出现的大量的鱼图、鱼物,留下了捕鱼、食鱼、信鱼、拜鱼的鱼文化社会的信息;第三,从文化分布看,此期鱼文化有较广的流布地域,在黄河流域、长江流域等地出现了不期而然的多点交映的局面;第四,从文化手段看,已由鱼骨的穿凿和涂饰发展到彩绘、刻画、雕凿、陶塑、研磨等,一切新技术都投向了鱼文化的创造;第五,从文化母题看,连体鱼、变体鱼、人鱼图、鱼鸟图、异鱼图、鱼物图等成为我国鱼图的传统,并在不同情境下发挥着复杂的功能作用。总之,新石器时期是我国鱼文化急剧演进的辉煌时期,其成就标志着中国鱼文化正步向成熟。

上古时期指商周到秦汉这一历史阶段,此期是中国鱼文化的衍生期。此期的鱼文化继承了萌勃期所开创的传统,在鱼物、鱼图、鱼事、鱼信等方面不断开拓,使鱼文化的形态、类型、载体、领域等得到了持续的衍化与生成。

衍生期的鱼文化可大略划归三个阶段。

商周时期是中国鱼文化衍生期的第一个阶段,从整体上看,此时鱼文化虽不及新石器时期内涵丰富、地位突出,但仍有重要的发展。铜鼎、铜盘等青铜礼器和餐具上发现了鱼形铭文和鱼饰;玉鱼、蚌鱼大量见之于墓葬,几乎成为必备的随葬物品;玉鱼饭含开始出现,表现出与半坡人的人面鱼纹陶画及大溪人的含鱼葬俗间的信仰联系;玉鱼刻刀的制作又表现出与大汶口人的獐牙器有功能上的承继关系……此期鱼文化的突出特点是:在继承中演进和创新,并具有强烈的礼俗化倾向。这一特点使商周时期的鱼文化在中国鱼文化史上仍带有高涨的性质。

春秋战国时期是中国鱼文化衍生期的第二阶段。此期由于诸侯分封和相互攻伐,鱼文化在商周时期起始的制度化进程减缓,不仅彩陶器皿早已湮灭,就是青铜礼器和玉石鱼雕也数量锐减,商周以金石为主要载体的传承方式被打乱,但鱼文化因素仍见于漆器、兵器、军阵、帛画、玩具等领域,鱼占活动也十分活跃。从内容、结构、载体等角度看,这一阶段没有较为集中的突出的鱼物与鱼事,从整体上说,鱼文化虽有一定面上的展开,但已呈现相对的衰减趋势。

秦汉时期是中国鱼文化衍生期的第三阶段。此时鱼文化又以金石为主要载体,其表现领域也较为广阔,在瓦当、铜洗、铜熨、铜盆、铜壶、铜案、铜鼓、墓雕、帛画、灯具、壁画、岩画、画像砖石、乐器、散乐百戏(鱼龙曼衍)等方面初见有鱼文化的因素,特别是画像石中的鱼图形式多样,内涵丰富,数量大,而历时久。从发展分期看,此时主要以量的积累和面的展开而归于衍化期,但从盛衰强弱的线性函变看,它又呈上升趋势,构成中国鱼文化的又一个高峰。

载体是文化的传承手段,作为符号系统,它构成人类文化习得的必要媒介。载体的演进决定着中国鱼文化传承机制的调整,并在一定范围内促进或限制其文化自身的传习,导致传统的承继与衰亡。

从考古学提供的实证看,鱼骨是中国鱼文化最早的载体。山顶洞人的鱼骨串饰,虽是原始人类对自然物最初的简单加工,但它载承着旧石器时代人类的文化行为、功利动因、技术手段及符号形态等重要信息,成为认识鱼文化在中国文化发轫期的地位与价值的重要实据。

在新石器时代,中国鱼文化的传承系统才真正建立和完善起来,载体对文化传统的保持与重建作用也随之而变得明朗。这一时期中国鱼文化的载体摆脱了对自然物的简单利用,演进为复杂的人工造物,出现了像彩陶这样重要的实用型载体。

玉石是中国鱼文化在衍生期的重要载体,它在原始时代就已出现,到商、周才进入鼎盛时期。

青铜器是鱼文化另一个重要载体,它从三代及止西汉,凡1900余年。鱼纹作为铭文和图饰,在商代中晚期尤为多见。

砖石是中国鱼文化在衍生期的另一个重要载体,大量的汉画像石使先秦金、石载体的简单鱼图有了更为丰富的发展,从构图到功能都趋向复杂。

功能是文化需要的反映,是人类借助工具和风俗所得到的一种直接或间接的满足。功能的演进是中国鱼文化盛衰的重要动因,作为其存亡生灭的命脉,决定着一切鱼物与鱼俗的实际价值与存在意义。

在原始社会中,鱼文化以图腾崇拜、生殖信仰和物阜祈盼为主,围绕"两种生产"而发挥组织、教化与改造的功能作用。进入阶级社会以后,随着社会实践范围的扩大及创造主体的分化,中国鱼文化又经历了宗教化、制度化、哲学化与艺术化的文化重建历程,其文化内涵则日趋多样与丰富。①

要之,早在旧石器时代的山顶洞人阶段就萌发了中国的鱼文化,此后一直蓬勃发展,已经成了人们社会生活中的重要组成部分。它以饰品、渔具、鱼物、鱼信与鱼俗等形态出现,借以玉鱼、瓦当、铜盆、铜壶、铜案、铜鼓、墓雕、帛画、灯具、壁画、岩画、画像砖石等物质载体为表现形式。

二 海洋雕刻绘画②

山东临沂金雀山九号墓棺盖上平展一幅帛画③,帛画顶上绘有日、月、云朵,下有蓬莱、方丈、瀛洲三仙山,山前有华贵的建筑物,或即琼阁;帛画中部绘墓主的现实生活情况,下部绘怪兽驾升龙于海中,分别表现的是天上、人间、地下的景况。

在出现于西汉中晚期的吉祥图纹铜镜上,此类题材也比较丰富,多饰有仙人、怪神、羽人、四神、飞禽、怪兽等图案。至东汉的神兽镜、神人车马画像镜

---

① 以上引见陶思炎:《中国鱼文化的变迁》,《北京师范大学学报》1990年第2期。

② 引见刘卫鹏:《汉代神、鬼观念在墓葬中的反映》,《咸阳师范学院学报》2002年第3期;高西省:《论中韩两国出土的航海图纹铜镜》,《考古与文物》2000年第4期;班澜:《中国南方岩画的审美特征比较》,《内蒙古大学学报》2002年第3期;姜永兴:《古越人平安航海祈祷图——宝镜湾摩崖石刻探秘之一》,《中南民族学院学报》1995年第6期。

③ 临沂文化馆:《山东临沂金雀山九号汉墓发掘简报》,《文物》1977年第11期。

上,五帝、句芒、南极老人、东王公、西王母、仙人、神兽等形象以及日驾六龙、羲和御车、伯牙弹琴等神话故事,也是常见的题材。镜上的铭文常有对仙人的描述,如"上大山,见神人,食玉英,饮澧泉,驾文龙,乘浮云";"驾文龙兮乘浮云,白虎□兮上泰山,凤凰舞兮见神仙,保长命兮寿万年";"上有仙人不知老,渴饮玉泉饥食枣,浮游天下遨四海,徘徊名山采芝草,寿如金石为国保"等。①可见,由于受到渤海之中蓬莱、方丈、瀛洲三神山上"诸仙人及不死之药皆在焉"的影响,汉代的天子、王侯都热衷于在自己的生活中来表现这种仙境,体现在物质媒介方面,在帛画中绘有蓬莱、方丈、瀛洲三仙山的形象,还在帛画中部绘有怪兽驾升龙于海中的形象,在铜镜上则刻有"浮游天下遨四海"的铭文,这些都反映出时人着力于寻求海上仙境的心理。

在铜镜上反映海洋文化元素,这种传统在宋金时期还保存着。高西省《论中韩两国出土的航海图纹铜镜》指出,在中国出土的航海图纹铜镜,是宋金铜镜中极富特色的铜器之一。其名称有"海船镜"②、"煌丕昌天海舶镜"③、"海舶镜"④、"海涛云帆葵花镜"⑤、"航海图形镜"⑥等等。就目前考古发现及征集到的实物看,凡10余件。虽其出土数量不多,但分布比较零散,分别出土于陕西、河南、湖南、四川、吉林等地。这类镜的共同特征是:外缘均呈八瓣菱花形(或葵花形),整个镜背为一单桅杆帆船在大海波涛中航行,纹样规整,线条精细流畅。其中有一件系1977年陕西省扶风县城关下河村宋墓出土,现藏陕西省扶风县博物馆,直径18.6厘米,八瓣菱花缘棱起,镜面平但不光亮,镜背中央有圆钮。镜背纹样以流畅的细阴线表现起浮翻滚的波涛,一单桅杆帆船乘风破浪航行在大海波涛中。船头、尾部分别乘坐3人,船舱口探出几个人头来,俨然是一幅海上远航图。另有一件系1984年四川雅安宋墓出土。⑦ 纹饰中船及帆的形式几乎同于陕西省扶风下河村宋墓出土式,不同之处在于海浪波涛中有卷云龙纹及跳跃的鱼。另有一件著录于《中国铜镜图典》851页,海浪平缓,船形与其他航海图船形不同,为长体,桅杆竖起,前后舱一高一低,舱中坐满乘客,船头、尾各一人。船的上方波纹呈菱状,是一种变异型航海图纹镜。

这类航海图纹铜镜在韩国境内也有许多出土,往往被称作"铜制阳刻船游

---

① 刘卫鹏:《汉代神、鬼观念在墓葬中的反映》,《咸阳师范学院学报》2002年第3期。
② 张英:《海船镜》,《北方文物》1985年第1期。
③ 孔祥星:《中国铜镜图典》,文物出版社1993年版,第848页。
④ 孔祥星、刘一曼:《中国古代铜镜》,文物出版社1984年版,图版60-3。
⑤ 彭卿云、马承源主编:《中国文物精华大词典·青铜器卷》,上海辞书出版社2006年版,第374页。
⑥ 周世荣:《中国铜镜图案集》,上海书店1995年版,图241,第165页。
⑦ 孔祥星、刘一曼编:《中国铜镜图典》,文物出版社1993年版,第853页。

文花形镜"①、"船舶文'煌丕昌天'铭镜"②或"煌丕昌天镜"③、"煌丕昌天"铭八花镜④、"煌丕昌天"铭船游纹铜镜。⑤ 其中韩国忠清北道出土的一件,直径17.2厘米,现藏韩国清州博物馆,编号为公州840,著录于《韩国的铜镜》一书。该镜的形制、纹样、大小与我国陕西扶风航海图纹铜镜极为相似,一单桅杆船在大海波涛中航行,惟其船头增加了腾空而起的龙,波浪中有鱼、龙形象,船上旗帜迎风飘扬,上方铸阳文"煌丕昌天"四字。如果说它与我国陕西扶风航海图纹铜镜还有差别,那么,这些特征恰恰与我国湖南博物馆⑥及吉林前郭尔出土的⑦航海图纹铜镜完全相同。该镜在韩国被定为高丽时代。⑧

显然,这些后世出现的航海铜镜和两汉时期具有海洋文化元素的铜镜,应该是一脉相承的。

岩画是远古先民留下来了生活图景记录。它所反映的远古生活画面,已经为很多的专家学者所破译。

中国岩画的分析,一般把黑龙江、内蒙古、青海、宁夏、新疆、甘肃、山西等地区的岩画归为北方岩画;云南、广西、贵州、四川,以及东南沿海的江苏、福建、广东、台湾、香港、澳门等地区岩画归为南方岩画。北方岩画为使画面在风雨中保存久远,作画方法主要采用凿刻和磨刻的方法,以深入岩表的线条和块面来造型。而在作画地点的选择上,除受原始的风水观念影响有一定方向性,一般要选择在位置醒目,岩画平整的岩壁和大石头上。值得注意的是,东南沿海地区的南方岩画,亦主要采用凿刻法,当是为抵御暴雨、海浪的冲刷,也是面对环境作出的选择。云南、广西、贵州、四川等南方岩画,则主要是颜料绘画。颜料以红色为多,大多选择遮风挡雨的洞穴和岩壁。

从写意与象征的角度来看,南北岩画审美风格的差异,源于相异的生存环境与生存方式的影响,进而形成的不同的审美心理。⑨岩画专家盖山林先生亦描述过南北方先民的心理素质,他认为:"甘、青、藏等高原地区岩画,由于地势高寒,生活困难,与外界交流少,思维欠敏锐,因此表现在岩画艺术上,画风格外稚拙,以现实主义作品占优势。江苏、广东、台湾、福建等沿海平原地区,由于海上交通比平原传递信息快,民智早熟,思维敏捷等原因,岩画作品较早进

① 韩国《大高丽图宝展》,225 图及说明,第 20 页。
② 清州博物馆:《韩国的铜镜》,108 图及图版说明,第 67 页。
③ 韩国国立文化财研究所编:《日本所在文化财图录》,图 95,第 94 页。
④ 韩国国立庆州博物馆编:《国立庆州博物馆》,图 122 及文字说明,第 70 页。
⑤ 韩国东国大学校等编:《博物馆图录》,图版 79 及文字说明。
⑥ 孔祥星、刘一曼:《中国古代铜镜》,文物出版社 1984 年版,图版 60-3。
⑦ 张英:《海船镜》,《北方文物》1985 年第 1 期;《吉林出土铜镜》,文物出版社 1990 年版。
⑧ 引见高西省:《论中韩两国出土的航海图纹铜镜》,《考古与文物》2000 年第 4 期。
⑨ 引见班澜、冯军胜:《阴山岩画文化艺术论》,远方出版社 2000 年版,第 56 页。

入抽象的风格。"①相比较而言,北方民族崇力、尚搏斗,是扩张的外向心态;南方民族崇智,尚机巧,是含蓄的内向心态。如北方之猎以追逐、围搏而力取;南方之猎以陷阱、罗网而智获。由于审美心理基质的不同,决定了南北民族艺术对把握世界的方式的互异。见之于岩画的艺术表现,北方岩画以写意为主,南方岩画则以象征为主。②

以上我们从岩画的外围即其存在的生态环境角度分析了南方岩画所具有的海洋文化气质,下面我们深入岩画艺术的内部,即从南方岩画的内容中来观照它们所折射的海洋文化之光。我们以珠江出海口区域发现的典型的古越人平安海航祈祷图——宝镜湾摩崖石刻为例,来试作分析。

近些年来,珠海市博物馆在位于珠江出海口西岸的珠海南水高栏岛风猛鹰山坡和宝镜湾海边等地,发现了罕见的6幅摩崖石刻图像,图像以阴纹线条,浮雕造型,在花岗石面上,敲凿出各种图案、符号。在已发现的6幅摩崖石刻中,规模最大、保存最好、最完整的是"藏宝洞"东壁的摩崖石刻(以下简称"宝镜湾石刻")。石刻长5米、高2.9米,凿刻在海拔约55米高的天然岩洞里。洞深8米,宽0.8米~2.5米,高4米不等,顶部石块已塌下。画面由船形、人物、蛇、鸟、鹿、云纹、雷纹、波浪纹,以及未能破译的10多组图案所组成,其内容丰富,艺术完整,规模宏大,表现了古越人的航海活动和海边生活。③

宝镜湾石刻的发现,纠正了"广东无石刻、岩画"的传统观念,引起了中外学者和社会各界人士的广泛重视,"它说明从江苏的连云港到福建、广东、广西,东南沿海连成一线都有岩画,很值得研究。"④

古代人类为了表达对大自然的祈求、祭拜,记载重大史实,乃至表现对美好生活的追求和缅怀,往往在一些特别重要的场合、地域,凿刻或绘画各种图像,存留于世,永为纪念。宝镜湾摩崖石刻即是其中的艺术样式之一。摩崖石刻是指凿刻在高岩峭壁上的石刻图像,石刻大多刻在岩面上,少数刻在山坡屹立的大石块岩面上,珠海宝镜湾石刻属后一类。这类石刻都系早期人类以青铜或铁制利器敲凿而成。因其产生于文字诞生之前,是早期人类意识的结晶,构成了充满神秘色彩的、很难认识的"天书"。

整幅石刻,造型最清晰、形象最丰满、装饰最华丽的是独木舟船的形象。石刻图像中,有众多的舟船造型,舟船几乎占满了整个中央画面;不仅如此,更使人惊讶的是,在这幅充满神秘感的图像中,作为一个观赏者,即使是对古石

---

① 盖山林:《中国岩画》,旅游出版社1996年版,第207页。
② 引自班澜:《中国南北方岩画的审美特征比较》,《内蒙古大学学报》2002年第3期。
③ 参见《珠海市文物志》,广东人民出版社1994年版。
④ 徐恒彬、梁振兴:《高栏岛宝镜湾石刻岩画与古遗址的发现和研究》,广东人民出版社1991年版。

刻艺术及历史背景、文化氛围不甚理解的观众,对别的图案可以朦胧不识,但对位置如此突出、造型如此清晰的舟船,却能一目了然地指出其存在。

石刻中的独木舟船都为两头尖翘的平底船,这种造型是典型的中国古越人发展海航事业的实物印记,这在世界造船史上是难能可贵的记录。海南、广东沿海地区都有独木舟残迹的发现,但毕竟是木质材料,经数千年的风化,难以安然保存,而凿刻在岩面上的图案,千年永垂,毫不走样。

这种平底独木舟船,近代以来,台湾省东海岸的高山族地区仍有制作与航运。高山族的独木舟,取一根粗木,截去细端,两头削成上翘尖状,木头中间剖成狭长可坐两、三人的深槽,舟底削平即成。船壁往往雕饰或绘制图腾式的图案,如海浪、眼睛等。①

石刻的独木舟船不仅凿刻清晰,且对船体装饰的描绘十分细腻,其装饰图案有波纹、水纹、云纹、雷纹,以及凤眼纹,从而达到"海船一体"、"天船一体",源于自然,融于自然,强烈显示了船、海、航运在滨海古越人生活中的重要意义。

上述种种迹象,无疑是凿刻者欲以强烈的形象,表达舟船在石刻中的主题地位。

整幅石刻似一幅浮雕,淡雅分明,主题突出,整幅崖画弥漫着一种缥缈、神奇、夸张的氛围,浮雕四沿由许多跟现实生活休戚攸关的花卉、藤叶、果实、蛇、猴、鹿及其他走兽,各种纹波以及不知名状的具有一定崇拜意识的图案、线条、符号,犹似鲜花簇拥于独木舟船的四周,这种充满虚幻与神秘的极富象征意义的表现手法,在中国古石刻、崖画中,尚属罕见。这种事象,既写实了当时人与自然的尚未完全分离;又表达了一种庄重、肃穆的氛围,成为一种祈祷语言,烘托了对以独木舟船为主体的石刻的崇敬、祈祷与祭祀。

石刻充满了强烈的神秘意识,从而体现了石刻创作者强烈的崇拜心理;石刻画面中的人物,已出现了尊卑,其中头人及宗师形象突出,穿戴有型,头饰禽羽毛,身披法衣,手足表情有仪,举止、形态庄严传神。但就整体而言,人物造型简单,体型不大,动作划一,似人非人。石刻中祝祷的人物造型,蹲足上举双臂的姿势,跟广西花山崖壁画、福建仙字潭石刻如出一辙。明显差异的是,宝镜湾石刻中的人物,形象偏小,位置往往处于次要的地位,围住独木舟船,翩翩起舞,呈现一种送行、祭祀与向苍天祈求平安的造型。画面浸透了中原文化南下前,古越人社会中浓重的宗教意识与信仰仪序。

无论从哪个角度观察整个画面(酋长、宗师、祈祷者,船的波纹、动物的走向等),图案均高度密集,南重北轻,重心前倾,具有明显或潜在的走动感,石刻

---

① 《中国少数民族文化史·高山族文化史》,辽宁人民出版社1994年版。

中的舟船(其实是整幅石刻图像),犹似在大海中漂泊不定,居高临下,以仰天远视之态势,面向太阳,面向海洋,面向海水走向。

船是涉水工具,一旦入海,即为海航或渔捞,以从事海上作业,海船相连,船海眺望,整幅石刻,明显呈现了一种海航的游动感、开拓感。海航尽管在石刻图像中没有直接出现,但却又使人时时、事事觉得它的存在,从而成为石刻图像的主体、意境及灵魂的依托。其事其情,象征着海航者驾舟入海前,向图腾、神祇和祖先祈求,祈求舟楫旅途平安,渔捞丰收,阖族繁衍昌盛,在平安与兴旺中,"守住本土,向外拓殖;或是向外拓殖,但仍念念不忘故土"。

总之,整幅石刻,从内容而言,表达了"船——海——航"的三个主题;"船——海——航"正是完成海航开拓的三重奏。古越人以其独有的艺术风格,表达了这个主题,表达了海洋及岛屿的生活,客观地记述了珠江口地区的古越人的海上活动与岛屿生活,足以证实古越人是开发海航的先驱。正如《南海丝绸之路文物图集》所说:"春秋战国时期到附近岛屿活动的南越人,在海湾石壁上凿刻岩画,其中最著名的是珠海市南水高栏岛宝镜湾岩画……先秦时期在滨海和岛屿生活的越人,实际上是开发海上航船的先驱,他们的后代很可能是汉代海上'丝绸之路'最早的一批开拓者。"①

通过对宝镜湾摩崖石刻的图案的整体剖解,结合石刻所在地的生态环境、历史背景、文化氛围,有助于揭示石刻的主题、意境。

石钟健先生在《中国古代的岩壁艺术研究-岩壁石刻部分》②,评述"香港岩壁石刻"产生的原因时指出,包括香港在内的珠江出海口,是"古代南海越人集中出海的一个海港,每凡各种因素出海作业或活动时,他们首先集中至珠江口岸诸岛屿上,准备用品,集中船只,待机出发,在出发之前,首先举行宗教性质的仪式,如祭祀图腾、神灵和祖先,祈求保佑顺利出海,安全到达目的地。因此把他们的图腾、神灵和祖先,用种种不同的形象,刻在岩面,以供祭拜,借以表示尊神敬祖的情意。这些图腾、神灵,或属动物,或被抽象化了,成为几何图形,成为越人祭祀崇拜的对象。"上述宗教祭祀的理论,亦适合对宝镜湾石刻意境的理解。

据对宝镜湾藏宝洞的考古发掘,在其地下发现遗址有红烧土和窑址,采集到的遗物有石器、陶器残片、陶支脚等,藏宝洞地下的古人类居住遗址,以及存留的火烧灼痕迹,可见藏宝洞曾为当地水上居民的栖息之地。海航或出入当地海岸,或在当地临时穴居、休憩,或求淡水供给,或被潮水涨溢所困扰,或为躲避恶鲸凶鲨、水盗,或遇上连日不止的暴风骤雨,而使海航者被迫困守在天

① 《南海丝绸之路文物图集》,广东科技出版社1991年版。
② 石钟健:《中国古代的岩壁艺术研究-岩壁石刻部分》,《民族研究动态》1991年第4期。

然洞穴内，这些迫于无奈的航海者，既出于焦虑、寂寞、祈求、祝祷等等对前程的不安与愿望，又被一种巨大的精神力量所驱使，不畏艰辛，风餐露宿，以坚韧不舍的毅力，粗拙的工具，日复日，年复年，按照当时人的崇拜意识与信仰习惯，以刻凿、绘制崇敬、祭拜的图案，完成举世之作。具体而言，宝镜湾石刻是居住滨海，以航海、水上作业为生的当地土著民族——古越人，对海上平安的祈祷，对海洋保护神的祈祷，其中包含有对民族先祖的祈祷。嗣后，每当出发之前，或被风暴所袭，困守在岛屿之时，都须隆重举行祭祀图腾、神灵和祖先等宗教仪式，以求祈福攘灾，保佑平安出海，安全达到目的。上述意境在石刻中有着淋漓尽致的刻画。宝镜湾石刻跟所有的古摩崖石刻一样，是一种群体创作，没有预先的绘画蓝图，是同一族属的群体艺术匠人，以同一工具，按同一的构图思想，在不同时间分别完成，因之整体画面显得凌乱，构图模糊，局部之间缺乏逻辑，有些图案甚至不可名状，但意境却始终如一，倾注了滨海古越人的全部心血、崇拜心理与最高愿望。石刻是在"眺望、祈祷、祭祀"观念的驱使下，又以祈祷"平安海航"的主题下承续完成之。宝镜湾洞穴本身成了古越人海上通航、作业的安全港，而石刻即是一幅表达群体朝拜的平安祈祷图。但凡行走于珠江出入口岸的船只，都会以宝镜湾石刻为祭祀台，以石刻岩画为崇拜偶像，祈祷平安，表达祝愿，整个画面的神圣、庄重、肃穆、神秘之情，流露尽致。

宝镜湾石刻是"中华瑰宝，岭南骄傲"；是古越人海洋文化的精致微雕，在中国岩画史、越文化史、海交史上都具有重要的地位与价值；是迄今为止发现的中国唯一的，以滨海生活和平安祈祷为主题的巨型石刻。石刻是中原文化南传之前古越人物质、宗教生活的写照，是古越人给人类文明留下的航海主题的文化遗产。

宝镜湾石刻线条粗犷，风格古朴，整幅石刻以船与大海为主题，造型完整，主要画景被一些虚幻而神秘的图案所笼罩。从石刻画面来看，尽管在艺术表述的能力上尚弱，但热烈的崇拜、祭祀的情绪累累在目，充分表现了古越人的浮雕艺术水平。石刻是古越文化的记录，是未接受华夏文化前的越文化结晶。在历代汉文献中，关于古越人的底层文化，尤其是"习于水性、擅于用舟"，以及在开发航海、造船技术上的功勋的记述上，实证颇少，石刻正可弥补其中的不足。

石刻图案线条有明显断裂，若干图案出现重叠的现象，可以认为石刻画面曾经被当时人或后人改造过；所谓改造非是破坏，而是一种崇拜意识的深化，崇拜偶像的转移。

石刻为什么在产生后的数千年中被人遗忘，而且在地方史志中毫无记载？一方面，藏宝洞内的东西两幅岩画有被毁坏的痕迹，是由于缺乏保管，严重风化所致，而不是任何人为的敲凿而有意毁坏，可见在当地海航者的心目中，石刻蕴藏有一种神圣不可接触的神秘感。石刻点是珠江口舟船出入海的必经之地，出于祈求平安的动机，凡有经过的舟船，都会到石刻点朝拜、祈祷；久而久之石刻崖画即成为祈祷台；随着海航科技的进步，多元民族文化的影响，航海地位的变化，以及其他原因，宝镜湾石刻的宗教意识、海航作用日趋淡化，乃至湮没，石刻才在人们的记忆中销声匿迹。

据司徒标《珠海市古石刻的新发现》①一文介绍，珠海市平沙葫芦坑古航海石刻，又是一处重要的海洋古文化景观。②

第二节　早期的海洋文学作品

中国海洋文学，是悠久灿烂的中国文学，也是中国文化的重要组成部分，它同中国文学几千年的整体发展一样，同样经历了从神话传说时代到今天的丰富多彩、异彩纷呈的既有传承又有创新的过程。如前所述，早期的海洋文学艺术，往往是一种综合艺术；以"文学"的眼光视之，现在我们能见到的，主要是现存的相关古籍。而早期的古籍又是连文史哲也难以剥离的，我们现在以"文学"的眼光能够纳入视野的，则主要是那些涉海的传说杂记作品，即我们通常所说的"丛残野史"、"小说者流"——在这里，古人的"小说"概念，便与我们今人的"小说"概念接通了；另外，就是我们现在能够读得到的、现今保存下来为数不多的海洋诗赋作品。

一　先秦的海洋传说与吟唱③

先秦的海洋文学，作为先秦文学的重要内容和方面，同样是由先民的神话传说和"杭育杭育派"（鲁迅语）歌谣开始的。其后一发而不可收，与反映其他生活内容的文学之水一起，共同汇成了中国文学发展的滚滚波涛，波浪起伏，气象万千。

先民们最早的海洋神话传说，在无文字记载之前，我们已经无从知晓了。作为文字记载的"文本"，比较集中的，最早的要数成书于战国时代的《山海经》。尽管我们前面一再从不同的视角、不同的内容侧重引述《山海经》，但从"文学"的视角来看，《山海经》更是一部早期海洋文学的百科全书。从"小说"

---

① 《炎黄世界》1994 年第 4 期。
② 以上引见姜永兴：《古越人平安海航祈祷图——宝镜湾摩崖石刻探秘之一》，《中南民族学院学报》1995 年第 6 期。
③ 引见王庆云：《中国古代海洋文学发展的历史轨迹》，《青岛海洋大学学报》1999 年第 3 期。

的角度看,则《山海经》又是"志怪之鼻祖",它为我们保存下来众多的海洋世界的"天方夜谭",里面有许多有关海洋的神话传说,其中最多的是一些可称之为"海上奇闻录"或"海外奇闻录"的记载。

其一是四海海神的传说。东海海神、北海海神的神名和形象是:"东海之渚中,有神,人面鸟身,珥两黄蛇,践两黄蛇,名曰禺虢。黄帝生禺虢,禺虢生禺京。禺京处北海,禺虢处东海,是为海神。"(见《山海经·大荒东经》。郭璞注:"禺京,即禺彊也。"又《山海经·海外北经》:"北方禺彊,人面鸟身,珥两青蛇,践两青蛇。")西海海神:"西海渚中,有神,人面鸟身,珥两青蛇,践两赤蛇,名曰弇兹。"(《山海经·大荒西经》)南海海神:"南海渚中,有神,人面,珥两青蛇,践两赤蛇,名不廷胡余。"(《山海经·大荒南经》)

其二是海的神话及海中奇异之事的传说。比如说大海是日出之处,为"汤谷":"汤谷上有扶桑,十日所浴,在黑齿北,居水中。有大木,九日居下枝,一日居上枝。"(《山海经·海外东经》)。再比如说海外有"大人之国"、"大人之市":"东海之外……有波谷山者,有大人之国。有大人之市,名曰大人之堂。"(《山海经·大荒东经》)。"大人之市在海中"(《山海经·海外东经》),"大人国在其北,为人大,坐而削船。"(《山海经·海内北经》)等等。

其三是海外远国异民的传说。《山海经》记载了海内外100多处国家和居民,其中大多是对海外远国异民的玄想。如:"羽民国在其东南,其为人长头,身生羽。"(《山海经·海外南经》)之类,多以形体怪异为特征。如结胸、交胫、歧舌、一目、三首、长臂、白民、毛民等等,有些可能是对见过或听说过、越传越神奇怪异的远国异民的描述,有些可能是缘于那些远国异民的图腾面具或文身化装等,还有的可能是纯粹的凭空想象。

其四是一些有关人类与海洋相互作用的传说。最著名的是"精卫填海"的故事:精卫"是炎帝之少女,名曰女娃。女娃游于东海,溺而不返,故为精卫,常衔西山之木石,以堙于东海。"(《山海经·北次三经》)还有"羲和生日"、"后羿射日":"东海之外,甘水之间,有羲和之国,有女子名曰羲和,方浴日于甘渊。羲和者,帝俊之妻,生十日。"(《山海经·大荒南经》)"羿射九日,落为沃焦。"(《庄子·秋水》成玄英疏引《山海经》,今本无。)还有羿与凿齿之战的记载:"大荒之中,有山名曰融天,海水南入焉。有人曰凿齿,羿杀之。"(《山海经·大荒南经》)据人类学研究,凿齿之民,即具有拔牙凿齿成年礼俗的南方古百越民族及东南亚一些民族地区。至如世界各国各民族大多都有过的与海洋相关的洪水神话(较为完备的结构是洪水兄妹婚神话,或曰洪水与人类再生神话),在《山海经》中以鲧禹治水的内容得到了反映。"黄帝生骆明,骆明生白马,白马是为鲧。""洪水滔天,鲧窃帝之息壤以堙洪水,不待帝命。帝令祝融杀鲧于羽郊。鲧复(腹)生禹。帝乃命禹卒布土以定九州。"(《山海经·海内经》)正是由于大禹治水与海洋的关系，迄至近代还有不少沿海地区，仍将大禹奉祀为海神。

《山海经》中所有的涉海神话与传说记载，当然不止以上这些，内容十分丰富，是后世海洋神话传说的博大渊薮和百科全书，在中国海洋文学史上具有重要的地位。后面我们还要专门论述。

除了《山海经》之外，《庄子》、《列子》、《左传》、《黄帝说》、《尚书·禹贡》等史书、子集，也有很多涉海的神话传说或史实传闻记载。尤其是《庄子》，反映出浓厚的海洋文化意识，如《山木篇》记市南子对鲁侯说"南越有邑焉，名为建德之邦，其民愚而朴，少私而寡欲"，那里的大海"望之而不见其涯，愈往愈不知其所穷"，劝他"涉于江而浮于海"一游；《逍遥游》称海外有神人；另如著名的庄子寓言"望洋兴叹"：

> 秋水时至，百川灌河……于是焉河伯欣然自喜，以天下之美为尽在己。顺流而东行，至于北海，东面而视，不见水端，于是焉河伯始旋其面目，望洋向若而叹曰："野语有之曰：'闻道百以为莫已若者'，我之谓也。且夫我尝闻少仲尼之闻而轻伯夷之义者，始吾不信；今我睹子之难穷也。吾非至于子之门，则殆矣。吾长见笑于大方之家。"（《庄子·秋水篇》）

再如著名的"坎井之蛙"：

> 坎井之蛙谓东海之鳖曰："吾乐与！出跳梁乎井干之上……夫子奚不时来入观乎？"东海之鳖左足未入，而右膝已絷矣。于是踆巡而却，告之海曰："夫千里之远，不足以举其大；千仞之高，不足以极其深。禹之时，十年九潦，而水弗为加益；汤之时，八年七旱，而崖不为加损。夫不为顷久推移，不以多少进退者，此亦东海之大乐也。"于是坎井之蛙闻之，适适然惊，规规然自失也。（《庄子》）

如此等等，都体现了庄子作为哲学家的思想光辉和作为文学家的智慧光彩。尤其是他的《秋水篇》中所揭示、所展现的"万川归之，不知何时止而不盈；尾闾泄之，不知何时已而不虚"的大海形象，还是"鲲鹏展翅九万里"鲲鹏形象，在思想内容上成为后世形容胸怀博大、壮志凌云的常用借喻，在艺术创造上成为后世浪漫主义常用的意象：

> 北冥有鱼，其名为鲲。鲲之大，不知其几千里也。化而为鸟，其名为鹏。鹏之背，不知其几千里也。怒而飞，其翼若垂天之云。是鸟也，海运则将徙于南冥。南冥者，天池也……鹏之徙于南冥也，水击三千里，抟扶摇而上者九万里，去以六月息者也。（庄子·逍遥游）

《释文》云："鲲，音昆，大鱼名也。崔撰云，鲲当为鲸；简文同。""鹏即古凤字。"今人袁珂云："鲲字古当为鲸字，乃北海海神禺彊之神状。""凤又即古凤字，大鹏即大风，是北海海神作为风神之神状。鲲化为鹏，乃海神禺彊在一定季节又兼其风神之职司。"可参考。

《淮南子》记："昔者共工与颛顼争为帝,怒而触不周之山,天柱折,地维绝。天倾西北,故日月星辰移焉;地不满东南,故水潦尘埃归焉。"寥寥数句话,为我们揭示了历史故事,解释了天地何以如此形状,日月星辰何以如此运行,江河何以如此向东、向南汇入海洋的地理空间现象。

《列子·汤问篇》记殷汤与夏革谈论海中仙山,曰:"渤海之东不知几亿万里,有大壑焉,实惟无底之谷,其下无底,名曰归墟。八纮九野之水,天汉之流,莫不注之,而无增无减焉。"(张湛注:世传天河与海通)"其中有五山焉……所居之人皆仙圣之种,一日一夕飞相往来者,不可数焉。而五山之根无所连箸,常随潮波上下往还。……诉之于帝,帝恐流于西极,失群仙圣之居,乃命禺彊(张湛注:简文云,禺彊,北海神也。大荒经曰:北极之神,名禺彊,灵龟为之使也)使巨鳌(张湛注:列仙传云:巨鳌戴蓬莱山而抃沧海之中)十五举首而戴之,六万岁一交焉。五山始峙而不动。而龙伯之国有大人,举足不盈数步而暨五山之所,一钓而连六鳌,合负而趣。归其国,灼其骨以数焉。于是岱舆、员峤二山流于北极,沉于大海,仙圣之播迁者巨亿计。"

看似荒诞不经,但它所展示出来的质朴的海洋遐想和天然的浪漫情怀,实在令人惊叹。如同《诗经·沔水》所说的"沔彼流水,朝宗于海",《尚书·禹贡》所说的"江汉朝宗于海"一样,这是人们对海洋博大的赞叹,同时也表达了时人在海洋面前自觉渺小的无奈心境。它所具有的"永久的魅力"(马克思论神话),是我们后人无论如何难以企及的。

先秦时代,由于沿海地区的渔盐之利、舟楫之便,以及各沿海王国如齐国的"官山海"政策,使得海洋渔盐经济和海上交通、与海外的交往大有发展,这又反过来越发刺激了王公贵族们的海洋意识,像齐景公那样"欲观于转附、朝儛,遵海而南,放于琅邪"(《孟子·梁惠王下》),"游于海上而乐之,六月不归"(《说苑·正谏》)者,必然不少,从而孕育和造就了春秋战国时期方士们"海上仙山"之说的土壤,为后世的海洋文学开辟了浪漫主义的天地。

以上是"散文体"的相关作品。至于《诗经》、《楚辞》,作为先秦先民们诗歌咏唱的最早结集,也为我们保留下了不少涉海作品。《诗经》中如《商颂·长发》的"相土烈烈,海外有截",歌咏了先民们的海上活动;《小雅·鱼丽》、《小雅·南有嘉鱼》、《齐风·敝笱》等,则是江河湖海渔民们的生活写照。至于《小雅·沔水》以"沔河流水,朝宗于海"起兴,则标示出古人对以地理时空观反映人生人世哲理的普遍认同。而大诗人屈原的楚辞《天问》,则通过其简短的对海洋自然现象和神话传说的一个个发问,如"伯强何处(海神伯强住在何处)?""东流不溢,孰知何故?""应龙何画(应龙是如何划出流泻洪水的沟渠的)? 河海何历(江河是如何流入海洋的)"等等,为我们展示出了一幅幅江海贯通、天地辽阔、宇宙无限的自然与人文时空任凭驰骋的图画,引人联想和向往。

二 "海洋小说"大观:《山海经》①

《山海经》是我国古代典籍中的一部奇书,内容"荒诞不经",却冠以经典之名,可见它的价值和后世对它的重视。神话学家袁珂认为,《山海经》是战国时燕齐海上方士所编,其中保留了不少古代东夷人的神话②;肖兵也认为:"《山海经》很可能是东方早期方士根据云集燕齐的各国人士提供的见闻和原始记载编纂整理的一部带有巫术性、传说性的综合地理书。"③这部成书于战国,荟萃了地理舆图、神话传说、土风异俗的中国最早的集地理、博物、方志、风俗与神话传说于一体的百科全书,可以说是中国"海洋小说"(古人之"小说"的概念)的大观、集成之作。

《山海经》成书年代正流行笔记散文,无论是诸子的语录体,还是史官的史传体,都由短制集成鸿篇。《山海经》取材于谈山说海,猎奇搜逸,与道听途说、街谈巷议的稗官小说相类,至今有些地区尚把闲话聊天称作"山海经"。流传既久,积累日富,有人加以整理辑录,便有了这样一部不同凡俗的奇书。

《山海经》记载了约40个方国,550座山,300条水道,100多个历史传说人物,400多种神奇鸟兽,共三万言十八卷。前五卷为山经,中八卷为海经,后四卷为大荒经,最后一卷为海内经,其时空纵深几达于无限,可谓集上古传说文化之大成。海经篇幅最多,山经也写到江河与海,大荒经与海经并无区别,海内奇观与海外奇闻是着眼重点。可以说,《山海经》乃是中国古代第一部写海洋的经典,反映古代先民对于海洋的认知、好奇、探索与向往,具有鲜明、浓郁的海洋文化、海洋文学特性。

(一)《山海经》是中国古代第一部写海洋的经典

《山海经》虽说是山经、海经,其实是以山海为背景,以人为本,记述古代先民生活与生存环境的经典。中国最早记录历史的文献《尚书》,相传由孔子编定,所载史事从尧开始,距今已五千年,多语焉不详,海外则付阙如。《山海经》对这一段漫长时空的人类生活与生存环境作全方位多侧面的观照,填补了远古时代的历史空白。

首先,它以山海为坐标,确定人类生存的三维空间。山经分东西南北中;海经分海外与海内,分东西南北;大荒经亦有东西南北四至,远至人类难以到

---

① 引见王学渊:《〈山海经〉与海洋文化》,《中国海洋文化研究》第4~5卷,海洋出版社2004年版。

② 袁珂:《山海经校译》,上海古籍出版社1985年版。

③ 肖兵:《山海经新探》,《山海经:四方民俗文化的交汇》,四川社会科学出版社1986年版,第133页。

达和发现的区域，多在海外。中国古代以海岸为轴线划分海内和海外。汉帝刘邦《大风歌》云："威加海内兮归故乡。"海外即化外，不服王化，不受管辖。大陆的帝王把这一块交给神仙去管领了。而《山海经》却把眼光从海内延伸到海外以及大荒。原来海外还有海外，分布着众多方国，众多民族，许多土风异俗，奇谈佚事，闻所未闻，使人大开眼界。一方水土养一方人，《山海经》在描述这些方国风土人情的同时，特别注意到其自然气候与生存环境。如："有神，人面蛇身而赤，直目正乘，其瞑乃晦，其视乃明，不食不寝不息，风雨是谒。"（《大荒北经》）此神叫烛龙，他的眼睛张合，便是昼夜，不寝不息，只以风雨为食。这分明就是大海恒动不息的形象，渲染出晦明变化的海洋性气候。"有鱼偏枯，名曰鱼妇。颛顼死即复苏。风道北来，天乃大水泉，蛇乃化为鱼，是为鱼妇。"（《大荒西经》）这种观察与联想，自然与海洋有关。"其下有弱水之渊环之，其外有炎火之山。""寿麻正立无影，疾呼无响。爰有大暑，不可以往。"这寿麻之国分明是在赤道，即阳光直射，正立无影，酷热无风，大声呼唤也听不见。

其次，它以国别为标界，勾勒出一幅古老的世界舆图，重点是山志与海洋志。尤以海洋志具体、生动、鲜明，在古代典籍中独树一帜。十里不同风，百里不同俗。远古时代，山海阻隔，交通不便，各域人们不仅形貌服饰各异，风俗习惯更大相径庭。至于"国"的概念，中国古代或指诸侯封地，或专指城邑与某一地域。《山海经》所列举 40 个方国，多在海外。海外殊域，烟波浩渺，云气暧曃，自然使人浮想联翩。其取名特点，约略有三：

一是取体形服饰之异相，如长股国："长股之国在雄常北，被发。一曰长脚。"（《海外西经》）周饶国："其为人短小，冠带。"（《海外南经》）人的个子高矮也是一地水土使然，今日的东北人与广东人犹此。又如女子国："女子国在巫咸北，两女子居，水周之。"今之纳西族，尚有"女儿国"习俗，在风光秀丽的泸沽湖畔聚族而居，实行走婚制。结匈国与女子国相似，"其为人结匈"（《海外南经》），凸出的结形物或块状物，应指女子胸乳，由此可窥见氏族母系社会的面影。其他诸如深目国"为人深目"，聂耳国"为人两手聂其耳"（《海外北经》），玄股国"其为人黑股"，毛民国"为人身生毛"（《海外东经》），枭阳国"其为人人面长唇，黑身有毛，反踵，见人则笑。"（《海内南经》）深目大耳，黑股长唇，都是指某些部族突出的形体特征。

二是取生产与生活的特点。如长臂国："捕鱼水中，两手各操一鱼。"载国："其为人黄，能操弓射蛇。"（《海外南经》）大人国："为人大，坐而削船。"（《海外东经》）"有因民国，勾姓，黍食。"（《大荒东经》）狩猎、捕鱼、艺黍乃原始先民基本的生产生活，至于刳木为船，当是进入了较高层次。在当时社会条件下，由于工具简陋，往往劳而无获，故有劳民国："为人手足面目尽黑。"（《海外东经》）肤色黧黑当是由于终年日晒雨淋所致，或是黑人种族。

　　三是取部族图腾的徽记。原始部落为了增强凝聚力,都有图腾作徽记,图腾多为动物的形象,以示威武凶猛,对其他部族有威慑力。如:"东方句芒,鸟身人面,乘两龙。""朝阳之谷,神曰天吴,是为水伯……其为兽也,八首人面,八足八尾,背青黄。"(《海外东经》)"冰夷人面,乘两龙。""东海中有流波山,入海七千里。其上有兽,状如牛,苍身而无角,一足,出入水必风雨,其光如日月,其声如雷,其名曰夔。"(《大荒东经》)以上这些都是图腾形象,其种种异相,与其部族生存环境和宗教信仰有关,且与海有渊源。如人面鱼身的氐人,八首人面的天吴,乘两龙的冰夷,都是滨海部族。夔,孔子在《论语》中曾提到过它;"黄帝得之,以其皮为鼓","声闻五百里,以威天下。"想是被黄帝部族征服,说明黄帝部族的势力已达于海隅。海洋成为人类必须面对的天地空间。

　　再次,以部族的风俗习惯为标识,反映其恶劣的生存环境与艰苦的生活境遇,着眼点多在海边与海外。如:黑齿国"为人黑齿,食稻啖蛇。"玄股国"衣鱼食鸥,两鸟夹之。"(《海外东经》)这些部族聚居水泽海边,"两鸟夹之"相当于渔民驯养的鹭鸶。讙头国"其为人,人面有翼,鸟喙,方捕鱼。"(《海外南经》)"陵鱼人面,手足,鱼身,在海中。"(《海内北经》)《山海经》中多有关蛇的描写,如海神"北方禺彊,人面鸟身,珥两青蛇,践两青蛇。""夸父国在聂耳东,其为人大,右手操青蛇,左手操赤蛇。"(《海外北经》)这些蛇并非装饰品,而是狩猎物。海边水泽湿地,蛇较易捕得,啖食之余便加以豢养。《山海经》中多处写到"乘两龙","践两蛇",自是夸张想象。而山林中最威猛者莫过于虎,常作为一些部族的图腾,如:"北海之内,有山一名曰幽都之山,黑水出焉。其上有玄虎。"(《海内经》)"聂耳之国在无肠国东,使两文虎……两虎在其东。""北海内有青兽焉,状如虎,名曰罗罗。"(《海外北经》)虎为百兽之王,今云南的某些少数民族称虎为"罗罗",一部分彝族人还认为自己是虎的后代,自称罗罗人。无论是饲蛇或画虎,都无法掩饰其生存窘境。他们以树皮为衣(《海外西经·肃慎国》),以木叶为食(《大荒南经·盈民国》),饥饿时甚至食人,如:"穷奇,状如虎,有翼,食人从首始。"(《海内北经》)由于缺衣少食,部族人丁不旺,"无啓之国,在长股东,为人无啓。"(《海外北经》)无啓即无继,没有后嗣,后嗣都夭折了。《山海经》多处提到"十日",天上有十个太阳,长时间干旱不雨。夸父逐日与羲和浴日的故事(见《海外北经》和《大荒南经》)并非想象中那么浪漫,简直可以说是悲壮。在部族与部族之间,经常发生战争与掠夺,著名的有黄帝战蚩尤的故事(《大荒北经》)、禹杀相柳的故事(《海外北经》)等。黄帝与蚩尤在风雨中作战,风雨象征战争的酷烈程度;禹杀相柳,血流遍野,乃至不宜种植。蚩尤与相柳都是南方滨海部族,相柳是共工下属,传说海边尚存共工之台。海阔天空,却是走投无路。"贰负之臣曰危……帝乃梏之疏属之山,桎其右足,反缚两手,系之山上木。"(《海内西经》)"柔利国,在一目东,为人一手一足,反膝,曲足居上。"(《海外北经》)战败的部族成为奴隶,奴隶的命运十分悲惨,不但铐镣加锁,而且去手砍足,任人宰割。刑天则是其中勇于抗争、不甘屈服的一个:"刑天与帝争神,帝断其首,葬之常羊之山,乃以乳为目,以脐为口,操干戚以舞。"《海外西经》)这无头而操干戚以舞的刑天,表达了广大奴隶们的求生意志与不死精神。刑天炎帝族,居海边。鱼类也有乳目脐口的,如螃蟹。瞧刑天的形象不正像举螯横行海边的巨蟹么!

(二)《山海经》是一部搜集中国古代社会早期文化的经典

文化是一种历史现象。中国古代社会早期尚处于文化幼年期,蒙昧与半蒙昧状态:结绳记事,划地作画,执牛耳而歌,仿百兽舞。但人类毕竟迈出历史性的一步,脱离野蛮,走向文明。由于年代久远,人类早期文化遗存多已湮没,考古发掘只是片光吉羽,未窥全豹。《山海经》则是最早而且比较全面地搜集中国古代文化的一部经典。其文化价值高于同时期的相关著作。兹略举数端:

(1)《山海经》中已有关于人类佩戴饰物的记载,多处写到玉:"泰山,其上多玉。"(《东山经》)"竹山……其中多水玉。"(《西山经》)"夏后启于此舞九代……佩玉璜。"(《海外西经》)"其十四神皆彘身而戴玉。"(《北次三经》)玉是石之美者,先民常以玉作器皿,为饰物。他们不但佩玉,而且佩戴一切可以炫美的装饰品,如:"其名曰旋龟,其音如判木,佩之不聋。""基山,有兽焉,其状如羊,九尾四耳……佩之不畏。"(《南山经》)这些饰物既美观又实用,自然乐于佩戴。而玉不产于海,便产于山,采集颇为不易。中国是玉文化最发达的国家,汉字中以玉为边旁的字多达百余,历代玉器饰物品种多样,美轮美奂。"爱美之心,人皆有之。"孟子认为是人性的表现,其实是一种文化心理,与物质生产同步,与风俗习惯同构,反映人类最初的审美自觉,《山海经》对此作了珍贵的记录。

(2)《山海经》记述了原始的歌舞。歌舞本乎情性,伴人类劳作而产生,出于自娱和娱人的需要。如孔子所云:"情动于中而形于外,故言之不足,则咏唱之,咏唱之不足,则不知手之舞之足之蹈之也。"夏禹的儿子夏启是中国传说中的歌舞之神,他左手操翳,右手操环,在大乐之野舞《九代》,《九代》原是天宫的乐舞,是他到天帝那儿做客时偷来的。(《海外西经》)揭开其神秘面纱,可以想见原始先民集体载歌载舞的情景,如今非洲与拉丁美洲一些部落还保留此种古老风习。中国古籍中有《九韶》,《楚辞》中有《九歌》、《九章》、《九辩》,从中不难发现其渊源关系。此外,黄帝以夔皮为鼓,刑天操干戚以舞,女丑尸"以右手鄣其面",雷神"鼓其腹则雷",都可以见到原始歌舞的某种迹象。"祝融生太子长琴,是处摇山,始作乐风。"(《大荒西经》)长琴是中国原始音乐的创始者之一。"枭阳国在北朐之西,其为人,人面长唇,黑身有毛,反踵,见人则笑,左手操管。"(《海内南经》)大嘴,反踵,善于表情,是歌舞者天赋,其左手所执之管,便是乐器。《山海经》关于跂踵国(《海外南经》)、交胫国(《海外北经》)的记载,着眼其腿部形体特征,跂踵、交胫都是原始乐舞。

(3)《山海经》记载了不同地域的数百种奇鸟异兽,具体描绘其形态特征与生长环境。兽类有猩猩、白猿、九尾狐、彘、象、羚羊、牦牛、熊罴、麇虎、豹、麋、鹿、天狗、狰、貙、橐驼、犰狳等百十种,禽类有:凤凰、尸鸠、鸾鸟、比翼鸟、三青鸟、鸮、鵋、黄鸟、鸱鸺鸟、驾鸟、鸠、鸽、三足鸟、五彩鸟、狂鸟、玄鸟等百十种。《山海经》图文并茂,观察精细,描绘生动,虽或有夸张,却大致可信。如:"鹿台之山,有鸟焉,其状如雄鸡而人面,名曰凫徯,其鸣自叫也,风则有兵。"(《西次二经》)"翠山,其鸟多鸜,其状如鹊,赤黑而二首四足,可以御火。"(《西山经》)所谓"人面",当时人类蓬头垢面,瘦脸尖腮,自与禽鸟无异;二首四足盖是对禽,比翼鸟、鸳鸯、燕子之类,并颈比翼,形影不离。鱼类则有:赤鲑、鲇鱼、鳒鱼、文鳐鱼、冉遗鱼、滑鱼、鰼鰡鱼、鳙鳙鱼、豪鱼、飞鱼、鲛鱼、文鱼、修辟鱼等百十种,与人类生活密切相关,如:鲇鱼,"见则天下大旱";鳒鱼,"动则其邑有大兵";文鳐鱼食之能治狂疾;食鲷鱼可以治赘疣;鲐鱼可以消肿,豪鱼、修辟鱼对治白癣有疗效,虽未获科学验证,却并非无稽之谈。其他尚有爬虫类、贝类等等。草木则从略,与山水结合,如荆山、葛山、神囷之山、翠山、竹山、松果之山、华山、丰山、荣山、空桑之山……中国向来有格物致知的传统,孔子说过:"多识鸟兽草木之名。"《礼记》云:"致知在格物,物格而后知至。"可是中国人又重道德,贵虚无,老子主张弃圣绝智,庄子认为"外物不可必","无用之为大用",后世更注重性命义理之学,这也许是中国科技不甚发达的原因之一。从这一角度看《山海经》,就不仅有博物学的内涵,而且有认识论的意义。西晋张华的《博物志》是中国第一部较完整的博物学著作,渊源则来自《山海经》。《山海经》开中国植物学、动物学先河,格物致知,是一切文化的源头。

(三)《山海经》又是一部蕴涵中国文学艺术原生态素材的经典

中国北部多山,南部濒海,北部民风浑厚,崇尚质实;南部民风机智,善于幻想。《诗经》、《楚辞》提供了不同范本,山与海,同样是中国文学艺术之源。《山海经》蕴涵大量文学艺术的原生态素材,与广阔的联想空间,所谓"仁者乐山,智者乐水","峨峨兮若泰山,洋洋兮若江河","登山则情满于山,观海则意溢于海"。据《乐府解题》说:伯牙学琴于成连先生,三年不成。后随成连至东海蓬莱山,闻海水澎湃,群鸟悲号之声,心有所感,乃援琴而歌。从此琴艺大进。司马迁写《史记》遍历名山大川,乃有了大胸襟、大境界,完成了"究天人之际"的大著作。把山、海作为中国文学艺术的源头,《山海经》是源头的上游作品,有不少是中国文学艺术的原生素材,对历代的笔记、小说、诗歌、戏剧乃至绘画、雕塑发生着久远而深刻的影响。

(1)神话传说。《山海经》记述的著名神话传说有黄帝战蚩尤的故事,西王母的故事,夸父逐日的故事,精卫填海的故事,刑天舞干戚的故事,夏后启的故事,女英娥皇的故事,嫦娥的故事,羲和的故事等等。这些故事在后世大都耳熟能详,成为二度创作、三度创作的素材。"应龙处南极,杀蚩尤与夸父,不得复上。故天数旱,旱而为应龙之状,乃得大雨。"(《大荒东经》)应龙是传说中黄帝战胜蚩尤的得力帮手,又辅佐大禹治水,以尾画地,疏浚洪水入海。后来去了南方,故南方多雨,未到之处则常常发生干旱,民间乃仿应龙之状祈雨,便是龙王传说与龙王庙的由来。《述异记》:"蛟千年化为龙,龙五百年化为角龙,千年化为应龙。"《桓子新论》:"向求雨所以为土龙者,何也? 曰:龙见者,辄有风雨兴起以送迎,故缘其象类而为之。"龙文化在中国民间极为普遍、深入,演绎为民歌、故事、戏剧,进入风俗祭祀领域,文本早于《山海经》。《山海经》所列举的天神系列,既是自然神,又是人格神,往往与历史纠合,界乎天人之间,也有不少离经叛道之处,如关于马首龙身神、龟身人首神、人面牛身神、人面三首神、豕身人面十六神、龙身鸟首神等等,均不见经传,是神仙系列之异端,与后世神魔小说《封神榜》、《西游记》、《平妖传》等一脉相承。著名话本小说《镜花缘》写海外列国奇风异俗,人物掌故,于《山海经》已见端倪。中国各民族品类庞杂、内容离奇的民间故事,有一些也系《山海经》所记故事之脱胎。

(2)名物。《山海经》是一部记载名物的书,一些名物常被后世文学作品袭用,由实指而泛化为文化概念和文学意象,受到更多作家诗人青睐,也为读者普遍认同。地名如:玉山、丹山、荆山、崦嵫、昆仑、流沙、赤水、蓬莱、潇湘、洞庭、大荒等;人名如:西王母、刑天、嫦娥、江妃、夸父、祝融、羲和、冰夷、少昊等;鸟兽名如:封豕、长蛇、青鸟、玄鸟、白鹿、乘黄、精卫、天马、鸾鸟、凤凰、烛龙、橐驼等。这些名物的诗化、文学化有一个发展过程。如西王母与青鸟,最初在《山海经》的记载中是:"西王母其状如人,豹尾虎齿而善啸,蓬发戴胜。"(《西次三经》)"西王母梯几而戴胜杖,其南有三青鸟,为西王母取食。在昆仑虚北。"(《海内北经》)到了《穆天子传》,便成为一个雍容平和、能唱歌谣的女人。而《汉武内传》里,她又演变为容貌绝世、仪态万方的女神。不过,诗人们却更愿意把她作为爱情的象征看待,青鸟也就成了传递爱情的信使。以唐诗为例:"瑶池阿母绮窗开,黄竹歌声动地哀。"(李商隐)"西望瑶池降王母,东来紫气满函关。"(杜甫)"王母相留不放回,偶然沉醉卧瑶台。"(曹唐)"蓬山此去无多路,青鸟殷勤为探看。"(李商隐)"杨花雪落覆白蘋,青鸟飞去衔红巾。"(杜甫)"青鸟新兆去,白马故人来。"(骆宾王)"符因青鸟送,囊用绛纱缝。"(李贺)……这里明显可以看出一个从物化(神化)到人化的发展过程,一些与人接近的草木鸟兽、山川名物是最好的催化剂与载体。"楚天云雨皆有托"(李商隐诗),尽管有学者把《山海经》当作一部巫书或地理书看待,也并不否认它有较高的文学价值。书中的山水云雨、奇禽怪兽、民风土俗、人物故事蕴涵浓郁的文学因素,是值得珍视的原生态的文学素材。

(3)人文精神。一部流传的好书,不受时空局限,既有超时性,又有共时性,历久弥新,体现了文化传承的深厚渊源及其所蕴涵的人文理念的亘古恒久。晋代诗人郭璞为《山海经》作图赞,已经注意到这一点:"共工赫怒,不周是触。地亏巽维,天缺乾角。理外之言,难以语俗。"共工与颛顼争帝,怒触不周之山,其"理外之言"在于揭示人类的奋斗精神与生命的本质意义。人是顶天立地的人,即使倒下,"天柱折,地维绝",只要精神不死,依旧能够站立起来。中国人的世界观人生观有一个显著特点:既重视生死,又轻视生死,所谓"死有重于泰山,亦有轻于鸿毛"。从哲学思想说,儒家重视生死,孔曰"成仁",孟曰"取义";老庄轻视生死,"齐生死","生不足喜,死不足悲",庄子甚至为他妻子之死鼓盆而歌。《山海经》提供了一个天生地育的生命文本,杂糅孔孟老庄以及各家思想。从表面看,《山海经》多客观记叙,对生命采取自然主义态度,顺时安分,乐天知命,与老庄取同一姿态;小国寡民,也是当时实际情况。然而,严酷的生存环境与不测之祸,又不能不使一些人奋起抗争,《山海经》在记叙这些人物故事时,不能不带有强烈的感情色彩,如逐日的夸父,舞干戚反抗天帝的刑天,治水丢脑袋的鲧,冤死而化鸟衔石木填海的精卫,以及三面六臂的人,各种异相变体的兽,也都是桀骜不驯者。"夸父诞宏志,乃与日竞走……余迹寄邓林,功竟在身后";"精卫衔微木,将以填沧海。刑天舞干戚,猛志固常在。""浑身静穆"的大诗人陶渊明也是受这种舍生忘死精神的鼓舞,而作《读山海经》十三首,而变得"金刚怒目"起来。他在开篇第一首写道:"泛览周王传,流观山海图。俯仰终宇宙,不乐复何如!"《山海经》阳刚的人文理念与他"聊乘化以归尽"的隐逸思想并行不悖,其影响之深、之巨可见。

此外,《山海经》历来有禹鼎、地图、壁画、巫图诸说,证明它与雕刻、绘画、音乐都有渊源,人文精神也一脉相承。

(四)《山海经》与海洋精神

《山海经》从篇幅看,海经占了大半;从所叙内容、所塑形象看,多写近海一带与海外水土风物,海人海民与海中神仙、鸟兽鱼蛇杂糅,占有相当比重;从方位地域、山水名称看,偏于南方地区,如洞庭、荆山、汉水、东海、南海等,海洋、水泽气息极为浓郁。在中国古代,南方属化外蛮夷之域,多雨,多水网,多雾,多土风异俗。因地卑近海,草木滋繁,蛇虫孳生,疾病猖獗,人们生死无常,求神问卜,祈福禳灾,好祀鬼神,巫风盛行,乃成习尚。《山海经》多处写到"巫":

"有灵山,巫咸、巫即、巫盼、巫彭、巫姑、巫真、巫礼、巫抵、巫谢、巫罗十巫,从此升降,百药爰在。"(《大荒西经》)"开明东有巫彭、巫抵、巫阳、巫履、巫凡、巫相,夹窫窳之尸,皆操不死之药以距之。"(《海内西经》)巫是通天人物,以占卜与祀神为业,他们用虚构的超自然力解释人们对于自然界的种种疑虑和迷惑,是最初的文化传播者。屈原《离骚》中曾提到巫咸、女嬃,也是巫一类人物。《九歌》是祀神曲,所祀多为水神,神光离合,婉娈多情,无疑与巫文化有关。此外,《易经》是巫图,八卦像鱼形,用龟板占卜,鱼龟都是水族。《老子》是巫书,作者乃楚人,洋洋五千言几乎都在讲水,讲水的哲学,诠释"柔弱胜刚强"的玄理;他所提倡的"道"正是神道设教的缩影。鲁迅认为《山海经》也是巫书,作者也是巫,"神事"即"人事",只是作了变形处理。相比之下,吴楚、百越文化多神仙故事与鬼怪传说,想象丰富,色彩瑰丽,与当时的大陆主流文化迥异,是"异端"、"另类",属早期海洋文化范畴,有以下三方面的显著特色:

1. 浪漫诡异

海洋是流动变化的,海阔天空,最易发人遐思;沧海桑田,更使人浮想联翩。《山海经》记述山灵水怪,山情海事,汇总了种种新奇传说见闻,无连贯情节,时空涵盖面广,故事流变性大,营造了一个超常的历史、地理、人文环境,充分体现海洋文化汪洋恣肆的特点,记事、状物、写景有极大的自由度性。《山海经》故事既有人的世系,又有神的世系,黄帝、颛顼、蚩尤、夸父、西王母、夏侯启等都是半人半神或半人半兽的人物;而人神两栖,人兽并存,需要有一个共同背景,这个背景便是山海。从穴居野处到神仙洞府,从编筏作舟与到御风飞行,都可以在高山大海找到支点,展开想象。如黄帝的子孙繁衍极广,基本是两个支系,一支在海:"黄帝生禺虢,禺虢生禺京,禺京处北海,禺虢处东海,是为海神。"(《大荒东经》)"北海之渚中,有神,人面鸟身,珥两青蛇,践两赤蛇,名曰禺疆"(《大荒北经》)另一支在山:"黄帝生苗龙,苗龙生融吾,融吾生弄明,弄明生白犬,有牝牡,是为犬戎。"(《大荒北经》)山与海不仅成为人类生息繁衍的摇篮,而且是矛盾争斗的舞台。黄帝杀蚩尤的故事可以说是一场山海大战,蚩尤是南方的炎帝族,黄帝则是北方部族,交战双方各代表山与海。"蚩尤作兵伐黄帝,黄帝乃令应龙攻之冀州之野。应龙蓄水,蚩尤请风伯雨师,纵大风雨。黄帝乃下天女曰魃,雨止,遂杀蚩尤。"(《大荒北经》)"有宋山者……有木生山上,名曰枫木。枫木,蚩尤所弃其桎梏,是为枫木。"(《大荒南经》)蚩尤的海魄又变作了山魂。而传说中五帝之一的颛顼竟可以变鱼;女娲是炼石补天的女神,她的肠化为十神,横道而处,分明是变成了山。其荒诞变异,属杂记、小说一类,大抵寓有沧海桑田之意。杂记历来被认为是最具个性化最私人化的文体,属旁门歪道,市井人语。可恰恰是这些杂俎、札记、撷言、语林,从另一侧面记录了风俗民情,秘事逸闻,述异传奇,大大丰富了中国古代文化宝库。至于小说,本来就是三教九流,怪力乱神,后世魏晋为志怪,唐宋为传奇,元明为话本,与《山海经》同辙,有些则是《山海经》故事的二度创作、三度创作。以《西游记》为例,《西游记》情节与《山海经》一样荒诞不经,而怪异过之;结构流变蔓衍,与《山海经》类似;唐僧、孙悟空、猪八戒等属黄帝、刑天、夸父一类人物;其故事背景,取经路上之高山大河、奇风异俗、国名地名不少是《山海经》翻版;沿途山精水魅、熊妖狮怪、虎豹蛇蝎,几乎无一不在《山海经》注册备案。虽并非刻意为之,却深刻揭示文化积淀与传承的内在联系。"海纳百川,有容乃大。"《山海经》思想庞杂,内容怪诞,恍惚徜徉,光怪离陆,充分体现了海洋文学的浪漫诡秘特色。如明代学者杨慎所云:"取远方之图,山之奇,水之奇,草之奇,木之奇,禽之奇。说其形,著其生,别其情,分其类。其神奇殊汇,骇世惊听者,或见或闻,或恒有,或时有,或不必有,皆一一书焉。"(《山海经后序》)

2. 原创求异

海洋文化具有原创与求异性,远如剡木为舟,便是人类航海的始发,船的起步,虽原始简陋,却独具匠心。《山海经》有些人物故事亦散见于《吕氏春秋》、《列子》、《淮南子》、《太平御览》等书,大都比《山海经》晚出。从原创性角度看,《山海经》是中国古代神话传说的渊薮。如刑天故事,独一无二。西王母故事,三见于《山海经》,半人半兽,而后出的《穆天子述传》,则发展为与周穆王畅饮瑶池的美丽神仙。《淮南子》所记共工与颛顼争帝,共工怒触不周之山,绝天维,折地柱,《山海经》已有涉及:"西北海之外,大荒之隅,有山而不合,名曰不周,有两黄兽守之。"(《大荒西经》)缺断的不周山就像天地间一个大裂口,有神兽守护,而天地是神权暨王权象征,于是才演变出共工与颛顼争帝故事,其原创属于《山海经》。黄帝战蚩尤,见于多种古籍,大抵以黄帝为正,以蚩尤为邪,而《山海经》记黄蚩大战有三处,均无明显褒贬,当是这一著名神话故事的最早版本。此外,常羲浴月的故事为嫦娥奔月的原创:常羲为帝俊之妻,生有十二月亮;又羲和浴日故事,羲和也是帝俊,生有十个太阳,因而成为后羿射日传说的依据。《山海经》由于是民间创作,又由于它涉猎海外界域,土风奇俗,可以异想天开,自由发挥,求异求变,夸大其词,耸人听闻,正是它所追求的原创性目标。原创性超越事物的原生态,是浪漫艺术创作的特有风貌。原创性即独创性,与求异思维有关。《山海经》所记述的背景是尘世凡间,人是凡人,鸟是凡鸟,山水是平凡山水,却刻意某种程度的神灵化,使人与自然性灵相通,兼具双重品格。其方法有三:

一曰变形。《山海经》所记述的三足鸟、两头鸟、两身蛇、八足巤、一目国、三面人、十翼鱼,改变其形体构成,创造新的形象。另一类则由嫁接而成,成为复合型形象,如鼠身鳖首的蛮蛮、人面马足牛身的窦窳、鱼身鸟翼的蠃鱼、虎齿人爪的狍鸮、状如白犬的天马、头长身生羽的羽民……大千世界,无奇不有,这些变形鸟兽,虽然凶鸷,却未见恐怖,甚至觉得可爱,因为经过变形处理,渗入作者(说者)的审美理念与情感,更富艺术情趣。后世雕塑、绘画、戏剧也运用变形手法,《山海经》盖肇其始。

二曰变事。黄帝战蚩尤本事,原是部落间一场战争,蚩尤是南方人,南方多雾,后人附会说蚩尤能放雾,黄帝制作指南车胜之。《山海经》对情节作了重大改变。黄帝一方先命应龙蓄水,而蚩尤一方则请来风伯雨师反击,黄帝又请来天女魃止雨。这显然是一种极富文学意味的表述,用文学话语描绘了战争过程。自然气象无论在古代或现代都是战争必须考虑的重要因素,《山海经》变其事,把自然气象人格化、神魔化,更能展示涿鹿大战的壮观场景与酷烈程度。羲和浴日与常羲浴月的生活原型不过是女子裸浴,在远古时代司空见惯。《山海经》则变异为浴日浴月,且生育了十个太阳十二个月亮。

三曰变意,即改变创意。《山海经》在很长一段时期被误读为地理著作。《后汉书·王景传》:"赐景《山海经》、《河渠书》、《禹贡图》。"清代学者毕沅认为:"《山海经·五岁藏山经》三十四篇,古者土地之图。"其实,《山海经》的创意并不在此。中国在汉代以前,文学尚未从哲学与历史中独立出来。但《山海经》创意在文学,它并未刻意修史述古,也无创宗立说之论,而是谈山说海,猎奇搜异,抒发人的情感,表达人的愿望,用生花妙笔画就一册册别开生面、风格奇特的浮世绘,一卷卷色彩鲜丽、图像怪诞的西洋景。它的非凡的想象力最富于文学特色,是中国最早具有独立文学意味的著作之一。晋代诗人郭璞为作图赞数百首,深得其中壸奥,如同他的另一组著名的游仙诗一样,使笔下的山与海既是现实空间又是幻想空间,可以心仪四海,神骛八极。例如:"龙凭云游,腾蛇驾雾。犬若天马,自然凌蓦。有理悬运,天机潜御。"陶渊明《读山海经》诗十三首,也是把它当作文学作品解读的。鲁迅幼时特别喜爱《山海经》,他在《阿长与山海经》一文中回忆说:"但那是我最为心爱的宝书,看起来,确是人面的兽;九头的蛇;一脚的牛;袋子似的帝江;没有头而以乳为目,以脐为口,还有'执干戚而舞'的刑天。"《山海经》一开始流传便是图像本,有图有文,以文解图,以图注文,这也是一种新创意,后世小说多有绣像插图,与《山海经》的文本样式也不无瓜葛。

3. 开放型思维

海洋文化的一大特性是开放、多元,兼容并蓄,综合杂糅,气象万千。中国传统主流思想有一个以王权为中心的封闭系统,所谓"四海之内,莫非王土;率土之滨,莫非王臣。"自古只知有中国,对周边的世界、海外的世界每每以"东夷"、"南蛮"、"西戎"、"北狄"、"外夷"、"外番"、"洋夷"等视之,而《山海经》早就打破画地为牢的禁区,向未知世界和未来世界展开想象的翅膀。《海外经》、

《大荒经》8卷明白指示着天下之大,物类之盛,世界之广。借用庄子的话说,当井蛙跳着在方寸间栏井观天的时候,河伯改变沾沾自喜态度望洋兴叹,北海之神已在向他进行关于海洋关于世界的启蒙了(《庄子·秋水》)。《山海经》描述的大陆、山脉、河流与海域呈现出一个多姿多彩的另类世界,山外有山,海外有海,在这样一个开放多元的空间里,人类一切生机勃勃的创造和发展都成为可能。原始人多夭折,故有不死民与"其不寿者八百岁"的轩辕国;腿长有利涉水,故有长股国;臂长有利捕鱼,故有长臂国;钻木取火不易,故有厌火国;又有奇肱国作飞车,轩辕国骑龙鱼,夸父善跑,天吴善泳,乘黄是神马,"乘之寿二千岁",反映了人类趋利避害,适应与改变自然的极浪漫又积极的生活与审美态度。

三 秦汉时期的海洋文学创作[①]

秦汉时期,尤其是两汉时期,中国的海洋文学获得了长足的发展。究其原因,主要有以下三个方面:

一是秦代统一文字以后,文学的文本化变得容易起来,许多海洋文学作品同其他内容和题材的文学作品一样,产生以后容易得以记录保存,从而易于流传和为后人所鉴赏。

二是滥觞于燕齐等国及其他沿海文化发达地区的"鱼盐之利"、"舟楫之便"以及海外交通、海上移民等海上生产生活进一步得以发展,加之秦汉时期国土疆域得以统一和扩大,东南沿海地区也纳入了统一的版图,中国的海洋文化从总体上愈发丰富多彩和发展繁荣起来,人们对海洋的认识更多了,对海洋的感知感受更丰富了,生产力的提高和物质生活的发展使得人们的艺术创造力和审美愉悦需求也进一步发达起来,因而海洋文学的进一步发展,成为中国文学史发展的必然。

其三,由于秦汉时代国家版图大统一后沿海地区所占国土面积比例扩大,涉海人口所占比例增长,海洋产品及其他因海而获的物质财富所占比例增多,这些对于上层统治者来说都变得愈发举足轻重,因而他们也十分看重海洋,秦始皇、汉武帝的多次巡海,就是明显的例证。尽管秦皇汉武们东来巡海的动机有海上神仙的信仰在其中,以求亲眼见到海上神仙们的生活面貌,并求得长生不老的方药,但确实又有进一步巩固沿海疆土及其统治、并以图进一步扩大其海外势力范围的用意。他们浩浩荡荡,声势大举,刻碑立石、筑台迁户、祭海祷神,既颂其德,又宣其威,且张扬鬼神,更壮其势,因而更加强化了国民的海洋意识,文人雅士们也就愈发地把海洋作为其创作的题材,这就愈发促进了海洋

---

① 引见王庆云:《中国古代海洋文学发展的历史轨迹》,《青岛海洋大学学报》1999年第3期。

文学创作的繁荣。

其四，秦汉时期，尤其是两汉时期，由于神仙方术家推崇老、庄之学为宗，道教产生，并发展传播迅猛，神仙、长生之说及其信仰更为昌炽，关于海的意识、海的观念即使仅在民众信仰这一层面上也变得愈发普遍起来；同时，印度佛教不仅从北路陆路传来，而且从南路海路传来，一方面佛教经典经义中多涉及海洋，一方面佛教在海路入华过程中又使许多佛经佛义佛僧的形象海洋化了，如后世的"南海观世音"等等也成了海神，"海天佛国"信者如云，钟鼓之音不绝，就是最好的说明。这些都刺激和丰富了中国海洋文学的创作发展。

这一时期的海洋文学，成就主要表现在以下几个方面。

1. 史家大书其事

《史记》、《汉书》等史家之书，大多长于文采，后世也多视为文学典范，其中犹以《史记》最被人推重。我们仅以《史记》为例来看史书中对于涉海之人之事的记述，有很多完全可以看做如同今日的报告文学或传记文学。比如关于三皇五帝及其后世世系的追根求源，其中有很多涉海的神话传说；对周边尤其是沿海民族区域及其海外诸国民人特性与生活方式的描述；对齐、燕诸王的经营海洋；对秦始皇及二世、汉武帝等的东巡视海等等，都记述、刻画得形象生动，有声有色。如《史记·封禅书》所记，尽管我们在前面有关章节中已多有引述，这里为疏理展现本时期海洋文学面貌，不妨再引：

> 自威、宣、燕昭使人入海求蓬莱、方丈、瀛洲。此三神山者，其传在渤海中，去人不远，患且至，则船风引而去。盖尝有至者，诸仙人及不死之药皆在焉。其物禽兽尽白，而黄金银为宫阙。未至，望之如云；及到，三神山反居水下。临之，风辄引去，终莫能至云。世主莫不甘心焉。及至秦始皇并天下，至海上，则方士言之不可胜数。始皇自以为至海上而恐不及矣，使人乃赍童男女入海求之。船交海中，皆以风为解，曰未能至，望见之焉。其明年，始皇复游海上，至琅邪，过恒山，从上党归。后三年，游碣石，考入海方士，从上郡归。后五年，始皇南至湘山，遂登会稽，并海上，冀遇海中三神山之奇药。不得，还至沙丘崩。二世元年，东巡碣石，并海南，历泰山，至会稽，皆礼祠之，而刻勒始皇所立石书旁，以章始皇之功德。……

这样的绘声绘色的记载，自然还有很多，如记汉武帝也多次东巡海上，祠海求仙，其中一次：

> 东巡海上，行礼祠八神。齐人之上疏言神怪奇方者以万数，然无验者。乃益发船，令言海中神仙者数千人求蓬莱神人。公孙卿持节常先行候名山，至东莱，言夜见大人，长数丈，就之则不见，见其迹甚大，类禽兽云。群臣有言见一老父牵狗，言"吾欲见巨公"，已忽不见。上即见大迹，未信，及群臣有言老父，则大以为仙人也。宿留海上，予方士传车及间使

求仙人以千数。

如此云云，都写得极为摹真传神，形象生动。

其他如班固的史著《汉书》,《淮南子》,《列子》等托古子集，也多有涉海的描述。

2. 神仙家、博物家、小说家、道家佛家以及道教佛教大张其说

神仙家、博物家、小说家者流、道家佛家及其宗教宣传著述，后世多视为志怪小说。他们承继先秦诸子和《山海经》及方士谶纬之绪，更张而皇之，其作品中对海洋的面貌和信仰等，描述、铺排更为广博系统、具体细微、形象生动，艺术手段的运用更为娴熟多样，熠熠生辉。其中如《神异经》、《洞冥记》、《十洲记》、《列仙传》、《神仙传》、《异闻记》等等，涉海故事甚多，不胜枚举。我们这里举《十洲记》中数例，以见一斑。

《十洲记》,又称《海内十洲记》、《十洲仙记》、《十洲三岛记》、《海内十洲三岛记》等，托名西汉东方朔撰，史家考证为后人伪托，史书有录为地理类者、道书者，也有人径称其为"道家之小说"(晚清陆绍明，见《月月小说发刊词》,《晚清文学丛抄·小说戏曲研究卷》),是书宋张君房《云笈七签》卷 26 录全文，分序、十洲、三岛凡三部分。内容叙汉武帝听王母讲八方巨海中有十洲，遂向东方朔问讯，东方朔为之细说端详。这十洲是：祖洲、瀛洲、玄洲、炎洲、长洲、元洲、流洲、生洲、凤麟洲、聚窟洲；还有沧海岛、方丈洲、蓬莱山、昆仑山之大丘灵阜、真仙神宫、仙草灵药、甘液玉英、奇禽异兽等等，上面紫宫金阙琼阁，众仙林立纷纭，岂现实世界可能比之？张皇得令人向往而又实不可及——那毕竟是古人思想信仰中和艺术中的海洋，而非世界上真实的海洋。八方巨海中自然多有岛屿、国家，风景风情和人文建筑等自然与内陆不同，但无论如何那也是现实世界，且不说大多人未能亲抵实见，即使亲眼抵达察访，哪里会有什么太玄都、太帝宫、太上真人、鬼谷先生、天帝君、西王母、金芝玉草、长生不老之人？但既然是小说家言，毕竟有其信仰的和艺术的双重感染作用力：

> 祖洲，近在东海之中，地方五百里，去西岸七万里。上有不死之草，草形如菰苗，长三四尺。人已死三日者，以草覆之，皆当时活也。服之令人长生。昔秦始皇大苑中多枉死者，横道有鸟如乌状，衔此草覆死人面，当时起坐而自活也。有司闻奏，始皇遣使者赍草以问北郭鬼谷先生。鬼谷先生云："此草是东海祖洲上，有不死之草，生琼田中，或名为养神芝。其叶似菰苗，丛生，一株可活一人。"始皇于是慨然言曰："可采得否？"乃使使者徐福发童男童女五百人，率摄楼船等入海寻祖洲。遂不返。福，道士也，字君房，后亦得道也。
>
> 沧海岛，在北海中，地方三千里，去岸二十一万里。海四面绕岛，各广五千里，水皆苍色，仙人谓之沧海也。岛上俱是大山，积石至多……(长生仙草)百

余种,皆生于岛石,服之神仙长生。岛中有紫石宫室,九老仙都所治,仙宫数万人焉。

其铺张扬厉可见。此书值得重视之处还在于,它把先秦即已张扬得沸沸扬扬的海中三神山之说、西汉即有的"十洲三岛"并称之说敷衍成了一个系统的海上神仙世界,必然对后世的海上传说起到了推波助澜的作用。

3. 辞赋、诗歌之作日多

先说赋家之作,其中以汉赋的文学成就最为文学史家所重。汉赋中写海的,今知如司马相如著名的《子虚赋》,对楚国和齐国的丰饶和富足,极尽铺排之能事,其中写到齐国的内容,"且齐东渚巨海,南有琅邪,观乎成山,射乎之罘,浮渤澥,游孟诸。邪与肃慎为邻,右以汤谷为界;秋田乎青丘,彷徨乎海外"云云,实际上就是一篇张扬"海王之国"的赋作。鲁迅称其"广博闳丽,卓绝汉代"(鲁迅《汉文学史纲要》),其对后世的影响可知。班彪的《览海赋》,则完全是写海、写对海的游思与畅想的:

> 余有事于淮浦,览沧海之茫茫。悟仲尼之乘桴,聊从容而遂行。驰鸿濑以缥鹜,翼飞凤而回翔。顾百川之分流,焕烂漫以成章。风波薄其裪裪,邈浩浩以汤汤。指日月以为表,索方瀛与壶梁。曜金璙以为阙,次玉石而为堂。冀芝列于阶路,涌醴渐于中唐。朱紫采烂,明珠夜光。松乔坐于东序,王母处于西厢。命韩众与岐伯,讲神篇而校灵章。愿结旅而自托,因离世而高游。骋飞龙之骖驾,历八极而回周。遂竦节而响应,勿轻举以神浮。遵霓雾之掩荡,登云途以凌厉。乘虚风而体景,超太清以增逝。麾天阍以启路,辟阊阖而望余。通王谒于紫宫,拜太一而受符。[1]

东汉初年班彪的这一《览海赋》,是中国文学史上第一篇海赋。今存36句,采用游览赋体写法,开头说明览海之缘起,继而记述对海的总体印象,然后展开想象,描绘海上仙境:以金玉为堂,列灵芝于路,醴泉涌出,明珠夜光。其中多有神仙,"松乔坐于东序,王母处于西厢,命韩众与岐伯,讲神篇而校灵章。"作者自己很愿意与他们"结旅而自托","离世而高游"。结果和列仙一道畅游太空,并进入天庭,"通王谒于紫宫,拜太一而受符"。结尾似欠完整,可能有残缺。此赋名为览海,实写游仙。海与仙,仙与海,浑然一体,令人浮想翩然,可以看出《离骚》的影子。

班彪之子班固也有《览海赋》,仅存二句。[2]

如此神妙诱人的海上仙境,无怪乎齐威、齐宣、燕昭、秦皇、汉武等那么神往再看汉末王粲的《游海赋》(残篇):

---

① 《全汉赋》,费振刚等辑校本,北京大学出版社1993年版,第252页。

② 谭家健:《汉魏六朝时期的海赋》,《聊城师范学院学报》2000年第2期。

含精纯之至道，将轻举而高厉。游余心以广观兮，且彷徉乎西裔。乘菌桂之方舟，浮大江而遥逝。翼惊风而长驱，集会稽而一眄。登阴隅以东望，览沧海之体势。吐星出日，天与水际。其深不测，其广无皋。寻之冥地，不见涯泄。章亥所不极，卢敖所不届。怀珍藏宝，神隐怪匿。或无气能行，或含血而不食。或有叶而无根，或能飞而无翼。鸟则爰居孔鹄，翡翠鹔鹴，缤纷往来，沉浮翱翔。鱼则横尾曲头，方目偃额，大者若山陵，小者重钧石。乃有赪蚖大贝，明月夜光，巂龟玳瑁，金质黑章，若夫长洲别岛，旗布星峙，高或万寻，近或千里。桂林丛乎其上，珊瑚周乎其趾。群犀代角，巨象解齿，黄金碧玉，名不可纪。洪洪洋洋，诚不可度也。处隅夷之正位兮，同色号于穹苍。苞纳污之弘量，正宗庙之纪纲。总众流而臣下，为百谷之君王。

洪涛奋荡，大浪踊跃。山隆谷窊，宛亶相搏。①

若非对海洋有较多的认识了解，断然写不出；若非对海洋有丰富且美妙的玄想和信仰，断然写不出；若非有对海洋的热爱并有艺术大家的磅礴气度和文学表现力，更断然写不出。

再看这一时期的诗人们的咏海之作。最为人称颂的，莫过于曹操的《观沧海》：

东临碣石，以观沧海。水何澹澹，山岛竦峙。树木丛生，百草丰茂。秋风萧瑟，洪波涌起。日月之行，若出其中。星汉灿烂，若出其里。幸甚至哉，歌以咏志。

这位杰出的政治家、军事家和诗人，面对大海的壮阔与苍茫，歌以咏志，其叱咤风云的博大胸怀、凌云壮志和苍凉、悲壮的情感交集为一，胸中的大海意象丰满而又诗笔简约，激情奔涌而又用语朴实，这样就更能带给人以充足的品味流连、感慨唏嘘的空间，获得无尽的审美艺术享受。

按这一时期的海洋辞赋、诗歌创作，由上可见，主要是亲近海洋的游览审美鉴赏。此风肇始于先秦，孔子就曾提出要"乘桴浮于海"，且要干脆搬到海边去生活，惜未知是否曾经成行。《论语·公冶长》一章：子曰："道不行，乘桴浮于海，从我者，其由与？"子路闻之喜。子曰："由也好勇过我，无所取材。"此事历来为学家所重。朱熹《四书集注》："程子曰：浮海之叹，伤天下无贤君也。"刘宝楠《论语正义》引颜注："言欲乘桴筏而适东夷，以其国有仁贤之化，可以行道也。"王夫之《四书稗疏》："盖居夷浮海之叹，明其以行道望之海外。"《汉书·地理志》将孔子欲浮海与《论语·子罕》篇的"子欲居九夷"一语相参证，说明班固也认为浮海的地点就是齐国东部的大海；《说文·羊部》："唯东夷从大，大，人

---

① 《全汉赋》，费振刚等辑校本，北京大学出版社1993年版，第657页。

也。夷俗仁，仁者寿，有君子不死之国。孔子曰：道不行，欲之九夷，乘桴浮于海。有以也。"

　　海上游乐之举在春秋时期以前既已出现，《拾遗记》载"帝与娥皇泛于海上"①，《帝王世纪》载："（夏桀）与妹喜及诸嬖妾同舟浮海"②，而到了春秋时期，这种现象依然存在，《左传》载齐景公问晏子："古而不死，其乐何如？"齐景公"游于海上而乐之，六月不归"③，"奚谓离内远游？昔者田成子游于海而乐之，号令诸大夫曰：言归者死。"④说明春秋时期齐景公有海上游乐之举，更是不虚的事实。

403

---

①　《太平御览》卷9引。
②　《太平御览》卷82引，《列女传·夏桀妹喜》同。
③　《说苑·正谏》。
④　《韩非子·十过》。

参考文献

著作类

1. 宋正海,郭永芳,陈瑞平. 中国古代海洋学史. 北京:海洋出版社,1986

2. 章巽主编. 中国航海科技史. 北京:海洋出版社,1991

3. 王俞春. 海南移民史志. 北京:中国文联出版社,2003

4. 安京. 中国古代海疆史纲. 哈尔滨:黑龙江教育出版社,1999

5. 登州古港史. 北京:人民交通出版社,1994

6. 张铁牛,高晓星. 中国古代海军史. 北京:八一出版社,1993

7. 郭正忠主编. 中国盐业史(古代编). 北京:人民出版社,1997

8. 中国古代潮汐史料整理研究组. 中国古代潮汐论著选译. 北京:科学出版社,
   1980

9. 吴振华. 杭州古港史. 中国水运史丛书. 北京:人民交通出版社,1989

10. 章巽. 我国古代的海上交通. 北京:商务印书馆,1986

11. 邓端本. 广州港史. 中国水运史丛书. 北京:海洋出版社,1986

12. 郑光南. 中国海盗史. 武汉:华东理工出版社,1998

13. 宁波港史. 中国水运史丛书. 北京:人民交通出版社,1989

14. 福州港史. 中国水运史丛书. 北京:人民交通出版社,1989

15. 中国航海学会. 中国航海史(古代航海史). 北京:人民交通出版社,1988

16. 吴主助. 海洋文学名作选读. 北京:人民交通出版社,1992

17. 宋正海. 东方蓝色文化. 广州:广东教育出版社,1995

18. 孙波. 南海奇观. 香港:和平图书有限公司,1992

19. 张震东,杨金森. 中国海洋渔业简史. 北京:海洋出版社,1983

20. 周厚才. 温州港史. 中国水运史丛书. 北京:人民交通出版社,1989

21. 韩振华. 南海诸岛史地研究. 北京:社会科学文献出版社,1996

22. 孙光圻. 中国古代航海史. 北京:海洋出版社,1989

23. 郑建顺. 福州港. 福州:福建人民出版社,2001

24. 黄鸿钊. 澳门史. 福州:福建人民出版社,1999

论文类

25. 王学渊. 山海经与海洋文化. 中国海洋文化研究,2004(4)

26. 司徒尚纪. 浅论海南黎族与台湾高山族同源异流. 海南台湾少数民族族源理论研讨会论文集. 海南大学东南亚研究所. 2002

27. 王心喜. 杭州湾地区原始文化海路输入日本论. 文博,2002(2)

28. 卢云. 秦汉时代滨海地区的方士文化. 复旦学报,1988(2)

29. 张启成. 美洲古文明与中华古文明之关系. 贵州文史丛刊,2000(6)

30. 石兴邦. 我国东方沿海和东南地区古代文化中鸟类图像与鸟祖崇拜的有关问题. 中国原始文化论集. 文物出版社,1989

31. 林华东. 越人向台湾及太平洋岛屿的文化拓展. 浙江社会科学,1994(5)

32. 余华清. 秦汉时期的渔业. 人文杂志,1982(5)

33. 吕世忠. 先秦时期山东的盐业. 盐业史研究,1998(3)

34. 陈智勇. 试论夏商时期的海洋文化. 殷都学刊,2002(4)

35. 陈智勇. 试析春秋战国时期的海洋文化. 郑州大学学报(哲社版),2003(5)

36. 王赛时. 秦皇遗迹与山东海疆文化. 中国海洋文化研究,2002(3)

37. 陈仲玉. 试论中国东南沿海史前的海洋族群. 考古与文物,2002(2)

38. 杨堉绿. 百越原始神话科学价值探析. 中央民族大学学报,2000(4)

39. 林仙庭. "迁康公于海上"地望考. 管子学刊,1992(2)

40. 姜永兴. 古越人平安海航祈祷图. 中南民族学院学报,1995(6)

41. 李世源. 海洋文化中的古徐人迁徙. 广西民族学院学报,1997(4)

42. 周伟民. 在多元视野观照下关于琼台少数民族族源问题的探讨. 海南台湾少数民族族源理论研讨会论文集. 海南大学东南亚研究所,2002

43. 赵东工. 试说作为文化符号的海. 辽宁师范大学学报(社科版),1993(1)

44. 北京大学考古实习队,烟台地区文管会,长岛县博物馆. 山东长岛县史前遗址. 史前研究(创刊号)1983年

45. 藏振华. 中国东南海岸史前文化的适应与扩张. 考古与文物,1999(3)

46. 刘德增. 海洋底下的人类文明——关于人类"前文明"的探索. 中国海洋文化研究,1999(1)

47. 孟天运. 蓬莱仙话传统与历代帝王寻仙活动. 东方论坛,2002(2)

48. 郭泮溪. 中国海神信仰三论. 海南教育学院学报,1992(1)

49. 吴有祥,赵钦泉. 居夷浮海欲何往——试论孔子晚年的出世思想. 烟台师范学院学报(哲社版),2000(4)

50. 邓聪. 海洋文化起源浅释. 广西民族学院学报,1995(4)

51. 韩嘉谷. 再谈渤海湾西岸的汉代海侵. 考古,1997(2)

52. 陶思炎. 中国鱼文化的变迁. 北京师范大学学报,1990(2)

53. 张崇根. 台湾少数民族的神话与传说. 中南民族学院学报,1994(1)

54. 王青. 环渤海地区的早期新石器文化与海岸变迁——环渤海环境考古之二. 华夏考古,2000(4)

55. 张树国,梁爱东. 蓬莱仙话及其文化意蕴. 中国海洋文化研究,1999(1)

56. 李建辉. 中华民族是人类海洋文化的主要缔造者——访文化人类学家、民俗学家林河. 中华文明基因问题访谈之五. 中国民族,2002(11)

57. 宋良曦. 中国盐业的行业偶像与神祇. 盐业史研究,1998(2)

58. 班澜. 中国南北方岩画的审美特征比较. 内蒙古大学学报,2002(3)

59. 烟台市文物管理委员会. 中国社会科学院考古研究所胶东半岛贝丘遗址研究课题组. 山东省蓬莱、烟台、威海、荣成市贝丘遗址调查报告. 考古,1997(5)

60. 王政. 关于淮夷、徐夷文化中审美基因的初步考察. 文史,1985(23)

61. 高西省. 论中韩两国出土的航海图纹铜镜. 考古与文物,2000(4)

62. 刘卫鹏. 汉代神、鬼观念在墓葬中的反映. 咸阳师范学院学报,2002(3)

63. 谭家健. 汉魏六朝时期的海赋. 聊城师范学院学报,2000(2)

64. 王和平,陈金生. 舟山群岛发现新石器时代遗址. 考古,1983(1)

65. 安京. 试论先秦国家边界的形态. 中国边疆史地研究,1999(3)

66. 海螺化石距今上亿年. 郑州日报,2004

67. 陈仲玉. 古代福州与琉球的海上交通. 中央图书馆台湾分馆馆刊,第5卷第2期:93~101

68. 杨宽. 西周春秋时代对东方和北方的开发. 中华文史论丛,1982(4)

69. 陈伟明. 古代华南少数民族的宗教文化. 世界宗教研究,1996(1)

70. 曲金良. 中国沿海的徐福文化资源及其当代开发. 青岛海洋大学学报,2002(4)

71. 蔡丰明. 徐福东渡与东亚民间文化. 青岛海洋大学学报,2002(4)

72. 王庆云. 中国古代海洋文学发展的历史轨迹. 青岛海洋大学学报,1999(3)